中国石油天然气集团有限公司统建培训资源
高技能人才综合能力提升系列培训丛书

采油工技师培训教材

中国石油天然气集团有限公司人力资源部　编

石油工业出版社

内 容 提 要

本书共7章，主要内容包括油水井故障诊断与处理、油水井生产动态分析、三次采油技术、稠油油藏注采井管理、油田数字化管理技术、井下作业监督管理、抽油机井节能管理等。本书将理论知识与现场应用、实际操作结合紧密，案例丰富，实用性和针对性强。

本书可作为采油工高级工及以上人员的培训教材，其他相关人员也可参考。

图书在版编目（CIP）数据

采油工技师培训教材／中国石油天然气集团有限公司人力资源部编． -- 北京：石油工业出版社，2024. 12. (高技能人才综合能力提升系列培训丛书)． -- ISBN 978-7-5183-6956-0

I. TE35

中国国家版本馆CIP数据核字第2024VD1018号

出版发行：石油工业出版社
  （北京朝阳区安华里二区1号楼 100011）
  网　　址：www.petropub.com
  编辑部：（010）64269289
  图书营销中心：（010）64523633
经　　销：全国新华书店
印　　刷：北京晨旭印刷厂

2024年12月第1版　2024年12月第1次印刷
787×1092毫米　开本：1/16　印张：31.75
字数：813千字

定价：110.00元
（如出现印装质量问题，我社图书营销中心负责调换）
版权所有，翻印必究

《采油工技师培训教材》编审组

主　　编：吕秀凤

副 主 编：王　鑫　车太杰

编写人员：赵奇峰　李忠良　李　阳　王晓丛　焦　龙

　　　　　陈　亮　于　平　高　嵩

审定人员：袁　武

前言

为加快高技能人才知识更新，提升高技能人才职业素养、专业知识水平和解决生产实际问题的能力，进一步发挥高端带动作用，在技师、高级技师跨企业、跨区域开展脱产集中培训的基础上，中国石油天然气集团有限公司（以下简称"集团公司"）人力资源部依托承担集团公司技师培训项目的培训机构，组织专家力量，历时一年多时间，将教学讲义、专家讲座、现场经验及学员技术交流成果资料加以系统整理、归纳、提炼，开发了"高技能人才综合能力提升系列培训丛书"。

本书是该套丛书中的一本。本书的内容选取，是从采油岗位高技能人才职业能力提升的实际需要出发，涉及面广、普适度高，突出新知识、新技术、新材料、新工艺（"四新"）的介绍，理论知识与现场应用、实际操作结合紧密，案例丰富，实用性强，能满足高技能人才的培训需求。

本书由中国石油大庆培训中心组织编写，大庆职业学院吕秀凤任主编，王鑫、车太杰任副主编。第一章第一节由西南油气田公司李忠良编写，第二节、第三节、第四节由大庆职业学院王鑫编写；第二章由大庆职业学院李阳编写；第三章由大庆职业学院吕秀凤、王晓丛编写；第四章由辽河油田公司赵奇峰编写；第五章第一节、第三节由大庆职业学院焦龙编写，第二节由长庆油田公司陈亮编写；第六章由大庆职业学院于平编写；第七章由大庆油田有限责任公司高嵩编写。辽河油田公司袁武对全书进行审核。

本书在编写过程中，得到了大庆油田有限责任公司、辽河油田公司、长庆油田公司、西南油气田公司等油田生产一线专家的指导和大力支持，在此表示最诚挚的谢意！

由于编者水平有限，书中难免有疏漏和不足之处，敬请广大读者提出宝贵意见。

编者

目 录

第一章 油水井故障诊断与处理 ... 1
- 第一节 自喷油井故障诊断与处理 ... 1
- 第二节 抽油机井故障诊断与处理 ... 17
- 第三节 电动潜油泵井故障诊断与处理 ... 65
- 第四节 螺杆泵井故障诊断与处理 ... 82
- 第五节 注水井故障诊断与处理 ... 104

第二章 油水井生产动态分析 ... 119
- 第一节 动态分析基础 ... 119
- 第二节 单井动态分析 ... 149
- 第三节 井组动态分析 ... 161
- 第四节 区块动态分析 ... 170

第三章 三次采油技术 ... 175
- 第一节 聚合物驱油技术 ... 175
- 第二节 化学复合体系驱油技术 ... 205
- 第三节 气体混相驱油技术 ... 226
- 第四节 微生物采油技术 ... 249

第四章 稠油油藏注采井管理 ... 271
- 第一节 稠油开采技术概述 ... 271
- 第二节 蒸汽注入站运行管理 ... 281
- 第三节 蒸汽注入井管理 ... 288
- 第四节 注蒸汽采油井管理 ... 296
- 第五节 火驱注采井管理 ... 310

第五章 油田数字化管理技术 ... 318
- 第一节 油田数字化管理概述 ... 318
- 第二节 采油数字化设备使用与维护 ... 327
- 第三节 油水井数字化管理 ... 348

第六章 井下作业监督管理 ... 383
- 第一节 井下作业监督管理概述 ... 383

第二节　井下作业工艺 …………………………………………………… 386
　　第三节　作业现场监督 …………………………………………………… 431
第七章　抽油机井节能管理 …………………………………………………… 454
　　第一节　抽油机井节能管理概述 ………………………………………… 454
　　第二节　抽油机井节能精细管理 ………………………………………… 458
　　第三节　抽油机井系统效率 ……………………………………………… 468
　　第四节　抽油机井节能管理技术 ………………………………………… 479
参考文献 ………………………………………………………………………… 496

第一章 油水井故障诊断与处理

第一节 自喷油井故障诊断与处理

影响自喷油井变化的因素是多方面的,而且是复杂的。在分析自喷油井变化时,要认真做好调查研究工作,全面考虑,既要看到现在的生产情况,又要看到过去的历史,还要与邻近的油井和注水井,甚至整个油田的生产规律联系起来分析判断。

正确判断、处理油井的故障,必须综合各类资料,进行横向、纵向比较,全面分析,采取相应措施,使其工作制度合理;在分析处理故障时,坚持"先地面、再井筒、后油层"的原则。

一、自喷油井故障诊断与处理方法

(一)自喷油井故障诊断与管理

1. 自喷油井故障诊断方法

管理自喷油井就同医生护理病人一样,随时观察它的变化情况,并记录下来,以便采取适合油井客观规律的措施来生产。在生产中,眼、耳、鼻、身都能用起来,判断自喷油井生产情况。

(1)看各处压力变化:包括油管压力、套管压力、分离器压力等。

(2)看油嘴套表面的变化:根据油嘴套表面温度的变化,来判断油井是出油、出水,还是出气,一般是"水干、油湿、气打霜"。因为水的比热容大,它每降1℃放出的热量比油多,流到井口的温度高,所以出水时油嘴套是干的。出油时,油中带有一定量的气体,温度稍有下降,使空气中的水蒸气在油嘴套的表面遇冷凝结成水分。出气时,气经油嘴节流后产生冷却(节流)效应,温度急剧下降,在油嘴套上出现打霜结冰现象。

(3)看喷出物的多少与颜色:看油、气、水的多少;看是否有乳化油;看是否有其他杂质等,来判断出油情况。

(4)听出油声音:出油"呼噜"响;出水"吱吱"响;出气"喇喇"响;一般是"气尖、油闷、水居中"。

(5)闻气味:原油若含硫化氢有臭鸡蛋味;若有残酸喷出有氯化氢味。

2. 连续自喷油井的管理

1)第一类型

油井产能高,压力、产量递减慢,生产长期稳定、变化小。这类油井的地质特点是:油井处于裂缝发育的高产带,并具有广阔的供油区,地层连通性好,渗透性强,供油能力充足。

一般采用系统试井的方法确定工作制度。所谓系统试井,就是由小到大改变油嘴直径,以建立不同的工作制度(油嘴尺寸不得少于 4 个),每个尺寸的油嘴必须稳定 2d 以上(连续几次测量结果前后误差不得超过 5%~10%,可视为稳定),并测出有关生产数据(产油量、流动压力、油管压力、套管压力、气油比、含砂量、含水量等),将上述生产数据绘制出控制曲线(各生产数据与油嘴直径之间的关系曲线)。根据控制曲线选择合理的生产油嘴,选择合理生产油嘴的原则是:流动压力大于或接近于饱和压力,产油量比较高,气油比尽可能低,含水量、含砂量小(即是两高三低)。

2) 第二类型

由于这类油井递减快、压力和产量稳不住,不可能进行系统试井。一般是投产初期用较大的油嘴把残酸、钻井液、乳化油基本喷尽后,就不失时机地逐渐把油嘴倒小,尽早寻找一个合适的油嘴生产,使流动压力、产量基本稳定,气油比较低。严禁用大油嘴乱喷乱采。

为了恢复和延长油井的自喷寿命,一般可采取以下方法:

(1) 换小油嘴生产,提高流动压力,减小脱气程度。

(2) 向地层挤凝析油,溶解油层中可能存在的蜡堵;增大油层含油饱和度,提高油相渗透率;降低油层中脱气原油的黏度。

(3) 关井恢复压力。

(4) 向油层注水以补充和保持地层能量。

(5) 由连续自喷生产逐步转为间歇自喷生产。

3. 间歇自喷油井的管理

1) 确定间歇自喷井合理的开井和关井时间

(1) 开井时间:原则上定为油管压力、套管压力恢复到基本稳定时(上升缓慢时)开井。

(2) 关井时间:原则上定为套管压力开始急剧下降,油管压力开始急剧上升,井口将要出大气时关井。

2) 确定油嘴

间歇自喷油井的开关井制度决定井底能量的储集与消耗程度是否合理;油嘴的大小决定油井的能量利用是否合理。如果油嘴过小,则井底和井口之间压差太小,无法将油推到地面;如果油嘴过大,又造成井底压力过低,油气过早分离,能量损失大,举油能力同样很弱。因此,油嘴选择是间歇自喷油井生产的一个关键环节。

间歇自喷油井的油嘴要通过试验来确定。一般来说,油多气少的油井或产水的油井,油嘴选择稍大些;油少气多的油井选用较小的油嘴生产。为了保护和合理的利用地层能量,有的间歇自喷油井在开井出油后,待油管压力升到一定数值,就倒成较小油嘴生产,即看油管压力倒油嘴。

(二) 自喷油井故障处理方法

1. 地面的故障与处理

1) 回压高(井口压力较低)故障与处理

(1) 故障现象。

① 油管压力、套管压力、流动压力、气油比上升。

② 产量降低。
③ 流体声音变小。
(2) 故障原因。
回压高，流体未能达到临界状态，影响产量。
(3) 处理方法。
① 输气井增压，降低管线回压。
② 放空生产，降低回压。
③ 缩短开井时间或缩小油嘴生产，提高井口压力。

2) 出油管线堵故障与处理
(1) 故障现象。
① 产量急剧下降，分离器压力下降。
② 油管压力、套管压力上升。
(2) 故障原因。
① 出油管线冻堵或有堵塞物。
② 加热温度低，造成冻堵。
(3) 处理方法。
① 热洗、热水淋浴出油管线，适当提高上游压力等，解堵。
② 提高加热温度。

3) 加温不当故障与处理
(1) 故障现象。
① 油管压力、套管压力、流动压力、气油比上升。
② 分离器压力下降。
③ 产量降低。
(2) 故障原因。
① 加热温度过低，导致油嘴堵或管线冻堵。
② 凝析油井温度过高，产量降低。
(3) 处理方法。
① 提高加热温度；检查油嘴或管线，进行解堵。
② 控制好凝析油井温度。

4) 计量异常故障与处理
(1) 故障现象。
产油量、产气量上升或下降。
(2) 故障原因。
计量时间、方法、器具及计算等有误。
(3) 处理方法。
① 检查、更换计量分离器或其他量油工具。
② 检查测气孔板。
③ 检查计量时间、方法及计算等。

5) 总阀门关闭故障与处理

(1) 故障现象。

开井后没有油气声音或很小。

(2) 故障原因。

1号或4号总阀门关闭或微开。

(3) 处理方法。

1号或4号总阀门全部打开。

6) 回压阀门未开故障与处理

(1) 故障现象。

① 压力无变化。

② 开井后没有声音。

③ 油嘴至回压阀门管线超压爆炸。

(2) 故障原因。

回压阀门未开。

(3) 处理方法。

检查阀门开关情况。

7) 套管压力不变故障与处理

(1) 故障现象。

套管压力在生产过程中没有变化。

(2) 故障原因。

① 套管压力表坏。

② 套管压力表截止阀关闭。

③ 封隔器未解封。

(3) 处理方法。

① 更换套管压力表。

② 打开套管压力表截止阀。

③ 了解封隔器未解封原因，如不符合要求，采取处理措施。

8) 井口冰堵故障与处理

(1) 故障现象。

① 产量降低。

② 套管压力上升，油管压力上升或下降（堵塞位置）。

③ 清蜡、测压在井口遇阻。

(2) 故障原因。

① 压力高、气油比高。

② 井口小四通至大四通堵。

③ 井口小四通至油嘴处堵。

(3) 处理方法。

① 外部蒸汽加温。

② 加乙二醇。

③ 关井、降压解堵。

9）压力表及截止阀损坏故障与处理

（1）故障现象。

① 压力偏高、偏低或为零。

② 压力无变化。

（2）故障原因。

① 压力表损坏或堵塞。

② 截止阀关闭或堵塞。

（3）处理方法。

① 检查、更换压力表。

② 检查截止阀。

10）油嘴堵故障与处理

（1）故障现象。

① 产量急剧下降，分离器压力下降。

② 油管压力、套管压力上升。

（2）故障原因。

① 加热温度偏低。

② 油嘴被蜡等堵塞。

（3）处理方法。

① 提高温度。

② 检查油嘴。

11）换小油嘴后，油嘴过小故障与处理

（1）故障现象。

① 油管压力、套管压力逐渐上升，气油比上升。

② 产量下降。

（2）故障原因。

油嘴过小，流速太低，油管上段脱气严重。

（3）处理方法。

通过系统试井，选用合理的油嘴生产。

12）更换油嘴后，油嘴过大故障与处理

（1）故障现象。

① 发现油管压力、套管压力下降。

② 出油声音不正常，即声音增大。

③ 分离器压力升高，气油比增大。

（2）故障原因。

① 油嘴没上紧或油嘴脱落。

② 油嘴过大。

（3）处理方法。

① 检查油嘴。

② 换小油嘴。

13）油嘴过大故障与处理

（1）故障现象。

① 油管压力、套管压力逐渐下降。

② 气油比逐渐上升。

（2）故障原因。

① 油嘴过大，气量消耗增大。

② 油嘴被刺大。

（3）处理方法。

① 通过系统试井并选用合理的油嘴。

② 更换合格的油嘴生产。

14）油嘴过大，出砂故障与处理

（1）故障现象。

① 油管压力波动大。

② 套管压力很快下降。

③ 含砂量增加。

（2）故障原因。

油嘴过大，造成油井激动，疏松油层出砂。

（3）处理方法。

用较小油嘴试井，选择合理油嘴生产。

15）油嘴掉或双翼生产故障与处理

（1）故障现象。

① 油管压力波动大。

② 套管压力很快下降。

③ 含砂量增加。

（2）故障原因。

① 检查油嘴后，敞喷造成的结果。

② 双翼油嘴同时出油。

③ 油嘴未上紧，被冲掉。

（3）处理方法。

①禁止用出油管线喷油。

②立即关掉其中一翼阀门。

③检查油嘴。

16）井口漏故障与处理

（1）故障现象。

① 套管压力下降。

② 油管压力不变。

（2）故障原因。

① 套管阀门或套管法兰连接处漏气。

② 压力表漏气。

(3) 处理方法。

修理或更换漏气部分。

2. 井筒的故障及处理

1) 生产时间过长故障与处理

(1) 故障现象。

① 油管压力下降，套管压力急剧下降，气油比上升。

② 气流声音增大。

(2) 故障原因。

生产时间过长，套管气已经窜到油管内。

(3) 处理方法。

① 缩短开井时间。

② 缩小油嘴生产。

2) 油管结蜡故障与处理

(1) 故障现象。

① 产量和油管压力下降。

② 套管压力、流动压力上升。

(2) 故障原因。

油管结蜡严重导致堵塞或堵死。

(3) 处理方法。

① 冲洗或清蜡。

② 严重情况下，热洗或起油管作业。

3) 清蜡蜡堵故障与处理

(1) 故障现象。

① 油管压力急剧下降。

② 套管压力上升。

③ 油嘴处积蜡。

(2) 故障原因。

油管蜡未清好，油流不畅通。

(3) 处理方法。

彻底清蜡。

4) 低产井清蜡故障与处理

(1) 故障现象。

① 压力、产量变化不大。

② 无法正常清蜡。

(2) 故障原因。

长期未清蜡，造成油管内积存大量硬蜡。

(3) 处理方法。

① 用小钻头清蜡后，生产 4~6h；再用中等钻头清蜡，再生产 4~6h；最后用合适钻

头清蜡。

② 不宜热洗。

5) 喷蜡时间过长故障与处理

(1) 故障现象。

① 油管压力、套管压力下降。

② 气油比上升。

(2) 故障原因。

喷蜡时间过长，导致供液不足。

(3) 处理方法

摸索规律，合理控制喷蜡时间。

6) 喷蜡时间过短故障与处理

(1) 故障现象。

① 油管压力下降、套管压力上升。

② 气油比上升。

(2) 故障原因。

喷蜡时间过短，导致蜡未喷净并下沉。

(3) 处理方法。

摸索规律，合理控制喷蜡时间。

7) 热洗井筒堵塞故障与处理

(1) 故障现象。

① 套管压力上升，油管压力先升后降。

② 排量减小。

③ 部分含蜡原油进入地层，造成地层堵塞。

(2) 故障原因。

① 井筒积蜡多。

② 排量大，温度高，蜡熔化堆积在井筒。

(3) 处理方法。

① 由小到大控制好排量。

② 由低到高控制好温度。

8) 清蜡、测压遇阻故障与处理

(1) 故障现象。

① 井口遇阻。

② 井内 1000m 左右遇阻。

(2) 故障原因。

① 井口积蜡或冰堵。

② 原油含蜡量较高，造成井筒深度结蜡。

(3) 处理方法。

① 蒸汽从井口外部加温，加乙二醇，关井、降压解堵。

② 定期深通清蜡。

③ 清蜡正常后，再进行测压。

9）初次清蜡、测压遇阻故障与处理

（1）故障现象。

① 井口遇阻。

② 井筒内遇阻。

（2）故障原因。

① 井口积蜡或冰堵，井筒内积蜡。

② 井口或井筒内油管等变形。

③ 井筒内有井下工具。

（3）处理方法。

① 蒸汽在井口外部加温，加乙二醇，关井、降压解堵。

② 清蜡正常后，再进行测压。

③ 对于硬阻，用铅印进行探测再进行处理。

④ 距离井下工具以上 50m 清蜡、测压。

10）油管压力低，不出油故障与处理

（1）故障现象。

① 油管压力开井前较低，出油前油管压力降为零。

② 不出油。

（2）故障原因。

① 井筒液柱较高，井底压力较低。

② 气油比低。

③ 油层渗透性较差。

（3）处理方法。

① 开井后，油管压力较低时，倒大油嘴或"利导管"（无油嘴），甚至打开井口放空阀，降低回压。

② 延长关井时间，恢复较高压力。

③ 采取增产措施。

11）油管压力大于套管压力故障与处理

（1）故障现象。

油管压力大于套管压力（油管生产）。

（2）故障原因。

① 生产时井底压力大于饱和压力。

② 套管漏气。

③ 环形空间有死油或钻井液。

④ 套管生产。

（3）处理方法。

① 若压力表检查准确，则是正常的。

② 修补漏气处。

③ 热洗或抽汲。

12）间歇出气故障与处理

（1）故障现象。

① 出油前油管压力下降。

② 出气前油管压力上升。

（2）故障原因。

油井出现间歇生产。

（3）处理方法。

适当调整工作制度。

13）积砂、积蜡、积水故障与处理

（1）故障现象。

套管压力、油管压力均下降。

（2）故障原因。

① 井底砂堵或蜡堵。

② 井底积水。

（3）处理方法。

① 经井底取样后热洗。

② 适当增大生产压差提积水。

③ 加长油管采油（超过油层中部）。

14）油管断裂或渗漏（井口附近）故障与处理

（1）故障现象。

油管压力、套管压力基本持平。

（2）故障原因。

油管断裂或渗漏（井口附近）。

（3）处理方法。

① 进行打捞油管作业。

② 起下油管，处理渗漏。

15）套管破裂、窜槽故障与处理

（1）故障现象。

① 套管压力下降或上升，油管压力下降或上升。

② 产液性质变化。

（2）故障原因。

套管破裂、窜槽。

（3）处理方法。

① 取样分析，判断流体性质。

② 测试产液剖面。

③ 起油管，打铅印后处理。

3. 地层的故障及处理

1）出砂故障与处理

（1）故障现象。

① 油层静压和产量下降。

② 含砂量增加。
③ 气油比增大。
（2）故障原因。
油嘴偏大，由于大压差采油，易形成砂堵或井底明显脱气。
（3）处理方法。
① 先控砂面，系统试井后，选择合理的油嘴。
② 若出砂严重则冲砂。
2）地层堵塞或射孔质量差故障与处理
（1）故障现象。
油井完井后，出油不好（电测显示好）。
（2）故障原因。
① 钻井液侵入油层造成堵塞。
② 射孔井段有问题。
（3）处理方法。
① 气举、抽汲或冲洗。
② 检查射孔质量，若误射则需补射；若无误射则采取增产措施。
3）油层结蜡故障与处理
（1）故障现象。
① 气油比上升。
② 套管压力接近流动压力。
③ 井内出现硬蜡。
④ 油管压力降低，产量降低。
（2）故障原因。
井底脱气严重，井壁附近油层结蜡。
（3）处理方法。
① 挤热油、凝析油熔蜡。
② 采取增产措施。
③ 提高地层能量。
4）无产量故障与处理
（1）故障现象。
① 开井后油管压力、套管压力均下降。
② 无产量。
（2）故障原因。
井筒及地层无液。
（3）处理方法。
① 采取增产措施或补射其他层。
② 关井，保持区块能量。
5）含水率增加故障与处理
（1）故障现象。
① 产水量增加，含水率增加。
② 氯离子含量增加。

（2）故障原因。
① 地层水增加。
② 见到注水效果。
（3）处理方法。
① 取样分析，判断是地面水或是地层水。
② 如是地层水，见水初期应控制生产压差，中后期适当提液。
③ 如是地面水，在产油量减少情况下，应控制注水或堵水层。
6）措施未见效故障与处理
（1）故障现象。
① 产量下降。
② 油管压力、套管压力下降。
③ 气油比上升。
（2）故障原因。
措施效果差。
（3）处理方法。
① 恢复措施前制度生产，对比是否有效果。
② 查找原因，再采取合适的增产措施。
7）措施后排液故障与处理
（1）故障现象。
具备自喷能力的井：
① 压力逐渐上升，自喷能力增强。
② 单位时间内排液（酸液、油）逐渐减少，但是产油量增加。
（2）故障原因。
井筒纯液柱逐渐减少，地层含气原油进入井筒，密度降低，井口压力增大。
（3）处理方法。
先"利导管"（无油嘴）适当控制开井，油管压力、套管压力逐渐上升到基本稳定后，倒大油嘴，油管压力、套管压力逐渐上升到基本稳定后，再逐级倒小油嘴，直到正常生产为止。
8）井间干扰故障与处理
（1）故障现象。
在附近井开井情况下，本井产量下降，油管压力、套管压力下降。
（2）故障原因。
在附近井开井，造成井间干扰。
（3）处理方法。
① 取样分析影响井的流体性质是否相近。
② 合理调整相互影响井的生产制度。

二、案例分析

（一）自喷井地面易发生的故障与处理

[案例1] E井2003年3月生产情况见表1-1，在3月13日清蜡时有气顶现象，请

指出该井变化的时间段,并对变化现象进行描述,对变化进行原因分析,提出解决问题的对策措施。其中,p_{cs}—关井套管压力,MPa;p_{cf}—开井套管压力,MPa;p_{ts}—关井油管压力,MPa;p_{tf}—开井油管压力,MPa;p_{ws}—静压,MPa;p_{wf}—流动压力,MPa;Q_o—日产油,t/d;Q_g—日产气,m³/d;G_{or}—气油比,m³/t。

表1-1 E井2003年3月生产情况

生产日期	生产油嘴 mm	p_{cs} MPa	p_{cf} MPa	p_{ts} MPa	p_{tf} MPa	p_{ws} MPa	p_{wf} MPa	Q_o t/d	Q_g m³/d	G_{or} m³/t	清蜡
3月7日	5.0	3.2	2.5	2.0	0.9			1.3	1051	808	
3月8日	5.0	3.2	2.5	2.0	0.9			1.3	1054	811	
3月9日	5.0	3.3	2.5	2.1	1.0			1.1	1030	936	
3月10日	5.0	3.3	2.6	2.1	1.0			1.0	1041	1041	
3月11日	5.0	3.4	2.6	2.1	1.0			0.8	1000	1250	
3月12日	5.0	3.4	2.6	2.2	1.1			0.8	1056	1320	
3月13日	5.0	3.4	2.7	2.2	1.1			0.65	1100	1692	清蜡
3月14日	5.0	3.5	2.7	2.2	1.1			0.65	1156	1778	
3月15日	5.0	3.5	2.7	2.3	1.2			0.5	1208	2416	
3月16日	5.0	3.5	2.7	2.3	1.2			0.5	1278	2556	

答:该井于2003年3月9日开始发生变化,套管压力上升、油管压力上升、产油量下降、气油比上升,3月13日清蜡时有气顶现象,说明该井可能油嘴太小或是油嘴有堵塞。首先应检查油嘴是否有堵塞,若是蜡堵应摸索一个合适的喷蜡时间,若无堵塞则该井生产变化应是由于油嘴太小引起,应增大油嘴。

[案例2] 某新区勘探新井Z1钻井完毕。用清水洗井后射孔试油,油层中部深度2000m,测压,1800m处测压为19.8MPa,1900m处测压为20.8MPa。采用3mm油嘴放喷试油,日产油20t/d,流动压力20.6MPa。试油完毕后于某年1月开始投产,生产数据见表1-2。根据所给内容回答下列问题:
(1) 请分析6月压力发生变化的原因。
(2) 请分析生产中油井存在的问题。
(3) 评价油井下一步挖潜的方向。

表1-2 Z1井生产参数

时间	油嘴 mm	产液量 t/d	产油量 t/d	压力,MPa			备注
				油管压力	套管压力	回压	
1月	8	32	32	2.2	4.5	0.48	
2月	8	31	31	1.9	3.3	0.53	
3月	9	43	43	1.6	3.2	0.59	
4月	9	39	39	1.5	2.8	0.65	静压20.5MPa
5月	9	36	36	1.4	2.7	0.80	
6月	9	19	19	2.2	3.4	1.50	

续表

时间	油嘴 mm	产液量 t/d	产油量 t/d	压力，MPa			备注
				油管压力	套管压力	回压	
7月	6	27	27	1.8	3.2	0.50	3日清蜡、扫线
8月	6	28	28	1.9	2.6	0.50	
9月	5	26	26	2.0	2.2	0.65	
10月	5	22	22	1.6	1.8	0.62	静压18.5MPa
11月	5	16	16	1.4	1.6	0.58	
12月	5	12	12	1.1	1.4	0.55	

答：(1) 6月油管压力、套管压力差增大的原因为油井结蜡，油管压力下降，产液量下降，同时地面管线结蜡，回压上升，造成油井产液量下降，油井喷出量降低后，流动压力上升造成套管压力上升。

(2) 油井生产过程中，频繁调整油嘴（工作制度），由于压力下降较快，结蜡对生产产生影响，同时由于地层压力的不断下降，油井的供液状况变差，油井自喷能力不断下降。

(3) 下一步主要是为油井提供能量，可实施注水补能。同时可采取转抽生产，增大生产压差，实现增产。

（二）自喷井井筒、地层易发生的故障与处理

[**案例3**] 某油井g10-1，油层中部深度1100m，采用自喷方式生产，清蜡周期为100d，某年生产数据见表1-3。请根据油井近半年的生产状况，分析该井存在的问题，并提出下一步调整建议。

表1-3 g10-1井生产数据

月份	油嘴 mm	油管压力 MPa	套管压力 MPa	日产液量 t/d	日产油量 t/d	含水率 %	备注
5月	6	2.1	2.7	28.8	5.1	82.3	
6月	6	1.7	3.1	25.6	3.8	85.2	
7月	6	2.3	2.5	35.4	6.2	82.5	6日清蜡
8月	6	2.2	2.6	31.7	5.5	82.6	
9月	6	1.9	2.9	28.6	4.2	85.3	
10月	6	1.6	3.1	23.2	3.2	86.2	
11月	6	2.3	2.5	34.2	6.1	82.2	3日清蜡

答：由生产数据可以看出，油井g10-1应用6mm油嘴生产，油井的油管压力、套管压力、日产液量、日产油量及含水率受清蜡工作影响很大。清蜡前油管压力下降，套管压力上升，日产液量下降，日产油量下降，含水率上升；清蜡后油井的油管压力上升，套管压力下降，日产液量明显上升，产量恢复到较高水平，油井清蜡效果较好。但油井在第二次清蜡之前，油井日产液量和日产油量降幅较大，影响了正常生产，说明油井制定的100d的清蜡周期不合理。从而得出油井的主要问题是清蜡周期与生产不适应，

需要优化。

下一步建议：缩短该井的清蜡周期，生产中可以根据产液量下降情况，对清蜡周期进行优化。

[案例4] g12自喷井油层中部深度965m，原始地层压力12.6MPa，饱和压力10.5MPa，采用4mm油嘴生产。某年6月2日为提高产液量，将生产油嘴由4mm调为6mm，生产数据见表1-4（油井原油密度850kg/m³，井筒内混合流体密度900kg/m³，$g = 9.8\text{m/s}^2$）。

请根据生产数据回答以下问题：

(1) 计算该井在2月和6月的脱气位置，分析10月油井的脱气位置。

(2) 分析该井日产液量下降的原因，并提出下一步的稳产建议。

表1-4 g12井生产数据

月份	油嘴 mm	油管压力 MPa	日产液量 t/d	日产油量 t/d	含水率 %	气油比 m³/t	静压 MPa	流动压力 MPa
2月	4	2.3	16.2	11.0	20.1	50	12.5	11.1
3月	4	2.1	17.1	11.6	20.3	50		
4月	4	2.2	16.8	11.3	20.7	50		
5月	4	2.3	16.2	11.0	20.4	50		
6月	6	1.7	24.5	16.7	20.1	50	11.7	10.7
7月	6	1.5	22.1	15.0	19.8	50		
8月	6	1.4	17.4	11.9	19.8	55		
9月	6	1.3	15.0	10.3	19.6	68		
10月	6	1.1	12.8	8.8	19.2	85	10.2	9.2

答：(1) 根据所给生产数据，由公式 $H_{脱} = H_{中} - (p_{流} - p_{饱}) \times 1000/(\rho_{液} g)$ 可知：

2月的脱气位置 = 965-(11.1-10.5)×1000/(0.9×9.8) ≈ 897(m)

6月的脱气位置 = 965-(10.7-10.5)×1000/(0.9×9.8) ≈ 942(m)

10月由于地层压力小于饱和压力，所以原油在地层中脱气。

由计算可以得出：2月和6月相对比，流动压力下降，油井脱气点是变深的；在10月，由于地层压力低于饱和压力，原油在地层中就开始脱气了。

(2) 该井在6月2日为放大生产压差，将油嘴由4mm调为6mm，调整初期，达到了增大生产压差的效果，油井在6月，油管压力由2.3MPa下降到1.7MPa，日产液量上升到24.5t/d，日产油量上升到16.7t/d，含水率变化较小，气油比为50m³/t，静压和流动压力都呈下降趋势。到10月，油井的油管压力下降到1.1MPa，日产液量下降到12.8t/d，日产油量下降到8.8t/d，气油比上升到85m³/t，静压下降到10.2MPa，流动压力下降到9.2MPa，说明油井供液状况在变差。地层压力小于饱和压力，使油井脱气严重，生产气油比超过了原始气油比。

下一步建议：

① 加强相关注水井的注水量，为油井补充能量，恢复地层压力。

② 油井缩小油嘴生产，控制生产压差，减小气体对油井生产造成的影响。

[**案例 5**]　A、B 井构造上均位于某油田的中部，两井井距约 2.5km，B 井于 2001 年 2 月投产，B 井投产后 A、B 两井生产情况分别见表 1-5、表 1-6。对井的生产情况进行简述，并分析原因，提出解决问题的措施。

表 1-5　A 井 2000 年 9 月—2001 年 6 月生产情况

生产日期	生产油嘴 mm	p_{cs} MPa	p_{cf} MPa	p_{ts} MPa	p_{tf} MPa	p_{ws} MPa	p_{wf} MPa	Q_o t/d	Q_g m³/d	G_{or} m³/t
2000 年 9 月	5.5	6.7	5.3	6.3	1.8	8.9	8.8	4.8	1051	219
2000 年 10 月	5.5	6.7	5.3	6.3	1.8	8.9	8.8	4.8	1054	220
2000 年 11 月	5.5	6.6	5.3	6.3	1.8	8.8	8.7	4.8	1030	215
2000 年 12 月	5.5	6.6	5.2	6.2	1.7	8.8	8.7	4.8	1041	217
2001 年 1 月	5.5	6.6	5.2	6.2	1.7	8.7	8.7	4.7	1037	221
2001 年 2 月	5.5	6.3	5.0	6.0	1.5	8.5	8.5	4.4	900	205
2001 年 3 月	5.5	6.0	4.8	5.6	1.3	8.2	8.0	4.0	689	172
2001 年 4 月	5.5	5.8	4.6	5.4	1.2	8	7.7	3.7	1037	280
2001 年 5 月	5.5	5.6	4.3	5.1	1.1	7.8	7.4	3.4	803	236
2001 年 6 月	5.5	5.3	4	4.8	1.0	7.4	7.0	3.0	689	230

表 1-6　B 井 2001 年 2 月—6 月生产情况

生产日期	生产油嘴 mm	p_{cs} MPa	p_{cf} MPa	p_{ts} MPa	p_{tf} MPa	p_{ws} MPa	p_{wf} MPa	Q_o t/d	Q_g m³/d	G_{or} m³/t
2001 年 2 月	6.0	7.4	5.9	6.2	1.5	9.6	9.4	0.6	25160	41933
2001 年 3 月	6.0	6.5	5.1	6	1.2	8.7	8.6	0.5	20900	41800
2001 年 4 月	6.0	6.3	4.8	5.8	1	8.5	8.4	0.5	18005	36010
2001 年 5 月	6.0	5.9	4.4	5.4	0.9	8.1	8	0.4	16850	42125
2001 年 6 月	6.0	5.5	4.1	5.1	0.8	7.6	7.5	0.4	15480	38700

答：B 井投产后压力和 A 井较接近。B 井投产后，A 井产量、压力递减加快，说明两口井连通性好，发生了井间干扰。主要是由于 B 井气油比较高，过多的消耗了地层能量，对本井及周边井不利，可以适当调小油嘴，控制气油比，或是关 B 井，保持地层能量。

[**案例 6**]　如图 1-1 所示，该背斜构造区块有 A、B、C 三口井，饱和压力 18.95MPa，流动压力 13.46MPa，未注水。A 井处在构造的中部，B、C 井在构造的高点。

A 井 3.6mm 油嘴每日开 5h，平均日产油 4.30t/d，综合气油比 180m³/t，输气。

B 井 4.2mm 油嘴每日开 4h，平均日产油 1.30t/d，综合气油比 400m³/t，输气。

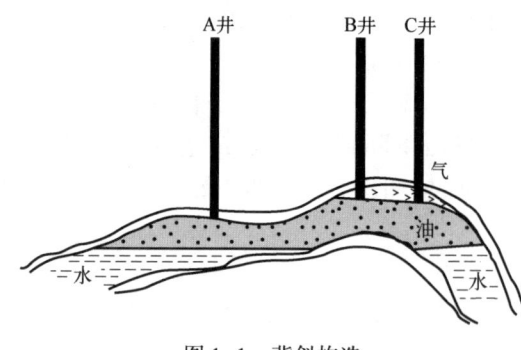

图 1-1　背斜构造

C 井 3.5mm 油嘴每日开 3h，平均日产油 0.35t/d，综合气油比 1450m³/t，未输气。

请问该区块生产合理吗？为什么？如不合理，应采取什么措施？

答：(1) 该区块生产不合理。

(2) 因为该区块油层压力已大大低于饱和压力，属消耗式开采的溶解气驱，应减少地层能量消耗，气油比应尽可能低。

B井、C井气油比较高,特别是C井气油比高达1450m³/t,并且未输气,天然气放空生产,大大消耗地层能量,这将导致采收率降低。

(3)采取如下措施:
① B井应缩短生产时间。
② C井应缩短生产时间或关井。
③ 如地层条件较好,在A井和B井之间补充一口注水井,通过注水补充地层能量。

第二节 抽油机井故障诊断与处理

抽油机井在生产过程中经常发生一些故障,采油工作人员要根据生产动态资料进行生产状况分析,及时发现问题、分析判明原因并采取相应措施。故障排除后,要及时观察效果,总结经验,以保证抽油机井的正常生产。

一、抽油机井故障诊断与处理方法

(一)抽油机井故障诊断方法

1. 产量分析诊断法

每口井的产量在泵况正常情况下(未采取任何措施)都会有一个稳定的波动范围。抽油机井泵况出现异常后,产量会发生大幅度变化,超出波动范围。通过定期量油并计算泵效,可以分析判断泵况是否正常。由于受到量油周期的限制,产量分析诊断法的及时性受到制约,另外通过产量判断,无法对泵况进行准确定性。量油发现产量下降后,首先应进行洗井,排除井筒状况的影响,再采取其他诊断方法诊断。

2. 液面诊断法

为了了解抽油机井液面的高低,确定下泵深度和工作制度,分析抽油泵的工作状况及油层供液能力,判断注水效果并根据液面的高低和液体的相对密度计算流动压力和静止压力,需要测抽油机井的动液面和静液面。

1)动液面的用途
(1)确定抽油泵沉没度。根据下泵深度和动液面计算。
(2)计算油层中部流动压力。根据动液面、液体相对密度及套管压力计算。
(3)分析抽油泵工作状况。利用动液面与示功图综合分析。
(4)为生产动态分析提供依据。根据液面曲线计算动液面是单井分析和井组分析不可缺少的资料。
(5)判断注水效果。对于注水开发油田,根据动液面的变化,判断油井是否见到注水效果,为调整注水层段注水量和抽汲参数提供依据。

2)液面曲线分析
(1)有回音标井液面曲线,如图1-2所示。

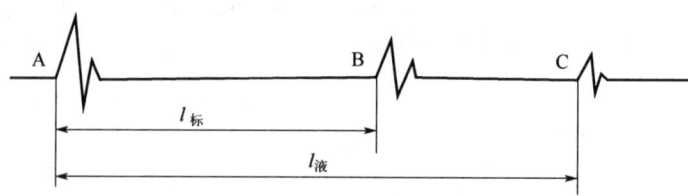

图 1-2 有回音标井液面曲线
A—井口波；B—回音标波；C—液面波

动液面深度计算：

$$L_\text{f} = \frac{l_\text{液}}{l_\text{标}} L_\text{b} \tag{1-1}$$

式中 L_f——实际动液面深度，m；
  L_b——回音标的下入深度（查资料得），m；
  $l_\text{标}$——液面曲线上井口波到回音标波的距离（由测量得），mm；
  $l_\text{液}$——液面曲线上井口波到液面波的距离（由测量得），mm。

（2）无回音标井液面曲线，如图 1-3 所示。A 波是井口波，C 波是液面波，n 是油管接箍的个数（即油管的根数）。一根油管一个波峰，n 根油管就有 n 个波峰。

动液面深度计算：

$$L_\text{f} = \frac{l_\text{液}}{l_\text{箍}} \times n\bar{L} \tag{1-2}$$

式中 $l_\text{箍}$——液面曲线上井口波到第 n 根油管接箍波的距离（即选取的基准段长度，由测量得），mm；
  n——油管接箍数（在基准段内）；
  $\bar{L}$——每根油管的平均长度，m。

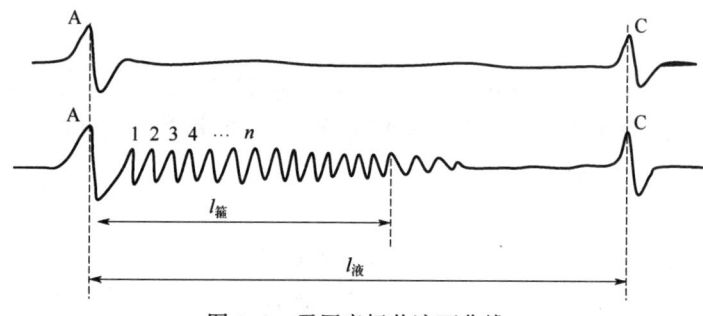

图 1-3 无回音标井液面曲线

则下泵深度：

$$L = L_\text{f} + h_\text{s} \tag{1-3}$$

式中 L——下泵深度，m；
  h_s——沉没度，m。

在测动液面时如果井口的套管压力不等于零，则根据流动压力相等的原理折算成套管压力等于零时的动液面。则折算动液面深度：

$$L_{fc} = L_f - \frac{p_c}{\rho_{ow} g} \times 10^6 \tag{1-4}$$

式中 L_{fc}——折算动液面深度，m；

L_f——在套管压力 p_c 时测得的动液面深度，m；

p_c——套管压力，MPa；

ρ_{ow}——井液密度，kg/m³；

g——重力加速度，取 9.8m/s²。

则下泵深度：

$$L = L_{fc} + h_s \tag{1-5}$$

在抽油机井的生产中，一般用动液面的高低表示油井能量的大小，所以要求定期测量动液面深度。根据动液面的变化，判断油井的工作制度与地层能量的匹配情况，并结合示功图和油井生产资料分析抽油泵的工作状况，发现问题及时采取措施。但动液面测试周期较长，发现问题及时性差。

3) 动液面（沉没度）变化原因与分析

(1) 动液面变化的原因。

① 油层供液条件的变化。如果油层压力上升，供液能力增大，动液面上升；反之，油层压力下降，供液能力减小，动液面下降。

② 工作参数选择不合理。

③ 泵况变差。

(2) 动液面变化原因分析。

① 动液面上升。

(a) 当抽油泵工作正常时，相连通注水井的注水量增加时，动液面上升。

(b) 当油井采取压裂、酸化等改造措施时，动液面上升。

(c) 当油井原工作状况不好或井下管柱漏失时，动液面上升。

(d) 当抽油泵和抽油机工作参数偏小时，动液面上升。

(e) 当油井套管压力由高到低变化时，动液面上升。

② 动液面稳定。

当与油井相连通注水井的注水量稳定，油井无压裂、酸化等改造措施，抽油泵和井下管柱正常，抽油泵和抽油机工作参数合理，油井套管压力平稳时，动液面趋于稳定。

③ 动液面下降。

(a) 当相连通注水井的注水量减少，注采不平衡时，动液面下降。

(b) 当邻近油井有提液措施时，导致平面矛盾，动液面下降。

(c) 当油井本身有堵水、调参、换泵、检泵等措施时，动液面下降。

(d) 当油井套管压力由低到高变化时，动液面下降。

3. 示功图诊断法

通过示功图分析，可以知道抽油机驴头悬点载荷变化情况，判断抽油装置各参数的配合是否合理，了解抽油设备性能的好坏和砂、蜡、水、气、稠等井况的变化，把示功图与液面资料结合起来分析，还可以了解油层的供液能力。

分析示功图的一般步骤为：

（1）在实测示功图上绘制理论示功图，并将实测示功图与理论示功图对比分析——先定性。

（2）与典型示功图对比分析。

（3）结合在平时油井管理中积累的资料，如油井产量、动液面、油管压力、套管压力、含水变化、砂面、含砂情况、抽油机运转中电流的变化及井下设备工作期限等资料，进行分析——再定量。

（4）提出措施建议。

1）泵工作正常示功图

特征：如图 1-4 所示，图形近似平行四边形，上下载荷线在理论上下载荷线附近，四角不缺失，有明显的增载线和卸载线且相互平行，上下载荷线略有波动。

措施：继续生产，但应加强油井的日常管理，合理调整油井工作制度，按照配产要求最大限度发挥其生产能力。

2）惯性载荷影响示功图

特征：如图 1-5 所示，图形与理论示功图相近，四角不缺失，有明显的增载线和卸载线且相互平行，上下载荷线有波动起伏，示功图整体按顺时针方向扭转了一个角度，而且减少了冲程损失。

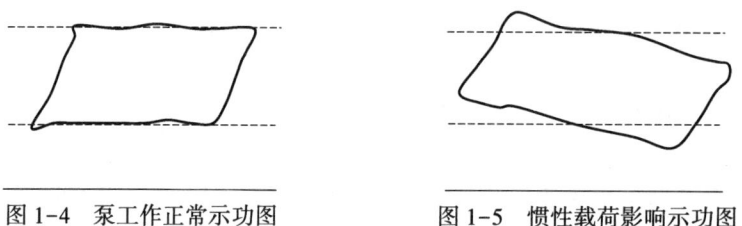

图 1-4　泵工作正常示功图　　　图 1-5　惯性载荷影响示功图

措施：加强油井的日常管理，对于惯性载荷影响较大的油井采用长冲程、慢冲次的参数组合，减小惯性和振动。

3）气体影响示功图

特征：一般气体影响如图 1-6(a) 所示，增载缓慢，卸载缓慢，右上角呈"刀把形"；增载线正常，卸载线呈一条弯曲的弧线。

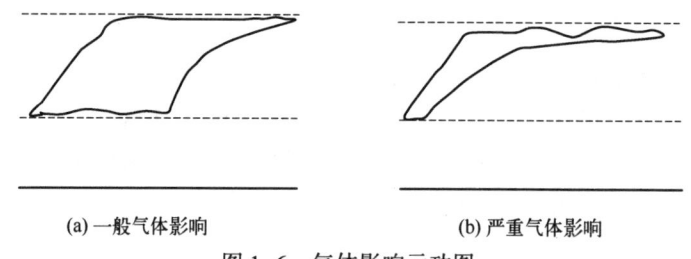

(a) 一般气体影响　　　　　　(b) 严重气体影响

图 1-6　气体影响示功图

措施：合理控制放套管气（确定油井合理生产套管压力），安装气锚，下防气泵，加深泵挂，减小防冲距，采取长冲程、慢冲次的组合法。

4）油层供液不足示功图

特征：一般供液不足如图1-7(a)所示，增载线和卸载线相互平行，右上角呈"刀把形"；卸载线左移，卸载开始的时间延迟。

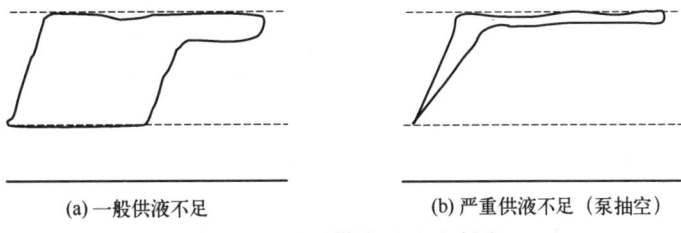

(a)一般供液不足　　　　(b)严重供液不足（泵抽空）

图1-7　油层供液不足示功图

措施：调小生产参数或采取间歇抽油；作业检泵、加深泵挂；加强注水或进行油层改造。

5）排出部分漏失示功图

特征：排出部分一般漏失如图1-8(a)所示，上载荷线和下载荷线接近于最大和最小理论载荷线；左下尖，右上圆，下边长，上边短，增载缓慢，卸载提前。

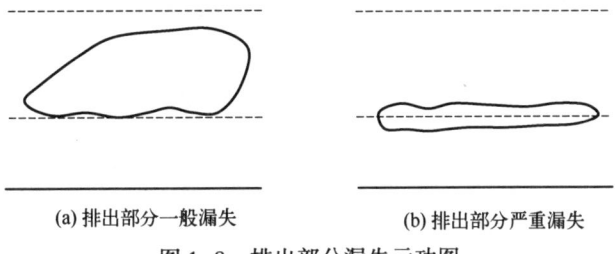

(a)排出部分一般漏失　　　　(b)排出部分严重漏失

图1-8　排出部分漏失示功图

措施：热洗，碰泵，无效后检泵。

6）吸入部分漏失示功图

特征：吸入部分一般漏失如图1-9(a)所示，上载荷线和下载荷线接近于最大和最小理论载荷线；左下圆，右上尖，上边长，下边短，卸载缓慢，增载提前。

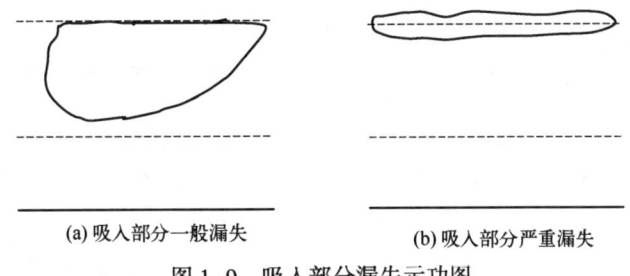

(a)吸入部分一般漏失　　　　(b)吸入部分严重漏失

图1-9　吸入部分漏失示功图

措施：热洗，碰泵，无效后检泵。

7）双阀漏失示功图

特征：如图1-10所示，图形面积变小，上载荷线低于最大理论载荷线，下载荷线高于最小理论载荷线；四角圆滑。

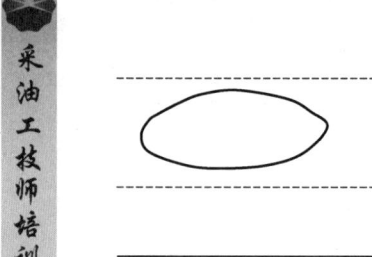

图 1-10 双阀漏失示功图

措施：热洗，碰泵，无效后检泵。

8）油井出砂示功图

特征：如图 1-11 所示，上载荷线和下载荷线呈不规则的锯齿状波动，各种出砂情况的图形形状不同。

措施：对于柱塞砂阻和双阀失灵，建立人工井壁或进行人工胶结砂层，安装砂锚，建立合理的油井工作制度（减小生产压差），下防砂泵，洗井，循环抽油。对于砂卡，采取套管加压法解卡，冲洗循环法解卡；若无效进行作业解卡。

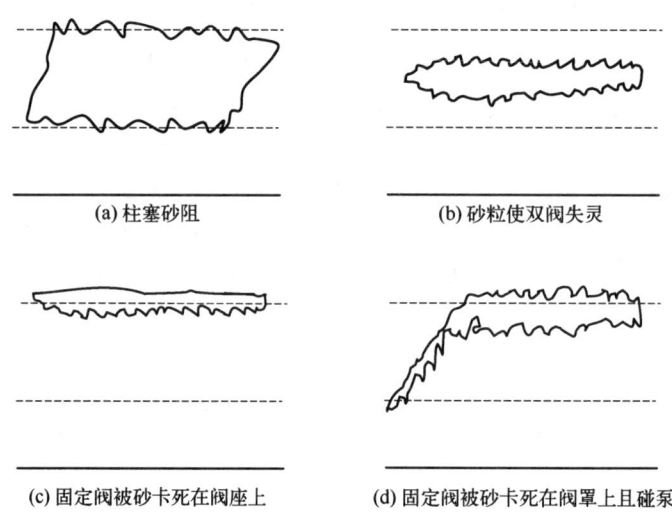

(a) 柱塞砂阻　　　　　　　(b) 砂粒使双阀失灵

(c) 固定阀被砂卡死在阀座上　　(d) 固定阀被砂卡死在阀罩上且碰泵

图 1-11　油井出砂示功图

9）油井结蜡示功图

特征：如图 1-12 所示，上下载荷线呈不规则波动；上载荷线超过最大理论载荷线，各种结蜡情况的示功图图形形状不同，有的肥大，有的瘦小。固定阀被蜡卡死示功图如图 1-13 所示。

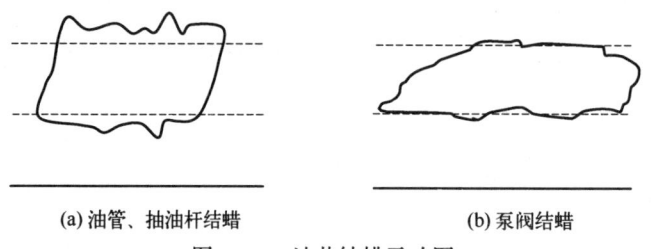

(a) 油管、抽油杆结蜡　　　　　(b) 泵阀结蜡

图 1-12　油井结蜡示功图

措施：采用玻璃油管和涂料油管，安装防蜡器，加化学防蜡剂，热流体洗井，机械清蜡、电热清蜡，检泵。

10）稠油影响示功图

特征：一般稠油影响如图 1-14(a) 所示，图形肥胖，四角圆滑，形如椭圆，各种稠油影响的示功图图形形状不同。

措施：加化学药剂，掺活性水降黏，下抽稠泵，热流体循环，采用长冲程、慢冲次、大泵径的参数组合。

11）油管漏失示功图

特征：如图 1-15 所示，图形近似于平行四边形，随着油管漏失位置越接近于泵和油管漏失量增大，图形位置越接近最小理论载荷线，图形变窄。

措施：进行井下作业。

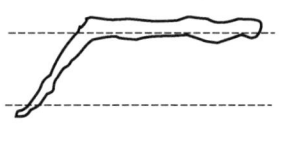

图 1-13　固定阀被蜡卡死示功图

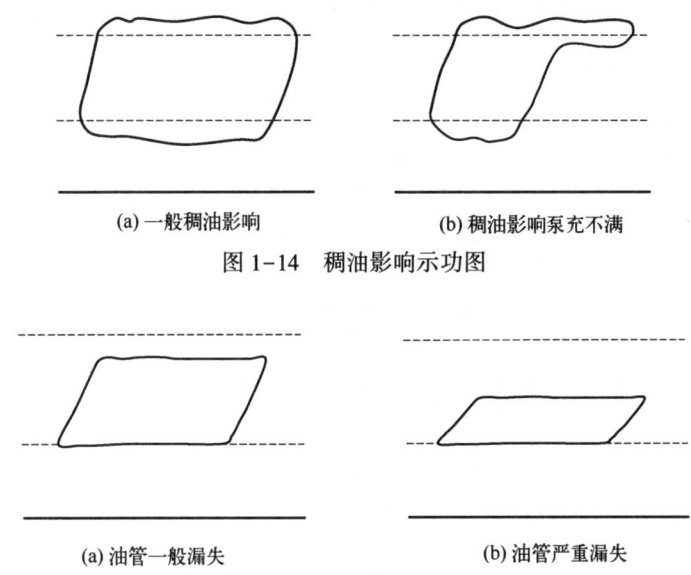

(a) 一般稠油影响　　　　(b) 稠油影响泵充不满

图 1-14　稠油影响示功图

(a) 油管一般漏失　　　　(b) 油管严重漏失

图 1-15　油管漏失示功图

12）连抽带喷示功图

特征：如图 1-16 所示，图形呈窄条形，位于最大和最小理论载荷线之间，增载线和卸载线都不明显；当自喷能力很强或泵径较大时，图形越接近最小理论载荷线，甚至低于最小理论载荷线。

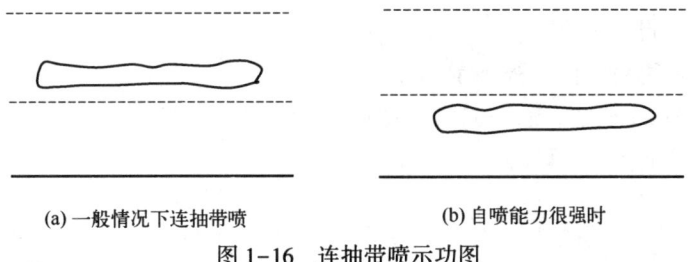

(a) 一般情况下连抽带喷　　　　(b) 自喷能力很强时

图 1-16　连抽带喷示功图

措施：调大生产参数，换大泵，加强管理，最大限度地发挥油井的生产能力。

13）抽油杆柱断脱示功图

特征：如图 1-17 所示，上下载荷线接近，图形呈水平条带状，图形位置与断脱位置有关。

措施：上部断脱时对扣或打捞，若无效进行作业打捞。

14）柱塞脱出泵筒示功图

特征：如图 1-18 所示，上载荷线中途突然降低，图形上出现不规则的波状曲线。

措施：调整防冲距，即将柱塞下放一定的距离；若无效进行井下作业。

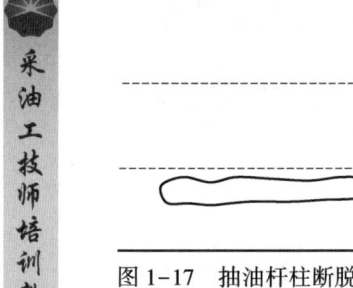

图 1-17 抽油杆柱断脱示功图

15）柱塞撞击固定阀（下碰）示功图

特征：如图 1-19 所示，图形左下角有一个环状的撞击"尾巴"；剧烈撞击时，动载荷增加并造成双阀漏失严重。

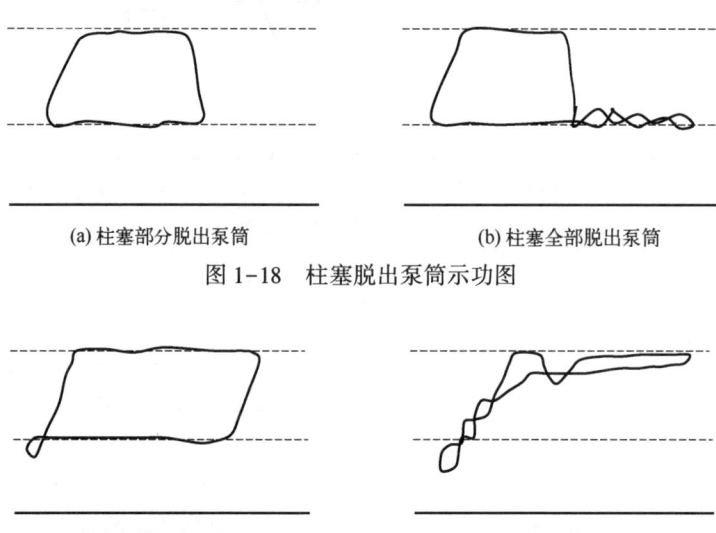

(a) 柱塞部分脱出泵筒　　　　　(b) 柱塞全部脱出泵筒

图 1-18 柱塞脱出泵筒示功图

(a) 柱塞轻微撞击固定阀　　　　(b) 柱塞剧烈撞击固定阀

图 1-19 柱塞撞击固定阀示功图

措施：按规定调大防冲距。

16）柱塞未下入泵筒示功图

特征：如图 1-20 所示，增载线和卸载线看不清，图形两端呈椭圆形，上载荷线远远低于最大理论载荷线。

措施：按规定调小防冲距。

17）管式泵柱塞在泵筒中被卡示功图

特征：如图 1-21 所示，载荷斜直线增加；图形呈斜麻花状。

措施：进行井下作业，解卡。

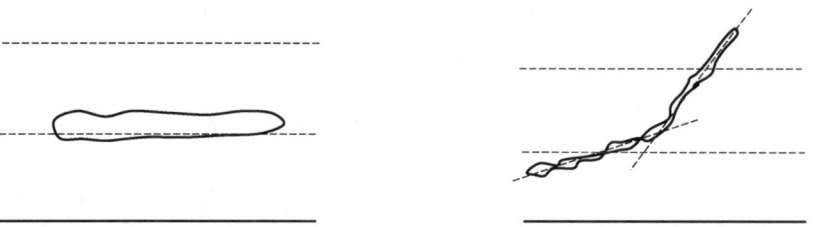

图 1-20 柱塞未下入泵筒示功图　　　图 1-21 管式泵柱塞在泵筒中被卡示功图

18）上死点碰挂（上碰）示功图

特征：如图 1-22 所示，上死点处载荷突然增加，图形右上角有一个振动环圈。

措施：重新调整防冲距，作业检泵。

19）游动阀关闭迟缓示功图

特征：如图 1-23 所示，图形左下少一块，柱塞有效行程减少。

措施：热洗，碰泵，无效后检泵。

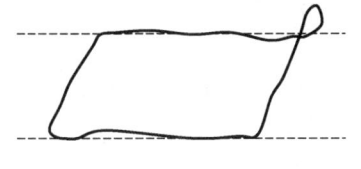

图 1-22　上死点碰挂（上碰）示功图　　　图 1-23　游动阀关闭迟缓示功图

20）衬套错乱示功图

特征：如图 1-24 所示，上、下载荷线呈台阶状起伏。如果抽油泵的衬套错乱造成较严重的漏失时，则载荷下降，使示功图图形变窄。

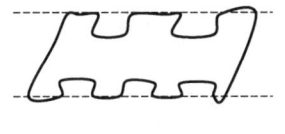 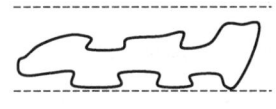

(a) 一般衬套错乱　　　　　　　(b) 衬套错乱造成漏失

图 1-24　衬套错乱示功图

措施：进行井下作业。

21）井口摩擦力大示功图

特征：如图 1-25 所示，增载线和卸载线产生畸变，成为直线，图形呈长方形。

措施：调试密封盒松紧合适。

22）减速器振动示功图

特征：如图 1-26 所示，图形近似于平行四边形，载荷线上有锯齿状波纹。

措施：更换新减速器；应加强对减速器的维护保养工作，保持减速器内清洁，润滑良好，并细心调节平衡，使抽油机处在良好的平衡状态下运转。

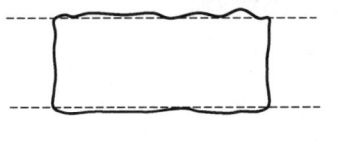

图 1-25　井口摩擦力大示功图　　　　图 1-26　减速器振动示功图

4. 井口憋压诊断法

1) 定性憋压诊断法

定性憋压诊断法是通过抽憋和停憋两种情况来分析和判断抽油泵的工作状况。如阀座或阀球黏附砂、蜡而造成轻微的阀关不严或被卡，可用此方法。

在抽油机运行中，关闭回压阀门和连通阀门，在井口观察油管压力的变化，从油管压力上升情况来分析判断井下故障，称为抽憋；当抽憋压力达到 3MPa 时停抽，再憋 10~15min，从油管压力下降情况来分析判断井下故障，称为停憋。

诊断方法如下：

（1）上冲程时压力上升较快，下冲程时压力不变或略有上升，说明抽油泵工作状况良好。

（2）上冲程时压力上升较快，下冲程时压力下降，经抽油数分钟后，压力变化范围不变，说明游动阀始终关闭打不开，泵内不进油。其原因有：

① 固定阀漏失严重或完全失效。

② 泵的进油部分堵塞。

③ 气体影响大，造成气锁。

④ 液面很低，泵不进油。具体为哪一种原因，还需要结合其他资料（如动液面资料、套管气大小、产量、出砂和砂面及结蜡资料等）进行综合分析诊断。

（3）上冲程时压力上升缓慢或不上升，下冲程时压力不变，说明排出部分漏失（可能是游动阀漏、油管漏、柱塞与衬套的间隙漏）。

（4）上冲程时压力上升较快，下冲程时压力下降较慢，说明固定阀轻微漏失，如果下行时压力下降得越快，说明固定阀漏失越严重。

（5）上冲程时压力上升较快，下冲程时开始压力下降后压力又基本稳定，说明供液不足。

（6）上冲程时压力不上升，下冲程时压力下降，说明双阀均漏失严重。

2) 憋压曲线诊断法

抽油机井憋压曲线法（又称为双憋曲线法，简称双憋法）是在抽油机运转和停抽状态下，通过关闭回压阀门憋压的方式，各测一条压力与时间的关系曲线来判断抽油泵泵况的方法。

（1）憋压曲线。

① 抽油泵工作状况完好。

当抽油泵的工作状况完好，泵阀不漏失时，压力随时间变化关系主要表现为液体压缩的增压关系与抽油杆弹性伸长的增容缓压及间隙漏失缓压关系的综合结果。

通过定性分析得出，间隙漏失量和抽油杆弹性伸长引起的管腔增容量均是压差的线性函数，因此憋压过程中压力与时间关系主要反映的是液体压缩关系，该关系是近似线性关系，可用定性简式表示：

$$p = p_0 + at \tag{1-6}$$

式中　p——憋压后的油管压力，MPa；

　　　p_0——憋压前的油管压力，MPa；

　　　a——与冲程、冲次、泵直径等有关的系数；

　　　t——憋压时间，min。

抽油机井的憋压曲线一般测取两条，一条是抽油机井正常生产时的憋压曲线，另一条是抽油机井未启机，自喷生产时的憋压曲线。抽油机井正常生产时的憋压曲线包括两段：前一段是启机运转时测得，用于验证抽油泵的工作性能；后一段是憋压3MPa后停机测得，用于检验泵阀漏失。抽油机井未启机自喷生产的憋压曲线，用于检验抽油机井自喷能力的大小。

抽油泵正常工作时，其憋压曲线应是一条近似直线，即憋压曲线压力线性上升。启机憋压3MPa后停机憋压，其曲线应近似平行横坐标轴，即稳压曲线稳定，如图1-27所示。

② 抽油杆断脱。

当抽油杆断脱时，泵不起作用，此时无论是开机憋压还是停机憋压，两条曲线反映的压力与时间的关系都是自喷井的压力恢复关系，如图1-28所示。

$$p = p_0 + b\lg(t+1) \tag{1-7}$$

式中　b——与渗透率、油层厚度、液体黏度等有关的系数。

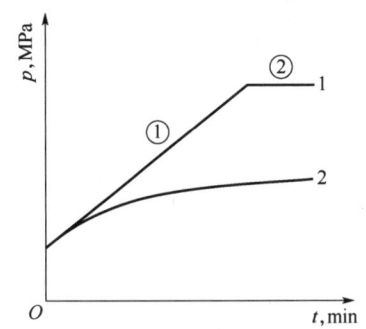

图1-27　抽油泵正常憋压曲线
1—启机工作；①—启机运转时测得；②—憋压3MPa后停机测得；2—未启机自喷生产

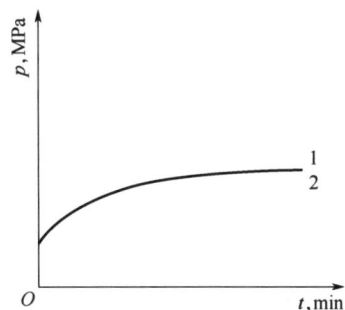

图1-28　抽油杆断脱憋压曲线
1—启机工作；2—未启机自喷生产

因此，当抽油杆断脱时，憋压曲线与油井未启机自喷生产的憋压曲线非常接近。如果油井没有自喷能力，抽憋和停憋油管压力都等于零。

③ 泵阀漏失与油管漏失。

当泵阀漏失与油管漏失时，便有漏失孔道产生。在此泵况下进行憋压，压力与时间关系反映的是好泵线性关系附加了由于漏失引起的压力降$p(t)$。该泵况下的压力与时间关系可用定性简式表示：

$$p = p_0 + at - p(t) \tag{1-8}$$

分析可知，该憋压曲线将是介于好泵工作的直线与停机压力恢复的对数曲线之间的斜率逐渐变小的曲线，如图1-29所示。

油管漏失与泵阀漏失的流动机理相同，在曲线形式上表现一致。如果漏失发生在油管上部且动液面在井口，则从套管压力表上还可以看到指针随光杆的上下行程而摆动的现象。

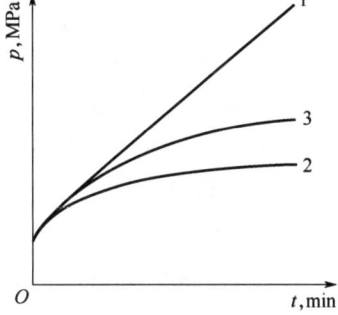

图1-29　泵阀或油管漏失憋压曲线
1—启机工作；2—未启机自喷生产；3—泵阀或油管漏失

因此，泵阀或油管漏失的抽油机井，泵工作时的憋压曲线整个部分弯曲，无直线段。停机憋压，压力不稳定，压力下降。

（2）憋压方式。

根据油井条件和漏失问题性质的不同，有以下三种憋压方式：

① 三相憋压。三相憋压是最简单的直接憋压，这时油管内是油、气、水三相。一般情况下可以采取这种憋压方式。

② 两相憋压。如果油井气量过大，则关回压阀门后，油管内自由气体积占油管内总体积的比例较大。此时由于气体的压缩规律与液体不同，将导致整个液体的压缩系数明显偏离常量，线性关系被破坏，使曲线分析复杂化。为了消除这种影响，可在关回压阀门后的适当时刻，油管内的气体游离到上部后打开放空阀门放气，自由气放净后，再关好放空阀门继续憋压。这样，由于重新泵入的气体与油管内总液量相比很小，因此以后的压力与时间关系反映的基本是液体的压缩规律。

③ 单相憋压。当所测曲线类型含混不清或经分析认为是漏失，要区别是机械性漏失还是结蜡漏失时，就可以采取单相憋压法，即在油井热洗后立即憋压。这时整个井筒中基本上都是水，憋压将能清楚地反映出真实的泵况。

5. 电流分析诊断法

电流分析诊断法是利用钳形电流表测量电动机三相电流，根据电流的变化情况来判断抽油机井故障的方法。电流分析可诊断如下故障或问题：

（1）抽油杆断脱、脱接器脱落时，抽油机上行电流突然减小，下行电流增大，断脱位置不同电流变化情况不同，断脱位置越浅电流减小幅度越大。当油井无自喷能力时，无产液量。

（2）管柱断脱时，抽油机上行电流明显减小，下行电流减小或不变（减小幅度与惯性载荷有关），断脱位置越浅电流减小幅度越小。

（3）油管漏失时，漏点越大、漏点越深，上行电流减小越明显，下行电流减小或不变。

（4）泵阀漏失时，游动阀漏失上行电流减小，下行电流有所减小或不变；固定阀漏失上行电流变化幅度不大，下行电流减小。

（5）杆管结蜡时，悬点载荷增大，抽油机上、下行电流逐渐增大，产量下降；柱塞结蜡时，使游动阀常开，上行电流减小，下行电流增大。

（6）出油管线堵塞时，抽油机上行电流增大，下行电流减小。

（7）间歇出油井，抽油机上、下行电流来回波动。

（8）抽油杆柱下行困难是指杆柱下行遇到明显阻力导致下行速度变慢。杆柱下行困难时，抽油机下行电流明显高于上行电流。

6. 试泵诊断法

试泵诊断法是往油管中打入液体，根据泵压或井口压力变化情况来判断抽油泵故障的方法。试泵诊断法有以下两种。

1）把柱塞放在工作筒内试泵

（1）若泵压上升，则说明泵的游动阀及柱塞密封性好，但还要验证固定阀工作情况。

(2) 若泵压下降或没有压力，则说明泵的游动阀、柱塞及固定阀均严重漏失。

(3) 若泵压和套管压力同时上升，则说明油管严重漏失。

2) 把柱塞拔出工作筒，打液试泵

(1) 若泵压上升，则说明泵的固定阀密封性好。

(2) 若泵压下降或没有压力，则说明泵的固定阀严重漏失。

7. 取样分析诊断法

在抽油机井泵况稳定的情况下，含水也比较稳定。当泵况变差时，由于排液能力变差，导致动液面上升、井底压力上升，缩小了生产压差，抑制了低含水低渗透油层内原油的流动性，而高含水层内液体的流动性较好，含水通常呈现上升趋势，但高含水井上升趋势不明显。

8. 液面观察诊断法

液面观察诊断法只应用于地层压力低的无气的浅井，在深井中由于力传递的滞后现象，常使观察到的现象和光杆运动不一致，但一般也可作为参考。

诊断方法是当油井不出油或出油不正常时，可在停抽后关闭回压阀门，卸掉密封盒，从井口观察油管中的液面变化。如果液面很低，从井口看不到时，可往油管中灌原油直到井口（灌油时卸掉密封盒，观察完毕后再装上）。然后，开动抽油机并注意观察光杆上行和下行时的液面升降情况，从液面升降情况来判断抽油泵的故障：

(1) 光杆上行时液面上升，光杆下行时液面平稳或略有下降，说明抽油泵工作状况良好。

(2) 光杆上行时液面上升，光杆下行时液面下降，经抽油数分钟后，液面变化范围不变，说明光杆上行、下行时柱塞良好，游动阀始终关闭而打不开，其原因有以下几种：

① 固定阀严重漏失或完全失效。

② 泵的进油部分堵塞。

③ 气体影响大，造成气锁。

④ 液面很低，泵不进油。

具体为哪一种原因，还需要结合其他资料（如动液面资料、套管气大小、产量、出砂和砂面及结蜡资料等）进行综合分析诊断。

(3) 光杆上行时液面不明显上升，光杆下行时液面下降，而且液面变化范围不变，说明游动阀和柱塞严重漏失，而固定阀良好。

(4) 抽几分钟后，液面迅速下降到再也看不到液面，说明泵的吸入部分和排出部分均严重漏失。

9. 井口呼吸观察诊断法

井口呼吸观察诊断法只应用于地层压力低的油井。

诊断方法是关闭井口回压阀、连通阀，打开放空阀，用手堵住放空阀出口，或在放空口处蒙张薄纸片，凭手的感觉或纸片的活动情况，也就是从观察抽油泵上、下"呼吸"情况来判断抽油泵的故障。

(1) 油井不出油，上行时出气大，下行时出气很小，说明抽油泵工作状况良好，只是油管内液面太低，油液还未抽到井口。

（2）油井不出油，上行时出气，下行时吸气，说明是固定阀严重漏失或进油部分堵塞。原因是当柱塞上行时，由于游动阀和柱塞密封严密，柱塞以上的气体被排出，井口表现为出气；在柱塞下行时，由于固定阀严重漏失或进口部分堵塞，泵工作筒内无油液，使游动阀不能打开，油管内液柱随柱塞一起向下移动而吸气。

（3）油井不出油，上行时开始稍出气，随后又出现吸气现象，说明主要是游动阀漏失。原因是上冲程当柱塞上行速度大于泵漏失速度时，液柱向上走了一段距离，所以顶出一点气，但因游动阀漏失，液柱又下降，因而接着又出现吸气现象。

10. 日常巡检诊断法

日常巡检诊断法是指采用看、听、摸、测、闻等方法对抽油机井进行日常巡回检查，发现可疑迹象，采取紧固、润滑、调整、清洗、清洁等方法进行处理。

1）看、听、摸、测、闻检查方法

看：抽油机各连接部分有无松动、脱出、滑动现象，抽油机各部件工作状况是否正常，油管压力、套管压力是否正常。

听：抽油机各部位运转声音是否正常，有无碰、刮的声音。

摸：电动机温度是否过高，密封盒、光杆是否发热。

测：抽油机是否平衡，三相电流是否平衡。

闻：配电箱内是否有异味，井口有无油气味。

2）紧固、润滑、调整、清洗、清洁处理方法

紧固：紧固抽油机各部位松动的螺栓和螺母、顶丝、键连接等，补齐缺失的螺栓和螺母、垫片、销钉、斜铁等，更换损坏的螺栓和螺母、顶丝、键连接、其他抽油机零部件等。

润滑：加注抽油机各部位轴承润滑脂；补加或更换减速箱润滑油，更换减速箱渗漏部位的密封垫。

调整：调整刹车行程，更换严重磨损的刹车蹄片；调整抽油机皮带松紧度，更换严重磨损的抽油机皮带；调整抽油机平衡；调整抽油机底座水平；调整抽油机驴头中心与井口中心对中；调整抽油机曲柄剪刀差；调整抽油机冲程和冲次等。

清洗：清洗减速箱呼吸阀，清洗刹车轮毂里的油污。

清洁：清理抽油机表面油污和锈迹。

（二）抽油机井故障处理方法

1. 抽油机设备易发生的故障与处理

1）油管、套管环形空间窜通故障与处理

（1）故障现象。

① 热洗时在井口能听到响声，井口温度短时间即达到进出口一样的温度。

② 量油时油井产量下降。

③ 液面（流动压力）抽不下去。

④ 抽压时稳不住压力，严重时油管压力不起，正注打压时出现油管压力、套管压力平衡现象。

⑤ 水井油管、套管窜通时，正注，套管打开放空时有刺漏的声响，严重时溢流量

变大。

(2) 故障原因。

① 油管悬挂器损坏。

② 油管悬挂器密封圈损坏。

③ 油管漏失。

(3) 处理方法。

① 作业时更换油管悬挂器。

② 作业时更换油管悬挂器密封圈。

③ 更换油管。

2) 油管悬挂器顶丝密封填料渗漏故障与处理

(1) 故障现象。

① 油井顶丝压帽处经常有油污或水渗漏。冬季时，顶丝压帽处渗漏有原油和冰。

② 水井顶丝压帽处有渗漏，有一层白色结晶状物体附着在表面。

(2) 故障原因。

油管挂顶丝密封填料损坏或缺失，顶丝压帽未压紧。

(3) 处理方法。

① 停机，关闭生产阀门，由套管接放空管线将油管、套管环形空间压力放净。

② 卸掉顶丝压帽，取出旧O形密封填料，新密封填料抹上少许润滑脂后加入到顶丝密封盒中，上紧顶丝压帽，注意不要卸松顶丝。

③ 倒回原生产流程，检查密封情况。

④ 按操作规程启机。对于顶丝压帽未压紧引起的渗漏，紧固顶丝压帽。

3) 井口装置大法兰钢圈刺漏故障与处理

(1) 故障现象。

油井大法兰处有油污渗出，而水井的大法兰处有漏水现象或成雾状喷射。这里通常是指上法兰钢圈刺漏，而下法兰钢圈刺漏时只有起出油管才能更换。

(2) 故障原因。

大法兰钢圈损坏。

(3) 处理方法。

① 如是油井，压井后，停止抽油机、断电，关闭生产阀门，将油管压力放净。

② 如是水井、电动潜油泵井，可抬井口更换大法兰钢圈。

③ 如是抽油机井，应将抽油杆下放到井底。卸掉大法兰螺栓和生产阀门的内卡箍，卸掉光杆密封盒压帽，取出密封填料，将大法兰以上的部分从光杆中拔出（注意与吊车配合）。从大法兰上取下刺坏的钢圈，从光杆的末端拿掉旧钢圈。将新钢圈抹少许黄油后换上，依次将从采油树拔出的部件穿过光杆，安装到采油树上，上紧法兰螺栓，卡好生产阀门内卡箍，装上新的光杆密封填料、上好压帽，打开生产阀门，启动抽油机，检查更换质量。

4) 胶皮阀门（封井器）胶皮芯损坏故障与处理

(1) 故障现象。

更换光杆密封圈时，胶皮阀门关不严，打开密封盒压帽后有油气溢出。压力大的油井，发生井喷，无法更换光杆密封圈。

(2) 故障原因。

① 更换密封圈后，没开大胶皮阀门就启动抽油机，胶皮阀门的胶皮芯有效使用部分被磨损。

② 没有对称开关阀门，使一侧的胶皮芯磨损。

③ 阀门芯固定胶皮的螺栓脱落。

④ 由于长期使用，导致胶皮芯老化破裂或损坏。

⑤ 机械方面和材质方面的原因。

(3) 处理方法。

更换胶皮芯具体操作如下：

① 先压井，压完后可进行更换操作。

② 停机，关闭生产阀门，从井口另一侧的生产阀门接放空管线放空。

③ 当井内无压力时，卸松胶皮阀门的导向螺栓，使导向螺栓离开导向槽（不要全部卸下），将胶皮阀门开到最大。

④ 卸掉大压盖，摘掉阀门芯。

⑤ 卸掉固定胶皮芯的螺栓，拿下压板，取下旧胶皮芯，安装新胶皮芯，固定胶皮芯的螺栓不要上得过紧。

⑥ 将阀门芯的外边抹上黄油，连同大压盖同时装到阀体上，使导向螺栓进入导向槽，装上大压盖并上紧。用同样的方法更换另一侧。

⑦ 阀门开关应灵活、无刮卡现象，试压，无渗漏现象。

⑧ 倒回原流程，启机。

5) 250型阀门丝杠O形密封圈渗漏故障与处理

(1) 故障现象。

250型阀门丝杠处渗漏，严重时刺漏。

(2) 故障原因。

250型阀门丝杠的O形密封圈磨损或损坏。

(3) 处理方法。

无控制部位的阀门应压井后再更换，如是能控制的部位，应先倒流程放空后方可更换。

① 倒流程放空，开大阀门，卸下手轮、压帽、销键、铜套轴承。

② 卸下阀门大压盖，连同闸板取出，摘下闸板，取出旧O形密封圈，换上同型号新O形密封圈。

③ 装上闸板、大压盖、铜套轴承、销键、手轮、压帽，上紧压盖和手轮压帽。注意边上大压盖边关（活动）阀门。

④ 试压合格，倒回原流程。

6) 抽油机整机振动故障与处理

(1) 故障现象。

驴头晃动，支架摆动，支架和底座振动，底座与基础之间上、下活动，抽油机周围地面振动，底座与基础连接螺栓松动并有锈蚀痕迹，抽油机发出异常声响，电动机发出不均匀噪声。

(2) 故障原因。

① 基础不牢固,底板的预埋件与基墩的焊接开焊。

② 底座与基础接触不实,有空隙,斜铁开焊松动外窜,底座固定螺栓松动。

③ 支架底板与底座接触不实有空隙,支架与底座固定螺栓松动。

④ 驴头对中误差大,严重超出规定范围。

⑤ 驴头悬点负荷超载,此类情况多发生在井下换大泵、加深泵挂、冲程大、冲次快时,惯性负荷和振动负荷增加。

⑥ 冲次过快或抽油机严重不平衡,抽油机的整体稳定性降低,机身产生振动。

⑦ 井下碰泵、刮卡。每上、下一次都有一次卸载、增载,抽油机摇摆、晃动。

⑧ 减速箱齿轮损坏或左右旋齿松动。减速箱噪声大,机身振动大。

(3) 处理方法。

① 如基墩与底板预埋件开焊,可挖出基墩至底板预埋件重新焊接。

② 基墩与底座的连接部位不牢时,可重新加满斜铁,重新找水平后,紧固各螺栓,并备齐止退螺母。将斜铁块点焊成一体,以免斜铁脱落。

③ 支架与底座有空隙时,用金属垫片找平,紧固固定螺栓。

④ 驴头不对中时,应及时调整对中。

⑤ 严重超载时,应及时调小生产参数或更换大的机型。

⑥ 冲次过快时,应合理调小冲次,减小惯性;抽油机不平衡时,应及时调整平衡。

⑦ 碰泵时,应调整防冲距;如发现有刮卡现象时可将抽油杆调整一个位置,直至不刮卡为止。

⑧ 如减速箱齿轮损坏、左右旋齿松动,应检修或更换减速箱。

7) 抽油机减速箱漏油故障与处理

(1) 事故现象。

① 减速箱发热,油箱温度高。

② 润滑油从减速箱上盖和底座的合口处、减速箱三轴的油封处流出,或从减速箱底部放空丝堵处、减速箱油面检视孔处流出。

(2) 故障原因。

① 减速箱内润滑油加得过多。

② 闭合箱口不严,螺栓松动或没抹合箱口胶。

③ 减速箱内回油槽堵。油道堵后油不能退回到箱内,造成合箱口渗油、漏油。

④ 减速箱输入轴、中间轴和输出轴密封部位的轴磨损,油封失效或唇口磨损严重。

⑤ 减速箱底部放油丝堵松动。

⑥ 减速箱油面检视孔密封垫子损坏或固定螺栓松动。

⑦ 减速箱加油孔盖垫子损坏或固定螺栓松动。

⑧ 减速箱呼吸阀堵塞,使减速箱内压力增大,从油封处漏油。

(3) 处理方法。

① 放掉减速箱内多余的润滑油。打开减速箱放油孔,放掉减速箱内多余的润滑油,使箱内油面在油面检视孔的 $1/3 \sim 2/3$。

② 箱口闭合不严时，应卸开箱口，涂抹合箱口胶重新进行组装；箱口螺栓松动时，应紧固箱口螺栓。

③ 清理疏通回油槽。

④ 维修更换三轴，更换油封。

⑤ 紧固减速箱底部放油丝堵。

⑥ 更换减速箱油面检视孔密封垫子，上紧固定螺栓。

⑦ 更换减速箱加油孔盖垫子，上紧固定螺栓。

⑧ 卸下呼吸阀，清洗干净。

8）抽油机减速箱内有不正常敲击声故障与处理

(1) 故障现象。

抽油机运行到某一位置时，减速箱内发出"咯噔"响声；窜轴时，观察到减速箱输出轴左右窜动。

(2) 故障原因。

① 齿轮制造质量差，齿轮过度磨损或折断。

② 减速箱有窜轴现象。

③ 输出轴轴承磨损或损坏。

④ 齿轮倾斜角不正常。

⑤ 抽油机严重不平衡。

⑥ 冲次太快。

(3) 处理方法。

① 更换减速箱。

② 更换新轴承。

③ 调整平衡，满足平衡要求。

④ 降低冲次。

9）抽油机减速箱轴承发热或有不正常响声故障与处理

(1) 故障现象。

减速箱轴承部位发热温度达70℃以上，发出"咯噔"响声。

(2) 故障原因。

① 润滑油不足或变质失效。

② 轴承盖或密封部分松动产生摩擦。

③ 轴承损坏或磨损，滚珠破碎。

④ 齿轴制造不精确，三轴线不平行。

⑤ 轴承跑外圆。

(3) 处理方法。

① 加足润滑油或更换合格的润滑油。

② 拧紧螺栓，固定好轴承盖及密封部位。

③ 更换轴承。

④ 送修或更换标准减速箱。

⑤ 用垫片调整好间隙。

10) 抽油机减速箱大皮带轮松动滚键故障与处理

(1) 故障现象。

在抽油机运转时减速箱大皮带轮晃动,有异常声响,皮带使用寿命缩短,严重时大皮带轮掉落。

(2) 故障原因。

① 大皮带轮端头的固定螺栓松动,使皮带轮外移。

② 大皮带轮固定螺栓松动,无锁紧螺母,使皮带轮外移。

③ 大皮带轮键尺寸不合适、键损坏。

④ 输入轴键槽不合适。

(3) 处理方法。

① 紧固大皮带轮的端头螺栓,锁紧止退锁片。

② 更换大皮带轮键。

③ 检查输入轴或大皮带轮键槽是否有损坏,如有损坏应更换输入轴或大皮带轮;如果键槽是好的,重新加工键。

11) 抽油机运转时皮带松弛故障与处理

(1) 故障现象。

① 单根皮带有松有紧。

② 联组皮带有跳动、波浪状起伏现象。

③ 皮带打滑并伴有异常声响。

④ 起火而烧皮带。

⑤ 皮带掉在地上。

(2) 故障原因。

① 使用的皮带长度不一致。

② 电动机滑轨的固定螺栓、顶丝松动。

③ 电动机固定螺栓松动。

④ 皮带拉长。

(3) 处理方法。

① 选择合适的、长度一致的皮带。如果是新皮带就长短不一,可将长的用在一组,短的用在一组。

② 紧固松动的固定螺栓,并顶紧顶丝。

③ 调整皮带的拉紧度。因皮带用一段时间后肯定会拉长,因此应调整,以保持皮带的拉紧度。拉紧度以单根皮带翻转180°松手后能复位为合格;对于联组皮带,拉紧度以手掌下压一指松开后皮带即复位为合格。

12) 抽油机刹车不灵活或自动溜车故障与处理

(1) 故障现象。

① 停机刹车时,曲柄不能停在预定位置,拉刹车时感觉很轻。

② 刹紧刹车后,虽然可以停在预定位置,但短时间内出现曲柄自动转动现象。

③ 刹车把向后拉或向前推几乎不动。

（2）故障原因。

① 刹车行程未调整好，行程过大，拉到底时刹车片才起作用。

② 刹车片严重磨损，刹车片与轮毂的摩擦力不够。

③ 刹车片被润滑油污染，摩擦力降低，起不到制动作用。

④ 刹车中间支座润滑不好或大小摇臂有一个卡死，拉到位置后刹车仍不起作用。

（3）处理方法。

① 调整刹车行程应在 1/2~2/3。调整刹车连杆，保证刹车行程合适；调整刹车凸轮位置，保证刹车时刹车蹄能同时张开。

② 更换严重磨损的刹车片。取下旧刹车片，重新铆上新刹车片（注意铆钉或固定螺栓低于刹车蹄 2~3mm，换完刹车片后重新调整刹车行程、刹车片与刹车蹄尺寸相等）。

③ 清理刹车毂里的油迹，确保刹车毂与刹车片之间无脏物、无油污。如果是刹车毂一侧的油封漏油，应更换油封。

④ 把刹车中间支座拆开，因里面是铜套需要润滑，拆开后清理油道并加注黄油。两个摇臂要调整好位置，不得有刮卡现象。

13）抽油机曲柄销在曲柄圆锥孔内松动或轴向外移拔出故障与处理

（1）故障现象。

抽油机运转时有周期性的"轧轧"声，严重时地面上有闪亮的铁屑，发生掉游梁的翻机事故。

（2）故障原因。

① 曲柄销固定螺栓松动或开口销未插。

② 安装曲柄销时锥套内有脏物。

③ 曲柄销衬套的圆锥已被磨损。

④ 销轴与衬套配合不好，接合面积不够。

⑤ 销轴与衬套加工质量不合格。

（3）处理方法。

① 紧固曲柄销固定螺栓，安装开口销。

② 清理衬套内部脏物。

③ 更换合适衬套。

④ 更换合适衬套，销轴与衬套接合面积应能达到 65% 以上。

⑤ 更换加工合格的衬套和曲柄销。

14）抽油机曲柄销发出周期性响声故障与处理

（1）故障现象。

抽油机运转到某一位置时发出"嘎嘎"响声，曲柄销固定螺栓松动，防松线错位，严重时地面有闪亮的铁屑。

（2）故障原因。

① 曲柄销轴承润滑不良，导致轴承磨损，出现有规律的异响。

② 曲柄销固定螺栓松动，使销轴在衬套内转轴。

③ 曲柄销键损坏。

④ 销轴与衬套配合不好，接合面积不够。

⑤ 曲柄销轴承损坏。

(3) 处理方法。

① 定期对曲柄销轴承加注润滑脂。

② 紧固曲柄销固定螺栓,安装开口销。

③ 更换合适的键。

④ 更换合适衬套,销轴与衬套接合面积应能达到65%以上。

⑤ 更换轴承。

15) 抽油机曲柄在输出轴上发生外移故障与处理

(1) 故障现象。

抽油机运转时,曲柄在输出轴上有跳动现象,同时有异常声响;停机后,从后面看连杆(曲柄)不是垂直而是下部向外。严重时掉曲柄,造成翻机事故。

(2) 故障原因。

① 曲柄键不合格,输出轴键槽与曲柄键槽损坏。

② 曲柄拉紧螺栓松动、曲柄拉紧螺栓断裂,使曲柄键与键槽接合不紧密。

(3) 处理方法。

① 更换曲柄键或加工异形键。

② 紧固曲柄拉紧螺栓。

16) 抽油机平衡块固定螺栓松动故障与处理

(1) 故障现象。

检查时,发现上、下冲程各有一次有规律的声响;固定螺栓松动,平衡块位移;严重时,平衡块掉落至地上,曲柄牙磨掉,使曲柄报废。雨后能看到固定螺栓部位有水锈痕迹。

(2) 故障原因。

① 曲柄平面与平衡块接触平面之间有油污或脏物。

② 平衡块固定螺栓、锁块螺栓松动。

(3) 处理方法。

① 清理曲柄平面与平衡块接触平面之间的油污或脏物,重新紧固固定螺栓。

② 将曲柄停在水平位置,检查固定螺栓及锁块螺栓,将平衡块恢复到原位置,紧固平衡块固定螺栓及锁块螺栓。

③ 平衡块松动移位导致曲柄限位齿损坏不能使用时,应更换曲柄。

17) 抽油机连杆刮碰曲柄平衡块故障与处理

(1) 故障现象。

当抽油机曲柄运转到某一位置时发出异常声响,并且是有规律的声响;连杆和平衡块相互摩擦部位有明显的痕迹,地面有铁屑。

(2) 故障原因。

① 游梁安装不正,中心线与底座中心线不重合。

② 抽油机以前出现过故障,造成游梁扭曲变形。

③ 平衡块铸造不符合标准,凸出部分过高。

④ 抽油机基础一侧下沉。

（3）处理方法。

① 调整游梁位置，使游梁的中心线与底座中心线重合在一条线上。

② 更换合适的游梁。

③ 平衡块凸出过高的部分，用砂轮机打磨掉。

④ 基础下沉一侧，松开地脚螺栓，垫高斜铁，基础调整水平。

18）抽油机尾轴承座螺栓松动故障与处理

（1）故障现象。

尾轴承固定螺栓弯曲、螺栓剪断，尾部有异常声响，轴承座产生位移。

（2）故障原因。

① 游梁上焊接的止板与横梁尾轴承座之间有间隙。

② 支座表面上有脏物，紧固固定螺栓时，未紧贴在支座表面上。

③ 尾轴承座后部穿过止板拉紧尾轴承座的螺栓未上紧。

④ 尾轴承座固定螺栓松动，或无止退螺母。

（3）处理方法。

① 止板有空隙时，可加其他金属板并焊接在止板上，然后上紧螺栓。

② 清理支座表面，重新紧固固定螺栓。

③ 上紧拉紧螺栓和固定螺栓，安装止退螺母，画安全线。

19）抽油机游梁顺着驴头方向前移故障与处理

（1）故障现象。

光杆未对正井口中心，光杆被驴头顶着上升，并伴有声响，振动增加。

（2）故障原因。

① 中央轴承座固定螺栓松动，前部的两条顶丝未顶紧中央轴承座，使游梁向驴头方向位移。

② 游梁固定中央轴承座的U形卡子松动，使游梁向驴头方向位移。

（3）处理方法。

① 用顶丝将中央轴承座顶回原位置，拧紧固定螺栓。

② 卸掉驴头负荷，将抽油机驴头停在上死点，使游梁回到原位置，检查U形卡子是否有磨损，如无磨损，上紧U形卡子螺栓。

20）抽油机游梁不正故障与处理

（1）故障现象。

驴头歪斜，支架轴承有异响，驴头与井口不对中，光杆偏磨井口。

（2）故障原因。

① 抽油机组装不合格。

② 调冲程、换销子操作不当，造成游梁偏扭。

③ 两根连杆长度不一致。

④ 曲柄冲程孔位置不对称。

（3）处理方法。

① 重新组装抽油机。

② 校正游梁。

③ 更换长度相同的连杆。
④ 更换标准曲柄。

21）抽油机悬绳器钢丝绳（即毛辫子）偏向驴头一侧故障与处理

（1）故障现象。

悬绳器轨迹不在驴头弧面两侧的均匀位置运行，钢丝绳偏向驴头一侧或磨驴头侧边，光杆偏磨密封盒，密封盒漏油。

（2）故障原因。

① 驴头安装不正。
② 抽油机发生断连杆、曲柄销脱出等故障，导致游梁扭偏。
③ 抽油机底座安装不正，使驴头与井口不对中。
④ 井口装置倾斜。
⑤ 偏心井口的偏心方位不对。

（3）处理方法。

① 校正驴头。
② 在中轴底座下加垫片校正或校正游梁。
③ 调整底座水平。
④ 校正井口装置。
⑤ 调整偏心井口的偏心方位。

22）抽油机悬绳器毛辫子打扭故障与处理

（1）故障现象。

抽油机上、下行程时，悬绳器毛辫子有一个松劲和吃劲的过程，表现为毛辫子自身进行扭动，呈麻花状。

（2）故障原因。

① 毛辫子断股。
② 毛辫子长度不一致。
③ 光杆与井口中心不对中。
④ 驴头下行速度大于光杆下行速度（因砂、蜡影响产生光杆下行滞后现象）。

（3）处理方法。

① 更换毛辫子。
② 使用长度一致的毛辫子。
③ 调整驴头与井口对中。
④ 洗井。

23）抽油机悬绳器毛辫子拉断故障与处理

（1）故障现象。

悬绳器毛辫子粗细不均匀，生锈腐蚀严重；拉断后，光杆防脱卡子坐在密封盒上，或悬绳器和光杆卡子坐在密封盒上。

（2）故障原因。

① 毛辫子外部生锈腐蚀出现断丝、断股现象，承载能力降低；毛辫子钢丝绳中的麻芯断，造成钢丝绳各股间互相摩擦，钢丝绳损伤导致拉断。

② 毛辫子钢丝绳受到外力严重损伤，同部位断丝超过 3 根而未及时更换，导致钢丝绳拉断。

③ 驴头与井口不对中，毛辫子钢丝绳偏磨驴头边沿而损伤，承载能力降低导致拉断。

④ 毛辫子绳头与灌注的绳帽强度不够，使绳帽与钢丝绳脱落。

⑤ 毛辫子铅坠根部腐蚀断脱。

（3）处理方法。

当发现毛辫子出现断丝、断股、断裂后应立即更换毛辫子。

① 截取合适长度的钢丝绳一根，装上悬绳器的上、下压板。如果是绳帽灌注，要求灌绳锥套的总长度不得超过 100mm。灌铅时应在绳头上打入 2~3 根三角铁纤，起胀开作用，铅里应加入少量锌以增加强度，避免拉脱。如果是用绳卡子卡时，下方预留绳头不得超过 20mm，以免运转到下死点时刺伤人。

② 更换完毕后启机。

24）抽油机驴头不对准井口中心故障与处理

（1）故障现象。

① 光杆偏磨密封盒，严重时密封盒压帽孔眼和压盖中心孔眼被磨大，同时发出异常声响。

② 旧密封圈中间孔眼偏向一侧，不同心。

③ 光杆表面轴向有磨损痕迹。

④ 光杆密封圈密封效果差，密封盒漏油。

（2）故障原因。

① 抽油机安装质量不合格，使驴头与井口不对中。

② 抽油机发生过连杆断、曲柄销脱出等故障，导致游梁偏扭。

③ 抽油机基础倾斜或修井过程中操作不当，造成井口装置倾斜。

（3）处理方法。

① 将抽油机驴头停在上死点，卸掉负荷刹紧刹车，将吊线锤拴在悬绳器中心与井口垂直对中，调整游梁中轴承螺栓（往左调时，松左前、右后顶丝，紧右前、左后顶丝；往右调时，松右前、左后顶丝，紧左前、右后顶丝；往前调时，松两前顶丝，紧两后顶丝；往后调时，松两后顶丝，紧两前顶丝）。

② 调整底座水平。

③ 调整驴头。

④ 校正井口装置。

25）抽油机翻机故障与处理

（1）故障现象。

抽油机游梁从支架上翻落下来，抽油机部分零部件损坏，是抽油机管理中的重大事故。发生翻机事故主要是抽油机游梁失去平衡所致。

（2）故障原因。

① 中尾轴固定螺栓松断，中尾轴轴承损坏。

② 曲柄销子断或脱出。

③ 减速箱输出轴键损坏或曲柄拉紧螺栓松动。

④ 连杆断或连杆销子脱出。
⑤ 横梁断裂。
⑥ 抽油机一侧平衡块脱落，导致两侧连杆、横梁受力不均衡，长时间运转造成翻机。
⑦ 基础不水平。
（3）处理方法。
① 更换损坏的抽油机各零部件，重新装机。
② 调整基础水平。
（4）预防方法。
① 勤检查，重点检查游梁—曲柄—连杆机构，发现异常情况，立即停机检修。
② 定期维修保养，及时更换零部件。
③ 关键部位螺栓涂防松动线，便于及时发现问题，及时处理。
④ 曲柄销子和连杆之间装防翻机装置。
26）电动机无法启动故障与处理
（1）故障现象。
按启动按钮后，交流接触器不吸合或吸合后电动机发出很大"嗡嗡"声，电动机不能启动。
（2）故障原因。
① 控制电源开关未合上。
② 启动按钮失灵。
③ 过载保护动作后，未及时复位。
④ 大理石闸刀的某一相熔断器烧坏后，造成电源缺相。
⑤ 交流接触器动、静触点烧坏。
⑥ 电动机相间或对地绝缘损坏。
⑦ 电动机输出端遇卡，如电动机轴承损坏、卡死。
（3）处理方法。
① 合上控制电源开关。
② 检修和更换启动按钮。
③ 及时复位过载保护。
④ 更换相同规格熔断器。
⑤ 更换交流接触器。
⑥ 更换电动机。
⑦ 更换电动机轴承。
27）启动时，电动机不转动且有很大"嗡嗡"声故障与处理
（1）故障现象。
按启动按钮后，电动机只发出很大"嗡嗡"声，但不能正常启动。
（2）故障原因。
① 一相无电，三相电源电压不平衡。
② 有制动未松开或电动机输出端遇卡。
③ 启动器触点烧坏或接触不良。

④ 电动机接线盒内接线螺栓松动。
⑤ 抽油机载荷过重。
（3）处理方法。
① 检查电路，排除故障。
② 松开刹车，查找遇卡原因并解卡。
③ 检修或更换触点。
④ 上紧电动机接线盒内接线螺栓。
⑤ 查明过载原因，进行处理。

28）电动机烧坏故障与处理
（1）故障现象。
电动机烧煳发黑，有烟焦味；电动机接线盒和配电箱线路烧断，电动机不能运转。
（2）故障原因。
① 接错线，三相电源缺相。
② 抽油机载荷过大，配电箱内的保护元件失灵。
③ 配电箱内电流调整值调得太大，长时间超载运转而导致电动机烧坏。
④ 定子与转子相互摩擦。
⑤ 定子绕组短路或绕组接地。
（3）处理方法。
① 检查相间绝缘和对地绝缘，用欧姆表测定其电阻值不得低于 $0.5\text{M}\Omega$。
② 选择与抽油机载荷相匹配的电动机。
③ 重新调整配电箱内电流保护值。
④ 检修电动机。

29）电动机振动大故障与处理
（1）故障现象。
电动机在运行时发生强烈振动，并发出"哒哒"声音。
（2）故障原因。
① 电动机滑轨固定螺栓松动或滑轨不水平或有悬空现象。
② 电动机固定螺栓松动。
③ 电动机底座有悬空现象。
④ 电动机轴弯曲。
⑤ 皮带"四点一线"未调整好。
（3）处理方法。
① 紧固电动机滑轨固定螺栓，调整滑轨水平。
② 紧固电动机固定螺栓。
③ 扶正垫铁，紧固电动机底座固定螺栓。
④ 检修保养电动机，校正电动机轴。
⑤ 调整皮带"四点一线"。

30）电动机运行时三相电流不平衡故障与处理
（1）故障现象。
电动机温度高，功率降低，绝缘电阻降低，长时间运行会造成电动机烧毁。

(2) 故障原因。
① 三相电压不平衡，造成三相电流不平衡。
② 电动机相间或匝间短路，短路相或短路匝间电流加大，造成三相电流不平衡。
③ 接线错误，一相反接时，三相间电流不等，而且都比正常值大得多。
④ 启动器接触不良，使电动机线圈局部短路。
(3) 处理方法。
① 确定三相电压不平衡是否在规定范围内。
② 确定电动机相间绝缘电阻是否在规定范围内。
③ 正确接线。
④ 检修或更换启动器。

2. 抽油机井易发生的故障与处理

1) 抽油机井井下漏失故障与处理

(1) 故障现象。
① 油井产液量下降，泵效降低。
② 油井井下液面较正常时上升，沉没度上升。
③ 井口憋压时，憋不起油压，或虽能憋起3MPa左右的压力，但停机后压力下降快。
④ 油管漏失时，示功图基本正常；抽油泵漏失时，示功图为泵阀漏失示功图。
⑤ 抽油泵漏失严重时，抽油机平衡状况受到破坏，上行电流减小，下行电流不变或增大。

(2) 故障原因。
① 油管漏失：油管接箍螺纹漏、腐蚀穿孔漏、管壁磨漏、管壁砂眼漏、裂缝漏、泄油器漏等。
② 泵阀漏失：阀球或阀座受井下液体腐蚀而损坏，或高压液体中携带的砂、盐等坚硬物质对泵阀的长期冲蚀，易引起泵阀损坏导致泵阀漏失；砂、蜡在阀球或阀座上黏附，油井施工中的杂物黏附在泵阀上，引起泵阀漏失；泵阀长期工作在不停地开、关状态，由于阀球与阀座间相互撞击，使阀座变形，而破坏阀球与阀座间的严密配合引起漏失。
③ 抽油泵柱塞与泵筒或衬套间隙过大，或柱塞磨损增大引起泵漏失。

(3) 处理方法。
① 油管漏失井：应起出井下管柱，更换漏失的油管或泄油阀等。
② 抽油泵漏失井：先热洗，排除泵阀结蜡的因素；如油井出砂严重，可用碰泵的办法排除泵阀上的砂等机械杂质；采取以上措施抽油泵仍漏失严重者，应检泵。

2) 抽油杆柱断脱故障与处理

(1) 故障现象。
① 油井产液量突然大幅度下降或不出油，泵效突然下降或无泵效。
② 油井井下液面上升，沉没度上升。
③ 井口憋压时，油压上升不明显或不上升。
④ 抽油机电流有较大变化，上冲程电流减小，下冲程电流增大，抽油机出现明显不平衡。停机不刹车时曲柄下滑速度比正常运行时快。
⑤ 示功图显示上、下载荷线接近，图形在下理论载荷线附近或以下。

（2）故障原因。

① 疲劳破坏。通过驴头悬点载荷分析得知，抽油杆柱在上、下运动时，其顶部不仅因所承受的载荷最大而容易破坏，而且抽油杆柱上所承受的载荷是变化的。抽油杆柱上行时加载，下行时减载，这种周期性的一加一卸，反复作用的结果会造成金属疲劳，使抽油杆柱产生断裂。

在抽油杆柱的下部也会存在疲劳破坏。当抽油泵柱塞下行时，油通过游动阀的阻力及柱塞与衬套间的摩擦阻力都是抽油泵柱塞下行阻力。这一下行阻力加上抽油杆柱自重作用，使抽油杆柱下部有一段将会产生压应力。在柱塞上行时，这段抽油杆柱中的应力又变为拉应力，因此在这段抽油杆柱中将会承受方向相反的交变应力。如果油稠、泵径大、下行速度快，下行阻力会很大，需要很大的抽油杆柱自重才能克服这一阻力，使这段抽油杆柱在工作中也会产生疲劳破坏。因此，在抽油杆柱的任何深度部位都可能发生断裂，这是造成抽油杆断裂的主要原因。

② 磨损。抽油杆柱在油管中上、下往复运动中，不可能时刻都处于油管的中心位置。抽油杆柱，特别是接箍在某些部位将与油管壁产生摩擦或挂碰，也常造成抽油杆柱的断脱。在斜井中这一问题更为突出。

③ 腐蚀。抽油杆柱浸泡在采出的液体之中，液体中含有盐水、H_2S、CO_2 等腐蚀介质，会使抽油杆柱腐蚀，造成内部出现薄弱环节，使抽油杆柱发生断裂。

④ 人为原因造成损伤。抽油杆柱在下井时，由于检查不严，将有制造缺陷或已有损伤的抽油杆柱下入井中或由于操作不当使抽油杆柱损伤或紧螺纹不到位等，当这些抽油杆柱在井内恶劣条件下工作时，这些薄弱环节会产生应力集中，使抽油杆柱断裂或脱扣。

（3）处理方法。

抽油杆对扣或打捞，无效应检泵。

3）抽油机井结蜡故障与处理

（1）故障现象。

① 油井产液量逐渐下降，泵效降低，保温套、四通内有蜡，严重时取样有蜡块带出。

② 油井井口回压升高，严重时造成井口刺漏。

③ 抽油机上行载荷增大，下行载荷减小；电动机上行电流增大，下行电流也逐渐增大。

④ 光杆下行困难，严重时光杆不下行，造成蜡卡。

⑤ 示功图为结蜡示功图，结蜡的位置、程度不同，图形形状不同。

（2）故障原因。

① 油井热洗、加药周期不合理或热洗质量不合格，造成结蜡量逐渐增加。

② 油层压力低或开采层位较浅，蜡更容易从原油中析出，造成油井结蜡。

③ 井下管柱腐蚀，表面粗糙，蜡更容易沉积于管壁，造成油井结蜡。

④ 防蜡器失效，起不到防蜡作用，造成油井结蜡。

⑤ 回油温度过低，含蜡原油在回油管线中析出凝结，回压升高，严重时回油管线蜡堵。

⑥ 作业施工过程中地面清蜡不彻底，油管带蜡下井，导致油井施工后出现蜡影响。

（3）处理方法。

① 制定合理的热洗、加药周期，提高清防蜡质量，减少结蜡影响。

② 在开发过程中要保持合理的油层压力，完善注采关系，减少蜡的析出。

③ 对于腐蚀严重的井下管柱可进行更换，根据需要选用涂料油管。

④ 对于含蜡量高的井，安装有效的防蜡器。

⑤ 对于回油管线结蜡的井，用热水冲洗回油管线，保持管线通畅，相应提高掺水温度。

⑥ 严把作业质量关，确保地面清蜡彻底。

4）抽油机井卡泵故障与处理

（1）故障现象。

① 抽油泵蜡卡：在蜡卡初期，光杆移动困难，下行时与驴头运行不同步；电动机上行电流增大，下行电流也逐渐增大，伴有电动机沉闷的"嗡嗡"声，如不及时处理，光杆上、下活动的距离越来越小，最后柱塞被卡死；由于结蜡，油井产量逐渐下降，泵效降低；示功图为蜡卡示功图。

② 抽油泵硬卡：硬卡发生突然，往往发生在抽油机停机后再启动时。

衬套错动引起的硬卡：一是光杆上行自如，下行至卡点停止；二是光杆下行自如，上行至卡点停止。砂卡的抽油泵上、下运动均受限。硬卡的抽油泵，热洗不见效，油井产液量下降，泵效降低。

（2）故障原因。

① 抽油泵蜡卡：油井结蜡严重；热洗时，措施处理不当造成卡泵。

② 抽油泵硬卡：泵衬套装配质量差，使泵在工作中产生衬套错动，卡住泵柱塞；油井出砂严重，导致砂卡柱塞；井下落物，如刮蜡片、扶正器破碎后，将油管与抽油杆之间卡死，造成异物卡泵。

（3）处理方法。

发现卡泵后，应先判断是蜡卡还是硬卡。

① 先热洗，排除蜡卡；慢慢活动光杆，排除砂卡。

② 对热洗、活动光杆仍不见效的油井，检泵解卡。

5）抽油机井出砂故障与处理

（1）故障现象。

① 油井产液量逐渐下降，泵效降低。

② 取样时有砂粒，取完样后，取样阀门关不严。

③ 油井套管压力下降。

④ 手摸光杆有振动感觉，上冲程电流增大且不稳定，下冲程电流减小且也不稳定。

⑤ 光杆下行困难，下行时与驴头运行不同步，严重时造成砂卡。

⑥ 示功图肥大，为砂阻示功图，上下载荷线呈锯齿状波动。

（2）故障原因。

① 固井质量差。

② 完井方法选择不当。

③ 油井工作制度不合理。

④ 频繁的增产增注措施。

(3) 处理方法。

① 提高固井质量。

② 选择合适的完井方法。

③ 建立合理的油井工作制度（减小生产压差）。

④ 合理选择增产增注措施。

⑤ 安装砂锚、下防砂泵、循环抽油。

6) 抽油泵柱塞撞击固定阀故障与处理

(1) 故障现象。

① 油井产液量变化不大，泵效正常。

② 上冲程时正常，下冲程至下死点时能听到地下有沉闷的撞击声，抽油杆柱跳动，井口流程也会有轻微振动。

③ 示功图的左下角有一个"小尾巴"。

(2) 故障原因。

防冲距过小，光杆方卡子松动。

(3) 处理方法。

重新调整防冲距。

7) 抽油泵柱塞上行脱出泵筒故障与处理

(1) 故障现象。

① 油井产液量低于正常值，泵效低。

② 井口憋压时，油管压力突然下降，憋不起压力。

③ 抽油机上行一定距离时电流突然减小，观察抽油杆有跳动现象。

④ 示功图上载荷线突然下降。

(2) 故障原因。

防冲距过大。

(3) 处理方法。

下放光杆，重新调整防冲距。

8) 抽油机井井口密封盒渗漏故障与处理

(1) 故障现象。

当密封盒内密封填料与光杆之间的密封性变差时，就会出现井内的油气从密封盒压帽处溢出的现象，易造成火灾、中毒及环境污染等危害。

(2) 故障原因。

① 密封填料未加好或密封填料加得少。

② 密封盒压帽过松或密封填料严重磨损。

③ 驴头中心线与井口不对中，超过允许偏差，造成光杆与密封填料偏磨，影响密封性造成渗漏。

④ 光杆受到磨损、腐蚀，密封盒螺纹损坏，造成密封盒处漏油。

⑤ 井口回压过高或集油流程阀门损坏造成憋压，导致密封盒处漏油。

⑥ 油井不出油，密封性变差，造成密封盒处漏油。

(3) 处理方法。
① 密封盒中加满密封填料。
② 调节密封盒松紧度或更换新密封填料。
③ 调整驴头和游梁中轴顶丝，使驴头中心线与井口对中。
④ 修复磨损、腐蚀的光杆，修复密封盒处螺纹，作业更换密封盒。
⑤ 降低井口回压，修理或更换阀门。
⑥ 查找油井不出油的原因并处理。

9）抽油机井生产回压过高故障与处理
(1) 故障现象。
井口油管压力、套管压力上升，抽油机上行程电流增大，油井产量下降。
(2) 故障原因。
① 回油管线结垢，管线结垢后管径缩小，导致回压逐渐升高。
② 回油温度低、井液黏度大，使井液流动阻力增大。
③ 井口回油阀门、计量间单井回油阀门堵塞或闸板脱落。
④ 工艺流程设计不合理。回油管线管径小、距离长、直角弯过多等，导致回压升高。
⑤ 掺水量过大。
⑥ 洗井排量过大。
⑦ 套管放气过大。
(3) 处理方法。
① 回油管线除垢，结垢严重时应更换管线。
② 提高掺水温度，冲洗回油管线。
③ 修复或更换阀门。
④ 更换大管径回油管线。
⑤ 根据生产情况合理控制掺水量。
⑥ 控制好洗井排量。
⑦ 按照要求调整好放气速度，并安装套管定压放气阀。

10）抽油机井堵井故障与处理
(1) 故障现象。
① 抽油机上、下行程电流增大。
② 抽油杆柱下行滞后，严重时抽油杆柱不下行。
③ 油井产量降低或没有产量。
④ 示功图显示结蜡严重。
⑤ 洗井时洗不通。
⑥ 井口油压上升，掺水调节阀截流声音变小。
(2) 故障原因。
① 油管内结蜡严重。
② 回油管线结蜡、结垢严重，造成堵塞。
③ 回油管线冻结。
④ 井口回油阀门堵塞或闸板脱落。

⑤ 计量间单井回油阀门堵塞或闸板脱落。
⑥ 单井回油温度长期控制在偏低水平，回油管线结蜡，造成油管压力升高。
（3）处理方法。
① 洗井；制定合理洗井周期，确保洗井质量。
② 定期冲洗回油管线；定期对回油管线酸洗除垢，对结垢严重的管线进行更换。
③ 小面积管线冻结可用热水处理；较长管线冻结可用电解堵技术解冻。
④ 清理回油阀门堵塞物或维修更换回油阀门。
⑤ 清理计量间单井回油阀门堵塞物或维修更换回油阀门。
⑥ 冲洗回油管线，根据生产情况合理调节掺水量来控制回油温度。

11）抽油机井回油管线冻结故障与处理
（1）故障现象。
① 计量间单井回油温度、单井掺水管线温度降低。
② 井口回油管线温度明显降低。
③ 井口掺水管线温度明显降低，掺水管线冻结或冻裂。
（2）故障原因。
① 掺水压力低，造成掺水管线不循环。
② 井口掺水调节阀或单流阀堵塞。
③ 泵站停泵、换泵或倒流程，停止掺水时间长，造成冻井。
④ 取油样后未开掺水调节阀或量油后未开掺水阀门。
（3）处理方法。
① 提高掺水压力；计量间各单井按要求控制回油温度，确保掺水压力稳定。
② 清理掺水调节阀和单流阀。
③ 泵站停泵、换泵或倒流程后，要及时恢复生产确保压力稳定。
④ 取油样后及时开掺水调节阀或量油后及时开掺水阀门。

12）抽油机井热洗不通故障与处理
（1）故障现象。
倒热洗流程后套管阀门和套管表面温度没有变化，听不到热洗时发出的截流声。
（2）故障原因。
① 柱塞结蜡堵死。
② 固定阀或游动阀打不开。
③ 套管压力高于热洗压力。
④ 套管阀门或热洗管线冻堵。
⑤ 热洗阀门闸板掉或堵塞。
⑥ 全井结蜡堵死。
（3）处理方法。
① 把柱塞提出泵筒后热洗。
② 用碰泵的办法振动1~3次。
③ 降低套管压力，使套管压力低于热洗压力。
④ 套管阀门或热洗管线解堵后再热洗。

⑤ 维修热洗阀门或解堵。

⑥ 用热洗车进行洗井，如洗不通上报作业解堵。

13）抽油机井热洗时发生蜡卡故障与处理

（1）故障现象。

电动机上冲程电流增大，下冲程电流也逐渐增大，电动机伴有沉闷的"嗡嗡"声；下冲程时光杆下行受限，光杆运动与驴头运动不同步。

（2）故障原因。

① 热洗时，来水温度低，起不到熔蜡效果。特别是当热洗压力低时，使洗井的热水达不到应有排量或热洗不彻底，洗通后没有足够的熔蜡与排蜡时间，这是发生蜡卡的常见原因。

② 热洗过程中，发生意外停热水泵，或抽油机发生故障而被迫停机，蜡块没有被及时排出造成蜡卡。

③ 油管、套管窜通。油管头不密封，使洗井热水直接从油管头返至回油管线，洗井热水很难进入泵内，未起到热洗熔蜡作用，长时间未处理发生抽油泵蜡卡。

④ 热洗时排量调节不合理。在热洗开始时，不是采取逐渐增大排量的办法保持热洗过程中均衡熔蜡，而是一次增大排量，使井筒蜡块大量脱落，造成卡泵。

（3）预防方法。

为预防抽油机井热洗时蜡卡，必须严格遵守热洗操作规程：

① 有以下情况之一者不能热洗：来水温度低于75℃，热洗压力低于套管压力；热洗泵带病运转；通知停电；井口流程有渗漏；井口油管、套管窜通；抽油机故障未排除。

② 热洗时应分阶段增加热洗排量，均衡熔蜡，保证油井有足够的熔蜡与排蜡时间，热洗中不准停抽。

③ 热洗后抽油机井24h内不得停抽，使井筒内的熔蜡及时排至地面，如热洗中有蜡卡迹象，要加大洗井排量与压力。

（4）处理方法。

① 提高来水温度，保证来水温度在75℃以上。

② 上提光杆，将柱塞拔出泵筒（泵径小于70mm），停机洗井。

14）抽油机井出油不正常故障与处理

（1）故障现象。

油井产液量在一段时间内波动很大，超出了规定的波动范围，油井生产不正常。

（2）故障原因。

① 地面生产流程原因。回油管线结垢、堵塞等；计量间单井回油阀门关闭不严或其他阀门问题。

② 抽油泵原因。阀球损坏坐不严，阀罩机械变形脱落，衬套错乱，间隙过大等；井液中的蜡、砂、气影响使阀结蜡、泵砂卡、气锁等。

③ 油管、抽油杆原因。油管漏失，油管断脱，造成泵脱或油管、套管窜通；抽油杆断脱造成泵柱塞断脱，ϕ70mm大泵脱接器脱落等。

④ 注采不平衡原因。抽汲参数过大造成供液不足；注水状况变差，注采不平衡。

(3) 处理方法。
① 回油管线除垢，结垢严重时应更换管线；修复或更换阀门。
② 当泵间隙过大时，选择间隙合适的抽油泵。
③ 当泵受气体影响时，采取确定油井合理生产套管压力、安装气锚、下防气泵、加深泵挂、减小防冲距等措施。
④ 当泵阀被卡时，先解卡，若无效则作业检泵。
⑤ 当油管漏失、油管断脱、抽油泵损坏时，作业处理。
⑥ 抽油杆上部断脱时，对扣或打捞，若无效进行作业打捞。
⑦ 调整抽汲参数；改善注水状况，加强注水。

15) 抽油机井作业完井开井后出油不正常或不出油故障与处理
(1) 故障原因。
① 井筒内有脏物，泵吸入口或阀座被堵塞。
② 作业压井措施不当，油层污染或堵塞。
③ 抽油杆柱断脱。
④ 油井卡封、改层后，新层位供液能力不足。
⑤ 柱塞未下入泵筒。
⑥ 游动阀或固定阀严重漏失。
⑦ 油管漏失。
⑧ 活门或井下开关没有打开。

(2) 处理方法。
发现问题后，应先测示功图及动液面，根据示功图及动液面资料，判断原因，针对问题采取措施。
① 用高压泵车向油管、套管环形空间打压解堵。
② 采取酸化或压裂措施解堵。
③ 打捞抽油杆，如果无效，则需重新作业。
④ 提出改造油层措施，合层或换层生产。
⑤ 将柱塞下入泵筒，重新调整防冲距。
⑥ 采用热洗、碰泵等方法处理。
⑦ 油管漏失严重时，需重新作业上紧油管或更换油管。
⑧ 打开活门或井下开关。

二、案例分析

（一）抽油机设备易发生的故障与处理

[例1] 某抽油机井，使用型号为 CYJ10-4.5-53HB 抽油机，冲程为 4.5m，冲次为 12 次/min，泵径为 95mm，下泵深度为 1200m，沉没度为 750m，泵况正常。值班人员在巡井时发现，该井抽油机发生侧翻事故，观察到中轴、尾轴轴承无损坏且固定螺栓完好紧固，两侧曲柄销完好且在冲程孔内。试根据事故现场状况诊断该抽油机发生的故障类型是什么？原因有哪些？如何处理？如果同一部位发生类似故障如何预防？

(1) 故障类型。

该抽油机发生翻机故障。

(2) 故障原因。

① 减速箱输出轴键损坏或曲柄拉紧螺栓松动。

② 连杆断或连杆销子脱出。

③ 横梁断裂。

④ 抽油机一侧平衡块脱落，导致两侧连杆、横梁受力不均衡，长时间运转造成翻机。

⑤ 基础不水平。

(3) 处理方法。

① 更换损坏的抽油机各零部件，重新装机。

② 调整基础至水平。

(4) 预防方法。

① 勤检查，重点检查游梁—曲柄—连杆机构，发现异常情况，立即停机检修。

② 定期维修保养，及时更换零部件。

③ 关键部位螺栓涂防松动线，便于及时发现问题、及时处理。

[例2] 某抽油机井，使用型号为 CYJ10-3-37HB 抽油机。值班人员在巡井时发现，该井抽油机运行到下死点附近时发出有规律的异常声响，随即停机检查，发现连杆有脱漆现象，并且平衡块有深浅不一的划痕。试根据这个现象诊断该机发生的故障类型是什么？原因有哪些？如何处理？

(1) 故障类型。

抽油机连杆刮碰曲柄平衡块故障。

(2) 故障原因。

① 游梁安装不正，中心线与底座中心线不重合。

② 抽油机以前出现过故障，造成游梁扭曲变形。

③ 平衡块铸造不符合标准，凸出部分过高。

④ 抽油机基础一侧下沉。

(3) 处理方法。

① 调整游梁位置，使游梁的中心线与底座中心线重合在一条线上。

② 更换合适的游梁。

③ 平衡块凸出过高的部分，用砂轮机打磨掉。

④ 基础下沉一侧，松开地脚螺栓，垫高斜铁，将基础调整至水平。

[例3] 某抽油机井，值班人员在巡井时发现，该井抽油机曲柄销有异常声响，随即停机检查，发现曲柄销轴承座与曲柄的距离超出了20mm，试根据这个现象诊断该机发生的故障类型是什么？原因有哪些？如何处理？如果不及时处理会发生什么事故？

(1) 故障类型。

抽油机曲柄销子响和外窜故障。

(2) 故障原因。

① 曲柄销轴承润滑不良，导致轴承磨损，出现有规律的异常声响。

② 曲柄销子轴承损坏。

③ 曲柄销固定螺母退扣。
④ 安装曲柄销时锥套内有脏物。
⑤ 曲柄销子衬套的圆锥已被磨损。
⑥ 销轴与衬套配合不好，接合面积不够。
⑦ 销轴与衬套加工质量不合格。
（3）处理方法。
① 定期对曲柄销轴承加注润滑脂。
② 更换轴承。
③ 紧固曲柄销固定螺母，安装开口销。
④ 清理衬套内部脏物。
⑤ 更换合适衬套。
⑥ 更换合适衬套，销轴与衬套接合面积应能达到65%以上。
⑦ 更换加工合格的衬套和曲柄销子。
（4）不处理后果。
如果不及时处理会发生抽油机翻机事故。

[例4] 某抽油机井，使用型号为CYJY10-3-37HB抽油机，该机于1995年投入使用，由于保养到位，未更换过任何大型部件，一直处于平稳运行状态。某日值班人员在巡井时发现，该井抽油机在上冲程过程中减速箱有异常声响，随即停机检查减速箱，发现箱内润滑油充足且没有变质。试根据这个现象诊断该机发生的故障类型是什么？原因有哪些？如何处理？

（1）故障类型。
减速箱打齿或窜轴故障。
（2）故障原因。
① 冲次太快。
② 抽油机严重不平衡。
③ 输出轴轴承磨损或损坏。
④ 齿轮制造质量差，齿轮过度磨损或折断；齿轮倾斜角不正常；减速箱有窜轴现象。
（3）处理方法。
① 降低冲次。
② 调整平衡，达到平衡要求。
③ 更换新轴承。
④ 更换减速箱。

[例5] 某抽油机井，值班人员在巡井时发现，该井抽油机运行时曲柄处发出异常声响，并且在发出异常声响的同时总是在输出轴上跳动一下，停机后，从抽油机后面看连杆（曲柄）不是垂直而是下部向外。试根据这个现象诊断该机发生的故障类型是什么？原因有哪些？如何处理？如果不及时处理会发生什么事故？

（1）故障类型。
抽油机曲柄在输出轴上发生外移故障。

（2）故障原因。

① 曲柄键不合格，输出轴键槽与曲柄键槽损坏。

② 曲柄拉紧螺栓松动、曲柄拉紧螺栓断裂，使曲柄键接键槽接合不紧密。

（3）处理方法。

① 更换曲柄键或加工异形键。

② 紧固曲柄拉紧螺栓。

（4）不处理后果。

如果不及时处理会发生抽油机翻机事故。

[例6] 某抽油机井，值班人员在巡井时发现，该井抽油机运行时在曲柄处有"咣当、咣当"的声响，地面上有铁屑和甩出来的润滑脂；冕形螺母防松线并没有错位的痕迹，而这一侧的连杆与曲柄的距离大于另一侧。试根据这个现象诊断该机发生的故障类型是什么？原因有哪些？如何处理？如果不及时处理会发生什么事故？

（1）故障类型。

曲柄销子轴承损坏故障。

（2）故障原因。

① 曲柄销子轴承润滑不良。

② 曲柄销子轴承制造质量不合格。

③ 曲柄销子轴承安装质量不合格。

④ 游梁不正。

（3）处理方法。

① 更换合格润滑油。

② 更换质量合格的轴承。

③ 重新安装轴承。

④ 校正游梁。

（4）不处理后果。

如果不及时处理会发生抽油机翻机事故。

[例7] 某抽油机井，使用型号为CYJ10-3-37HB抽油机。某日巡井时抽油机运行无异常响声，上行电流50A，下行电流48A。次日再次巡井时发现，抽油机运行声音出现异常与往日不同，驴头上行时电动机声音小，下行时电动机声音大，上行电流45A，下行电流54A；检查抽油机各部件无异常；停机不刹车时曲柄下滑速度比正常运行时快。试根据这个现象诊断该抽油机电流变化的原因是什么？如何处理？

（1）故障原因。

引起该机电流变化的原因是抽油杆断脱。

（2）处理方法。

抽油杆对扣或打捞，无效时应检泵。

（二）抽油机井易发生的故障与处理

[例8] 某油井转抽，使用抽油机型号为CYJ11-3-53HB，泵径为95mm，冲程为3m，冲数为9r/min，下泵深度为1222.6m，平衡块为2×17300N，平衡半径为1.50m。该

井投产时，抽油机启动困难，电动机发热，抽油机发出沉闷的响声。出现问题后，所测电流曲线如图1-30所示，功率曲线如图1-31所示。试诊断该井故障并分析原因，给出处理方法。

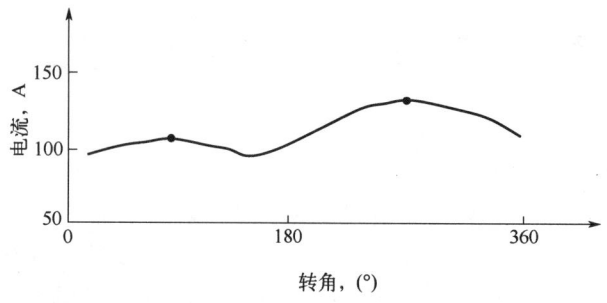

图1-30 某井电动机电流曲线

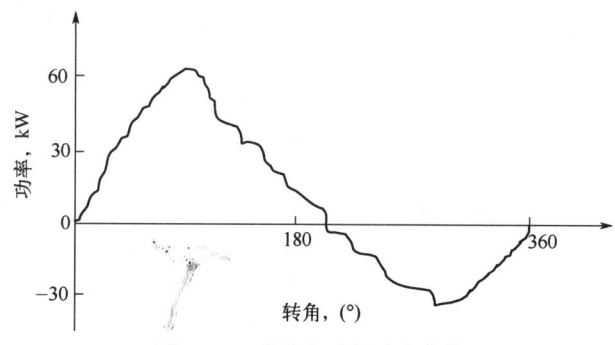

图1-31 某井电动机功率曲线

（1）诊断结果。

抽油机严重不平衡导致抽油机启动困难。

（2）原因分析。

对于新转抽的井，因缺乏动液面等资料，在进行机、杆、泵设计时，不可能把平衡重和平衡半径计算得很准确。安装队在装机时，按照设计的平衡半径装上平衡重后，不一定保证抽油机平衡，如果采油队不重新调试平衡就开机生产，使抽油机在不平衡状态下工作。抽油机工作不平衡使耗电量增大、悬点载荷与曲柄轴扭矩增大，影响抽油机和抽油泵正常工作，严重不平衡时抽油机启动不起来。

电动机功率曲线法是判断和调整抽油机平衡比较准确、简便的方法，而电流曲线法判断抽油机平衡时，在负功率情况下有假平衡现象。

（3）处理方法。

计算平衡半径的调整量，重新调整抽油机平衡。

[例9] 某抽油机井，油层条件较好，油层不出砂。使用抽油机型号为CYJ10-3-37HB，泵径为70mm，泵深为1082.6m，冲程为3m，冲数为12r/min，生产比较正常，所测示功图如图1-32所示。生产一段时间后，值班人员在巡检时听到抽油机在运转过程中减速器内有摩擦噪声。出现问题后，所测示功图如图1-33所示。所测功率曲线如图1-34所示。试诊断该井故障并分析原因，给出处理方法。

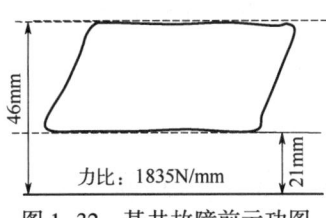
图 1-32 某井故障前示功图

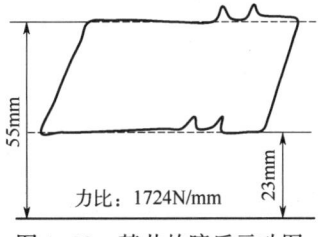
图 1-33 某井故障后示功图

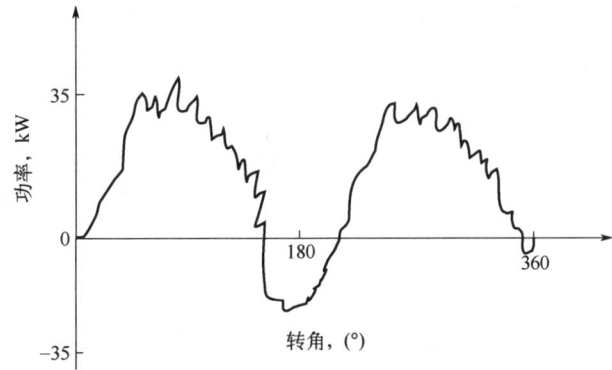
图 1-34 某井电动机功率曲线

（1）诊断结果。

减速器齿轮有打击现象，齿轮断齿。

（2）原因分析。

引起减速器齿轮断齿的因素较多，为了准确分析造成减速器齿轮断齿的真正原因，进行如下计算和分析：

① 故障前：利用示功图（图 1-32）计算减速器的最大扭矩：

$$P_{max} = bh_1 = 1835 \times 46 = 84410(N)$$

$$P_{min} = bh_2 = 1835 \times 21 = 38535(N)$$

$$M_{max} = 300S + 0.236S(P_{max} - P_{min})$$

$$= 300 \times 3 + 0.236 \times 3 \times (84410 - 38535) \approx 33380(N \cdot m)$$

② 故障后：利用示功图（图 1-33）计算减速器的最大扭矩：

$$P_{max} = bh_1 = 1724 \times 55 = 94820(N)$$

$$P_{min} = bh_2 = 1724 \times 23 = 39652(N)$$

$$M_{max} = 300S + 0.236S(P_{max} - P_{min})$$

$$= 300 \times 3 + 0.236 \times 3 \times (94820 - 39652) \approx 39959(N \cdot m)$$

该井抽油机减速器的额定扭矩为 37000N·m。通过计算得知，该井故障前减速器实际最大扭矩为 33380N·m 没有超过额定扭矩，因此抽油机正常工作；故障后减速器实际最大扭矩为39959N·m，已经超过额定扭矩。实际中，若遇到蜡卡、砂卡等复杂情况时，驴头悬点载荷猛增，则减速器实际最大扭矩将会更大，因此抽油机不能正常工作，长期运转会造成减速器齿轮断齿。

(3) 处理方法。

① 更换新减速器。

② 应加强对减速器的维护保养工作，保持减速器内清洁、润滑良好。

③ 调小冲程，减小扭矩，保证减速器实际最大扭矩不超过额定扭矩。

④ 重新调整抽油机平衡。

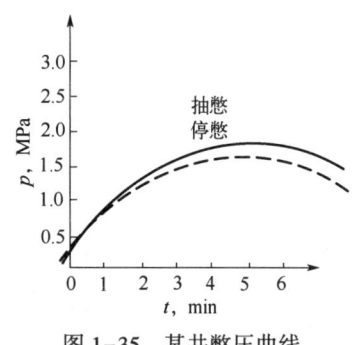

图1-35 某井憋压曲线

[例10] 某抽油机井，使用泵径为 $\phi 57mm$，泵深为880.25m，冲程为3.0m，冲数为8r/min。该井生产比较正常，泵效在58.5%左右，热洗周期为18d。生产半年后，在对半年的生产数据进行比较时发现，产液量逐渐下降，泵效也逐渐降低，动液面上升，抽油机上行程电流逐渐增大，下行程电流也逐渐增大。出现问题后，对该井憋压，憋压曲线如图1-35所示；热洗后，产液量增加，泵效上升，示功图变为正常。试诊断该井故障并分析原因，给出处理方法。

(1) 诊断结果。

抽油杆和油管内壁结蜡。

(2) 原因分析。

抽油机井结蜡会使抽油杆在上下运动时阻力增大。当抽油杆上行时，井筒结蜡会使抽油杆摩擦阻力增大，同时由于管径变小，液流流速增加，阻力增大，抽油机上行载荷增加，电动机电流增大；当抽油杆下行时，井筒结蜡同样会使抽油杆的摩擦阻力增大，由于摩擦力的作用部分抵消了抽油杆向下运动的重力，井下载荷减小，电动机的载荷增加，电流就会增大。所以，当抽油机井结蜡会使上下行电流不同程度地增大，示功图的形状可能变得较复杂。由于抽油机井结蜡是个渐变过程，不会突然发生，所以电动机电流也是逐渐增大的。

(3) 处理方法。

① 制定合理的清蜡周期。

② 按规定进行热洗、加化学清蜡剂清蜡。

③ 作业清蜡。

[例11] 某抽油机井，在投产初期生产正常，但生产一段时间后，生产数据开始出现较大的变化。油井套管压力增大，油管压力增大；抽油机的上行电流增大，下行电流减小；在核实产液量时产液量出现明显下降。出现问题后，对该井憋压时，油管压力增大比较快，达到憋压要求，停机10min压力不降。试诊断该井故障并分析原因，给出处理方法。

(1) 诊断结果。

回油管线堵塞，油流阻力增大。

(2) 原因分析。

回油管线堵塞相当于在出油管线上安装了油嘴，限制了流量，液体流动阻力增大。由于液体在出油管线受阻，流速降低，井口油管压力会增大，产液量下降。当抽油机上行程时要克服增大的液体流动阻力，载荷增加，电流增大；当下行程时增加的井口油管压力增大了对井底的回压，井下载荷增加，电流减小。泵效下降使油井的沉没度上升，套管压力随之增大。

结蜡、结垢都会堵塞回油管线，使抽油机的上行电流增大，油管压力增大，套管压力增大，产液量下降。由于结蜡或结垢都是逐渐形成的，因此抽油井的生产数据也是逐渐变化的。

(3) 处理方法。

① 如果是杂物堵塞，应分段检查，及时清除。
② 对于回油管线结蜡，应采用热水冲洗解堵。
③ 对于回油管线结垢，应进行酸洗或更换管线。

[**例12**] 某计量间汇集11口抽油井，有一次在对某高产井量油时发现产液量突然下降，产油量突然下降，而其他井的产液量变化不大。出现问题后，连续3天核实高产井量油数据，证实在数据上没有问题；在核实高产井资料的同时，对其他油井的产液量也进行了核实，产液量与原来基本一样，没有多大变化；检查高产井井口流程正确，井口油管压力、套管压力及上、下行电流等数据均正常；所测示功图正常；憋压时油管压力上升比较快，达到憋压要求，停机5min油管压力稍有下降；冲洗分离器量油玻璃管时发现下流管出液很少。试诊断该井故障并分析原因，给出处理方法。

(1) 诊断结果。

分离器底部或下流管堵塞，造成该井产液量突然下降。

(2) 原因分析。

当分离器底部或量油玻璃管下流管有堵塞物，进到量油玻璃管里的水受到阻碍，水柱上升速度减缓，量油时间延长，使油井的产液量下降。产液量越高、量油时间越短的井，影响就越大，下降幅度也越大。而产液量低的井因量油时间长，影响就小。该计量间汇集的11口抽油井，在量油过程中，由于分离器底部或量油玻璃管下流管有堵塞物，只有高产液的井表现为产液量下降，而其他较低产液量的井表现为产液量稳定或稍降。由于是计量设备的问题，只是在生产数据上造成油井产液量下降，而油井的实际产液量没有下降，生产正常。

(3) 处理方法。

① 定期对量油分离器进行冲砂。
② 经常性地冲洗量油玻璃管，检查上流管、下流管是否畅通。

[**例13**] 某抽油机井，使用泵径为38mm，冲程为2.0m，冲数为12r/min，泵效为22.3%，沉没度为128m，在生产管理中套管放气。出现问题后，对该井测示功图，所测示功图如图1-36所示；对该井进行憋压，憋压开始时压力上升较慢，当压力上升到一定程度后，压力上升速度加快，憋压曲线如图1-37所示。试诊断该井故障并分析原因，给出处理方法。

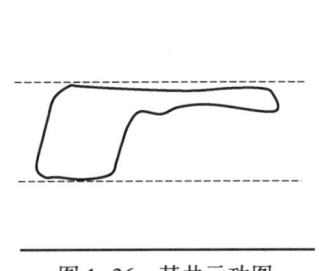

图 1-36 某井示功图

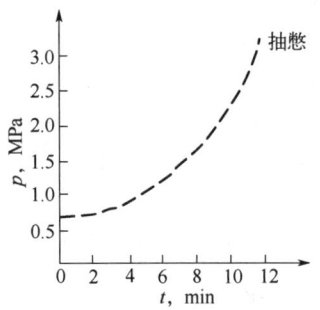

图 1-37 某井憋压曲线

（1）诊断结果。

因气体影响导致油井产液量下降，泵效降低。

（2）原因分析。

气体影响泵效主要有两个方面：一方面抽油泵在抽汲过程中气液两相同时进泵；另一方面抽油井在正常生产时，抽油泵存在余隙容积。由于气体影响，且气体具有压缩性，憋压开始时压力上升较慢，当压力上升到一定程度后，压力上升速度加快。

（3）处理方法。

① 合理制定、调整、管理好套管压力。冬季要勤检查，防止放气阀冻结。

② 减小防冲距，采用长冲程、慢冲数组合方法。

③ 采取加深泵挂、安装气锚等措施。

④ 使用防气泵。

[例14] 某抽油机井，使用 $\phi70mm$ 的抽油泵生产，冲程为 3.0m，冲数为 9r/min，各项生产数据比较稳定。一次值班人员在录取抽油机的电流资料时发现电流变化比较大，上行电流出现明显减小，下行电流增大。出现问题后，对该井量油，发现油井产液量突然大幅度下降；对该井测示功图，所测示功图如图 1-38 所示；对该井憋压，憋压时油管压力上升不明显，远没有达到憋压要求。试诊断该井故障并分析原因，给出处理方法。

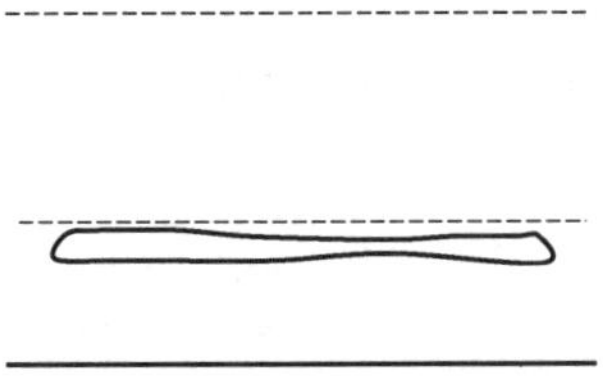

图 1-38 某井示功图

（1）诊断结果。

分析认为可能是抽油杆断脱、油管断脱、脱节器脱落等。

（2）原因分析。

当抽油杆断脱后，驴头悬点载荷只有剩余杆的重力，载荷明显减小。当抽油杆上行时由于井下载荷小，靠平衡块的重量即可使驴头上行，电动机做功小，电流减小；当抽油杆下行时由于井下载荷小，平衡块要靠电动机做功举升上去，电动机做功大，电流增大。所以，抽油杆断脱后电动机的上行电流会突然减小，下行电流增大。断脱的部位越是靠上，电流的变化值就会越大。

油管断脱、脱节器脱落与抽油杆在底部断脱在生产数据的变化上是很相似的，上行、下行电流的变化也基本一样。当脱节器脱开时就相当于抽油杆在底部断脱，泵的柱塞不做上下往复运动，泵就失去抽油作用。而油管断脱，如果是大泵脱节器就会脱开，柱塞与泵筒会随着油管掉到井底；如果是小泵，泵筒掉到井底，油管里只有杆和柱塞。不论是大泵还是小泵都失去抽油作用。

（3）处理方法。

① 抽油杆在浅部断脱，可进行对扣或打捞，更换新杆。

② 抽油杆在深部断脱、油管断脱，可采取检泵措施。

③ 脱节器脱落，可进行对接脱接器作业。

[例15] 某抽油机井，是一口无自喷能力的纯抽油井，泵深为959.68m，泵径为44mm，冲程为3.0m，冲数为9r/min。在一次作业检泵后，油井不出油。出现问题后，测试示功图几乎为一条直线；憋压时根本憋不起压力；测试液面深度为463m；核实作业情况，作业所用抽油杆均为合格抽油杆，下井时每根抽油杆螺纹上得都很紧；对该井热洗，热洗结束后，测得示功图和憋压曲线如图1-39、图1-40所示，计算泵效大于100%；热洗后第三天，对该井量油，发现油井不出油，示功图和憋压资料与热洗前一样；核对油管及抽油杆数据，试下放抽油杆柱，发现柱塞能下放的距离远大于防冲距。试诊断该井故障并分析原因，给出处理方法。

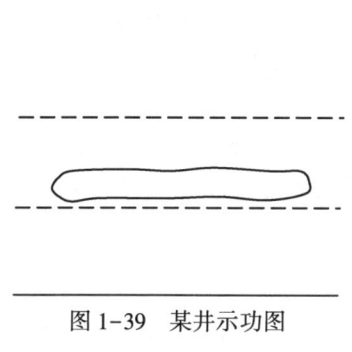

图1-39　某井示功图

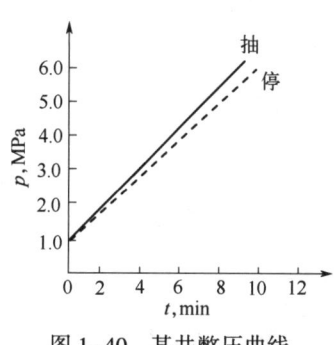

图1-40　某井憋压曲线

（1）诊断结果。

抽油泵柱塞未进入泵筒导致油井不出油。

（2）原因分析。

作业检泵后，油井不出油。出现这一现象的原因之一是检泵下抽油杆时，岗位工人没有严格按操作标准执行，测量抽油杆数据错误，造成抽油泵柱塞未下入泵筒。

由于抽油泵柱塞未进入泵筒，使得抽油泵柱塞在油管中做上下往复运动，游动阀和固定阀不起作用，柱塞仅起搅动液柱的作用，驴头悬点所承受的载荷只是抽油杆柱在液柱中的重力，因此所测示功图几乎为一条直线。

（3）处理方法。

① 检泵下抽油杆时，一定要严格地按操作标准执行，仔细测量抽油杆长度，使杆柱总长度与泵深相匹配，避免此类故障发生。

② 重新调整好防冲距。

[例16] 某抽油机井，抽油机机型为CYJ10-3-37HB，泵径为95mm，杆径为25mm，泵深为1048.5mm，冲程为3m，冲数为9r/min，产液量为198t/d，动液面深度为122m。为了进一步提高产液量，决定加大抽油参数，抽油机机型改为CYJQ12-3.6-56HB，冲程

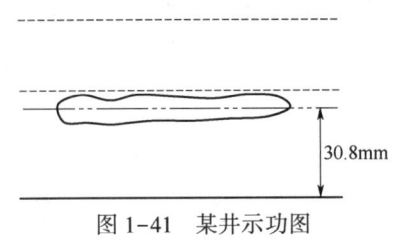

图 1-41 某井示功图

上调至 3.6m。量油时发现产液量大幅度下降，降为 62t/d。出现问题后，所测示功图如图 1-41 所示；当停抽后量油产液量为 61t/d；初步诊断可能是抽油杆脱扣，于是进行对扣操作，但无效果，根据所测示功图计算杆脱深度为 1054.3m。试诊断该井故障并分析原因，给出处理方法（已知抽油杆在液柱中的重力为 36.4N/m，测示功图所用仪器力比为 1246N/mm）。

(1) 诊断结果。

抽油杆脱接器脱落，使该井产液量大幅度下降。

(2) 原因分析。

由于 95mm 泵的柱塞不能通过内径 76mm 的油管，因此需要一种特殊工具——脱接器。该井使用的是双卡式脱接器，该脱接器外套部分连接于柱塞上端，中心杆部分连接于抽油杆柱的下端。下泵时，柱塞与泵筒随油管下入。当抽油杆下到预定位置后，中心杆进入柱塞上端的外套中，通过弹簧和导向轨道的作用，使卡爪张开，进入外套两侧开窗处，此时柱塞和抽油杆通过卡爪连为一体，完成对接动作。

需要检泵时，上提抽油杆，使外套上端进入连接在泵筒上端的释放接头内，由于外套中部的台肩外径大于释放接头内径，所以上提遇阻时，卡爪被迫缩回，继续上提抽油杆，即可将中心杆与外套脱开，完成脱卡动作。

该井的释放接头到泵筒的距离是按 CYJ10-3-37HB 抽油机最大冲程 3m 设计的，未考虑换为 CYJQ12-3.6-56HB 抽油机最大冲程 3.6m。所以当冲程调到 3.6m 后，脱接器脱开。

(3) 处理方法。

将冲程长度由 3.6m 改为 3m，对接脱接器。

[例 17] 某抽油机井，装有井下开关，生产比较正常。有一次发生光杆断裂故障，当捞出断杆更换新杆后启抽恢复生产，量油时却发现该井无产液量，经反复几天核实，仍无产液量。出现问题后，对该井进行液面测试，测试结果为液面在井口；所测示功图如图 1-42 所示；洗井处理无效果。试诊断该井故障并分析原因，给出处理方法。

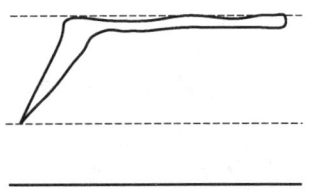

图 1-42 某井示功图

(1) 诊断结果。

光杆断裂掉入井内时将井下开关关闭。

(2) 原因分析。

在施工作业下泵时井下开关是关闭的，作业完工后进行一次碰泵操作即可将井下开关打开，满足油井正常生产要求。当需要作业时，再进行一次碰泵操作即可将井下开关关闭，实现不压井、防井喷的作业条件。该井发生光杆断裂，掉到井下就是进行了一次碰泵操作。当打捞出断杆后，因井下开关没有打开而抽不出液量。要打开井下开关，就要重新再进行一次碰泵操作。

另外还有抽油泵固定阀卡或堵，井下液体也不能正常进入泵筒，使油井产液量突然下降。

(3)处理方法。

重新进行碰泵操作,即可打开井下开关。

[**例18**] 某抽油机井,随着生产时间的延长产液量逐渐下降。短时间对比,产液量变化不大,但经过一个较长的时间再进行对比时,发现产液量大幅下降,抽油机的上行、下行电流也逐渐减小,动液面逐渐上升。出现问题后,对该井进行憋压,从憋压数据看油管压力上升缓慢,达不到憋压要求,停机3min压力又迅速降回到原压力值;对该井测试示功图,所测示功图如图1-43所示。试诊断该井故障并分析原因,给出处理方法。

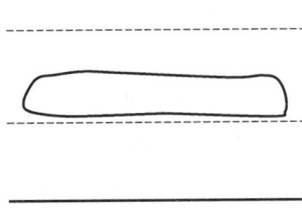

图1-43 某井示功图

(1)诊断结果。

泵漏失导致油井产液量下降。

(2)原因分析。

由于油井出砂、结蜡、液体腐蚀、机械磨损逐渐增大,使泵漏状况在逐渐恶化,产液量等生产数据也在逐渐出现变化。电动机电流反映了抽油机井载荷的变化,泵漏后,当抽油机上行程时柱塞以上的部分液体又漏回到柱塞下面而不能举升到地面,泵的排液效率降低,抽油机载荷减小,上行电流减小;当抽油机下行程时,泵筒中的液体因漏失不能压缩而形不成高压,打不开游动阀进入柱塞以上,泵筒中液体形成的浮力减小,井下载荷增大,下行电流减小。由于抽油机井的排液效率下降,导致动液面上升。

造成抽油泵漏失的原因很多。如机械磨损使泵套、柱塞、固定阀、游动阀等间隙增大产生漏失;抽油泵柱塞与泵筒或泵套配合间隙选择不合理(过大)产生漏失;阀球或阀座受井下液体腐蚀而损坏产生漏失;高压液体中携带的砂、盐等坚硬物质对泵阀的长期冲蚀,易引起泵阀损坏产生漏失;油井结蜡使固定阀、游动阀关闭不严产生漏失;油井出砂或有杂质卡在泵阀上使泵阀关闭不严产生漏失等。

(3)处理方法。

① 对于蜡、砂影响造成的泵漏失,应进行热洗。

② 对于磨损、腐蚀造成的泵漏失,应进行检泵作业。

③ 对于抽油泵柱塞与泵筒或泵套配合间隙选择过大而产生的漏失,应选择适合井液条件的泵的配合间隙。

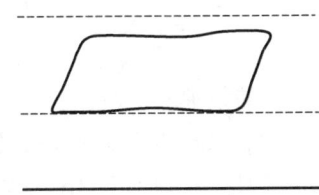

图1-44 某井示功图

[**例19**] 某抽油机井,随着生产时间的延长产液量逐渐下降,排液效率变差,动液面逐渐上升,沉没度逐渐上升,上下行电流稳定,所测示功图如图1-44所示。出现问题后,对该井进行憋压,从憋压数据看油管压力上升缓慢,达不到憋压要求,并且套管压力随油管压力变化而变化,停机3min压力又迅速降回到原压力值;该井抽油杆偏磨。试诊断该井故障并分析原因,给出处理方法。

(1)诊断结果。

油管漏失导致油井产液量下降。

(2) 原因分析。

本井故障是由于抽油杆偏磨将油管磨漏。抽油机井在长时间往复运动中不可避免地会产生机械磨损。当原油黏度高,尤其在聚合物驱以后,由于采出液黏度增大,使得抽油杆在往复运动中阻力增大,产生弯曲,抽油杆偏磨严重。抽油杆偏磨易造成抽油杆断脱、油管磨漏,另外斜井或采取措施不当也易造成抽油杆偏磨。随着油管漏失量的增大,使油井的产液量逐渐下降,沉没度逐渐上升。这类油井在近期、月度对比,由于液量变化小往往被人们忽略。当用较长时间的生产数据进行对比、分析时,才能发现产液量的变化。

(3) 处理方法。

① 认真做好抽油机井短期、长期产量变化分析,及时发现抽油井生产中出现的问题。

② 采取抽油杆加扶正器方式,降低杆管偏磨概率,延长检泵周期。

③ 油管漏失应采取检泵措施。

[例20] 某抽油机井,新井投产初期增产效果非常好。但随着生产时间的延长,该井产液量开始下降,排液效率变差,动液面下降,生产状况变差。为保证抽油井能正常生产,调小抽汲参数,直至调到最小,产液量仍继续下降,动液面也继续下降。出现问题后,对该井测示功图,所测示功图如图1-45所示;对该井憋压,常规憋压时,油管压力上升比较慢,没有达到憋压要求,停机5min油管压力稍有下降;掺水憋压时,油管压力上升比较快,达到憋压要求,停机5min油管压力稍有下降。试诊断该井故障并分析原因,给出处理方法。

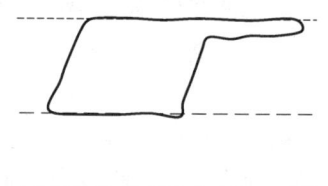

图1-45 某井示功图

(1) 诊断结果。

油层条件差或无能量补充,油层供液能力不足。

(2) 原因分析。

油井供液能力主要来源于与油井相连通的注水井,如果注水井不注水或连通性差、注不进水,使油层能量得不到及时补充,供液能力下降,油井产液量就会下降。当注水受效后产液量才能逐渐恢复。

(3) 处理方法。

① 提高注水井的注水量,确保油层有足够的供液能力。

② 在提高注水量的同时要搞好注水井分层注水工作,减缓或降低油井的含水率上升速度。

③ 对油水井实施增产增注措施,提高其供液能力。

[例21] 某抽油机井,在一次热洗结束恢复正常生产后,对该井量油时发现,产液量上升,产液量波动超过规定界限,含水率上升,而产油量却没有上升,其他生产数据均变化不大。出现问题后,连续几天核实资料,发现核实数据与以前数据相比基本没有变化;在检查井口装置时发现套管四通的温度较高。试诊断该井故障并分析原因,给出处理方法。

(1) 诊断结果。

在热洗结束后热洗阀门未关严,使地面热水漏到井下引起产液量上升。

(2) 原因分析。

机械采油井的产液量在没有特定的情况下不可能出现突然上升现象。如果出现了突然上升现象，可能是量油资料不准或地面热水漏失使油井的产液量发生变化。该井的产液量上升原因是热洗阀门关不严，使地面热水通过热洗阀门漏到井下，再由抽油泵抽出。由于热水漏失一方面增加了井下液量；另一方面漏进的热水可以起到降黏作用，从而提高抽油泵泵效，使产液量上升。

(3) 处理方法。

① 维修、更换热洗阀门。

② 重新进行量油、化验，准确录取油井生产数据。

[例22] 某抽油机井，抽油机型号为CYJS8-3-37HB，冲程为3m，冲次为8次/min，下泵深度为1058m，动液面为820m，示功图显示抽油泵工作正常。某日值班人员巡井时发现，该井抽油杆下降速度慢，悬绳器下降速度快，抽油杆与悬绳器不同步，悬绳器下降到下死点后又向上运动时与抽油杆产生撞击，撞击后抽油杆与悬绳器同步向上运动，下一个冲程仍然不同步。试根据这个现象诊断该井可能发生的故障并分析原因，给出处理方法。

(1) 诊断结果。

抽油机井内结蜡严重、抽油杆在中上部断脱。

(2) 原因分析。

① 抽油机井内结蜡严重，热洗周期不合理或热洗效果差。结在抽油杆上的蜡与油管上的蜡之间摩擦力增大，当摩擦力不小于抽油杆在液体中的重量时，抽油杆下降速度慢或下不去。

② 抽油杆在中上部断脱。断脱部位以上的抽油杆重量不大于摩擦力时，抽油杆下降速度慢或下不去。

(3) 处理方法。

① 采用频繁启停机的办法处理。在抽油机快运行到下死点时停机并刹车，待抽油杆下落到悬绳器时松刹车启动抽油机，待抽油机下一个冲程快到下死点时重复上述操作，如果是结蜡，几个或几十个冲程后有可能抽油杆与悬绳器同步运行。

② 热洗。

③ 作业检泵。

[例23] 某抽油机井，抽油机型号为CYJ10-3-53HB，冲程为2.4m，冲次为4次/min，生产状况一直正常。某月因含水率为99.8%上作业，下56mm抽油泵，泵深为1000m，开井后产液量为62.3t/d，含水率为10%，原油相对密度为0.86，抽油机运行至上、下死点时发出响声（该井所有录取数据准确）。试分析该井存在的问题，并提出相应的解决措施。

(1) 存在问题。

① 驴头销子未装好或驴头销子没上紧。

② $\rho_{ow}=f_w\rho_w+(1-f_w)\rho_o=0.1\times1.0+(1-0.1)\times0.86=0.874(g/cm^3)$

该井理论排量为：

$$Q_{理} = 1440 \times \frac{\pi}{4} D^2 Sn\rho_{ow}$$

$$= 1440 \times \frac{3.14}{4} \times 0.056^2 \times 2.4 \times 4 \times 0.874 = 29.7(\text{t/d})$$

说明该井带喷生产,因此该井生产参数不合理。

(2) 解决措施。

① 重新安装驴头销子或上紧驴头销子。

② 调整抽汲参数。

根据抽油机型号,将该机冲程由 2.4m 调至最大 3m。

由抽油泵的理论排量公式得:

$$n = \frac{Q_{理}}{1440 \times \frac{\pi}{4} D^2 S\rho_{ow}} = \frac{62.3}{1440 \times \frac{3.14}{4} \times 0.056^2 \times 3 \times 0.874} \approx 6.7(\text{次/min})$$

所以将该机冲次调整为 7 次/min。

[例 24] 某抽油机井不出油,井口憋压时,压力值随抽油机上行压力增大,下行时又降到原值,光杆卸不了载,电动机上行电流正常,下行电流比正常时小。试诊断该井故障原因,给出处理方法。

(1) 故障原因。

① 固定阀常开(失灵)。

② 固定阀卡死在阀座上。

③ 吸入部分堵塞。

(2) 处理方法。

① 热洗、碰泵。

② 作业检泵。

[例 25] 某抽油机井不出油,驴头上下载荷变化不大,抽油机上行电流变小,下行电流变大;井口憋压时,油管压力表指针不上升,光杆发热。试诊断该井故障原因,给出处理方法。

(1) 故障原因。

① 游动阀和固定阀失灵或卡。

② 柱塞未进入泵筒。

③ 抽油杆下部断脱。

④ 泵筒或油管脱落。

(2) 处理方法。

① 热洗、碰泵。

② 将柱塞下入泵筒,调好防冲距。

③ 打捞抽油杆。

④ 作业检泵。

[例26] 某抽油机井,近一段时间内产液量下降,动液面上升,示功图分析泵工作正常。出现问题后,对该井进行热洗,在热洗短时间内用手摸井口回油管线,温度与洗井液温度相同或相近。试诊断该井故障原因,给出诊断方法和处理方法。

(1)故障原因。

油管上部漏失或油管挂漏失。

(2)诊断方法。

采取井口安装油管压力表和套管压力表憋压的方法诊断。憋压过程中,油管压力表和套管压力表压力值相同,并且压力表指针同时波动,如果是油管挂漏失,在套管四通处能听到有刺漏的声音;如果是油管上部漏失,则听不到刺漏的声音。

(3)处理方法。

① 更换油管。

② 作业时更换油管挂或油管挂密封圈。

第三节 电动潜油泵井故障诊断与处理

电动潜油泵井在生产过程中,总是不可避免地出现一些故障,使机组不能正常运转,影响其抽油效果和机组的运转寿命。因此采油工作人员在生产管理过程中必须及时发现故障、分析判明原因,及时采取相应措施,并观察效果,总结经验,以保证电动潜油泵井正常生产。

一、电动潜油泵井故障诊断与处理方法

(一)电动潜油泵井故障诊断方法

1. 电流卡片诊断法

电动潜油泵井电流卡片是反映电动潜油泵运行过程中时间与潜油电动机的电流变化关系曲线,因此研究分析电流卡片对分析电动潜油泵运行情况,准确判断电动潜油泵运行中出现的各种故障具有指导意义。

对电流卡片的分析一定要结合机组的基础数据和井的生产情况,因为有些运行电流的变化可以从卡片直接反映出来,有些运行电流的变化很难直接从卡片分析出来,因此不能单一地去分析运行电流卡片。

1)泵正常运行的电流卡片

分析:如图1-46所示,在载荷固定的情况下,电动机的电流是恒定的,电流值等于或接近电动机的额定电流值,并且机组的压头和排量应与油井产能相匹配。设计功率和实际功率基本接近,二者之差在10%以内。在这种情况下,电流曲线呈均匀的、对称于圆心的形状。正常运行中,电流曲线出现上、下波动范围为±1A,是比较理想的电流曲线。卡片上出现任何一个较大的变化,都表明井内生产条件可能发生了变化。

措施：加强电动潜油泵井的日常管理，保证井下机组正常运行。

2）电源电压波动的电流卡片

分析：如图 1-47 所示，电流的变化可以看作是电压的变化，该曲线表示由于供电电压波动，造成电流和潜油电动机输出功率的变化，使电流曲线上出现"钉子状"的突变。电压波动最常见原因是主电源系统有周期性重负荷，是其他几种小的电压波动的组合。一般要求电压波动不得超过电动机额定电压值的±5%。

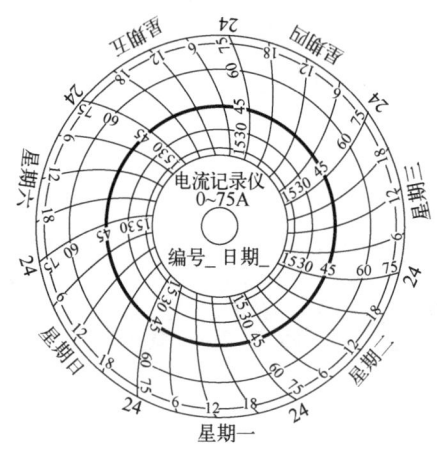

图 1-46　泵正常运行电流卡片

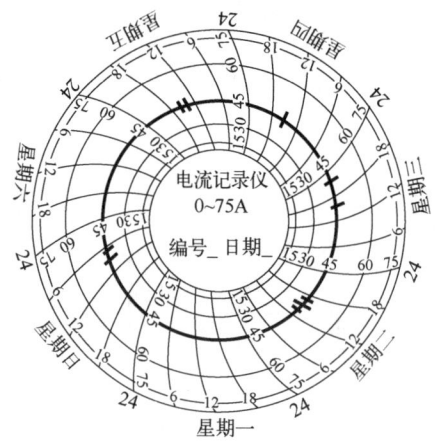

图 1-47　电源电压波动电流卡片

原因：供电线路上大功率柱塞泵突然启动而引起的电压瞬时下降；附近抽油机井多口井同时启动；雷击现象等。

措施：在大面积停电来电后，等其他设备启动后再启电泵；电泵井安装避雷器。

3）游离气体影响的电流卡片

分析：如图 1-48 所示，电流曲线基本接近于圆形，曲线呈小范围密波动，说明机组的运行状况良好，排量基本接近设计要求，但有较多的游离气体通过泵。

原因：电流波动是由于井液中含有游离气体而造成电流不稳定，这种情况不但排量效率要降低，而且也容易烧坏电动机；另外可能是泵内的液体被气体乳化而引起的。

措施：安装旋转式油气分离器；合理控制套管压力；加深泵挂；井液中加入破乳剂。

4）泵发生气锁的电流卡片

分析：如图 1-49 所示，电动潜油泵启动初期，液面较高，沉没度较高，运行电流比较平稳，排量接近设计值，但是电流和排量都因液面的下降而逐渐减小，动液面基本接近设计值；随着液面的逐渐下降电流也逐渐下降，然后因气体分离出来，电流出现波动，波动幅度随时间的延长越来越大；当液面接近泵的吸入口，游离气继续增多，电流波动最大，产生气锁，电流急速下降，当电流下降到欠载整定值时而停机。

原因：机组在运行过程中由于某些因素影响，使井液中大量气体进入泵内，造成因气锁抽空，而欠载停泵。

措施：防止气体进泵；缩小油嘴，间歇生产；选择与供液能力相匹配的机组等。

第一章 油水井故障诊断与处理

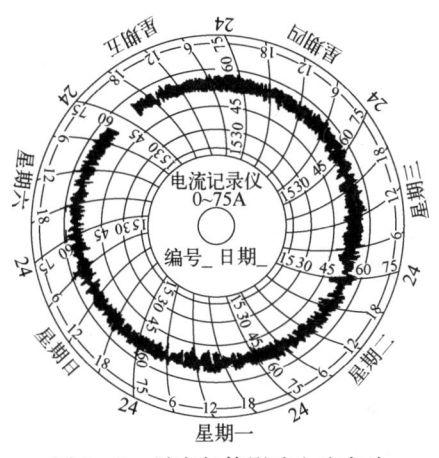 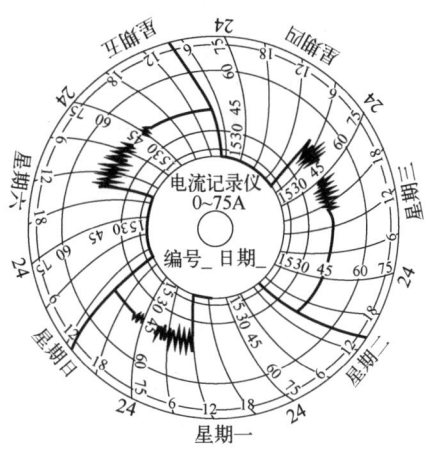

图 1-48　游离气体影响电流卡片　　　　图 1-49　泵发生气锁电流卡片

5）泵抽空时的电流卡片

分析：如图 1-50 所示，电动潜油泵由于抽空而自动停机，间隔一定时间后，又自动启动。启动电动潜油泵后，井内无游离气体析出，机组运行正常，电流也比较平稳；当液面接近泵吸入口，排量、电流值均下降，直到无井液进入泵的吸入口，达到欠载整定值而停机。

原因：若发生在电泵井投产初期，为选泵不适当所致；若生产一段时间后出现，为油供液不足所致。

措施：缩小油嘴；加深泵挂；更换小排量机组。

6）泵抽空不合理启动的电流卡片

分析：如图 1-51 所示，机组在运行中因欠载而自动停机，经过一段时后又重新启动，但未成功。这说明在泵抽空后，井内液面尚未恢复就开始启动泵，造成启动不成功。

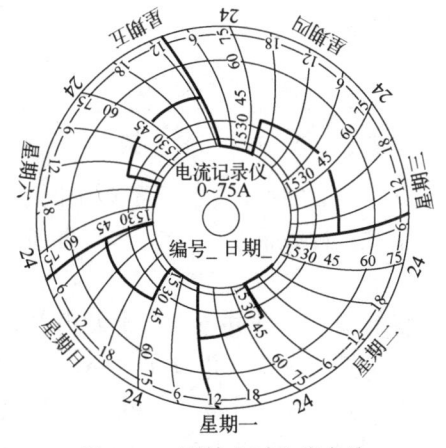 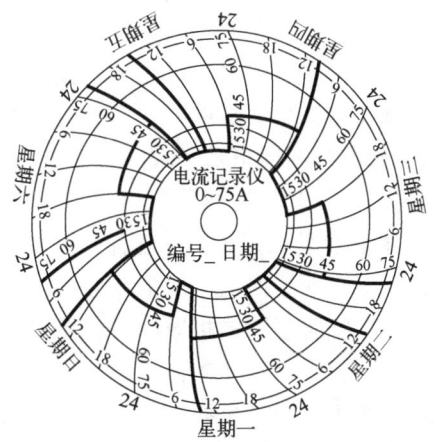

图 1-50　泵抽空时电流卡片　　　　图 1-51　泵抽空不合理启动电流卡片

原因：延时启动时间不合理；泵排量过大。

措施：适当延长延时启动时间（一般要求欠载延时启动时间不少于40min）；缩小油嘴；加深泵挂；更换小排量机组。

7) 欠载停机，延时启动失败的电流卡片

分析：如图1-52所示，由于油井供液不足，机组启动运行一段时间后，因抽空欠载而自动停机，曲线中的周期性启动是由自动控制实现的。

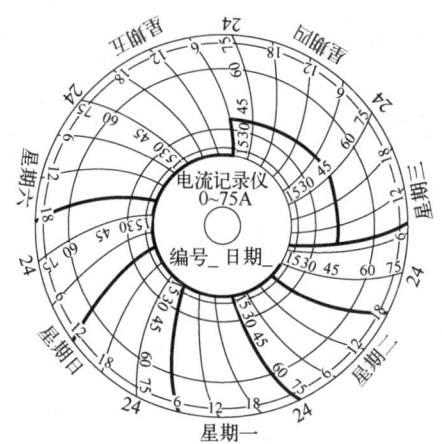

图1-52 欠载停机，延时启动失败电流卡片

原因：井液密度过低；产液量小，选泵不合理；欠载电流整定值偏小；延时继电器或欠载继电器部分出现故障；泵轴断或花键套脱离等。

措施：更换与油井相匹配的机组；改变采油方式，改选有杆泵采油或其他无杆泵采油方法；合理调整欠载电流整定值；检修延时继电器或欠载继电器；对于泵的故障，应起泵检查并更换机组。

8) 欠载保护失灵的电流卡片

分析：如图1-53所示，电动潜油泵启动运行一段时间后，电流逐渐下降，一直降到接近潜油电动机空载运行的电流，欠载继电器不动作，潜油电动机在空载条件下运行一段时间引起故障（电动机空转、温度升高导致电动机或电缆烧毁）而过载停机。

原因：欠载继电器失灵；欠载保护电流过小。

措施：检修欠载继电器；调大欠载保护电流。

9) 过载停机的电流卡片

分析：如图1-54所示，机组启动正常运行一段时间后，由于受井下不正常因素的影响，工作电流不断上升，当电流增大到过载保护电流时，过载保护装置动作而自动停泵。过载停泵未查明原因前不得强制启动。

原因：正常过载停机原因，包括井液密度、黏度的增大；洗井不彻底，井内有杂质；油管或地面管线结蜡；雷击造成缺相；机组本身故障（机械磨损、电动机过热等）。瞬间过载停机原因，包括过载电流整定值较低；控制屏有问题，如主回路某一相或记录仪、主控线路虚接，熔断器烧等；电干扰，如雷电、变压器输出电压低等；套管变形卡泵；机组故障，如电动机、电缆、电缆头烧。

措施：(1) 对于正常过载停机，应进行洗井；下泵前冲砂，同时对出砂井要考虑上提机组；定时清蜡和热洗地面管线；查出原因，处理缺相故障；更换机组。

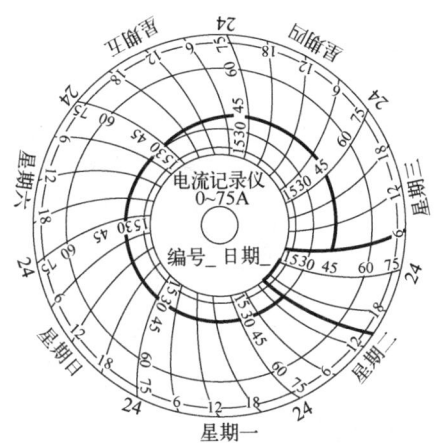
图 1-53 欠载保护失灵电流卡片

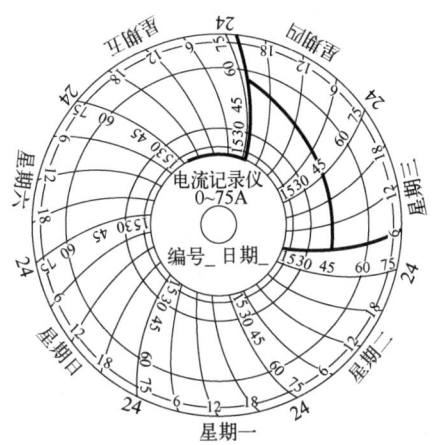
图 1-54 过载停机电流卡片

（2）对于瞬间过载停机，应根据实际情况调大过载电流整定值；检修控制屏；电泵井安装避雷器，提高变压器输出电压；修井后更换机组；直接作业更换机组。

10）手动强制再启动的电流卡片

分析：如图 1-55 所示，机组在启动以后，正常运行一段时间，后来出现电力波动，使机组过载停机。此卡片还表明进行了多次人工启动，均未成功。

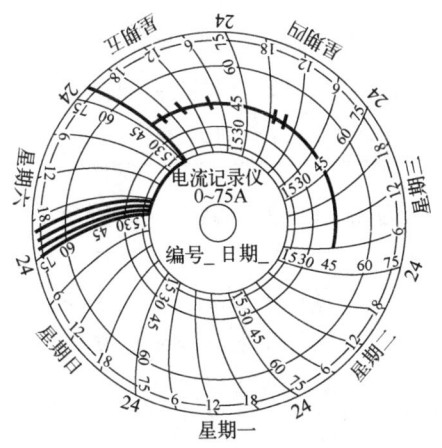
图 1-55 手动强制再启动电流卡片

原因：卡片中出现的电力波动，引起过载停机的原因可能是雨天雷电；初级接头或熔断器被烧坏；机组偏载等。

措施：如果一次人工启动未成功，应由现场技术人员检查处理，不允许强制再启动。

11）泵在有杂质的井液中运行的电流卡片

分析：如图 1-56 所示，机组在启动以后，电动机运行不够平稳，电流曲线明显波动，经过运行一段时间后，自行恢复正常。

原因：井液中含有松散泥砂或碎石屑，一般在压井液压井作业后可能出现。

措施：作业后应彻底洗井。

12）负载波动的电流卡片

分析：如图1-57所示，机组在启动以后，负载变化不规则、没规律。

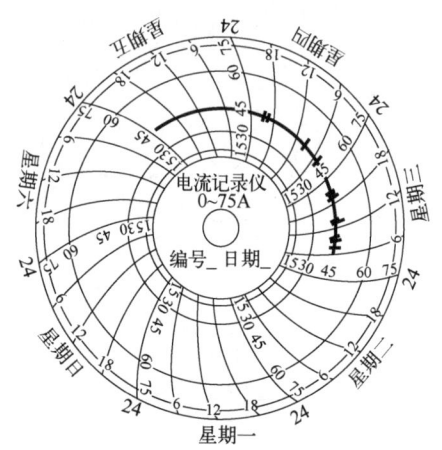
图1-56 泵在有杂质的井液中运行电流卡片

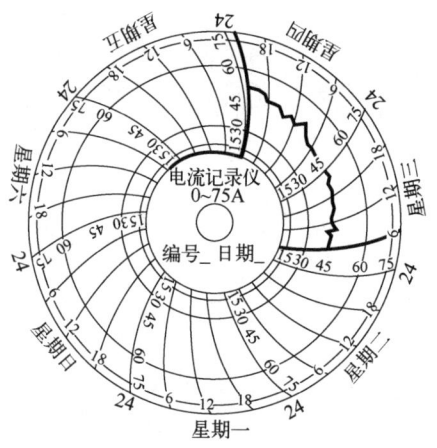
图1-57 负载波动电流卡片

原因：井液密度发生变化或地面回压过高。

措施：不宜手动再启泵，更不许自动启泵，应由现场技术人员检查处理后，方可投入运行。

2. 憋压诊断法

憋压诊断法就是在电动潜油泵运转的生产状态下，迅速关闭井口回油阀门憋压，并在适当时刻停泵，记录整个憋压过程中井口油管压力与时间的变化关系并作出曲线，根据曲线反映的形式和特征值来分析泵况和计算各有关参数。

1）泵工况正常憋压曲线

泵工况正常的憋压曲线分为四个阶段，如图1-58所示。

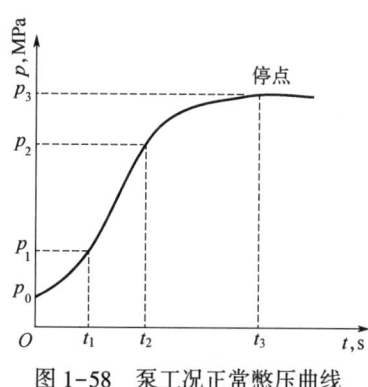
图1-58 泵工况正常憋压曲线

第一阶段：当油管中尚有较多自由气存在时，因液体的压缩系数远小于气体的压缩系数，油管内流体的压缩主要反映的是气体压缩规律。该阶段压力按指数规律上升。

第二阶段：当压力上升到一定程度，油管内自由气体积已很小或全部溶解于油中后，压力与时间关系则反映液体的压缩关系。该阶段（当$p>p_1$）压力与时间呈线性关系。

第三阶段：在憋压过程中，井口压力增大的同时，泵的出口压力也增大。该阶段压力与时间的关系开始呈关井压力恢复的对数关系。

第四阶段：停泵后，压力稳定不降，管柱形成封闭系统。

2）管柱漏失憋压曲线

管柱漏失的憋压曲线分为两个阶段，如图1-59所示。

第一阶段：停泵前，当管柱存在漏失时，即憋压过程中泵入液量的同时，也有液体在管内外压差的作用下流出油管之外。该阶段压力上升与时间的关系开始呈现为对数关系。

第二阶段：停泵初期油管压力较高，油管内外压差较大时压力降落很快，以后逐渐减慢，至压差为零时不再下降。

3）机泵问题憋压曲线

（1）如果泵轴断脱，则会只有断脱部位以下的叶轮工作，而断脱部位以上叶轮不再运转。在这种泵况下憋压，如果仍在工作的那些叶轮及管柱均无问题，则相当于一个同排量但扬程小的好泵工作，由于离心泵扬程与排量的特殊关系会使油井生产表现为液量下降、流动压力上升。憋压的压力上升规律同正常工况类似，只是数值不同。

（2）如果泵轴从最下部断脱，全部叶轮都不工作，则该井实际上是自喷生产，憋压曲线是一条对数曲线，并且停泵对曲线无影响，压力仍按对数关系上升。泵轴从最下部断脱憋压曲线如图1-60所示。

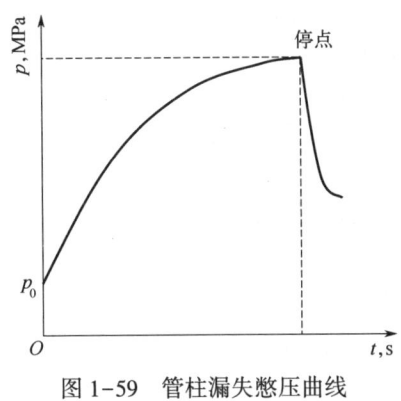
图1-59 管柱漏失憋压曲线

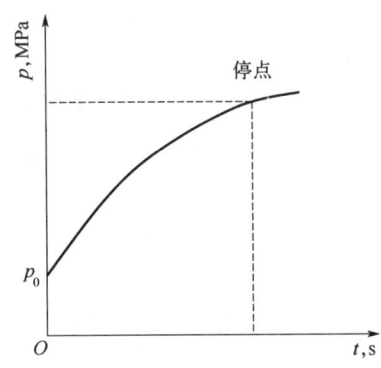
图1-60 泵轴从最下部断脱憋压曲线

（二）电动潜油泵井故障处理方法

1. 电动潜油泵井控制屏不工作故障与处理

1）故障原因

（1）控制屏无电，包括变压器故障、主开关熔断丝熔断。

（2）过载继电器触头松动或断开。

（3）继电器、屏门开关和接线片上的螺栓接头松动或断开。

（4）遥控电路、浮动开关或压力开关断路。

2）处理方法

（1）检查一次系统、变压器和主开关熔断丝，检查主变压器。

（2）检查过载继电器触头是否完好，检查屏门连锁开关是否完好。

（3）检查继电器、屏门开关和接线片上的所有螺栓是否松动或断开。

（4）检查电路接线是否完好，如发现有断路的情况，及时处理。

2. 电动潜油泵井启动时井下机组不能启动故障与处理

1）故障现象

启动过程中，按启动按钮后机组无反应。

2）故障原因

（1）电源没有连接或断开。

（2）控制屏控制线路发生故障。

（3）地面电压过低。

（4）电缆或电动机断开或绝缘损坏。

（5）泵、保护器、电动机机械故障。

（6）油稠黏度大、死油过多、结蜡严重、钻井液未替喷干净。

3）处理方法

（1）检查三相电源、变压器及熔断器；检查闸刀是否合上。

（2）检查控制屏控制线路，即检查过载继电器整定值是否过小、检查控制屏的控制电压是否正常、检查控制屏控制线路熔断丝是否完好，并排除故障。

（3）根据电动机额定电压和电缆压降计算出地面所需电压，调整变压器挡位到正常值。

（4）检查井下机组对地绝缘电阻和相间直流电阻，如绝缘达不到要求，则应检泵。

（5）作反向启动试验，如达不到要求，则应检泵。

（6）用低于60℃热水或轻质油洗井，然后再启动。

3. 电动潜油泵井下机组绝缘电阻值明显降低故障与处理

1）故障现象

测量井下机组绝缘电阻值下降，接近允许最小值。

2）故障原因

（1）泵排不出液体，电动机周围液体停止流动，散热条件变坏。

（2）电动机在超负荷或低负荷下运转，使电动机电流增大，从而使电动机温度升高。

（3）液体自井内侵入电动机或电缆，绝缘被破坏，绝缘电阻降低。

3）处理方法

（1）检查泵的排量，查明原因，采取措施。

（2）检查自耦变压器次边线路电流，超负荷时，限制泵的排量使电流减小。

（3）如绝缘被破坏，严重时取出井下机组进行修理。

4. 电动潜油泵井电压波动故障与处理

1）故障现象

电流卡片为电压波动电流卡片。

2）故障原因

（1）供电线路上大功率柱塞泵突然启动而引起的电压瞬时下降。

（2）附近多口油井同时启动。

（3）雷击现象。

3）处理方法

（1）待其他设备启动后再启动电动潜油泵。

（2）安装避雷器。

5. 电动潜油泵井井下机组运行电流偏高故障与处理

1）故障现象

（1）机组电流增大，接近过载电流值。

(2) 控制屏红色指示灯亮，机组停止运行。

2）故障原因

(1) 机组安装在弯曲井眼的弯曲处。

(2) 电压过高或过低。

(3) 排量过大。

(4) 井液黏度或密度过大。

(5) 井液中有泥砂或其他杂质。

(6) 机组安装时卡死在封隔器上。

(7) 泵的级数过多。

3）处理方法

(1) 适当上提或下放几根油管。

(2) 根据需要调整电压值。

(3) 合理调节排量。

(4) 采取井液降黏措施。

(5) 作业时井下采用防砂措施，井口放套管气要平稳，防止激动出砂。

(6) 选择合适泵型，重新安装，严重的可选择其他抽油方式。

6. 电动潜油泵井下机组运行电流不平衡故障与处理

1）故障现象

(1) 机组耗电增加，效率降低。

(2) 机组三相电流不平衡度大于5%。

2）故障原因

(1) 控制柜内电气元件故障，使三相电流显示异常。

(2) 井下电气故障。

(3) 高压变压器或供电线路故障。

3）处理方法

(1) 控制柜内电气元件损坏时，及时维修或更换电气元件。

(2) 对于井下电气故障，则上报并进行检泵作业。

(3) 对于高压变压器故障，则及时维修或更换高压变压器；对于供电系统故障，需系统稳定后再启动运行。

7. 电动潜油泵井井下机组运行电流偏低故障与处理

1）故障现象

(1) 机组运行电流接近欠载电流值。

(2) 井口油管压力下降，产液量下降。

(3) 测试动液面在泵吸入口附近。

2）故障原因

(1) 油层供液不足或泵排量大。

(2) 变压器供电电压过高，造成机组运行电流低。

（3）油管漏失，泵轴断或花键套脱离。

3）故障处理

（1）缩小油嘴控制泵排量，或作业时换小排量泵。

（2）检查变压器供电电压，调整变压器输出电压。

（3）验证核实，报井下作业。

8. 电动潜油泵井因抽空造成自动停泵故障与处理

1）故障现象

（1）控制屏黄色指示灯亮，电流表指针落零，机组停止运行。

（2）电流卡片为泵抽空电流卡片。

（3）测试动液面在泵吸入口以下。

2）故障原因

（1）若发生在电动潜油泵井投产初期，为选泵不适当所致。

（2）若发生在生产一段时间后，为油井供液不足所致。

3）处理方法

（1）缩小油嘴。

（2）加深泵挂。

（3）更换小排量机组或转为抽油机生产。

9. 电动潜油泵井欠载停机故障与处理

1）故障现象

（1）控制屏黄色指示灯亮，电流表指针落零，机组停止运行。

（2）电流卡片为欠载停机电流卡片。

（3）井口油管压力下降，没有出油声。

（4）掺水伴热井，单井回油温度上升；无掺水伴热井，单井回油温度下降。

2）故障原因

（1）油层供液不足。

（2）气体影响。

（3）欠载电流设定值调整偏高，接近运行电流值。

（4）油管严重漏失。

（5）延时继电器或欠载继电器部分出现故障。

（6）井下机组故障（泵轴断、花键套脱离、电动机空转）。

3）处理方法

（1）提高连通注水井注水量，改变采油方式。

（2）合理控制套管压力，更换分离器或加深泵挂。

（3）按规定调整欠载电流设定值。

（4）作业更换油管。

（5）检修延时继电器或欠载继电器。

（6）作业检泵或更换机组。

10. 电动潜油泵井过载停机故障与处理

1）故障现象

（1）控制屏红色指示灯亮，电流表指针落零，机组停止运行。

(2) 电流卡片为过载停机电流卡片。

(3) 井口油管压力下降,没有出油声。

(4) 掺水伴热井,单井回油温度上升;无掺水伴热井,单井回油温度下降。

2) 故障原因

(1) 正常过载停机故障原因:井液密度、黏度增大;洗井不彻底,井内有杂质;油管或回油管线结蜡;雷击造成缺相;机组本身故障(机组磨损、电动机过热等);过载电流设定值调整偏低,接近运行电流值。

(2) 瞬间过载停机故障原因:机组故障,如电动机、电缆、电缆头烧坏;控制屏有问题,如主回路某一相或记录仪、主控线路虚接、熔断器烧坏等;电干扰,如雷击、变压器输出电压低等;套管变形卡泵。

3) 处理方法

(1) 对于正常过载停机故障,应进行洗井,下泵前冲砂,同时对出砂严重井可上提机组,井口放套管气要平稳,防止激动出砂。

(2) 清蜡和热洗回油管线。

(3) 按规定调整过载电流设定值。

(4) 按规定设置避雷器,定期检查维护。

(5) 查找瞬间过载停机原因,进行相应处理。

(6) 更换机组。

11. 电动潜油泵井产液不正常故障与处理

1) 故障现象

电动潜油泵井产液不正常通常是指排量低于最佳排量范围下限值的情况。

(1) 运行电流减小,井口油管压力下降。

(2) 量油时液面上升慢或液面不上升,产液量下降。

(3) 井口取不出正常油样,只有气体或掺水液流出。

(4) 测试动液面上升。

2) 故障原因

(1) 油管漏失或泄油器漏失,导致产液量下降。

(2) 泵吸入口被堵塞,导致产液量下降。

(3) 输油管路堵塞或阀门关闭,导致产液量下降。

(4) 泵的总压头不够,产出液无法排出。

(5) 泵轴、保护器轴或电动机轴断裂,导致泵效降低,产量下降。

(6) 泵的转向不对,导致产量下降或无产量。

(7) 油井抽空或动液面太低,导致产量下降。

(8) 地面管线堵塞,导致产出液无法排出。

(9) 油管结蜡堵塞,导致产出液无法排出。

(10) 油管、套管环形空间内气体压力过大,使液面低于泵吸入口,气体进泵。

3) 处理方法

(1) 对油管憋压,确定是否漏失。如漏失,需将油管起出更换。

(2) 将泵提出清理,有时可反转解堵。

(3) 检查管路回压，如异常，采用适当的措施清理管道。
(4) 重新检查选井、选泵设计。
(5) 将机组起出，更换损坏部位。若使用欠载继电器，通常显示为欠载状态。
(6) 从接线盒处调换任意两根导线的接头，再试转。
(7) 测动液面，调小油嘴、换小泵。
(8) 检查地面流程、阀门，检查回压是否过高，热洗地面管线。
(9) 进行油管清蜡。
(10) 放出油管、套管环形空间内的气体，安装高效分离器。

12. 电动潜油泵井憋压时油管压力不上升或上升缓慢故障与处理

1) 故障现象
(1) 运行电流减小。
(2) 量油时液面上升慢或液面不上升，产液量下降。
(3) 井口取样时取不出正常油样，只有气体或掺水液流出。

2) 故障原因
(1) 油管断脱、泵漏失严重、油管头漏失严重。
(2) 气体影响。
(3) 油层供液不足或机组吸入口堵塞。

3) 处理方法
(1) 更换油管头密封圈，进行检泵作业。
(2) 调小油嘴、换小泵、加强周边注水井的注入能力。
(3) 由专业人员按规定进行泵反向运行，冲洗堵塞物。

13. 电动潜油泵井回压高于正常值故障与处理

1) 故障现象
机组运行电流减小，油管压力升高超过正常值。

2) 故障原因
(1) 倒错流程，如回油阀门没有开大或油嘴堵塞。
(2) 回油管线冻堵、结垢。
(3) 油井产液量高，管线直径小。
(4) 计量间到转油站的系统压力高。

3) 处理方法
(1) 正确倒流程，开大回油阀门，进行油嘴解堵。
(2) 管线进行解堵、清垢。
(3) 根据需要合理控制排量，更换大直径管线。
(4) 检查系统压力高的原因并及时处理。

14. 电动潜油泵井机械清蜡时发生蜡卡故障与处理
起刮蜡片时被蜡卡住的现象称为蜡卡，也称为软卡。

1) 故障现象
(1) 机组电流增大，接近过载电流值。

(2) 量油时产液量下降。

2) 故障原因

(1) 清蜡不及时、不彻底。

(2) 刮蜡片发生变形或倒装。

(3) 油井工作制度或清蜡制度不合理。

3) 处理方法

(1) 蜡卡时若能活动，可上、下缓慢活动解卡。

(2) 蜡卡时若卡死，不要硬拔，可灌入热油或轻质油，将蜡熔化解卡。

15. 电动潜油泵井机械清蜡时发生硬卡故障与处理

刮蜡片卡在油管内的某种金属物上的现象称为硬卡。

1) 故障现象

(1) 机组电流增大，接近过载电流值。

(2) 量油时产液量下降。

2) 故障原因

(1) 刮蜡片变形、刀刃损坏、刮蜡片连杆弯曲或螺纹变形。

(2) 油管加工不良有毛刺、油管内径不规则。

(3) 清蜡阀门或总阀门的丝杠太长，在开阀门时螺纹没有完全退出。

(4) 刮蜡片下得过深，使刮蜡片卡在工作筒或配产器上。

3) 处理方法

遇硬卡不能硬拔，更不要用振动、冲击等办法解卡，只能改变钢丝上提方向慢慢活动解卡。

16. 电动潜油泵井机械清蜡操作常见故障与处理

1) 故障现象

在机械清蜡过程中，发生清蜡钢丝打扭、钢丝跳出滑轮、刮蜡工具快速上升的现象。

2) 故障原因

(1) 清蜡钢丝打扭。油管内壁蜡质阻力不均匀时，刮蜡器不能匀速下行，当刮蜡器下行速度低于清蜡钢丝下放速度时，清蜡钢丝在井外积聚并发生弯曲，刮蜡器突然下行时拉紧清蜡钢丝，导致清蜡钢丝打扭。

(2) 清蜡钢丝跳槽。刮蜡器在井筒内突然遇阻，清蜡钢丝在井口防喷管堵头处积聚脱开轮槽，此时刮蜡器突然解卡下行，造成清蜡钢丝跳槽。

(3) 刮蜡器顶钻。油管内流道缩小压力升高，上顶刮蜡器迅速上行，造成清蜡钢丝在油管内积聚。

3) 处理方法

(1) 清蜡钢丝打扭时，立刻停止清蜡操作，拧紧清蜡堵头密封圈，目测清蜡钢丝若无损伤，继续执行清蜡操作；若损伤明显，则起出刮蜡器更换清蜡钢丝。

(2) 清蜡钢丝跳槽时，应立刻停止清蜡操作，拧紧清蜡堵头密封圈，将钢丝重新放入滑轮槽内。

(3) 顶钻后钢丝在井内打扭时，要平稳缓慢上起，千万不要让钢丝松动，如刮蜡片未到防喷管内就起不动,说明打扭处被堵头挡住,这时不能硬起,以免拉断钢丝。处理方法是关闭清蜡阀门挤住钢丝,打开清蜡放空阀门,放掉余压,卸下丝堵上提钢丝,剪掉死扭,导出钢丝和清蜡工具。

二、案例分析

[例1] 某电动潜油泵井,在对半年的生产数据对比中发现,该井产液量逐渐下降,泵的排液效率变差,油管压力下降,套管压力和动液面上升,回压下降,运行电流变化不大。出现问题后,对该井憋压,油管压力上升缓慢,基本上达到憋压要求,停泵后油管压力稳定不降。试诊断该井故障并分析原因,给出处理方法。

(1) 诊断结果。

油管内结蜡导致井筒内油流阻力增大,油井产液量下降。

(2) 原因分析。

油管结蜡是逐渐形成的。当蜡在管壁上沉积下来并结到一定厚度时就会使油管内径变小,油流通道变窄,导致井筒内油流阻力增大,排液效率就会下降,井口产液量就会下降;压力损失增大,井口油管压力就会下降;井口产液量下降,井口回压就会下降;由于地层的供液能力没有变化,电动潜油泵排液效率下降就会导致井口套管压力、液面上升。电动潜油泵工作正常,泵的排量减小,使电动机工作电流变化不大或稍有减小。

如果油管结蜡严重,油管内的蜡就会发生堆积,电动潜油泵会因阻力增加过大而出现憋泵情况,电流也会随之增大。此时如果不采取措施,有可能发生烧泵事故。

(3) 处理措施。

① 摸索电动潜油泵井的结蜡规律,制定合理的清蜡周期。

② 严格执行清蜡制度做好清蜡工作,保证油流畅通。

③ 做好油井的防蜡工作。

[例2] 某电动潜油泵井,机组排量为100m^3/d,投产正常运行一段时间后,发现产液量逐渐下降,工作电流逐渐增大,最终过载停机,试图再启动,由于工作电流仍然较大而失败。出现问题后,测量机组对地绝缘电阻和相间直流电阻均正常,检查网路电源及控制屏均正常,然后又重新启机,工作电流很大,3min后过载停机,启动若干次均如此;对该井热洗处理后,启动机组正常运转,运行电流接近机组额定电流值,且运行一直很平稳。试诊断该井故障并分析原因,给出处理方法。

(1) 诊断结果。

电动潜油泵井长时间没有清蜡或油井中压井液没有替喷干净。

(2) 原因分析。

该井投产后,由于长期没有清蜡,另外油井中压井液没有替喷干净,所以泵叶导轮流道结蜡和压井液沉淀,导致电动机负荷增大,造成机组运转电流过大,使机组过载停机。

(3) 处理措施。

① 摸索电动潜油泵井的结蜡规律,制定合理的清蜡周期。

② 严格执行清蜡制度做好清蜡工作,保证油流畅通。

③ 做好油井的防蜡工作。

第一章 油水井故障诊断与处理

[例3] 某电动潜油泵井,生产一直比较稳定,但在一次量油时发现,该井产液量大幅度下降,油管压力下降,套管压力上升,动液面上升,回压下降,运行电流变化不大。出现问题后,连续3天量油、录取井口资料,证明数据准确无误;对该井憋压,油管压力上升缓慢,远远没有达到憋压要求,停泵后油管压力迅速下降,套管压力随油管压力变化而变化。试诊断该井故障并分析原因,给出处理方法。

(1) 诊断结果。

油管漏失导致油井产液量大幅度下降。

(2) 原因分析。

由于油管漏失使油管、套管连通,液体没有全部被举升到地面,所以井口产液量大幅度下降。油管漏失使井口排量减少,泵的扬程在井筒内损失,井口压力下降;憋压时油管压力上升缓慢达不到要求,停机后压力又会迅速下降。井口产液量下降,回压下降,油管、套管环行空间的液面就会上升,套管压力上升。

(3) 处理措施。

检泵作业。

[例4] 某电动潜油泵井,生产一直比较稳定,但在一次井下测压工作完成后量油时发现,该井产液量大幅度下降,油管压力下降,套管压力上升,动液面上升,回压下降,运行电流变化不大。出现问题后,连续3天量油、录取井口资料,证明数据准确无误;对该井憋压,油管压力上升缓慢,远远没有达到憋压要求,停泵后油管压力迅速下降。试诊断该井故障并分析原因,给出处理方法。

(1) 诊断结果。

测压阀(泄油阀)漏失。

(2) 原因分析。

由于测压阀漏失使油管、套管连通,液体没有全部被举升到地面,所以井口产液量大幅度下降。测压阀漏失使井口排量减少,泵的扬程在井筒内损失,井口压力下降;憋压时油管压力上升缓慢达不到要求,停机后压力又会迅速下降。井口产液量下降,回压下降,油管、套管环形空间的液面就会上升,套管压力上升。

(3) 处理措施。

① 更换或重新投测压阀阀芯。

② 如果检查测压阀没有问题,应进行检泵作业。作业时要检查测压阀引压管、油管是否有刺漏,如有需更换。

[例5] 某电动潜油泵井,油层条件较好,但油层轻微出细砂,机组排量为250m³/d,采用17mm油嘴生产。前半年生产情况一直比较好,但后来产液量开始出现下降,而且还经常性地出现欠载停机情况。从生产数据上看,该井油管压力下降,套管压力和沉没度上升,回压下降,运行电流减小。出现问题后,对该井憋压,油管压力上升缓慢,达不到憋压要求,停泵后油管压力稳定不降。试诊断该井故障并分析原因,给出处理方法。

(1) 诊断结果。

机组运转过程中机械磨损大导致泵漏失,油井产液量下降。

（2）原因分析。

电动潜油泵在运转过程中，由于液体与叶轮、叶轮与导轮之间互相摩擦，就会产生机械磨损。如果井液中含砂或含杂质多、井液黏度大，则电动潜油泵的磨损就会更严重。当发生磨损并逐渐增大时，电动潜油泵做功能力下降出现漏失，使油井的井口产液量下降、油管压力下降、工作电流减小，当电流值减小到低于欠载电流整定值时，电动潜油泵就出现欠载停机，油井停产。而且在憋压时由于泵漏失使油管压力憋不起来，达不到憋压要求。

（3）处理措施。

① 对于机械磨损导致的泵漏失，应进行检泵作业。

② 对于出砂比较严重的井，应采取防砂措施。

[例6] 某电动潜油泵井，注采系统比较完善，动液面较高，生产气油比较低，机组排量为200m^3/d，投产初期产量为200m^3/d左右，其后产量基本保持在185~190m^3/d，并稳定生产相当长一段时间。但后来该井产液量突然下降到83m^3/d，油管压力下降、工作电流减小，生产不正常。出现问题后，核实该井生产数据，核实数据与变化后数据相比基本没有变化；检查计量设备完好；对该井憋压，油管压力上升缓慢，远没有达到憋压要求，停泵后油管压力稳定不降。试诊断该井故障并分析原因，给出处理方法。

（1）诊断结果。

该井的举升能力下降、扬程下降是造成生产数据变化的主要原因。诊断为井下机组出现机械故障。根据作业检查确认，泵轴断裂造成只有部分叶轮工作。

（2）原因分析。

当电动潜油泵泵轴在某个部位发生断裂，断裂部位以上的叶轮就会不再运转。这样，就相当于泵的叶轮级数减少，使泵的扬程减小，油管压力下降、工作电流减小。电流没有低于欠载值还可以保持电泵井的正常运转。从油井的生产变化情况看由于泵的扬程减小，能量降低，使油井的产液量、油管压力、回压下降；因为地层供液能力没有变化，电动潜油泵排量下降使油井的动液面、套管压力上升；在对其进行憋压时，油管压力上升缓慢，达不到憋压要求。

电动潜油泵泵轴断裂处越是靠近电动机，泵的工作负荷就越小，其产液量、油管压力、电流下降就越大。当电流减小达到或低于欠载电流整定值时，电动潜油泵会因为欠载而停机，油井停产。

（3）处理措施。

检泵作业。

[例7] 某电动潜油泵井，从生产数据上看，该井生产一直比较稳定，但出砂比较严重，在一次输电线路检修电动潜油泵停产后，再启机时却发现，电流过载启动不起来。出现问题后，测量机组对地绝缘电阻和相间直流电阻均正常，检查网路电源及控制屏均正常，然后重新启机，没有启动起来；对该井洗井处理，洗井后仍然没有启动起来。试诊断该井故障并分析原因，给出处理方法。

（1）诊断结果。

泵被砂卡，导致不能启机。

(2) 原因分析。

如果井液中含有砂粒、石子等，在机组正常运转时是随液体一起运动的，不会沉落在某些部位造成卡泵，只会增大机械之间的磨损。当停机时，砂粒、石子等就会沉淀或卡在机械运转和不运转部位的缝隙间，造成卡泵。当再次启机时就会启动不起来，电流显示过载。此时，检查井下机组正常，电流值很高。

(3) 处理措施。

① 洗井解卡。

② 将电动机反转运行，使卡泵物体脱离。

③ 如果以上措施还不能解卡，应进行作业检泵。

[**例8**] 某电动潜油泵井，该井供液能力稍差，机组排量为150m^3/d，额定工作电流为34A，因机组烧毁而待作业。在查找原因时发现，该井的电流卡片上曾反映多次启机、停机，原因是欠载（即机组工作电流降至31A时就出现欠载停机），最后由于频繁启机、停机，使机组烧毁而停产。试诊断该井故障并分析原因，给出处理方法。

(1) 诊断结果。

欠载电流整定值偏高。

(2) 原因分析。

有些井由于供液能力稍差或气体等因素的影响，使工作电流低于机组的额定工作电流。如果将机组的欠载电流整定值调整得过高，使一些油井本不应欠载的出现了欠载。该井就是这种情况，稍出现欠载就使机组停机，然后再启机，这样频繁启机、停机对机组寿命就有很大的影响，再加上机组本身质量不太合格，就很容易在短时间内出现烧毁机组的情况。

(3) 处理措施。

合理调整机组欠载电流整定值。

[**例9**] 某电动潜油泵井，生产一直比较稳定，但在一次量油时突然发现，该井的产液量明显下降，油管压力上升，套管压力不变，动液面上升，回压下降，运行电流增大。出现问题后，连续3天量油、录取井口资料，证明数据准确无误。试诊断该井故障并分析原因，给出处理方法。

(1) 诊断结果。

井口油嘴堵塞导致油井产液量下降。

(2) 原因分析。

当电泵井油嘴堵塞而没有堵死时，实际就相当于缩小油嘴直径，限制了油井产液量。在机组的排液效率和油层供液能力没有发生变化的情况下，由于产液量在井口受到了限制而下降。油嘴被堵塞后，井筒、井口形成憋压，液体流速减慢，油管压力升高。油管、套管环形空间的液面会因产液量下降而上升，套管压力就会升至套管定压放气阀的定压值。因为回油管线液量少，回压就会下降。

(3) 处理措施。

检查、清除油嘴堵塞物。

[**例10**] 某电动潜油泵井，机组排量为250m^3/d。该井在生产一段时间后，有些生产数据逐渐发生变化，产液量逐渐下降，产油量逐渐下降，油管压力逐渐上升，套管压力逐

渐上升，动液面逐渐上升至井口，回压逐渐上升，工作电流稍有增大。出现问题后，试诊断该井故障并分析原因，给出处理方法。

（1）诊断结果。

地面回油管线堵塞导致油井产液量下降。

（2）原因分析。

油井的回油管线由于结垢、结蜡，使管线的内径逐渐减小，液流阻力逐渐增大，回压升高。回压的上升就会连带油管压力、套管压力上升。由于管线内径变小，阻力增大就限制了电泵井的排液量，使排液效率降低，油井的产液量下降。由于油层供液能力没有变化，随着产液量的下降沉没度就会上升。由于回油管线结垢或结蜡都是逐渐形成的，对电泵井的影响以及生产数据的变化也是逐渐显现出来的。对于逐渐变化的数据，如果采用短期对比的方法看不出来变化，只有通过较长时间的生产数据对比才能发现油井出现的问题。

在生产管理中，有的电泵井的油管压力、回压会突然上升，管线的液流阻力会突然增大，这说明地面流程突然出现堵塞。如阀门故障、回油管线管壁结垢或结蜡后脱落等都会导致管线突然堵塞，使油井油管压力、回压突然上升。

（3）处理措施。

① 对于结蜡影响，可以热洗地面回油管线。

② 对于脏物影响，应切开管线排除。

③ 对于结垢影响，应酸洗管线，结垢严重的应更换管线。

第四节 螺杆泵井故障诊断与处理

螺杆泵同其他采油设备一样，如果管理不当，工况不合理或产品质量有问题，就会出现一系列故障。所以，采油工作者在生产管理过程中必须及时分析泵况、发现问题、分析判明原因并采取相应措施解除故障，以保证螺杆泵井正常生产。

一、螺杆泵井故障诊断与处理方法

（一）螺杆泵井故障诊断方法

螺杆泵井常见故障诊断方法有电流诊断法、憋压诊断法、扭矩和轴向力诊断法、油井产液量诊断法、综合诊断法等。

1. 电流诊断法

电流诊断法是指通过测试螺杆泵井驱动电动机的工作电流，根据工作电流的大小来诊断油井工作状况的方法。

当油井正常工作时，螺杆泵采油系统各个环节正常运行，此时工作电流为正常工作电流。

当油井结蜡、定子橡胶溶胀时,增加了定子、转子之间的摩擦力,使螺杆泵运转受阻,运转电流增大;当地面管线堵塞时,井口回压升高,螺杆泵运转也会受到阻碍,运转电流也会增大,同时井口油管压力明显升高;当抽油杆断脱时,转子旋转时载荷明显减小,电流也明显减小;当油管脱落或严重漏失时,油管中液面明显下降,转子旋转时摩擦阻力明显减小,电流也随之减小。

电流诊断法诊断螺杆泵井故障见表1-7。

表1-7 电流诊断法诊断螺杆泵井故障

工作电流	工况特征	故障原因
接近电动机空载电流	无排量,油管、套管不连通	抽油杆断脱,定子磨损严重
	无排量,油管、套管连通	油管脱落或油管严重漏失,油管头严重漏失
接近电动机正常运转电流	排量较小,液面较高	下部油管漏失,定子橡胶磨损严重、失效,尾管进油部分结蜡或有砂子
	无排量,液面较高	尾管进油部分蜡堵或砂堵
	排量较小,液面较低	泵严重漏失,举升高度不够,气体影响,油层供液能力差
明显高于电动机正常运转电流	排量正常,油管压力正常	油管结蜡严重
	排量降低,油管压力明显升高	出油管线堵塞
	排量正常(投产初期)	定子橡胶溶胀大(定子橡胶耐油性能差),定子不合格
	排量正常	抽油杆磨油管
电动机电流周期性波动	井口脉动出液	油井间歇出油,转子不连续转动,泵不合格

2. 憋压诊断法

1) 井口憋压法

井口憋压法是指在螺杆泵工作的条件下,通过关闭井口回压阀门进行憋压,来观察井口油管压力和套管压力的变化进行诊断油井故障的方法。憋压时压力不允许超过2MPa。井口憋压法诊断螺杆泵井故障见表1-8。

表1-8 井口憋压法诊断螺杆泵井故障

油管压力、套管压力	工况特征	故障原因
油管压力不上升且不同于套管压力	无排量	抽油杆断脱
油管压力不上升且接近套管压力或油管压力上升异常缓慢且与套管压力变化规律一致	无排量或排量很小	油管脱落,泵严重漏失,油管严重漏失,油管头严重漏失
油管压力上升缓慢且不同于套管压力	排量小,泵效低,动液面较深	泵严重漏失,气体影响,供液能力差
油管压力与套管压力接近	排量小或无排量,油管、套管偶尔连通	定子橡胶脱落
油管压力上升到某一值稳定	排量小或正常	螺杆泵压头不够或正常

2) 双憋曲线定性解释法

双憋曲线定性解释法诊断螺杆泵井泵工况，就是螺杆泵分别在运行和停机状态下，通过关闭井口回压阀门憋压的方式，各测取一条压力与时间关系曲线。基于流体传压理论，根据泵抽液时因泵况不同而反映出来的各种压力变化规律，对所测曲线进行定性分析，以反映出泵的各种工作状况。

(1) 泵正常工作憋压曲线。如图1-61所示，抽憋曲线压力线性上升，停憋曲线不起压。

图1-61(a)所示憋压线升压较快，斜率较大。图1-61(b)所示憋压线斜率较小。斜率的大小与油井含水、含气、井深、泵的理论排量有关。

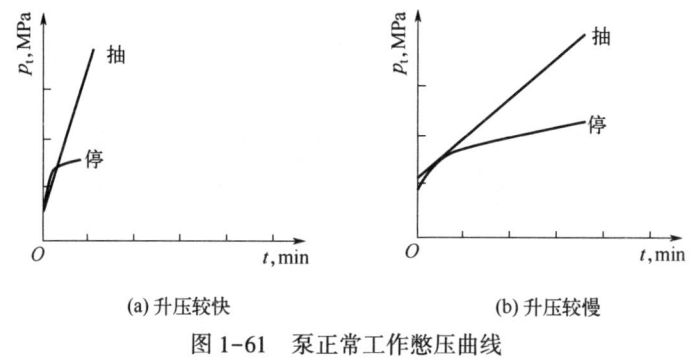

(a) 升压较快　　　　　　　　(b) 升压较慢

图1-61　泵正常工作憋压曲线

(2) 抽油杆断脱憋压曲线。如图1-62所示，抽憋、停憋曲线变化趋势相同。如果油井没有自喷能力，抽憋、停憋的油管压力都等于零。

(3) 泵压头不够憋压曲线。如图1-63所示，憋压曲线的前段为直线段、后段变弯曲。前段直线的斜率也可能大，也可能小，与井况有关。

(4) 泵漏失憋压曲线。如图1-64所示，泵漏失情况下，抽憋曲线比停抽曲线压力高，但最后的变化趋势相同。停憋一段时间后，又启抽，压力又上升，这时泵口压力也上升。

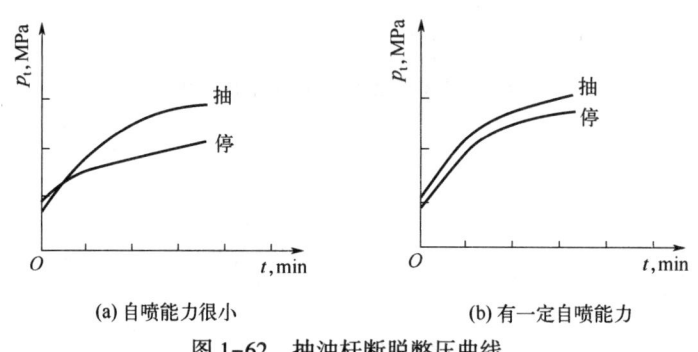

(a) 自喷能力很小　　　　　　(b) 有一定自喷能力

图1-62　抽油杆断脱憋压曲线

3. 扭矩和轴向力诊断法

扭矩和轴向力诊断法包括光杆扭矩和光杆轴向力诊断法、光杆扭矩曲线和光杆轴向力曲线诊断法两种。

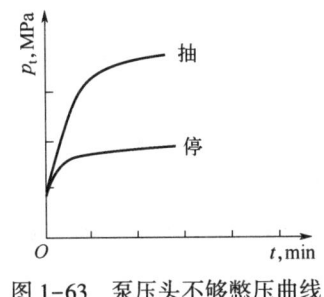
图1-63 泵压头不够憋压曲线

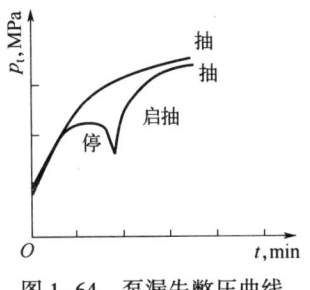
图1-64 泵漏失憋压曲线

1) 光杆扭矩和光杆轴向力诊断法

光杆扭矩和光杆轴向力诊断法就是通过测试光杆扭矩（即螺杆泵工作扭矩）和光杆轴向力，根据光杆扭矩和光杆轴向力的变化来诊断油井故障的方法。

(1) 光杆扭矩。

光杆扭矩可以用光杆扭矩测试仪直接测得，也可以通过测试驱动电动机的有功功率与转数间接获得。可测动扭矩，也可测静扭矩。

光杆扭矩 M 主要由定子和转子过盈产生的初始扭矩 M_f、井下泵举升井筒流体产生的有功扭矩 M_p 和杆液摩擦扭矩 M_y 三个部分组成。

(2) 光杆轴向力。

光杆轴向力 F 来自抽油杆自重 F_1、液体压力作用在转子上的轴向力 F_2、抽油杆在采出液中的浮力 F_3、采出液向上流动时对抽油杆向上的摩擦力 F_4 四个方面。

光杆扭矩和光杆轴向力法诊断螺杆泵井故障见表1-9。

表1-9 光杆扭矩和光杆轴向力法诊断螺杆泵井故障

工作扭矩或轴向力	工况特征	故障原因
$M \approx M_y$	无排量，油管、套管不连通	抽油杆底部断脱
	无排量，油管、套管连通	油管脱落（定子脱离转子）
$M \approx M_f + M_y$	无排量或排量很小（相对理论排量），油管、套管连通	油管脱落，油管严重漏失（定子没有脱离转子）
	无排量或排量较小（相对理论排量），液面不在井口	泵磨损严重，下部油管漏失，无举升能力
	排量正常（相对理论排量），液面在井口	工况不合理，调参提高排量
M_f 变化异常	无排量，液面在井口	定子橡胶脱落或定子橡胶被烧坏
$M = M_f + M_p + M_y$	排量小，泵效低，液面较深	泵漏失严重，举升高度不够，气体影响，油层供液能力低等
$M_y \gg M_{yo}$（M_{yo} 是正常的摩擦阻力扭矩）	排量正常	结蜡严重
轴向力小于杆浮重	无排量	抽油杆底部断脱

续表

工作扭矩或轴向力	工况特征	故障原因
轴向力明显小于杆浮重	无排量	抽油杆上部断脱
轴向力大于杆浮重	无排量,油管、套管不连通	油管断脱(定子脱离转子)
	无排量,油管、套管连通	油管、套管连通
轴向力波动	有排量	防冲距偏小,转子磨挡销,抽油杆横振严重

2)光杆扭矩曲线和光杆轴向力曲线诊断法

光杆扭矩曲线和光杆轴向力曲线诊断法是指当螺杆泵出现不同故障时,光杆扭矩曲线和光杆轴向力曲线会在坐标系的不同位置,通过这两条曲线就可以诊断油井故障的方法。

光杆扭矩曲线是表示光杆扭矩随时间变化的曲线。参照螺杆泵正常工况时的扭矩取值范围,在曲线上给出四条基准线:最大扬程下的扭矩为 M_{max}、泵工作压力为最大扬程65%时的扭矩为 $M_{0.65}$、泵工作压力为最大扬程30%时的扭矩为 $M_{0.3}$、初始扭矩为 M_f(光杆空转时的扭矩),如图1-65所示。

光杆轴向力曲线是表示光杆轴向力随时间变化的曲线。参照螺杆泵正常工况时的轴向力取值范围,在曲线上给出四条基准线:最大扬程下的轴向力为 F_{max}、泵工作压力为最大扬程65%时的轴向力为 $F_{0.65}$、泵工作压力为最大扬程30%时的轴向力为 $F_{0.3}$、初始轴向力为 F_1(光杆空转时的轴向力)时杆柱所受的浮力为 F_3,如图1-66所示。

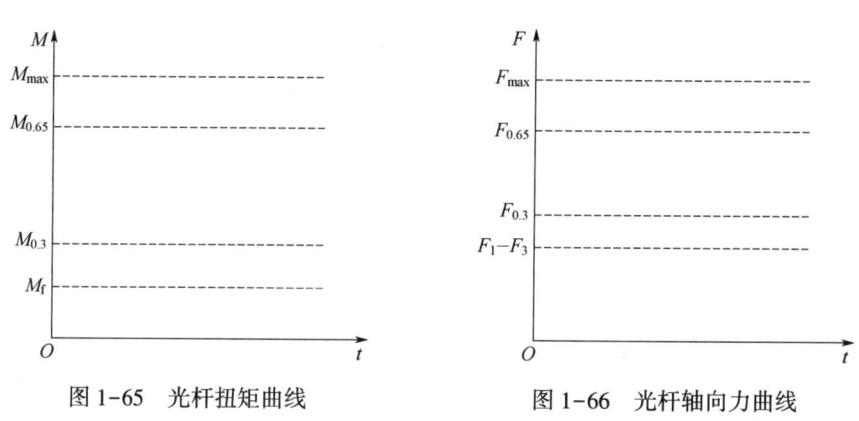

图1-65 光杆扭矩曲线　　图1-66 光杆轴向力曲线

(1)工况正常。

油井供排协调,举升系统各部件工作正常平稳。表现形式:泵效、沉没度、电流的生产参数在正常范围,系统运行平稳,参数没有大幅度波动;运动过程中,工作扭矩曲线和轴向力曲线为平稳直线,扭矩值在正常范围内,如图1-67、图1-68所示。

(2)杆断脱。

由于抽油杆负荷过大、磨损或误操作等原因,引起抽油杆断裂、脱扣或撸扣的情况。表现形式:在短期内,泵效大幅度减小,动液面迅速上升,电流减小甚至接近空载电流。扭矩和轴向力仍为平稳曲线,但由于缺少了井下泵的工作扭矩,光杆扭矩远小于正常工作范围,如图1-69所示。轴向力缺少了液体压力对转子产生的轴向力,因此也小于正常范围,如图1-70所示。

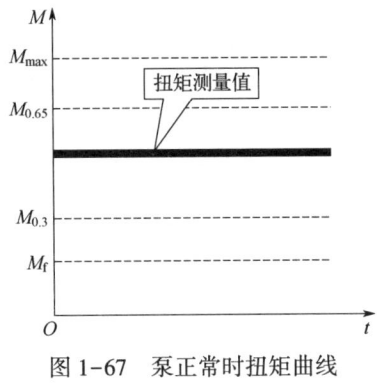

图 1-67 泵正常时扭矩曲线

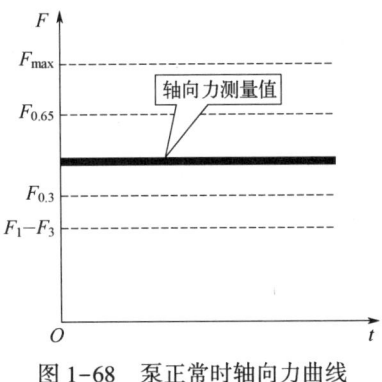

图 1-68 泵正常时轴向力曲线

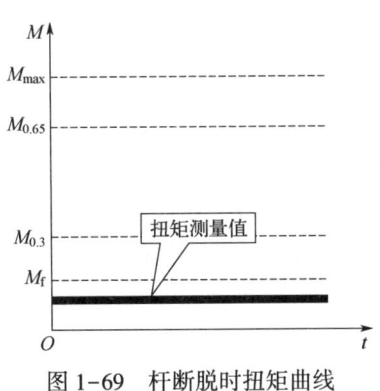

图 1-69 杆断脱时扭矩曲线

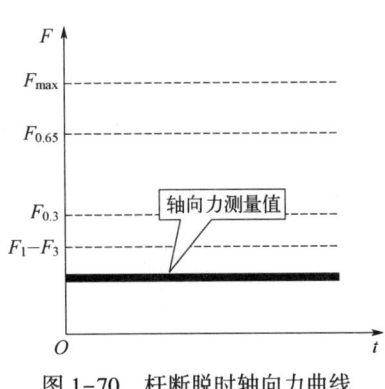

图 1-70 杆断脱时轴向力曲线

(3) 泵漏失。

由于泵定子橡胶磨损,造成定子、转子过盈减小,泵承压能力下降。因此,漏失量增加。表现形式:泵效逐渐减小,动液面逐渐上升,电流逐渐减小。由于漏失量加大,泵有功扭矩减小,扭矩低于正常范围,如图 1-71 所示。由于液体压力增大,轴向力减小,轴向力低于正常范围,但仍大于杆柱在采出液中的重量,如图 1-72 所示。

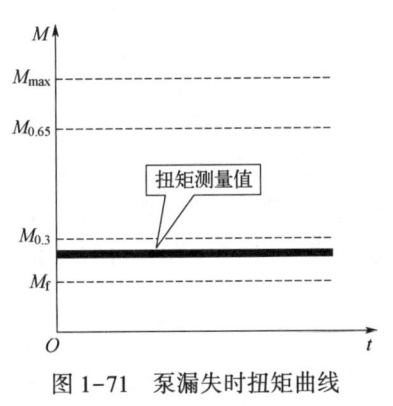

图 1-71 泵漏失时扭矩曲线

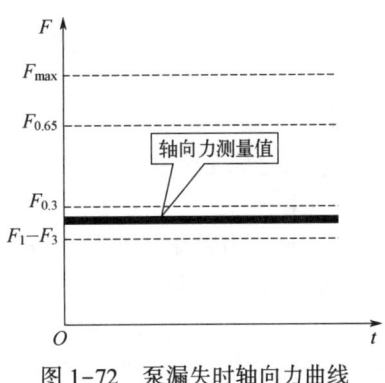

图 1-72 泵漏失时轴向力曲线

(4) 定子溶胀。

由于采出液的作用,定子橡胶发生溶胀,造成定子、转子过盈增加,泵效和动液面正常，电流增大，由于过盈大，定子、转子的初始扭矩增加，因此光杆扭矩增加，超过正常范围，严重时会造成定子、转子抱死，如图1-73所示。但轴向力正常，如图1-74所示。

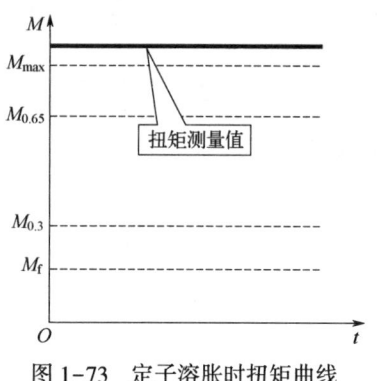

图1-73　定子溶胀时扭矩曲线

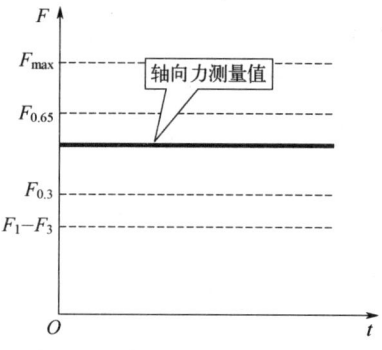

图1-74　定子溶胀时轴向力曲线

（5）定子脱胶。

定子脱胶是由于定子黏结强度不够造成的。表现形式：泵效急剧减小，动液面上升，电流减小并波动。脱胶时，泵有功扭矩为零，光杆扭矩减小。另外，由于脱胶后定子、转子之间发生不规则摩擦，光杆扭矩会出现不规则波动，如图1-75所示。液柱压力产生的轴向力为零，因此，光杆轴向力低于正常范围，但仍高于杆柱在采出液中的重量，如图1-76所示。

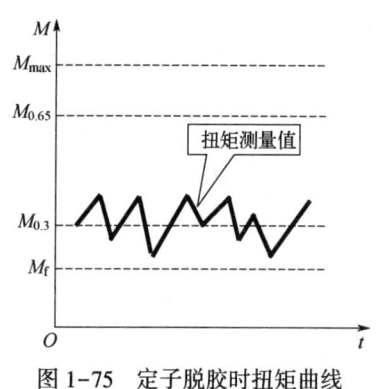

图1-75　定子脱胶时扭矩曲线

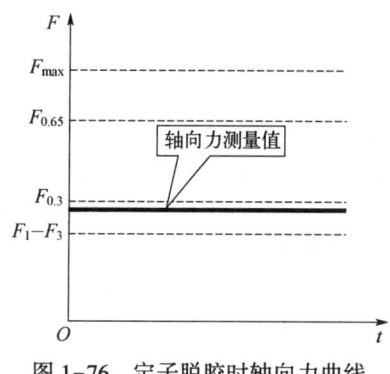

图1-76　定子脱胶时轴向力曲线

（6）油管漏失。

油管漏失是由于油管壁上存在裂缝造成的。表现形式：泵效减小，动液面上升，电流减小。由于泵工作压差减小，泵有功扭矩减小，光杆扭矩低于正常范围，如图1-77所示。液柱压力产生的轴向力减小，光杆轴向力略低于正常范围，但仍高于杆柱在液体中的重量，如图1-78所示。

（7）结蜡。

当油管内结蜡严重时，会造成过流面积减小，导致泵效减小，同时，由于抽油杆与析出的蜡间存在不均匀摩擦，电流增大。由于抽油杆和蜡的摩擦扭矩很大且不均匀，扭矩值高于正常范围，并且有不规则波动，如图1-79所示。由于动液面上升，液柱压力产生的轴向力偏低，仍在正常范围，如图1-80所示。

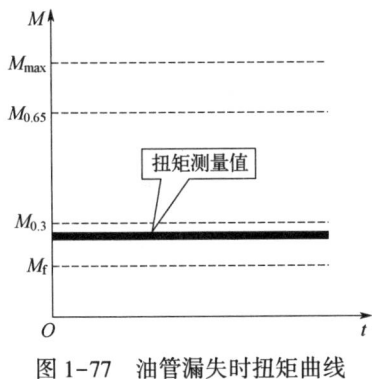

图 1-77 油管漏失时扭矩曲线

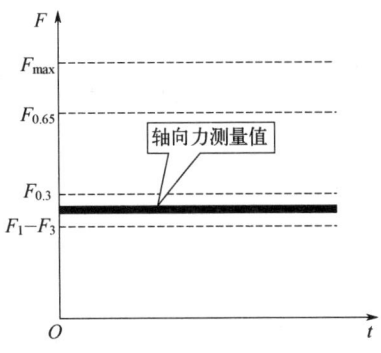

图 1-78 油管漏失时轴向力曲线

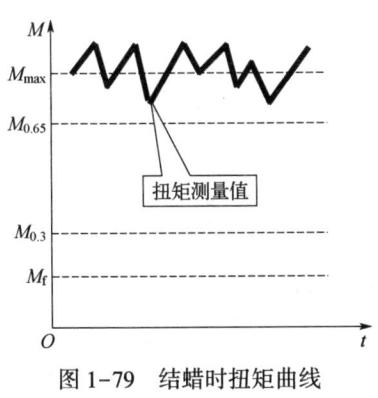

图 1-79 结蜡时扭矩曲线

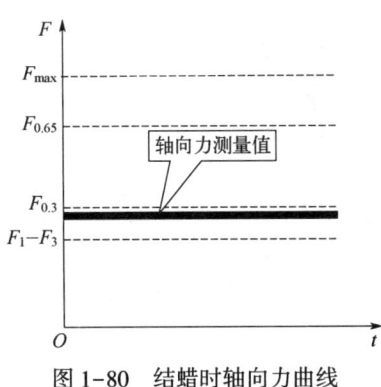

图 1-80 结蜡时轴向力曲线

（8）工作参数偏低。

工作参数偏低时，油井流入能力大于流出能力，表现形式：泵效较高（甚至大于100%），动液面很浅或在井口，电流偏低，光杆扭矩低于正常范围，如图 1-81 所示。轴向力也比正常偏低，如图 1-82 所示。

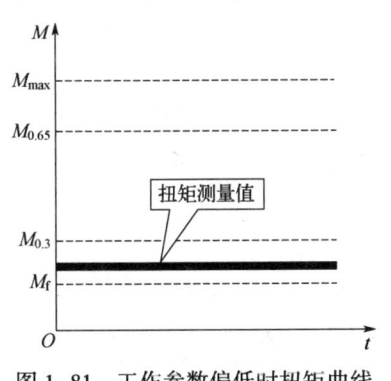

图 1-81 工作参数偏低时扭矩曲线

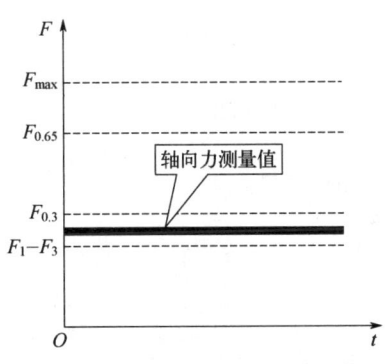

图 1-82 工作参数偏低时轴向力曲线

（9）工作参数偏高。

工作参数偏高时，油井流出能力大于流入能力，表现形式：泵效较低，动液面很深，沉没度很小甚至接近泵吸入口。电流偏高，光杆扭矩高于正常范围，如图 1-83 所示。轴向力高于正常范围，如图 1-84 所示。

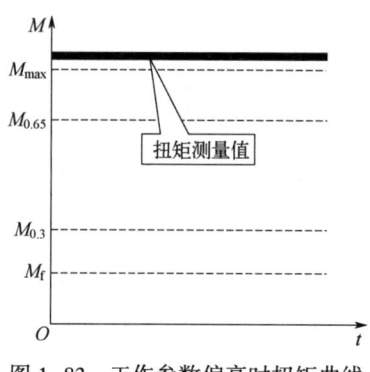

图 1-83　工作参数偏高时扭矩曲线

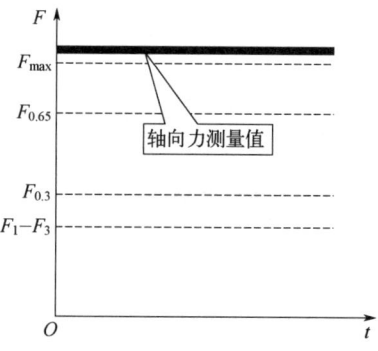

图 1-84　工作参数偏高时轴向力曲线

4. 油井产液量诊断法

油井产液量是现场非常直观的资料，天天取、天天用，比较准确可靠，因此用产液量资料作为分析的依据比较现实，见表 1-10。

表 1-10　油井产液量诊断法诊断螺杆泵井故障

特征	问题	可能原因	推荐的处理方法
无液流	驱动轴不转动	皮带和皮带轮滑动或掉	上紧或更换皮带或皮带轮
		电动机无动力源	全面检查电路系统，进行处理
		电动机损坏	更换或维修电动机
		承载齿轮或轴坏	更换或维修
		电动机连线不正确	查看电动机连线方式，重新接线
	驱动轴以正常速度转动	抽油杆断脱	打捞并起出抽油杆柱及泵重下，测试光杆扭矩是否降低
		油管柱严重漏失	起出管柱更换漏失油管并上紧，如因抽油杆磨漏，加抽油杆扶正器
		油管柱脱落	重新起出油管柱，下管柱时要求上紧螺纹
		转子损坏，定子、转子不匹配，泵失效	作业处理，检泵或换泵
		施工下转子时，转子没有进入定子的正确深度	调整转子防冲距
		泵因长期运转使泵磨损严重	一般为定子橡胶磨损损坏，进行检泵作业
		转子下到限位销运转	上提转子，调整合理的防冲距
		定子橡胶脱落、破碎	检泵处理，换合格定子
		泵定子安装倒置	起泵重新作业，调整安装方向

续表

特征	问题	可能原因	推荐的处理方法
	驱动轴以低于正常速度运行	皮带轮选择不正确	重新选配皮带轮
		皮带打滑	调整皮带,如果皮带磨损换新皮带
		电动机问题	检查电动机转速
		电源连接错误	检查变压器接线点的电源
		电动机转速不适当	换新电动机
	超过一定运转时间产液量下降	温度过高	若超过定子橡胶的允许温度,改换橡胶或调整环境温度
		化学腐蚀使定子橡胶变软	禁用腐蚀橡胶的物质
		岩屑堵塞泵	用清水反冲泵
		泵上方存砂	反洗井
		定子腐蚀性损坏	换定子后,提高泵速
产液量低	产液量不变,但比预计产液量低(驱动轴转速不变)	泵吸入部分堵塞	上提转子出定子后反洗井
		转子尺寸不当	起出转子,更换直径合适转子
		防冲距不对	检泵核对泵下入深度
		油井抽空	调参,降低产液量
		气液比过高	加深泵挂深度,采用防气措施
		转子磨损	提高泵速或更换转子
		油管漏失	作业更换漏失油管并上紧
产液量低或出液不平稳	驱动轴转速小于正常转速	皮带轮选择不正确	检查核算皮带轮大小并进行调整
		皮带打滑	上紧或更换皮带轮
		电源接线不正确、断相等	检查电源,改变电源线
		电动机功率不对、电动机损坏	检查电动机转速,更换电动机
		电动机转速不够	更换电动机
	流速波动	泵吸入口处气液比高	加深泵挂深度或加气锚
		转子靠近限位销	上提转子,保证合理的防冲距
		采油井井斜、抽油杆憋劲	井斜可加密抽油杆扶正器
		泵润滑不好	更换高精度转子
密封圈漏失	液体从密封圈处漏失	输油管线堵塞憋压	打开输油管线,清洗管线
		井口漏失	调整压紧密封圈
		密封盖没调平、上紧	调平压紧密封圈
		输油管线回压过高	调整输油管线,降低回压
		密封圈磨损	更换密封圈、压紧

5. 综合诊断法

由于螺杆泵的特殊性，加之故障形式又很复杂，所以仅凭一种方法诊断某些故障，符合率还不会很高，所以实际诊断时采用综合诊断法。

综合诊断法是将电流法、扭矩法与油管压力和套管压力变化以及光杆是否反转（停泵时）等情况进行综合判断的方法。

（二）螺杆泵井故障处理方法

1. 螺杆泵井地面驱动装置易发生的故障与处理

1) 皮带传动螺杆泵井启动无反应故障与处理

(1) 故障现象。

启动过程中会出现合上空气开关后，控制屏无显示现象；或者有显示，按启动按钮后电动机无反应。

(2) 故障原因。

① 电控箱内空气开关（主、分空气开关）故障。

② 电控箱内交流接触器故障。

③ 电动机与电控箱连接电缆击穿或电控箱与变压器连接电缆击穿。

④ 电动机内部绕组击穿。

⑤ 变压器二次开关故障。

⑥ 变压器故障。

⑦ 变压器隔离开关触点未接触上或高压熔断器烧断。

(3) 处理方法。

① 维修或更换电控箱内空气开关。

② 更换电控箱内交流接触器。

③ 更换击穿的电缆。

④ 更换电动机。

⑤ 维修或更换变压器二次开关。

⑥ 更换变压器。

⑦ 维修或更换变压器隔离开关或高压熔断器。

2) 皮带传动螺杆泵井地面驱动装置运行噪声大故障与处理

(1) 故障现象。

地面驱动装置运行时，皮带抖动、打滑，产生摩擦噪声；电动机振动并且运行声音异常；减速箱内发出异常声响。

(2) 故障原因。

① 传动皮带松弛。

② 皮带防护罩固定螺栓松动。

③ 电动机轴承缺油或损坏。

④ 驱动装置承重轴承磨损严重。

⑤ 驱动装置齿轮磨损严重。

⑥ 电动机固定螺栓松动。
（3）处理方法。
① 紧固或更换皮带。
② 紧固皮带防护罩固定螺栓。
③ 电动机轴承加注润滑脂或更换损坏的轴承。
④ 更换驱动装置承重轴承。
⑤ 更换减速箱齿轮。
⑥ 紧固电动机固定螺栓。
3）皮带传动螺杆泵井光杆不随电动机转动故障与处理
（1）故障现象。
① 传动皮带脱落，导致电动机转动而减速箱皮带轮不转。
② 皮带松弛打滑并发出怪叫声。
③ 电动机转动，驱动头和光杆不旋转。
（2）故障原因。
① 皮带磨损、松弛，导致皮带打滑或断裂。
② 减速箱轴断裂或齿轮打齿严重。
③ 电动机轴、减速箱侧轴的键或键槽磨损、脱出，皮带轮与轴不能同步运转。
④ 卡泵。
⑤ 方卡子固定螺栓松动。
（3）处理方法。
① 调整皮带松紧度，更换破损皮带。
② 更换减速箱轴或更换减速箱齿轮。
③ 维修或更换轴键或键槽。
④ 如是蜡卡，将转子提出泵筒洗井解卡。
⑤ 紧固方卡子固定螺栓。
4）皮带传动螺杆泵井停机后继续转动或反转故障与处理
（1）故障现象。
螺杆泵井停机后，光杆没有立即停止转动而是继续正向转动或反向转动。
（2）故障原因。
① 抽油杆断脱。
② 井底压力高，螺杆泵井连抽带喷生产。
③ 防反转装置的棘爪弹簧失效或棘轮槽、棘爪磨损严重。
④ 防反转装置外抱刹车片磨损严重或释放螺栓未上紧。
（3）处理方法。
① 作业检泵。
② 连抽带喷的螺杆泵井，应调大生产参数。
③ 防反转装置的棘爪弹簧和棘轮工作失效，应及时上报维修。
④ 更换磨损严重的刹车片，紧固防反转装置扭矩释放螺栓。

5) 地面直驱螺杆泵井停机后继续转动或快速反转故障与处理

（1）故障现象。

螺杆泵井停机后，光杆没有停止转动而是继续正向转动或快速反向转动。

（2）故障原因。

① 井底压力高，螺杆泵井连抽带喷生产。

② 电控箱内反转制动装置出现故障。

（3）处理方法。

① 连抽带喷生产的螺杆泵井，应调大生产参数。

② 电控箱内反转制动装置出现故障，应及时上报维修。

6) 地面直驱螺杆泵井光杆不随电动机转动故障与处理

（1）故障现象。

电动机正常转动而光杆不随之转动。

（2）故障原因。

① 由于抽油杆断脱，井底及油管内压力不断上升，当压力超过杆柱自重时，光杆及方卡子向上移动脱出密封帽，造成光杆不随电动机转动。

② 方卡子固定螺栓松动，光杆与卡子滑脱，造成光杆不随电动机转动。

（3）处理方法。

① 作业检泵。

② 紧固方卡子固定螺栓，重新画好防脱线。

7) 地面直驱螺杆泵井地面驱动装置异响故障与处理

（1）故障现象。

地面驱动装置运行时噪声大、有异常响声等现象。

（2）故障原因。

① 轴承箱齿轮油缺失或变质，轴承箱内部推力轴承磨损。

② 驱动装置内部扶正轴承磨损，造成空心轴不同心旋转。

③ 直驱电动机上、下轴承磨损。

④ 电动机内部转子磁钢脱落与定子摩擦。

（3）处理方法。

① 补充或更换轴承箱齿轮油，观察驱动装置运行情况，若没有改善，及时停机上报维修。

② 从电动机上、下端盖注油孔加注润滑脂，观察驱动装置运行情况，若没有改善，及时停机上报维修。

③ 电动机轴承磨损，应立即停机上报维修。

④ 电动机转子磁钢脱落，应立即停机上报维修。

8) 地面直驱螺杆泵井地面驱动装置过热故障与处理

（1）故障现象。

地面驱动装置温度过高，温度升高超出正常范围（正常温度升高范围在50℃以内）。

（2）故障原因。

① 电动机内部绕组发生匝间短路故障。

② 驱动装置轴承箱内齿轮油缺失或变质。
③ 井下杆柱扭矩过大，运行电流增大。
④ 电动机的转子磁钢脱落，与定子摩擦生热。
⑤ 驱动装置与井下泵匹配不合理。
（3）处理方法。
① 立即停机上报维修。
② 补充或更换齿轮油，若运转一段时间后，轴承箱仍然过热，及时停机上报维修。
③ 洗井清蜡，观察洗井后电流、扭矩变化情况。
④ 立即停机上报维修。
⑤ 更换合适的驱动装置。

2. 螺杆泵井易发生的故障与处理
1）皮带传动螺杆泵井启动困难故障与处理
（1）故障现象。
装置启机后，有时会出现电动机带动光杆运转几圈就停止转动，导致启动困难的故障现象。
（2）故障原因。
① 电流过载值设定过低。
② 回油管线堵塞。
③ 减速箱内齿轮磨损，出现打齿、断裂现象，掉落的铁渣、铁块导致齿轮卡死。
④ 电动机轴承磨损。
⑤ 蜡卡，启机后电动机无法带动井下泵正常工作。
⑥ 油层严重供液不足，无井液进泵，泵筒内定子与转子干磨。
⑦ 螺杆泵定子橡胶脱落，定子与转子卡死。
（3）处理方法。
① 调整电控箱内综合保护器的电流过载值。
② 冲洗地面管线，处理地面管线堵塞。
③ 减速箱内齿轮卡死，应及时上报维修。
④ 更换电动机轴承。
⑤ 热洗清蜡，清除井筒内的蜡堵。如果卡泵，上报作业处理。
⑥ 调低泵转速或采取间抽方式生产，调整连通注水井的注入量。
⑦ 定子与转子卡死，应及时上报作业处理。

2）皮带传动螺杆泵井运行电流高于正常值或电流波动大故障与处理
（1）故障现象。
① 运行电流升高接近过载电流或电流频繁大幅度波动。
② 量油时产液量下降。
（2）故障原因。
① 油井结蜡严重。
② 回油管线堵塞。
③ 泵转子结垢或定子橡胶溶胀。

④ 驱动装置减速箱内扶正轴承、推力轴承、侧轴内轴承损坏。

⑤ 电动机轴承损坏或轴损坏。

（3）处理方法。

① 采取常规或高压热洗清蜡，重新制定热洗周期。

② 用热洗车对回油管线冲洗解堵。

③ 定子橡胶溶胀，常发生在新泵下井初期，一般正常运转一段时间后电流高的现象就会消失；若无效，进行检泵作业。

④ 更换新轴承。

⑤ 维修轴承或更换电动机。

3）皮带传动螺杆泵井运行而油井不出油故障与处理

（1）故障现象。

螺杆泵井运行正常，量油时没有产液量。

（2）故障原因。

① 油层供液不足。

② 由于油层供液不足造成胶筒损坏，不能正常工作。

③ 油井出砂严重，造成泵砂卡。

④ 螺杆泵长时间运行，定子、转子磨损间隙增大产生漏失。

⑤ 螺杆泵转速太高，使重油或较稠的油难以进泵，吸入口处的液流速度低于泵抽速度。

⑥ 光杆或抽油杆断脱，油管漏失。

⑦ 皮带断裂。

（3）处理方法。

① 调整参数，使泵的排量与油井供液能力匹配。

② 及时测试动液面，使沉没度不小于400m。

③ 控制工作制度进行调速，使地面出砂量小于5%，稠油的流动速度大于泵抽速度。

④ 泵长期磨损损坏、泵卡及抽油杆断，应作业检泵。

⑤ 更换皮带。

4）地面直驱螺杆泵井启动困难故障与处理

（1）故障现象。

在启机操作中，有时会出现电动机带动光杆转动几圈就停止现象；或光杆能够转动，而转速达不到设定要求的现象。

（2）故障原因。

① 回油管线堵塞。

② 蜡卡，启动后电动机无法带动井下泵正常工作。

③ 螺杆泵定子橡胶脱落，定子与转子卡死。

④ 油层严重供液不足，无井液进泵，泵筒内定子与转子干磨。

⑤ 变频器启动模块故障。

（3）处理方法。

① 冲洗地面管线，处理地面管线堵塞。

② 热洗清蜡，清除井筒内的蜡堵。如果卡泵，上报作业处理。
③ 定子与转子卡死，应及时上报作业处理。
④ 调低泵转速或采取间抽方式生产，调整连通注水井的注入量。
⑤ 变频器故障，应及时上报维修。

5）螺杆泵井运行电流接近正常值但排液效率低故障与处理

(1) 故障现象。
① 量油时产液量下降。
② 井口憋压时压力上升缓慢。
③ 动液面在井口附近或在泵吸入口附近。

(2) 故障原因。
① 泵定子橡胶磨损严重，失效。
② 泵漏失严重，举升高度不够。
③ 油管漏失。
④ 气体影响严重或油层供液不足。

(3) 处理方法。
① 作业检泵。
② 合理控制套管压力，调低泵转速或更换小排量泵。

6）螺杆泵井泵效降低或不出液故障与处理

(1) 故障现象。
量油时产液量下降或没有产液量。

(2) 故障原因。
① 管柱结蜡。
② 回油管线堵塞。
③ 油层供液不足。
④ 井口放气流程冻堵或放气阀损坏。
⑤ 泵漏失、杆管断脱、油管漏失等井下故障。

(3) 处理方法。
① 热洗清蜡，并观察电流和扭矩变化情况。
② 冲洗回油管线，如果处理效果不好，应使用热洗车冲洗管线。
③ 调低泵转速或采取间抽方式生产，并监测动液面变化。
④ 加热解堵或更换阀门芯子，调整套管压力使其在合理范围。
⑤ 憋压验证泵况，分析故障原因，并上报作业处理。

7）螺杆泵井蜡堵故障与处理

(1) 故障现象。
① 工作电流增大，旋转扭矩增大。
② 井口油管压力下降，取不出正常油样。
③ 量油时产液量下降或没有产液量。
④ 螺杆泵过载停机。

(2) 故障原因。

① 没有按规定热洗或热洗质量不合格。

② 热洗周期制定不合理。

③ 井下防蜡器失效。

(3) 处理方法。

① 提高热洗质量。

② 制定合理热洗周期。

③ 选择高效井下防蜡器，对失效的井下防蜡器进行更换。

8）螺杆泵井砂卡故障与处理

(1) 故障现象。

油井产液量下降；电动机正常运转，电流明显增大，易造成过载停机。

(2) 故障原因。

① 停机后，密封腔内砂粒很快下沉到密封接触线附近，可造成再启动负荷增大而停机。

② 油层偶然大量出砂会造成运转中过载停机。

这两种情况解卡后，泵一般能够正常运转。

(3) 处理方法。

① 按停泵操作规程进行停泵。

② 上提光杆解卡，必要时进行洗井。

9）螺杆泵井抽油杆断脱故障与处理

(1) 故障现象。

① 工作电流接近空载电流。

② 井口取不出正常油样，只有气体或掺水液流出。

③ 量油时产液量下降或没有产液量。

④ 憋泵时油管压力不上升。

⑤ 停泵后光杆正转，无反转现象，用手可以盘动皮带轮正转。

(2) 故障原因。

① 泵下入较深，举升高度过高，抽油杆材质不合格，达不到强度要求，被扭断。

② 扶正器布置不合理，造成管、杆摩擦，磨断抽油杆；同时抽油杆在长期拉、压、扭不合理受力条件下工作，受疲劳应变过大而断脱。

③ 没有按规定热洗或热洗质量不合格，造成油井结蜡。结蜡严重时，使抽油杆被卡，当过流保护失灵或过流保护电流调得过高、保护时间设置过长等，就可使抽油杆扭断。

④ 地面设备发生故障或停、断电，造成停机。当地面设备没有防反转装置或防反转装置失灵、停机时，惯性作用使抽油杆高速反转，也会造成抽油杆倒扣脱扣。

(3) 处理方法。

发现抽油杆断脱后，先上提抽油杆。根据上提杆自重，初步判断断脱深度，采取作业方式或打捞抽油杆和泵转子。如果是蜡堵，必须彻底清蜡和洗井后，重新下抽油杆柱。

10) 螺杆泵井油管脱落故障与处理

（1）故障现象。

① 工作电流接近空载电流。

② 量油时产液量下降或没有产液量。

③ 井口憋泵时油管压力不上升。

④ 停泵后光杆正转，无反转现象，用手可以盘动皮带轮正转。

（2）故障原因。

螺杆泵转子在定子内转动，定子受到一个反向扭矩的作用。如果原油黏度高、含蜡量高，反扭矩大，螺杆泵下部锚定工具失灵或没有锚定，在反扭矩作用下，使定子上部油管卸扣，造成油管脱落。

（3）处理方法。

① 作业打捞脱落部分油管，重新下泵。

② 采取油管防脱技术；安装油管锚或使用反扣油管。

二、案例分析

[例1] 某螺杆泵井，泵理论排量为 $40m^3/d$，实际产液量为 $36t/d$，生产比较稳定。但在正常生产的情况下油井突然不出油，后经反复核实仍然没有产液量。出现问题后，对该井憋压，憋不起压力，套管压力没有变化，并且油管压力和套管压力不一致；停机时，光杆没有出现反转现象。试诊断该井故障并分析原因，给出处理方法。

（1）诊断结果。

抽油杆断脱使螺杆泵失去抽油能力。

（2）原因分析。

抽油杆断脱后，不能将地面动力传递给螺杆泵使螺杆泵失去旋转抽油作用，因而停机时光杆不反转。但螺杆泵转子仍在定子内，油管、套管不连通，所以憋压时，油管压力和套管压力不一致。由于该井没有自喷能力，所以憋压时，憋不起压力，产液量下降为零。

（3）处理措施。

① 进行检泵作业。

② 认真观察油井生产数据变化，发现问题、故障及时诊断、处理。

[例2] 某螺杆泵井，泵理论排量为 $33m^3/d$，实际产液量为 $28t/d$，工作电流为 19A，生产比较稳定。该井生产半年后，在一次量油时发现产液量突然下降为 $9t/d$，工作电流为 11A。出现问题后，对该井憋压，油管压力上升缓慢，达不到憋压要求，并且油管压力和套管压力不一致；停机时，光杆没有出现反转现象；停机量油，产液量为 $8.6t/d$。试诊断该井故障并分析原因，给出处理方法。

（1）诊断结果。

抽油杆断脱使螺杆泵失去抽油能力。

（2）原因分析。

当螺杆泵井正常生产时，地面驱动装置带动抽油杆旋转，而井下螺杆泵在动摩擦的作用下旋转要比地面光杆滞后。当停机时，抽油杆突然失去动力停止旋转时，螺杆泵滞后的扭矩就会带动抽油杆做反向旋转。抽油杆断脱后，螺杆泵失去抽油作用，因而停机时光杆不反转。但螺杆泵转子仍在定子内，油管、套管不连通，所以憋压时，油管压力和套管压力不一致。由于该井有自喷能力，因此抽油杆断脱后油井的产液量为自喷产量；憋压时，油管压力缓慢上升。

（3）处理措施。

① 进行检泵作业。

② 认真观察油井生产数据变化，发现问题、故障及时诊断、处理。

[例3] 某螺杆泵井，泵理论排量为 $90m^3/d$，实际产液量为 $80t/d$，工作电流为 35A，生产比较稳定。该井生产一年后，在一次量油时发现油井不出油，工作电流为 21A。出现问题后，连续 3 天量油核实资料，该油井仍无产液量；对该井憋压，憋不起压力，油管压力和套管压力相等；停机时，光杆没有出现反转现象。试诊断该井故障并分析原因，给出处理方法。

（1）诊断结果。

油管脱落使螺杆泵失去抽油能力。

（2）原因分析。

油管脱落后，螺杆泵转子和定子脱离，油管、套管连通，油管压力、套管压力相等。因为螺杆泵定子和转子相互脱离，失去抽油能力，所以停机时光杆不反转。

（3）处理措施。

① 进行检泵作业。

② 认真观察油井生产数据变化，发现问题、故障及时诊断、处理。

[例4] 某螺杆泵井，生产比较稳定。值班人员在一次量油时发现该井的产液量突然下降，油管压力有所下降，其他生产数据基本没有变化。出现问题后，连续 3 天核实资料，发现核实数据与以前数据相比基本没有变化；对该井憋压，油管压力上升缓慢，达不到憋压要求，停机 10min 压力下降，套管压力随油管压力的变化而变化；停机时，光杆有短距离的反转现象。试诊断该井故障并分析原因，给出处理方法。

（1）诊断结果。

油管漏失使油井产液量下降。

（2）原因分析。

螺杆泵井在生产过程中，如果井下油管、套管连通，会使抽汲的一部分液量通过管柱泄漏点漏到油管、套管环形空间，再通过泵的吸入口吸入，形成往复循环。这样，使泵的扬程降低，产液量下降。由于泵的扬程降低，井口的油管压力下降，憋压时油管压力上升缓慢，套管压力随着油管压力的变化而变化。另外，油管挂密封不严，也会使泵抽出的液体在油管、套管之间形成循环，造成油井的油管压力下降、产液量下降。

（3）处理措施。

① 进行检泵作业。

② 认真观察油井生产数据变化，发现问题、故障及时诊断、处理。

[例5] 某螺杆泵井，泵理论排量为 $30m^3/d$，实际产液量为 $27t/d$，工作电流为 18A。

该井生产一年后，产液量为22t/d，工作电流逐渐增大为30A，且电动机启动困难。出现问题后，停机检查，光杆高速反转，光杆扭矩比正常扭矩增大。试诊断该井故障并分析原因，给出处理方法。

(1) 诊断结果。

结蜡严重使油井产液量下降，电动机运转电流增大。

(2) 原因分析。

如果油井管理不善或热洗清防蜡不彻底，就会造成油井结蜡。当油井结蜡严重时，井液阻力增大，使电动机运转电流明显升高，电动机启动困难，甚至皮带打滑无法启动；停机时，光杆高速反转，光杆扭矩比正常扭矩增大。

(3) 处理措施。

① 用吊车上提光杆及转子，使转子脱离定子以上1~1.5m。油管、套管连通后，采用热洗法彻底洗井或加药清蜡。如果洗井洗不通，起出抽油杆彻底清蜡。

② 制定合理的洗井、加药清蜡周期，并保证油井清蜡彻底；根据具体条件采用定期加药方式，防止油井结蜡。

[例6] 某螺杆泵井，泵理论排量为$40m^3/d$。该井停电9h后启动时，电动机电流直线上升，由20A很快上升到69A，且皮带打滑。为防止电动机烧坏，不敢再启动。停机时，发现光杆高速反转，光杆扭矩比正常扭矩增大。试诊断该井故障并分析原因，给出处理方法。

(1) 诊断结果。

停机时间太长，导致螺杆泵启动困难。

(2) 原因分析。

由于螺杆泵定子和转子间存在一定量的过盈，这样定子与转子的接触已不是线接触，而是窄面接触，从而增加了定子和转子间的静摩擦力与动摩擦力，螺杆泵的启动扭矩、工作扭矩也因此而增大。另外，每个封闭腔室互不连通，泵在井下，随着时间的延长，每个腔室内的液体压力由于油管内液体的作用有所增加，又因定子和转子是窄面接触，所以每个腔室的液体压力表现为静吸附力。螺杆泵启动时，转子既要克服静摩擦力，又要克服吸附力。当螺杆泵停机时间过长，就可能出现启动不起来的现象。所以螺杆泵作业后，要立即投产，临时停机也不能超过6h。

(3) 处理措施。

发生机组启动困难，不可强行启机，用吊车缓慢上提光杆及转子，上提高度约1m，并重复起下几次。上提发现上提负荷等于抽油杆自重时，方可启机。

[例7] 某螺杆泵井，从生产数据中发现，该井产液量逐渐降低，油管压力也逐渐下降，工作电流下降幅度较大，液面在井口，沉没度比较高。出现问题后，对该井憋压，油管压力缓慢上升，达不到憋压要求，停机后，油管压力有所下降，油管压力和套管压力不一致。试诊断该井故障并分析原因，给出处理方法。

(1) 诊断结果。

螺杆泵漏失使油井产液量下降。

（2）原因分析。

如果定子的橡胶衬套磨损或脱落，转子和定子之间就形成不了封闭空腔。当转子转动时，空腔内的液体会沿转子与定子之间的空隙向下漏失，螺杆泵失去抽油能力。由于该井的液面在井口，沉没度比较高，具有一定的自喷能力，所以，在螺杆泵出现漏失后还保持有一定的自喷产量；当憋泵时油管压力缓慢上升，停机后压力下降但幅度不大，是该井的自喷能力所致。

如果油井没有自喷能力，当螺杆泵漏失严重时产液量就会降为零，而且憋泵时压力值不变或上升很小，停机时油管压力会快速下降。

（3）处理措施。

① 进行检泵作业。

② 该井沉没度比较高，检泵时应更换大一级排量的螺杆泵。

③ 对于沉没度比较高的螺杆泵井，在生产中应及时观察油井产液量、压力的变化，及时调整泵的运行参数，提高螺杆泵抽油能力和油井的产液量。

[例8] 某螺杆泵井，一次值班人员在检查时发现，该井的回油温度不正常，比前一天高出许多，超过了油井对回油温度要求。然后到井上进行温度控制，但回油温度始终没有控制下来。出现问题后，对该井量油，发现不上液面，油井产液量视为零；对该井憋压，油管压力上升非常缓慢，停机后压力又降回原值；停机时，光杆没有出现反转现象。试诊断该井故障并分析原因，给出处理方法。

（1）诊断结果。

抽油杆断脱或油管断脱使螺杆泵失去抽油能力。

（2）原因分析。

当螺杆泵出现问题起不到抽油作用时，井口就无产液量，但掺热管线中的热水照常掺入回油管线内。这时，回油管线内都是掺入温度较高的热水，而且掺热量还会随着回油管线压力下降而增大，使油井的回油温度升高。在井口无产液量的情况下想把回油温度调整、控制下来是很困难的。因此，当油井的回油温度突然升高，经过反复调整、控制温度降不下来，通常是泵况出现问题所造成的。

（3）处理措施。

① 进行检泵作业。

② 在日常生产管理中，应认真分析油井每一项生产数据的变化，及时发现问题与故障，及时采取措施，保证油井正常生产。

[例9] 某螺杆泵井，技术人员在核实资料中发现，该井产液量在一切都正常的情况下无原因地降低。出现问题后，对该井憋压，油管压力上升很快，达到规定憋压要求，停机15min油管压力稍有下降；冲洗分离器量油玻璃管，没有发现有堵塞现象；经几次量油，核实的产液量与报表数据相差较大，即核实的产液量高于报表数据。试诊断该井故障并分析原因，给出处理方法。

（1）诊断结果。

原资料录取不准确，使油井产液量无原因降低。

（2）原因分析。

造成原资料录取不准确的原因有很多，如量油资料录取的方式、方法不正确，态度不认真或错误地使用资料等。

由于资料不准确，就不能真正地反映油层的供液情况与油井排液情况，给油井生产动态分析工作带来不利影响。

（3）处理措施。

① 技术人员应到现场进行核实，落实资料的真实情况。

② 值班人员应认真录取量油资料，确保资料的真实性。

[例10] 某螺杆泵井位于油水过渡带上，该井产液量一直不太高，量油波动比较大，泵况不好。在一次量油时发现井口产液量出现了上升。出现问题后，对该井憋压，油管压力上升缓慢，达不到憋压要求，停机5min现象下降；冲洗分离器量油玻璃管，没有发现有堵塞现象；检查计量间和井口流程，没有发现影响资料准确性的问题。试诊断该井故障并分析原因，给出处理方法。

（1）诊断结果。

分析认为泵漏失。由于该井间歇出油，产液量波动大，掩盖了泵漏失情况。

（2）原因分析。

如果不是连喷带抽的油井，只要出现泵漏失就会影响产液量。如果排除人为因素的影响，泵漏失后产液量不降只有两种情况，一是油层压力特别低，脱气严重，油井间歇出油，井口产液量时而多，时而少；二是掺热流程中的某阀门不严，影响量油的准确性。该井位于油水过渡带，油层条件差，间歇出油比较严重，产液量波动大而掩盖了泵漏失情况。

（3）处理措施。

① 长该井量油时间、增加量油次数，能准确地反映出该井实际液量情况。

② 准确录取资料数据，避免人为因素的影响。

[例11] 某螺杆泵井，螺杆泵的螺杆直径为50mm，定子导程为400mm，转子偏心距为5mm，转速为300r/min，生产比较稳定。值班人员在一次巡井时发现电动机工作电流减小。出现问题后，对该井憋压，油管压力缓慢上升，达不到憋压要求，油管压力和套管压力不一致；对该井量油，实际日产液量为91m³/d。试计算该井理论排量并分析该井存在的问题，提出相应的解决措施。

（1）计算该井理论排量。

$$Q_\text{理} = 5760eDTn$$

$$= 5760 \times 0.005 \times 0.05 \times 0.4 \times 300 = 172.8 \, (\text{m}^3/\text{d})$$

$$\eta_\text{v} = \frac{Q_\text{实}}{Q_\text{理}} \times 100\% = \frac{91}{172.8} \times 100\% = 52.7\%$$

该井产液量下降，泵效降低。

（2）存在问题。

螺杆泵定子橡胶磨损，螺杆泵井扬程下降，使该井日产液量下降。

（3）解决措施。

进行检泵作业。

第五节　注水井故障诊断与处理

在注水井管理过程中，采油工作人员必须认真、准确地录取注水井每一项原始资料、数据，及时地观察、分析注水井的注水状况及变化，及时地查找、处理注水井各方面的问题，保证注够水、注好水，使油田具有较旺盛的生产能力。

一、注水井故障诊断与处理方法

（一）注水井故障诊断方法

1. 注水井生产情况诊断法

在注水井日常管理中，注水压力、注水量等都是变化的，主要变化的原因有地面设备因素、井下设备因素及地层因素等。

1）注水压力变化分析

（1）引起油管压力变化的原因分析。

① 地面设备因素。

引起井组油管压力升高的地面设备因素有泵压升高、地面管线堵塞、阀门闸板脱落。引起井组油管压力降低的地面设备因素有地面管线漏失、压力表失灵。

井组油管压力是注水井从井组到井口的上游压力，而井口油管压力是这段注水管线的下游压力。所以当地面管线堵塞时，井口油管压力是下降的，其他影响与井组油管压力变化趋势相同。

② 井下设备因素。

引起井组油管压力升高的井下设备因素有水嘴堵或滤网堵。引起井组油管压力降低的井下设备因素有封隔器失效、管外水泥窜槽、底部单流阀密封不严、配水嘴脱落或刺大、油管漏或油管脱落等。

③ 地层因素。

井组油管压力和井口油管压力都是注入水流经井下管柱的上游压力，因此两者的变化趋势一致。

引起井组油管压力和井口油管压力升高的地层因素有长期注水使地层压力回升，注水压差变小，吸水能力下降，注水量下降；射孔孔眼堵塞或注水井水嘴堵、滤网堵等。引起井组油管压力和井口油管压力降低的地层因素有提高注水压力沟通了地层的一些微裂缝；采取增注措施后，使地层的渗透率增大；地层欠注；存在水淹层。

（2）引起套管压力变化的原因分析。

引起套管压力变化的原因有第一级封隔器失效会使套管压力升高，油管头不密封会引起套管压力变化。

通过上述分析可知，根据油管压力、套管压力的变化可以判断地面设备及井下设备所发生的故障。

2)注水量变化分析

注水量是注水井的主要配注指标。因此,根据注水量的变化可分析注水井是否正常。

(1)注水量上升的原因分析。

① 地面设备因素。

流量计指针不落零,造成记录数值偏高;地面管线漏失;注水流程错;实际孔板的孔径比设计的小,造成记录的压差偏大;泵压升高均可以造成注水量上升。

② 井下设备因素。

注水井在油管压力不变,没有增注措施的情况下,封隔器失效、油管漏失或油管脱落、配水嘴被刺大或脱落、底部单流阀密封不严、套管损坏、套管外窜槽等都会引起注水量上升。

③ 地层因素。

油水井采取了压裂、酸化等增注措施后,使地层的渗透率增大,有新的小层吸水;提高注入压力后,沟通了一些微小裂缝;有水淹层。

(2)注水量下降的原因分析。

① 地面设备因素。

流量计指针的起点落到零以下,造成记录数值偏小;地面管线堵塞;实际安装的孔板孔径比设计的大,造成记录压差偏低;阀门闸板脱落;来水压力下降等均可以造成注水量下降。

② 井下设备因素。

配水嘴或滤网堵、射孔的孔眼堵塞都会引起注水量下降。

③ 地层因素。

在注水过程中,由于注入水水质不合格或注入水与地层及其流体不配伍,会引起油层堵塞,使地层的渗透率下降;油层压力回升,使注水压差减小都会引起注水量下降、吸水指数下降。

2. 注水井指示曲线诊断法

通过对注水井实测指示曲线的形状及斜率变化的分析,就可以掌握油层吸水能力的变化,分析井下配水工具的工作状况,作为分层配水、管好注水井的重要依据。

影响注水指示曲线的因素较复杂,主要有地层条件、地层吸水能力的变化、井下配水工具的工作状况、地面流程、设备和仪表准确度及资料整理误差等因素,在作指示曲线分析与对比时,应加以注意。

1)用指示曲线分析地层吸水能力的变化

由于正确的指示曲线能反映地层吸水能力的大小,因而通过对比不同时间内所测得的指示曲线,就可以了解地层吸水能力的变化。

(1)指示曲线左移左转。

分析:如图1-85所示,指示曲线左移左转,斜率变大,吸水指数减小,层段指示曲线向压力轴偏移,说明地层的吸水能力下降。曲线1为原来所测得的指示曲线,曲线2为后来测得的指示曲线(以下各曲线相同)。

原因:地层深部吸水能力变差,注入水不能向深部扩散;由于注入水的水质不合格或注水井作业及注水井管理操作不当引起的地层堵塞；水敏引起的地层堵塞。

措施：轻微堵塞时采用酸洗来解除。严重堵塞时采取酸化解堵（无机物堵塞时采取酸处理，有机物堵塞时采取杀菌与酸处理联合处理措施）；注入地层水、盐水、pH值为3~5的酸性水、表面活性剂溶液等。

（2）指示曲线右移右转。

分析：如图1-86所示，指示曲线右移右转，斜率变小，吸水指数增大，层段指示曲线向注水量轴偏移，说明地层的吸水能力增强。

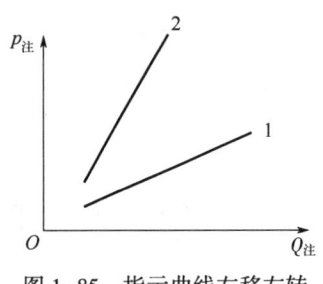

图1-85　指示曲线左移左转　　　　图1-86　指示曲线右移右转

原因：油井见水以后，使阻力减小，引起吸水能力增大；有新的小层吸水或由于作业使地层形成裂缝；长期欠注使地层压力下降；地层采取了增注措施。

措施：根据开发方案适当调整配注方案，满足注水要求。

（3）指示曲线平行上移。

分析：如图1-87所示，指示曲线平行上移，斜率不变，吸水指数不变，说明地层的吸水能力没变。在相同的注入量下注入压力升高，说明由于长期注水使地层压力升高。

原因：注水见效（注入水使地层压力升高）；注采比偏大。

措施：对地层采取增注措施（如压裂、酸化等）或增加采出方向；调整注水压力。

（4）指示曲线平行下移。

分析：如图1-88所示，指示曲线平行下移，斜率不变，吸水指数不变，说明地层的吸水能力没变。在相同的注入量下注入压力下降，说明由于长期欠注使地层压力下降。

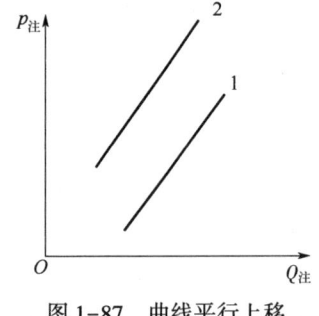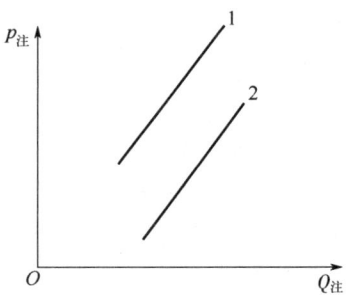

图1-87　曲线平行上移　　　　图1-88　曲线平行下移

原因：地层亏空（即注采比偏小，注入的水量小于采出的液量，从而导致地层压力下降）；采取了增注措施（如压裂、酸化等）。

措施：调整注水压力。

以上四种曲线是最基本的变化情况，一般掌握了这四种曲线，再结合现场测试情况就可以进行分析。

注意事项：

（1）严格地讲，分析地层吸水能力的变化，必须用有效压力绘制的真实指示曲线。若用井口实测注入压力绘制的指示曲线，两次必须是同一管柱结构的情况下所测得的指示曲线，而且只能对比其吸水能力的相对变化。若管柱结构不同，只能把它们加以校正后用真实指示曲线进行分析。

（2）由于井下工具工作状况的变化，也会影响指示曲线。因此，用指示曲线对比来分析地层吸水能力时，应考虑井下工具工作状况的改变对指示曲线的影响，以免得出错误的解释。

2）用指示曲线分析井下配水工具的工作状况

分层配注时，井下配水工具（封隔器、配水器、底部单流阀、管柱等）可能发生各种故障，所测得的曲线也会发生各种变化，因此，根据指示曲线的变化，就可以对井下配水工具的工作状况进行分析和判断。

（1）封隔器失效。

① 第一级封隔器失效的判断。

一般下水力压差式封隔器的注水井，要求油管内外需保持 $0.5\sim0.7\mathrm{MPa}$ 的压差，可通过注水过程中油管压力、套管压力及注水量的变化来判断。

正注井如果出现油管压力、套管压力平衡或套管压力随油管压力的变化而变化，并且注水量增加的情况，则可判断为由于封隔器失效使上下窜通，使吸水能力高的控制层段注水量增加。

当第一级封隔器以上有吸水层时：第一级封隔器失效后，控制层段的吸水量上升，导致全井吸水量上升，套管压力上升，油管压力下降，油管压力、套管压力接近平衡。

当第一级封隔器以上无吸水层时：第一级封隔器失效，将导致套管压力迅速上升，油管压力不变，使油管压力、套管压力平衡，注水量不变。

② 第一级以下各级封隔器失效的判断。

注水井中下入多级封隔器时，当第一级以下某一级封隔器不密封时，则表现为油管压力下降（或稳定），套管压力不变，注水量上升。究竟是哪一级封隔器失效，则必须通过分层测试来判断。封隔器失效后，如上层段渗透性好，则与封隔器相邻的上层段指示曲线大幅度偏向注水量轴，吸水指数增大；下层段指示曲线则偏向压力轴，吸水指数会有所降低，如图 1-89 所示。

措施：测吸水剖面进一步诊断；验窜、封窜。

（2）配水器水嘴堵塞。

分析：如图 1-90 所示，曲线左移，斜率变大，吸水指数减小，说明地层的吸水能力下降。严重时注不进水，而启动压力无明显变化。

原因：注水压力不变或上升，全井注水量下降或注不进水，指示曲线向压力轴偏移或与横坐标垂直。

措施：反洗井解堵；拔水嘴解堵。

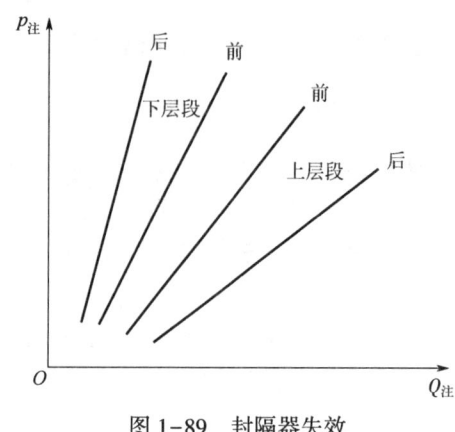

图 1-89 封隔器失效

（3）配水器水嘴孔眼被刺大。

分析：如图 1-91 所示，水嘴孔眼被刺大不是突然形成的，而是逐渐被磨损所造成的，所以，曲线是逐渐变化的，在短时间内指示曲线变化不明显。历次所测曲线有逐渐向注水量轴方向偏移的变化过程，曲线斜率逐渐变小，吸水指数逐渐增大。

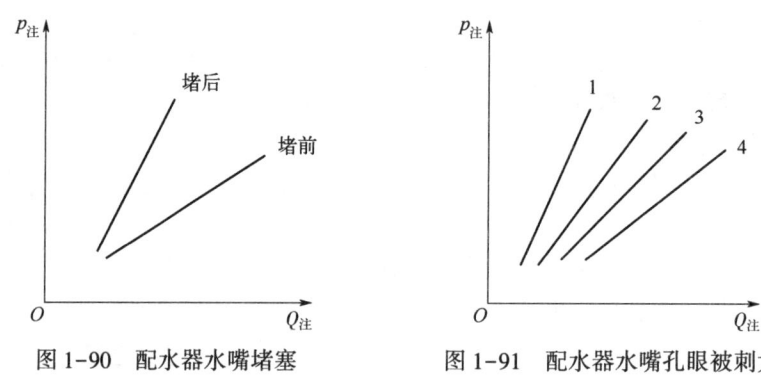

图 1-90　配水器水嘴堵塞　　　　图 1-91　配水器水嘴孔眼被刺大

原因：水嘴孔眼被刺大后，吸水能力逐渐增强。

措施：下投捞器调节水嘴；捞出堵塞器，更换新水嘴。

（4）配水器水嘴脱落。

分析：如图 1-92 所示，曲线右移，斜率变小，吸水指数增大。注水压力不变或有所下降，全井注水量突然增加，层段指示曲线明显向注水量轴方向偏移，启动压力变化不大。

原因：水嘴脱落后，吸水能力增强。

措施：井下作业；捞出堵塞器，更换水嘴。

（5）底部单流阀不密封（球与球座不密封）。

分析：如图 1-93 所示，底部单流阀不密封，使注入水从油管末端进入油管、套管环形空间，造成油管、套管没有压差，封隔器失效，注水量显著上升，油管压力、套管压力平衡，指示曲线大幅度向注水量轴方向偏移。

原因：底部单流阀不密封，注水井注水量显著上升。

措施：井下作业，更换或装上底部单流阀。

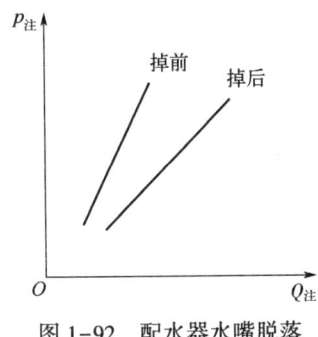

图1-92 配水器水嘴脱落

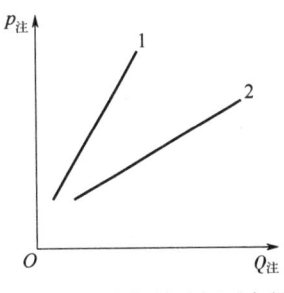

图1-93 底部单流阀不密封

（6）油管漏失或管柱脱节。

分析：如图1-94所示，油管漏失严重或管柱脱节会使注入水从油管进入油管、套管环形空间，使油管、套管没有压差，封隔器失效，相当于全井放大注水，层段注水量和全井注水量相差很小，使正常注水压力下降，注水量显著上升，油管压力、套管压力平衡，指示曲线大幅度向注水量轴方向偏移，全井指示曲线与分层指示曲线重合或平行接近。

原因：油管漏失或管柱脱节；底部单流阀不严或掉；全井封隔器失效。

措施：井下作业，对管柱进行检查；更换或装上底部单流阀。

（7）堵塞器滤网堵。

分析：如图1-95所示，滤网堵时全井注水量及该层段注水量下降，但它与水嘴堵塞有所不同。滤网堵时曲线是逐渐变化的，在短时间内指示曲线变化不明显，历次所测曲线有逐渐向压力轴方向偏移的变化过程，曲线斜率逐渐变大，吸水指数逐渐变小。

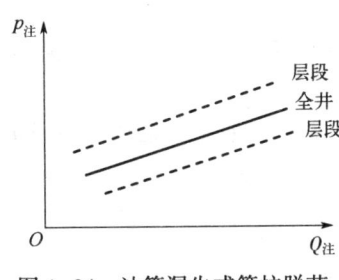

图1-94 油管漏失或管柱脱节

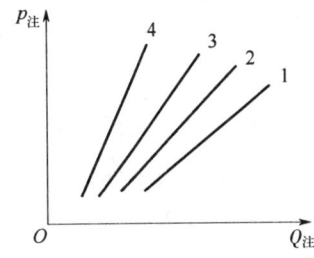

图1-95 堵塞器滤网堵

原因：滤网堵后，吸水能力逐渐下降。

措施：反洗井解堵，若无效则捞出堵塞器解堵。

（8）两配水器之间管外窜槽（套管外水泥窜槽）。

分析：如图1-96所示，管外窜槽，使两层段注水量增加，大段窜槽，全井封隔器失效。在指示曲线上两层段的注水指示曲线平行接近或重叠。

原因：两配水器之间管外窜槽。

措施：用吸水剖面等资料进行综合分析，确定后先验窜、再封窜。

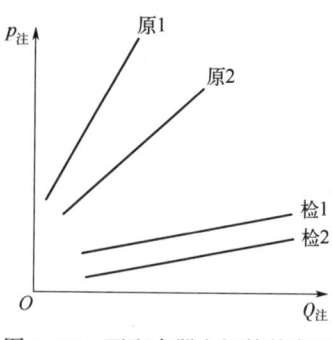

图 1-96 两配水器之间管外窜槽

(二)注水井故障处理方法

1. 注水井取样阀门打不开故障与处理

1)故障原因

(1)阀杆与阀杆螺母之间锈蚀。

(2)阀门压盖格兰与阀杆锈死。

(3)开阀门时由于阀杆与阀瓣脱离,导致阀杆移动,阀瓣不动,阀门无介质流出。

(4)阀门进口堵塞。

(5)阀门冻结。

2)处理方法

(1)取样阀门应定期维护保养,对于锈蚀、堵塞严重或阀瓣脱落无法修复的阀门,应及时进行更换。

(2)阀门冻结时,用热水对阀门进行解冻。

2. 注水井井口装置渗漏故障与处理

1)故障现象

注入水从井口装置水表压盖、卡箍、放空阀门或测试阀门、取压装置等处渗漏。

2)故障原因

(1)安装时,用力不均匀导致压盖上偏或密封圈损坏,造成水表压盖和法兰之间有渗漏。

(2)井口钢圈损坏或卡箍螺栓松动,紧偏,造成井口卡箍处渗漏。

(3)放空阀门或测试阀门关不严,造成阀门渗漏。

(4)取压装置中密封圈损坏,造成取压装置渗漏。

3)处理方法

(1)安装水表压盖时,要装正表压盖,紧固螺栓时要对角上紧。更换损坏的密封圈。

(2)更换卡箍钢圈并对称紧固卡箍螺栓。

(3)对于关闭不严的阀门,可采取多次开关的方法,如无效果则维修或更换阀门。

(4)更换取压装置密封圈。

3. 注水井水表水量计量偏低故障与处理

1)故障原因

(1)顶尖磨损。

(2)中心齿轮严重磨损。

(3)滤网堵。

(4)齿轮传动机构有脏物。

(5)调节板与叶轮夹角不合适。

(6)轴的同心度不够。

2)处理方法

(1)更换顶尖。

(2) 更换中心齿轮。
(3) 清洗滤网。
(4) 清洗齿轮传动机构。
(5) 调整调节板与叶轮夹角。
(6) 调整轴的同心度。

4. 注水井水表芯停走不转故障与处理

1) 故障现象

水表指针不转动，水表数值不进位。

2) 故障原因

(1) 安装水表芯时，表芯与表壳高度尺寸不符，压盖将表芯压坏或压紧。
(2) 投产时水表内未注满清水或操作不平稳，导致表芯受冲击而损坏。
(3) 水表压盖安装偏斜，将计数器支架压歪或传动机构卡死。
(4) 由于注入水水质问题，有硬物卡住叶轮。
(5) 顶尖或轴套磨损严重，导致叶轮被叶轮盒壁卡住。

3) 处理方法

(1) 更换水表芯。
(2) 投产前先让水表内注满清水，然后平稳缓慢打开上流阀门。
(3) 重新调整水表压盖，使之达到不偏斜。
(4) 拆洗水表芯体，清除脏物。
(5) 更换或修复磨损严重的顶尖或轴套。

5. 注水井水表转动异常故障与处理

1) 故障现象

注水井水表出现时走时停、走快或走慢的现象。

2) 故障原因

(1) 叶轮轴套磨损后松脱，导致水表时走时停。
(2) 水表表芯进液孔有脏物，阻挡部分流通孔道，导致水表转速加快。
(3) 水表表芯顶尖磨损，摩擦力增大，导致水表转速变慢。

3) 处理方法

(1) 水表表芯各零部件损坏，应更换合格的水表。
(2) 脏物堵塞引起的水表转动异常，应清洗水表。

6. 注水井油管压力下降及注水量升高异常故障与处理

1) 故障现象

注水井水表出现油管压力下降而注水量升高的现象。

2) 故障原因

(1) 地面设备因素：压力表或干式水表出现故障，造成记录数值不准；地面管线在水表下流方向穿孔。
(2) 井下设备因素：井下水嘴刺大或脱落；油管漏失或油管脱落；底部挡球密封不

严；封隔器失效；固井质量不合格；套管损坏破裂。

(3) 地层因素：地层中的一些微裂缝，在提高注水压力后，开始吸水；与注水井连通的油井采取增产措施；注水层段出现水淹层。

3) 处理方法

(1) 压力表或干式水表出现故障，应及时检修或更换。

(2) 地面管线穿孔，应及时对穿孔管线进行补焊。

(3) 井下水嘴刺大或脱落时，进行测试并更换水嘴。

(4) 油管漏失或脱落、底部挡球密封不严、封隔器失效时，进行作业处理。

(5) 当套管破裂、管外水泥窜槽，应进行大修作业处理。

(6) 由于地层因素造成的注水量上升，要进行综合分析，采取测试调整、作业封堵等相应措施。

7. 注水井油管压力升高及水量下降异常故障与处理

1) 故障现象

注水井水表出现油管压力升高而注水量下降的现象。

2) 故障原因

(1) 地面设备因素：压力表或干式水表出现故障，造成计量数值不准；管线结垢使管径变小。

(2) 井下设备因素：由于水中含有杂质，堵塞井下滤网、水嘴。

(3) 油层因素：注入水水质不合格，堵塞油层孔道；注水井在正常生产过程中，油层压力升高。

3) 处理方法

(1) 压力表或干式水表出现故障，造成计量数值不准，要及时检修或更换。

(2) 地面管线结垢，应冲洗管线，无效后进行酸洗。

(3) 井下滤网或水嘴被堵，应洗井，洗井无效后进行测试，更换滤网、水嘴。

(4) 注入水中脏物堵塞油层孔道，应采取酸化措施，酸化无效后，进行压裂。

(5) 油层压力上升，应根据油田开发方案，综合调整。

(6) 水质不合格，应严把注入水水质关，提高注入水质量。

8. 分层注水井油管压力、套管压力平衡故障与处理

1) 故障现象

(1) 注水量比正常时多，在井口能听到漏水声。

(2) 现场录取的油管压力、套管压力接近或平衡。

(3) 洗井过程中，洗井液在短时间内返回。

(4) 测试时，第一层段水量偏高，油管压力、套管压力接近或平衡。

2) 故障原因

(1) 油管悬挂器密封圈损坏。

(2) 保护封隔器以上油管漏失。

(3) 保护封隔器失效。

(4) 套管阀门密封不严。

3) 处理方法

(1) 更换油管悬挂器密封圈。

(2) 更换油管。

(3) 更换保护封隔器。

(4) 维修、更换套管阀门。

9. 注水井洗井不通故障与处理

1) 故障现象

(1) 倒洗井流程后水表不转,没有注水量。

(2) 听不到洗井时发出的节流声。

(3) 洗井放空管线返回的水量没有变化。

2) 故障原因

(1) 地面管线堵塞或冻堵。

(2) 套管阀门闸板脱落。

(3) 筛管堵塞造成底部挡球打不开。

(4) 封隔器出现故障。

(5) 注水井管柱结垢严重,挡球上部堵塞。

3) 处理方法

(1) 对地面管线进行解冻、解堵。

(2) 维修、更换套管阀门。

(3) 由于底部挡球打不开、封隔器出现故障、管柱结垢造成的洗井不通,应进行修井作业处理。

10. 注水井管线穿孔故障与处理

1) 故障现象

(1) 井口泵压和油管压力下降,注水量下降。

(2) 井口管线穿孔时油管压力降低,水量增加。

(3) 注水干线穿孔时地面有水溢出或冒出水蒸气,漏失严重时能听到较大的声响。

2) 故障原因

(1) 管线腐蚀穿孔。

(2) 管线受外力重压、破坏。

(3) 管线存在质量问题(砂眼)。

3) 处理方法

处理管线穿孔时,应倒流程泄压后补焊、修复穿孔管线;对于受损及腐蚀严重的管线,要进行更换;对于水井管线穿孔,不得用管卡子进行堵漏。

11. 注水井冬季冻井故障与处理

1) 故障现象

(1) 井口阀门开关不动。

(2) 井口管线、阀门冻胀或冻裂。

(3) 水表不转动，听不到注水时发出的节流声。

2) 故障原因

(1) 地层渗透率、孔隙度降低，吸水能力差，注水压力高、注水量低。
(2) 油层被注入的不合格水污染。
(3) 注水管网压力不平稳，干线压力低。
(4) 仪器、仪表损坏，注水井注不进去水还显示正常注水。
(5) 冬季注水井管线穿孔，没有及时发现，时间长而冻井。
(6) 临时停水，使管线内水停止流动而冻井。

3) 处理方法

(1) 采取增注措施。
(2) 提高注入水水质。
(3) 查明注水管网压力不稳的原因，采取措施确保干线压力平稳。
(4) 更换仪器、仪表。
(5) 用热水循环法处理。
(6) 用电解法处理。

二、案例分析

[例1] 某注水井采用的生产流程，如图 1-97 所示。该注水井泵压为 15.6MPa，油管压力为 12.5MPa，日注水量为 85m³/d，注水一直很稳定。一次，值班人员在巡井时发现注水井井口生产阀门右侧卡箍处有水渗出并呈雾状喷射。试诊断该井故障并分析原因，给出处理方法。

(a) 配水间　　　　　(b) 注水井井口

图 1-97　单井配水间到注水井井口流程

(1) 诊断结果。

卡箍钢圈刺漏故障。

(2) 原因分析。

① 卡箍紧固螺栓未上紧或紧固不均匀。
② 管线不对中。
③ 卡箍不配套。
④ 卡箍钢圈损坏。

(3) 处理措施。

① 重新上紧卡箍紧固螺栓，紧固时应对称紧固。
② 靠外力使管线对中或用电火焊重新连接对中。

③ 更换配套卡箍。
④ 更换卡箍钢圈。

[例2] 某分层注水井，在资料检查过程中发现，该注水井经过一段时间注水后，泵压比较稳定，油管压力有明显下降，而全井实注水量变化不大，分层注水合格率保持在100%。出现问题后，对该井进行全井和分层测试，全井注水指示曲线如图1-98所示，各层检测后注水指示曲线与检测前注水指示曲线进行比较，发现两指示曲线重合。试诊断该井故障并分析原因，给出处理方法。

（1）诊断结果。

油层压力下降导致油管压力下降，吸水指数不变。

（2）原因分析。

图1-98 注水井全井注水指示曲线

引起油层压力下降的原因有很多，如没有注水井点，只采不注或注采比偏小，形成油层亏空；大幅度调低注水井配注量与实注水量，降低油层压力；油井采取增产措施，大幅度提高产液量，而注水量没有得到提高，能量补充不足。这样，随着开采时间的延长，油层压力就会逐渐下降，使注采压差增大，注水量增加。在配注水量不变的情况下，就需控制油管压力进行注水，以保持实注水量稳定。

（3）处理措施。

① 为保证采油井提液后能够稳产，应适当提高注水井配注水量，保持油层压力的稳定。

② 如果没有注水井点或注水井点少，应选择适当的采油井转为注水井，以保证油层能量得到必要补充。

③ 如果是高压地区、高压层段，应适当降低油层压力，防止套损井的出现。

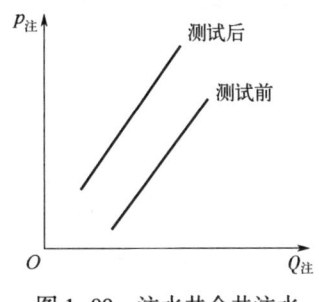

图1-99 注水井全井注水指示曲线

[例3] 某分层注水井，专业人员在资料检查过程中发现，该注水井随着注水时间的延续，泵压比较稳定，而油管压力却在逐渐上升，注水量基本没有变化，分层注水合格率保持在100%。出现问题后，对该井进行反洗井，洗井后，注水压力、注水量与洗井前（油管压力逐渐上升后）的注水压力、注水量相比，没有明显变化；对该井进行全井测试，曲线如图1-99所示。试诊断该井故障并分析原因，给出处理方法。

（1）诊断结果。

油层压力上升导致油管压力上升，注水量不变。

（2）原因分析。

引起油层压力上升的原因有两种，即只注不采或注大于采。当注水补充的能量得不到释放，积累起来会使油层压力逐渐上升。油层压力上升会使注采压差减小，注水量逐渐下降。油层压力上升使注水井的启动压力、油管压力升高，要完成配注方案，就必须逐步提高井口注水压力，以保持注水量稳定。

应该注意，层段水嘴堵塞、油层压力上升都可以使注水井的油管压力升高，但两种升高反映在油管压力数据上有一定区别，层段水嘴堵塞使油管压力突然上升；油层压力上升使油管压力逐渐上升。

（3）处理措施。

① 在采油井上采取提液措施，释放注水井的能量，防止油层憋高压。

② 由于油层物性差或油层堵塞，采油井无法提液时，应采取压裂、酸化等改造措施，保证采油井的提液要求。

③ 如果采油井无法采取提液措施，应适当降低注水井的配注量，以保证注采平衡、油层压力稳定。

[例4] 某分层注水井，泵压稳定，油管压力稳定，注水量也保持相对稳定。注水稳定一定时间后，一次值班人员巡井时发现泵压比较稳定，油管压力与前一天相比有较大幅度的上升，而注水量没有变化。出现问题后，连续3天核实录取的数据基本一样；对该井进行反洗井，洗井后，注水压力、注水量与洗井前（油管压力较大幅度上升后）的注水压力、注水量相比变化不大；对该井

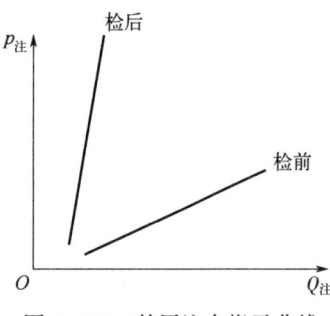

图1-100 某层注水指示曲线

进行检配测试，某层指示曲线如图1-100所示。试诊断该井故障并分析原因，给出处理方法。

（1）诊断结果。

某层水嘴的孔眼被堵塞。

（2）原因分析。

分层注水井各小层的注水量是按其水嘴大小进行分配的。在正常情况下，应该是注水压力稳定，全井及各小层的注水量不会出现大的变化。当井口油管压力突然升高，而全井注水量不变时，说明井下小层注水量出现了比较大的变化。这是因为注水压力上升，水嘴两端的压差增大，全井及各小层注水量必然要上升。如果是注水压力上升，而全井水量变化不大，这时井下小层的注水量就会出现较大变化，有的层注水量增加，有的层注水量减少甚至不吸水，这种情况只有小层水嘴发生堵塞才会出现。

出现堵塞后，有的经过洗井即可解决，有的洗井也不能完全恢复正常。分层注水井井下水嘴发生堵塞现象，在资料显示上不完全相同。有的井是油管压力上升，注水量相对稳定；有的井是油管压力上升，注水量下降。

（3）处理措施。

① 对注水井进行洗井，解除水嘴堵塞。

② 如果洗井不能解除堵塞问题，应重新进行检配。

[例5] 某笼统注水井，专业人员在资料检查过程中发现，该注水井随着注水时间的延续，泵压比较稳定，油管压力却在逐渐上升，而全井注水量稍有下降。出现问题后，对该井进行全井测试，曲线如图1-101所示；从历次所测注水指示曲线上看，曲线有逐渐向压力轴方向偏移的变化过程。试诊断该井故障并分析原因，给出处理方法。

（1）诊断结果。

油层发生堵塞使注水压力上升，注水量下降。

(2) 原因分析。

在注水过程中，注入水水质不合格、设备和管道的腐蚀产物及管线内产生的垢都会堵塞油层孔隙，降低油层的渗透率。如果在注水过程中，注入大量的超标水，就会造成井筒附近的油层孔隙堵塞，使注水井的启动压力升高、注水压力升高，注水量减少，吸水能力下降，影响水驱油效果。

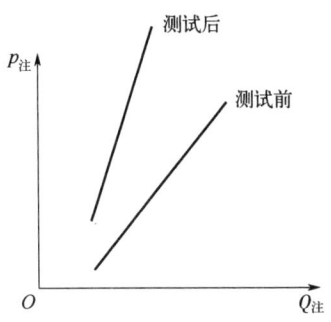

图 1-101　注水井全井注水指示曲线

(3) 处理措施。

① 当注水井出现注水压力升高或注水量下降时，首先进行水质化验，检查水质是否合格。

② 然后进行反洗井，解除油层堵塞物。

③ 如果反洗井无效，应采取压裂、酸化等增注措施。

[例 6]　某区块在高压注水期间，某一口注水井在提高注水压力后，配注量、实注水量都有大幅度的提高。但生产一段时间后，注水井油管压力却无故下降，配注量、实注水量仍保持不变。由于该井无法进行分层测试、作业调整等工作，使得井下注水状况一直不清。由于缺乏资料，出现问题后，对周围井进行调查，发现周围井出现成片套管损坏。试诊断该井故障并分析原因，给出处理方法。

(1) 诊断结果。

高压注水使该井套管损坏。

(2) 原因分析。

在注水开发的油田，应该保持区块与区块之间、井与井之间、层段与层段之间的地层压力相对平衡。如果注水压力不均衡，会造成地层压力失衡，使有的井、区块压力高，有的压力低，就容易引发地层滑动造成套管发生变形、破裂、错断而损坏，尤其是注水井在高出破裂压力许多的情况下注水，更易使套管损坏。当注水井的套管损坏后，注水压力就会大幅度下降，而注入量不会降低；同时注入水会在油层中乱窜，起不到水驱油的作用，还会引发其他井的损坏。因此，注水井应该保持在相对均衡的压力下进行注水，注水压力应在注水井破裂压力以下。

(3) 处理措施。

① 发现注水井注水异常，即注水压力大幅下降、注水量变化不大的，应将注水量控制到最低限，防止套管损坏加剧。

② 发现注水井注水异常，技术人员应及时到现场核实资料，查看井是否出现异常，如果注水异常应关井，等待处理。

③ 进行查套作业，查清套管损坏程度，为下一步措施提供依据。

[例 7]　某注水井由于地层条件相对较差，虽然采取过压裂、酸化等增注措施，在放大注水（油管压力等于泵压）的情况下仅能完成配注任务。一次，值班人员在巡井时发现注水量大幅提高，超过配注要求。出现问题后，连续几天核实资料并校对地面水表，都没有发现问题；对该井进行全井测试，曲线如图 1-102 所示；对该井进行同位素测试，结果显示没有射孔的油层有注入量。试诊断该井故障并分析原因，给出处理方法。

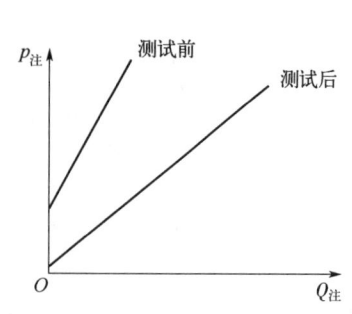

图 1-102 注水井全井注水指示曲线

（1）诊断结果。

套管外窜槽或套管损坏使启动压力下降，注水量增加。

（2）原因分析。

当注水井采取压裂、酸化等增注措施及在正常注水时都会产生一定的振动，对套管外封固的水泥环产生一定破坏作用，使套管与油层之间的胶结产生裂缝。当产生裂缝后，注水井的注入水就会沿着裂缝窜入非开采油层，使生产层与非生产层之间出现窜槽。

该井的生产层由于地层条件差，虽然采取过增注措施，但注水状况一直不好。这次注水量突然大幅度上升就是因套管外发生窜槽，使没有射孔的油层吸水，造成该井吸水状况出现较大变化。

（3）处理措施。

① 套管外窜槽，应进行作业找窜、封窜。

② 如果是套管损坏，进行查套作业，查清套管损坏的深度、部位、性质，为下一步措施提供依据。

[例8] 某分层注水井，注水状况比较好，注水合格率达到100%。但在一次洗井后，注水量出现了较大幅度的增加。出现问题后，技术人员到现场核实资料并校对地面水表，都没有发现问题；再次对资料进行对比，发现该井的套管压力与油管压力接近，而且油管压力上升套管压力也随之上升。试诊断该井故障并分析原因，给出处理方法。

（1）诊断结果。

封隔器失效导致分层注水井注水量增加。

（2）原因分析。

该井所使用的是压差式封隔器。该封隔器在正常情况下只要保证内外压差大于0.7MPa就可以使其密封。该井在洗井后，由于油管压力、套管压力接近平衡，封隔器内外压差小于0.7MPa，使封隔器失效。封隔器失效即封隔器起不到封隔油层的作用，就相当于笼统注水，在相同注水压力下注水量就会大幅度增加。

（3）处理措施。

（1）重新释放封隔器，验证封隔器是否密封。

（2）重新释放后封隔器仍然不密封，应更换封隔器。

第二章 油水井生产动态分析

第一节 动态分析基础

一、动态资料的收集与整理

油水井生产动态资料的收集与整理是油水井动态分析中的一项重要工作，资料录取是否齐全、准确、真实、可靠，直接影响动态分析工作的质量。

（一）注水井动态资料收集与整理

注水井录取注水量、油管压力、套管压力、泵压、静压、分层流量测试资料、洗井资料、水质检测资料8项资料。

1. 注水量

注水量是指注水井每日实际注入油层的水量，通常是每日水表的底数与昨日同一时刻水表底数的差值。

在班报上每天每口井第一班每2h记录一次，第二班、第三班每口井每4h记录一次。在班报上记录水表读数时必须同时记录油管压力、泵压。每8h计算一次班注水量，第三班核算日注水量，在生产班报上每口井每天记录一次日注水量，水表读数与报表水量相符，取整数。值得注意的是：如果在当天的24h内，井口有溢流量或洗井等以及生产管线穿孔维修时，就要根据各自具体情况在水表底数计算出的水量中减去溢流量为该井当日的实际注水量，并在班报表中备注清楚。

全井配注合格标准：对于能够完成配注量的注水井，日配注量≤10m³/d，日注水量波动不超过±2m³/d；10m³/d<日配注量≤50m³/d，日注水量波动不超过日配注量的±20%；日配注量>50m³/d，日注水量波动不超过日配注量的±15%，超过波动范围应及时调整。对于完不成配注量的注水井，按照接近允许注水压力注水或按照泵压注水。水表发生故障应记录水表底数，按油管压力估算注水量，估算时间不得超过48h。

停注井每旬逢5录取一次油管压力，长期停注（如方案停注、方案关井）的每月上旬逢5录取一次油管压力。

注水量的填报方法是首先要把录取的注水量与上次注水量及配注量对比，若没有变化可直接填入报表中。对于变化原因清楚的注水井，注水量与变化原因一致，当天注水量值可直接选用；对于变化原因不清楚的注水井，当天报表上注水量值借用上次注水量值，并结合周围采油井分析注水量变化的原因，应第二天复量注水量1次，注水量选用接近上次注水量值。

2. 泵压、油管压力、套管压力

泵压是指注水井每日注水时的注水干线压力，是在压力表上直接录取的。由于注水干线压力有时是波动变化的，不是一个定值，所以现场是在每日的几个班次中录取的各个压力数据里选出一个能代表当日注水生产实际情况的泵压值为当日该井的注水泵压。值得注意的是，不是几个班次录取泵压值的算术平均数，而是某个班次泵压值的直接选用。

油管压力是指注水井实际注水时控制调节阀后的压力值，像泵压一样，是在压力表上直接读出的；其值的选用与泵压是一致的，是与泵压相对应的，即选某一班次的泵压，也必须选某一班次的油管压力。油管压力的选取关系到当日的注水合格率，所以油管压力的选用既要符合注水生产实际，又要考虑当日的泵压。

注水井井口油管压力、套管压力在生产班报上每口井每天记录一次，其选值为每一班的有代表性压力值。压力表必须是按期校对合格的压力表，且所读的压力值在量程的 1/3~2/3 范围内；录取时注水井处于正常生产状态下。注水井生产状况良好时，录取的压力数值变化不大，选哪一次的都可以作为上报资料，填入当日报表中。录取的压力数值变化较大（超出正常允许的波动范围）时，就要选出一个能够代表当日主要生产情况的压力数值作为上报资料，并备注其原因。

泵压录取要求：注水井泵压在监测井点每天录取 1 次。

油管压力录取要求：注水井开井每天录取油管压力，注水井关井 1d 以上，在开井前应录取关井压力。注水井钻井停注期间每周录取 1 次关井压力。

套管压力录取要求：下套管保护封隔器的井和分层注水井每月录取 2 次，两次录取时间相隔不少于 10d。发现异常的井加密录取，落实原因。措施井开井一周内录取套管压力 3 次。

3. 静压

动态监测定点井每年测静压 1 次，静压波动不超过 ±1.0MPa，超过波动范围落实原因，原因不清应复测验证。

4. 分层流量测试资料

正常分层注水井每 4 个月测试 1 次，分层测试资料使用期限不超过 5 个月。正常注水井发现注水超现场与测试注水量规定误差，应落实变化原因，在排除地面设备、仪表等影响因素后，在两周内进行洗井或重新测试。分层注水井测试提前 5d 以上进行洗井，洗井后注水量稳定后方可测试。注水井分层测试前，进行试井队使用的压力表与现场使用的压力表比对，电子流量计测取的井口压力与现场录取的油管压力比对，压力差值不超过 ±0.2MPa。超过波动范围落实原因，整改后方可测试。注水井分层测试前，进行井下流量计和地面水表的注水量比对，以井下流量计测试的全井注水量为准，日注水量 ≤20m³/d，两者差值不超过 ±2m³/d；20m³/d< 日注水量 ≤100m³/d，两者误差不超过 ±8%；100m³/d< 日注水量 ≤200m³/d，两者差值不超过 ±8m³/d；日注水量 >200m³/d，两者差值不超过 ±16m³/d。超过波动范围落实原因，整改后方可测试。关井 30d 以上的分层注水井开井后，在开井 2 个月内完成分层流量测试。笼统注水井要求一年测指示曲线 1 次。

5. 洗井资料

注水井洗井按相关规定执行，记录洗井方式、洗井时间、洗前及洗后水表底数、溢流量。

6. 水质检测资料

注水水质监测定点井每月取水样1次，按规定进行相关项目的化验，记录化验项目名称及对应的化验结果。

7. 周期注水井资料

除分层流量测试资料在关井30d以上开井后，要求2个月内完成分层流量测试外，其他资料录取要求同正常注水井。

8. 新井投产前后资料录取内容及要求

1）新井投产前录取的资料内容

新井投产前录取的资料包括射孔日期和射孔方式、枪型、射孔层位、分层射孔孔数及孔密、未发射弹数、一次引爆弹数、钻井液浸泡时间、替喷水量及过油管射孔井的钻井液替出情况。其中，钻井液替出情况包括替入清水量、替钻井液时油管下入深度、停止替钻井液时出口水质。

2）新井投产后初期录取的资料内容及要求

新井投产后第一个季度内选取15%以上的监测井测压力恢复曲线。注水井投注后测1次指示曲线，在分层配注前根据需要测1次同位素吸水剖面，为分层提供依据。采油井选取定点监测井做1次油样分析、气分析，见水井做1次水分析。新井投产后量油、取样化验与措施井要求相同。

（二）抽油机井动态资料收集与整理

抽油机井资料录取内容包括产液量、油管压力、套管压力、电流、采出液含水率、示功图、动液面（流压）、静压（静液面）8项资料。

1. 产液量

日产液量≤20t/d的采油井，每月量油1次，两次量油间隔不少于20d。日产液量>20t/d的采油井，每10d量油1次，每月量油3次。

分离器：分离器（无人孔）直径为600mm，玻璃管量油高度为40cm；分离器直径为800mm，玻璃管量油高度为50cm；分离器直径为1000mm、1200mm，玻璃管量油高度为30cm。采用流量计量油方式，每次量油时间为1~2h。

日产液量计量的正常波动范围：日产液量≤1t/d，波动不超过±50%；1t/d<日产液量≤5t/d，波动不超过±30%；5t/d<日产液量≤50t/d，波动不超过±20%；50t/d<日产液量≤100t/d，波动不超过±10%；日产液量>100t/d，波动不超过±5%。对于无措施正常生产井，每次量油1遍，量油值在波动范围内，直接选用。超量油波动范围，连续复量至少2遍，取平均值。对于变化原因清楚的采油井，量油值与变化原因一致，当天量油值可直接选用；对于变化原因不清楚的采油井，当天产液量借用上次量油值，应第二天复量油1次，至少3遍，取平均值，产液量选用接近上次量油值，并落实变化原因，否则为不准。

对采用热水洗井的采油井热洗扣产要求：日产液量≤5t/d，热洗扣产4d。5t/d<日产

液量≤10t/d，热洗扣产 3d。10t/d<日产液量≤15t/d，热洗扣产 2d。15t/d<日产液量≤30t/d，热洗扣产 1d。日产液量>30t/d，热洗扣产 12h。

目前，各油田的量油方法较多，现场上常用的量油方法从基本原理方面可分为容积法和重力法两种，从控制方法可以分为手动控制和自动控制两种。最常用的是手动玻璃管量油。其量油原理为"U"形管压力平衡原理。量油时倒流程要正确，读数要准确，最后计算要正确。

2. 油管压力、套管压力

正常情况下油管压力、套管压力每 10d 录取 1 次，每月录取 3 次。对环状、树状流程首端井、栈桥井等应加密录取，定压放气井控制在定压范围内。每次录取时可在抽油机井口油管压力、套管压力表上直接读出其数值大小，特殊情况要加密录取次数。压力表必须是按期校对合格的压力表，且所读的压力值在量程的 1/3~2/3 范围内；录取时抽油机井处于正常生产状态下。录取的压力数值变化不大，可任选一次数值作为上报资料，填入当日报表中。录取的压力数值变化较大（超出正常允许的波动范围）时，就要选出一个能够代表当日主要生产情况的压力数值作为上报资料，并备注其原因。

3. 电流

正常生产井每天测 1 次上、下冲程电流。电流波动大的井应核实产液量、泵况等情况，正常生产井每月有 25d 以上资料为全。每天测 1 次上、下冲程电流，如刚投产或调参等情况要多测几次。选用 1 块校验合格的电流表且所选挡位要正确，以及表的指针最好在表盘量程 1/3~2/3 范围内，在抽油机驴头上行时读出最大峰值代表上冲程电流，在抽油机驴头下行时读出最大峰值代表下冲程电流。录取后的工作电流要与上一次正常的上、下冲程电流对比，无变化的可以作为上报资料，填入当日报表中；若发生变化，结合录取的产量资料和液面资料分析抽油机泵况变化情况，把电流数据填入报表中并注明原因。

4. 采出液含水率

对于非裂缝油藏未见水或采出液含水率>98%的采油井，每月取样 1 次；对于 0%<采出液含水率≤98%及裂缝油藏的采油井，每月录取 3 次含水率资料，且月度取样与量油同步，次数不少于量油次数。

对于新井投产、措施井开井的采油井，取样与量油同步，含水率值直接选用。对于无措施正常生产井，含水率值在波动范围内，直接选用。含水率值超过波动范围，对变于化原因清楚的采油井，采出液含水率值与变化原因一致，当天含水率值可直接选用；对于变化原因不清楚的采油井，当天采出液含水率值借用上次化验采出液含水率值，应第二天复取样，选用接近上次采出液含水率值，并落实变化原因。

采油井一般情况下每月录取 3 次含水率资料（每个油田出水情况不同，有所差异）。在井口用取样桶通过取样阀放喷溢流录取油井抽出的新鲜油样，经化验室化验后取得原油化验含水率数据。

5. 示功图、动液面（流压）

正常生产井示功图、动液面每月测试 1 次，两次测试间隔不少于 20d，不大于 40d。示功图与动液面（流压）测试应同步测得，并同步测得电流、油管压力、套管压力资料。发现异常情况及时测试。措施井开井后 3~5d 内测试示功图、动液面，并同步录取产液量、电流、油管压力、套管压力资料。

示功图是由专门的测试仪器在抽油机井口悬绳器位置的光杆上测得的，是反映驴头悬点载荷与光杆位移关系的。示功图资料由测试仪器导出后，需要地质工作人员进行分析。首先对比理论示功图，给实际测出的示功图定性，确定抽油泵是否在正常工作，画出上下静载荷线，然后再根据示功图的图案分析得出示功图所示的泵的工作情况。

动液面是指抽油机井正常生产时，利用专门的声波测试仪在井口套管测试阀处测得的油管、套管环形空间液面深度数据。利用声波发生枪发出的声波，由井口经油管、套管环形空间传递到液面处产生回声波返至井口声波枪后，与其前发枪时的声波均被双频回声仪接收并放大，再通过电子记录笔绘制出高低两条声波曲线。通过测量曲线的长度，根据公式计算出液面深度。首先要把动液面值与上次对比，若没有变化或在正常变化范围内，可直接填入报表中。若变化原因清楚，所测的动液面值可直接填入报表中；若变化原因不清楚，可结合产量、电流、示功图分析动液面变化的原因。

6. 静压（静液面）

动态监测定点井每半年测 1 次静压，两次测试间隔时间为 4~6 个月。在正常生产情况下，液面恢复法压力波动不超过 ±1.0MPa，压力计实测静压波动不超过 ±0.5MPa，超过范围落实原因，原因不清应复测验证。

没有偏心的井，在指定的抽油机井利用双频测试回声仪在井口套管处测得关井后液面恢复数据，其方法如同测动液面。不同的是静液面是从关井时刻测的第一次液面起，要按本油田规定每隔几小时就要再测一次逐步回升的液面波，直至液面不再上升为止，最后把测得的各条曲线一起回交地质组计算得到静液面值。有偏心的井，可直接下小直径压力计到井底测压，最后是把测得的压力恢复卡片交回地质组计算出该井静压值。首先要把动液面值或静压值与上次对比，若没有变化或在正常变化范围内，可直接填入报表中。若变化原因清楚，所测的静液面值或静压值可直接填入报表中；若变化原因不清楚，可结合区块的产量、含水率、注水量等分析静液面或静压变化的原因。

二、常用指标的计算

（一）产能指标

1. 日产油水平

$$日产油水平 = \frac{月实际采油量}{当月日历天数}$$

油田实际日产油量的大小称为日产油水平，单位为 t/d。

计算日产油水平时，不考虑因各种原因而造成的停产天数。

2. 平均单井日产油水平

平均单井日产油水平是指油田日产油水平与当月油井开井数的比值，单位为 t/d。

$$平均单井日产油水平 = \frac{油田日产油水平}{当月油井开井数}$$

油井开井数是指当月内连续生产 1d 以上并有一定油气产量的油井。

3. 日产油能力

日产油能力是指油田内所有油井（不包括暂闭井和报废井）应该生产的日产油量的总和。

日产油能力和日产油水平的差别在于日产油能力是应该产多少油，但由于种种原因，如事故、停工、操作不当、设计不当、计划不周、供应不足等，实际日产油量与日产油能力有差距，差别越小，说明开发工作做得越好。

4. 折算年产油量

折算年产油量是指依据某月平均日产油量或月产油量或上一级标定的日产油量按年实际日历天数所计算出来的年产油量。

在动态分析中，为了对比不同阶段、不同区块或不同井组的开采状况和水平，常常采用折算年产油量。

$$折算年产油量 = 日产油量 \times 365$$

$$折算年产油量 = \frac{月产油量}{该月日历天数} \times 365$$

如果根据今年的产油量预计明年的产油量可用 12 月份日产油量×365。

$$折算年产油量 = \frac{12\ 月份的月产油量}{12\ 月份的日历天数} \times 365$$

5. 平均日产油量

平均日产油量是指一定时间内实际总产油量与该时间内实际生产天数的比值。

在开发过程中，表示油田实际产油量大小的有日产油量、月产油量、年产油量和累计产油量等几种，使用最多的是日产油量。平均产油量是衡量油井在某一生产阶段的生产能力的指标，有月平均日产油量和年平均日产油量。

$$月平均日产油量 = \frac{月实际总产油量}{当月实际生产天数}$$

$$年平均日产油量 = \frac{全年实际总产油量}{全年实际生产天数}$$

6. 综合生产气油比

综合生产气油比是指每采出 1t 原油伴随产出的天然气量，单位为 m^3/t。

$$综合生产气油比 = \frac{月产气量}{月产油量}$$

7. 累计生产气油比

累计生产气油比是指已采出的全部原油中的含气总量，单位为 m^3/t。

$$累计生产气油比 = \frac{累计产气量}{累计产油量}$$

8. 采油（液）指数

采油（液）指数是指单位生产压差下的日产油（液）量，单位为 $t/(d \cdot MPa)$。

为了解油田不同开发时期油井生产能力的大小，采用采油指数这个指标。同样，可以把含水油井在单位生产压差下的日产液量称为采液指数。

$$采油指数 = \frac{日产油量}{静压-流压}$$

$$采液指数 = \frac{日产液量}{静压-流压}$$

9. 比采油指数

比采油指数是指生产压差每增加 1MPa 时，油井每米有效厚度所增加的日产油量，表示油井每米有效厚度的日产油能力，单位为 $t/(d \cdot MPa \cdot m)$。

$$比采油指数 = \frac{日产油量}{生产压差 \times 有效厚度}$$

10. 采油（液）强度

采油（液）强度是指单位油层有效厚度（每米）的日产油（液）量，单位为 $t/(d \cdot m)$。采油强度是衡量油层生产能力的一个指标，可用于分析各类油层动用状况。

$$采油强度 = \frac{油井日产油量}{油井油层有效厚度}$$

对于没有有效厚度的油层也可用砂岩厚度。

$$采油强度 = \frac{油井日产油量}{油井油层砂岩厚度}$$

11. 输差

输差是指井口产油量与核实产油量之差与井口产油量之比，用百分数表示。

$$输差 = \frac{井口产油量 - 核实产油量}{井口产油量} \times 100\%$$

12. 水油比

水油比是指日产水量与日产油量的比值。

$$水油比 = \frac{日产水量}{日产油量}$$

当水油比达到 49 时，称为极限水油比，这意味着油田失去实际开采价值。

13. 采油速度

采油速度是指年产油量与其动用的地质储量比值的百分数。

$$采油速度 = \frac{年产油量}{动用地质储量} \times 100\%$$

14. 折算年采油速度

折算年采油速度是指按目前生产水平开采所能达到的采油速度，用百分数表示。

$$折算年采油速度 = \frac{折算年产油量}{动用地质储量} \times 100\%$$

$$= \frac{当月日产油水平 \times 365}{动用地质储量} \times 100\%$$

折算年采油速度可以测算不同时期的采油速度是否能达到开发要求。根据测算结果，分析原因，采取相应的调整挖潜措施，调整采油速度。

15. 采出程度

采出程度是指油田开采到某一时刻，累计从地下采出的油量与动用地质储量的比值，用百分数表示。

$$采出程度 = \frac{累计产油量}{动用地质储量} \times 100\%$$

16. 可采储量采出程度

可采储量采出程度是指累计从地下采出的油量与可采储量的比值，用百分数表示。

$$可采储量采出程度 = \frac{累计产油量}{可采储量} \times 100\%$$

17. 采收率

采收率是指在某一经济极限内，利用现代工程技术，从油藏原始地质储量中可以采出石油地质储量的百分数。

$$采收率 = \frac{可采储量}{地质储量} \times 100\%$$

18. 最终采收率

最终采收率是指油田开发到油藏枯竭时累计从地下采出的油量与油藏原始地质储量比值的百分数。

$$最终采收率 = \frac{油田总采油量}{地质储量} \times 100\%$$

19. 计算示例

[**例1**] 某区块控制地质储量为 $1000 \times 10^4 t$，原始平均地层压力为 11.0MPa，目前平均地层压力为 10.0MPa，流动压力为 6.0MPa，平均单井油层有效厚度为 10m。该区块共有采油井 70 口，且全年开井。2014 年该区块 1—10 月共生产原油 $10 \times 10^4 t$，10 月产油 $1 \times 10^4 t$，产气 $30 \times 10^4 t$，全年平均产油月递减百分数为 0.5%。

求：（1）日产油水平；（2）年产油量；（3）生产气油比；（4）年平均单井采油强度；（5）年平均单井采油指数；（6）年采油速度；（7）总压差；（8）生产压差；（9）折算年产油量。

解：（1）日产油水平 = 月实际产油量/当月日历天数
$$= 10000/31$$
$$= 322.58(t/d)$$

（2）11 月份产油量 = 10 月产油量 × (1 − 月递减百分数)
$$= 10000 \times (1 - 0.5\%)$$
$$= 9950(t)$$

12 月份产油量 = 11 月产油量 × (1 − 月递减百分数)
$$= 9950 \times (1 - 0.5\%)$$
$$\approx 9900(t)$$

年产油量=(1—10月产油量)+11月产油量+12月产油量
$$= 10×10^4+0.995×10^4+0.99×10^4$$
$$= 11.985×10^4(t)$$

(3) 生产气油比=月产气量/月产油量
$$= 3×10^5/(1×10^4)$$
$$= 30(m^3/t)$$

(4) 年平均单井采油强度=年产油量/365/油井开井数/平均单井油层有效厚度
$$= 11.985×10^4/365/70/10$$
$$≈ 0.469[t/(d·m)]$$

(5) 年平均单井采油指数=平均单井日产油量/(静压-流压)
$$= 4.69/(10.0-6.0)$$
$$≈ 1.17[t/(d·MPa)]$$

(6) 年采油速度=年产油量/地质储量×100%
$$= 11.985×10^4/1000×10^4×100%$$
$$≈ 1.2%$$

(7) 总压差=目前地层压力-原始地层压力
$$= 10.0-11.0$$
$$≈ -1(MPa)$$

(8) 生产压差=目前地层压力-井底流压
$$= 10.0-6.0$$
$$= 4.0(MPa)$$

(9) 折算年产油量=月产油量/当月日历天数×365≈11.7742×10⁴（t）

答：日产油水平为322.58t/d，年产油量为11.985×10⁴t，生产气油比为30m³/t，年平均单井采油强度为0.469t/(d·m)，年平均单井采油指数为1.17t/(d·MPa)，年采油速度为1.2%，总压差为-1.0MPa，生产压差为4.0MPa，折算年产油量为11.7742×10⁴t。

[例2] 某油田地质储量为5700×10⁴t，可采储量为2900×10⁴t，开发到2011年，累计产油量为268×10⁴t，2012年产油量为60×10⁴t，2013年采油量为85.5×10⁴t。计算：(1) 2013年底的采出程度；(2) 2013年的采油速度；(3) 2014年按2.2%采油速度生产到年底的年产油量；(4) 截止到2014年底该油田累计采油量；(5) 截止到2014年底的采出程度；(6) 截止到2014年底的可采储量采出程度。

解：(1) 2013年底的采出程度=累计采油量/地质储量×100%
$$=(截至2011年累计产油量+2012年产油量+2013年采油量)/地质储量×100%$$
$$=(268×10^4+60×10^4+85.5×10^4)/(5700×10^4)×100%$$
$$≈ 7.25%$$

(2) 2013年的采油速度=年产油量/地质储量×100%
$$= 85.5×10^4/(5700×10^4)×100%$$
$$= 1.5%$$

(3) 2014年产油量＝地质储量×采油速度

$$= 5700 \times 10^4 \times 2.2\%$$

$$= 125.4 \times 10^4 (t)$$

(4) 截止到2014年累计采油量＝开发到2011年累计产油量＋2012年产油量＋2013年产油量＋2014年产油量

$$= (268 + 60 + 85.5 + 125.4) \times 10^4$$

$$= 538.9 \times 10^4 (t)$$

(5) 截止到2014年底的采出程度＝截至2014年累计采油量/地质储量×100%

$$= 538.9 \times 10^4 / (5700 \times 10^4) \times 100\%$$

$$\approx 9.45\%$$

(6) 截止到2014年底可采储量的采出程度＝截至2014年累计采油量/可采储量×100%

$$= 538.9 \times 10^4 / (2900 \times 10^4) \times 100\%$$

$$\approx 18.58\%$$

答：该油田到2013年底采出程度为7.25%，2013年采油速度为1.5%，预计2014年产油量为125.4×10⁴t，截至2014年底累计采油量538.9×10⁴t，截至2014年底采出程度为9.45%，截至2014年底可采储量采出程度为18.58%。

（二）含水指标

1. 产水量

产水量表示油田每天实际产水多少，它是油田所有含水油井产水量的总和，单位为m^3/d。

2. 含水率和综合含水率

含水率在数值上等于油田或油井日产水量与日产液量重量之比的百分数。在实际工作中又有单井含水率、油田或区块综合含水率、见水井平均含水率之分。

单井含水率＝油样中水的重量/油样的重量×100%

平均综合含水率＝各含水油井产水量之和/含水及不含水井的总产液量×100%

＝产水量之和/产液量之和×100%

综合含水率＝月产水量/月产液量×100%

3. 极限含水率

极限含水率是指达到经济开发极限时所对应的油井综合含水率数值。一般认为油井的综合含水率达到98%时就达到了经济开发极限，所以将98%定为油井的极限含水率。

4. 含水上升速度和含水上升率

（1）含水上升速度：油田见水后，某一时间内油井含水率或油田综合含水率的上升值。

含水上升速度是只与时间有关而与采油速度无关的含水率上升数值，等于每月（每季、每年）含水率上升值，相应地称为月（季、年）含水上升速度，它们之间的关系是：

月含水上升速度＝当月综合含水率－上月综合含水率

年含水上升速度 = 当年12月综合含水率 − 上年12月综合含水率

$$年平均月含水上升速度 = \frac{年含水率上升值}{12}$$

(2) 含水上升率：每采出1%地质储量的含水率上升百分数。

$$含水上升率 = \frac{阶段末的含水率 − 阶段初的含水率}{(阶段末的采出程度 − 阶段初的采出程度) \times 100} \times 100\%$$

或

$$含水上升率 = \frac{阶段末含水率 − 阶段初含水率}{采油速度 \times 100} \times 100\%$$

或

$$含水上升率 = \frac{年含水率上升值}{年采油速度 \times 100} \times 100\%$$

5. 注水量和累计注水量

(1) 注水量：单位时间内往油层中注入水量的多少，单位为 m³/d（m³/月，m³/年）。

(2) 累计注水量：表示油田开始注水到某一时间的总注水量，单位为 m³。

6. 注水强度

注水强度是指单位有效厚度油层的日注水量，它是衡量油层吸水状况的一个指标，单位为 m³/(m·d)。

$$注水强度 = \frac{日注水量}{水井油层有效厚度}$$

对于没有有效厚度的油层也可以用砂岩厚度。

$$注水强度 = \frac{日注水量}{水井油层砂岩厚度}$$

7. 吸水指数

吸水指数表示注水井在单位注水压差下的日注水量，单位为 m³/(d·MPa)。

$$吸水指数 = \frac{日注水量}{注水井流压 − 注水井静压}$$

$$吸水指数 = \frac{两种注水压力下日注水量之差}{两种工作制度井底注水压力差}$$

$$视吸水指数 = \frac{日注水量}{井口压力}$$

8. 计算示例

[例1] 某井年平均月含水上升速度为0.5%，采油速度为1.2%，那么每采出1%的地质储量，含水上升率是多少？

解：因为年平均月含水上升速度=年含水率上升值/12，所以年含水率上升值=12×年平均月含水上升速度=12×0.5%=6%。这样每采出1%地质储量时：

$$含水上升率 = \frac{年含水率上升值}{采油速度 \times 100} \times 100\%$$

$$= \frac{6\%}{1.2} \times 100\%$$

$$= 5\%$$

答：每采出1%地质储量时，含水上升率是5%。

[例2] 已知某油田2013年12月综合含水率为60.6%，2014年12月综合含水率为66.6%，2014年采油速度为2.0%，求2014年的含水上升率。

解：

$$2014年含水上升率 = \frac{阶段末含水率(2014年) - 阶段初含水率(2013年)}{采油速度 \times 100} \times 100\%$$

$$= \frac{66.6\% - 60.6\%}{2.0} \times 100\%$$

$$= 3.0\%$$

答：2014年的含水上升率为3.0%。

[例3] 某采油井截至2014年12月累计产油12×10^4t，采出程度为20.0%，2014年12月综合含水率为50.0%，2014年平均月含水上升速度为0.3%，采油速度为1.2%。求（1）2014年含水上升率；（2）2013年12月综合含水率；（3）该井控制的地质储量。

解：（1）$2014年含水上升率 = \frac{2014年平均月含水上升速度 \times 12}{采油速度 \times 100} \times 100\%$

$$= \frac{0.3\% \times 12}{1.2} \times 100\%$$

$$= 3.0\%$$

（2）2013年12月综合含水率 = 2014年12月综合含水率 - 2014年含水率上升值

$$= 50.0\% - 0.3\% \times 12$$

$$= 46.4\%$$

或　　2013年12月综合含水率 = 2014年12月综合含水率 - 2014年采油速度 × 2014年含水上升率

$$= 50.0\% - 3.0\% \times 1.2$$

$$= 46.4\%$$

（3）该井控制的地质储量 $= \dfrac{累计采油量}{采出程度}$

$$= \frac{12 \times 10^4}{20\%}$$

$$= 60 \times 10^4 (t)$$

答：2014年含水上升率为3.0%，2013年12月综合含水率为46.4%，该井控制地质储量为60×10^4t。

[例4] 某井控制地质储量为15×10^4t，到2013年末累计产油2×10^4t，2013年12月含水率为18.1%。2014年12月含水率上升到25.3%，2014年平均综合含水率为24%，2014年采油速度为2.1%，地层压力为10.5MPa，流压为2.1MPa。求（1）2014年平均日产油；（2）2014年平均采油指数；（3）含水上升率；（4）采出程度；（5）水油比。

解：(1) 2014年产油量=地质储量×采油速度
$$=15×10^4×2.1\%$$
$$=3150(t)$$
2014年平均日产油=2014年产油量/365
$$≈8.6(t/d)$$
(2) 2014年平均采油指数=平均日产油量/(静压-流压)
$$=8.6/(10.5-2.1)$$
$$≈1.02[t/(d·MPa)]$$
(3) 含水上升率=(2014年12月含水率-2013年12月含水率)/(2014年采油速度×100)
$$=(25.3\%-18.1\%)/2.1=3.43\%$$
(4) 采出程度=累计采油量/地质储量
$$=(2×10^4+3150)/(15×10^4)×100\%$$
$$≈15.43\%$$
(5) 水油比=年产水量/年产油量
=[2014年产油量/(1-2014年平均综合含水率)×2014年平均综合含水率]/2014年产油量
$$=[3150/(1-24\%)×24\%]/3150≈0.316$$

答：2014年平均日产油8.6t/d，平均采油指数为1.02t/(d·MPa)，含水上升率为3.43%，采出程度为15.43%，水油比为0.316。

（三）压力指标

1. 地层压力

地层孔隙中某一点流体（油、气、水）所承受的压力称为地层压力。

2. 原始地层压力

油气藏开发以前，油层孔隙中流体所承受的压力称为原始地层压力。即油层在开采前，从探井中测得的油层中部压力称为原始地层压力。

3. 目前地层压力

油田投入开发以后，某一时期关井稳定后测得油层中部的压力，称为该时期的目前地层压力（也称为静压）。

4. 流动压力

油井正常生产时所测得的油层中部压力，称为流动压力，简称流压。

5. 饱和压力

天然气开始从原油中分离时的压力称为饱和压力。

6. 油管压力

油气从井底经油管流到井口后的剩余压力称为油管压力，简称油压。

7. 套管压力

油管、套管环形空间内，油和气在井口的剩余压力称为套管压力，简称套压。

8. 启动压力

油层开始吸水时的注水压力称为启动压力。启动压力越大,说明油层吸水能力越差。

9. 回压

输油干线压力对油井井口的一种反压力或克服输油干线流动阻力所需要的起始压力称为回压。

10. 注水井井口压力

注水井油管或套管压力表记录的压力称为注水井井口压力,其数值等于注水泵压减去地面管线损失的压力。

11. 注水压力

注水时注水井井底压力称为注水压力,其数值等于注水井井口压力加上注水井内液柱压力。注水压力一般不能超过油层岩石破裂压力。

12. 总压差

总压差=目前地层压力-原始地层压力（有些油田为：原始地层压力-目前地层压力）。

13. 地饱压差

地饱压差=目前地层压力-原始地层饱和压力。

14. 流饱压差

流饱压差=目前流动压力-原始地层饱和压力。

15. 生产压差

生产压差=目前地层压力-目前流动压力。

16. 注采压差

注采压差=注水井井底压力-采油井井底压力。

17. 注水压差

注水压差=注水井流动压力-注水井地层压力。

当正注时带配水嘴时,其注水压差计算公式为：

$$\Delta p = p_{井口} + p_{水柱} - p_{管损} - p_{嘴损} - p_{启动} \tag{2-1}$$

式中　Δp——油层或注水层段总压差,MPa；

　　　$p_{井口}$——井口注水压力,MPa；

　　　$p_{水柱}$——静水柱压力,MPa；

　　　$p_{管损}$——注水时油管沿程压力损失,MPa；

　　　$p_{嘴损}$——水通过水嘴造成的压力损失,MPa；

　　　$p_{启动}$——油层开始吸水时的井底压力,MPa。

18. 计算示例

[例1]　某注水井油层中部深度为980m,油层静压为7.5MPa,井口注水压力为5.0MPa,求该注水井井底压力和注水压差。

解：(1) 注水井井底压力：

$p_{井柱} = \rho_水 gh$

$\quad = 1000 \times 10 \times 980$

$\quad = 9.8 (\text{MPa})$

$p_{井底} = p_{井口} + p_{井柱}$

$\quad = 5 + 9.8$

$\quad = 14.8 (\text{MPa})$

（2）注水压差：

$\Delta p = p_{井底} - p_{油层}$

$\quad = 14.8 - 7.5$

$\quad = 7.3 (\text{MPa})$

答：该注水井井底压力为 14.8MPa，注水压差为 7.3MPa。

[例2]　某井油层中部深度为 1800.0m，在 960m 处测得 p_1 为 7.5MPa，在 1100m 处测得 p_2 为 9.0MPa，求流压。

解：

$p = p_1 + \dfrac{\Delta p}{\Delta H} \times (H_中 - H_1)$

$\quad = 7.5 + \dfrac{9.0 - 7.5}{1100 - 960} \times (1800 - 960)$

$\quad = 7.5 + 9 = 16.5 (\text{MPa})$

答：该井流压为 16.5MPa。

（四）产量递减指标

1. 油田产量递减幅度

油田产量递减幅度是表示油田产量下降速度的一个指标，它是指下一阶段产量与上一阶段产量比值的百分数。例如，本月产量与上月产量之比称为月产量的月递减幅度，本月末的日产量与上月末的日产量相比称为日产量的月递减幅度，本年年产量与上年年产量之比称为年产量递减幅度。

$$B = \frac{Q_1}{Q_0} \times 100\% \qquad (2-2)$$

式中　B——油田产量递减幅度；

$\quad Q_0$——上阶段产量，t/d 或 t/a；

$\quad Q_1$——本阶段产量，t/d 或 t/a。

2. 油田产量递减百分数

$$S = \frac{Q_0 - Q_1}{Q_0} \times 100\% \qquad (2-3)$$

式中　S——油田产量递减百分数。

3. 油田产量递减率

油田产量递减率是单位时间的产量变化率，或单位时间内产量递减的百分数。油田产量递减率是表示油田产量下降速度的一个指标，递减率的大小反映了油田稳产形势的好坏，可以分为综合递减率和自然递减率。综合递减率为正值时，表示产量递减；为负值时，表示产量上升。自然递减率越大，说明产量下降越快，稳产难度越大。

1）综合递减率

综合递减率是反映油田老井在采取增产措施情况下的产量递减速度，即：

$$D_{综} = \frac{q_{ol} \times T - (Q_1 - Q_2)}{q_{ol} \times T} \times 100\% = \left(1 - \frac{Q_1 - Q_2}{q_{ol} \times T}\right) \times 100\% \tag{2-4}$$

式中 $D_{综}$——综合递减率；

q_{ol}——上年末（12月）标定日产油水平，t/d；

T——当年 $1 \sim n$ 月的日历天数，d；

$q_{ol} \times T$——老井当年 $1 \sim n$ 月的累计产油量（老井应产的年产油量，与计划产量有区别），t；

Q_1——当年 $1 \sim n$ 月累计核实产油量（计算年递减率时，用年核实产油量），t；

Q_2——当年新井 $1 \sim n$ 月的累计核实产油量，计算年递减率时，用新井年核实产油量，t。

或用以下公式计算（产油量可以用年产油量或平均日产油量）：

$$D_{综} = \frac{上年核实年产油量 - (当年核实年产油量 - 当年新井核实年产油量)}{上年核实年产油量} \times 100\% \tag{2-5}$$

2）自然递减率

自然递减率是反映油田老井在未采取增产措施情况下的产量递减速度，用百分数表示，即：

$$D_{自} = \frac{q_{ol} \times T - (Q_1 - Q_2 - Q_3)}{q_{ol} \times T} \times 100\% = \left(1 - \frac{Q_1 - Q_2 - Q_3}{q_{ol} \times T}\right) \times 100\% \tag{2-6}$$

式中 $D_{自}$——自然递减率，%；

Q_3——老井当年 $1 \sim n$ 月的累计措施核实增产油量（计算年递减率时，用老井措施核实年增产油量），t。

或用以下公式计算（产油量可以用年产油量或平均日产油量）：

$$D_{自} = 1 - \frac{当年核实年产油量 - 当年新井核实年产油量 - 当年老井措施核实年增产油量}{上年核实年产油量} \times 100\% \tag{2-7}$$

4. 井口日产油量

井口日产油量是指在各采油井井口计量的日产油量。

5. 核实日产油量

由中转站、联合站、油库对所管辖范围内所有采油井重新计量的实际日产油量称为核实日产油量。

6. 计算示例

[例1] 某区块 2019 年 12 月日产油水平为 300t/d，标定日产油水平为 312t/d，2020 年井口产油 120900t，其中新井井口产油 4520t，老井措施井口年增油 980t，2020 年输差为 7%。试求 2020 年综合递减率和自然递减率。

解：（1）2020 年综合递减率。

① 2020 年核实年产油量 = 井口年产油量×(1−输差)
$$= 120900×(1−7\%)$$
$$= 112437(t)$$

② 新井核实年产油量 = 井口新井年产油量×(1−输差)
$$= 4520×(1−7\%)$$
$$= 4203.6(t)$$

③ 2020 年综合递减率 = [2019 年核实年产油量−(2020 年核实年产油量−2020 年新井核实年产油量)]/2019 年核实年产油量×100%
= [2019 年标定折算年产油量−(2020 年核实年产油量−2020 年新井核实年产油量)]/2019 年标定折算年产油量×100%
$$= [312×365−(112437−4203.6)×365/366]/(312×365)×100\%$$
$$≈ 5.22\%$$

（2）2020 年自然递减率。

① 2020 年措施核实年增产油量 = 措施井口年增产油量×(1−输差)
$$= 980×(1−7\%)$$
$$= 911.4(t)$$

② 2020 年自然递减率 = [2019 年核实年产油量−(2020 年核实年产油量−2020 年新井核实年产油量−2020 年措施核实增产油量)]/2019 年核实年产油量×100%
= [2019 年标定折算年产油量−(2020 年核实年产油量−2020 年新井核实年产油量−2020 年措施核实增产油量)]/2019 年标定折算年产油量×100%
$$= [312×365−(112437−4203.6−911.4)×365/366]/(312×365)×100\%$$
$$≈ 6.02\%$$

答： 2020 年综合递减率为 5.22%，自然递减率为 6.02%。

[例2] 某油田 2018 年核实年产油量为 $48×10^4$t，2019 年井口年产油量为 $53.7×10^4$t，其中老井各种措施井口年增产油量为 1437t，新井井口年产油量为 $4.5×10^4$t，年输差为 7.9%。试求 2019 年的综合递减率和自然递减率。

解：（1）2019 年综合递减率。

① 2019 年核实年产油量 = 井口年产油量×(1−输差)
$$= 53.7×10^4×(1−7.9\%)$$
$$≈ 49.5×10^4(t)$$

② 2019 年新井核实产油量 = 新井井口年产油量×(1-输差)
$$= 4.5×10^4×(1-7.9\%)$$
$$≈ 4.14×10^4(t)$$

③ 2019 年综合递减率 = [2018 年核实年产油量-(2019 年核实年产油量-2019 年新井核实年产油量)]/2018 年核实年产油量×100%
$$= [48×10^4-(49.5×10^4-4.14×10^4)]/(48×10^4)×100\%$$
$$= 5.5\%$$

(2) 2019 年自然递减率。

① 2019 年措施核实年增产油量 = 措施井口年增产油量×(1-输差)
$$= 1437×(1-7.9\%)$$
$$≈ 1323(t)$$

② 2019 年自然递减率 = [2018 年核实年产油量-(2019 年核实年产油量-2019 年新井核实年产油量-2019 年措施核实增产油量)]/2018 年核实年产油量×100%
$$= [48×10^4-(49.5×10^4-4.14×10^4-1323)]/(48×10^4)×100\%$$
$$= 5.78\%$$

答：2019 年综合递减率为 5.5%，自然递减率为 5.78%。

三、常用图幅的应用

（一）综合开采曲线

综合开采曲线是将油田开采过程中的注水量、采油量、含水率、压力等数据，按照一定的时间顺序绘制出曲线的图幅。井组生产指标总是波动起伏的，反映在综合开采曲线上尤其明显。在井组分析过程中，经常应用井组生产数据表和综合开采曲线，说明井组目前的生产状况，包括井组的日产液量、日产油量、含水率及平均动液面深度和日注水量、注采比等。区块综合开采曲线，用于了解和掌握油田区块的开发形势和变化趋势，便于发现生产拐点，例如产油量的下降起始点和变化趋势，或者含水率的变化情况等。在动态分析工作中常用于生产开发形势的描述。

（二）注水指示曲线

注水指示曲线是采用降压法测试，在注水井录取不同注水压力下注水量变化的关系曲线。利用注水指示曲线可以分析判断注水井油层吸水能力、吸水指数和启动压力的变化情况。利用分层吸水指示曲线，还可以分析判断井下封隔器、配水器水嘴的工作情况。

如图 2-1 所示，1 号线为正常注水指示曲线，日注水量与注入压力成正比；2 号线表示注水压力上升至 p_1 时，日注水量增加，注入压力上升速度变慢，表明储层吸水能力增加，具体原因包括原储层孔渗情况改善（新裂缝产生、孔喉增大等）、注采连通、新的储层吸水等；3 号线表示注水压力上升至 p_2 时，日注水量增加，注入压力上升速度变快，具体原因包括储层物性条件差、注采井间连通性差或设备原因；4 号、5 号、6 号线均为不正常曲线，主要受仪表、水嘴堵死等因素影响。

对于同一口注水井,不同时间测得的注水指示曲线可能发生变化,理论上可分为四种类型,如图 2-2 所示。

Ⅰ 号线为先测的注水指示曲线,Ⅱ 号线为后测曲线。若如 Ⅱ$_1$、Ⅱ$_2$ 所示,曲线向上或向下平移,斜率未变,表明储层吸水能力无变化,同一注水量情况下,注入压力上升(曲线上移)或下降(曲线下移),侧面反映注水层位地层压力上升(曲线上移)或下降(曲线下移),影响因素包括注采比大小、相邻同层位注水井注水量调整及油井生产制度调整等。若如 Ⅱ$_3$、Ⅱ$_4$ 所示,指示曲线向左或向右偏转,斜率变大或变小,表明储层吸水能力变小(曲线左转)或变大(曲线右转)。储层吸水能力增强原因包括注入水水窜、新层吸水、储层改造等;储层吸水能力减弱原因包括储层伤害及非均质性严重等。

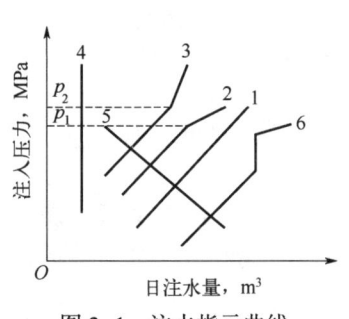

图 2-1 注水指示曲线

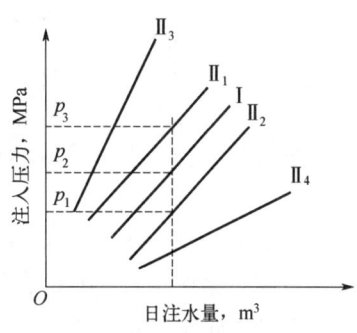

图 2-2 注水指示曲线类型

用注水指示曲线可分析判断注水井工作状况。图 2-3 至图 2-10 所示曲线 Ⅰ 为上一次正常的指示曲线,曲线 Ⅱ 为本次所测指示曲线,分析如下:

(1)油层吸水能力增强,吸水指数变大,表现为曲线右移,斜率变小。对比同一注水压力下注水量的变化,可以看出,在同一注水压力 p_2 下,曲线 Ⅰ 的注水量为 $Q_{Ⅰ2}$,曲线 Ⅱ 的注水量为 $Q_{Ⅱ2}$,而 $Q_{Ⅱ2} > Q_{Ⅰ2}$,即同一注水压力下注水量增大了,如图 2-3 所示。

(2)油层吸水能力下降,吸水指数变小,表现为曲线左移,斜率变大。在同一注水压力 p 下,曲线 Ⅰ 的注水量为 $Q_Ⅰ$,曲线 Ⅱ 的注水量为 $Q_Ⅱ$,吸水能力下降,如图 2-4 所示。

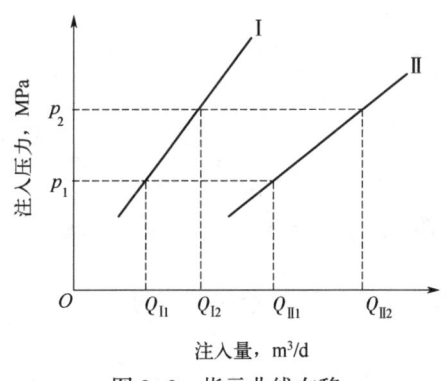

图 2-3 指示曲线右移

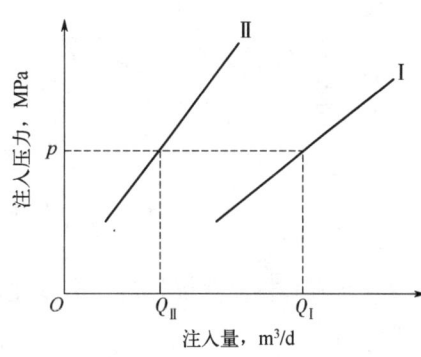

图 2-4 指示曲线左移

(3)油层压力升高,吸水指数不变,表现为曲线平行上移,斜率未变。说明吸水指数没有变化,但同一吸水量下,吸水压力由 $p_Ⅰ$ 升高到 $p_Ⅱ$。由于吸水指数未变,要保持同样注水量，必须提高注水压力，因此，指示曲线平行上移，说明注水层的地层压力升高了，如图 2-5 所示。

（4）油层压力下降，吸水指数不变，表现为曲线平行下移，斜率未变。同一注水量所需的注水压力，由原来的 $p_Ⅰ$ 下降到 $p_Ⅱ$。说明地层压力下降了，如图 2-6 所示。

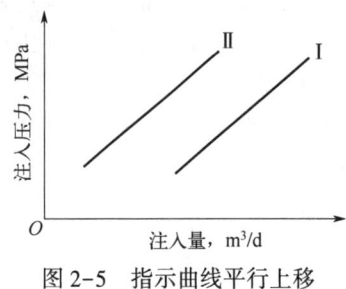
图 2-5　指示曲线平行上移

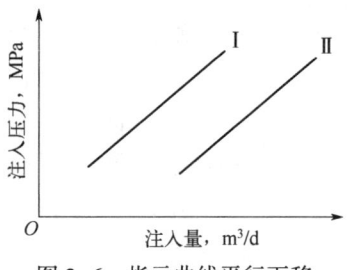
图 2-6　指示曲线平行下移

（5）封隔器失效。指示曲线表现为油管压力、套管压力平衡，注水量上升，注水压力不变（或下降）。

① 第一级封隔器失效的判断：正注时，油管压力与套管压力平衡；或注水量突然增加，油管压力下降，套管压力上升。合注时，油管压力、套管压力平衡，改正注后，套管压力随油管压力变化而变化。

② 第一级以下各级封隔器密封情况的判断：多级封隔器一级以下，若有一级不密封，则油管压力下降（或稳定），套管压力不变，注水量上升。如果要判断是哪一级不密封，则要通过分层测试来验证。

（6）水嘴堵塞。表现为注水量下降或注不进水，指示曲线向压力轴方向偏移，如图 2-7 所示。

（7）水嘴刺大。水嘴孔眼是逐渐被刺大的，短时间内在指示曲线上没有明显反映，但时间较长后，历次所测曲线有逐渐向水量轴偏移的趋势，如图 2-8 所示。

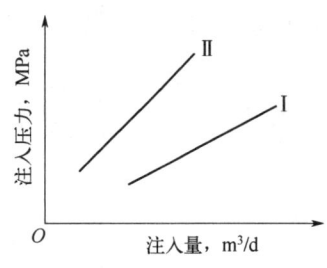
图 2-7　水嘴堵塞后指示曲线偏移

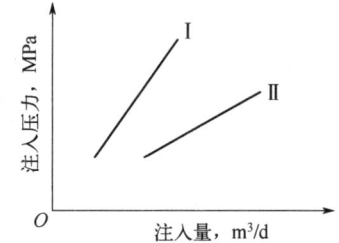
图 2-8　水嘴孔眼刺大后指示曲线偏移

（8）水嘴掉落。水嘴掉后，全井注水量突然升高，层段指示曲线明显向水量轴偏移，如图 2-9 所示。

（9）底部阀不密封。使油管、套管没有压差，注水量显著上升，指示曲线大幅度向水量轴方向偏移，如图 2-10 所示。

分析油层吸水能力的变化，应绘制真实的指示曲线。在同一管柱结构情况下所测的指示曲线，只能对比吸水能力的相对变化。用指示曲线分析判断井下配水工具的工作状况，应结合管柱图、油管压力、套管压力和注水量变化等情况进行综合分析判断。由于水嘴刺大一般是逐渐被刺大的，所以，判断水嘴刺大时，应用多次测试的指示曲线进行对比、分析。

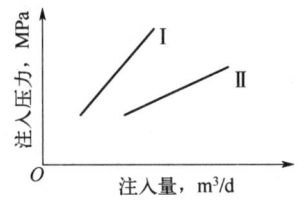

图2-9 水嘴掉落后指示曲线偏移

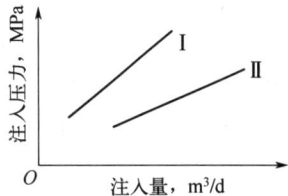

图2-10 底部阀不密封后指示曲线偏移

（三）产量构成曲线

产量构成曲线是反映一个油田或区块未措施老井、当年新投产井及已投产井采取不同措施的增油量在总产量中的构成情况，即反映老井产量递减状况的一组曲线。

线绘产量构成曲制时，需将数据整理成产量数据表，见表2-1。应当收集整理的资料包括：总产量、新投产井产量和各项增产措施的增产量。绘制月度产量构成曲线时，则上述各项产量中总产量应为分月的平均日产量，新井和各项措施的产量应分别为该项措施当月所开井生产的分月增产量的日历天数平均值。绘制年度产量构成曲线时，上述各项产量均应为年累计产量。产量指产液量、产油量、产水量（一般用核实数据）和注水量。新投产井规定为只限于年内投产的井，即每年1月1日至12月31日投产的井视为新井。绘制产量构成曲线的时间单元可以是月度、年度或五年计划，区域单元可以是一个油田、区块、采油厂（矿），也可以是一套井网或一套层系等。

表2-1 某油田2020年产量构成曲线数据表

时间	总产油量 t/d	新井产油量 t/d	老井措施增油量, t/d						
			压裂	酸化	转抽下电泵	堵水	补孔	其他	小计
2019年12月									
2020年1月									
……									
2020年12月平均日产量									
全年累计									

绘制曲线时一般采用递减的方式进行。选取以时间（月、季、年）为横坐标，以日产水平或是年产量为纵坐标。在纵坐标上标出上年度12月份的平均日产油量，作为年度平均日产油量对比的基准点。根据起始月（季、年）的产量构成数据，在横坐标的起始月（季、年）按顺序画出全油田平均日产油量、新井平均日产油量和分项的老井措施日增油量的坐标点；再从纵坐标上的基础点开始，分别引出连接各点的折线，即为起始月（季、年）的产量构成曲线。按照以上方法继续连接后面各月（季、年）的坐标点，并依次延伸，就成为各个时期的动态曲线。

[例题] 以下是2020年某油田一个区块的开发数据：从2019年12月至2020年12

月，月平均日产油分别为 301t/d、300t/d、296t/d、294t/d、292t/d、291t/d、290t/d、289t/d、288t/d、288t/d、289t/d、288t/d、288t/d；2019 年 12 月至 2020 年 12 月，压裂月平均日增油分别为 0t/d、0t/d、10t/d、15t/d、15t/d、16t/d、19t/d、21t/d、22t/d、23t/d、25t/d、25t/d、24t/d；2019 年 12 月至 2020 年 12 月，换泵月平均日增油分别为 0t/d、0t/d、0t/d、9t/d、11t/d、12t/d、13t/d、14t/d、14t/d、14t/d、13t/d、14t/d、14t/d；调参月平均日增油分别为 0t/d、0t/d、0t/d、0t/d、9t/d、8t/d、10t/d、12t/d、11t/d、12t/d、10t/d、13t/d、14t/d。根据以上数据计算填写产量构成表。完成产量构成表如表 2-2。

表 2-2 某油田 2020 产量构成数据表

时间	总产量 t/d	压裂产油 t/d	换泵产油 t/d	调参产油 t/d	压裂增油量 t/d	换泵增油量 t/d	调参增油量 t/d
2019 年 12 月	301	301	301	301	0	0	0
2020 年 1 月	300	300	300	300	0	0	0
2020 年 2 月	296	286	286	286	10	0	0
2020 年 3 月	294	279	270	270	15	9	0
2020 年 4 月	292	277	266	257	15	11	9
2020 年 5 月	291	275	263	255	16	12	8
2020 年 6 月	290	271	258	248	19	13	10
2020 年 7 月	289	268	254	242	21	14	12
2020 年 8 月	288	266	252	241	22	14	11
2020 年 9 月	288	265	251	239	23	14	12
2020 年 10 月	289	264	251	241	25	13	10
2020 年 11 月	288	263	249	236	25	14	13
2020 年 12 月	288	264	250	236	24	14	14

根据编制的产量构成数据表，绘制成产量构成曲线，如图 2-11 所示。

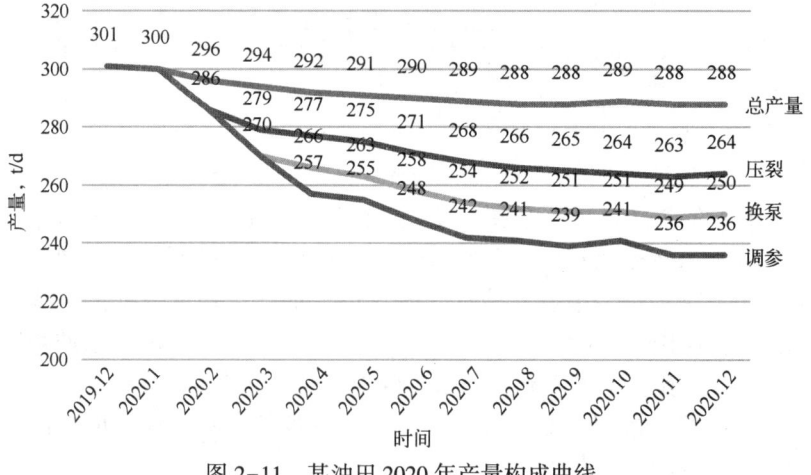

图 2-11 某油田 2020 年产量构成曲线

（四）井位图

井位图是油田开发图件中最基础的底图，许多采油地质图都是在井位图上构画的，井位图也是最简单的图件，只需把井位按坐标点到图上，用小圈圆规上墨即成，如图2-12所示。

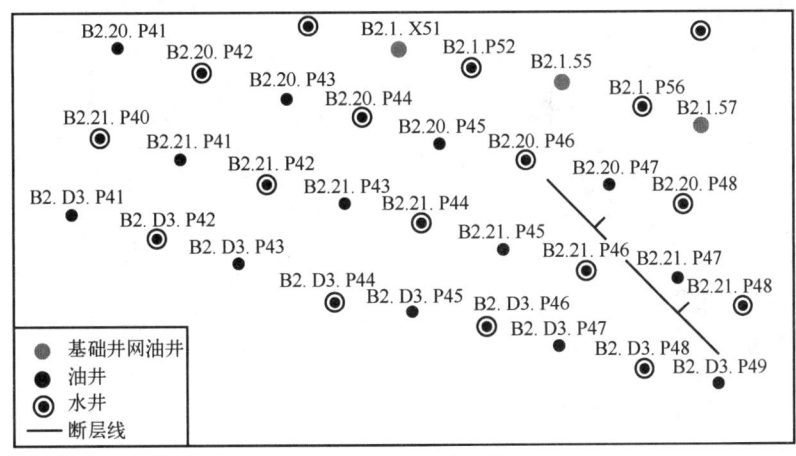

图2-12 ×××区块井位图

（五）等值线图

等值线图在油田应用很广，地质上常用的等值线图有构造等高线图、厚度等值线图、渗透率等值线图、含油饱和度等值线图、压力等值线图、水淹状况等值线图等。

构造等高线图是用构造等高线表示油、气田地下某一标准层或某一油气层顶面或底面构造形态的图幅。各井点资料用构造等高线标在平面图上，标出油、水和断层分布。在油、气田开发中，构造等高线图常用于进行储量计算、井网部署、动态分析等工作中，是动态分析的基础图件。厚度等值线图是取油田某一小层地层厚度、砂岩厚度、有效厚度绘制而成，反映含油砂体在平面上的分布情况。渗透率等值线图反映某一研究区块的砂体渗透率平面分布情况。等值线图在动态分析应用过程中，经常以井位图为底图，应用"三角网法"进行绘制。

三角网法：在校正后的井位图上，把制图标准层在各井的海拔高程标在相应的井位旁，将井点连成三角网状系统，根据图幅的整体分布确定合适的等值间隔值，用内插法在两井连线上点出内插值点。然后把相同数位的内插值点用光滑的曲线连接起来，一张反映油田某一参数平面分布状况的等值线图就此编绘完成，这就是常用的三角网内插法。

绘制时，先点井位，应选择合适的比例尺点井位。标参数，把每口井的相应参数值标在井位图上。确定等值线间的距离，连成三角网系统，如图2-13所示。在校正后的图件上，将井位图上的井点连成若干个三角形的网状系统。在连接三角形时应注意，位于较大的断层两盘的井点不能相连接。在三角形各边之间，用内插法求出不同的数值点。将数值相同的点连成曲线，并修改圆滑曲线，即得到等值线图。在等值线端点（一端或两端，也可在中间适当位置）标注等值线数值。根据需要在不同的等值线区域内着上不同的颜色。

写好图头、制图人、制图时间,如图 2-14 所示。以上画法也适用于绘制厚度等值线图、压力等值线图、渗透率等值线图等。

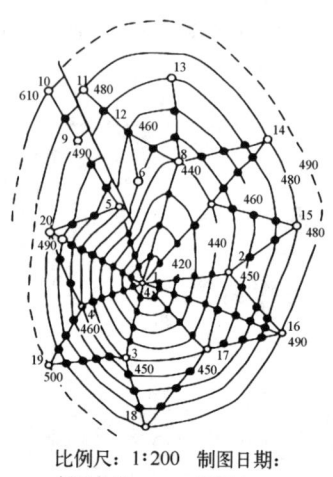

比例尺:1:200 制图日期:
制图单位: 制图人:

图 2-13 三角网内插法平面分布等值线图

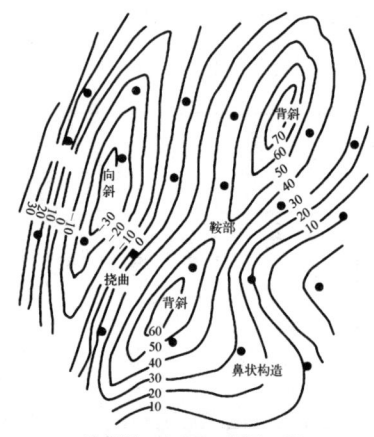

比例尺:1:200 制图日期:
制图单位: 制图人:

图 2-14 构造等高线图

(六) 油砂体平面图

油砂体平面图主要反映油砂体本身的特征,同时也反映各油砂体的关系和油砂体演变规律。在一个砂岩组层内,通常是好几个油砂体的不同部位叠合在一起。对成层性较好的砂岩组,油砂体包含在层内,按小层编绘油砂体平面图即可。对于成层性不好的砂岩组,在同一切割区内油砂体分布的层位跳动较大,不能按全区统一层位编绘油砂体平面图,但仍需尽量考虑层位的一致性,按具体情况分别处理。处理的办法一是突出主要油砂体;二是对于包含在主要油砂体层位但属于次要的零散油砂体,不画在表现主要油砂体的平面上;三是对于既包含在主要油砂体层位内,又在各地区是相对的主要油砂体,则需画在表现主要油砂体平面图上;四是对于零散油砂体应按层位分别编绘油砂体平面图。具体绘制方法如下。

1. 准备工作

(1) 准备绘图纸、直尺、笔、染色工具、橡皮、计算器等。

(2) 准备资料:

井位底图(要求标有本油层组内外含油边界线和本油层组顶面断层线)。在横向图或油层数据表上,取断层数据、油气水界线。在单井资料图或小层数据表上,选用小层编号、砂岩厚度、有效厚度、有效渗透率。在对比关系表上,找连通对比关系。

2. 图幅的内容

(1) 各井点的油层编号、砂岩厚度、有效厚度、有效渗透率、射孔情况。

(2) 同井排的油层对比关系。

(3) 油砂体边界线(砂岩尖灭线、断层线、切割线)。

(4) 以渗透率等值线勾绘出油砂体的高、中、低渗透区。

(5) 在砂岩组内(平面图上)进行油砂体连续编号(编号以砂岩尖灭线为单位)。

3. 绘图步骤

（1）劈分小层数据。

在小层数据表或横向图上，把跨小层的砂岩厚度、有效厚度，根据小层界线数据劈分开来。即小层界线上边的厚度属于上边小层，界线下边的厚度属于下边小层。

（2）画井位。

根据井数的多少和图形的大小选择适当的比例尺。按比例标绘各井点的井位。若该井本小层砂岩尖灭，则在井圈正下方画上"△"表示尖灭。若该井本小层砂岩没钻穿，则在井号正下方写上"未"，表示该井本小层没钻穿。

（3）勾绘断层走向线和内外含油边界线。

在井位图上绘制出该油层组最新的断层走向线和该小层所在油层组的内外含油边界线。

（4）画油层剖面和连横向对比线。

① 按深度比例标绘各井点的油层。

将单井该小层所有的自然层和劈分层的小剖面按一定的砂岩厚度比例画到该井位的下面，带有有效厚度的层，其层面线用实线表示，只有砂岩厚度而没有有效厚度的层其层面线用虚线表示。小剖面上的数据包括砂岩厚度、有效厚度、有效渗透率、射孔符号和下方正对着的井的对比连通小层号。

② 劈分层的处理。

若该井本小层砂岩是一个层的劈分部分，表明该井本小层与上边的小层是一个自然层，要在井圈的右侧标注"⊥"符号，表示该井本小层与它上边的小层是相粘连的。这个符号"⊥"称为上连通符号。若该井本小层砂岩层是下一个层的劈分部分，要在井圈的右侧标注"⊤"符号，表示该井本小层与它下边的小层是相粘连的。这个符号"⊤"称为下连通符号。若该井本小层砂岩既是上一个层也是下一个层的劈分部分，要在井圈的右侧标注"十"符号，表示该井本小层与它上边的和下边的小层都是粘连的。这个符号"十"称为上下连通符号。若该井本小层有两个以上砂岩层，顶上的一个层是上一个层的劈分部分，底下的一个层是下一个层的劈分部分，要在井圈的右侧标注"≒"符号，表示该井顶部的小层与它上边的小层是相粘连的，底部的小层与它下边的小层是相粘连的。这个符号"≒"称为上与上，下与下连通符号。

③ 按井排连接各井油层的对比关系。

把最近邻井的横向砂体按小层数据表上的对比关系画上。若有效层连通，用实线表示，若有效层与砂岩层连通，则有效层1/2画实线，砂岩层1/2画虚线。侧向切开处用斜线"切开"表示，并注明与之连接的油砂体号，如为垂向切开，则除井点共用外，并以虚线把井点油层的部位"切开"，同样注明与之连接的油砂体号。

（5）勾绘三种线条。

一般小层平面图的线条包括砂岩尖灭线、有效厚度零线、渗透率等值线，勾图时要先勾砂岩尖灭线，再勾有效厚度零线，最后勾渗透率等值线。勾线条的方法仍用三角网内插方法勾绘。

① 砂岩尖灭线。

相邻两口井中若一口为有效厚度井点，另一口为砂岩尖灭井点，则按靠近尖灭井点

1/3 处勾绘尖灭线。相邻两口井中若一口为砂岩厚度井点，另一口为砂岩尖灭井点，则按井距 1/2 处勾绘尖灭线。即通过一条线按 1/2 井距勾绘，通过两条线按 1/3 井距勾绘。尖灭线粗为 0.5mm，要在尖灭线上每隔 1~2cm 画一个垂直于砂岩尖灭线的短线，短线朝着尖灭方向，又称为毛刺线，如图 2-15 所示。

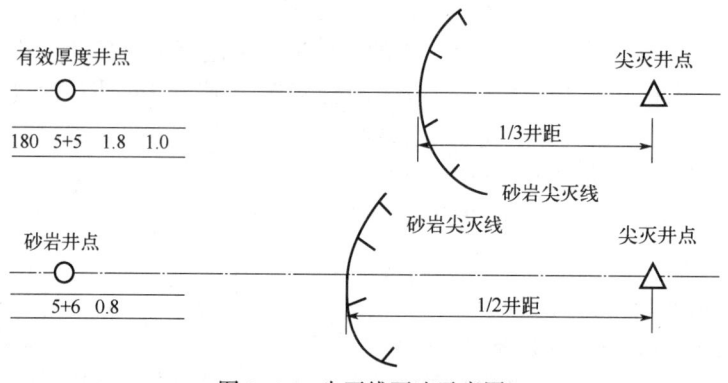

图 2-15 尖灭线画法示意图

② 有效厚度零线。

有效厚度零线取砂岩厚度井点和有效厚度井点的 1/2，取尖灭线和有效厚度井点的 1/3（其中尖灭线一方占 1/3，有效厚度井点一方占 2/3），如图 2-16 所示。

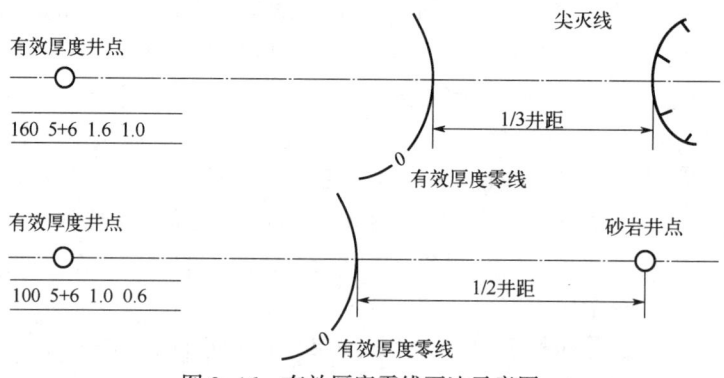

图 2-16 有效厚度零线画法示意图

③ 渗透率等值线。

根据图件要求在油砂体边界内按渗透率值的大小，取 3~4 个级别，用三角网内插法勾绘；若一口井有两个以上的自然层，这口井的渗透率等值线按最高的考虑。

在勾三种线时，要做到曲线圆滑、美观。

④ 对断层的考虑。

在勾砂岩尖灭线时，不考虑区内断层，因为这些断层在地层沉积时不起控制作用。当断层两侧均为油层时，勾有效厚度零线时可以不考虑断层；当断层一盘为油层，另一盘为水层（或干层）时，有效厚度零线交于断层线上。

⑤ 对油水边界的考虑。

当过渡带的井是一类有效厚度时，有效厚度零线交于外含油边界；当过渡带的井为二类有效厚度或油水同层时，则有效厚度零线交于内含油边界。

（6）对油砂体编号（以砂岩组为单元、以断层线及砂岩尖灭线为边界）。

（7）校对上墨。

图上提供的各项数据都要一一校对，确保无差错，线条圆滑流畅。用图例一一校对平面图上有无不符之处，然后上墨。

（8）上色。

根据要求上色，一般都是按渗透率级别上色，从高到低分为红色、黄色、绿色。

（9）标注图名、图例、比例尺、制图日期、单位、制图人，如图 2-17 所示。

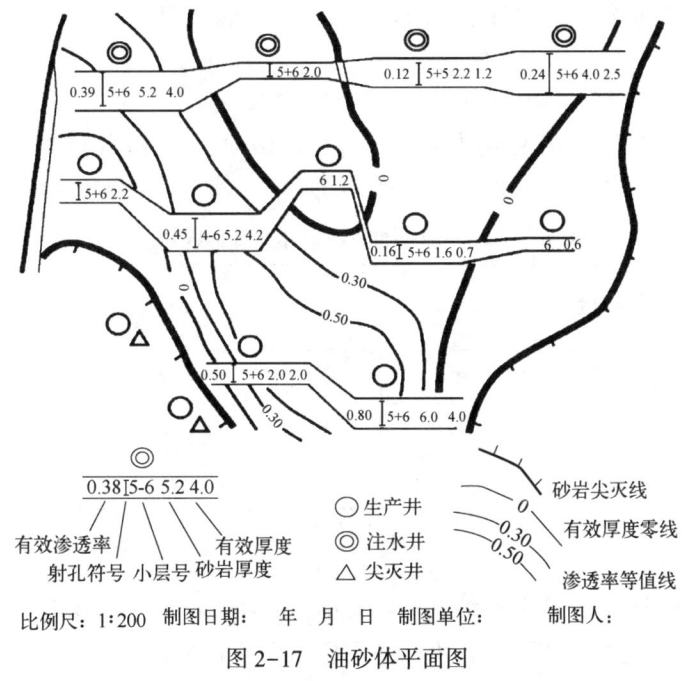

图 2-17 油砂体平面图

（七）油层栅状连通图

油层栅状连通图是将油层垂向上的发育状况和平面上的分布情况结合起来，反映油层在空间上变化的一种图件。在动态分析中应用最为普遍，其绘制方法如下。

1. 准备工作

（1）准备绘图纸、直尺、笔、染色工具、橡皮、计算器等。

（2）准备资料：横向图或小层数据表，井位图，射孔通知单，单井资料图（包括电测曲线、油层组分界线等）。

（3）资料整理。

① 作小层数据表。

研究单位报出的小层数据表，一般按完井先后排列或按井排顺序排列，使用起来不大方便，为了避免差错，可事先将所需井号制成作图需要的小层数据表。

表中的数据以研究单位报出的数据为准，如在动态分析中发生矛盾，也可根据自己的对比结果填入，但必须在备注栏注明，并应事先与研究单位协商，见表 2-3。

表 2-3 ××油田××区××井小层数据表

井号	小层编号	砂岩厚度 m	有效厚度 m	有效渗透率 μm^2	地层系数 $\mu m^2 \cdot m$	射孔情况	备注
××	SI_1	2.5	2.1	0.35	0.74	射孔	
	SI_2	3.0	2.5	0.48	1.20	射孔	
	SI_3	2.6	1.9	0.21	0.399	射孔	

② 作小层连通数据表。

油层栅状连通图的特点是要综合反映每个小层的连通情况，所以首先要作出单井小层连通数据表。

表中小层号不要"劈分"成单层，如"M_{1+2}""$M_{1.2}$"是自然分段，则不用再去"劈分"为"M_1"和"M_2"。对于绘图人来说，只是使用油田研究部门报出的分层成果，用不着自己去划分。对于不连通的井点，需要注明尖灭或断失，见表2-4。

表 2-4 ××油田××区 2 号井小层连通数据表

本井小层号	1号井	2号井	3号井	4号井	5号井	备注
SI_1	0	SI_1	SI_{1+2}	SI_1	0	
SI_2	SI_2	0	SI_{1+2}	SI_2	SI_{2+3}	
SI_3	SI_3	SI_3	SI_3	SI_3	SI_{2+3}	

2. 绘图内容

（1）井号及油层顶面线：井号根据图纸大小写在井位正上方适当处。

（2）井轴线：对着井号正下方，用在油层顶面线以下并垂直于油层顶面线的一纵向粗实线表示。

（3）井深线：在井轴线右侧，井深每隔20m标出一个深度。

（4）有效渗透率：在井轴线左侧第二行，单位为 μm^2。

（5）地层系数：有效渗透率与有效厚度的乘积，表示油层出油能力的大小，单位为 $\mu m^2 \cdot m$。在井轴线左侧的第一行。

（6）射孔井段：用 Ⅰ 表示，标在井轴线右侧。

（7）油层编号：井轴线右侧第一行数字。

（8）砂岩厚度：是剖面图中油层真实厚度，单位为 m。为井轴线右侧第二行数字。

砂层指含油砂层，是次于有效厚度的油层，即低于有效厚度标准的油层，基本上是由油砂组成的，对石油和水具有一定渗透能力。在图上用虚线不上色表示，有时也用实线表示。

（9）有效厚度：油层中具有工业生产能力部分的厚度，单位为 m。为井轴线右侧第三行数字。

（10）通过剖面上的断层，如图2-18所示。

第二章 油水井生产动态分析

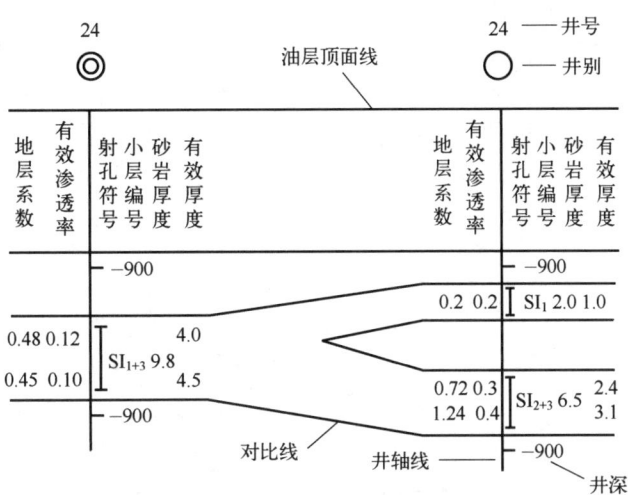

图 2-18 油层栅状连通图剖面的画法示意图

3. 绘图步骤

（1）定井位。

一般情况下参考井位图来定。如果作出多井排的栅状图，东西方向井距比例尺可以大一些，南北方向排距要小一些，只有这样，连出的油层对比线才清晰美观。不论怎样调整，各井之间的相对位置不得有太大的改变。作出每口井的油层剖面，在井位点标出井号和画出井别符号。

（2）画两条线（油层顶面线或称为地面线、井轴线）。

油层顶面线为一条粗的水平线（0.8~1.0mm）；一般距井位下面 1.5cm 或 2cm 开始画，也可根据图纸大小自由选定距离。井轴线（垂直地面线）为粗线（0.8~1.0mm）；画至最后一个小层以下 2cm 处，或根据图纸大小自由选定距离。

（3）卡剖面。

根据小层数据表的资料，把每个小层的砂岩厚度按比例换算后画出剖面。隔层厚度不必按比例画，油层组间，隔层可画得厚一些；小层间，隔层可画得薄一些，能看清楚即可。各井深度比例尺要统一，一般采用 1∶200 或 1∶500 的比例尺。一般每隔井深 10~20m，标上井深（也可根据剖面的长短而定），纵向上井轴线右侧每隔一段画一条 2cm 的横线并标上井深。带有效厚度的层其上下层面线用实线表示，只有砂岩厚度而没有有效厚度的层其上下层面线用虚线表示。在井轴线左侧标有地层系数、有效渗透率；右侧依次是射孔符号、小层编号、砂岩厚度、有效厚度、油底或水顶。射孔层位一般用"Ｉ"符号表示，油底用"↑"符号表示，水顶用"↓"符号表示。要求字迹工整，上下左右都对齐。为了能够更加明确分析对象，在绘制井柱剖面时，不必将单井所钻遇的每一小层都画出，可以按油层组绘制。对油水井生产影响不大的小层略去不画，以便突出所要分析的目的层。此外也可以将各注水井封隔器的位置绘在注水井井柱剖面上。

（4）画出井间小层连线（对比线）。

一口井和周围井的连线，不宜于拉关系太多。如果各个方向都连线，会造成油层交错频繁，眼花缭乱，反而看不清楚。左右成排连线，前后成斜行连线，构成菱形网，或根据开发井网去决定它们的关系,从注水井向油井连通。如果是四点法或七点法面积注水井网,则除边界井外,每口井要连6个方向,比较复杂一些。为了保持图幅的立体感,连线应有顺序,先连前排井,就是先从图的下方连起,先连横排,然后向左上角连线,再向右上角连线。后连的线与先连过的线相遇即断开,不要交错,即前排压后排。

对比线就是剖面上井与井的油层连通线。连接方法有以下几种情况,如图2-19所示。

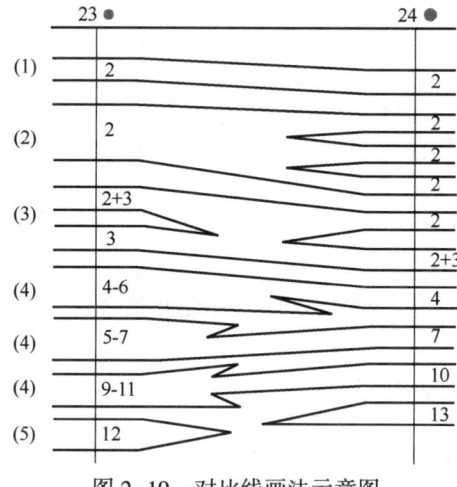

图2-19 对比线画法示意图

① 单层与单层连通:本井与邻井间层位相同者若连通,以直线连接。

② 厚层与多层连通:本井与邻井的油层(砂层)连通层位不一致,或遇一厚层与多个薄层连通时,则可在两井中间画夹层尖灭线分成支层连线过去。

③ 交错连通:本井两个油层与邻井两个油层相连通时,用直线连接连通层顶底,中间泥岩尖灭。

④ 厚层与薄层连通:本井一厚层与邻井一薄层连通时,不能以直线连接成喇叭状,连接方法是由一个分叉的尖来过渡,一般过渡到井距之半,好油层画2/3,中等油层画1/3,差油层画1/2。

⑤ 两油层间尖灭:凡是本井有油层而在某方向邻井尖灭的,则在该方向上画尖灭线,一般同一水平层横向上不连通画尖灭,前后层可以不画。

⑥ 油层与非油层连通:在本井的油层而在它井为不含油的砂层或非有效油层,则在靠油井的层连实线,靠不含油砂层或非有效层的井连虚线。油层、水层或油水同层都连实线。

⑦ 断层:凡是两井小层号可以对应,中间被断层隔开的,则在两井连线中间用断层符号断开。后排井与前排井连通时,遵循前排压后排画法,如图2-20所示。后排连通线遇到前排连通线断开。

(5)上墨:将铅笔线条、数字上墨。上墨前先检查有无错误和遗漏,如发现立即改正,然后清图,即把不要的铅笔线擦掉,使图面上没有任何杂物,将铅笔线条上墨写字。上墨时应注意字体大小和工整。

(6)上色。

① 按渗透率上色(最常用的)。

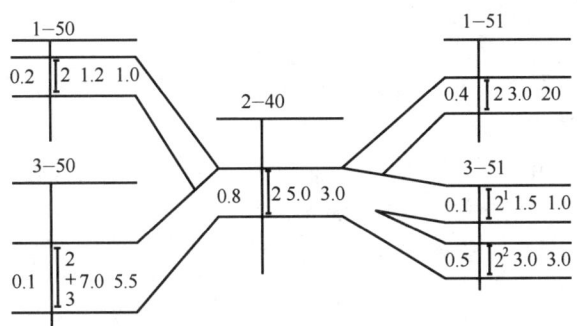

图 2-20 纵向对比连通关系示意图

高渗透率油层上红色，中渗透率油层上淡黄色，低渗透率油层上绿色，砂层上灰色（画虚线时，不上色）。

② 按厚度上色。

③ 按水淹级别上色（高水淹上蓝色；中水淹上绿色；低水淹上黄色；未水淹上红色）。

④ 按油层、水层、油水同层上色（油层上红色；水层上蓝色；对于油水同层，上部按油层渗透率级别染色，下部按水层染色）。

⑤ 按沉积相上色（河道上红色；河间上黄色；表外层上绿色）。

上色一般用透明水彩色，要求上色均匀，在不同渗透率交界处上过渡色。如连通层渗透率不同时，必须在井距 1/2 一处上过渡色，同一油层上下部位渗透率不同时，在交界处也必须上过渡色。所谓过渡色，就是两种颜色在交界处均匀融合，没有明显的分界线。

（7）标注图例、比例尺、图头、制图日期、制图单位、制图人。

第二节 单井动态分析

一、单井动态分析的内容

（一）油井动态分析的主要内容

1. 产油量变化分析

流体从油层内流向井底遵循平面正径向流公式：

$$Q=\frac{2\pi Kh(p_\mathrm{e}-p_\mathrm{wf})}{\mu\left(\ln\dfrac{R_\mathrm{e}}{R_\mathrm{w}}+S\right)} \tag{2-8}$$

式中 p_e——供给边缘压力，MPa；

p_wf——井底流动压力，MPa；

R_e——供给边缘半径，m；

R_w——油井半径，m；

μ——地层油的黏度，Pa·s；

h——油层有效厚度，m；

K——地层渗透率，μm^2；

S——井壁附加阻力系数，也称表皮因子，与油井的完善程度有关。$S>0$，不完善井；$S=0$，完善井；$S<0$，超完善井。

由式(2-8)可以看出，影响油井日产油量的因素很多，主要有以下7个。

1）油井有效厚度

在开采过程中，由于作业施工等原因，油层被污染或堵塞，会使部分油层不出油或出油很少；由于层间干扰，也会有一部分油层的出油能力得不到充分发挥，因此，油层出油厚度的大小直接影响着产油量的高低。

2）油层的有效渗透率

有效渗透率决定了原油通过油层的难易程度。有效渗透率越大，原油越容易通过油层流入井底，油井产量越高。在实际生产过程中，由于施工污染或进行压裂、酸化等改造措施，油层渗透率也会发生变化，这一点可通过对比措施前后的试井资料来进行分析。

3）地层原油黏度

原油黏度表示原油流动能力的大小。黏度升高，使原油流动性变差，油井的产量降低；而降低原油黏度，可增加油井的产量。

4）油井的完井半径

油井的完井半径与产量成正比。

5）供油半径

在假定的圆形供油面积内，在均匀布井的情况下，常常可以认为它等于井距之半。井距越小，供油半径就越小，而相对的压差就越大，即小井距有利于提高单井产油能力。

6）井壁附加阻力系数

靠近井壁的油层往往受钻井液滤液的污染，存在一圈附加的低渗透带。当这一圈的渗透率基本上与油层渗透率相同时，井底可看作是完善的，井壁附加阻力系数为0（裸眼完井）；而对于不完善和超完善井，井壁附加阻力系数则分别为正值和负值。

井壁附加阻力系数的大小主要与完井工艺有较大关系，如钻井液、射孔和压裂、酸化作业影响等。井壁附加阻力系数可以用不稳定试井确定。

7）油井的生产压差

油井的生产压差是指油井静压与流压之差。在采油指数一定的情况下，生产压差越大，则产量越高。

2. 压差变化分析

1）总压差

当总压差>0，注>采，应控制注水。

当总压差<0，注<采，应加强注水。

当总压差=0，注=采，保持注采平衡。

2）地饱压差

当地饱压差>0，在开发过程中油层中只有单相油流动。

当地饱压差<0，在开发过程中油层中呈油、气两相流动，油层中含油饱和度降低，油的有效渗透率降低，油流阻力增加，这样不仅影响油井和油田的产量，而且还会影响油田采收率。

3）流饱压差

（1）当流饱压差>0，其生产特点是：

①人油井在生产过程中，原油从油层流向井底，再由井底向上流动，在油层中部以下是不会脱气的，而是呈单相流动。

②由于流压高于饱和压力，气体大部分是在油层中部以上原油流入油管后逐渐分离的，所以在油管、套管环形空间的液面高，而套管压力低。

③原油在井底不易脱气，从油层中带出的气体少，气油比低，同时油井产量较高。

④井底温度高，流压梯度大，油井结蜡少，结蜡位置浅，生产管理容易。

⑤保持在流压高于饱和压力的条件下生产，让原油在油层中呈单相流动，油流阻力小，产量较高，结蜡少，生产管理主动。

（2）当流饱压差<0，其生产特点是：

①原油在井底周围脱气半径范围内，呈两相流动，油流阻力大，原油黏度大。

②原油在井底已经脱气，原油中分离出来的气体，除进入油管外，大部分进入油管、套管环形空间，形成较大的气柱，使动液面下降，套管压力上升。

4）生产压差

分析和管好生产压差，是油井动态分析的主要任务之一。放大生产压差的途径有两个，一是增大地层压力，这就要通过加强注水来实现，但同时受注水允许压力的控制及地层压力提高之后流压也随之上升等因素控制，继续提高地层压力将很困难；二是降低流动压力，这一般要通过放大油嘴、转抽或提高抽汲参数实现。

3. 含水状况分析

1）油井含水率变化分析

注水开发油田，含水率变化有一定规律性，不同含水阶段，含水上升速度不同。一般在中低含水期，由于水淹面积小，含油饱和度高，水的相对渗透率低，含水上升速度缓慢；中含水期，含水上升速度快（尤其是高黏度油田）；高含水期原油主要是靠注入水携带，含水上升速度减慢。特高含水期，含水上升速度更慢。

2）采油过程中含水率变化原因。

（1）油井含水率变化影响的因素。

① 不同含水阶段的影响。

油井含水上升速度受不同含水阶段的影响。

② 注采平衡情况和层间差异的影响。

某一阶段的变化还取决于注采平衡情况和层间差异的程度。一个方向，尤其是主要见水方向超平衡注水，必然会造成油井含水率迅速上升。若主要来水方向控制得好，非主要来水方向加强了注水，平面、层间差异得到调整，油井含水率就会有所下降。

（2）在分析油井含水变化时，要从以下几方面入手：

结合油层性质及分布状况，搞清油水井的连通关系。搞清油井的见水层位及其出水状况，特别是主要见水层、主要来水方向和非主要来水方向。分析注水井分层注水状况，各层注水强度变化，分析主要来水方向、次要来水方向的注水量变化与油井含水率变化的相互关系。分析相邻油井生产状况变化。例如，相邻油井高含水层堵水或关井停产后，可能造成本井含水率上升。确定含水率变化原因，提出相应的调整措施。

此外，油井井筒本身问题也可能造成含水率上升。例如泵况变差、原堵水层失效等。

3）来水方向和油井见水层位判断

见水层位是指注入水沿着油层向油井推进时，当油井中某小层含水后，这个层位即为见水层位。来水方向是指当一口油井受到几口注水井的影响时，由于平面上多方面的差异，各注水井的注入水不能均匀地向油井推进，注入水向油井突进的方向称为油井来水方向。

判断油井见水层位和来水方向通常有以下几种方法：

直接法：封隔器找水、地球物理找水；取样器找水及注指示剂等。地球物理找水主要通过测井温来判断油井见水层位，也可通过电测解释找水、噪声测井等资料判断。注指示剂是指在注水井中注入特殊的化学指示剂，然后在见水井上取样分析，若样品中含有该种指示剂，即可判断出见水层位和来水方向。

间接法：根据油层条件判断，渗透率高与水井连通好的层先见水。有效厚度由水井向油井变薄的油层早见水。油层分布面积小的呈条带状的油砂体早见水。射开时间较早，采油速度较高的层位易见水。离油水边界近的地层易见水。其他特殊情况，如裂缝发育的早见水。对应的注水井，累计注水量大的易早见水。注水井（或层）停注或控制注水，油井含水率下降，可以判断为来水方向；对比周围注水井，原因相同，性质相似的连通层，其注水强度大的方向是来水方向。

初见水时，含水量大的是主要见水层，含水量小的是非主要见水层。

（二）水井动态分析的主要内容

1. 注水井的油层情况

(1) 已射孔的层数、有效厚度和射孔情况。
(2) 各油层的岩性和孔隙度、渗透率、饱和度。
(3) 各油层的原油物性。
(4) 转注前或目前的油层压力。
(5) 注水井与周围油井的油层连通情况。

2. 油管压力、套管压力变化分析

对于正注井，油管压力是指注入水自泵站经过地面管线和配水间到达注水井井口的压力，也称井口压力。正注井的套管压力是指油管与套管环形空间的压力。下封隔器的井，套管压力只表示第一级封隔器以上油管和套管之间的压力。

影响油管压力变化的因素分为地面及井下两方面。地面原因包括泵压变化、地面管线发生漏失或堵塞等；井下原因包括封隔器失效、配水嘴被堵或脱落、套管外水泥窜槽、底部阀球与球座密封不严等。因此，根据油管压力、套管压力的变化就可判断地面设备及井下设备发生的变化。

当油管穿孔漏失、第一级封隔器失效或套管外水泥窜槽时，油管压力、套管压力和注水量都会有明显变化。若第一级封隔器以上油层吸水量大，则会出现明显的套管压力上

升、油管压力下降、注水量上升。当第二级、第三级封隔器失效时,油管压力下降,注水量上升。水嘴堵塞或脱落,油管压力和注水量也会有明显变化。水嘴堵塞,油管压力上升,注水量下降。水嘴脱落,油管压力下降,注水量上升。将系统测试指示曲线和油管压力、套管压力变化结合起来,能确切地分析出井筒故障。

3. 注水量变化情况分析

1) 注水井全井和分层注水量完成情况分析

根据资料全准率,对于能够完成配注量的注水井,日配注量≤$10m^3/d$,注水量波动不超过±$2m^3/d$;$10m^3/d$<日配注量≤$50m^3/d$,日注水量波动不超过配注量的±20%;日配注量>$50m^3/d$,日注水量波动不超过配注量的±15%,超过波动范围应及时调整。

如果在波动范围内,称为合格注水,而超过规定范围内则称为不合格注水。如果是合格注水,大致确定一下是上限注水还是下限注水。如果是不合格注水,通过测指示曲线找出哪个层不合格。

2) 注水量变化原因分析

注水量变化大的、不合格注水的井,应检查地面设备情况、井筒的技术状况、油层的状况。

注水量上升而且过量超注,在排除地面原因情况下,应进行测试,检查套管损坏情况,分隔器和配水器的情况,油层是否有措施或地层压力是否大幅度下降。注水量下降或欠注,在排除地面原因情况下,应进行测试,检查井筒和地层堵塞情况,地层压力情况。分析清楚超注和欠注的原因,对应原因提出相应的措施,使注水量尽量符合配注要求。

3) 注水井分层注水量变化情况分析

注水井各小层的吸水量主要利用放射性同位素或井温测井及层段测试等方法测得。

一是以现状分析注水井各小层间吸水的差异情况,二是使用连续的吸水剖面资料可历史地分析各小层吸水状况的变化。为了避免各小层吸水状况的差异,应尽量保证各小层能均衡吸水。通过分析应做好以下工作:根据各层吸水情况,调整注水层段,把吸水差的小层单卡出来,通过提高注水压力,加强注水,改善注水状况。对于与周围油井主力油层连通的欠注层,应通过酸化、压裂等油层改造措施,提高油层注水量。对于超注层,通过调配水嘴等措施,把注水量降到合理范围。对于严重超注而且造成水害的油层,可考虑暂时停注。对于层数过多,油层物性差异大,在目前工艺条件下,无法满足各油层的注水需要,而且水驱波及程度很低的注水井,可重新划分开发层系,或新钻完善注水井或对应层系补孔。

二、单井动态分析的方法

(一) 油井单井动态分析的方法

根据原始资料找出油井变化规律(趋势),分析变化原因,采取调整措施,评价措施效果。

1. 原始资料

(1) 静态资料:投产时间、开采层位、完井方式、射开厚度、有效厚度、地层系数、

储量、断层等。

(2) 动态资料：日产液量、日产油量、含水率、动液面；注水井日注水量、分层情况、注水压力、层段配注量和实注水量等。

(3) 钻井资料：钻井日期、完钻井深、钻井液的密度。

(4) 作业资料：作业的名称、作业的基础资料。

(5) 测试资料：测试的名称、测试的基础资料。

2. 找出变化趋势

(1) 根据连续的生产资料找出变化趋势，如日产液量上升、日产油量下降、含水率上升等。

(2) 与资料全准率要求对比，产能变化大，如：50t/d＜日产液量≤100t/d，波动不超过±10%；超过为上升或下降。

3. 分析变化原因

分析变化原因时必须坚持从"地面"到"井筒"再到"地下"的原则，依次进行分析。另外，分析时还要从"油井（或水井）"到"水井（或油井）"，再到"油井（或水井）"。

1) 地面原因分析

(1) 计量不规范。

不按规定取样（关掺水30min，放空，分3次取样），掺水阀门关不严，掺水系统压力过高。化验操作不当及设备故障：从取样、称样、化验到填表逐个找原因。

(2) 井口流程不畅通。

集输流程不畅通，造成回压高。

(3) 套管压力控制不合理。

套管压力高、动液面下降、液面降至泵吸入口，发生气侵，泵效降低。

2) 井筒原因分析

(1) 抽油井泵效分析。

油层供液能力的影响：油层发育好，与水井连通好，注水受效情况好，地层压力高，泵效高，反之亦然。

砂、气、蜡、漏、断的影响：油井出砂，导致泵漏失，砂卡或砂埋油层。气多，泵充不满，泵筒不能及时打开，降低泵效。井筒结蜡，阀不严，导致泵漏失，抽油机运行阻力增大。泵漏、油管漏、杆断、杆脱，油井泵效会大大降低。

原油黏度的影响：油流阻力大，阀打开滞后，抽油杆不易下行，降低泵充满系数。

原油中含有腐蚀性物质时，腐蚀泵的部件，使泵漏失。

设备因素：泵的材质和工艺质量差，下泵作业质量差，衬套与活塞间隙选择不当或阀球与阀座不严，影响泵效。

工作方式：一般采用小泵径、长冲程、慢冲次，可减少气体对泵效的影响。油黏度过大，采用大泵径、长冲程、慢冲次。对于抽喷井选用快冲次，快速抽汲，增强诱喷作用。对于深井，可下入较大的泵，长冲程，适当冲次。对于浅井，可下入较大的泵，短冲程，快冲次。

(2) 沉没度（动液面）。

动液面是指抽油井在正常生产时，油管、套管环形空间中的液面深度。深井泵的沉没度是指深井泵固定阀淹没于动液面之下的深度，即泵挂深度与动液面深度的差值。合理的动液面深度，应以满足油井有较旺盛的生产能力所需沉没度要求为条件。沉没度过小，会降低泵的充满系数；沉没度过大，会增加抽油机的负荷，造成不必要的能量损耗。

3）地下情况分析

（1）搞清油水井基本情况：地面流程及管理制度。井下管柱结构，泵、杆情况。油层情况，包括全井有多少小层、射孔情况、连通情况、主产液层、高含水层、射开砂岩厚度、有效厚度、地层系数、原油黏度、密度、地层压力等。油层井史（钻井情况、压裂、酸化、堵水、补孔）情况。注水井的注水情况，包括全井有多少小层、射开砂岩厚度、有效厚度、地层系数、层段划分、各层段的性质、配注量、实注量、注水强度等。对注水井内配注管柱结构、封隔器密封情况及所进行过的压裂、酸化情况等也应了解清楚。

（2）相连通的水井生产情况：注水井全井和小层能否完成配注，若超注或欠注搞清原因。通过吸水剖面搞清水井主要吸水层。

（3）油井生产情况：油井产能情况及变化趋势（产液量、产油量、含水率、液面、地层压力）。通过产液剖面搞清主要产液层及高含水层。通过连通图、相带图、油砂体平面图及水井主要吸水层、油井主要产液层，判断油井主要来水方向。通过地层压力和注采比变化，分析油井供液能力及是否地下亏空。通过流压（液面）变化，分析油井排液情况、抽汲参数是否合理及泵况是否正常。通过产量变化及井壁阻力系数、钻井液情况，分析井壁污染情况。通过剩余油及注采对应关系，分析油井能否采取补孔、堵水、压裂等措施。当产液量、含水率异常，通过产液剖面或井温曲线及声波变密度或声幅，判断套管损坏情况及井壁窜槽情况。

（4）邻近同层系开采的油井：邻井压裂，水井水量未调整或调整后流向邻近连通更好的油井。邻井堵水，水井水量未调整。邻井长期关井突然开井。邻井套管断、漏、窜槽。

4. 采取调整措施

根据分析的原因，采取相应的调整措施。

5. 评价措施效果

采取调整措施后，根据产能变化分析措施后的效果。

（二）水井动态分析的步骤

依据原始生产资料，找出变化规律（趋势），分析变化原因，采取调整措施，评价措施效果。

1. 找出变化趋势（存在问题）

（1）根据连续的注水生产资料，找出变化趋势，如油压下降、注水量增加。

（2）根据资料全准率要求对比，检查全井及分层的实注情况。如：全井日注水量≥$20m^3/d$，波动范围±15%为正常，日注水量<$20m^3/d$，波动范围±20%为正常；否则为超注

或欠注。

2. 分析变化原因

分析变化原因时必须坚持从"地面"到"井筒"再到"地下"的原则，依次进行分析。

1）地面原因分析

（1）计量不规范。

仪表不准或人为读值不准，井口装置某阀门损坏，压力表损坏，流量计指针不归零，挡板孔径小或大。

（2）井口流程不畅通。

地面管线渗漏、穿孔或堵塞，井间管线窜流或阀门闸板脱落。下流引线堵塞，泵压升高使注水量增大。

2）井筒原因分析

（1）油管压力、套管压力变化。

正注井的油管压力：表示注入水来自泵站，经过地面管线和配水间到注水井井口的压力，也称为井口压力。

正注井的套管压力：表示油管与套管环形空间的压力，下封隔器的井，套管压力只表示第一级封隔器以上油管与套管之间的压力。

由此可以看出，能够引起注水井压力变化的因素有：封隔器失效、配水器被堵或脱落、管外窜槽、底部阀球或阀球座不密封、节流器失效、油管穿孔、泵压变化、地面管线穿孔或被堵。

（2）注水量上升。

封隔器胶皮破、底部阀球与阀座密封不严、配水器刺大或脱落、节流器失效、管外窜槽、油管穿孔或其螺纹漏水、封隔器失效。

（3）注水量下降。

水嘴堵塞、滤网堵、配水器弹簧启动压力过高、油管堵。

当油管穿孔漏失，第一级封隔器失效或套管外水泥窜槽时，油管压力、套管压力和注水量都会有明显的变化。如第一级封隔器以上油层吸水量大，则会出现明显的套管压力上升、油管压力下降、注水量上升。当第二级、第三级封隔器失效时，油管压力下降，注水量上升。水嘴堵塞或脱落，油管压力和注水量会有明显变化。油管压力上升，注水量下降，说明水嘴堵塞。油管压力下降，注水量上升，说明水嘴脱落。

（4）测试资料。

有时只用油管压力、套管压力的变化情况，不能确切分析出井筒故障，需要用测试资料绘制出指示曲线，结合起来进行分析。

3）地层情况分析

（1）搞清油水井的基本情况，与油井相同。

（2）水井生产情况。

注水井全井及小层能否完成配注，若超注或欠注搞清原因。

① 注水量变化情况分析。

注水量上升：由于不断注水，改变了油层的含水饱和度而引起相渗透率的变化，使油层吸水能力增强；周围油井降压开采；进行了酸化、压裂等增注措施；井网加密，吸水能力增强。

注水量下降：地层被脏物堵塞（由于水质不合格）；地层压力回升；层间干扰增大；地层吸水能力递减；周围油井堵水。

② 油层堵塞情况分析。

由于注入水水质不合格或注入水与地层及其液体不配伍，造成油层堵塞，注水压力上升，吸水指数下降，注水量下降。这时应及时检测化验，找出原因，采取相应对策。

③ 注水井分层吸水量变化情况分析。

主要是利用同位素测井或微差井温测井等方法测得的注水井吸水剖面资料，分析各小层的吸水情况。一方面以现状分析各小层间吸水的差异情况；另一方面使用连续的吸水剖面资料可分析各小层吸水状况的历史变化。找出主要吸水层和次要吸水层。

④ 注采比的变化和油层压力情况分析。

为保持油田的注采平衡，一般要求注到地下水的体积应等于采出流体的地下体积。无论全井还是分层，都要求达到注采平衡的要求。当注采比大，且油层压力高，说明注入量大于采出量。

（3）周围生产井的含水率变化分析。

由于注入水在油层内推进不均匀，必然造成周围生产井见水时间和含水率变化的差异。通过各生产井含水率变化分析，对那些见水快和含水率上升快的油井，要找出其水窜层位和来水方向。

3. 采取调整措施

（1）地面采取措施：调试、校验仪表；维修管线和设备；解除水嘴堵塞或更换水嘴；修复油管漏孔；进行封隔器验封，不密封应更换；修复套管和验窜；更换节流器、配水器、底部球阀。

（2）地层采取措施：对于油层堵塞情况，采取酸化处理；把吸水较差的小层，尽可能单卡出来，加强注水。对于一些与周围油井主产层连通的欠注层，应通过酸化、压裂等油层改造措施增加注水量。对于超注层，通过调配水嘴等措施，把注水量降到合理范围。对于严重超注而且造成水害层，可考虑暂时停住。对于层数过多，油层物性差异大，在目前工艺管柱条件下，无法满足各油层的注水需要，而且造成水驱波及程度很低的注水井，则应研究开发层系的重新划分或增钻补充完善注水井来解决。造成油层含水率上升快的主产层对应的注水层段，应控制注水或在油井上封堵该层。

4. 评价措施效果

采取调整措施后，分析措施后的效果。

三、单井动态分析案例

案例1：某油井由于供液能力大、液面比较高，采取了换大泵的增产措施，换泵前后生产数据见表2-5，试对其措施效果进行分析评价。

表 2-5 换泵效果对比表

时间	产液量 t/d	产油量 t/d	含水率 %	液面 m	示功图	泵效 %	冲程 m	冲次 次/min	泵径 mm
换泵前	59	7	88.5	165.7	正常	62.8	3	9	56
换泵后	76	11	88.3	536.3	正常	52.0	3	9	70
换泵后 3 个月	75	12	84.7	485.6	正常	51.4	3	9	70
换泵后 6 个月	78	11	86.1	431.2	正常	53.3	3	9	70

（1）效果评价及分析。

从这口井换泵措施效果对比表（表 2-5）中可以看出，效果是比较好的。换泵初期产液量、产油量增加，含水率下降，沉没度下降到合理范围。换泵后泵效有所下降，由 62.8%下降到 52.0%，泵的工作状况为正常。经过 6 个月的生产，换泵效果仍然比较好。

（2）存在问题。

从换泵后的 6 个月生产数据看，沉没度在逐步回升，说明供液能力还是大于抽油泵的排液能力。

（3）下一步措施。

① 进一步加大泵的抽汲能力，提高排液量。

② 在适当的时机再一次换大泵，提高油井的产液量。

③ 做好注水井的管理、测试、调整工作，做到注够水、注好水，保证油井含水率稳定、产油量稳定。

④ 加强生产管理，认真录取原始资料，观察动态变化，做好动态分析。

案例 2：为提高采油井产量，释放油井潜力，也可能是为了缓解油井近井地带污染堵塞，对采油井实施压裂增产措施，表 2-6 为措施前后生产数据，试分析其措施效果。

表 2-6 压裂效果对比表

时间	产液量 t/d	产油量 t/d	含水率 %	油管压力 MPa	回压 MPa	静压 MPa	流压 MPa	总压值 MPa	生产压差 MPa
压裂前	52	24	54	0.85	045	12.05	7.77	0.4	4.28
压裂后	74	37	50	1.2	0.65	11.5	9.7	-0.15	1.8
压后 3 个月	76	36	52.9	1.21	0.65	11.47	9.76	-0.18	1.71

（1）效果评价及分析。

从该井压裂前后的生产数据对比来看，压裂效果是好的。压裂初期产液量由 52t/d 上升到 74t/d，增加了 22t/d；产油量由 24t/d 上升到 37t/d，增加了 13t/d；含水率由 54%下降到 50%，下降了 4%。经过 3 个月的生产后产液量仍然增加 24t/d，产油量增加 12t/d，含水率下降 1.1%。地层压力基本保持稳定，流动压力上升，生产压差缩小。

（2）存在问题。

从压裂后的生产数据可以看出，该井生产潜力没有充分发挥出来。主要反映在油嘴小，地面的油管压力、回压之差过大，生产压差缩小，限制了压裂效果的进一步发挥。

第二章 油水井生产动态分析

（3）下一步措施。

① 放大油嘴，加大生产压差，降低油管压力，充分发挥压裂增产的效果。

② 加强生产管理，加大压裂层段的注水量，延长压裂效果有效期。

案例3：某注水井进行了细分注水，其具体数据见表2-7至表2-9，调整前后吸水剖面如图2-21、图2-22所示。试分析：

（1）该注水井为什么要进行细分？

（2）注水井细分有效吗？

（3）注水井细分后，相邻采油井可能会出现何种现象？

表2-7　注水井117-11基础数据表

水井	117-11	连通油井井数	4口
投注日期	1996年7月15日	投产日期	1996年4月25日
注水层位	高Ⅱ、Ⅲ组	开采层位	高Ⅱ、Ⅲ组
砂岩厚度，m	40.2	平均单井砂岩厚度，m	40.2
有效厚度，m	21.6	平均单井有效厚度，m	16.73
上覆岩压，MPa	14.55	原始压力，MPa	11.98
注水压力，MPa	10.66	目前地层压力，MPa	11.21
累计注水，$\times 10^3 m^3$	117.1508	累计采油，$\times 10^4 t$	74.4172

表2-8　注水井117-11检配资料表（检配时间2017年7月15日）

层位	层段性质	配注量 m^3/d	可调水嘴 mm	压力 MPa	注水量 m^3/d	差值 m^3/d
GⅡ17-Ⅱ25	加强	90	0~10	11.6	125	35
				11.1	100	10
				10.6	90	0
				10.1	85	-5
GⅢ7-Ⅲ14	限制	50	0~10	11.6	40	-10
				11.1	35	-15
				10.6	30	-20
				10.1	15	-35
GⅢ15-Ⅲ22	加强	60	0~10	11.6	88	28
				11.1	72	12
				10.6	64	4
				10.1	62	2
全井		200		11.6	253	53
				11.1	207	7
				10.6	184	-16
				10.1	162	-38

表 2-9　注水井 117-11 砂岩厚度统计表

层段号	小层号	砂岩厚度 m	有效厚度 m	吸水百分数 %
GⅡ17-Ⅱ25	GⅡ17	2.2	1.2	9.1
	GⅡ18	0.6	0.5	
	GⅡ19	2	0.7	10.4
	GⅡ20	1.1		
	GⅡ21	2.4	1.4	
	GⅡ22-23	0.4		
	GⅡ24	1	0.8	
	GⅡ25	8.6	5.6	28.5
GⅢ7-Ⅲ14	GⅢ7	4.1	2	10.5
	GⅢ8	1.2	0.6	
	GⅢ9	0.2		
	GⅢ10-11	1.3	0.9	
	GⅢ14	2.9	1.6	11.2
GⅢ15-Ⅲ22	GⅢ15	0.8	0.5	
	GⅢ16	1.1	0.7	
	GⅢ17	2.5	1.3	7
	GⅢ18-19	3	1.7	9.5
	GⅢ20	3.8	2.1	13.8
	GⅢ22	1		
全井合计		40.2	21.6	100

2018 年 3 月 22 日对注水井 117-11 进行了细分调整，将 GⅡ17-Ⅱ25 原来的一个层段注水细分为 GⅡ17-Ⅱ20 和 GⅡ21-Ⅱ25 两段注水，调整前各小层的吸水剖面如图 2-21 所示，调整后各小层的吸水剖面如图 2-22 所示。从图中可以看出，细分调整后吸水小层数由原来的 8 个增加到 13 个；吸水量最多的层的吸水百分数由调整前的 28.5% 下降至调整后的 17.5%；有 5 个不吸水的层开始吸水。

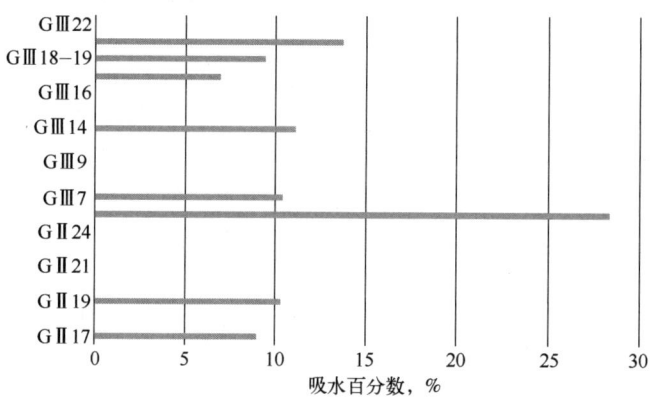

图 2-21　注水井 117-11 吸水剖面图（测试时间 2017 年 9 月 30 日）

第二章 油水井生产动态分析

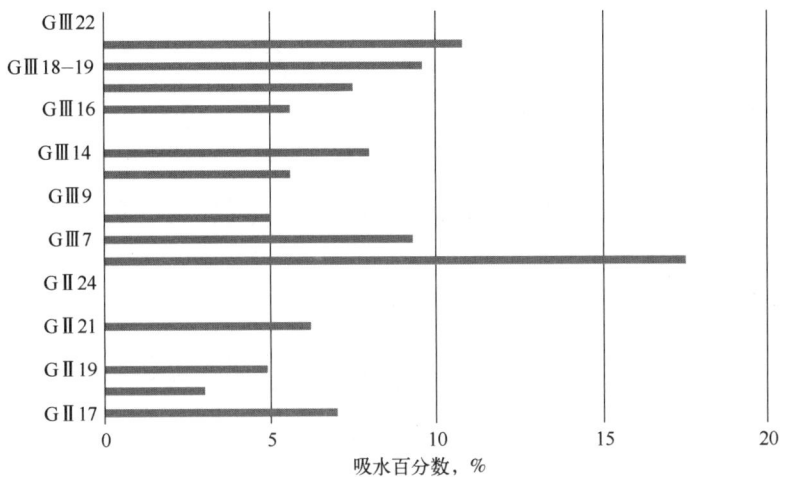

图 2-22 注水井 117-11 吸水剖面图（测试时间 2018 年 3 月 22 日）

结合注水井 117-11 的基础数据及细分前后的吸水剖面数据对比，具体分析如下：

（1）注水井 117-11 在 2017 年 9 月 30 日测得的吸水剖面中显示 GⅡ25 小层吸水量占全井水量的 28.5%，对比 GⅡ25 小层砂岩厚度 8.6m，全井砂岩厚度 40.2m，GⅡ25 小层砂岩厚度占全井砂岩厚度 21.4%，GⅡ25 小层有效厚度 5.6m，全井有效厚度 21.6m，GⅡ25 小层有效厚度占全井有效厚度 25.9%，可以看出 GⅡ25 小层发育良好，在 GⅡ17-Ⅱ25 层段内形成了单层突进，影响其他小层吸水，为减少高吸水层对全井注水的影响，所以将 GⅡ25 小层所在的层段细分。

（2）注水井细分后，GⅡ25 小层单层突进的情况得到控制，层段内其他小层开始吸水，细分后吸水层增多，各小层吸水比例均匀，细分效果好。

（3）注水井细分主要应用于油田开发的中后期，起到"稳油控水"的作用，注水井细分合理，相邻采油井可能会出现地层压力稳定或上升、产油量上升、含水率下降等现象。

第三节　井组动态分析

一、井组动态分析的内容

井组动态分析是在单井动态分析的基础上，以注水井为中心，联系周围油井，平面上可划分为一个注采单元的一组油水井。井组动态分析一般是从注水井入手，较好地解决层间矛盾，在一定程度上调整平面矛盾，以改善周围油井的工作状况，使整个井组的注和采更趋于合理。

井组动态分析以注水井为中心，把注水、采油、压力三者有机联系起来。以综合开采曲线（或井组的生产数据）为核心，把井组生产状况划分为几个阶段，每个阶段根据生产变化趋势找出存在的问题，导致整个井组产生产能恶化趋势的井为典型井。典型井的分析与单井分析相同。

(一) 注采井组油层在剖面上和平面上油水分布特点

1. 油层内部纵向上油水分布特点

研究井组小层静态，主要是分析每个油层岩性、厚度和渗透率，在纵向或平面上的变化，注入水推进的规律。同时分析不同油层的水淹特点（依据油层栅状连通图，油砂体平面图、沉积相带图）。

（1）正韵律厚油层底部水淹型，水淹厚度小。

渗透率的分布具有明显的上低下高的正韵律性。这类油层在油水分布上一个鲜明的特点，就是底部水淹严重，越往上水洗程度越低，注入水很难波及油层顶部，水淹厚度小，强水洗段出现得早、厚度小，油井见水以后含水率上升快，开采效果较差。

（2）反韵律油层，水淹厚度大，开采效果好。

渗透率的分布具有明显的上高下低的反韵律性。注入水首先沿着上部较高渗透率段向前推进，同时在重力的作用下使注入水进入下部低渗透率段，结果使水洗厚度扩大，驱油效率提高，避免了注入水沿顶部高渗透率部位突进。

其水洗特点是，油层纵向水洗均匀，水洗厚度、强水洗厚度大，开采效果好。

（3）多段多韵律油层，是层内明显的分段水洗类型。

油层厚度大，层内不稳定的岩性、物性夹层较多，层段之间的渗透率级差较小，这种油层的油水分布主要受层内夹层的影响。在注入水推进过程中遇到夹层时，水位上升，一部分水开始沿夹层上段推进。当注入水推进到夹层尾部时，沿上段推进的水才在重力作用下下沉。在相同的注入强度下，夹层越长，采出程度就越高。其水洗特点是具有多层段水淹的特点

（4）复合韵律均匀层，水淹厚度大，开采效果比较好。

该油层是由正旋回和反旋回组成的一个完整的沉积旋回。渗透率是上下高、中间低。这类油层的水淹特点介于正、反韵律油层之间，比正韵律油层好，比反韵律油层差。

（5）薄油层，水淹厚度大，开采效果好。

薄油层厚度小，油层渗透率低，水驱过程中重力的作用和非均质的影响都比较小。而且绝大部分薄油层，其岩石的润湿性一般为中性或偏亲水性，毛细管力的作用有利于水驱油。薄油层的开采关键是提高井网控制程度，使其最大限度地收到注水效果。

2. 油层平面上油水分布特点

油层平面上的油水分布特点受油层渗透率、砂体形状、注采关系及开采时间等因素的控制，使得不同油层平面上的水淹分布状况差异很大。

（1）大面积分布的中高渗透层。

这类油层一般分布面积广、渗透率高、油层厚度大、平面上连通性好，在开采过程中生产能力强、见水快，较早地进入高含水期，开采井点大部分都处于高水淹程度。

（2）有主体带的中低渗透性油层。

这类油层主体部位油层厚度较大，渗透率较高，边部地区油层厚度和渗透率相对比较低。在注水开发过程中，油层主体部位水线推进较快，油井较快见水，过早水淹，边部地

区水线推进较慢，油井见水晚，水淹程度低。

（3）成片分布的低渗透性薄油层。

这类油层由于受层间矛盾的干扰，在开采过程中，吸水能力和出油状况都比较差，采油速度较慢，水线推进速度缓慢，油井见水晚，大部分处于未水淹状态。

（4）零星分布形状不规则的油层。

这些砂体分布零散，形状不规则，油层物性差异较大，由于面积小很难使注采系统达到完善，油水分布也非常不均匀。

（二）井组注采平衡和压力平衡状况分析

所谓井组注采平衡，一是指井组内注入水量与采出液量的地下体积相等或略有剩余，并能满足产液量增长的需要；二是指井组内各油井之间采出液量的均衡状况。

（1）先分析注水井全井注水量是否达到配注水量的要求，再分析各采油井采出液量是否达到配产液量的要求，并计算井组注采比。

（2）分析各层段是否按分层配注量进行注水。一口分层注水井往往分若干个层段注水。每个层段又都是按油层物性情况和采液量要求进行配水的，所以分层段注水量应尽量符合配注量的要求范围，超注和欠注都会影响开发效果。根据采油井产液量剖面资料、注水井吸水剖面资料，计算出分层段注采比，进行分层段注采平衡状况的分析。

（3）对井组各油井采出液量进行对比分析，尽量做到各油井采液强度与其油层条件相匹配。

（4）对井组内的油层压力平衡状况进行分析。这里所说的压力平衡，一方面是指通过注水保持油层压力基本稳定，另一方面是指各生产井油层压力之间比较均衡，在很大程度上压力平衡也反映了注采平衡问题。

（三）井组综合含水状况分析

每个油藏在不同含水阶段有着不同的含水率上升规律，其变化趋势一般是在油藏开发初期到低含水阶段，含水上升速度呈逐渐加快趋势；含水率达到50%左右时，上升速度一般是最快的，进入高含水阶段，含水上升速度将逐渐减缓下来。

一般情况下，油层非均质程度越严重，有明显的高渗透层或大孔道存在时，含水率上升是比较快的。原油黏度越高，含水率上升也越快。

井组含水状况分析的目的，就是通过定期综合含水率变化的分析，与油藏所处开发阶段含水率上升规律对比，检查综合含水率上升是否正常。如果超出规律，上升过快，则应根据注水井的吸水剖面和采油井产液剖面资料，结合各层的油层物性情况，进行综合分析，找出原因。分析注水井层段配注是否合理，注水井井下封隔器是否密封造成窜漏；或某口油井产水量过高，某个油层注入水严重水窜等各种原因。

一般情况下，注采井组动态变化反映在油井上，大致有下列几种情况：

（1）注水效果较好，油井产量、油层压力稳定或上升，含水率上升比较缓慢。

（2）有一定注水效果，油井产量、油层压力稳定或缓慢下降，含水率呈上升趋势。

（3）无注水效果，油井产量、油层压力下降明显，气油比明显上升。

（4）油井很快见水，而且含水率上升快，产油量下降快，则必然存在注水井注水不合理问题。

每个注采井组，通过对注采平衡、压力平衡、含水率上升变化情况分析，结合油层物性和连通状况的综合分析，从中找出存在于油井、水井中的各种矛盾及其原因，再结合油藏开发不同阶段合理开采界限的要求，进行注采系统调整，或进行注、堵、压、换等相应的调整和控制措施，并落实到井和层。即对注水井低渗透欠注层采取增注措施，对高渗透水窜层控制水量，对油井严重水窜层采取封堵措施，对注水明显见效层采取压裂及换大泵措施等。合理解决井与井、层与层之间的矛盾，协调好井组内各层、各井之间的注采关系，使井组的开发状况尽量达到最佳效果，从而提高单元的开发水平。

二、井组动态分析的方法

（一）了解井组基本情况

（1）井组在区块（断块）所处的位置和开采的单元。
（2）掌握注采井组内的油水井数、注水方式和井距。
（3）了解油井的生产层位和注水井的注水层段，以及它们的连通情况。
（4）了解目前的注采状况，包括井组目前的日产液量、日产油量、综合含水率、动液面、全井及分层注水量。

（二）根据生产资料，找出井组存在的问题

1. 对比内容

将注采井组的各项生产指标进行对比，对比的内容一般包括日产液量、日产油量、含水率、日注水量、阶段注采比、累计注采比、动液面，有时还要进行原油物性和水性的对比。

2. 阶段划分

1）阶段初和阶段末的各项指标对比

（1）在各项指标对比中如产油量变化大，那么以日产油量变化趋势划分阶段：日产油量上升阶段、日产油量稳定阶段和日产油量下降阶段。
（2）在各项指标对比中如综合含水率变化大，那么以含水率变化趋势划分阶段：含水率上升阶段、含水率稳定阶段和含水率下降阶段。
（3）在各项指标对比中如产液量变化大，那么以日产液量变化趋势划分阶段：日产液量上升阶段、日产液量稳定阶段和日产液量下降阶段。

2）措施效果对比

对井组实施的生产措施、综合调整方案进行效果分析。

（1）根据注水井变化前后进行对比，可分为弹性开采阶段、注水井投注阶段、注水井分层阶段、注水井方案调整前后阶段、注水井措施前后阶段。
（2）根据采油井措施前后进行对比，可分为压裂前后阶段、酸化前后阶段、堵水前后阶段、换泵调参前后阶段。

3. 原因分析

（1）分析影响注采井组生产的主要因素——典型井的分析。

首先分析整个井组产能变化大的参数，如产液量、产油量、含水率等。其次分析是哪个单井产能变化影响整个井组产能变化，这类井是注采井组中的典型井，也是井组分析的关键井。

（2）分析主要原因，分析具体单井问题。

4. 调整措施

1）地面和井筒调整措施

可采取校正计量仪表、放套管气、解堵地面管线、热洗井筒、更换水嘴、更换封隔器、换泵、更换抽油杆、更换油管等措施。

2）地层调整措施

（1）注水井调整措施。

① 调整注水压差。对低渗透层加强注水，对高渗透层控制注水或停注，来调整层间矛盾。加强非主要来水方向的注水，控制主要来水方向的注水，来调整平面矛盾。

② 调整注水工艺。对注水困难的油层采取压裂、酸化措施，对套管变形的井或层间差异大的井可采取调剖的措施，对有采无注的井可采取补孔的措施。

（2）油井调整措施。

① 改层生产。如果只有主力油层参加生产的油井已达到高含水阶段，可以考虑对其他钻遇的非主力油层射孔，使其参加生产，而将高含水层封掉。这些被卡封的高含水层，经过几年的油水重新分布后，很可能含水率有所下降，也可以将其释放参加生产。

② 放大生产压差。在能量充足、产液量高的井区，可以采取放大生产压差的办法，通过提液来增加产量。

③ 改造油层。对低渗透层或钻井液侵蚀的层采取压裂或酸化等措施，对高渗透层采取堵水措施。

三、井组动态分析案例

根据下列曲线、图表、数据（图2-23至图2-28，表2-10至表2-12），按照操作程序进行井组动态分析，回答以下问题。其中，1号为注水井，2号、3号、4号为采油井；地面原油相对密度为0.85，原油体积系数为1.31。

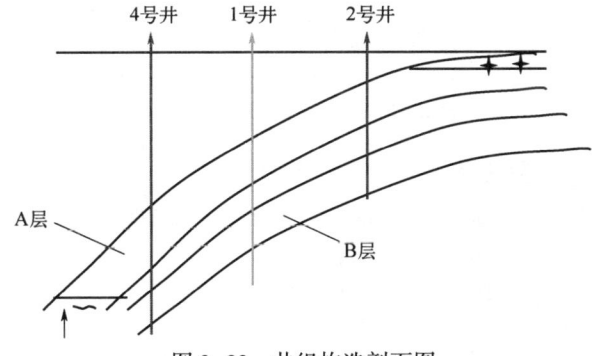

图2-23 井组构造剖面图

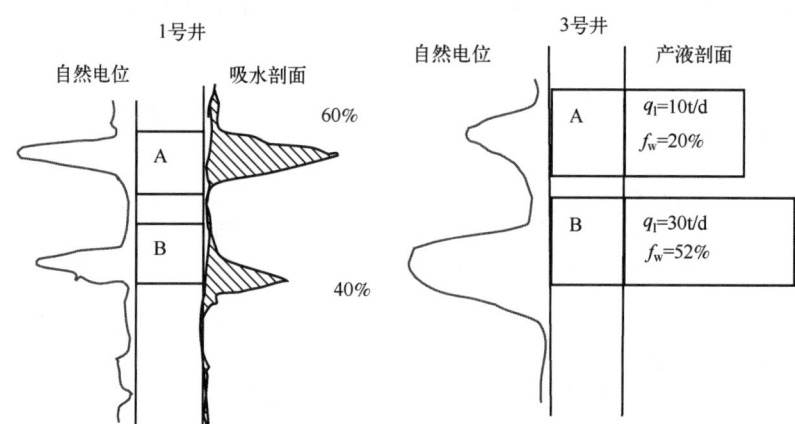

图 2-24 吸水剖面和产液剖面图

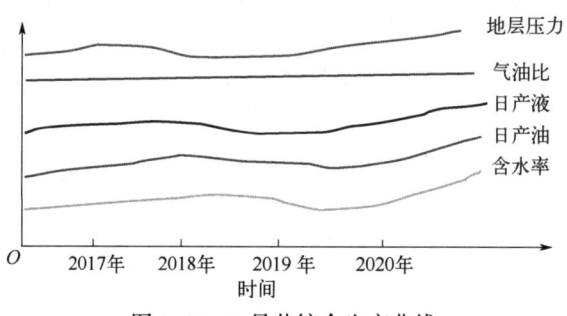

图 2-25 2 号井综合生产曲线

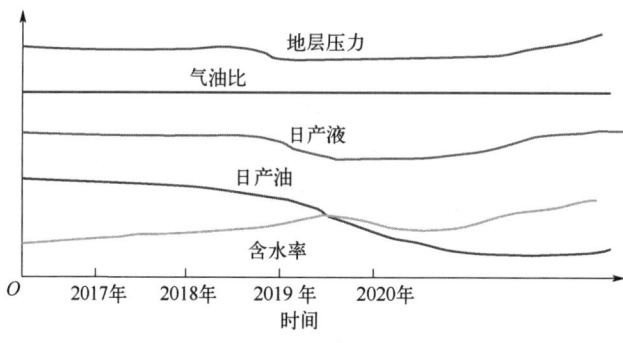

图 2-26 4 号井综合生产曲线

(1) 该区块是什么类型油藏？
(2) 图 2-27 所示是什么曲线？该曲线的变化反映井组的什么问题？
(3) 计算 2021 年的自然递减率、年注采比。
(4) 2021 年的自然递减率变化的原因是什么？
(5) 注入水是怎样运动的？
(6) 油井受效情况如何？

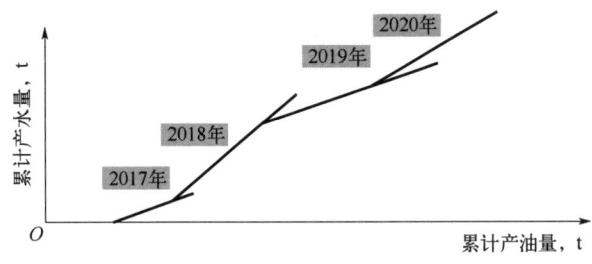

图 2-27 待分析曲线

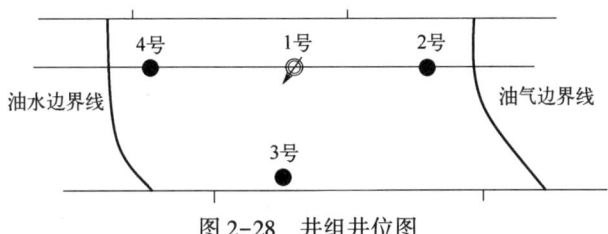

图 2-28 井组井位图

（7）分析 2 号油井的动态变化并分析变化原因。
（8）分析 3 号油井的动态变化并分析变化原因。
（9）分析 4 号油井的动态变化并分析变化原因。
（10）该井组合理的注水量是多少？依据是什么？
（11）井组应如何进行调整挖潜？

表 2-10 井组油井开发数据表

时间	井数	平均日产液量, t/d	平均日产油量, t/d	含水率 %	平均液面 m	平均流动压力 MPa	平均地层压力 MPa
2017 年	3	120	30	75.1	454	5.6	10.56
2018 年	3	117	28	76.2	427	5.8	10.71
2019 年	3	120	26	78.5	386	6	10.82
2020 年	3	119	24	80	359	6.2	11.04
2021 年	3	121	22	82	321	6.4	11.05

表 2-11 井组注水井开发数据表

时间	平均日注水量 m³/d	A 层平均日注水量 m³/d	B 层平均日注水量 m³/d	自然递减率 %	年注采比
2017 年	137	96	41	7.3	1
2018 年	133	80	53	7.2	1.01
2019 年	136	70	66	7.5	1.02
2020 年	137	96	41	7.8	1.04
2021 年	138	97	41		

表 2-12　井组静态数据表

井号	层号	厚度, m	渗透率, D
1 号注水井	A 层	6.5	2.1
	B 层	10	1.2
2 号油井	A 层	7.7	2.2
	B 层	10	1.6
3 号油井	A 层	8.6	1.5
	B 层	7	2.3
4 号油井	A 层	10.2	2.1
	B 层	7	1.2

参考分析结果：

（1）该油藏为断层遮挡具有边水的气顶油藏。

（2）图 2-27 所示是水驱特征曲线。该曲线反映井组在第一阶段和第三阶段开发效果较好，第二阶段和第四阶段开发效果变差，水驱采收率下降。目前的曲线变化表明：该井组开发效果有变差的趋势。

（3）计算 2021 年的自然递减率、年注采比。

2021 年的自然递减率 =（2020 年平均日产油量−2021 年平均日产油量+2021 年平均措施日产油量）/2020 年平均日产油量×100%

$$= (24-22)/24 \times 100\%$$
$$= 8.33\%$$

2021 年的注采比 = 2021 年的日注水量/（2021 年日产水量+2021 年日产油量×原油体积系数/原油密度）

$$= 138/(121 \times 82.0\% + 22 \times 1.31/0.85)$$
$$= 1.04$$

（4）自然递减率是衡量无措施油井开发效果好坏的一项重要指标。该井组从自然递减率看，2021 年的自然递减率要比 2020 年大了 0.53%，该井组 2020 年—2021 年的产液量基本保持稳定，但是 2021 年综合含水率比 2020 年上升了 2.0%。因此，产油量递减开始加快的主要原因是该井组 2020 年—2021 年含水上升速度加快。含水上升速度加快的主要原因是无措施油井开发效果变差。

（5）地下油水运动主要受油层厚度、渗透性好坏和地下采出亏空大小所控制，根据渗流机理，注入水首先沿物性好、压降大的方向流动。根据动静态资料该井组的 1 号注水井主要是沿着 A 层运动，由于 2 号、4 号油井的 A 层油层厚度大，渗透率高并与 1 号注水井相对应。所以，2 号、4 号油井最早见水。3 号井与 1 号注水井对应较差，因此，晚见水。

（6）根据井组油井的开采曲线，2 号、4 号油井受效较好，3 号油井受效较差。

（7）动态变化分析：2 号油井地层压力、气油比、产液量、产油量和含水率随 1 号注水井 A 层注水量的变化而变化。当 A 层注水量由 96m³/d 下降到 80m³/d 时，2 号油井地层压力、产液量、产油量和含水率也随着下降，但气油比保持稳定。当 A 层注水量由 80m³/d 下降到 70m³/d 时，气油比上升。当 A 层注水量由 70m³/d 恢复到 96m³/d 时，气油比下降，后又恢复到原来稳定的水平。而此时的地层压力、产液量、产油量和含水率又开始上升。

变化原因分析：根据油水井静态数据表，1 号注水井 A 层是一个高渗透高吸水层，1 号注水井 B 层是一个低渗透低吸水层，2 号油井与 1 号注水井具有较好的对应关系，因此，2 号油井主要是存在层间矛盾。由于 2 号油井的 A 层是一个具有气顶的高渗透高产液层，当 A 层的注水量下降时，地层压力也随着下降，当水驱地层压力下降到低于气顶压力时，此时的 A 层是气压驱动；当水驱地层压力下降到低于饱和压力时，此时的 A 层是溶解气驱动；气压驱动和溶解气驱动表现在油井是气油比上升。当 1 号注水井 A 层注水量下降时，2 号油井的综合含水率也随着下降，表明 2 号油井的 A 层含水率较高。

（8）动态变化分析：根据 3 号油井产液剖面资料，3 号油井 B 层的产液量和含水率要比 A 层高，而 1 号注水井 A 层的注水量要比 B 层高，由此，可判断 A 层的压力要比 B 层高，3 号油井的 A 层是一个高压低产层。

变化原因分析：根据油水井静态数据表，1 号注水井 A 层是一个高渗透高吸水层，3 号油井的 A 层是一个低渗透低产液层，3 号油井与 1 号注水井对应关系较差，因此，3 号油井主要是存在平面矛盾。

（9）动态变化分析：4 号油井地层压力、产液量、产油量和含水率随 1 号注水井 A 层注水量的变化而变化，当 A 层注水量由 96m³/d 下降到 70m³/d 时，4 号油井地层压力、产液量、产油量和含水率也随着下降，但气油比保持稳定。当 A 层注水量由 70m³/d 恢复到 96m³/d 时地层压力、产液量、产油量和含水率又开始上升。

变化原因分析：根据油水井静态数据表，1 号注水井 A 层是一个高渗透高吸水层，1 号注水井 B 层是一个低渗透低吸水层，4 号油井与 1 号注水井具有较好的对应关系，因此，4 号油井主要是存在层间矛盾。由于 4 号油井的 A 层是一个具有边水的高渗透高产液层，当 A 层的注水量下降时，地层压力也随着下降，但下降幅度小，此时的 A 层是边水驱动；由于在注水量变化过程中气油比保持稳定，表明边水是活跃的。当 1 号注水井 A 层注水量下降时，4 号油井的综合含水率也随着下降，表明 4 号油井的 A 层含水率也较高。

（10）根据 2 号油井和 4 号油井的动态变化和变化原因分析，该井组合理的注水量主要是调整 A 层，该层的注水量可控制在 80m³/d 左右。水驱油藏油井的气油比、地层压力、产液量和含水率的变化主要受注水量大小所控制。该井组当 A 层注水量由 80m³/d 下降到 70m³/d 时 2 号油井气油比上升，说明以气顶驱为主；当 A 层注水量由 96m³/d 下降到 80m³/d 时，2 号油井地层压力、产液量、产油量和含水率也随着下降，但气油比保持稳定，说明仍以水驱为主。水驱油藏合理的注水量是既能控制油井含水上升速度又能保持以水驱为主。

（11）①为了控制 2 号油井和 4 号油井综合含水率，减缓层间矛盾，可将 A 层的注水量控制在 80m³/d。②为了减缓 3 号油井的平面矛盾，可对该井的 A 层进行压裂引效。③可提高 1 号注水井 B 层的注水量，但同时对井组的油井进行分层开采。

第四节　区块动态分析

一、区块动态分析的内容及步骤

开发单元（区块）的动态分析，就是在注采井组分析的基础上，依据开发单元的方案设计指标，检查开发方案的实施情况及效果，针对注采出现的矛盾和问题，及时编制注采调整方案和措施，以改善区块开发效果。

（一）区块开发状况分析

概述区块地理位置、交通状况、气候、水源及经济状况、地面海拔高度、油层埋藏深度及油田含油层位。阐述油田投入开发时间、开采层位、开采方式、层系划分、井网密度、注水方式、产能建设情况，以及层系、井网调整情况。正确统计油田目前的油井总数、水井总数、开井数、日产油量、日产液量、日注水量、地层压力、采油指数、吸水指数、综合含水率、采油速度和采出程度、按可采储量计算的采油速度和采出程度、剩余可采储量采油速度、累计采油量、累计采水量、累计注水量等指标。

（二）区块开发规划实施情况检查

原油生产任务完成情况的检查内容包括老井未进行措施的产量，老井压裂、转抽、下电泵、抽油井换泵换型增产油量，新井增产油量以及全区产量。增产措施工作量实施检查内容包括已钻油、水井数，基建油、水井数及建成生产能力、自喷井转抽、下电泵井数，油井压裂井数和抽油井换泵换型井数。

各项开发指标检查内容包括油田产液量、注水量、含水率、含水上升率、产量递减率、储采比，以及新井投产后增加的可采储量、单井产能、含水率、老井措施后单井增产效果等。

（三）开发效果评价

开发效果评价内容包括分析评价区块开发能量及注采压力系统的适应性；各类油层的井网适应性及其水驱储量控制程度；油田注水波及体积和注水利用率；采液速度、采油速度和剩余可采储量采油速度；含水上升速度、采出程度；总结实施过程和评价开发效果中所取得的经验和对地下形势的再认识，找出存在的问题。

（四）区块地质特征描述

构造：构造类型、形态、倾角、闭合高度、闭合面积、圈闭条件。
断层：断层性质、条数、分布状态、密封程度、断层要素。
储层：概述油层岩石性质、油层划分、隔层厚度和分布。
油层：描述油层产状，包括油层总有效厚度、单层有效厚度、层数、分布状况。
沉积相：沉积相分析，包括沉积类型、砂体形态、砂体分布状况。

物性：描述油层物理性质，包括油层孔隙度、渗透率、含油饱和度、相对渗透率、岩石润湿性、微观结构、毛细管压力、水驱油效率。

原油性质：描述地面原油密度、黏度、凝点、含蜡量、含硫量、胶质沥青含量和地层原油 PVT 性质。

天然气性质：主要描述其相对密度、组分、凝析油含量。

地层水性质：主要描述水型、矿化度。

油田油气水分布：主要包括分区块、分层系的油气界面、油水界面、油气水分布的控制因素、分布类型、气顶、纯油区和过渡带面积。

油藏类型及驱动方式：确定油藏类型；测算天然能量大小，确定驱动类型；阐述油层压力系统、原始地层压力、地层温度和地温梯度。

储量计算：确定动用的石油及天然气地质储量和可采储量。

（五）油层储量动用状况及开发潜力分析

油层储量动用状况分析：统计分析油井分层厚度、产液量、采液强度和含水率等分层开采状况。统计分析注水井分层吸水厚度、注水量及注水强度等分层注水状况。统计分析不出油和动用差的油层厚度分布状况。统计未动用和动用差的储量状况。通过检查井资料，统计不同类型油层见水层厚度、水淹段厚度及驱油效率，分析油层储量动用状况。

油层开发潜力分析：根据油田油层储量动用状况分析及油田开发效果评价结果，提出潜力地区及调整对象，对油田调整地区及层系进行经济合理井网密度分析，计算分析调整后增加的油水井数、生产能力及可采储量。根据规划实施情况检查结果，对油田油井压裂、转抽、下电泵、机采井换泵换型等提液增产潜力进行分析，计算分析各项措施的可实施井数、增产效果及经济效益评价。

（六）区块开发方案编制

1. 确定编制原则与技术界限

根据油田所处开发阶段，现有的生产潜力和工艺技术条件，对油田井网、层系划分、注水方式和开采方式提出调整原则。根据油田所处开发阶段及实际生产情况，以油田开发机理为基础，分析综合含水率、含水上升率、产量递减率、剩余可采储量采油速度、注水压力、地层压力、流动压力、最大产液量、采液速度、注采比及注采井数比等指标，确定具体的技术界限。

2. 开发指标预测内容

开发指标预测内容包括油田年产油量、年注水量、年产液量、年平均含水率、年末含水率、含水上升率，油井采液指数和采油指数、地层压力、流动压力，水井注水压力和吸水指数。

3. 新区新井、老区调整井开发指标预测方法

根据区块的新区调整开发方案、老区调整方案确定新区新井、老区调整井开发指标。无调整方案时可根据已投产地区的调整井产量及含水率变化情况进行预测。

4. 开发规划方案设计

具体安排钻井地区及井数、产能建设地区及井数，以及老井压裂、转抽、下电泵、换

型等井数，并计算出增产油、水量，确定规划方案的产量构成，并对不同规划方案的措施工作量及增产量进行对比。对不同规划方案的年产油量、年产水量、年产液量、年注水量、采油（采液）密度、采出程度、含水率、剩余可采储量采油速度、全区产量自然（综合）递减率、阶段含水上升率、累计产油量等开发指标进行测算。对不同规划方案的逐年总投资、总产值、总生产费用、原油边际成本、原油综合成本、税利总收入等经济指标进行测算。根据不同规划方案各项开发指标及经济指标的对比分析，确定推荐方案。

5. 开发规划方案可行性论证

阐述规划期间动用地质储量、可采储量及采取各种措施后新增可采储量的可靠程度。详细论述规划方案中提出的油井压裂、转抽、下电泵、换型、层系井网调整等所增加产量的落实程度。进行油井压裂、转抽、下电泵、换型、堵水、酸化等各种增产措施和经济界限分析，确定经济上合理的井网密度，并进行原油价格与成本关系，油田投资、原油成本随油田含水率上升的变化趋势分析，以论述规划方案在经济上的合理性。根据规划方案的需要，对油井监测、钻井、固井、完井工艺技术，以及薄油层测井、水淹层解释、封窜修井、薄油层压裂封窜等技术进行分析，论述其落实程度。对钻井、井下作业、油建、供水、原油外输等施工条件进行分析，论述其实现规划方案的可行性。对原油成本增长趋势，以及国家的投资和资金来源进行详细分析，论述其实现规划方案的可行性。

二、区块动态分析案例

（一）区域地质概况

X区块M油层位于D油田鼻状构造东南倾伏端，为受近东西向的断层和北东向的断层控制的断鼻构造油藏，含油面积为 0.45km^2，地质储量为 $87×10^4$t，油层平均有效厚度为17m，单井钻遇最大有效厚度为23.2m，平均油层中部深度为1666m。油层处于D油田扇三角洲根部，河道砂及河口沙坝比较发育，岩性较粗，以含砾砂岩和砾状砂岩为主。

（二）区块开发状况分析

截至2000年9月，X区块M油层共有采油井5口，注水井4口，注采井数比为1:1.25，采取边外加边内的面积注水井网，注采井网比较完善。累计产油 $44.4492×10^4$t，采出地质储量的51.09%，采油速度为0.88%，剩余可采储量采油速度为11.84%，综合含水率为93.43%。

D油田X区块M油层单元属小型断块油藏，天然能量不充分，不具备长期利用天然弹性能量开采的条件。该断块1978年投入开发，在构造高部位部署1口合采井，开采X区块Ⅲ、Ⅳ层系（该层系在约半年的时间内地层压力下降了1.84MPa，油井开始见水）。1979年投注1口注水井兼注该层系，油井产能有所回升，保持了旺盛的产能，地层压力大幅度下降的趋势开始变缓，水驱采收率提高5%，达到32%。

（三）存在问题

该开发单元具有岩性粗、含油面积小、油层厚度大、层段数多、物性非均质性严重、平面矛盾突出、层段动用差异大的问题，在开发过程中，虽然进行了油井提液和水井调剖等措施，仍表现出含水上升速度过快、产油量下降现象。

（四）开发方案调整

(1) 区块层系细分，完善井网控制程度。

由于 X 区块处于 D 油田扇三角洲根部，油层厚、岩性粗、纵向物性差异大，几套层系合采合注，高渗透层段必然对低渗透层段产生大的干扰，总的开发效果较差。X 区块最初只开采 Ⅰ+Ⅱ、Ⅲ、Ⅳ 这 3 套层系，其中 Ⅲ$_3$ 和 Ⅲ$_{1+2}$、Ⅳ 层系合注合采，Ⅲ$_3$ 层系的采油速度就达不到方案设计目标。针对这一特点，1982 年 8 月对 X 区块进行细分层系开采，X 区块 Ⅲ 层系细分为 Ⅲ$_{1+2}$ 和 Ⅲ$_3$ 两套层系，M 油层单独部署 2 口油井，1 口老井在该层补孔生产。同时于 1982 年 11 月在边水外部署 2 口注水井，原来的 1 口合注井和 1 口合采井上返其他层系，这样该单元就有 3 口油井和 2 口注水井，注采井数比为 1∶1.5，由此形成了边外注水边内采油和低部位注水高部位采油的注采井网结构。方案实施后，减少了层间干扰，单元产量由细分前的 34t/d 左右上升到细分后的 136t/d，采油速度由细分前的 1.44% 上升到细分后的 5.71%，水驱采收率达 43%，比细分前提高 11%。

(2) 调整井网合理性，提高采油速度。

通过层系细分，并于 1983 年 7 月在边外转注了一口老井，注采井数比达 1∶1，为提液保持高产稳产打下了物质基础。1983 年 7 月对该油层进行了强注强采试验，目的是配合层系细分，利用中低含水阶段最佳提液时机，最大限度地动用储量。首先是加强注水，将注采比增大至 1.0 以上，在地下能量上升的情况下，油井通过调大参数、换大泵和下电泵等，使采液速度保持在 10% 以上，最大值达 15.69%。

通过提液放大生产压差，物性较差的层段也得到动用。例如，区块内 A 井产油剖面资料反映，换大泵后，生产压差由 0.12MPa 放大到 0.33MPa，产液层段由 3 个增加到 5 个，产液层厚度由 14.0m 增加到 20.8m，产液强度由 1.44t/(d·m) 上升到 4.17t/(d·m)。正是由于放大生产压差，扩大了纵向注水波及厚度，该阶段含水率低于细分提液前，开发效果明显提高。单元产量由细分提液前的 34~58t/d 上升到细分提液后的 106~148t/d，采油速度由细分提液前的 1.44%~2.43% 上升到细分提液后的 4.5%~6.21%，阶段末采出程度为 26.9%，阶段含水率上升仅为 2.42%，水驱采收率达 55%，比提液前又提高 12%。

(3) 开展层内细分，缩小层间矛盾。

针对该油层层内纵向水驱不均匀等特点，通过深入的小层对比和沉积微相研究等静态研究工作，在层内找到了 2 个比较稳定的物性（或岩性）夹层，可以将 Ⅲ$_3$ 进一步细分为 Ⅲ$_{31}$、Ⅲ$_{32}$ 和 Ⅲ$_{33}$ 这 3 个层段（渗流单元）。其中，Ⅲ$_{31}$ 和 Ⅲ$_{32}$ 渗流单元在以往的开发过程中动用较差，是层内细分开采的主要挖潜对象，在层内细分开采试验期间，着重对它们进行细分注水和分层开采，充分挖掘潜力，取得了显著的开发效果。通过层内细分，累计产油 5.85×10^4t，阶段采出程度为 6.73%，水驱采收率达 57%，比层内细分前又提高了 2%。通过该阶段的调整，阶段累计产油 12.7×10^4t，阶段采出程度为 14.6%，水驱采收率达 65.37%，比调整前又提高了 8.37%。

（五）结论

(1) 小型厚层断块油藏不能长期利用天然能量开采，早期人工注水补充能量有利于使开发单元保持旺盛的产量。

(2) 对于形状不规则的小型厚层断块油藏，采取不规则的边外加边内注水、低注高采的面积注采井网结构，并且边外注水强度要大于边内，确保储量不外溢，同时保证油井注水受效方向不单一，有利于平面注采调整。

(3) 层系细分是提高采收率的关键。及早使厚层从大套的开发层系中细分出来，并形成单独的注采井网，才能避免层系间的干扰，这是开发过程中各种其他重大调整措施的基础。在此基础上，充分利用层内的物性或岩性差异进行厚油层细分开采，即在厚层内再进一步细分渗流单元开采，是减少厚油层层内纵向干扰以提高开发效果的重要途径之一。

(4) 在井网比较完善的基础上，及时进行平衡注水和强注强采，是实现小型厚层断块油藏高效开发的重要途径。

第三章 三次采油技术

石油储存在地下岩石的孔隙之中,开采难度很大,所以石油的开采是分层次进行的:利用油藏天然能量开采石油称为一次采油,采收率一般低于15%;通过注水或非混相注气维持或提高油层压力并驱替油层中的原油称为二次采油,采收率可达30%~40%;利用物理的、化学的、生物的方法继续开采水驱后的残余油,称为三次采油,三次采油后,最终采收率可达50%~70%。由于有些油田并没有明确的一次采油和二次采油之分,所以三次采油技术也被称为提高石油采收率技术或强化采油技术(Enhanced Oil Recovery,EOR)。

目前世界上已形成的三次采油方法,主要包括四大技术系列,即化学驱、热力法、气驱和微生物采油。本书中,将热力法单列一章,在稠油开采技术中进行介绍,本章介绍聚合物驱、化学复合驱、气体混相驱和微生物采油四种三次采油技术。

第一节 聚合物驱油技术

一、聚合物驱油技术概述

(一)基本概念

1. 石油采收率

石油采收率可定义为油藏累计产油量与油藏原始地质储量比值的百分数。该比值的大小取决于注入流体在油藏中的波及系数和驱油效率。波及系数,又称扫油效率或宏观驱替效率,它是指注入流体波及区域内的体积与油藏总体积的比值;驱油效率,又称微观驱替效率,它是指注入流体波及区域内,采出的油量与波及区内石油储量的比值。石油采收率的计算公式及其与波及系数、驱油效率的关系式如下:

$$E_R = \frac{N_P}{N} = E_V E_D \tag{3-1}$$

式中　E_R——石油采收率;

　　　N_P——累计产油量,m^3;

　　　N——油藏原始地质储量,m^3;

　　　E_V——波及系数;

　　　E_D——驱油效率。

应用普通水进行驱油时,由于水的流度比油的大很多,所以波及系数不是很高。而把少量聚合物加入水中就可以使水的黏度大幅度提高,与此同时,由于聚合物在油藏中的滞留，会使岩石的水相渗透率降低，从而提高波及系数。

2. 聚合物

聚合物是由被称为单体的低分子物质聚合而成的高分子化合物。人们通常把相对分子质量大于 1000 的物质称为高分子化合物，而矿场上驱油用聚合物的相对分子质量都在数百万，甚至数千万以上。

驱油用聚合物大致可分为两大类，即天然聚合物和人工合成聚合物。天然聚合物从自然界中得到，如改进的纤维素类；有时也从细菌发酵中得到，如生物聚合物黄胞胶（xan-thangum）。人工合成聚合物是在化工厂生产出来的，如目前大量使用的聚丙烯酰胺（PAM）和部分水解聚丙烯酰胺（HPAM）等。虽然黄胞胶具有较好的抗剪切和耐盐性能，但由于其价格要比聚丙烯酰胺高出数倍，因此矿场驱油一般用的是聚丙烯酰胺。

聚丙烯酰胺分子由很长的丙烯酰胺单体分子链组成，其基本结构单元（又称链节）如图 3-1 所示。

3. 聚合物驱油

聚合物驱油就是把聚合物添加到注入水中，提高注入水的黏度，降低驱替介质流度的一种改善水驱方法。

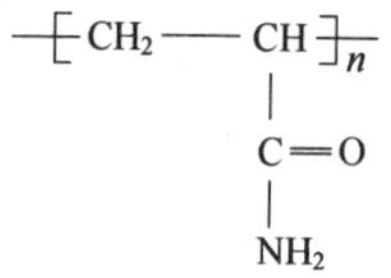

其中，黏度是流体分子间摩擦力的量度，摩擦力越大，黏度越大，流动性越差；驱替介质，这里是指用于驱油的流体；流度是指流体的流动能力。流度和黏度成反比，和岩石的渗透率成正比，计算公式如下：

图 3-1　聚丙烯酰胺链节
n—聚合度（重复链节数）

$$\lambda = \frac{k}{\mu} \tag{3-2}$$

式中　λ——流度，$\mu m^2/(mPa \cdot s)$；

K——渗透率，μm^2；

μ——黏度，$mPa \cdot s$。

（二）影响聚合物溶液黏度的因素

聚合物溶液的黏度是改善流度比的关键因素。因为流体的黏度是流体分子间摩擦力的量度，所以凡是影响聚合物溶液分子间摩擦力的因素都影响其黏度。

在其他条件相同的情况下，聚合物的相对分子质量、浓度、水解度、水的矿化度及溶液温度对溶液的黏度都有影响，具体分析如下。

1. 聚合物溶液的浓度、相对分子质量对黏度的影响

在其他条件相同的情况下，聚合物溶液的黏度随浓度的增加而增加，随相对分子质量的增加而增加。所以，在油田矿场上，常通过加大聚合物的相对分子质量或注入浓度的方法，来改善聚合物驱油的效果。

2. 矿化度对黏度的影响

聚合物溶液矿化度或含盐量对溶液黏度存在着较大的影响。一般情况下，矿化度越高，溶液黏度越低，并且在同一矿化度变化条件下，较低相对分子质量聚合物的溶液黏度损失小于较高相对分子质量的，这说明较低相对分子质量的聚合物具有较为优良的耐

盐性。

3. 水解度对黏度的影响

聚丙烯酰胺在酸或碱的作用下，发生水解反应，水解成为部分水解聚丙烯酰胺。图3-2所示为部分水解聚丙烯酰胺的结构。

$$水解度 = \frac{n}{m+n} \times 100\% \tag{3-3}$$

式中，m和n分别表示聚丙烯酰胺分子中酰胺基和羧基的个数。

用蒸馏水配制而成的聚丙烯酰胺溶液的黏度和水解度关系如图3-3所示。

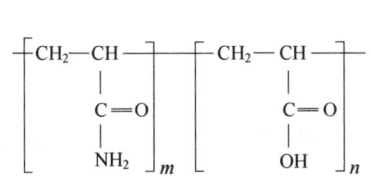

图3-2 部分水解聚丙烯酰胺的结构

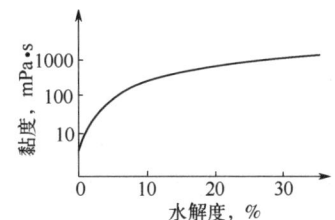

图3-3 聚丙烯酰胺溶液黏度与水解度的关系

从图3-3中可以看出，随着水解度的增加，聚合物溶液黏度增大。这是因为—COO⁻基团随着水解度的增加而增加，负电基团间的斥力促使分子更伸展，致使黏度增大。驱油中用HPAM的水解度应为0.1%～70%，最好为5%～30%。因为水解度越大，聚合物溶液中的—COONa⁻越多，虽然有利于增大黏度和减少吸附，但不利于聚合物的化学稳定性。相反，水解度越小，虽有利于聚合物的化学稳定性，但—$CONH_2$易吸附在岩石表面，会增加HPAM的吸附量。

4. 温度对黏度的影响

聚合物溶液的黏度随着温度的升高而降低，当温度高于70℃时，聚合物会发生热氧降解，导致聚合物溶液的黏度大幅度下降，有时甚至完全失去其效能。因此，必须严格控制配制聚合物溶液的水温，并避免在高温油藏应用聚合物驱油技术。

（三）聚合物的性能指标及等级

1. 聚合物的性能指标

聚丙烯酰胺在造纸、水处理、选矿、采油等许多工业领域有着广泛的应用。根据其应用性质的不同，对产品的性能要求也不完全一样。在采油应用方面，主要要求聚合物具有较好的增黏性和较大的相对分子质量，从而达到控制流度、增大波及体积和提高采收率的目的。为了达到这一目的，应根据不同的油层条件，来选择相应的聚合物。目前，大庆油田对聚合物性能的要求有10项，见表3-1。

表3-1 大庆油田聚合物产品指标汇总表

项目	要求			
相对分子质量，×10⁶	9.5～11	11～14	17～20.5	…
黏度，mPa·s	31～38	≥40	≥50	…

续表

项目		要求			
特性黏数		15~16.5	16.5~19.5	22.5~25.5	…
固含量，g/100g		≥88%	≥88%	≥88%	…
水解度，摩尔分数		23%~27%	23%~27%	23%~27%	…
过滤因子		≤1.5	≤1.5	≤1.5	…
水不溶物，g/100g		≤0.2%	≤0.2%	≤0.2%	…
溶解速度，h		≤2	≤2	≤2	…
粒度 g/100g	≥1mm	≤3%		≤3%	…
	≤0.2mm	≤3%		≤3%	…
外观		白色粉末，不变色、不结块			

1) 对聚合物相对分子质量的要求

聚合物的相对分子质量越大，增黏效果越好。与此同时，其分子的回旋半径也会越大，通过油层孔隙的难度也会增大。所以针对不同渗透率的油层，会选择不同相对分子质量的聚合物。

2) 对聚合物黏度的要求

黏度是控制流度的关键参数，因此对聚合物黏度的要求较高。表3-1中所列的黏度指标是指温度在45℃，大庆水质条件下，0.1%浓度的聚合物溶液，用布氏黏度计在6r/min条件下测定的。

3) 对聚合物特性黏数的要求

惯用黏度法测定驱油用聚合物的相对分子质量，称黏均分子量。首先测定某种聚合物不同浓度下的黏度（增比黏度），求出特性黏数（IV），再用公式算出其相对分子质量。

4) 对聚合物固含量的要求

购买的聚合物都含有一定量的水分，即表面吸附水和内部水，产品固含量的准确测量既关系到商业利润又关系到使用量的准确性。对驱油用聚合物的固含量要求大于88%。

5) 对聚合物水解度的要求

部分水解聚丙烯酰胺是聚丙烯酰胺的水解产物。驱油用聚丙烯酰胺，水解度通常为20%~35%，调剖或者堵水用聚丙烯酰胺水解度在10%以下。水解度越大，水溶性越好，在相同相对分子质量条件下，黏度越大。但水解度过大，抗盐性和稳定性就会变差。大庆油田驱油用聚丙烯酰胺，要求水解度为23%~27%。

6) 对聚合物过滤因子的要求

制定过滤因子、水不溶物两项指标的目的是防止聚合物堵塞油层。过滤因子用过滤速度的比值表示，即聚合物溶液经3.0μm微孔滤膜过滤，初期的过滤速度与后期过滤速度的比值。

7) 对聚合物水不溶物的要求

聚合物水中不溶物也是用过滤方法测定的，目前要求水不溶物小于0.2%。

8) 对聚合物溶解速度（溶解时间）的要求

对聚丙烯酰胺溶解速度的要求是小于2h。

9) 对聚合物粒度大小的要求

聚合物粒度大小与溶解速度密切相关,粒度过大将增加溶解时间。粒度过细,由于比表面积增大,将给分散带来不利影响,在溶解时,小的颗粒容易黏结在一起形成"鱼眼",增加溶解时间。同时,粒度过细,储存时容易结块。因此,对驱油用聚合物的粒度提出了要求,粒度大于1mm部分和小于0.2mm部分均不能超过3%。

10) 对聚合物外观的要求

对聚丙烯酰胺干粉外观的要求是白色粉末,没有变色,没有结块。

在对样品的性能指标检测之后,要形成一份聚丙烯酰胺产品的检验报告书,可以看到每一项指标的检测结果及单项结论,最后就可以对产品进行定级。

2. 聚丙烯酰胺干粉的等级

依据相应的企业标准,聚丙烯酰胺干粉的定级标准具体如下:

(1) 所有指标均符合A类标准,定为一级品。

(2) 有一项指标符合B类标准,其他指标都符合A类标准定为二级品。

(3) 有两项指标符合B类标准,其他指标都符合A类标准定为三级品。

(4) 有三项或三项以上指标符合B类标准,或任一项符合C类标准,这种产品就定为不合格。

(四) 聚合物溶液驱油的适用性分析

1. 油层非均质性对聚合物驱的影响

一般来说,聚合物驱适合于水驱开发的非均质油田。油层的非均质从宏观上看,有纵向非均质和平面非均质;从微观上看,有孔隙结构非均质及矿物组成非均质等。目前,人们已经对纵向渗透率非均质与聚合物驱的关系做了研究。其中大多数砂岩油层的渗透率变化情况通常具有"对数正态分布"特性。油层的纵向非均质用渗透率变异系数(V_K)来表示。

$$V_K = \frac{\overline{K} - K_\sigma}{\overline{K}} \tag{3-4}$$

式中 $\overline{K}$——平均渗透率,即占累计样品数50%处的渗透率,μm^2;

K_σ——占累计样品数84.1%处的渗透率,μm^2。

在其他条件一定时,应用聚合物驱数值模拟,对大庆油田正韵律油层进行了计算,结果如图3-4所示。

从图3-4可以看出,油层渗透率变异系数V_K对聚合物驱效果有很大的影响,在$V_K \leq 0.72$时,聚合物驱效果随V_K的增大而变好。但当$V_K > 0.72$时,随着V_K的增加,聚合物驱效果又急剧下降。因此,对一个具体的油层来讲,渗透率变异系数存在着一个最佳区间。例如,大庆油田萨中以北地区的正韵律、复合韵律、多段多韵律等三种类型油层的渗透率变异系数为0.6~0.8,因此,萨中

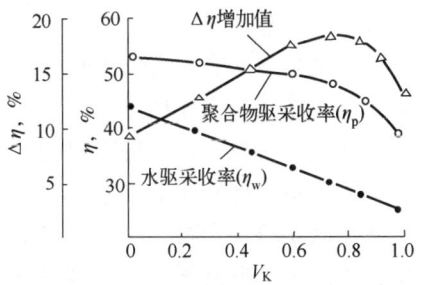

图3-4 V_K与聚合物驱油效果的关系

以北地区的主力油层特别适合聚合物驱。但需要特别指出的是，当砂岩油层中有裂缝时，会造成聚合物绕流；砂岩中泥质含量高或渗透率低于$20×10^{-3}\mu m^2$时，由于聚合物的滞留影响其驱油效果，在使用聚合物驱油时，必须综合考虑油层岩石的各种非均质因素。

2. 油层的深度和温度对聚合物驱的影响

对于浅油层，注入压力有一个限度，尤其是遇到低渗透的浅油层时，注入聚合物驱油时，易造成油层出现裂缝情况。但首要的是避开深的油层，因为这些油层内温度和水的矿化度高，易造成聚合物降解及黏度下降，而达不到聚合物驱的效果。由于不同地区地温梯度的差别，人们还不能建立关于深度的具体筛选标准。但公认的是，使用部分水解聚丙烯酰胺驱油时的油层温度不应超过70℃。

3. 原油黏度对聚合物驱油效果的影响

原油黏度和聚合物驱油效果之间也存在着明显的关系。在相同的地层条件下，原油黏度越低，水驱采收率越高，聚合物驱提高采收率的幅度也越小；原油黏度越高，所需聚合物段塞的黏度越大，聚合物溶液在地面及地下的流动阻力越大，致使工艺上变为不可行。数值模拟研究表明，采用相对分子质量为1000万左右的聚合物，注入浓度为1000mg/L的聚合物溶液段塞，原油黏度为$10\sim100$mPa·s时，采收率提高幅度较大，如图3-5所示。原油黏度大于100mPa·s的油田，从工艺及经济角度考虑，则更适合热采方法。此外，油层中的含油饱和度越高（一般应大于10%PV），聚合物驱油效果越好。

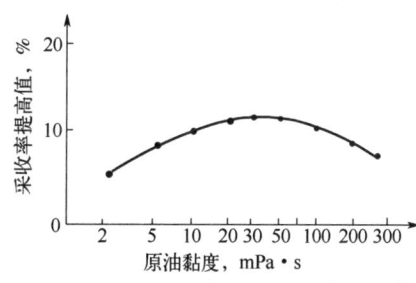

图3-5　不同原油黏度聚合物驱效果

二、聚合物配制站运行管理

聚合物配制站就是将固体粉末状聚合物（也称聚合物干粉）配制成聚合物浓溶液（母液）的场所。

（一）聚合物配制站工艺流程

聚合物配制站的工艺流程如图3-6所示，即将清水和聚合物干粉按所需浓度配比注入分散装置充分接触并初步混合，输入到熟化罐搅拌一定时间，完全溶解后，经螺杆泵升压，泵输至过滤器去除杂质，外输到注入站。流程可以概括为：配比→分散→熟化→泵输→过滤→外输。

配比就是在水和聚合物干粉分散混合之前，对水和聚合物干粉分别进行计量，并使水和聚合物干粉按一定比例进入下一道工序。

分散就是将聚合物干粉颗粒均匀地分散在一定量的水中，并使聚合物干粉颗粒充分润湿，为下一道工序熟化准备条件。

熟化就是将聚合物干粉颗粒在水中由分散体系转变为溶液的过程。聚合物属于高分子物质，其溶解与低分子物质的溶解不同。聚合物分子与水分子的尺寸相差悬殊，两者的运动速度也相差很大，水分子能比较快地渗入聚合物分子，而聚合物分子向水中的扩散却非

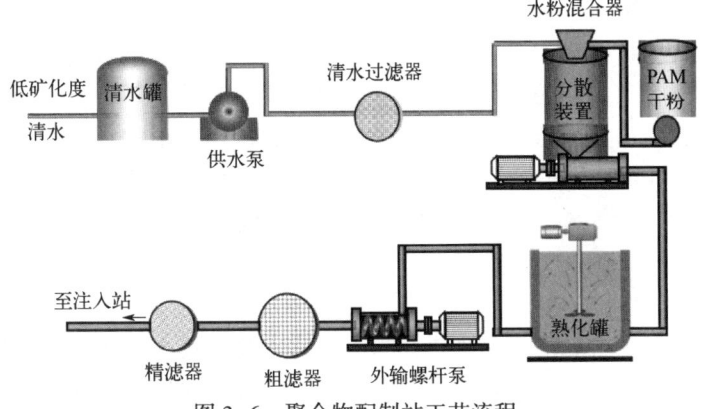

图 3-6 聚合物配制站工艺流程

常缓慢。这样，聚合物的溶解要经过两个阶段，首先是水分子溶入聚合物分子内部，使聚合物体积膨胀，这称为溶胀；然后才是聚合物分子均匀地分散在水分子中，形成完全溶解的分子分散体系，即溶液。

泵输就是为熟化好的聚合物溶液的过滤提供动力条件。一般说来，为了减少聚合物溶液的机械降解，大都采用螺杆泵。

过滤就是使用过滤器除去聚合物溶液中的机械杂质和没有充分溶解的"鱼眼"，一般用粗过滤器、精过滤器进行两次过滤。

外输就是将配制好的聚合物溶液按需要外输给各个聚合物注入站。

典型的聚合物配制注入系统工艺有两种：一种是国外的紧凑型配注合一流程，即聚合物溶液的配制过程和注入过程合二为一，统一建在一个站内的流程。另一种是国内在大庆油田首先建成的大规模工业化生产配注分开流程，如图 3-7 所示。即在一座规模较大的聚合物配制站周围卫星式地布建多座注入站，由配制站分别给各注入站供液（母液），这种配制注入工艺的技术经济效益更好。

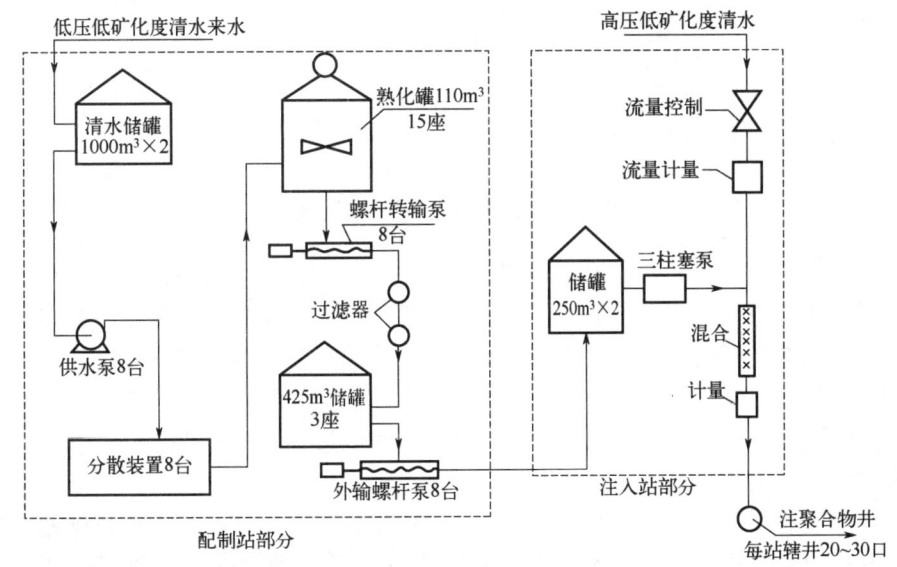

图 3-7 聚合物配注系统原理工艺流程图

无论何种聚合物配制注入系统工艺,聚合物驱油对地面工艺的基本要求是:

(1) 从水质讲,矿化度对聚合物溶液的黏度影响很大,要求尽量使用低矿化度水。

(2) 从温度讲,聚合物热降解明显,要求温度在70℃以下。

(3) 从化学性质讲,聚合物对铁离子,尤其是二价铁离子的影响敏感,要求聚合物溶液的容器、管道要尽量采用不锈钢或玻璃钢衬里材料。若注入水中铁离子含量较高,则应加入螯合剂,以减少其影响。聚合物对氧的存在也很敏感,为了消除溶液中的氧,需加入除氧剂,配制溶液的水罐采用天然气气封,而聚合物溶液为氮气气封,有的水源井套管也采用氮气气封。

(4) 从微生物对聚合物的影响来讲,需要在注入和配制水中加入杀菌剂。

(5) 从机械降解讲,配制聚合物溶液时,应用常规搅拌器低速搅拌,聚合物溶液的输送、注入均应采用容积式泵,以减少机械剪切的影响。

(二) 配制站主要设备及其工作原理

1. 分散装置

分散装置是聚合物配制系统的核心设备,这套装置的性能将直接影响整套聚合物配注系统的运行和驱油效果的优劣。

聚合物干粉分散装置的作用,是把一定重量的聚合物干粉均匀地溶于一定重量的水中,配制成确定浓度的混合溶液,然后输送到熟化罐中熟化,如图3-8所示。

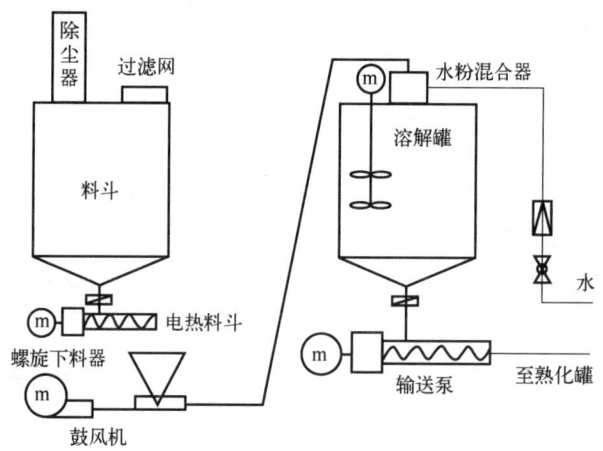

图3-8 聚合物配制站分散装置

聚合物分散装置由料斗、振动器、螺旋下料器、鼓风机、电热料斗、风力输送管线、水粉混合器、水管道、搅拌器、溶解罐及输送泵等组成。使用振动器振动干粉料斗,使干粉向下流动,用螺旋下料器控制干粉的流量。为了防止干粉受潮黏结,在文丘里喷嘴的上方,使用了电热料斗来烘干聚合物干粉。干粉和水的混合采用水粉混合器,风力输送的干粉进入分散装置后迅速扩散,均匀地落入溶解罐,水经过计量后进入水粉混合器,在溶解罐内形成的混合液由输送泵送到熟化罐。

溶解罐上还有一个液位传感器,当溶解罐液位达到一定高度时,液位传感器发出电信号,自动开启混配液输送泵;当液位低于一定高度时,使混配液输送泵自动停机。另外溶解罐还设有手控装置。

分散装置输送泵的作用是将溶解罐中的混合液输送到熟化罐进行熟化。

2. 搅拌器

搅拌器是一种能使介质充分混合或达到某种特殊目的的设备，一般由电动机、减速器、联轴器、搅拌轴、叶轮等组成。它具有以下功能：

（1）强化反应过程，增进反应速度。

（2）混合几种容易混合的液体，以求获得一种均匀的混合液。

（3）混合几种不容易混合的液体，以求获得一种乳浊液。

（4）搅动受加热和冷却的液体，以强化传热过程。

（5）加速溶解过程。

目前聚合物驱油设备中有两处应用搅拌器，一是分散装置，二是熟化罐，其主要目的是加速溶解过程。所采用的形式都是三叶推进式。

3. 过滤器

过滤器是聚合物驱油中关键的设备之一。由于聚合物母液中总会含有一定量的杂质，如果不经过滤杂质将进入地层，造成堵塞，使注入无法进行，原油也无法采出，不但起不到增油的作用，反而会使采油无法进行，严重影响原油产量。因此，在注聚合物过程中，必须将母液进行过滤，使大于一定尺寸的固体颗粒在注入之前被清除掉，尽管在注入聚合物过程中，所用过滤器的种类较多，包括泵入口的角式过滤器、井口过滤器等，但最常用也是最关键的过滤器是由熟化罐向储罐转输泵出口的精细过滤器。下面仅对该过滤器加以简要介绍。

1）精细过滤器的结构

精细过滤器的总体结构如图3-9所示，它主要包括壳体、滤芯和辅助装置三部分。

为了防止生成二价铁离子造成对聚合物的机械降解，壳体一般采用不锈钢材质，也可采用碳钢内涂防腐层或其他材质，但是一定要保证性能可靠。壳体一般包括罐体、上盖、进出口法兰、排气孔、排污口等。

滤芯部分主要分为袋式和金属网结构两种。其中袋式一般采用聚丙烯纤维材质，金属网结构一般采用不锈钢材质，不管是袋式还是金属网结构，都有内层或外层（有些是内外层都有的）起支撑、保护作用的保护钢网。滤芯部分除包括滤芯外，还包括上下支撑固定部分。

辅助装置部分主要包括支腿、紧固螺栓、吊装环等。

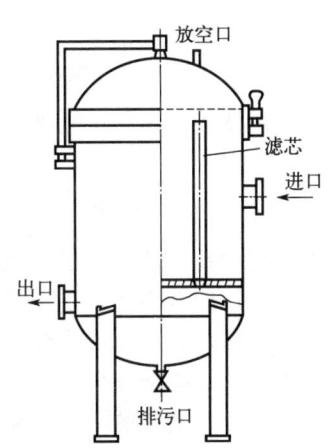

图3-9 精细过滤器的总体结构

2）精细过滤器的使用与维护

精细过滤器是对聚合物水溶液进行精细过滤的压力容器，要经常观察进出口压力变化情况。由于滤芯采用了不同材料组成，应根据使用不同介质的情况，而制定不同的清洗周期。在清洗滤芯的同时，对于罐体也要进行清洗。清洗方法有在线清洗和离线清洗。要定期更换滤袋，对滤芯进行再生或更换滤芯。

4. 螺杆泵

在聚合物配制站，主要应用螺杆泵输送母液，以减少聚合物溶液的机械降解。螺杆泵属于转子容积泵，按螺杆根数，通常可分为单螺杆泵、双螺杆、三螺杆泵和五螺杆泵等几种。它们的工作原理基本相似，只是螺杆齿形的几何形状有所差异，使用范围有所不同。

螺杆泵是靠相互啮合螺杆做旋转运动把液体从吸入口输送到排出口的，即当螺杆旋转时，装在泵套中的相互啮合的螺杆（单螺杆泵则为相互啮合的螺杆与泵套）把被输送的液体封闭在啮合腔内，并使液体由吸入口沿着螺杆轴做连续、匀速运动，推至排出口。其作用原理可看成为螺杆与"液体螺帽"的相对运动。如图 3-10 所示，设想在螺杆的凹槽中充满了液体而形成的一个"液体螺帽"，为了限制"液体螺帽"的旋转，使用一个与螺杆相啮合的齿条。当螺杆转动时，齿条和"液体螺帽"必定相对壳体做轴向移动，以致输送液体。但是，这种机构不能当作泵来用，而实际上，在螺杆泵结构中是以另一螺杆来代替齿条的。

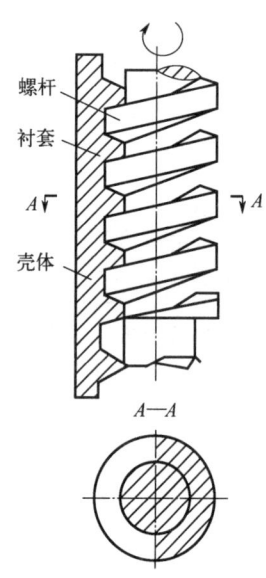

图 3-10　螺杆输送液原理图

螺杆泵与其他泵相比有着许多优点，近 10 多年来在工业部门得到广泛的应用。螺杆泵具有以下几个优点：

（1）压力和流量稳定，脉动很小，液体在泵内做连续而匀速的直线流动，无搅拌现象。

（2）具有较强的自吸性能，不需要装置底阀或抽真空的附属设备。

（3）相互啮合的螺杆磨损甚少，泵的使用寿命长。

（4）泵的噪声和振动极小。

（5）可在高转速下工作。

（6）结构简单紧凑，拆装方便，体积小，重量轻。

目前聚合物驱油工艺设备中主要应用单螺杆泵，因为其定子是由橡胶制作的，转子是由不锈钢材料制作的，运转时对聚合物的剪切作用相对较小。但三螺杆泵较单螺杆泵也具有一定的优点，体积小，排量大，因此，经过试验和研究后，三螺杆泵也将在聚合物驱油设备中应用。

5. 低剪切取样器

在聚合物驱油过程中，熟化罐、储罐、输送泵、过滤器、高压计量泵、静态混合器、注入井井口的取样都是在一定压力下进行的。其中，计量泵出口、静态混合器、注入井井口都为高压取样，而熟化罐、储罐、输送泵、过滤器等是在一定的压力下取样。由于取样时，取样阀门必须完全打开，虽然压力不高，但也会喷出，不仅取样不方便，降解也比较严重，因此这些点的取样必须使用低剪切取样器，如图 3-11 所示。使用低剪切取样器从高压管道、容器中取聚合物溶液，可以使聚合物溶液不受剪切或受剪切极少，从而使取得的样品黏度能真实地反映管道或罐中溶液的黏度。

1）结构及工作原理

低剪切取样器是由总阀、取样阀、放空阀和用于暂存溶液的腔体组成。总阀、取样阀和放空阀与腔体都是相连通的，腔体的进口端依次连接总阀和取样阀，出口端连接放空阀，总阀的另一端与管道连接。总阀和取样阀由手柄控制，将手柄旋至与管路平行的方向，阀门开启，管路畅通；将手柄旋至与管路垂直的方向，阀门关闭，通路切断。放空阀

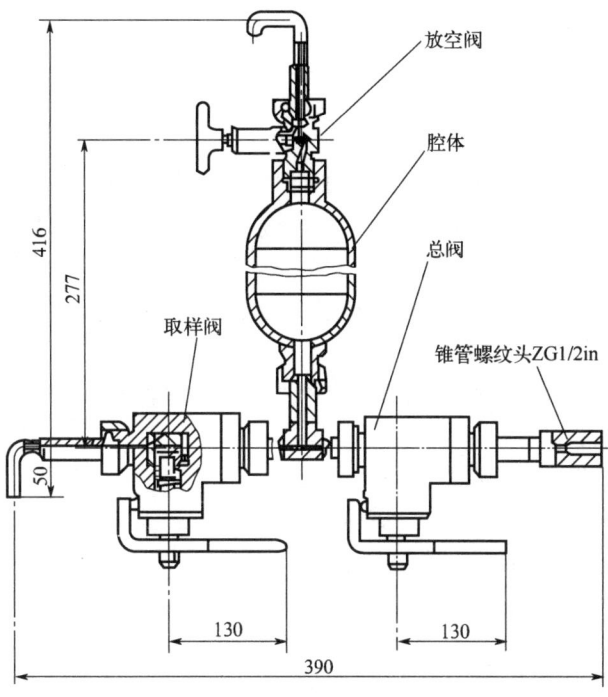

图 3-11 低剪切取样器

是由手轮控制,通过与手轮相连的阀杆的升降实现开启或关闭。取样时,将总阀的一端连接口与取样点管道相连,打开总阀,聚合物溶液通过管道自身压力进入腔体,此时开启放空阀,使空气排空并排出部分溶液,待排出的溶液稳定后,关闭放空阀,同时关闭总阀。进入腔体暂存的溶液,压力会降低为常压,这样会给后续的取样带来很大方便。再开启放空阀和取样阀,所取的溶液就会从腔体通过取样阀从取样管排出。

2)安装和使用注意事项

(1)安装取样阀时,介质流动方向应与阀体上箭头指示方向一致。

(2)使用过程中应保持清洁,定期检查各部件。

(3)只需用手轮开关阀门,不许使用辅助增力工具。

(4)使用过程中发现故障应立即停止使用,查明原因,并排除故障。

(5)常见故障、原因及排除方法见表3-2。

表 3-2 低剪切取样器常见故障、原因及排除方法

故障现象	原因	排除方法
阀瓣密封面与阀体密封面处渗漏	(1)密封面间夹有污物; (2)密封面有损伤	(1)清洗干净; (2)重新研磨或更新阀瓣
填料处渗漏	(1)填料未压紧; (2)填料不够; (3)填料使用过久或失效	(1)拧紧阀杆螺母; (2)增加填料; (3)更换填料
阀杆转动不灵活	(1)填料压得过紧; (2)阀杆与阀杆螺母的螺纹有损伤或积有污物	(1)调整阀杆螺母的旋紧力; (2)拆卸修整螺纹或清除污物
阀杆螺母有松动	阀杆螺母上的六角螺母拧得不紧或松动	拧紧阀杆螺母上的六角螺母

（三）配制站的管理要求

1. 配制站资料管理

1）资料管理要求

（1）配制浓度应控制在 4900~5100mg/L 范围内，黏度相应保持在 50~60mPa·s（根据聚合物干粉种类不同而定），配制清水总化矿度控制在 900mg/L 以下。

（2）更换聚合物干粉批号时，由化验室重新作标准浓度曲线，原曲线由化验室保存。

（3）配制站编制月报，内容包括日配制干粉量、月配制干粉量、清水量、化验资料等，由矿工艺队员负责将数据进机。

（4）配制站负责每月对配制所用清水取样送矿化验室做水质分析。每百吨聚合物干粉取两个样，送往检测部门检测。

（5）配制站对聚合物干粉质量进行严格把关。

（6）配制站内 5 个取样点的取样密度如下：

① 熟化罐出口：一周两次。

② 螺杆输送泵出口：一周一次。

③ 过滤器出口：一周一次。

④ 储罐出口：一天一次。

⑤ 螺杆增压泵出口：一天一次。

2）资料用表

（1）所有图表、报表、记录齐全准确，字迹整洁、工整、用蓝黑墨水填写。

（2）两图：生产工艺流程图（单独站要有高压配电线路图）、巡回检查路线图。

（3）两表：生产日报表、工具用具明细表。

（4）八本：值班工作记录本、岗位练兵本、设备档案本、站史本、校表记录本、加药药品使用记录本、泵效测试综合数据本、材料消耗记录本。

（5）岗位责任制和工作标准。

（6）两个规程一个规定：配制站主要设备操作规程、化验岗位主要操作规程、安全生产技术规定。

2. 配制站的设备管理

1）设备管理规范和维修保养要求

（1）管理规范。

① 设备必须达到紧固、清洁、润滑、防腐、性能良好。

② 设备连接螺栓做到不松不缺，静密封点不渗漏。

③ 新装置、新设备要试运合格后才可投产。

④ 正确使用设备，严格按照操作程序进行操作，不准超温、超压、超速、超负荷运行。

⑤ 掌握设备故障的预防、判断和紧急处理措施，保证安全生产。

⑥ 主要流程、取样器及阀门应有标志，质量检查点或巡回检查点标明点号。

⑦ 设备要定人、定机，有挂牌。

⑧ 严格执行交接班制，在检查中发现问题应及时处理，重要问题及时采取安全措施，

并向上级部门汇报并做好记录。

(2) 维修保养。

① 严格执行维修保养规定，经常性保养要每班进行，一级保养、二级保养、三级保养要按规定的时间、指定的人员进行。

② 各级保养的内容按企业标准执行。

③ 检修完的设备要有检修记录，并存档。

④ 若机泵运转正常，经有关单位检查确定，可以延长三保周期，在设备档案上登记清楚，并上报主管部门备案。

2) 微机、计量仪表管理

(1) 装置正常使用的微机、仪表要有专人管理。每台仪表要有铭牌、档案、校验单、原始数据单。

(2) 正常使用的微机、仪表要反应灵敏，测量准确，控制平稳，记录曲线不许断线。

(3) 正常使用的微机、仪表，要定期保养，清洗润滑。

(4) 备用仪表要定期检查，确保能正常运行。

(5) 报废仪表必须由主管部门做技术鉴定，才可报废。

(6) 各种仪表要按时校对、准确好用，计量仪表装表率、校表率和完好率都应该达到100%。

三、聚合物注入站生产管理

注入站是负责把聚合物配制站配制好的聚合物母液，按地质方案的要求升压、计量、稀释，混合后注入注入井的机构。

(一) 聚合物注入站工艺流程

聚合物配制站配制好的聚合物母液（一般浓度为5000mg/L），经母液输送管道到达聚合物注入站，经过计量后进入高架缓冲罐缓存，通过软连接弯管，采取静压上供液方式经过滤器进入注入泵，经注入泵增压后，在静态混合器内与注水站输来的高压水按地质方案的要求配制成聚合物目的液（聚合物母液与水混合稀释后形成的符合注入浓度要求的水溶液），再通过注入管网输送到注入井井口。其工艺流程如图3-12所示。

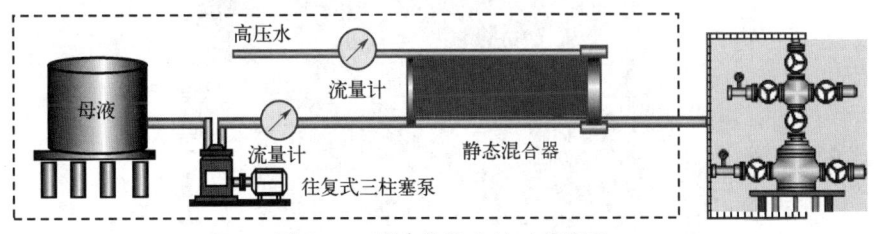

图3-12 聚合物注入站工艺流程

目前我国油田聚合物注入站的工艺流程主要有两种：一种是单泵单井工艺流程，另一种是一泵多井工艺流程。这两种流程均避免了因阀门和流量计造成的剪切降解影响。

1. 单泵单井工艺流程

注入站单泵单井工艺流程是指由一台注入泵为一口注入井供给高压聚合物母液，高压母液与高压水混合稀释成低浓度的聚合物目的液，然后输送给注入井。这种流程的优点是每台泵与每口井的压力、流量均相互对应，流量及压力调节无须大幅度节流，能量利用充分，单井配注方案比较容易调整；其缺点是设备数量多，占地面积大，工程投资高，维护量大。

2. 一泵多井工艺流程

注入站一泵多井工艺流程是指由一台大排量注入泵给多口注入井供高压聚合物母液，泵出口安装流量调节器调控液量及压力，将高压聚合物母液对单井进行分配，然后与高压水混合稀释成低浓度聚合物目的液，再输送给注入井。这种流程的优点是设备数量少，占地面积小，流程简化，维护工作量少；其缺点是全系统为一个注入压力，注入井单井压力、流量调节能量损失较大，增加一定的黏度损失，单井注入方案不好调整，增加了流量调节器的投资。

(二) 聚合物注入站主要设备及计量仪表

1. 注聚合物泵

1) 结构

聚合物注入站的主要设备为注聚合物泵，目前油田使用的注聚合物泵多为三柱塞泵。

柱塞泵是往复泵的一种，它是利用柱塞的往复运动来输送液体的机械设备，柱塞泵效率高，一般为85%~90%。

柱塞泵分为轴向柱塞泵和径向柱塞泵两种代表性的结构形式。径向柱塞泵属于一种新型的技术含量比较高的高效泵，随着国产化的不断加快，径向柱塞泵必然会成为柱塞泵应用领域的重要组成部分；轴向柱塞泵是利用与传动轴平行的柱塞在柱塞孔内往复运动所产生的容积变化来进行工作的。

三柱塞泵由液力端总成、动力端总成、底座总成、电动机总成、传动件等部件组成，如图3-13所示。

图3-13 三柱塞泵

(1) 液力端总成由缸体、进出口阀、柱塞、填料等构成。缸体采用不锈钢材料，耐高压，对聚合物黏度无化学降解。进出口阀采用单导向阀，导向性能好，水力损失小，阀泄漏少，对聚合物黏度降解低。柱塞采用陶瓷材料，耐磨损。填料采用的是新型材料，密封性能好，使用寿命长。

(2) 动力端总成由泵体、曲轴、十字头、连杆等组成。泵体采用 CAM 技术，加工精度高。曲轴和十字头采用球墨铸铁，耐磨，吸振。

(3) 底座总成将动力端、液力端、电动机、皮带罩紧凑地集中于其上，形成一个整体，便于泵的包装、运输、安装和使用。

(4) 传动件有皮带轮、键和皮带。带传动具有减速功能，降低噪声；同时它还起到了过载保护作用，皮带罩起安全防护作用。

2) 工作原理

三柱塞泵的工作原理是：在原动力的带动下，三柱塞泵的柱塞做往复运动，当柱塞向后移动时，泵腔内容积扩大，压力降低，排出阀关闭，吸入阀打开，泵开始吸入液体；当柱塞向前移动时泵腔内容积缩小，压力增加，吸入阀关闭，排出阀打开，泵排出液体。

三柱塞泵具有泵效高、工作平稳可靠、操作方便、压力排量调节范围广、流量均匀性好、噪声低、工作压力高、易损件寿命长等特点。

3) 供液方式

为减少剪切降解的发生，注聚合物泵采用三柱塞泵，而三柱塞泵的入口大约需要有 0.03MPa 的供液压力。为了满足这一条件，注聚合物泵的供液方式可以采取以下三种方式。

(1) 静压头供液方式，即在注入站设置高架聚合物母液缓冲罐，利用母液的静压头给注聚合物泵供液。其优点是供液压力稳定，没有泵间干扰，利于气泡释放，有一定缓冲时间，便于管理等。缺点是不易保温，不利于隔氧（工艺需要时），投资较高。

(2) 泵—泵供液方式，就是直接利用配制站外输泵余压给注聚合物泵供液。其优点是流程密闭，利于隔氧，工艺简化，且节省投资。缺点是供液压力不稳定，存在泵间干扰，不便于管理。

(3) 螺杆泵喂液方式，就是在注入站采用螺杆泵给注聚合物泵喂液。为保证注聚合物泵平稳运行，螺杆泵的排量必须能够调整，或采用出口回流方式调整排量。其优点是能够满足注聚合物泵供液压力的需要，管理方便。缺点是工艺复杂，存在泵间干扰，泵共振大，投资较高。

4) 进出口阀门类型

三柱塞泵采用阀门的类型是锥阀和平板阀，是经过特殊处理的，耐磨耐用。

5) 运转参数

三柱塞泵的运转参数有流量、压力、泵效、轴功率、有效功率、转速等。

(1) 转速。转速是指泵轴每分钟旋转的次数，用符号 n 表示，单位为 r/min。

(2) 功率。泵在单位时间内对液体做的功称为功率，用符号 N 表示，单位为 W。

(3) 效率。泵的有效功率与轴功率的比值，就是泵的效率，用符号 η 表示。

6) 主要参数的指标范围

泵的流量范围为 $0.6 \sim 133 \text{m}^3/\text{h}$，泵的吸入压力范围为 $0.03 \sim 35 \text{MPa}$，泵的排出压力范

围为10~50MPa，泵的输入功率范围为4~500kW。

7) 泵的润滑

三柱塞泵采用的润滑方式为飞溅润滑。所用的润滑油品推荐采用30#或40#机械油。加油时，要按泵上油标位置，加至油标中部偏上位置为宜。建议在使用的第一周后换油一次，以后每月换油一次。

8) 新泵启动前的检查

新泵安装后，在第一次启动前，应对泵的各部分进行认真检查，以防止启泵和运转时出现不应有的损坏和事故。应检查的事项有：

(1) 首先打开曲轴箱盖，检查曲轴箱内有无积水、锈蚀，各连杆的紧固螺母有无松动。锈蚀较轻的，可以用细砂布打磨、擦净，锈蚀严重的零件应予以更换；螺纹有松动的，锁紧螺纹。

(2) 用手盘动皮带，检查转动是否灵活，有无卡阻现象，有无不正常的声响和冲击。若有异常，应予以判断并排除。曲轴箱如不干净，应清洗干净。然后，在各方面均正常的情况下，上紧曲轴箱盖螺钉，注入新润滑油。

(3) 检查塑胶件有无老化，如有老化和损坏，应予以更新。

(4) 再一次盘动皮带，使曲轴箱内各运转部件产生相对运动，以尽可能多地沾上润滑油；同时，也检查一下曲轴箱各部位有无泄漏现象。

(5) 对缓冲器充氮气，达到缓冲器使用说明书中规定的压力。

(6) 检查皮带张紧程度，皮带应有合适的张紧力。

(7) 来液通畅，其压力不低于规定的吸入压力。

(8) 检查曲轴箱油面高度是否符合标准。

对新投产的泵站，在启泵前，应将上游罐和管路清理干净，然后方可启泵，否则可能损坏泵阀组和仪表。

9) 判断三柱塞泵是否正常排液的方法

判断三柱塞泵是否正常排液的方法有：用听针听3个工作腔运行声音，用手摸泵头的温度，用手摸出口管线湿度，观察出口压力表摆动情况。

10) 常见故障诊断及排除方法

注聚合物泵常见故障、原因及排除方法见表3-3。

表3-3 注聚合物泵常见故障、原因及排除方法

故障	原因	排除方法
异常的碰撞	(1) 阀簧损坏； (2) 液流不足； (3) 阀未紧闭； (4) 液体中有气体	(1) 检查并更换阀簧； (2) 检查吸入管线是否合适，有无局部狭窄，有无杂物堵塞； (3) 检修阀门； (4) 排气
持续的节律性敲击	(1) 轴承不当； (2) 轴瓦磨损； (3) 柱塞连接松动； (4) 曲轴箱内部故障	(1) 调整轴承间隙； (2) 视情节调整或更换轴瓦； (3) 调整紧固柱塞； (4) 检修曲轴箱

续表

故障	原因	排除方法
压力或流量不够	(1) 阀簧损坏或阀关不严； (2) 吸入管线尺寸不合适； (3) 吸入管线堵塞； (4) 净正吸入压头不够； (5) 安全阀提早动作	(1) 检修进出口阀； (2) 更换吸入管线； (3) 检修吸入管线； (4) 检查上游罐液位； (5) 检修安全阀
泄漏	(1) 密封件安装不当； (2) 润滑不当； (3) 柱塞磨损严重； (4) 填料破坏	(1) 调整密封件； (2) 调整润滑； (3) 更换柱塞； (4) 更换填料
压力表摆动严重	(1) 缓冲器充气不足； (2) 缓冲气胶囊损坏； (3) 进出口阀故障	(1) 停机充气； (2) 修复或更换胶囊； (3) 检修或更换进出口阀
轴承温升过高，噪声异常	(1) 轴承缺油或装配不当； (2) 轴承零件疲劳磨损； (3) 皮带过紧； (4) 皮带轮偏重	(1) 加油并重新调整； (2) 更换轴承； (3) 重新调整皮带并找正皮带轮； (4) 把皮带轮去重并找平衡
液力端磨损超常	(1) 介质中含杂质，有磨损性； (2) 介质有腐蚀性； (3) 装配不当	(1) 对介质过滤，或改进液力端零件材质及热处理； (2) 选耐腐蚀材料； (3) 调整重装
动力端磨损严重	(1) 缺油； (2) 油中有杂质； (3) 泵过载运行； (4) 装配不当	(1) 加油； (2) 对油过滤或换新油； (3) 调整载荷； (4) 检修装配问题
动力端油池温度过高	(1) 润滑油油质变坏； (2) 润滑油油量过多或过少	(1) 更换润滑油； (2) 放油或增加润滑油

2. 静态混合器

静态混合是相对于动态混合（如搅拌）而提出的。所谓静态混合，就是在管道内放置特别的结构规则的部件，两种或两种以上流体被不断分割和转向，使之充分混合。这种混合方式，因为管道内的构件并不运动，所以称之为静态混合。这种特别的构件称为静态混合单元，许多单元装在管道内组成静态混合器，如图3-14所示。

虽然静态混合器的种类繁多，但适用于聚合物驱油的静态混合器却较少。目前，用于聚合物注入站上的静态混合器大体有以下几种：SMV型、SMX型、SML型、K型、K型与SMX型组合型。一般来讲，K型和SML型静态混合器的总长度短，而单位长度压降大。事实上，只要混合器长度足够，均可取得必要的混合效果。在选用静态混合器时，要确定其选择依据，使用的不同方式加以评价，如动力费用、投资费用、剪切力的大小、维修性能、使用寿命等。

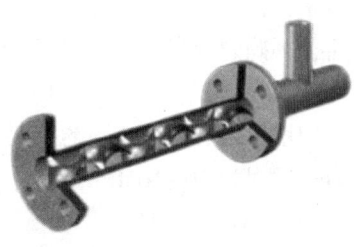

图3-14 静态混合器

3. 变频器

变频器是用来改变交流电频率的电气设备。变频器主要由主电路、控制电路组成,包括整流器,平波回路,逆变器,运算电路,电压、电流检测电路,驱动电路,速度检测电路,保护电路等。

主电路是给异步电动机提供调压调频电源的电力变换部分。变频器的主电路大体上可分为以下两类:

(1) 电压型是将电压源的直流变换为交流的变频器,其直流回路的滤波是电容。

(2) 电流型是将电流源的直流变换为交流的变频器,其直流回路滤波是电感。

变频器的主电路由三部分构成:将工频电源变换为直流功率的整流器,吸收在变流器和逆变器产生的电压脉动的平波回路,以及将直流功率变换为交流功率的逆变器。

4. 电磁流量计

为了防止聚合物水溶液机械剪切降黏,要求计量该介质的流量仪表最好与介质不发生机械切割,因此必须选用非容积式计量仪表,经过筛选认为电磁流量计比较适合测量聚合物水溶液流量。该仪表具有测量范围比较宽,反应快,压力损失小,使用寿命长,对仪表前后直管段长度要求不高,以及被测液体的温度、压力、密度、黏度和流动状态对仪表显示值影响小等特点。特别是高压电磁流量计,耐压可达35MPa,适合于聚合物母液注入流量的计量。该仪表主要由变送器和转换器组成,被测介质流量信号经变送器变换成感应电势,然后由转换器变成0~10mA或4~20mA直流信号输出,以便进行指示、记录或与电动单元组合仪表配套使用。

1) 电磁流量计的选用

合理选用电磁流量计,对提高测量精度及延长使用寿命都是极其重要的。电磁流量计包括变送器与转换器两大部分,而变送器是受工况条件影响的。因此,选用电磁流量计的主要问题是如何正确选用变送器、转换器。正确合理地选用变送器,可以根据具体使用条件从以下几个方面来考虑。

(1) 口径与量程的选择。

作为流量计,首先需要确定它的口径和流量范围,或确定变送器测量管内的流速范围。

变送器的量程可以根据不低于最大流量值的原则选择满量程刻度,正常流量最好能超过满量程流量的50%,这样可以获得较高的测量精度。变送器通常选用的口径与管道口径相等或略小些,在量程确定的条件下,口径是根据测量管内流体的流速与压头损失的关系确定的。流速以2~4m/s为最合适;在特殊情况下,如液体中带有固体颗粒,考虑到磨损的情况,常用流速不大于3m/s;对于易黏附管壁的流体,常用流速不小于2m/s。确定流速后,再确定变送器的口径。

(2) 压力的选择。

使用压力必须低于电磁流量计规定的工作压力,用于计量注入聚合物的流量计的使用压力一般都为10~16MPa,因此电磁流量计耐压必须不小于16MPa。

(3) 温度的选择。

介质温度不能超过内衬材料的允许使用温度,介质温度还受到电气绝缘材料性能的限制。国内现已定型生产的电磁流量计通常工作温度为 5~60℃，超过该温度范围作特殊规格处理。

(4) 内衬材料及电极材料的选择。

变送器的内衬材料及电极材料必须根据介质的物理化学性质来正确选择，否则仪表由于衬里和电极的腐蚀而很快损坏，而且腐蚀性能强的介质一旦泄漏容易引起事故。因此必须根据生产过程中具体测量介质的腐蚀性，慎重而正确地选用变送器的电极和衬里材料。聚合物水溶液物理化学性质比较稳定，只要耐压够，不含可生成二价阳离子的材料即可。

2) 安装、使用及维护

(1) 安装。

① 安装环境的选择：

安装场所不应有强烈振动，应尽量避开具有强电磁场的设备，如大电动机、大变压器等地，选择便于维修、活动方便的地方。

② 在管道上安装位置的选择：

a. 安装管道应保证变送器测量管内始终充满被测介质。

b. 测量两相流体时，应选择不易引起相分离的管道位置。

c. 安装变送器的管道，其前置直管段长度至少应为测量管内径（D）的 5 倍，后置直管段为 $3D$。

d. 在垂直安装时，介质流动方向应该自下而上，经过变送器，确保测量管内充满介质。

e. 当变送器口径与管道口径不同时，应采用锥度小于 15°的渐缩管和渐扩管连接，该管可视为直管段。

③ 变送器的接地。

变送器的外壳接地端应采用总截面积大于 $4mm^2$ 的多股铜线可靠接地，接地电阻小于 100Ω。必须注意接地线不能接在其他电力设备的公用地线上，应单独配置。

④ 转换器应尽量避免安装在以下地点：

a. 有腐蚀性气体的地方。

b. 周围温度超过 −25~+55℃ 的范围，相对湿度超过 85%的地方。

c. 容易受到振动和撞击的地方。

d. 灰尘多的地方。

e. 可能浸水和滴水的地方。

f. 容易受到阳光直射和风吹雨淋的地方。

g. 附近有大电流、大电动机和大变压器的地方。

h. 不利于调整和接线的地方。

⑤ 转换器与变送器的安装距离越近越好，这一距离和被测介质的电导率有关，当电导率大于 $50\mu\Omega^{-1}/cm$ 时，两者间隔的最大距离为 100m 左右。

⑥ 电源由电网供给，为单相 200V/50Hz，分别按相线和中线接至转换器的"相""中"端子上。而变送器的电源由转换器供给。

⑦ 对于变送器和转换器分体的电磁流量计，信号线采用双芯屏蔽话筒线，屏蔽层应用塑料套管绝缘，避免与芯线相接触。信号线不可与电源线置于同一钢管中，且信号线应

远离强电流线。

(2) 使用和调整。

① 变送器和转换器安装完毕后,在通电前要检查所有敷设好的连接电缆是否良好,有无不通、短路、绝缘不良等故障。

② 运行准备:

a. 让传感器充满被测介质,并使流体静止。

b. 接通电源。

c. 调零:由于大地电位差影响,零点有可能会发生错位,调节到零点发光管闪烁或有其他标志出现为止。一般情况下,在出厂时已经调节好,不要随意调节。

(3) 维护。

平时维护时,如果是隔爆形,一定要先断电源才能开盖。由于变送器检测元件传感器是整体固封在塑料内的,所以平时维护只要在壳体中拆下传感器清洗测量管和电极上的结构即可。

3) 常见故障判断与处理

当电磁流量计工作异常时,首先要弄清故障的原因,切忌乱动。另外要求使用者对工作原理、安装、接线和使用运行中的一些操作方法要有足够的理解。在维护、修理时,一定要先断开电源。

下面分析一些可能的故障和排除方法。

(1) 运行开始时的故障(新安装的情况)。

对于新安装电磁流量计的用户,在投入运行时,可根据转换器的输出电流或数字显示仪的指示情况来判断故障,见表3-4。

表3-4 运行开始时的故障判断与处理

故障现象	可能原因	消除方法
显示跳动或空管报警	传感器中被测流体介质没有充满到电极处,致使电极开路;或电极被绝缘物封死	使流体充满管道,改变安装方法或安装地点,拆洗电极
显示波动10%以上	水平安装时,流体未充满整个管道;接地有故障	使流体充满整个管道,改变安装方法或安装地点
流量计值偏小或偏大	管路有泄漏或堵塞	检查管路

(2) 运行中的故障。

在正常运行了一段时间后,如果出现故障,可根据过去的流量记录以及被测介质的情况来判断故障,见表3-5。

表3-5 运行中的故障判断与处理

故障现象	可能原因	消除方法
显示跳动	电极被绝缘物体完全覆盖	清洗电极
	电极被绝缘物严重地覆盖	清洗电极
	脉动流(如高位槽中液面影响等)	增加阻尼时间
	电极处泄漏等原因使电极对地的绝缘电阻降低	调换传感器

四、聚合物驱注入井管理

聚合物溶液必须由注聚合物井注入油层，由于聚合物溶液在通过小的孔眼（如射孔炮眼、水嘴等）时极易发生机械降解，黏度损失较大，所以聚合物驱注入井的完井方式、注入井管柱、分层注入管柱、井口取样方式等，都和普通的水驱注入井有着明显的不同。

（一）聚合物驱注入井管柱

注入井管柱是聚合物溶液从井口进入地层的通道。目前，油田上所用的注入井管柱主要有两种，一种是笼统注入管柱；另一种是分层注入管柱。

1. 笼统注入管柱

为了防止铁离子发生络合反应而导致降解和节流现象的发生，在笼统注入管柱中使用了光油管，其基本结构为油管+喇叭口，如图3-15所示。一个层段注入结束后，若想继续注入其他层段需对该层进行机械封堵，再射开其他层段进行注入，从而实现生产层（目的层）的上调或下调，即通常所说的上、下返。

2. 分层注入管柱

分层注入管柱主要是解决笼统注入时出现的层间、层内矛盾及利用常规分层配水管柱配注聚合物出现的剪切降解问题，从而达到分层注入、提高聚合物驱油效果的目的。

分层注入管柱结构如图3-16所示。

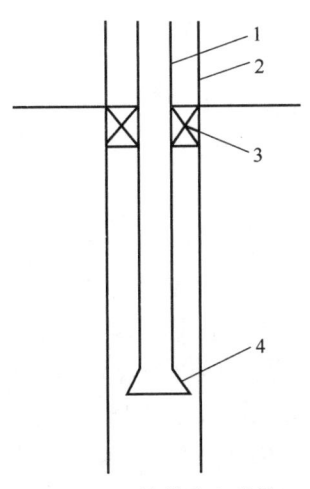

图3-15　笼统注入管柱

1—油管；2—套管；3—封隔器；4—喇叭口

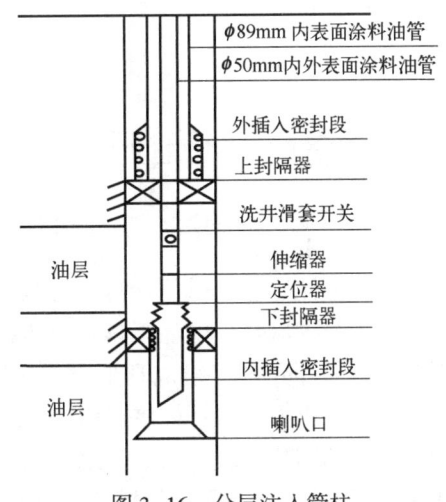

图3-16　分层注入管柱

同心双管、井下工具与两种永久式封隔器通过不同的密封形式组合，形成两条相互独立的注入通道。双层注入时，由内管注下层，内外管环形空间注上层，双层分注量由地面控制。从图3-16可以看出，整套管柱主要由两部分组成，一是可钻式丢手部分；二是插入套管部分。

可钻式丢手部分由上、下可钻式封隔器和延伸工作筒组成。主要作用是与内外插入密封段配套使用，实现双层封隔及封堵射孔井段以上环形空间，防止铁离子对聚合物产生降解作用。

插入套管部分内管由 $\phi 50mm$ 内外表面涂料油管、洗井滑套开关、伸缩器、定位器、内插入密封段等组成；外管由 $\phi 89mm$ 内表面涂料油管及外插入密封段组成。这样，既解决了笼统注入时的层间干扰问题，又可防止聚合物流经水嘴时的剪切降解和铁离子的伤害，提高了注入质量，同时该工艺可实现单井分压、分量、分层注入及洗井。分层注入量在地面控制，计量简便、直观、准确，减少了测试工作的劳动强度。

该工艺较笼统注入管柱工艺地面多管、多泵。井下多管注入，虽然实现降解程度小的目的，但造价高，也不适用于多段。因此，人们又研制出单管井下阻尼器管柱，该管柱可实现地面单管、单泵，井下多层分注的目的。

目前，油田矿场上普遍应用的是环行降压槽配注管柱，如图 3-17 所示。该管柱不仅实现了地面单管、单泵，井下多层分注的目的，而且在聚合物溶液注入过程中尽量减少其机械降解、达到较高黏度的方面也满足了设计的要求。

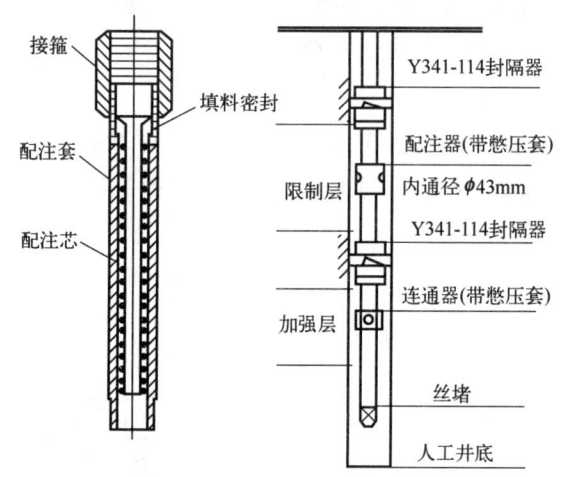

图 3-17 环行降压槽配注器及管柱结构示意图

环形降压槽分注工艺是采用迷宫密封原理，通过改变聚合物过流通道形状产生能量损失，从而控制聚合物流量。配注工具由壳体和可用钢丝投捞的配注芯组成，配注芯外壁加工有环形凹槽，与外壳内壁组成环形空间过流通道。由于注入通道不规则，产生能量损失，从而控制注入压力。该管柱主要由压缩式封隔器、配注器、连通器及丝堵等组成，通过投捞调换配注芯调整层段注入量。地面试验结果表明，在 1.0~3.0MPa 调整，黏度损失率小于 4.2%。管柱密封可靠，投捞测试顺利，分注工具和测试工艺基本能够满足目前单管分层注入的要求。

（二）注聚合物井资料录取要求

注聚合物井资料，是核查注聚合物方案执行情况的重要第一手资料，包括注入母液量，注水量，油管压力，套管压力，泵压，静压，聚合物溶液浓度、黏度，洗井资料 9 项。

1. 注入母液量、注水量

正常注入井每天有仪表记录并核算 1 个注入母液量、1 个注水量。日注母液量不得超过配注母液量的±5%，瞬时清水注水量不得超过配注水量的±0.2m³/h，配比后的聚合物溶液浓度和黏度不得超过配注要求的±15%（钻井、泵坏等特殊原因影响除外）。

注入井的注入母液和清水混合前，分别由电磁流量计和科达表计量，两种仪表均每年校对1次。使用其他新式仪表记录，也必须按仪表检查的规定定期标定。

2. 油管压力、套管压力、泵压

油管压力、套管压力、泵压每天录取1次，特殊情况加密录取，每月应有25d以上（不得连续缺3d）为全。泵压录取地点为注入泵出口管线，油管压力录取地点为阀组单井管线，井口套管压力录取地点为注入井井口套管。压力表每月校对1次，不超过标定范围，录取压力值在压力表量程的1/3~2/3内为准。

3. 静压

动态监测系统定点井，每半年测静压1次。

4. 聚合物溶液浓度、黏度

正常注入井必须严格按操作步骤和规程要求进行现场取样，浓度和黏度同步化验。10天检测1次，每月3次为全，前后两次检测误差不得超过15%为准，超过标准应备注原因或加取样1次。

5. 洗井资料

按规定洗井，洗井达到质量标准，洗井记录符合要求。

（三）注聚合物井的操作要求

1. 开关井要求

（1）注聚合物之前必须彻底洗井，保持井筒内清洁。

（2）冲洗干线，保持干线内的清洁。

（3）保证注入干线、井口管阀不渗不漏，达到标准要求。

（4）以上工作正常后按上级通知准备开井。

（5）开井步骤：

① 首先打开并开大注入站的来水阀门、井口总阀门、生产（油管压力）阀门，减少剪切。

② 检查核对打开情况无误。

③ 通知注入站先开注水泵，证实正常后，再启动注聚合物母液泵。

④ 按方案要求配比，调整注入母液量和水量。

⑤ 开井完闭。

（6）岗位工人未经上级同意不得随意开关井，以免导致注入站憋泵而造成事故。

（7）如果需要关井时，在关井前必须通知注入站停泵，确认停泵后，方可关井。

2. 洗井要求

（1）注聚合物溶液之前必须彻底洗井。

（2）相同注聚合物溶液工作压力下，吸入量下降20%。

（3）作业施工完的井，必须按要求洗井后方可继续注入。

(4) 正常注入井，原则上不要求洗井。
(5) 为了保护环境，洗井水不能乱放，严格遵守环境保护法律法规。
(6) 洗井操作：
① 准备好必备的工具、用具。
② 接好反洗井的放空管线。
③ 倒反洗井流程（在配水间、井口正常注水流程下）。
④ 关生产阀门和计量间的油管压力阀门。
⑤ 开反洗井放空阀门，放 5~10min 溢流。
⑥ 开套管连通阀门。
⑦ 缓慢开油管压力阀门，控制流量至 $15m^3/h$，洗井 2h，并作好记录。
⑧ 缓慢开油管压力阀门，控制流量至 $20m^3/h$，洗井 4h，并作好记录。
⑨ 缓慢开油管压力阀门，控制流量至 $25m^3/h$，洗井 4h，并作好记录。
⑩ 洗井时间和水量应以水质化验合格为准。
(7) 倒开井流程（正注）：
① 关反洗井放空阀门和套管连通阀门。
② 开大生产阀门。
③ 打开油管压力阀门。
④ 整理洗井资料，并填入报表。
⑤ 进入开关状态后，方可通知注入站按要求开井。
(8) 洗井标准：
① 洗井排量由小到大，变换 3 个排量（即 $15m^3/h$、$20m^3/h$、$25m^3/h$）。
② 出口水量应大于进口水量 $2m^3/h$。
③ 水质达到化验合格，或洗井总水量达到 $200~400m^3$。
④ 洗井资料录取要齐全准确。

（四）聚合物的降解及防护

1. 聚合物的降解

聚合物降解一般是指高分子主链发生断裂，或者保持主链不变仅改变取代基的作用。降解主要取决于聚合物的化学结构，外界因素（应力、温度、氧、细菌等）也会对降解有很大影响。在聚合物驱油过程中，如何减少降解，保持聚合物在较长时间的稳定性，是提高聚合物驱效果的主要手段。在聚合物驱中，一般把聚合物的降解分为机械降解、化学降解和生物降解 3 种。

2. 机械降解的防护

尽管在许多聚合物驱工程项目中，机械降解是一个严重的问题，但通过合理设计可以达到能接受的程度。

(1) 在聚合物配制过程中，要用常规搅拌器在比较低的速度下搅拌。在聚合物溶液输送过程中要选择低剪切柱塞泵，泵出口阀冲程要尽量大，入口和出口要尽量平滑，避免使用针形阀。

(2) 完井要依具体情况而定，应尽量采用裸眼完井或砾石充填完井方式，如采用射孔完井方式，要增大注入井的炮眼密度和孔径，一般射孔密度为 30 孔/m 左右。

（3）每口注入井均应装置独立的注入泵，而不应使用油嘴或阀来调节注入量。注入管线中的聚合物在泵的下游加以测定。

（4）采用小型水力压裂，改善井底注入层面的渗透性。

（5）应用井口动剪切装置（一种多级侧向通道泵），通过对注入速率、旁流量和级数的控制来调节聚合物溶液注入的剪切强度。这种连续的控制方法的组合，能使注入的聚合物溶液满足注入条件及非连续的渗透率的变化。

3. 化学降解的防护

化学降解的主要问题是水中氧和铁的存在，使聚合物降解，黏度降低。为了消除溶液中的氧，配制溶液的水罐采用天然气气封，而聚合物溶液储罐为氮气气封。有的水源井套管也采用氮气气封，此外在泵上装置滑环密封、静密封件均可防止在配制聚合物溶液时外部氧的进入。如果加入亚硫酸氢钠、亚硫酸钠和连二亚硫酸钠等除氧剂，加入量要适宜，并且加入除氧剂以后，聚合物溶液再不要与空气接触。

为了预防由于铁存在引起的降解，对于储罐及注入管线，一般采用玻璃纤维罐及塑料涂层注入管线，或者采用不锈钢管线。使聚合物溶液中铁的含量小于 0.1mg/L。如果 Fe^{2+} 的含量较高可用螯合剂邻菲罗啉处理，或加入稳定剂硫脲和甲醛。

4. 生物降解的防护

部分水解聚丙烯酰胺（HPAM）和黄胞胶在配制过程中，应加入 200mg/L 的甲醛作为杀菌剂。如果使用其他类型的杀菌剂如季铵盐、低分子有机酸二铵盐与醛的混合物和二硫化氨基甲酸盐等，在使用之前要进行配伍性试验。

根据以上的防护措施，结合本油田的实际情况，可以在防止聚合物降解方面获得满意的结果。

五、聚合物驱采油井管理

（一）聚合物驱采油井资料录取

1. 资料录取的内容

聚合物驱油井的举升方式，可以根据实际需要选择抽油机、螺杆泵或电泵。三类井均要求录取的资料有油管压力、套管压力、电流、产液量、采出液含水率、动液面（流压）、静液面（静压）、采出液聚合物浓度、采出液水质 9 项资料，抽油机井还需要录取示功图资料。

其中，油管压力、套管压力、电流、产液量、动液面（流压）、静液面（静压）、示功图（抽油机井）与水驱油井资料录取要求相同，这里不再赘述。

2. 采出液含水率的录取要求

聚合物采出井在见效后需加密取样，每 5d 取样化验采出液含水率 1 次，每月录取 6 次含水资料，且月度取样次数不少于量油次数。

在含水率下降阶段，含水率值下降不超过 5%，可直接采用；含水率值下降超过 5%，当天含水率值借用上次采出液含水率值，并于第二天复样，选用接近上次含水率值。在含水率回升过程中，含水率上升值不超过3%，可直接采用，含水率上升值超过3%，当天含水率借用上次采出液含水率值，并于第二天复样，选用接近上次含水率值，变落实变化原因。在其他阶段，按水驱井采出液含水率波动范围进行录取。

3. 采出液聚合物浓度录取要求

采出井未见聚合物时，采出液聚合物浓度每月化验1次；采出井见聚合物后，采出液聚合物浓度每月化验2次，两次间隔不少于10d，与采出液含水率同步录取，采出液聚合物浓度值直接选用；当采出液含水率加密录取时，根据开发要求，适当选取部分样品同步进行采出液聚合物浓度化验，并同步选用采出液含水率值和聚合物浓度值。

4. 采出液水质录取要求

采出液见聚合物的采出井，采出液水质每月化验1次，与采出液含水率同步录取，采出液水质资料直接选用；当采出液含水率加密录取时，根据开发要求，适当选取部分样品同步进行采出液水质化验，并同步选用采出液水质数据。

(二) 聚合物驱全过程五个阶段的划分

1. 空白水驱及见效前期

此阶段包括空白水驱及注聚合物未见效阶段，聚合物溶液注入为0~0.05PV，油井尚未见效，含水率继续上升，聚合物溶液主要进入大中孔道，改善了非均质油层的吸水剖面和不利的油水流度比，注水压力急剧上升。

该阶段应结合动态资料，进一步深化对聚合物驱区块的认识，为聚合物驱方案优化提供准备。应着重采取以下几项措施，一是对聚合物驱控制程度低的局部井区完善注采系统；二是调整注采参数缓解平面矛盾；三是适当下调注入速度，为注聚合物及聚合物驱前调剖预留压力上升空间；四是明确深度调剖井及分层注聚合物井，编制深度调剖及分层注聚合物措施方案；五是水驱阶段注入压力不正常、动静不符的井在此阶段应完成治理。

2. 注聚合物见效及含水率下降阶段

此阶段注入压力继续上升，油井含水率快速下降，高渗透层油墙逐步形成，注入剖面初步得到改善，产油量比上一阶段增加了3~4.8倍，此阶段的注入液量为0.05~0.2PV，累计产油量占整个阶段15%左右。

该阶段以保证注入液均匀推进、采油井均衡受效为调整目标，平面各生产井的见效差异及层内层间的动用状况差异为主要治理对象。及时录取分层吸水剖面资料，对见效差和剖面未得到有效调整的注入井尽早查明原因，积极采取分层注聚合物和注入参数调整等手段进一步提高聚合物驱效果。

3. 低含水率阶段

在注入聚合物溶液0.2~0.4PV时，处于低含水率阶段。此阶段产油量达到峰值，含水率达到最低点，生产井产液量下降、产聚合物浓度开始上升，注入压力上升速度减缓，吸水剖面开始发生返转，低渗透油层吸液量开始下降。此阶段累计产油量最高，占整个阶段40%左右。自注聚合物起至本阶段末，累计增油量超过全过程的60%以上，阶段采出程度可达14%~18%。

该阶段以增产、提液、最大限度延长含水率低值期、推迟剖面返转时机为目标，可采取局部注采关系调整、封堵高渗透层、压裂等措施。

4. 含水率回升阶段

该阶段由注入聚合物溶液 0.4PV 至注聚合物溶液结束。此阶段含水率回升，产油量下降，产聚合物浓度和注入压力在高水平上稳定。此阶段累计产油量占整个阶段 30% 左右。

该阶段以控制含水率上升及聚合物溶液的低效无效循环、充分挖掘剩余油为主要目标。针对采聚合物浓度高且上升快、吸水剖面变差等矛盾，可采取深度调剖、注采参数调整、周期注聚合物、封堵高渗透层等技术措施，确定井组、注入站、区块的停注聚合物时机。

5. 后续水驱阶段

该阶段由注聚合物结束至水驱结束。此阶段含水率继续回升、注入压力下降，注入水从高渗透层突破，采聚合物浓度急剧下降，产液能力有所回升。该阶段累计产油量占整个阶段 10% 左右。

此阶段以减少注入水低效、无效循环，控制含水上升速度，挖掘剩余油潜力为目标，可采取细分注水、周期注水等控水措施，合理确定停层及关井时机。

聚合物驱油井的含水率变化规律可以用"两升，一降和一稳"描述。"两升"是指空白水驱和注聚合物初期含水率继续上升，注聚合物中后期的含水率回升；"一降"是指聚合物驱见效后的含水率下降；"一稳"是指生产井含水率在低含水率值稳定。图 3-18 所示是典型的聚合物驱含水率变化规律。

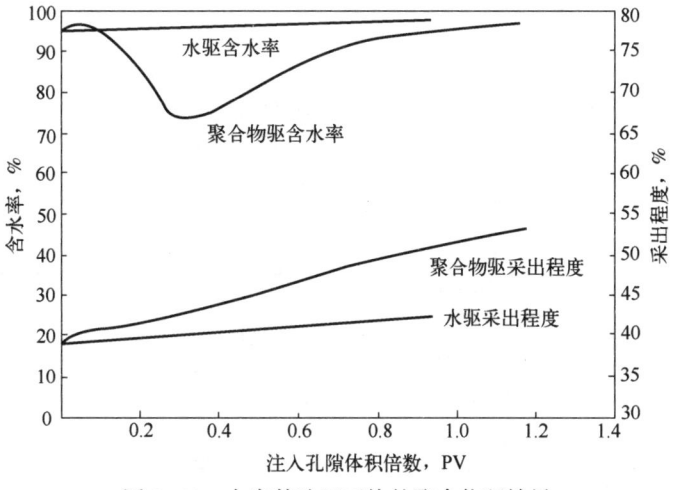

图 3-18　大庆某油田区块的聚合物驱效果

（三）聚合物驱油动态变化特征

在聚合物驱油项目开始后，即便是同一区块同一井组的不同单井，由于其所处的地质条件不同，注采井间的连通状况存在着差别，油层剩余油饱和度大小及分布不同，其注入、采出情况也会存在一定的差异。因此，搞清井组内单井的变化情况，才能分析、对比、揭露矛盾，从中找出主要问题，为个性化的方案调整提供依据。

矿场试验表明，注聚合物后，聚合物驱有以下几点动态反映：

（1）注聚合物后，注入能力下降，注入压力上升。

（2）油井含水率大幅度下降，产油量明显增加，产液能力下降。

（3）注聚合物一段时间后，采油井中会见到聚合物，采出液中聚合物浓度会逐渐增大。

（4）注入井的吸水剖面、采油井的产液剖面会得到改善，会增加吸水厚度及出油厚度。

（5）聚合物见效时间和聚合物突破时间存在一定的差异。

（6）油井见效后，含水率下降到最低点后的稳定时间不同。

针对聚合物驱的动态变化特征，聚合物驱单井动态分析的内容主要包括注入状况、采出状况及影响因素分析：

（1）注入状况分析，包括注入压力保持水平、注入聚合物浓度、注入黏度、注入速度及注入量、吸水能力变化等。

（2）采出状况分析，包括含水率、产液量、产油量、产液（油）指数、产出聚合物浓度及产液剖面变化。

（3）各种动态变化规律及影响因素分析，包括驱替特征曲线、霍尔曲线等。

六、聚合物驱效果分析（矿场实例）

【案例】分析聚合物驱采出井 P67 井的采出状况，并根据所存在的问题提出相应的措施建议。

（一）概述开采简况

P67 井是大庆油田某聚合物驱区块的一口采油井，其井位图如图 3-19 所示，基础数据见表 3-6，综合开采曲线如图 3-20 所示。

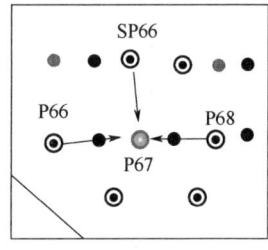

图 3-19　P67 井组井位图

表 3-6　P67 井基础数据

投产时间	2002 年 7 月	注聚合物时间	2007 年 7 月
开采层位	ＰⅠ1-ＰⅠ7	注采井距	250m
砂岩厚度	23.4m	有效厚度	11.3m
地层系数	3.31$\mu m^2 \cdot m$	原始地层压力	11.54MPa
饱和压力	10.06MPa	地质储量	$28.16 \times 10^4 t$
聚合物驱阶段累计产油量	11572t		

（二）分析开发中存在问题及原因

（1）注聚合物见效晚，含水率低值期高出区块平均单井水平。

该井空白水驱阶段含水率一直保持较高水平。注聚合物前含水率达到 96.52%，高于区块平均水平 0.58%。在聚合物用量为 84PV·mg/L 时，区块整体见到聚合物驱效果，而本井是在聚合物用量为 255PV·mg/L 时才见效，比最早见到聚合物驱效果的井晚 13 个月。

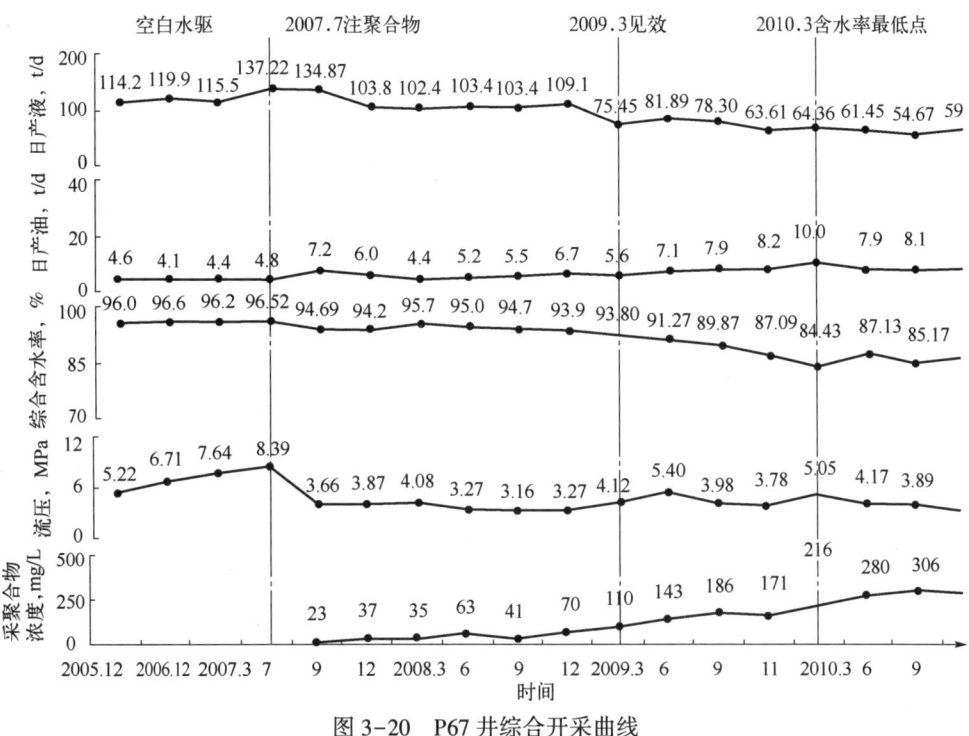

图 3-20　P67 井综合开采曲线

原因分析：该井见效晚和含水率下降幅度低，主要是由于井组长期注聚合物不足。具体体现为见效初期采聚合物浓度为 110mg/L，较周围采出井低 58mg/L，动液面为 709m，油层供液能力较差。油层发育较为薄差，平面争水严重，导致该井注入聚合物不足，聚合物驱效果较差。

（2）层间矛盾突出，储层动用程度存在差异。

注聚合物见效后，该井产液量大幅下降，日产液量在 65t/d 左右，较见效前降幅达 40.9%，产液强度为 5.3t/(d·m)，较全区块低 2.1t/(d·m)。P67 井全井射开 8 个沉积单元，射开小层中只有 PⅠ1、PⅠ3(1,2)、PⅠ4(1) 和 PⅠ7 四个小层有产出，如图 3-21 所示。动用砂岩厚度为 14.5m，有效厚度为 7.7m，占全井的 61.97% 和 68.14%，动用程度较低。PⅠ1、PⅠ7 小层为全井发育最好的两个小层，是全井的主产液层。从该井射孔数据资料可知，P67 井各层的渗透率级差为 15.7，油层纵向非均质性强。

（三）措施潜力分析及措施建议

（1）结合精细地质资料进行潜力分析。

PⅠ2 沉积单元属于曲流河道砂体沉积，如图 3-22 所示。P67 井在 PⅠ2 沉积单元射开砂岩厚度为 5.2m，有效厚度为 1.4m，渗透率为 $0.254\mu m^2$，地层系数为 $0.316\mu m^2·m$，油层上部中水淹。环形空间资料显示，注聚合物后，PⅠ2 层未得到有效动用。与 3 口连通注入井均虽为一类连通，但由于该井位于区块边部，且受断层遮挡影响，判断该层存有一定程度的剩余油。

PⅠ3 沉积单元属于曲流河道砂体沉积，如图 3-23 所示。P67 井在此沉积单元处于河道砂边部，油层底部低水淹。与注入井 SP66 井为一类连通，与 P66 井、P68 井为二类连通，且 P68 井发育为表外储层，对注采关系具有遮挡作用，形成平面的河道边部滞留剩余油。

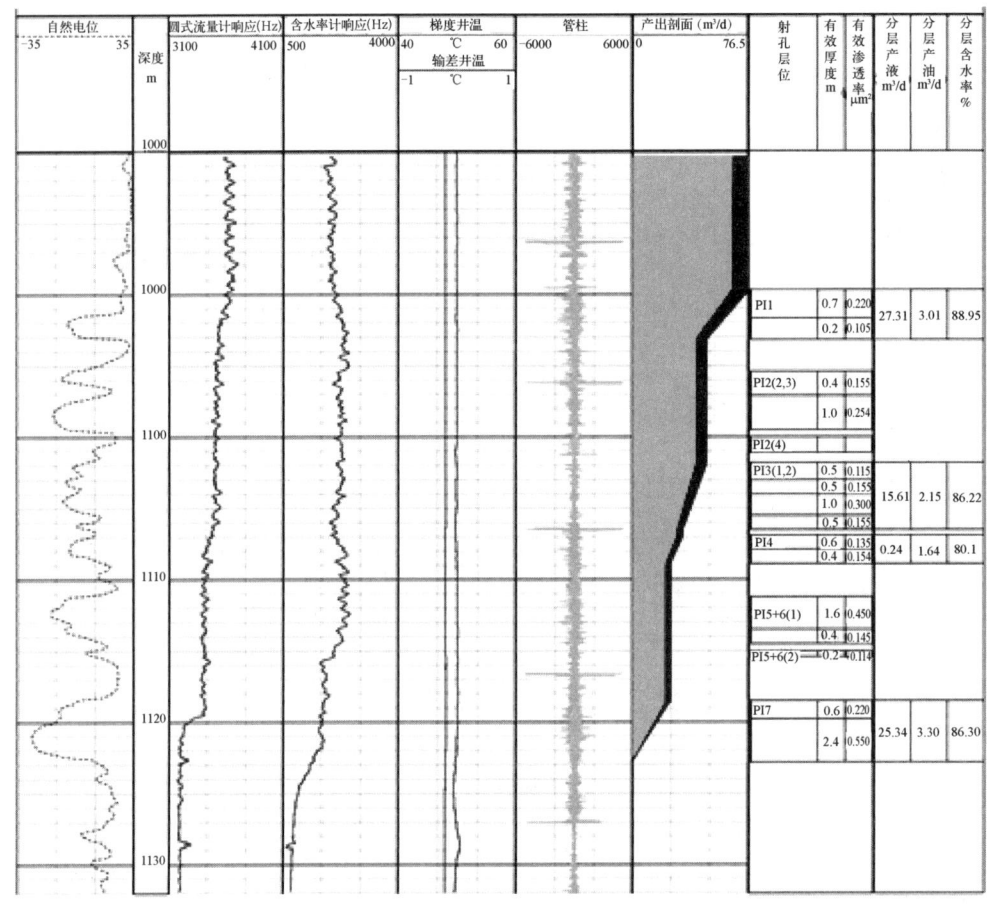

图 3-21 P67 井措施前产出剖面

射孔层位	有效厚度 m	有效渗透率 μm²	分层产液 m³/d	分层产油 m³/d	分层含水率 %
PI1	0.7	0.220	27.31	3.01	88.95
	0.2	0.105			
PI2(2,3)	0.4	0.155			
	1.0	0.254			
PI2(4)					
PI3(1,2)	0.5	0.115	15.61	2.15	86.22
	0.5	0.155			
	1.0	0.300			
	0.5	0.155			
PI4	0.6	0.135	0.24	1.64	80.1
	0.4	0.154			
PI5+6(1)	1.6	0.450			
	0.4	0.145			
PI5+6(2)	0.2	0.114			
PI7	0.6	0.220	25.34	3.30	86.30
	2.4	0.550			

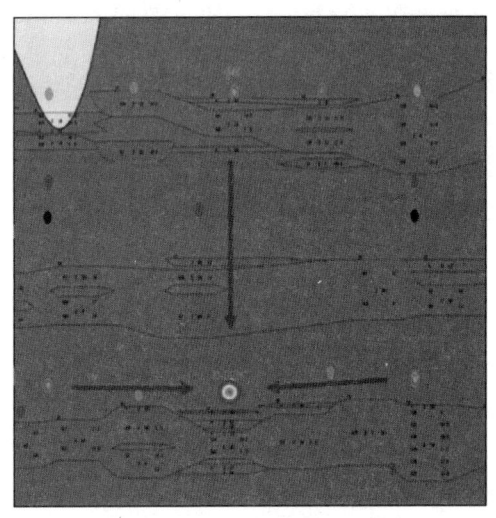

图 3-22 PI2 单元沉积相带图

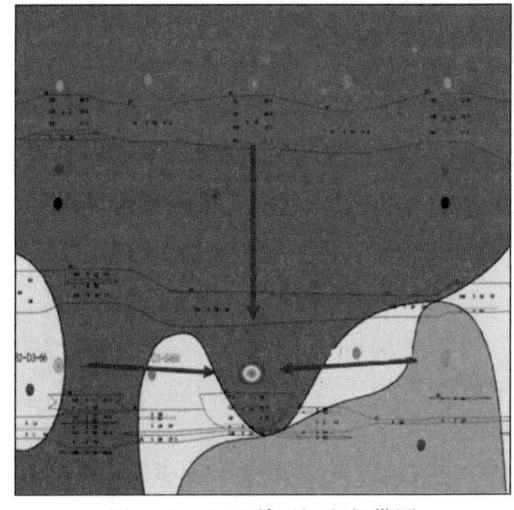

图 3-23 PI3 单元沉积相带图

PI4 沉积单元属于三角洲内前缘相沉积砂体，如图 3-24 所示。P67 井在此沉积单元处于河间砂体中，该层射开砂岩厚度为 2.0m，有效厚度为 1.0m，渗透率为 0.154μm²，地层系数为 0.143μm²·m，油层中、低水淹，与周围注入井连通较好，且环形空间资料显示动用程度较低，富含剩余油，如上压裂应有一定产能。

PI5+6 沉积单元属于分流河道沉积，如图 3-25 所示。P67 井在此沉积单元处于河间砂体中，其 3 口连通注入井均位于河道边部，为二类连通。该层射开砂岩厚度为 3.7m，有效厚度为 2.2m，渗透率为 0.430μm²，地层系数为 0.776μm²·m，油层底部低水淹，环形空间资料显示未动用，有措施潜力。

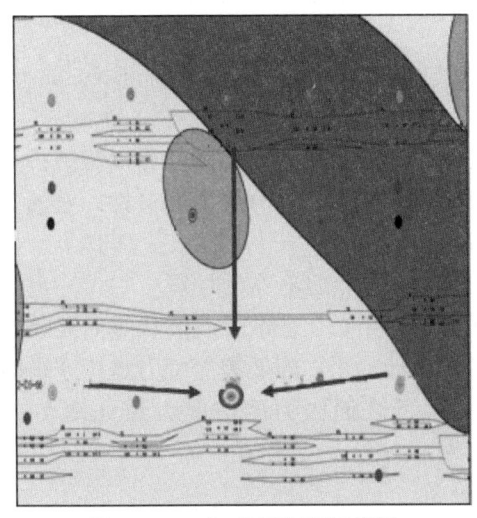

图 3-24　PI4 单元沉积相带图

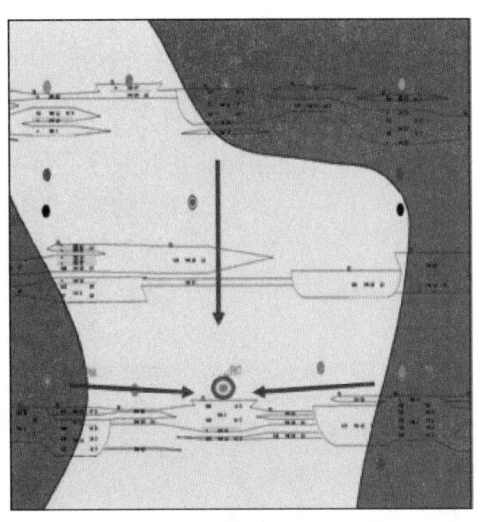

图 3-25　PI5+6 单元沉积相带图

（2）提出措施建议。

针对 P67 井高压低产现象，认为井底周围渗流阻力大，影响地层能量的发挥。结合该井剩余油潜力，认为该井可以通过压裂措施改善油层渗流能力，提高油层，尤其是未动用油层动用程度。由于该井含水率为 87.1%，较见效前下降了 9.1%，已经进入含水率低值期，因此这一阶段实施提液放产可以更加充分扩大聚合物驱效果。

（四）几点认识

（1）注聚合物低值期阶段，适时进行提液放产，可以取得较好的效果，充分发挥聚合物驱油效果，提高最终采收率。

（2）在选井选层上应紧密结合精细地质研究结果，综合动态资料，精选压裂井、层。厚油层进行压裂，可以有效地缓解层间矛盾，同时低压未动用的薄差层也有一定压裂潜力。

（3）对采出井进行压裂可以降低周围注入井的注入压力，有利于减缓注采矛盾，改善聚合物驱效果。

第二节　化学复合体系驱油技术

化学驱就是将聚合物、表面活性剂、碱等化学剂添加到注入水中，从而提高石油采收率的技术措施。用上述三种化学剂两两组合成的复合体系进行驱油，称为二元复合驱；用碱、聚合物、表面活性剂三种化学剂组成的复合体系进行驱油，称为三元复合驱（简称 ASP 三元复合驱）。三元复合体系既有较高的黏度，又能与原油形成超低界面张力，从而能大幅度地提高石油采收率。矿场实践表明，三元复合驱可比水驱提高采收率 20%。

一、复合驱技术概述

（一）复合体系的组成、特点和驱油机理

1. 表面活性剂

表面活性剂是指能够在低浓度下自发地吸附在两相界面上、显著地降低界面张力的一类物质。表面活性剂都是两亲分子，即分子由非极性的亲油基和极性的亲水基两部分组成。亲水基易溶于水，具有亲水性质；亲油基不溶于水而易溶于油，具有亲油性质。

表面活性剂单体通常可以用○～表示，波浪状短曲线表示非极性基团，而圆圈表示极性基团。降低表面张力是所有表面活性物质的共性，它们降低表面张力的情况大致如图 3-26 所示。

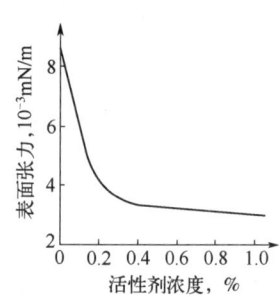

图 3-26 表面活性剂降低表面张力情况

1）表面活性剂的分类

表面活性剂亲水基部分的基团种类繁多。表面活性剂性质上的不同主要与亲水基的不同有关，因而表面活性剂的分类一般是以其亲水基的结构为依据，即按表面活性剂溶于水时形成的离子类型来分类。

表面活性剂溶于水时，凡能离解成离子的称为离子型表面活性剂；不能离解成离子的称为非离子型表面活性剂。对于离子型表面活性剂，按其在水中形成的表面活性离子的种类又可分为阴离子表面活性剂、阳离子表面活性剂、两性离子表面活性剂。其中，阴离子表面活性剂的应用最为广泛。

2）表面活性剂的驱油机理

（1）降低油水界面张力，使残余油变为可流动油。

向注入水中加入表面活性剂后，表面活性剂必然会向油水界面进行定向吸附，从而引起油水界面的净吸力发生变化。由于水分子极性较大，当以极性较小的表面活性剂的极性部分代替了界面层中的水分子时，结果使水相内部对表面的吸引力减弱。再由于表面活性剂分子的非极性部分与油相的吸引力，随着相对分子质量的增大而增大，因此，当表面活性剂的分子代替了界面层水分子并把其非极性部分插入油相时，油相对表面的吸引力增强了。综合上述两个方面的变化，显然界面层上的净吸力大大减弱，结果界面收缩力明显减小，从而使油水界面张力明显下降。

大量实验证明，当油水界面张力降低时，油滴易于变形，且通过喉道时阻力减小。这样在亲水岩石中处于高度分散状态的二次残余油就会被驱替出来，形成流动油。

（2）改变岩石表面的润湿性。

在亲油岩石中，水驱油后剩余的残余油以薄膜状态吸附在岩石的表面。表面活性剂在

岩石上的吸附可使岩石的润湿性发生变化，使润湿接触角变小，即水对岩石的润湿性增强，增加了可流动油比例，使可流动孔道尺寸变大、液体流动阻力变小、流量变大，使多孔介质对原油和水的相对渗透率增大。

(3) 增加原油在水中的分散作用。

油和水是互不相溶的，所以要用水把油带出来就不太容易。当有表面活性剂加入时，就会使原油容易分散于水中。

发生于两种互不相溶的液—液之间的分散现象称为乳化。其中总有一种液体是水（或水溶液），简称水相；而另一种通常是有机液体，如苯、原油等，简称油相。一种液体或多种液体以微小的液珠均匀地分散于另一种液体中形成的乳液，称为乳状液。乳状液的分散相液珠直径在 $0.1\sim100\mu m$ 的范围内。乳状液可分为两大类，即以油为分散相、水为连续相的乳状液，称为水包油乳状液，用 O/W 表示。反之，以水为分散相，油为连续相的乳状液，称为油包水乳状液，用 W/O 表示。单纯的油和水不能形成稳定的乳状液，只有加入表面活性剂之类的物质才能得到较稳定的乳状液。

表面活性剂溶液注入地层后，随着油水界面张力的降低，原油可以分散在活性水中，形成水包油型乳状液，表面活性剂起稳定剂作用。同时，由于表面活性剂在油滴表面的吸附而使油滴带有电荷，这样油滴就不易重新粘回到地层表面，从而被活性水夹带着流向采油井。

(4) 改变原油的流变性。

很多油田的原油因含有沥青、胶质、石蜡等而具有非牛顿流体的性质，其黏度随剪切应力而变化。这是因为原油中胶质、沥青和石蜡一类的高分子化合物容易形成空间网状结构，这种结构在原油流动时一部分被破坏，破坏的程度与流动速度有关。当原油静止时，结构得以恢复，重新流动时黏度就很大。所以原油具有异常黏度，在渗流时发生滞后现象。原油的这种非牛顿流体性质直接影响驱油效率和波及系数，使得原油的采收率很低。要提高这类油田的采收率，需要改善异常原油的流变性，即降低其黏度和极限动剪切应力。而用表面活性剂水驱油时，一部分表面活性剂溶入油中，吸附在沥青质点上可以减弱沥青质点间的相互作用，削弱原油中大分子的网状结构，从而降低原油的极限动剪切应力，提高采收率。

2. 碱

注碱水驱油是强化采油的另一种方法。该方法是通过将比较廉价的化合物，如氢氧化钠、碳酸钠等，掺加到注入水中，以增加其 pH 值。碱与原油的某些成分发生反应，生成表面活性剂，降低水与原油之间的界面张力，使油水乳化，改变岩石的润湿性，并可溶解界面薄膜，从而提高原油的采收率。其驱油机理如下：

(1) 降低界面张力。

在碱性水中含有 OH^-，但 OH^- 本身并不是一种表面活性剂。然而，当碱性水与原油中的有机酸混合时，则会生成表面活性剂并集中在油水界面上，降低油水界面张力。因此，碱水驱油时，若降低油水界面张力，原油中必须有一定的有机酸。原油的酸值是确定原油特性是否适于碱水驱的一项指标。所谓原油酸值是指中和 1g 原油（pH=7）时所需氢氧化钾的毫克数。一般说来，若要碱水驱使界面张力显著下降，原油的酸值应大于 $0.5mg/g$。

（2）改变岩石表面的润湿性。

碱水驱生成的表面活性剂除聚集在油水界面外，还有一部分表面活性剂吸附在岩石表面，改变岩石表面的润湿性。如岩石表面的润湿性由亲油转变为亲水时，水变为润湿相，从而水在毛细管力作用下进入小孔道及颗粒表面，而油占据孔隙中间，油和水的相对渗透率向有利于提高采收率的方向转化。

（3）乳化和捕集携带作用。

当碱水驱产生的表面活性剂使油水界面张力足够低时，在亲水岩石中的剩余油将被乳化，形成水包油乳状液。在流动过程中，若遇到比乳状液滴还要小的孔隙喉道，乳状液将被捕获，从而产生阻塞效应，抑制了水驱油时的黏性指进，提高了洗油效率，扩大了波及系数。

当稳定的乳状液滴的平均尺寸不大于岩石的平均孔隙直径时，这些乳状液滴被携带着进入连续流动的碱性水相中，残余油以非常细小的乳状液随水一起流出。如果剪切速度高时，乳状液滴受到剪切后，其尺寸将减小，有利于携带。

（4）增溶油水界面处形成的刚性薄膜。

油与岩石接触处，原油中的沥青质、卟啉、石蜡等成分吸附在岩石表面，形成坚硬的刚性薄膜。由于这种薄膜的存在，不仅增加了残余油饱和度，而且使充塞在孔隙内的油流阻力增加，限制原油通过孔喉。同时，它抑制了水包油乳状液进行聚并。随着碱性水溶液的注入，由于界面化学反应，碱相吸入到油相中，这种溶胀的油相，加上其形态的改变，使油水界面上的刚性薄膜破坏，并被增溶，从而使剩余油具有较强的流动能力。

上述为碱性水驱油的基本机理。这些机理是在特定的pH值、碱的浓度等条件下出现的。

3. 三元复合体系驱油机理

当三元液注入地层后，一方面由于聚合物的增黏作用改善了流度比，克服了指进现象，使水驱前缘均匀推进。另一方面，表活剂及碱的作用使油水间的界面张力大大降低，使水驱不动的残余油得以启动，并在向前推进过程中形成油墙，油墙的形成和扩大加大了油相的分流量，促进了油相渗流，波及系数和驱油效率都比水驱有显著提高，效果明显。

三元复合体系驱油得以推广应用的一个重要原因是，体系中的表面活性剂浓度很低，但靠它和廉价碱的协同作用仍旧可以形成10^{-3}mN/m的超低界面张力，从而使采油成本降低。

（二）复合驱的油层适应性

1. 复合驱合理井网井距

1）合理井网

利用数值模拟技术研究了直列、斜列、四点法、五点法、七点法、九点法、反九点法（井网命名以中心井为油井的方式命名）7种不同井网的复合驱驱油效果。结果表明，对于水驱来说，在油层条件、复合体系、注入量以及注采速度相同的条件下，井网类型对水驱采收率的影响不大。水驱效果最差的是七点法井网，水驱采收率只有39.12%OOIP（原始石油地质储量）；水驱效果最好的是五点法井网，水驱采出程度为41.12%OOIP。两者相差2.0%。对于复合驱来说，水驱效果好的复合驱效果也好，但最终采出程度差值增大，相差3.66%。这说明复合驱的驱油效果对井网的敏感程度比水驱的大。直列井网、七点法井网和反九点法井网的驱油效果相对要差一些。

2) 合理井距

研究表明，在相同条件下，井距越大，油田的投入就越小。但缺点不仅是单井的控制程度低，驱油效果差，而且由于复合体系是高黏度的溶液，因此，注入压力比水驱有很大的上升。如果井距过大，将导致注入压力上升过快而无法注入，甚至超过油层破裂压力。

大庆油田多年的矿场试验及理论研究结果表明，复合驱注入能力、生产井采液能力及油层渗透率都与注采井距有很大关系。

(1) 复合驱注入能力与注采井距的关系。

复合驱注入能力与注采井距的关系如图3-27所示。若限制注入压力上升值≤5MPa，注采井距为200m时，最大年注入速度可以达到0.43PV；注采井距为250m时，最大年注入速度可以达到0.30PV；注采井距为300m时，最大年注入速度可以达到0.20PV；当注采井距达到400m时，最大年注入速度下降到了0.11PV左右。因此，对于复合驱来说，当年注入速度在0.1~0.2PV时，从注入压力角度看，复合驱的注采井距比单纯聚合物驱的大，可以采用300m以内注采井距。

(2) 生产井采液能力与注采井距的关系。

生产井采液能力与注采井距的关系如图3-28所示。当复合驱油井井底压力保持在2~3MPa以上，注采井距为150m时，最大年产液速度可以达到0.25PV；注采井距为200m时，最大年产液速度可以达到0.16PV；当注采井距为250m时，最大年产液速度只有0.12PV。因此可以判断，对于复合驱来说，采用250m以内的注采井距，对生产井适当采取深穿透射孔以及压裂等技术，年产液速度（地下体积）可以达到0.12~0.25PV的要求。

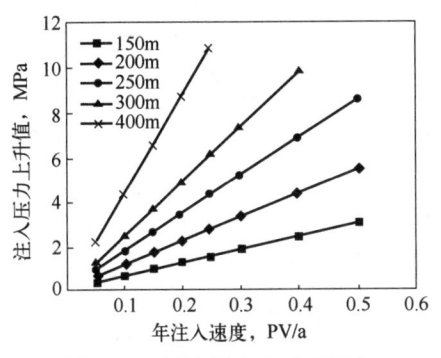

图3-27 注入压力上升幅度与注采井距和注入速度的关系

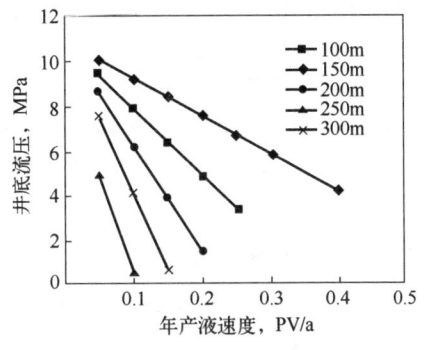

图3-28 油井井底流压与采液速度和井距的关系

(3) 油层渗透率与注采井距的关系。

油层渗透率与注采井距的关系如图3-29所示。对于渗透率大于200mD的油层来说，250m以内的注采井距，在不超过油层破裂压力注入的前提下，可以满足年注入速度0.10~0.12PV的要求。对于渗透率低于200mD的油层，可以通过适当缩小注采井距的方式来实现。

2. 油层非均质性

为了得到油层非均质性对复合驱驱油效果的影响，利用数值模拟技术进行计算和分

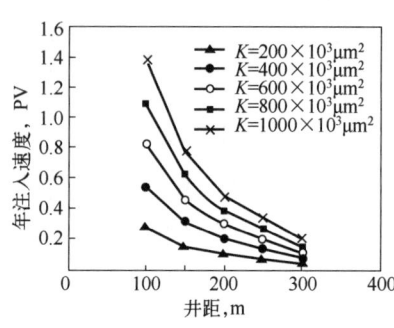

图 3-29 注入速度与油层渗透率和井距的关系

析,结果表明:

(1) V_K 越小,驱油效果越好。

(2) 复合体系黏度越高,所适应的 V_K 的范围越大。

(3) V_K 在 0.5~0.8 范围内时,复合体系黏度对驱油效果的影响最敏感、采收率变化幅度最大。

(4) 在两个极端条件下,即 $V_K<0.2$ 或 $V_K>0.85$ 时,复合体系的黏度对驱油效果作用不明显。

这说明对于复合驱技术来讲,最适宜的渗透率变异系数的范围是 0.5~0.8,而且适当增加体系黏度,不但可以进一步提高扫及区域和微观波及效率,而且还可以提高驱油体系在非均质油层中的宏观波及系数。

3. 油层沉积韵律

油藏是长期演变而逐渐沉积形成的。从纵向上看,通常由若干小层或沉积单元构成。这些小层或单元可能被隔层完全或部分隔离,也可能没有隔层。但不管是否存在隔层或隔层是否稳定,各小层或沉积单元的渗透率可能是不同的,因此从纵向上看,存在各种形式的渗透率组合。有的是按自上而下逐渐增大,这就是通常所说的正韵律油层;反之,则是所谓的反韵律油层。当然还有以其他方式组合的油层,如总体上以正韵律为主但个别小层可能相反的油层,即复合正韵律油层;总体上以反韵律为主但个别小层渗透率顺序相反的油层,即复合反韵律油层。显然,油层韵律可能还存在上反下正的多段多韵律油层以及上正下反的多段多韵律油层。而不同韵律的油藏,在长期的重力作用下,密度较大的水会自然地逐渐向下运移,密度相对较小的原油在水向下运移和浮力作用下,使原油逐渐向上运移。这样,可能具有油层底部的含油饱和度低、中高部油层的含油饱和度高的特点。此外,在长期的水驱开发过程中,除注入水沿高渗透层渗流外,同样由于水柱压力的作用和水本身密度比原油大,有自动流向油层底部的趋势。因此,油层韵律特点对水驱开发效果和复合驱提高采收率的效果有重要影响。表 3-7 给出了复合体系注入段塞为 0.30PV 以及后续聚合物保护段塞为 0.15PV 在油层平均渗透率为 1000mD、$V_K=0.65$ 时,油层韵律对水驱采收率、复合驱采收率以及最终采收率结果的影响。

表 3-7 油层韵律对水驱和复合驱驱油效果的影响

韵律特征	渗透率,mD	水驱采收率,%	复合驱采收率,%	复合驱最终采收率,%
正韵律	120	29.18	21.93	51.11
	252			
	394			
	580			
	854			
	1350			
	3450			

续表

韵律特征	渗透率, mD	水驱采收率, %	复合驱采收率, %	复合驱最终采收率, %
反韵律	3450	37.97	16.39	54.36
	1350			
	854			
	580			
	394			
	252			
	120			
复合正韵律	252	32.39	19.76	52.15
	394			
	580			
	120			
	854			
	1350			
	3450			
复合反韵律	1350	39.56	18.16	57.20
	580			
	120			
	3450			
	854			
	394			
	252			
上反下正多段多韵律	1350	36.30	20.35	56.65
	854			
	394			
	252			
	120			
	580			
	3450			
上正下反多段多韵律	120	36.08	17.55	53.63
	1350			
	3450			
	854			
	580			
	394			
	252			

结果表明，在上述给出的韵律中，正韵律油层的水驱采收率最低，只有29.18%。而

复合驱采收率最高,为 21.93%,复合驱后的最终采收率却也是最低的,只有 51.11%。反韵律的结果与正韵律的正好相反。也就是说,水驱采收率越高的油层,复合驱的采收率值越低,反之亦然。这主要是由于正韵律油层下部层段的渗透率高,受重力作用的影响,水驱时,在水柱压力和注入水本身重力的影响下,注入水有向下运移的趋势,加之油层底部渗透率高,因此注入水主要沿着底部高渗透层流动。一旦水突破并形成通道后,注入水很难进入油层上部且渗透率低的部位,所以采油量明显减少,水驱采收率不高。而注入高黏度的复合体系后,尽管也存在重力作用,但由于注入压力升高,特别是高于油层的启动压力后,驱油体系将逐渐渗流进入那些原来水驱不能进入的层位,或者随着注入压力的升高,原来水驱进入量少的层位复合体系进入量增加,使采收率明显提高。

4. 注入时机

为了从理论上分析不同含水条件下注入复合体系对驱油效果的影响,利用数值模拟技术进行研究,结果见表 3-8。可以看出,在含水率为 0~95% 的范围内,实施复合驱时的含水率越高,最终采收率也越高,但上升的幅度非常小。例如,在油田投入初期就实施复合驱(含水率为 0),则最终采收率为 58.892%OOIP,而在含水率为 95% 时实施复合驱,最终采收率为 59.634%OOIP,相差仅 0.742%OOIP。复合驱比水驱提高的采收率值却随着含水率的升高而略有降低。这种结果不难理解,因为含水率上升都是在水驱开发时长期注水所致,但由于实施复合驱时,驱油体系的注入量相同,因此在实施复合驱之前水驱开发大量的注入水,由于长期的冲洗作用,或多或少地对进一步提高水驱采出程度有利。

表 3-8 不同注入时机对复合驱驱油效果的影响

含水率,%	0	23	34	57	68	81	92	95	98
最终采收率 %OOIP	58.892	58.913	58.945	58.976	59.307	59.466	59.573	59.634	61.086
复合驱提高采收率 %OOIP	19.734	19.731	19.693	19.685	19.676	19.668	19.652	19.640	21.065

(三)三元复合体系驱油注入程序

为了保证三元复合体系的驱油效果,在进行 ASP 三元复合驱时,一般按如下程序进行注入。

1. 空白水驱

空白水驱是指在注入化学剂之前注入一定地层孔隙体积(PV)的低矿化度盐水,以达到对地层进行预冲洗的目的,更好地发挥后续化学剂的驱油作用。

2. 聚合物前置段塞

为了更好地发挥三元复合体系的驱油效果,尤其是为防止由于扩散造成的主段塞最佳条件被破坏,通常在主段塞之前注入适当梯度浓度的聚合物溶液,以达到保护三元主段塞的目的。

3. 三元复合驱主段塞

三元复合驱主段塞是 ASP 三元配方体系溶液段塞中的核心部分。

4. 三元复合驱副段塞

三元复合驱副段塞是指在驱油过程中为保护主段塞不被破坏而随后注入的浓度较低的三元溶液段塞。

5. 后置聚合物保护段塞

为防止后续注入水的突破对三元复合体系驱油效果的影响，在三元复合驱副段塞和后续水之间注入适当浓度的聚合物溶液，起到保护三元段塞的作用。

6. 后续水驱

为减少化学剂的用量，降低驱油成本，在注入保护段塞后即可注入水来驱替前面的段塞，进而将在主段塞前形成的油墙驱至生产井井底。

实验研究结果表明，优化三元复合体系注入方式，可以进一步提高三元复合驱油试验效果。

(1) 提高三元复合体系用量可以提高采收率。

实验结果表明：注入三元液 0.64PV 时可提高采收率至 20.11%，注入 0.75PV 时可提高采收率至 22.32%；注入 1.0PV 时可提高采收率至 24.6%。因此，在总注入体积一定的条件下，三元体系所占的 PV 数越大，驱油效果越好。

(2) 提高聚合物浓度可以提高采收率。

实验结果表明：1900 万分子量聚合物浓度由 1500mg/L 提高至 1800mg/L，三元复合体系提高采收率由 27.4% 提高到 31.4%。

(3) 提高聚合物分子量可以提高采收率。

室内岩心实验结果表明：污水配制的 2500 万分子量聚合物能够顺利注入 $130\times10^{-3}\mu m^2$ 以上的小岩心，且驱油效率与清水配制的中等相对分子质量聚合物的相当。为研究分子量对二类油层三元复合驱油效果的影响，将三元复合体系中聚合物分子量由 1900 万提高到 2500 万。实验结果表明：2500 万分子量聚合物配制的三元溶液，可以顺利注入二类油层，且提高采收率幅度高于 1900 万分子量聚合物配制的三元溶液。

(4) 加入高黏度聚合物前置段塞提高采收率幅度大。

在三元复合驱前加入黏度较高聚合物段塞，可以起到堵塞大孔道、调整剖面的作用，可多提高采收率 2% 以上。

(5) 段塞式注入提高采收率幅度大。

二类油层三元复合驱油实验中，单一浓度三元复合驱提高采收率为 20.11%；采用二元+三元+中分子的段塞注入方式，采收率可提高 25.3%；采用三元液与浓度为 1600mg/L 的聚合物段塞交替注入的方式，采收率的提高值为 26.2%；采用前置段塞+三元复合驱主段塞+三元复合驱副段塞+后续保护段塞的模式，提高采收率的幅度为 26.40%。段塞式注入方式比单一浓度注入方式多提高采收率 2%~6%。

二、三元复合体系的配注

三元复合体系的配注是指按配制方案的要求将碱、表面活性剂和聚合物三种化学剂按体系配方浓度经静态混合器混合均匀后，经三柱塞泵加至需要的压力后输送到各注入井。

在碱/表面活性剂/聚合物三元复合驱矿场试验及工业推广过程中，关于化学剂的注入工艺总的说来有三种："静脉"式配注流程、低压二元—高压一元配注流程、低压二元—高压二元配注流程。在全国最大的三元复合驱生产基地——大庆油田，应用最多的是低压二元—高压二元配注流程。

（一）"静脉"式配注流程

所谓"静脉"式配注流程，如图3-30所示，是先将化学剂分别配制为高浓度的溶液或混合为高浓度的混合液体，再用泵注入水管线，在管线流动过程中与水混合并达到规定的化学剂浓度。这种方法的优点是需要的罐较少且基本上为一泵多注（一个注入泵对多口注入井），但由于注水管线的压力波动，常常导致注入体系的化学剂浓度有明显的波动现象，有时浓度与配方要求的浓度值有较大偏差。

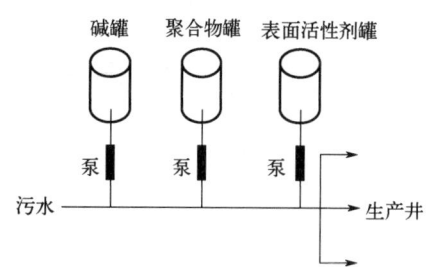

图3-30 复合驱"静脉"式配注流程

（二）低压二元—高压一元配注流程

低压二元—高压一元配注流程如图3-31所示，是指在混配目的液的过程中聚合物溶液和碱液是低压的，而表面活性剂溶液是高压的。具体过程如下：

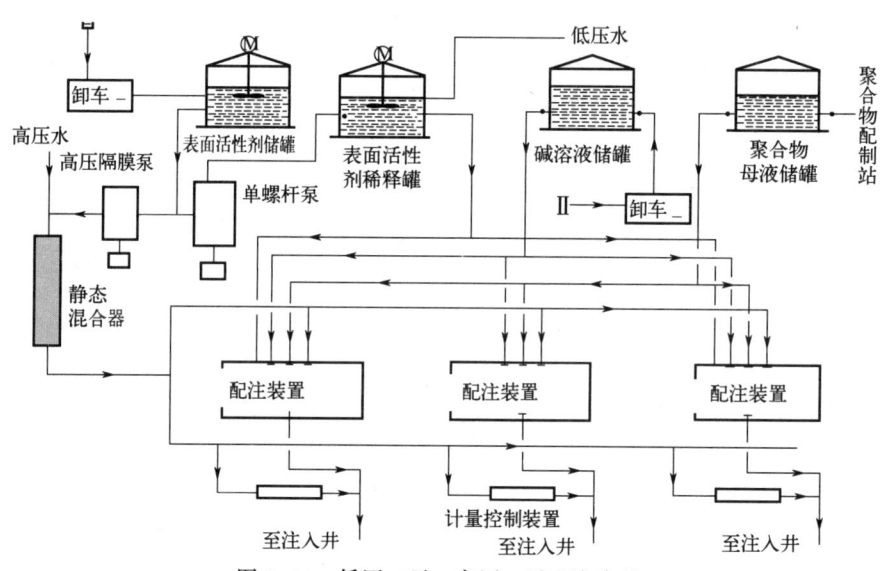

图3-31 低压二元—高压一元配注流程

表面活性剂：由污水站提供低压污水进入500m³缓冲罐，然后通过站内曝氧装置进行污水曝氧，进入500m³储罐，再经过站内4台高压三柱塞泵进行增压，进入表面活性剂稀释泵房后掺入表面活性剂溶液。

碱液：由药剂厂家通过卸车装置存储到碱溶液储罐。

聚合物母液：由聚合物配制站经外输管线输送到聚合物母液储罐。

三元液：碱液和聚合物母液分别由储罐通过汇管阀门和泵前过滤器，进入组合式计量泵，组合式计量泵增压计量后，与经过高压三柱塞泵增压后的表面活性剂一元液依照复合体系配方,按比例进入多元静态混合器混合,形成配方要求的三元复合体系。

也有的三元站采用"点滴配注"工艺流程,"点滴配注"工艺即把聚合物单独配制成聚合物母液,以点滴注入技术,把聚合物母液升压计量后与水混合稀释,再与形成一定浓度的碱、表面活性剂二元体系进行混合,形成注入要求的三元复合体系。该流程可以灵活调整母液浓度,可适应开发方案调整的要求,及时满足地质配注需求。

(三) 低压二元—高压二元配注流程

低压二元—高压二元配注流程如图 3-32 所示,在大庆油田矿场推广中,应用较为普遍。其中低压二元,是指用低压的表面活性剂溶液配制聚合物溶液,形成低压二元液;高压二元,是指高压的表面活性剂溶液和高压碱液通过静态混合器形成高压二元液。在低压二元液和高压二元液中,表面活性剂的浓度相同,都是母液所需的浓度。低压二元液经注聚合物泵加压后,和高压二元液在单井静态混合器混合后注入。这种流程的优点一是碱液通过大型高压柱塞泵加压,不进入小型的单井泵,可以有效缓解结垢给注入端造成的不利影响;二是可以根据方案需要灵活调整每一口井的聚合物溶液或碱液的浓度。

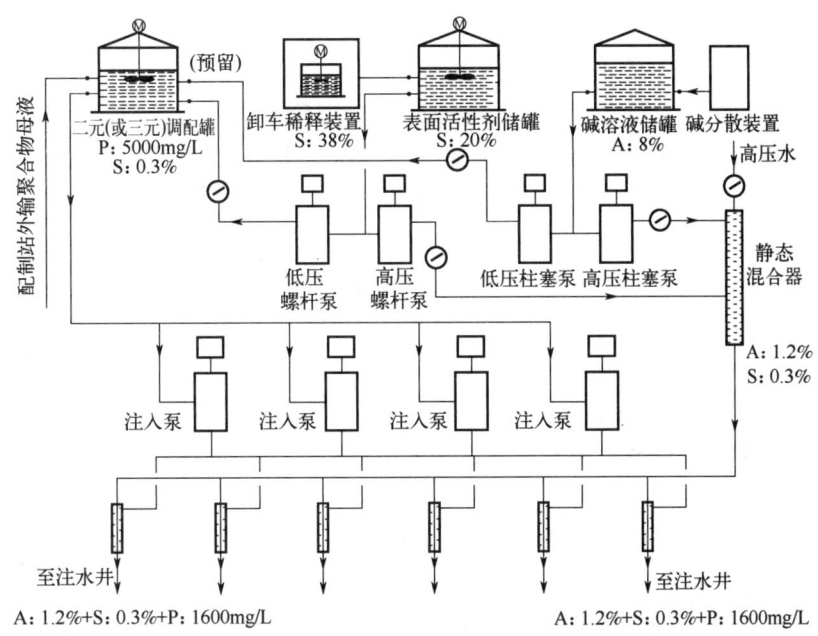

图 3-32 大庆油田某三元配注站低压二元—高压二元配注流程
P—聚合物;A—碱;S—表面活性剂

三、三元复合驱注入井的管理

(一) 三元复合驱注入井管理的基本要求

为了保证碱/表面活性剂/聚合物三元复合驱的顺利进行并准确、正确和客观地评价技术效果,应严格按照方案的规定及资料录取要求严格管理。

(1) 注入井的注入压力必须小于油层破裂压力,否则减慢注入速度;与此同时,生产井的产液量也按同一比例降低。

（2）配制的聚合物、表面活性剂和碱母液浓度，井口注入溶液黏度，井口注入聚合物、表面活性剂和碱浓度，以及体系与原油的界面张力，必须达到方案设计要求，否则不得注入油层。

（3）在油水井检修、作业或其他原因停注时，在此期间不得注水，除非方案规定的其他测试作业。

（4）所有生产井试验层以下绝对密封且无漏点，井况良好，各井均能测定油层中部压力，部分井能测产液剖面。

（5）注入井采用防腐油管，目的层以下绝对密封。

（6）各种计量仪表、设备及仪器要按规定校验，以保证录取资料及时正确。

（二）三元注入井资料录取要求

三元注入井需录取母液注入量、注水量、油管压力、套管压力、泵压、静压、分层流量测试资料及井口注入液（聚合物、碱、表面活性剂）浓度、注入体系黏度、界面张力稳定性等资料。

1. 母液注入量、注水量的录取要求

正常注入井每天录取日注母液量、注水量、碱液量、表面活性剂量、三元混合液量，各注入量与方案对比误差应小于±10%。对因注入压力限制不能正常完成配注的井，以上各注入量按照方案对比进行下调，现场按照新调整后的注入量进行管理，对应注入量误差应小于±10%。由于流程或其他原因无法直接计量，根据当日化验浓度进行计算。

对碱、表面活性剂直接掺入注入水的流程，应按照化验资料折算注入碱液量、活性剂量。

注水量按照注入井方案调整注水，误差不超过±5%。关井30d以上的注入井开井，按照相关方案要求逐步恢复注水。

分层注入井封隔器不密封或分层测试期间不得计算分层水量，待新测试资料报出后，从测试之日起计算分层注入量。

注入井放溢流时，采用流量计或容器计量，溢流量从该井日注入量或月度累计注入量中扣除。

电磁流量计、涡街流量计每两年校验1次。流量计发生故障应记录底数，按油管压力估算注入量，估算时间不得超过24h。

2. 油管压力、套管压力、泵压的录取要求

油管压力、套管压力、泵压每天录取1次，特殊情况加密录取，每月应有25d以上（不得连续缺3d）为全。泵压录取地点为注入泵出口管线，油管压力录取地点为阀组单井管线，井口套管压力录取地点为注入井井口套管。压力表每月校对1次，不超过标定范围，录取压力值在压力表量程的1/3~2/3内为准。

3. 静压的录取要求

油层静压是在关井后，井底流压恢复到与油层压力同等水平时所测得的压力数据。这个数据只在动态监测系统定点井录取，每半年测静压1次。

4. 分层流量测试资料的录取要求

对于分层注入井，需要定期进行分层流量测试。分层流量测试资料的录取，每 4 个月 1 次。

5. 井口注入液浓度、注入体系黏度的录取要求

每月井口取样检测 2 次，两次时间间隔在 10d 以上。在母液浓度稳定的情况下，聚合物注入浓度、黏度的正常波动范围在 ±10%，碱和表面活性剂正常波动范围是 ±10%。在波动范围内，直接选用。超过波动范围，对变化原因清楚的注入井，注入浓度、黏度波动与变化原因一致，当天注入浓度、黏度值可直接选用；对变化原因不清楚的注入井，第二天复样，选用接近上次选用的浓度、黏度值，并落实变化原因。

6. 井口界面张力稳定性的录取要求

复合驱阶段每月选 4 口井进行井口界面张力稳定性评价。

（三）碱/表面活性剂/聚合物三元复合驱注入资料的整理

（1）注入井 Hall 曲线的绘制（从水驱开发到整个试验结束：累计注入量—累计注入压力关系曲线），以评价三元复合体系对储层有无伤害或伤害程度；确定三元复合体系阻力系数及残余阻力系数的大小。

（2）试验区全区开发曲线的绘制（从水驱开发到整个试验结束：累计采油量—含水率关系曲线）。

（3）试验区各生产井单井开发曲线的绘制（从水驱开发到整个试验结束：累计采油量—含水率关系曲线）。

（4）各注入井单井和注入井合计（全区）注入量或注入时间与注入压力及碱、聚合物和表面活性剂浓度、溶液黏度、油水界面张力、吸水指数的关系曲线。

（5）注入井合计（全区）注入量或注入时间与全区生产井的日产液量、日产油量、累计产液量、累计产油量、综合含水率、碱的产出浓度、聚合物产出浓度（黏度）、表面活性剂浓度、油水界面张力、总矿化度、Cl^- 含量、产液指数、产油指数及流动压力的关系曲线。

（6）注入量或注入时间与试验区所有生产井的单井日产液量、日产油量、累计产液量、累计产油量、含水率及碱、聚合物和表面活性剂产出浓度、总矿化度、Cl^- 含量、产液指数、产油指数、流动压力的变化曲线。

四、三元复合驱采油井的管理

（一）三元复合驱采油井管理的基本要求

（1）由于三元复合体系的注入，可能会使采油井出现不同程度的结垢情况，根据三元复合驱机采井录取的生产资料，结合检泵见垢状况，将三元复合驱机采井做如下分类：

未见垢井（Ⅰ类井）：作业检泵未发现结垢的井。

见垢井（Ⅱ类井）：作业检泵发现结垢的井。

（2）采油队技术人员负责每天对生产数据进行分析对比，如发现异常变化，在核实量

油的基础上采取增测示功图、动液面等资料进行综合分析，查明原因，并及时采取有效措施，不能处理的异常情况应做好记录，并及时上报矿大队主管部门，等待直接管理部门处理意见。

（3）三元复合驱机采井结垢期间，不允许非计划人为停机，意外停机时（停电、零部件损坏、过载保护等），首先落实停机原因和停机时间，同时执行汇报制度。

（4）结垢期机采井计划停机前要进行洗井（反洗），冲洗出泵筒和油管中采出液及其不溶性垢，使井筒中充满清水。

（5）抽油机井停机时，驴头必须停在下死点，降低卡泵概率。

（6）螺杆泵井故障停机后，会造成再次启动扭矩增大，启动后应低转速运转一段时间，再逐步调整到要求转速。

（7）机采井停机后的处理按以下制度执行：

① Ⅰ类机采井停机后，可直接启动。

② Ⅱ类抽油机井意外停井时间小于4h，可以尝试以点动方式启机，如未启动，应以反洗的方式进行酸洗，同时作业机组应配合活动管柱。成功启动后，应再次进行酸洗，保证机采井正常生产。

③ Ⅱ类抽油机井计划停井时间小于4h，则在停机前先进行酸洗（反洗），并用清水注满井筒。

④ Ⅱ类抽油机井计划停井时间大于4h，则在停机前先进行酸洗。

⑤ Ⅱ类螺杆泵井意外停井时间小于4h，可以尝试以点动方式启机，如未启动，上报相关部门，分析原因在进行处理；Ⅱ类螺杆泵井计划停井前先进行酸洗，然后再启机，措施完成后直接启机。

（8）机采井热洗方法采用反循环洗井法，采用以计量间热洗为主，高压蒸汽为辅的热洗方式，热洗时出口返出液温度不低于60℃。

① Ⅰ类抽油机井热洗按照"油井热洗清蜡规程"操作即可。

② Ⅱ类抽油机井热洗井时，先用小排量热水替出井中液体，再使用大排量热水洗井，热洗完成后再用清水进行替挤，避免洗井过程中因采出液中悬浮垢的沉积而卡泵。

③ 螺杆泵井热洗时采用边转边洗的方法（转子留在泵筒内），过程中可适当提高螺杆泵转速，保证洗井排量。

（9）应根据三元机采井采出液的pH值、Ca^{2+}浓度、Mg^{2+}浓度、HCO_3^-浓度和CO_3^{2-}浓度、Si^{4+}浓度等数据，在不同结垢阶段的变化情况及作业现场跟踪情况，制定机采井结垢阶段判定图版，划分各区块的机采井结垢阶段，指导清防垢措施实施。

（10）化学防垢剂加药具体要求：

① 定期监测机采井采出液、采出液离子浓度及垢质分析等数据，及时调整防垢剂配方浓度和药剂量。

② 对于作业加药井，应在开井生产前进行加药，并可适当加大药剂浓度及加药量。

③ 定期对加药装置进行巡检、维护，每次加药时应全面检查装置运行的各项参数，发现异常情况及时上报。

④ 压差式井口加药装置注药压差控制在0.5~0.8MPa范围内。

（二）资料录取及要求

1. 资料录取内容

三元复合驱采油井的举升方式，可以根据实际需要选择抽油机、螺杆泵或电泵。三类井均要求录取的资料有油管压力、套管压力、电流、产液量、采出液含水率、动液面（流压）、**静液面（静压）**、采出液聚合物浓度、采出液碱浓度、采出液表面活性剂浓度、采出液水质和硅、铝离子含量及泵效 12 项资料。螺杆泵井还需录取有功功率、系统效率，抽油机井还需要录取示功图、有功功率和系统效率。

其中，油管压力、套管压力、电流、产液量（见化学剂前及后续水驱阶段）、动液面（流压）、**静液面（静压）**、示功图（抽油机井）与水驱油井资料录取要求相同，这里不再赘述。

2. 日产液量（见化学剂后）的录取要求

三元采出液见聚合物（碱、表面活性剂）后，日产液量每 5d 录取 1 次。日产液量≥100t/d 的油井，正常波动范围为±5%；50t/d≤日产液量<100t/d 的油井正常波动范围为±10%；5t/d≤日产液量<50t/d 的油井正常波动范围为±20%；日产液量<5t/d 的油井正常波动范围为±30%。

日常液量超波动范围的井，应连续复量两次，选取接近上次量油值。经电流等资料验证，泵况变化与产液量变化一致的量油值，可以适时选用。

3. 采出液含水率的录取要求

三元复合驱采出井在见效后需加密取样，每 5d 取样化验采出液含水率 1 次，每月录取 6 次含水率资料，且月度取样次数不少于量油次数。

在含水率下降阶段，含水率值下降不超过 5%，可直接采用；含水率值下降超过 5%，当天含水率值借用上次采出液含水率值，并于第二天复样，选用接近上次含水率值；含水率上升值不超过 2%，可直接采用；含水率上升值超过 2%，当天含水借用上次采出液含水率值，并于第二天复样，选用接近上次含水率值，并落实变化原因。在其他阶段，按水驱井采出液含水率波动范围进行录取。

4. 采出液聚合物、碱、表面活性剂浓度录取要求

采出井未见聚合物、碱、表面活性剂时，采出液聚合物、碱、表面活性剂浓度每月化验 1 次；采出井见聚合物、碱、表面活性剂后，采出液聚合物、碱、表面活性剂浓度每月化验 2 次，两次间隔不少于 10d，与采出液含水率同步录取，采出液聚合物、碱、表面活性剂浓度值直接选用。当采出液含水率加密录取时，根据开发要求，适当选取部分样品同步进行采出液聚合物、碱、表面活性剂浓度化验，并同步选用采出液含水率值和聚合物、碱、表面活性剂浓度值。

5. 采出液水质录取要求

采出液见聚合物、碱、表面活性剂的采出井，采出液水质每月化验 1 次，与采出液含水率同步录取，采出液水质资料直接选用；当采出液含水率加密录取时，根据开发要求，适当选取部分样品同步进行采出液水质化验，并同步选用采出液水质数据。

(三) 三元复合驱清防垢配套技术

1. 结垢类型

在三元复合驱中,由于配方中含有碱,使复合驱的注采系统产生结垢问题。这主要是由于碱同岩石和地层水中的多价离子反应,在适当的压力、温度、离子构成和pH值条件下,沉淀并堆积成垢。在三元复合驱中所形成的垢主要有碳酸钙(镁)、氢氧化钙(镁)、硅酸钙(镁)等,有时也能见到钡盐或镁盐垢。

2. 清防垢配套技术应用

某强碱体系三元复合驱试验区,共有采油井63口,其中抽油机井28口,螺杆泵35井口。采油井主要采取化学防垢剂+防垢泵组成的防垢措施:抽油机井采用长柱塞短泵筒AOC合金防垢抽油泵(简称AOC泵),螺杆泵井采用陶瓷转子小过盈螺杆泵,同时试验了几种物理防垢器。

试验期间,共发现10口井14井次出现不同程度的结垢现象,结垢厚度0.2~1.2mm,垢样成分以碳酸盐为主。抽油机井主要表现为卡泵和阀球结垢导致漏失,螺杆泵井主要表现为卡泵、漏失(表3-9)。

表3-9 三元复合驱油井结垢情况统计表

分类	防垢方式	应用井数,口	结垢井数,井次
抽油机井	AOC泵+磁防垢	3	2
	AOC泵+固体防垢块	7	1
	AOC泵	4	1
	动筒泵	3	1
	长柱塞短筒泵	2	1
	长柱塞短筒泵+固体防垢块	1	
	常规泵+固体防垢块	4	1
	常规泵	4	2
螺杆泵井	陶瓷螺杆泵+磁防垢+固体防垢块	2	
	陶瓷螺杆泵+固体防垢块	16	3
	陶瓷螺杆泵	9	1
	普通螺杆泵+固体防垢块	1	1
	普通螺杆泵	7	
合计		63	14

1) 抽油机井防垢措施效果及采出井结垢情况

28口抽油机井中,共有24口井采取防垢措施,结垢7口井9井次,采取防垢抽油泵+固体防垢块、防垢抽油泵+磁防垢、防垢抽油泵、普通抽油泵+化学防垢块措施井大多出现结垢现象。

2) 螺杆泵井防垢措施效果及采出井结垢情况

35口螺杆泵井中,共有28口井采取防垢措施,其中固体防垢块+陶瓷螺杆泵16口,磁防垢+固体防垢块+陶瓷螺杆泵2口,陶瓷螺杆泵单项措施9口,普通螺杆泵+固体防垢块1口。结垢3口井、5井次,在采取陶瓷螺杆泵+固体防垢块、陶瓷螺杆泵、普通螺杆泵+固体防垢块措施井上均出现结垢现象。

3) 化学清垢措施效果

2016年,试验区抽油机井采取化学清垢处理5口井,6井次,见表3-10。

其中,泵效下降井采取复合酸酸洗措施2井次,措施效果较好;卡泵井采取酸洗处理4井次,其中2井次处理成功,均为AOC防垢泵,2井次不成功,分别为动筒泵1口、普通泵1口。分析动筒泵化学清垢无效原因是结垢部位为泵筒内和柱塞之间,化学清垢剂不能与垢有效接触,造成酸洗效果不好。

表3-10 结垢井化学清垢效果表

井号	泵型	措施日期	措施前				措施后				备注
			日产液 t/d	日产油 t/d	含水率 %	泵效 %	日产液 t/d	日产油 t/d	含水率 %	泵效 %	
北1-42-斜E64	AOC防垢泵	11月4日	18.7	1.5	92	19.0	75	21.8	71	78.1	
北1-44-斜E66	AOC防垢泵	12月6日	41.2	12.65	69.3	36.1	76.9	20.4	73.5	66.8	
北1-44-E61	AOC防垢泵	11月9日	卡泵				91	6.8	92.6	77.1	
北1-42-E66	动筒泵	11月25日	卡泵				卡泵				12月2日检泵
	AOC防垢泵	12月14日	卡泵				68	10.2	58.12	56.7	
北1-53-E65	普通泵	12月11日	卡泵				卡泵				12月14日检泵

4) 存在问题及对策

(1) 有6口井下入井下固体防垢器后仍然出现结垢现象。从北1-51-E62井起出的防垢器中药剂变化情况计算,固体防垢剂40d溶解13.5kg,速度较慢,液相药剂浓度约为5.6mg/L,防垢率为34%,液相药剂浓度没有达到20mg/L,使防垢率没有达到95%以上。因此下一步在井口安装加药装置,将液相药剂浓度提高到20mg/L,防垢率达到95%以上。

(2) 检泵情况表明,与常规泵相比,AOC防垢抽油泵的柱塞和泵筒表现出了较好的防垢性能,但是存在阀部位结垢严重导致漏失的现象。下一步需要从材料及工艺方面进行改进,提高泵阀组抗结垢性能,从而延长检泵周期。另外,长柱塞短筒泵及动筒泵由于下入井数少、下入时间短,防垢效果有待观察。

(3) 现场作业中发现陶瓷螺杆泵也出现了结垢现象,并且转子表面结垢厚度远远大于杆管表面,因此需要进一步提高陶瓷螺杆泵的抗结垢性能,延长检泵周期。

(4) 对于短期漏失或卡泵井,继续实施化学清垢措施。

五、三元复合驱效果分析(矿场试验)

(一) 试验区概况

大庆油田某二类油层强碱体系三元复合体系驱油试验,试验区面积为1.92km^2,开采

对象为萨Ⅱ1-萨Ⅱ9的河道砂及有效厚度大于1m的非河道砂体，采用125m五点法井网，试验总井数112口，其中采油井63口，注入井49口，中心采油井36口。试验目的层为萨Ⅱ1-萨Ⅱ9砂岩组，平均单井射开砂岩厚度10.6m，有效厚度7.7m。注采井距采用125m×125m。试验区射孔对象地质储量为240.71×10⁴t，孔隙体积为505.11×10⁴m³（表3-11）。全面投产投注后，空白水驱195d，前置聚合物驱147d后，进入三元复合驱阶段，统计的数据为从空白水驱至注入三元主段塞385d的资料（表3-12）。

表3-11 试验区基本情况表

项目	全区	中心区
面积，km²	1.92	1.129
总井数（水井+油井），口	112（49+63）	85（49+36）
平均砂岩厚度，m	10.6	11.8
平均有效厚度，m	7.7	8.4
平均有效渗透率，μm²	0.670	0.713
原始地质储量，10⁴t	240.71	143.41
孔隙体积，10⁴m³	505.11	299.52

表3-12 三元复合驱试验区注入方案及实际执行情况表

段塞名称	方案				实际注入情况				化学剂用量，t		
	配注体积倍数PV	聚合物ppm	表面活性剂%	碱%	时间d	注入量10⁴m³	实注体积倍数PV	注入速度PV/a	聚合物	表面活性剂	碱
空白水驱					195	47.8120	0.095	0.2			
前置聚合物段塞	0.0375	2500万分子量 1100mg/L	67			4.6513	0.009	0.18	63.79		
		1500万分子量 1200mg/L	80			22.8012	0.045	0.20	427.5		
		前置聚合物段塞小计				27.4525	0.054		491.29		
三元主段塞	0.30	2000	0.3	1.2	385	89.2668	0.177	0.18	2250.75	5170.11	33102.42
化学驱小计						116.7193	0.231		2250.75	5170.11	33102.42

（二）试验进展情况

试验区累计注入三元复合体系89.2668×10⁴m³，占地下孔隙体积的0.177PV，化学驱阶段已累计产油21.3081×10⁴t，阶段采出程度8.85%。

试验区平均单井日产液64.9t/d，日产油9.25t/d，与见效前对比平均单井日降液14.76t/d，日增油5.77t/d，综合含水率下降9.89%，其中单采边井受注入不完善影响、合采边井受层间干扰影响，受效效果比中心井稍差。

中心井区注聚合物一个月后（0.049PV）有见效趋势，三个月（0.123PV）后含水率下降，产油量上升幅度明显增大，注入 0.198PV 后中心井已全部见效。中心井区含水率由空白水驱后的 96.2% 下降到 81.3%，下降了 14.9%；日产油量由 79.8t/d 上升到 333t/d，上升了 253.2t/d，增油倍数达到 3.17 倍。

中心区化学驱阶段累计产油 11.9503×10^4t，累计增油 8.5627×10^4t，化学驱阶段采出程度 8.09%，阶段提高采收率 5.98%。

数值模拟预测中心井三元复合驱阶段与水驱相比增产原油 31.00×10^4t，提高采收率 21.7%，中心井在注入 0.25PV 时，含水率达到最低点 70.6%，含水率下降最大幅度 24.9%。

（三）试验区取得阶段认识

（1）注采能力与二类油层注聚合物区块相当，较主力油层三元复合驱差，阶段采收率高于相同条件的注聚合物区块（表3-13）。

与相邻的聚合物驱区块对比，试验区初期含水率下降幅度大，试验区中心井含水率低于二类油层聚合物驱含水率；从阶段提高采收率分级看，三元复合驱阶段采收率比二类聚合物驱高 2.74%，其中阶段采收率大于 6% 的井三元复合驱井数比例达到 44.4%，而二类聚合物驱不到 20%；阶段采收率小于 3% 的井，三元复合驱井数比例为 19.4%，二类聚合物驱井数比例达到 50% 以上。

表3-13 试验区和二类油层注聚合物区块阶段采收率对比表

提高采收率分类	区块	井数，口	井数比例，%	平均提高采收率，%
6%以上	聚合物驱	32	19.9	6.72
	三元复合驱	16	44.4	8.7
3%~6%	聚合物驱	44	27.3	4.09
	三元复合驱	13	36.1	4.07
0~3%	聚合物驱	85	52.8	1.48
	三元复合驱	7	19.4	1.84
合计	聚合物驱	161	100	3.23
	三元复合驱	36	100	5.97

（2）试验区油层总体动用状况逐步改善，动用比例达到 80% 以上。

① 薄差油层动用状况得到改善。

统计注入井水驱、前置聚合物段塞和三元复合驱初期、三元复合驱阶段有效厚度在 0.5~2m 油层动用状况得到改善，但有效厚度小于 0.5m 的油层动用程度均有所下降，如图 3-33 所示。

② 厚油层顶部动用状况得到改善。

厚油层层内吸水状况得到明显改善，厚油层上部吸水比例由 25.6% 增加到 33.4%，厚油层下部吸水比例由 74.4% 下降到 66.6%，如图 3-34 所示。

③ 从分单元的连续吸水剖面对比来看，10 个沉积单元中，水驱时不动用的 2 个沉积单元萨Ⅱ2^1、萨Ⅱ$5+6^1$ 均得到动用，另有 6 个沉积单元动用厚度增加，纵向上吸水强度趋

于均匀,层间矛盾较水驱有所缓减,但萨Ⅱ8^1、萨Ⅱ8^2、萨Ⅱ9单元吸水强度仍明显高于其他单元,如图3-35所示。

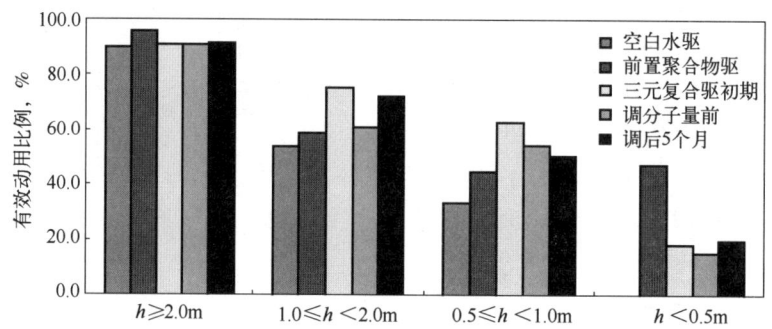

图3-33 试验区不同类型油层阶段动用状况对比

h—油层有效厚度

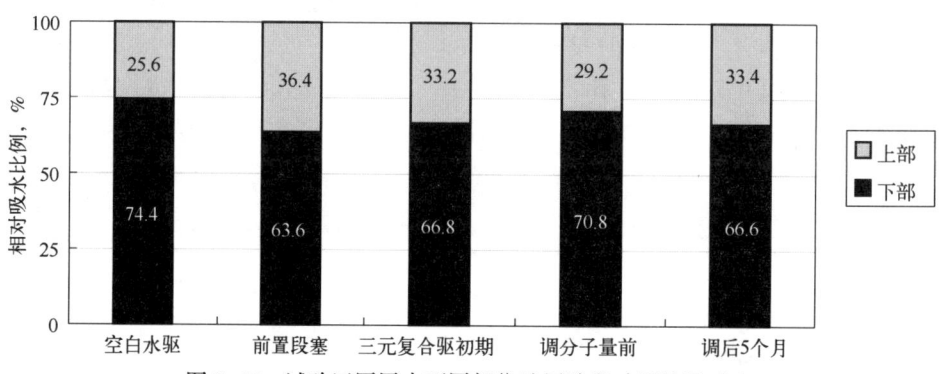

图3-34 试验区厚层内不同部位油层阶段动用状况对比

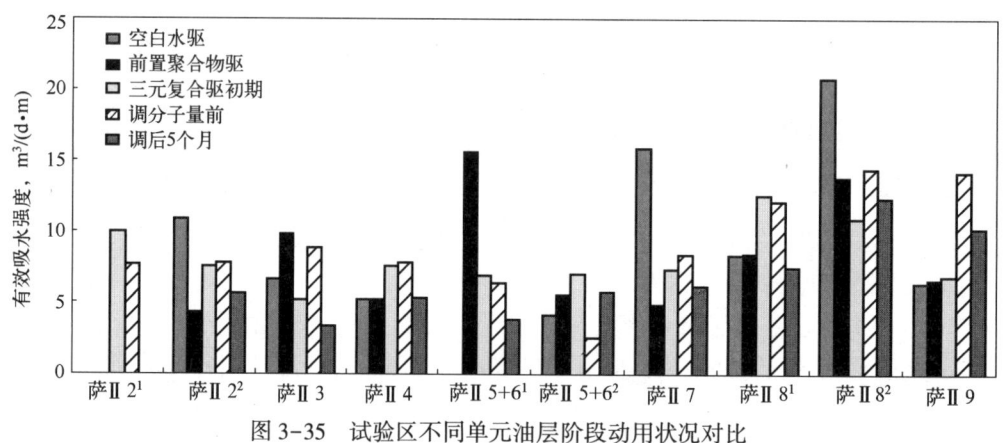

图3-35 试验区不同单元油层阶段动用状况对比

④ 分层注入进一步改善试验区薄差油层动用状况。

二类油层层间差异大,分层注入改善层间动用状况,从聚合物驱的经验来看,越早分层驱油效果越好。对3口井采取分层试验,层间动用差异状况得到改善,分注后中心井明显见效,采聚合物浓度下降,聚合物低效无效循环状况得到改善。因此,又对17口注入井进行分层试配，统计可对比资料14口，试验区油层动用厚度为82.2%，特别是薄差油层动用状况得到改善；有效厚度在1~2m、小于0.5m油层动用状况得到明显改善，有效厚度大于2m油层动用比例变化不大，见表3-14。

表3-14 试验区分注井油层动用状况统计表

厚度分级 m	分层前			分层后		
	层数比例 %	砂岩比例 %	有效比例 %	层数比例 %	砂岩比例 %	有效比例 %
$h \geq 2.0$	82.4	87.2	88	94.1	88.6	88.6
$1.0 \leq h < 2.0$	40	48.2	44.1	90	87.5	88.8
$0.5 \leq h < 1.0$	63.6	65.8	62.7	63.6	59.6	61.3
$h < 0.5$	0	0	0	50	58.3	63.6

（3）二类油层三元复合驱应采取分质的注入方式。

在二类油层中，油层性质差异非常大，这种不同于主力油层的地质特点，使原来适用于主力油层的三元复合驱的注入方式发生变化，根据试验区的地质特征，将二类油层划分为三种亚类，见表3-15。在二类油层不同亚类中应重点考虑：沉积环境和物性基本相近的油层，适用同一种参数进行三元复合驱；对于沉积环境不同、物性差异较大的油层，应采用不同的注入参数，保证不同类型油层均匀动用。

表3-15 试验区不同类型油层划分依据

对象分类	油层基本特征			水井数 口	油井数 口	备注
	有效厚度 m	渗透率 $10^{-3} \mu m^2$	河道砂—类连通厚度比例 %			
二类油层-A	≥ 4.0	≥ 800	≥ 50	11	16	与一类油层物性相当
二类油层-B	1.0~<4	300~<800	30~<50	30	13	典型二类油层特征
二类油层-C	<1.0	<300	<30或不发育	8	7	与三类油层物性接近

从1900万分子量聚合物注入情况看，各亚类井注入状况差异较大。与一类油层性质接近的A类井11口，占注入井总数的22.45%，平均注入压力为9.47MPa，日注入量为66m³/d，注入浓度为2270mg/L，视吸水指数为7m³/(d·MPa)，这类井注入压力不升，仍可提高分子量改善注入状况，实现油层均衡动用，扩大波及体积。典型类油层性质的B类井30口，占注入井总数的61.22%，平均注入压力为10.26MPa，日注入量为52m³/d，注入浓度为2110mg/L，视吸水指数为6.11m³/(d·MPa)，这类井注入状况适用于1900万聚合物分子量注入。与三类油层性质相近的C类井8口，占注入井总数的16.33%，平均注入压力为10.89MPa，日注入量为41m³/d，注入浓度为1930mg/L，视吸水指数为5.30m³/(d·MPa)，这类井注入压力高，注入能力下降幅度大，需要采取改造措施适应注入参数，见表3-16。

表 3-16 试验区不同类型注入井注入状况表

油层分类	井数口	注入压力 MPa	日注入量 m³/d	注入浓度 mg/L	注入强度 m³/(d·m)	视吸水指数 m³/(d·MPa)
A	11	9.47	66	2270	6.28	7
B	30	10.26	52	2110	6.68	6.11
C	8	10.89	41	1930	8.37	5.3

(4) 适时采取增产增注措施,试验区井组注采状况进一步改善。

对油层发育状况好、注入压力高、完不成配注量的井,采用复合酸解堵措施,增注效果明显。其中注入井解堵21口,措施后注入压力下降2.2MPa,视吸水指数增加1.11m³/(d·MPa),确保了按方案执行注入。优选出7口厚注薄采井实施选择性压裂,措施后单井日增液27.1t/d,日增油7.6t/d,含水率下降1.7%,进一步改善了采出井见效效果。

第三节 气体混相驱油技术

混相驱油法就是通过注入一种能与原油呈混相的流体,来排驱残余油的方法。本节讨论的是以气体为注入剂的混相驱油法。混相驱替是提高采收率的重要方法之一,它的基本机理是驱剂(注入的混相气体)和被驱剂(地层油)在油藏条件下形成混相,消除界面,使得多孔介质中的毛细管力降至零,从而降低因毛细管效应而残留在油藏中的石油。从理论上讲,它可使微观驱油效率达100%;从矿场应用上讲,它更适用于低渗透黏土矿物含量高的水敏性油层。

一、气体混相驱油技术概述

当两种流体按任何比例都能混合在一起,并且所有的混合物都保持单相时,这两种流体即为混相流体,如水和酒精、石油和甲苯等。因为混相流体的混合物仅为单相,在流体之间不存在界面,从而也就不存在界面张力。

对于油藏来说,混相性定义为两种或多种流体之间的物理条件,在这种物理条件下这些流体以所有的比例混合,没有流体界面形成。如果一种流体按某种比例加入另一种流体之后形成两种流体相,则这些流体被认为是不混相的。

早在20世纪40年代,美国就曾提出向地层注高压气(以注甲烷气为主)的混相驱油法,但由于它对原油的组成、油藏条件、地面设备要求较高而未得到推广。鉴于天然气中轻烃组分是原油的良好溶剂,20世纪50年代又提出了以液化石油气等其他烃类气体为混相剂的混相驱,并在室内研究的基础上进行了大量的矿场实验。大约到1970年对烃类气体混相驱的研究达到了高潮,但是随着烃类气体价格的急剧上涨,油藏工程师及研究者们不得不寻求更经济的办法。因此,20世纪70年代以后,CO_2驱迅速发展起来,并成为目前重要的混相驱方法之一。

混相驱的方法很多,按照注入的驱替剂的气体类型,可把混相驱分为两大类,即烃类气体混相驱和非烃类气体混相驱。

(一)相图和混相原理

某些为混相驱替注入的流体按任何比例都能直接与油藏原油混合并立刻达到互溶混相,这样的混相过程称为初接触混相,例如注液化石油气驱油过程。把甲烷等一些气体注入油藏,它在一定的温度和压力下,在地层油中的溶解度是一定的,没有溶解的气体和油之间要形成界面,即它和地层油之间不能一接触就混相。但是,在适当高的压力下,连续注入,它可以通过多次和地层油接触而达到混相。这样的混相过程称为多级接触混相。注高压干(贫)气、CO_2 和富气就属于这种混相过程。为了讨论混相机理,首先介绍一下三组分相图。

1. 三组分相图

在一定的温度和压力下,对于三组分烃类系统,其混合物相态和浓度关系可以用三角相图来表示。

三角相图的每一个顶点代表一种给定组分为100%。三角形的对边代表这一组分为0。如图3-36所示,三角形最上面的顶点代表甲烷(C_1)为100%,而三角形的对边或底边代表甲烷为0。而由0到100%之间的任何一种甲烷的浓度,按比例用三角形底边与对角之间的距离来表示。同理,另外两个角分别代表中间烃组分乙烷—己烷($C_2 \sim C_6$)为100%和庚烷以上重烃组分(C_{7+})为100%。用这种办法说明组分的浓度,就可以在三角图形上画出混合物,三角形内任意一点代表任意给定的三组分体系的组成。如图3-36所示点 M 表示的混合物中大约包含20%的甲烷(C_1),40%的中间烃($C_2 \sim C_6$),40%的重烃组分(C_{7+})。如果将两种烃类系统 M_1 和 M_2 混合在一起,形成的混合物 M 的组成应位于 M_1 和 M_2 的连线上,且符合杠杆规则。

倘若压力和温度一定,典型的油藏烃类系统的三组分相图的特征则如图3-37所示。

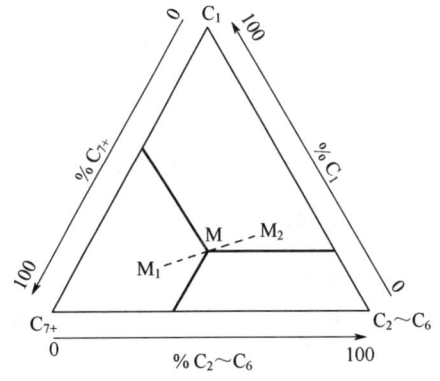

图3-36 三组分体系的组成表达法

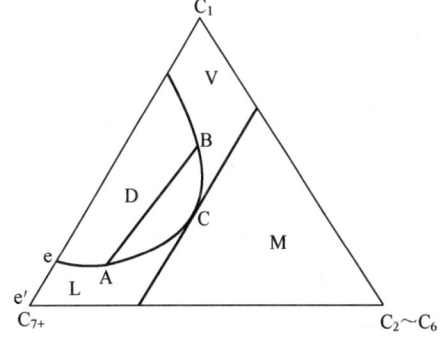

图3-37 P,T 一定时的三组分相图

由图3-37可见,按混合物组成点在图中所处的位置,可确定混合物的相态。因为气体和液体是彼此平衡的,所以它们全是饱和的,也就是说,气体为凝析组分所饱和,因而它处在露点上,而液体为汽化组分所饱和,并处在它的泡点上。按图3-37所示的相态关

系，通过所有露点组成的露点曲线 BC 线，与通过所有泡点组成的泡点曲线 AC 线，在褶点上相接。褶点也称临界点，图中交点 C 即为临界点（褶点），在这一点上平衡气体和液体的组成和特性变为相同的。如此确定的相界曲线把三角形图的单相区与两相区分隔开。在图示的温度和压力下，任何一种三组分系统，只要它位于相界线以内将形成两相。任何一个位于这一曲线以外的组分系统，将呈单相。单相气体区位于露点曲线以上，而单相液体区位于泡点曲线以下。AC、BC 线是由实验确定的。例如在油（C_{7+}）为 100%的体系中加入少量的甲烷（C_1），由于少量的甲烷可完全溶解于油（C_{7+}）中，因而形成的混合物 e′为单纯液相。当甲烷量增加到一定浓度 e（泡点）时，油中溶解的甲烷能力达到饱和，再增加甲烷（C_1），则油中会分离出气泡，形成油气两相。当油中溶有一定量的 C_2~C_6 组分时，油中溶解甲烷（C_1）的能力增加，泡点向中央靠拢，由此而得到泡点线 AC。同理，可得出露点线 BC。ACB 线以内为两相区，ACB 线以外为单相区。如给定某一种混合物 D 落在两相区内，说明在该组成下系统中既有液相也有气相。当气液达到平衡时，其饱和液体相组成为 A，饱和蒸气相组成为 B，直线 AB 称为联系线。如果移动联系线到临界点 C，则趋向一条切线（过 C 点），该切线称为极限联系线。该切线左边的 V 带呈气态，L 带呈液态。V 带和 L 带内的烃类混合物以任何比例均不能达成混相。该切线右边是 M 带，在 M 带内，混合物互相掺和而呈混相。

温度和压力对相图的影响如图 3-38 所示。当温度一定时，降低压力，两相区扩大，最后，随着压力的继续下降，两相区相交于三角图形的右面，褶点消失。这表明在这一极限压力下，对于所有混合物组成来讲，甲烷和乙烷—已烷不再形成单相混合物；压力一定时，升高温度，两相区扩大。

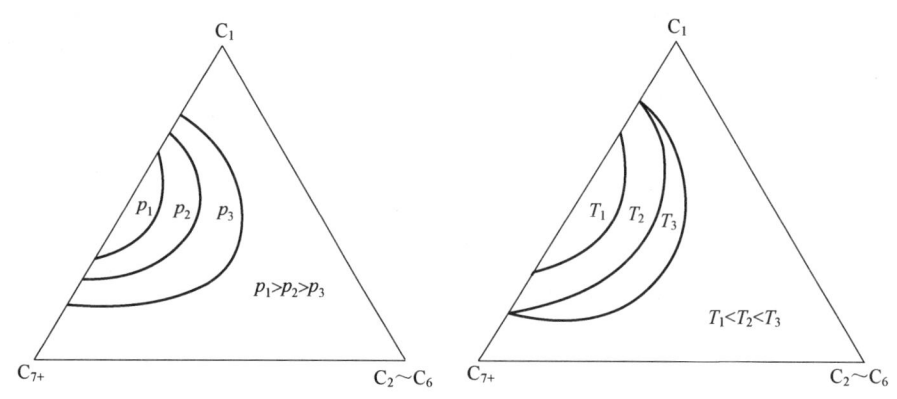

图 3-38　压力或温度固定时的三元相图

一般来说，油藏温度是一定的，油藏烃类系统组成一定，如果向油藏中注入某种组成一定，且可以与地层油能够发生混相的气体，那么，该气体在地下能否与地层油混相就取决于地层压力。

当温度一定时，能够发生混相的最小压力称为最小混相压力。

2. 初接触混相

达到混相最简单和最直接的办法，是注入按任何比例都能与原油完全混合的溶剂，以便使得所有的混合物为单相。中等相对分子质量烃如丙烷、丁烷、液化石油气等就是初接触混相的溶剂。

图 3-39 可说明这种混相过程。在这个三组分相图上的液化石油气溶剂用假组分 $C_2 \sim C_6$ 代表，C_{7+} 代表油。由于液化石油气中 $C_2 \sim C_6$ 的含量大于 50%，设液化石油气的组成为 A，原油组成为 B，液化石油气 A 和原油 B 的所有混合物在一定温度和压力下的三组分相图上，都位于单相区，即一接触就发生混相。实际上，对于图 3-39 所示的相态来讲，液化石油气应被甲烷稀释到组成 A，而且所形成的混合物应保持与油藏原油初接触相。组成 A 与三角形的右边相交（代表所有甲烷—液化石油气组成）并与通过原油组成的相界曲线相切。

可见，只要注入的驱替流体组成与地层油组成的连线位于一定温度和压力下的三组分相图的单相区内，即可形成初接触混相。

3. 多级接触混相

注入甲烷、富气等气体，虽然不能像液化石油气那样一接触就和原油发生混相，但它仍然能够混相驱替油藏原油。其混相过程是通过多级接触进行的。

图 3-40 所示为 N_2、C_{7+} 和 $C_2 \sim C_6$ 三组分多级混相机理相图。从该图可以看出，注入气体 N_2 和地层油初次接触后，形成的混合物为 1，位于两相区，即没有马上混相。待混合物平衡时，气相组成为 $1'$（油中的一些轻组分进入气相），液相组成为 $1''$（N_2 的一部分溶于油中）。形成的气相 $1'$ 继续和油接触形成混合物 2，气相组成为 $2'$（油中的轻组分在气相中增多）。形成的气相 $2'$ 继续和地层油接触，如此进行下去，直至达到临界点的组成 K 为止。临界点的流体是与油藏原油直接混相的，即经过多次接触后，N_2 和地层油发生混相。

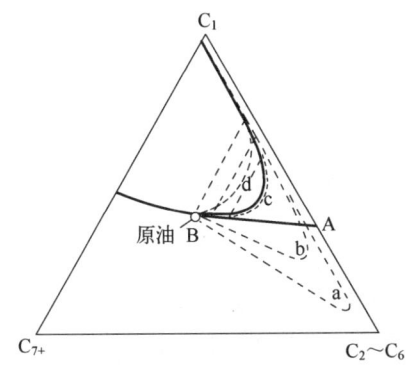

图 3-39　溶剂段塞的初接触混相和稀释

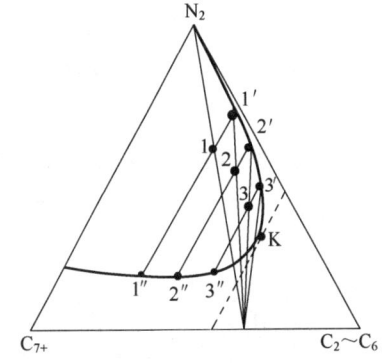

图 3-40　N_2 驱的全过程

在一定的温度和压力下，只要油藏原油的组成位于其相图极限联系线上或其右侧，使用极限联系线左侧组成的气体，依靠汽化气驱机理就可实现多级混相。

（二）烃类气体混相驱油

按 $C_2 \sim C_6$ 的含量可将烃类混相注入剂分成液化石油气（$C_2 \sim C_6$ 的含量大于 50%）、富气（$C_2 \sim C_6$ 的含量为 30%~50%）和贫气（$C_2 \sim C_6$ 的含量小于 30%）。在贫气中，把 C_1 含量大于 98% 的气体称为干气。按照注入剂的类型可把烃类气体混相驱分为液化石油气混相驱油、富气混相驱油和高压干气混相驱油。

1. 液化石油气混相驱油

液化石油气混相驱油是指以液化石油气（乙烷、丙烷、丁烷等）为混相剂的一种混相驱。液化石油气通常靠液化油田或气田的天然气而得到。液化石油气驱属于初接触混相驱。

液化石油气是一种与地层原油发生初接触混相的驱替剂，如果连续注入则费用太高。因此，这种驱动方法是先注入一段液化石油气段塞，通常为孔隙体积的5%。再注入一段价格低廉且能与液化石油气混相的气体（如干气、氮气、烟道气等）后，再用水驱动（注水的目的是改善流度比），如图3-41所示。

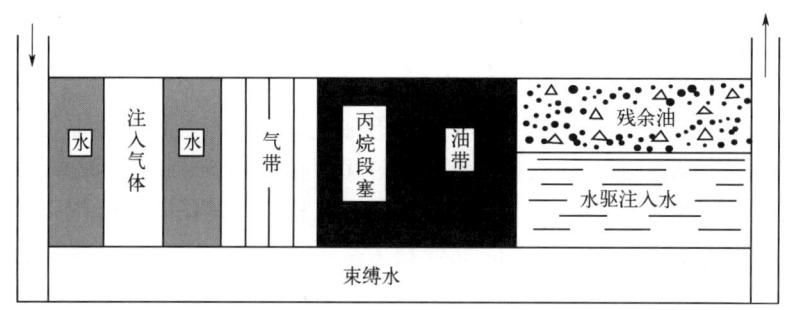

图3-41　丙烷段塞区示意图

液化石油气注入地层后，前缘与地层油一接触就发生混相，后面注入的驱替气体也能与液化石油气混相。这样就在地层中形成一混相段塞。段塞在后推液（或气）体的推动下在油层内移动，就把油和可以流动的水排驱走。

显然，只要段塞呈液态，它同原油的混相性就能保持。不同的烃类气体，不同的温度，保持液态所需的压力是不同的。

2. 富气混相驱油

富气混相驱油是以富气为混相注入剂的一种混相驱。

富气通常靠液化石油气来富化油田分离器的气或汽油厂的残余气而得到。富气混相驱油属于多级接触混相驱。

富气的注入方法也是采用段塞式。通常先注入10%的富气段塞，然后再注入价值较低的贫气和水。驱动过程如图3-42所示。

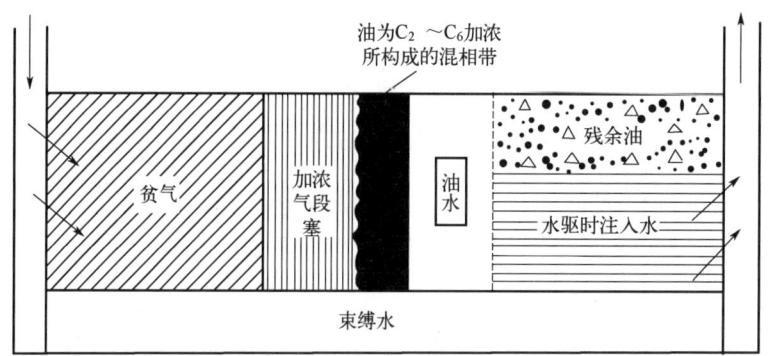

图3-42　提高原油采收率所用的注富气法示意图

在油藏温度一定的情况下，能否实现富气混相驱，不仅取决于注入压力，而且取决于油气的组成。

3. 高压干气混相驱油

高压干气混相驱油是指以高压干气为混相剂的一种混相驱油方法。

高压干气可取自油田分离器的气，或汽油厂的残余气。高压干气混相驱油属于多级接触混相驱油法。

高压干气混相驱油法是最早提出的气体混相驱油法。这种驱动方法是连续地向地层中注入高压干气或注一段气体再注一段水，其驱动过程如图3-43所示。

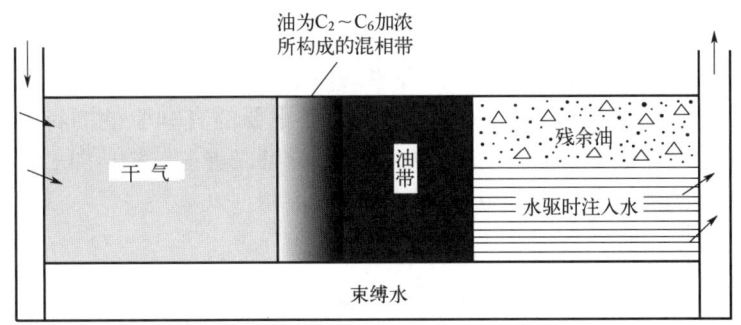

图 3-43　提高原油采收率所用的注干气法示意图

4. 三种烃类气体驱油方法的优缺点

三种烃类气体驱油方法的优缺点见表3-17。

表 3-17　三种烃类气体驱油方法的优缺点

类型	优点	缺点
液化石油气混相驱油	采收率高，基本上可以排出与之相接触的全部残余油。混相压力低于其他烃类气体混相法，属于低的压力范围	波及效率低，段塞易流散，费用高
富气混相驱油	基本上可排驱出与之相接触的全部残余油。混相压力可通过增大气体加浓性来调节，设计比较灵活。同丙烷段塞法相比，富气（通常由丙烷和甲烷混合而成）成本低。可用于较浅的油层	流度比低，降低了波及效率。在薄的可渗透油层内重力分异严重。同干气法相比，富气法成本较高
高压干气混相驱油	提供了高的排驱效率，原油的饱和度被降低至极低的数值。干气法比应用液化石油气或富气代价要低，生产出的干气还可以回注	注入压力高，导致高的压缩费用。在实际应用中，原油的特性必须是理想的（例如富含 C_2~C_6 组分）。限制了能够应用这种方法的油藏数目

（三）非烃类气体混相驱油

非烃类气体混相驱油主要有二氧化碳混相驱油和氮气混相驱油。

1. 二氧化碳的性质

1) 二氧化碳的基本性质

二氧化碳是无色、无臭的气体，化学式为 CO_2，相对分子质量为44，相对密度约为空气的 1.5 倍。二氧化碳在不同温度和压力条件下分别以气、液、固三种状态存在。当温度高于临界温度（31.1℃）时，纯 CO_2 为气相；当温度与压力低于临界温度与临界压力（7.383MPa）时，CO_2 为液相或气相；当温度低于-56.6℃、压力低于 0.535MPa 时，CO_2 呈现固态。固体二氧化碳也称为干冰，其密度可达 1512.4kg/m³，随着外界温度的升高，固态（干冰）又升华转变为气相。

二氧化碳的化学性质不活泼，既不可燃，也不助燃。二氧化碳可在水中溶解，其水溶液显弱酸性，可使石蕊试纸变红。由此可知，二氧化碳在水中有一部分变为碳酸。碳酸可以看作二氧化碳的一水化合物，或直接写成 H_2CO_3。

2）CO_2 气体的有效驱油特性

在许多油藏条件下，CO_2 的密度与原油相似，它可以溶解于油中，使原油体积膨胀，同时降低原油黏度。它也可溶解于水中，使水的体积膨胀，密度减小并呈酸性。这些性质都有利于驱油，除这些性质以外，CO_2 还有一个更重要的有利驱油的特性，就是在高压下，CO_2 不仅溶解于原油中，而且油中一些轻烃组分可以进入气相，即 CO_2 具有从地层油中萃取或蒸发轻烃的能力，最终导致和地层油发生混相。

2. 二氧化碳混相机理和驱动过程

二氧化碳（CO_2）与地层油也是通过多级接触而混相的，其混相机理可用图 3-44 说明。

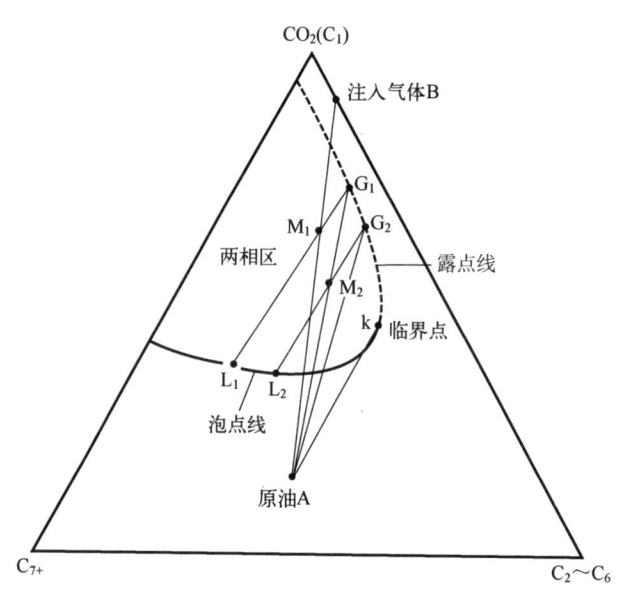

图 3-44 CO_2 多级接触混相驱油机理

注入气体 B 和原油 A 接触，CO_2 提取油中的轻质组分，同时一部分 CO_2 溶解到油中。气相组成变成 G_1，（其中 CO_2 浓度减小，$C_2 \sim C_6$ 浓度增大）。G_1 被后面跟随的 CO_2 推动前移与新鲜地层油接触，继续提取油中的轻质组分变为组成 G_2。如此发展，最后前缘的气体的组成和临界点一致。与此同时，地层油的组成由 A 溶入 CO_2 后变为 L_1，继续溶入 CO_2，变为 L_2，最后变为临界点组成。气体可与原油发生混相形成混相带。

CO_2 的注入方法有：从始至终连续注入 CO_2；CO_2 后面注水；注入 CO_2 段塞，后面注烃气；CO_2 段塞后面是水和 CO_2 交替注入，再注入水，其注入过程如图3-45所示。该方法是首先注入5%孔隙体积的 CO_2 段塞，然后交替注入水和 CO_2 气体。到 CO_2 气的累计注入量为孔隙体积的10%~20%之后仅注水。前缘是 CO_2 气体在地层中推进一段距离后形成混相带。混相带被后面的水不断向前推进，从而采出可流动的水和地层油。

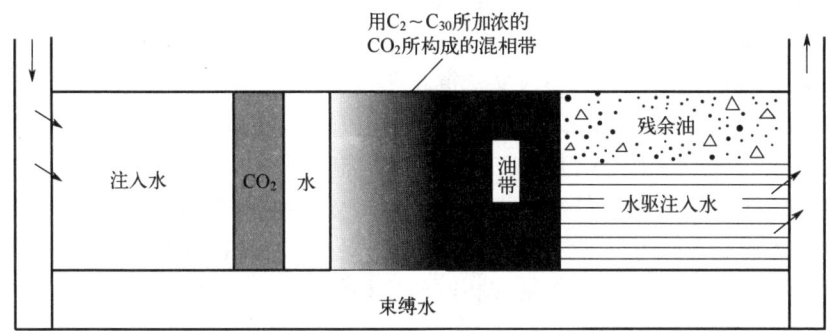

图3-45　CO_2 混相驱油示意图

3. 氮气混相驱油机理

氮气（N_2）混相驱的驱油机理主要是通过增加地层能量、降低原油黏度或通过与原油混相来提高原油采收率，通常包括以下几种类型：多次接触混相驱（包括作为 CO_2、富气或其富气或其他注入剂的混相驱的后缘注入和气水交替注入混相驱）；多次接触非混相驱或近混相驱；循环注气保持地层压力；重力驱；氮气泡沫驱等。

1）连续注入的混相驱

N_2 与地层油几乎不可能产生一次接触混相，但在足够高的压力下，可提高与地层油的多次接触而产生动态多次接触混相，即注入的 N_2 与地层油之间经过多次接触和多次抽提，地层油中的轻烃和中间烃不断蒸发到气相中，当气相富化到一定程度后与地层油产生多次接触混相，驱替相和被驱替相的界面张力降到零，使毛细管数到最大，从而大幅度提高原油采收率。其动态混相过程可用图3-46表述：图中 A 点表示地层油的原始组成，顶点表示注入 N_2 的组成。开始注入的 N_2 与地层油达不到混相，初次接触后油藏流体的总组成为 M_1，位于两相区内，根据相平衡杠杆原理形成平衡气相 G_1 和平衡油相 L_1；随后续

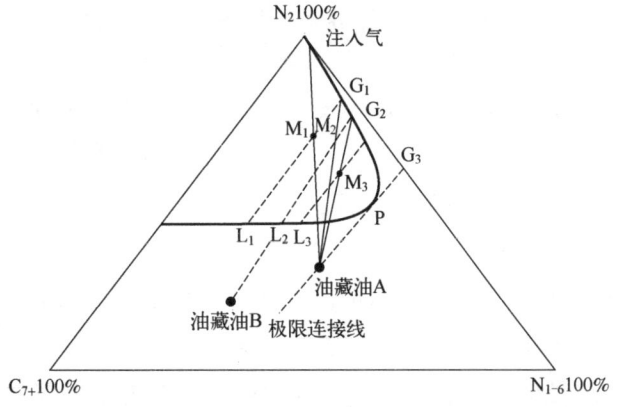

图3-46　N_2—地层油体系溶解—抽提过程中组分的变化

N_2 不断注入,初次接触后形成的富化气相 G_1 继续推进和前方的新鲜地层油进行第二次接触,L_1 作为残余油留在后面,第二次接触后形成的油藏流体的总组成为 M_2,其相应的平衡气相和平衡油相分别为 G_2 和 L_2;N_2 不断推进过程中,将不断重复上述接触过程,前缘气相 G_1 与地层油多次接触混合,使 L_1、L_2、L_i…中的轻烃和中间烃组分减少,而前缘气相 G_i 则不断被富化,最后气液两相的组成达到临界点 P,此时油气两相的界面消失,界面张力降到零,达到多次接触混相,从而大幅提高原油的采收率。

2)注 N_2 推动前置易混相气驱段塞的混相驱

由于 N_2 的混相压力远高于 CO_2、富气等烃类气体,要求地层油中轻烃和中间烃的含量要高,在多数油藏条件下难以混相,因此,其实施范围很窄。但它比其他气体具有资源丰富、价格低廉的优势,为充分利用 CO_2 和烃类气体易混相的特点,同时也为降低使用 CO_2 和烃类气体的成本,可通过注 N_2 推动 CO_2 或烃类易混相气体段塞的混相驱来提高采收率,其开采机理和 CO_2 烃类气体的混相驱机理相似。

3)N_2—水交替注入的混相驱

在 N_2 驱过程中,由于 N_2 的黏度远低于地层油,会造成前缘气体的黏性指进和气体超覆气窜。为减少气窜的不利影响,保持驱替前缘混相带的稳定性,提高波及效率,在注入方式上可采用气水交替注入的方法。虽然交替注入的混相驱可将注水和混相驱的优点有机结合,但在现场实施过程中,会出现因重力分异而产生的气体超覆现象。因此,需要针对油藏条件,通过长岩心物理模拟和数值模拟方法来研究确定合理的气水比和段塞尺寸,以减少重力分异的影响。

二、二氧化碳注入站运行管理

二氧化碳注入站把运送过来的二氧化碳暂时储存在储气罐中,然后经由注气泵房加压输送到注配间,再由注配间将二氧化碳分别输送至各个注气井中,以达到二氧化碳驱油的目的。

(一)二氧化碳注入流程

以某注入站的工艺流程为例,如图 3-47 所示。CO_2 经由罐车运送到注入站,将液态 CO_2 导入低温储罐(-20℃,2.0MPa),通过喂料泵确保注入泵的进口压力和流量,注入泵增压至 30MPa,经加热器升温后,再经分井配气计量阀组计量和流量调节后,通过管线输送到各注气井组。

二氧化碳驱的注入流程包括二氧化碳气源、二氧化碳凝缩装置、输送装置、储藏系统、高压注入装置、二氧化碳分配站、注入井、生产井、分离提纯装置等系统。流程图如图 3-48 所示。

(二)二氧化碳注入站设备

以某二氧化碳注入站(图 3-47)为例,来介绍二氧化碳注入站的主要设备。

1. 二氧化碳恒温罐车

由于二氧化碳驱消耗的二氧化碳量很大,因此在工艺上就要解决二氧化碳的大量运输、大吨位储存、分配及注入问题。输送二氧化碳的工艺技术取决于注入速度。如果二氧

第三章 三次采油技术

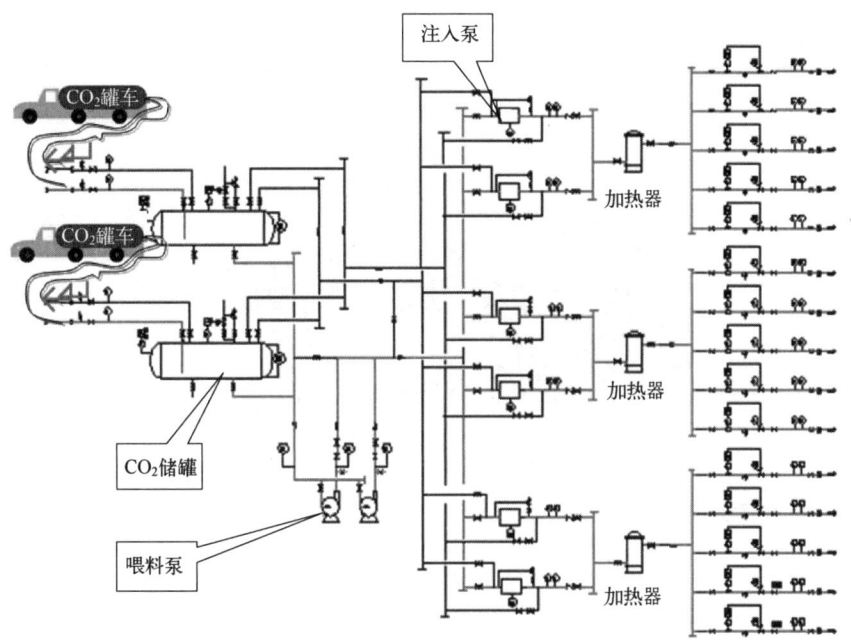

图 3-47 某注入站二氧化碳注入工艺流程图

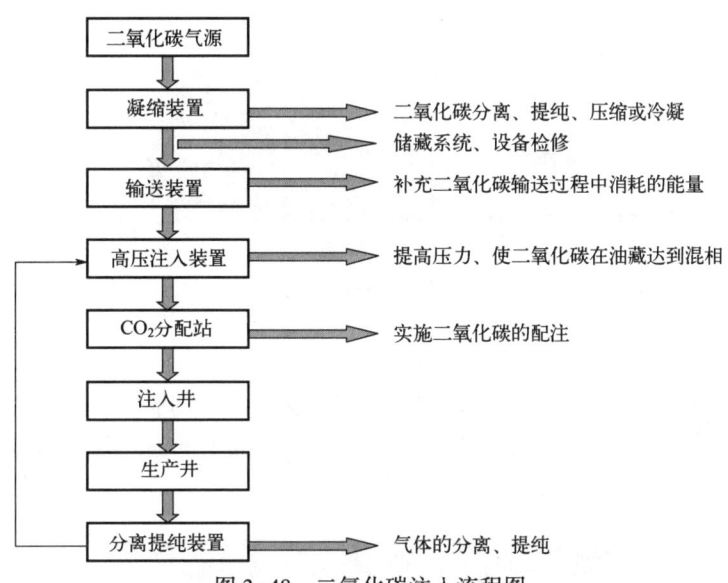

图 3-48 二氧化碳注入流程图

化碳的注入量不大时，可以通过公路、铁路和水运途径，利用恒温罐车将二氧化碳从产地运到油田井场。用恒温罐车的原因在于二氧化碳在温度为 $-56.6 \sim 31.2℃$，压力大于该温度对应的临界压力下处于液态。但是，如果二氧化碳驱进入工业使用阶段，二氧化碳的注入量迅速增加，日注入量可达几百万立方米，这种条件下只能用干线将二氧化碳输送到井场或注入站。

2. 二氧化碳储罐

二氧化碳储罐主要是用来储存经由罐车运送来的二氧化碳。储罐如图 3-49 所示。储罐把大量的二氧化碳储存起来，再输送到注入泵房中以备使用。

图 3-49 二氧化碳储罐

3. 二氧化碳注入泵

屏蔽泵（喂料泵）用来确保注入泵的进口压力和流量，注入泵（图 3-50）用来增压以达到注入压力。屏蔽泵由离心泵和三相异步屏蔽电动机同轴组成，不需机械密封而无泄漏，适用于输送各种有毒、有害及贵重的液体，在化工、制药、核工业、航天等装置中广泛应用。

图 3-50 二氧化碳注入泵

4. 加热器

加热器（图 3-51），是在注入站内将低温二氧化碳加热的装置，通过加热器后，二氧化碳的温度可升高到 $-10℃$ 以上。加热器的作用，一是减少低温对注入管线的损伤，二是避免形成干冰。

图 3-51 注气站加热器

（三）二氧化碳注入站巡回检查

注入系统巡回检查路线如图 3-52 所示。

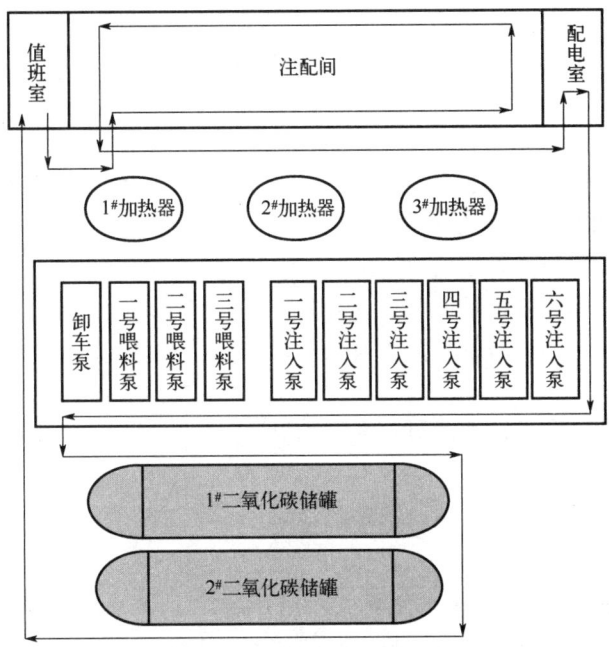

图 3-52　注入系统巡回检查路线图

根据巡回检查路线，各区域主要针对以下检查点进行检查。

1. 值班室

（1）检查液态 CO_2 注入作业中所用到的劳动保护用品是否齐全、完好。

（2）检查值班室照明设施是否完好。

（3）检查二氧化碳浓度显示仪是否处于工作状态。

（4）检查通信设施是否工作顺畅。

2. 注配间

1）管线

（1）检查注入管线在注液过程中是否存在漏点。

（2）检查注入管线接头是否存在松扣、脱扣安全隐患。

（3）检查注入阀组是否灵活好用，是否存在管线松动变形、漏点的情况。

2）阀门、法兰

确保与注入相关的阀门都处于工作状态，检查阀门、法兰松动、刺漏情况。

3. 注气泵房

1）管线

（1）检查注入管线在注液过程中是否存在漏点。

（2）检查注入管线接头是否存在松扣、脱扣安全隐患。

（3）检查注入阀组是否灵活好用，是否存在管线松动变形、漏点的情况。

2) 阀门、法兰

确保与注入相关的阀门都处于工作状态,检查阀门、法兰松动、刺漏情况。

3) 喂料泵

(1) 检查喂料泵运行压力是否控制在 2.8~3.2MPa 范围内。

(2) 检查喂料泵上的 TRG 表指针是否在绿色区域。

4) 注入泵

(1) 检查动力端的声音是否正常,润滑油量应在规定的范围。

(2) 检查各部温度应正常,各轴温度不得超过 75℃,电动机温度不得超过 90℃,润滑油温度不得超过 70℃,柱塞与摩擦副处的温度不得超过 75℃。

(3) 检查泵的出口压力及泵的排量应符合要求。

(4) 检查进排液阀的工作情况,有无异常声音。

(5) 检查密封盒上的调节螺母是否有松动现象。有大量气体泄漏时,应停泵上紧调节螺母或更换密封圈。

(6) 检查各部螺栓及各法兰螺母有无松动。

4. 配电室

(1) 检查电缆桥架是否存在电缆裸露的情况。

(2) 检查照明设施是否完好。

(3) 检查配电室 81817、81820 排线的工作状态。

(4) 检查配电室电缆是否存在明显裸漏的地方。

5. 室外环境观察

(1) 观察室外天气状况、风向、风力情况。

(2) 观察电加热器外观情况,是否有泄漏及异常响动。

(3) 观察采气液化站 CO_2 储罐外观情况,是否有泄漏及异常响动。

(四) 安全防护与环保

1. 安全防护

(1) 二氧化碳泄漏后即与空气混合,如果泄漏量小,影响不大。但是,如果空气中混入 5% 以上二氧化碳,就会使人感到头痛和昏昏欲睡,二氧化碳含量再增加,能使人失去知觉,当空气中二氧化碳含量达 9% 左右时,可使人窒息。因此,在高浓度二氧化碳泄漏区进行紧急维修操作,需要考虑通风措施和带上能够提供氧气的防毒面具。

(2) 由于干冰的温度低达 -78.5℃,会引起人体冻伤。因此,不能直接用手拿干冰,必须戴上手套接触干冰或被冷冻的金属。干冰受热生成的气体会使人窒息,如果感到呼吸加快、眩晕、耳鸣,要立即呼吸新鲜空气。

(3) 压注设备运行时,处于高压状态,所以人不要长期停留在设备周围,不要用金属物体敲击设备,以免产生意外事故。

(4) 电气控制元件工作时,带有 380V 或 220V 电压,不要随便接触其元件,出现故障应该由持证人员进行维修。

2. 安全环保

生产过程中以"安全第一、环保优先"为原则,严谨操作,安全施工,保护环境,防止污染，防止中毒。要求施工部门按有关安全标准，在施工操作合同中明确，并严格按标准执行。施工过程中，非工作人员严禁进入施工现场；施工结束后二氧化碳放空及焖井后二氧化碳反排阶段，非二氧化碳操作人员不得进行操作；整个施工过程中，施工人员应注意安全，避免站在下风口，防止窒息及冻伤，放空时放空油管不准对向人或设备。

（1）有关二氧化碳施工安全防护要求：

① 参加施工人员必须经过专业培训，掌握正确的逃生、自救、互救常识与办法。

② 施工前必须备有逃生绳、风向旗，并选择好上风头将安全绳系好。

③ 施工前在选择好的上风头逃生绳终端召开安全会，讲清本次施工的安全要求和注意事项，进行技术交底。

④ 参加施工人员必须穿戴好劳动保护用品：工服、工鞋、安全帽、护目镜、手套和耳塞。

⑤ 施工前必须备有抢救用氧气呼吸器（使用呼吸器的人员必须经过培训和实际操作训练，氧气瓶压力应保持在15MPa以上，保持每人能正常供氧30min以上）。没有戴呼吸器的人员严禁进入现场救援。

⑥ 各种接头螺纹严禁用黄油等软质油品，应采用轻质油品（防止低温冷冻）。

⑦ 管线、阀门等连接部位必须密封，达到不刺不漏。试验压力达到使用压力的1.5倍（安全系数）。

⑧ 施工结束后严禁立即拆卸管线，最少应在停止注入后0.5h检查温度回升情况（需结霜化解后）再进行拆卸。

（2）施工中注意防止以下几种伤害：

① 缺氧：当出现人员窒息时，抢救人员应立即穿戴好氧气呼吸器进入现场，将人员背出危险区，向上风头撤离，被抢救人员头部应始终保持在高处。

② 冻伤：施工人员应穿戴好劳动防护用品，特别是手套、护目镜（护目镜能同时保护太阳穴部位）、安全帽。

③ 施工人员不能穿越管线和站在放空口对面（防止管线炸裂和放空时因管线内外压力不一致打出干冰）。

④ 环境控制按环境保护施工作业指导书进行。

（五）二氧化碳的来源

二氧化碳驱需要大量的二氧化碳气源，对于一个千万吨级储量的油藏进行二氧化碳驱，在5~10年的二氧化碳驱期间，可能需要10亿立方米级的二氧化碳气藏来供气。即使是一个小型的先导试验项目，日消耗的二氧化碳可能会达到几十万立方米。因此，一个油藏能否进行二氧化碳驱，经济效益如何，首先应该考虑二氧化碳的资源。最好的二氧化碳资源就是能在油田附近找到一个储量丰富的二氧化碳气藏。此外，天然气合成氨厂、天然气处理厂、电厂等排放的废气中，通过分离、净化等方法也能获得大量的二氧化碳。这样一方面可以缓解对环境的排放压力，另一方面可以变废为宝。二氧化碳可以从以下几个途径中得到：

（1）天然的二氧化碳矿藏。二氧化碳有时可以接近纯二氧化碳的形式或与氮气、烃一起储集在地层中。在美国有些地区发现了纯二氧化碳或高浓度的二氧化碳气藏。由于美国具有丰富的二氧化碳资源，二氧化碳混相驱发展得特别快，而且还被认为是最有潜力的混相驱替方法。

(2) 天然气处理厂。气田产出的二氧化碳属于杂质，在天然气销售前需要对二氧化碳进行分离处理，分离出的二氧化碳可用于二氧化碳驱工程。

(3) 氨厂。二氧化碳是天然气合成氨厂的主要副产品，其浓度大约为98%。这样高质量的二氧化碳不需要进一步精制，经压缩、脱水和输送就可直接用于混相驱。一个氨厂只能提供有限的二氧化碳，通常不到 $3 \times 10^4 m^3/d$，但有的也可达到 $(1.4 \sim 1.7) \times 10^6 m^3/d$。氨厂的位置离混相驱油田越近，对油田实施注气工程就越有利。氨厂提供的二氧化碳是油田进行先导性试验或小型混相驱有价值的来源。

(4) 电厂烟道气。电厂烟道气也是二氧化碳和氮气的主要来源。烟道气成分非常复杂。烟道气中除二氧化碳和氮气外，还有灰粉、氧化硫和氧气，而且二氧化碳浓度较低。因此，烟道气用于油田混相驱时，必须经过精制和脱水，然后再输送到油田。

(5) 其他气源。混相驱过程中产出的二氧化碳可以回注到油藏，但必须经过净化处理，这也是二氧化碳很有价值的来源。其他气源的可能供气量小，除非离候选油田很近，否则很可能是不经济的。炼油厂、制氢厂副产品、酸气分离厂、水泥厂和石灰厂的烟道气及环氧乙烷和丙烯腈厂副产品都能提供浓度较低的二氧化碳。

三、二氧化碳驱注入井管理

在注二氧化碳过程中，由于注入气本身的性质以及油藏环境等因素的影响，常常导致腐蚀、结垢、沥青和石蜡的沉淀以及形成水化物等一系列工程问题。

(一) 二氧化碳驱工程问题

1. 腐蚀问题

在二氧化碳驱工程问题中，最为严重的是腐蚀问题。在二氧化碳混相驱过程中，为提高波及效率，往往采用水气交替注入技术。二氧化碳和水反应生成的碳酸腐蚀性很高。用锅炉和发电厂的废气作为注入剂时，废气中往往含有水蒸气、二氧化碳、一氧化氮等物质。当气体冷却或水蒸气凝结时，就会生成弱酸或硝酸。这些酸经几级压缩浓度逐渐增大，达到一定值时，对设备的腐蚀速度相当快。

1) 影响腐蚀的因素

CO_2 的腐蚀作用受多种因素的影响，包括二氧化碳的分压、温度、含水量、流速及氧、硫化氢、氧化物的浓度等参数。

(1) 在水、气交替循环注入初期，二氧化碳腐蚀性最大。

(2) 当二氧化碳分压超过 0.1MPa 时，碳素钢和低合金钢点蚀速率加快。

(3) 二氧化碳在井筒的流速变化会使腐蚀速度增加。锈皮或锈蚀薄膜是二氧化碳腐蚀作用的一种产物，这种表层薄皮可起到有限的防护作用，当流速增加时，这种表层将受到破坏。而当流速减慢到停滞状态时，不锈钢受到最强烈的侵蚀。因此，一旦流速显著降低，点蚀趋势就增大。

(4) 随着温度升高，化学反应迅速加快，碳素钢和低合金钢的腐蚀速率随温度升高而加快。

(5) 硫化氢和氯化物会加速二氧化碳对所有金属的腐蚀作用。

(6) 产油井下部范围和产气井上部范围二氧化碳损害比较严重。

2) 防腐工艺及措施

(1) 流体力学方法。由于流速变化会加速腐蚀，因此，在井下管柱设计中应避免流动方向或直径的突然变化。油管接箍必须齐平，井口连接装置也必须这样。在完井设计中采用多大的油管，可能是预防腐蚀问题的决定性因素之一。

(2) 管材的选择。管材应该选择高合金钢，井下管柱应采用：13%铬马氏体不锈钢；9%铬，1%钼钢；冷加工双炼不锈钢。

(3) 防腐采用的涂层有水泥、环氧树脂、塑料衬料、改进的聚氨酯和酚醛树脂。涂层必须完整无损，在涂层上不能有金属暴露的地方。

(4) 加注缓蚀剂等。

2. 水垢

1) 水垢的形成

水垢主要是无机化合物的二次沉淀物，是在水中阴离子和阳离子浓度超过水的溶解度时形成的，主要有硫酸盐垢和碳酸盐垢。地层水中通常含有 Ca^{2+}、Mg^{2+}、HCO_3^- 等大量可结垢离子，但在油层条件下，它们未达到结垢的条件，从而不能结垢。在二氧化碳驱油过程中，碳酸水能和油层中碳酸盐胶结物反应，生成易溶于水的盐类，而这些盐类在一定温度和压力下又分解出不溶于水的沉淀物，反应方程式如下：

$$Ca(HCO_3)_2 = H_2O + CO_2 + CaCO_3 \downarrow$$
$$Mg(HCO_3)_2 = H_2O + CO_2 + MgCO_3 \downarrow$$

在油层条件下，二氧化碳在水中溶解度很高，抑制了反应向右侧进行。但随着压力降低、温度升高，使反应方程式向右侧进行，碳酸盐生成量增大。因此，结垢的外部条件是压力降低和温度升高使水中溶解的二氧化碳量减少。

2) 结垢的预防方法

(1) 磁法防垢：利用永磁软水器可以抑制水垢的形成。产出水通过软水器时，受到磁力作用，改变水垢的结晶形态，使之质地疏松，不易附着在管壁上而被液流携走。这种防垢方法优点是操作简单，不消耗其他材料和能源，安装后可一劳永逸；缺点是效果不够稳定。

(2) 阻垢剂防垢：油田所用的阻垢剂一般有无机磷酸盐、有机磷化合物和聚合物三大类。选择阻垢剂的方法有室内沉淀试验和模拟试验两种。室内沉淀试验方法具有快速、方便、重现性好等特点；而模拟实验的周期较长、可靠性高。氨基三甲叉磷（ATMP）是一种对硫酸盐垢有良好抑制效果的阻垢剂，已在矿场应用。

3. 气体水化物

气体水化物形成的条件有：

(1) 气体温度不能超过出现游离水的露点温度。

(2) 低温。

(3) 高压。

(4) 气流速度高。

(5) 压力脉动。

(6) 小水化物晶体的引入。

(7) 存在诸如管子弯头、锐孔、温度计套插孔以及管线结垢位置。

从二氧化碳的相图可以看出,在 CO_2—H_2O 系统中,在正温度内(到10℃)和压力超过 $1.4 \sim 1.5 MPa$ 下形成水化物。因此,在设计 CO_2 的储存和运输措施时,必须考虑到这种情况。对于多组分气体,形成水化物的条件取决于这种混合物的组成以及单个组分的含量。丙烷和丁烷的存在会降低水化物的形成压力,而当有甲烷时,水化物的析出温度有所提高。

抑制水化物形成的措施有以下两种:

(1) 脱水防止生成游离水,以及在游离水中加抑制剂。脱水通常是优先选用的方法。

(2) 添加抑制剂常常也会抑制水化物的形成。通过注入甘醇或甲醇,可在给定的压力下使形成水化物的温度降低,甘醇和甲醇可以被回收。甘醇类抑制剂有乙二醇、二甘醇和三甘醇,而使用最普遍的是乙二醇。因为它的费用、黏度以及在液烃中的溶解度都较低。

4. 沥青和石蜡的沉淀

沥青和石蜡的沉淀也是混相驱中常常存在的一个问题。如果沉淀发生在地层深处,将降低总的采收率;若沉淀发生在井筒附近或井筒内,将造成严重的堵塞问题,并降低油井的产量。芳香烃的减少或软沥青组成的改变,都将引起沥青质的沉淀。

原油中的石蜡在油藏条件下通常为液态,它们从原油中分离出来的主要原因是溶解度的降低。温度或压力的改变、原油中溶解气的损失,或中轻质组分的损失等,都会引起石蜡溶解度的变化。控制石蜡沉积的最重要因素是温度和压力。地层和生产井筒中压力的骤然下降,通常是产生石蜡沉积的先兆。

沥青质和石蜡的沉积是互相联系的。沥青质胶束形成晶核中心,不溶解的石蜡结晶沉淀在其周围。沥青质的溶解度参数随着温度升高几乎呈线性降低的趋势变化。

在混相驱期间,原油组成的变化直接影响沥青质和石蜡的沉淀及絮凝。温度或压力的改变能引起原油组成的变化;原油中轻质组分的损失,使得在特定温度下原油所具有的石蜡溶解量降低。而多次接触混相是通过注入气体从原油中抽提出轻质组分而达到的,因此,石蜡和沥青的沉淀都是发生在混相带,这是油的组分改变的直接结果。

在枯竭油藏中,生产期间轻质组分已逐渐消耗,引起了石蜡和沥青质饱和度不断增加,从而常常使沥青质沉淀和石蜡沉积问题更为严重。

消除沥青质和石蜡沉积物的方法有:

(1) 机械方法(刮蜡器等)。

(2) 热力方法(加热原油或其他液体使蜡溶解并清除)。

(3) 化学方法(用不同组成的溶剂来溶解沉积物)。

在加拿大艾伯塔 Mitsue 油田大型烃混相驱过程中,用含二甲苯和甲苯的溶剂清洗井筒和井眼附近地带。油井生产动态表明,该方法处理很成功。

(二) 注入井完井管柱的优化

鉴于国内油田 CO_2 驱油注采井多为原注水井或采油井,油管、套管的钢级多为普通油管、套管（N-80 或 P-110），普通油管、套管不能够抗 CO_2 腐蚀。据此，CO_2 驱油注采井的研究重点是采取防腐措施保护套管。

CO_2 驱注采井套管保护的技术思路：一是由于注入井完井管柱承受高压 CO_2，通过防腐封隔器封隔注入层上部套管环形空间，并在油管、套管环形空间添加保护液，这就要求注入井套管保护管柱必须具有极高的气密性；二是采油井在见 CO_2 后，面临 CO_2 腐蚀、高套管压力、高气油比和低泵效等问题，需要研究防腐防气的采油完井管柱。

1. 整体式注气管柱

借鉴国外注 CO_2 的做法，早在 2004 年华东油气田在国内首次研制出"整体式注 CO_2 管柱"，并在 CS 油田 TZ 组油藏 C21 等 5 口井开展先导试验。

整体式注气管柱主要由气密封油管、滑套开关、水力锚、Y221 封隔器、挂片装置及喇叭口等组成（图 3-53）。Y221 封隔器位于注入层上部 20m 左右，旋转坐封；环形空间预先充填保护液；水力锚可有效防止管柱蠕动；当需要更换环形空间保护液及检管时，滑套开关可以完成洗井和压井等工艺措施；挂片装置可以检查防腐效果；考虑测吸入剖面的需要，管柱底部连接喇叭口。

该完井管柱中 Y221 封隔器及配套工具选用 13Cr 不锈钢材质，胶筒及其他密封圈选用改进的丁腈混炼胶。整个完井管柱采用最简化设计，结构简单，工具数量少，密封点少，能够实现可锚定、可反洗井和测吸入剖面的要求。

整体式注气管柱应用于 CS 油田 TZ 组油藏 CO_2 驱等先导试验区，取得较好的效果。但由于管柱中封隔器的坐封力来自油管的重量，当注气井不能够连续注入，油管存在升缩，导致封隔器坐封力波动，降低了整趟管柱的气密性。

2. 分体可钻式注气管柱

为提高注入井管柱的气密性，大庆油田设计出分体可钻式注气管柱（图 3-54），封隔器采用液压坐封，以改善封隔器的受力方式。

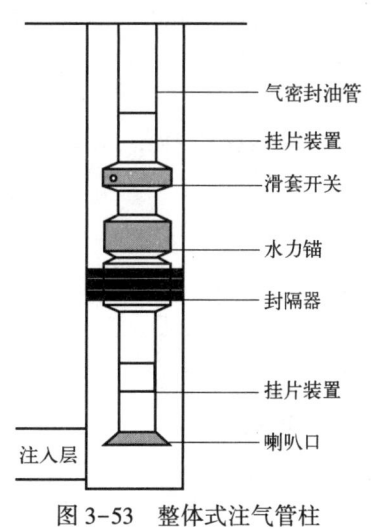

图 3-53 整体式注气管柱

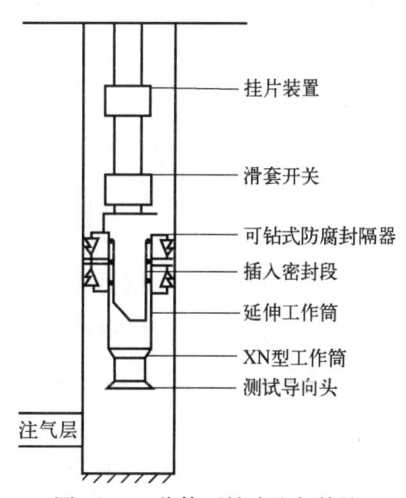

图 3-54 分体可钻式注气管柱

分体可钻式注气管柱主要由 Y443 可钻式封隔器丢手管柱和插入密封管柱两部分组成。

Y443可钻式封隔器的材质采用镍磷镀层处理，密封件为经过优化的氢化丁腈橡胶。Y443可钻式封隔器丢手管柱由可钻式防腐封隔器、延伸工作筒、XN型工作筒、测试导向头等工具组成，主要作用是利用可钻式防腐封隔器承受压差高、可铣可钻、耐腐蚀、寿命长及密封性能可靠等特点，与插入密封管柱配合，封隔注入层上部套管环形空间，以保证套管不受CO_2腐蚀。

该管柱应用于大庆榆树林油田CO_2驱油试验区，获得较好的效果。

3. 可回收式注气管柱

针对可钻式注气管柱作业，需要上钻具、钻铣和冲砂等环节，存在工作量大、施工周期长、作业成本高等问题。胜利油田研制出CO_2驱可回收式注气管柱，可回收式注气管柱既可以直接上提解封，也可通过投球液压、转动管柱等两种方式丢手，丢手后下捞矛，打捞整个坐封机构（图3-55）。

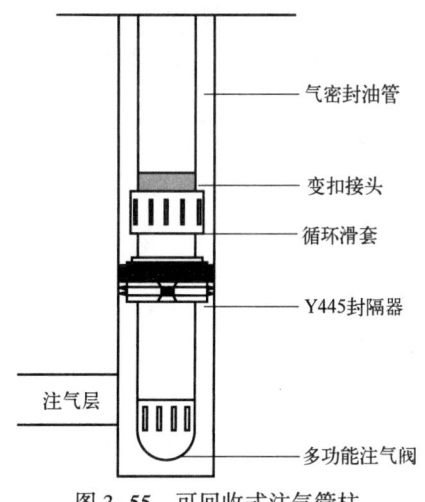

图3-55 可回收式注气管柱

可回收式注气管柱主要由气密封油管、循环滑套、Y445封隔器和多功能注气阀等组成。多功能注气阀具有坐封封隔器、提供注气通道、防止注入气返吐和循环环形空间保护液等作用。

为提高注气封隔器的密封性，进一步改进了封隔器的材质和结构：

（1）封隔器及配套工具材质为13Cr，胶筒等密封件选取优化的氢化丁腈橡胶。

（2）设置液压和管柱加载对胶筒进行两次压缩的坐封机制，以提高胶筒与套管内壁的接触应力强度和均匀性，从而适应注气井的高效封隔要求和更长的有效期。

（3）采用双卡瓦锚定机构，使封隔器在完成液压坐封后即具有了双向承压能力。二次加载坐封的设计，不仅使完井管柱加压在封隔器上的载荷给胶筒提供持续压缩力，也可一定程度抵消管柱伸缩的蠕动。

该管柱广泛应用于胜利高升89区块和长庆油田黄3区等区块CO_2驱等先导试验区，效果良好。

（三）CO_2驱注采井巡回检查标准

油水井正常检查点按企业相关标准执行，针对CO_2的腐蚀性以及窒息性，在正常巡回检查点外，特别加强检查以下风险点：

（1）密封填料松紧情况、密闭完好程度，是否有冒气现象。

（2）清蜡阀门开关情况、密闭完好程度，是否有冒气现象。

（3）测试孔螺纹及阀门是否有冒气现象。

（4）组合收气阀是否有冒气现象。

（5）有井口电加热装置的井的加热器完好程度。

（6）油管、套管生产阀门开关情况、井中生产气液进系统情况是否正常，出气程度是否严重。

(7) 油管、套管生产阀门开关情况，是否有冒气冒油现象。

(8) 集输管网是否存在穿孔现象。

(9) 井场周围是否存在冒气冒油现象。

(10) 风险标识是否依然醒目。

(四) 资料录取规定

以大庆油田某注气试验区注入井资料录取规定为例。

(1) 每天填写"×××试验区注气井巡回检查记录""注气井日报表"。

(2) "×××试验区 CO_2 使用原始记录表"要准确记录车牌号，必须与分公司及供液方三对扣。

(3) "注气井日报表"根据"×××试验区注气井巡回检查记录""×××试验区 CO_2 使用原始记录表"填写，且必须对扣，油压要求取最能代表全天生产情况的数据，备注反映影响注入的因素。

(4) 每月取各气源单位气样一个，送厂地质大队攻关队。

不在上述规定内的资料录取制度按照企业下发的最新版油水井资料录取规定执行。

四、二氧化碳驱采油井管理

在利用 CO_2 驱油技术进行油田开发的过程中，不可避免地将 CO_2 引入原油生产系统。采油井井筒内存在高温高压、高含 CO_2 和高矿化度采出液，对于井内各类金属设备极为不利，油管、套管长期处于该环境中极易发生腐蚀。

井内油管受长时间腐蚀溶解，发生穿孔，导致原油漏失不能被举升至地面，并且腐蚀使得油管壁厚减薄，造成应力集中，进而发生断脱掉入井底。最终油井产量下降甚至停产，严重破坏油田的正常生产，同时随着频繁更换油管，修井费用不断增加，开发成本上升。

井内套管遭受了严重腐蚀后，破坏油井井身，导致油藏无法进行分层作业，可能使得水层与油层互相连通，从而封闭一些油层，也可能使的前期针对这些油层所实施的提高采收率措施失效，最终大量原油滞留在油层中。如此一来，后续开发必须用压井液压井，更换套管，重新固井，而压井液压井会造成压井液滤液以及固体颗粒进入储层，从而堵塞油气渗流通道，伤害储层，使油井减产。

国内外油田，由于 CO_2 腐蚀导致的生产事故众多。其中，在 20 世纪 90 年代，英国北海油田某一钻井平台由于腐蚀造成金属设备破坏失效，油气泄漏，发生严重爆炸事故。最终结果是，北海油田当年原油减产 12%，166 人因此次事故失去生命。在我国某油田，曾经存在一口油井，该井只依靠地层能量就可以实现高产，但是该井所产原油的 CO_2 含量极高，由于当时人们对于 CO_2 腐蚀认识的局限性，该井没有进行有效的腐蚀防护，最终由于腐蚀严重，引起井喷，导致油井报废。之后对于该腐蚀事件进行调查研究，结果显示，井内钢材平均腐蚀速率为 4.8mm/a，一年半的时间，腐蚀造成壁厚 5.5mm 的 N80 油管 58% 表面被腐蚀破坏，经统计 0.25m 长度的油管，腐蚀穿孔数多于 280 个，腐蚀造成油管质量只剩下原来的 47%。

针对CO_2对油井的腐蚀问题，采油井对管柱也做了优化。

（一）采油井管柱的优化

根据CO_2驱油注采井保护套管的技术思路，针对草舍油田泰州组油藏CO_2驱先导试验采油井出CO_2气，华东油气田研制出"分体式采油管柱"，并在C31等井应用。C31井采用分体式采油完井管柱后，套管压力为0，所采出CO_2气全部进入油管，经抽油泵将CO_2气、油和水举升至井口，有效保护了CO_2对套管环形空间的腐蚀。由于"分体式采油管柱"套管环形空间已经封隔，管柱适用于CO_2驱采油井见CO_2气的初期阶段，此时气液比小于$100m^3/t$，当气液比大于$100m^3/t$，CO_2气体会大幅度降低泵效。

CO_2驱采油井见CO_2后，气液比会不断增大，当气液比大于$100m^3/t$，分体式采油管柱已不能满足采油井的正常采油。为满足采油井防腐防气的要求，国内油田CO_2驱采油井普遍采用"防腐防气一体化采油管柱"（图3-56）。通过注CO_2缓蚀剂、下内涂层油管和耐腐蚀泵等防腐措施，可以降低CO_2对井下管柱及工具的腐蚀；将尾管置于油层以下，对产出CO_2气进行首次分离，大部分CO_2进入套管环形空间；安装井下气液分离器，对进入油管的CO_2进行二次分离，尽可能减少进入抽油泵的CO_2；此外，在井下$90\sim150m$处油管上安装控套阀，并根据合理套管压力设定控套阀的打开压力，实现气举控压，有助于降低CO_2缓蚀剂的浓度，又有效控制了CO_2对油管、套管的腐蚀速度。当套管压力高于控套阀设定压力时，CO_2经过控套阀进入油管，降低了油管内流体的密度，实现携液举升，提高了抽油泵的举升能力。

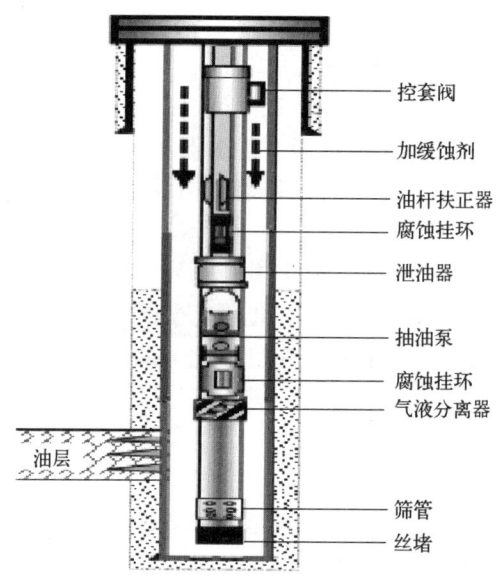

图3-56 防腐防气一体化采油管柱

（二）油井缓蚀剂加注工艺

吉林油田采用CO_2驱提高原油采收率，获得了国家"十二五"重大专项的支持，将采收率提高了5%~10%，取得了良好的示范效果。然而高压CO_2溶解到井下流体中，导致井下腐蚀环境的复杂化，在高浓度CO_2、高矿化度地下水和硫酸盐的交互作用下，给油井管柱带来了严重的腐蚀问题，影响了油田的安全生产。吉林大情字井油田属于低渗透率、低产油田，主要采用 CO_2 驱来提高采收率。为缓解井下 CO_2 腐蚀，采取井口加注缓蚀剂来降低油管、套管的腐蚀速率。根据吉林大情字井油田 CO_2 驱区块的 CO_2、SRB（硫酸盐还原菌）和水质等多因素分析，对咪唑啉缓蚀体系的配方进行了优选，采用油酸咪唑啉+凝析油的复合配方，提升了缓蚀剂在油管、套管表面的成膜效果。同时，根据缓蚀剂残余浓度和腐蚀监测数据对加药工艺、加药浓度和加药周期进行优化，达到腐蚀控制与缓蚀剂加注成本的平衡，降低生产成本。

（三）各类油井管理标准

1. 架罐井管理标准

（1）严格按图纸安装，电线及各项电气设备必须具备冗余量，确保生产参数发生变化时能够正常使用，线路连接必须按照图纸来实施，严禁私搭乱接造成安全隐患。

（2）机器、设备按井场结构不同，合理设计摆放位置，即远离井口9m以外，避免机器、设备面对井口阀门。合理设计，留出逃生通道，供人员逃生时使用。

（3）各种辅助设施（配电箱、电缆、插座等）及防护装置（安全阀等）必须齐全，确保机器设备和电气设备的完好无损。

（4）生产压力不能超过罐体的设计压力，高油管压力井须先泄压方可投入生产，严禁将套管接入工艺流程。罐内液位要在规定范围之内，液位过高时要及时组织拉油，防止原油溢出发生其他事故。

（5）平台上作业必须系好安全带，戴好安全帽，平台上的油污要及时清除，以免脚下发滑伤人，下平台时必须双手抓紧扶梯，工具必须用绳子拉上或放下平台。

（6）定期对电加热电路进行维护及检修，必须有专人负责切断电源及现场监护工作，拉油需提前电加热时，须有专人看护并且设立明显的标识牌，防止电击伤人。在拉油前切断电源拉下空气开关，确保不存在电路隐患，如遇特殊原因需确保随时拉油时，可以进行持续加热，但人员看护不能间断，发现任何问题及时终止加热，进行检修。

（7）拉油时现场要有专人看护、指挥，罐车司机到现场开始操作前必须先确定逃生路线以及罐车停放位置，如遇特殊情况能够立刻逃生，泄油时油井应停止生产，关死生产阀门，避免罐内压力波动伤人。电加热器切断电源，防止电击伤人。泄油管线必须固定不能悬空，防止摆动伤人。井场周围严禁火源，避免发生燃爆事故。拉油结束人员车辆撤离后方可按正常流程启井生产。

（8）严禁架罐井现场动用明火，如遇特殊情况必须动用明火的，必须先对现场的各项设备进行风险评估，对各个风险点进行清理，完成后经上级主管部门批准方可动用明火施工。

（9）井口架罐为有限容积容器，清罐时必须由具备资质的施工单位按照相关的操作规程进行清罐操作。

2. 套管泄压井管理标准

（1）施工前确定地下管线、电线的走向，确保施工方位没有危险源，井口施工的过程中必须有专人看护、指挥，确保不出现其他伤人问题。

（2）放空管线需用高压注水管线，焊接必须牢固，安装时必须多人配合，避免机械伤害、松动、渗漏等情况。

(3) 管线需固定，防止泄压过程中剧烈振动伤人，优先使用抽油机基础固定，如难以实施，用其他重量大物体代替。

(4) 在更换或拆除管线时，一定要做好防护，并且要确保泄压完成，禁止用重物敲击管线试探是否有余压。

(5) 管线需有明显的警示物，警告有毒有害严禁靠近，井场周围安装护栏防止人畜误入。

(6) 受 CO_2 气体腐蚀影响，各项操作都要考虑到阀门关不严有残余压力带来的安全隐患，提前确定各项对策，如无法确定是否关严，要按照阀门关不严情况制定各项对策。

3. 提捞采油操作标准

1) 人员设备要求

(1) CO_2 试验区油井捞油施工，操作人员必须经过专业培训，并能掌握有关 CO_2 风险防护规定。

(2) 车组设备必须按规定配齐相关安全设施，用具、用品保证完好有效。

(3) 车组指定安全值班长，负责施工安全监督及操作人员安全监护。

(4) 甲方指定专人负责提捞作业技术，同时负责施工过程风险监督。

(5) 施工人员配备 CO_2 气体浓度检测仪，每次施工前及施工过程中对井场内 CO_2 浓度进行测试，当浓度达到 $3339.3mg/m^3$ 时严禁施工。

(6) 提捞施工前施工人员必须采取防冻伤措施，在面部、手及易冻伤部位保暖到位，确保人员施工安全。

(7) 各捞油小队的车辆必须配备足够的灭火器材，其中运油罐车必须安装接地链和防火帽，提捞车辆必须按照规定配置接油桶，以便清理和回收落地原油。

2) 操作注意事项

(1) 车辆停放位置必须在井口的上风头，施工时要选择有风天气，以便减少 CO_2 干冰的聚集。施工人员配备防毒面具，防止 CO_2 气体窒息和井底返出有毒气体造成人员伤害。

(2) 提捞施工前检测套管压力，有压力时需进行井口泄压后施工。

(3) 在提捞井进行作业前，必须检查作业区域是否有电线、管线等安全隐患，如果存在，在未彻底处理完毕前，禁止进行捞油作业。

(4) 提捞施工期间，必须使用警戒线与外界进行隔离，同时树立警戒牌和入场须知，严防非作业人员进入作业区域。

(5) 在施工过程中，如果发现井下气体返出，应立即停止作业并及时上报工程技术大队、采油矿。

(6) 如果出现安全事故，必须立即启动应急预案。

(四) 采油井资料录取规定

(1) 采油岗员工每天从 10：00 开始间隔 2h 记录缓冲罐的液位及压力，记录外输液、外输油、含水率参数；记录各环状集油流程的回油压力和温度。

(2) 采油班组资料员收集前一天全矿所有的量油数据，准确记录量油的始末时间、车牌号、量油车的空重和载重，并认真录入《×××量油台账》电子表。

（3）采油工每10d录取一次油井油管压力、套管压力、油样，特殊情况加密录取。

（4）采油工每季度将开井油样用玻璃瓶送厂，每次取满两瓶，送厂地质大队攻关队。

（5）采油工负责见气油井每月取气样两个、示踪剂检测井每天取气样，每半个月用专用气样袋取气样一次并送厂地质大队攻关队。

第四节　微生物采油技术

微生物采油技术是一种通过引入或刺激在油藏中能存活的微生物来提高原油采收率的工艺技术。它一方面利用微生物对原油的直接作用，改善原油物性，提高原油在地层孔隙中的流动性；另一方面利用微生物在油层中生长代谢产生的气体、生物表面活性物质、有机酸、聚合物等产物来提高原油采收率。

一、微生物采油技术概述

广义上的微生物是指形体微小、构造简单、繁殖迅速、在自然界广泛存在的一大类生物的统称。此处讨论的微生物是指在地下油气层条件下能够生长繁殖并代谢产生其他物质的细菌类微生物。

在油气藏中一般都存在多种类型的细菌，把它们称为本源细菌，在油田矿场上用于微生物采油的菌种多是从本源细菌中筛选的，因为它们最能适应油气藏的环境。油气藏中的本源细菌可分为以下几类：硫酸盐还原菌、利用烃细菌、甲烷形成菌、孢子形成杆菌、耐盐产气的梭状芽孢杆菌等。每一类细菌按其生物特性还可以分成很多种，不同的油气藏由于形成的环境不同，其内部所含的本源细菌在种类和数量上存在着较大的差异。对一个油气藏本源细菌的研究是微生物采油前期非常重要的一项工作，它关系到微生物采油所用菌种的筛选以及菌种注入地层后杂菌对它的影响。

细菌类微生物的大小一般为长度$0.5 \sim 10.0 \mu m$，宽度为$0.5 \sim 2.0 \mu m$。在进行微生物采油时，要有地层岩石孔隙结构及尺寸的详细资料，以确保注入的菌液能在岩石孔隙中顺利地运动和繁殖、代谢。

利用微生物提高采收率时地层内的很多作用都是通过微生物的代谢来实现的。所谓代谢是指生物体的一种特殊功能，吸收到生物体内的营养物质除了供给生物体养分外，还会在生物体的作用下产生其他的物质并排出到生物体的体外。微生物也不例外，它在地层中也会产生代谢作用，会释放出大量的气体、生物活性剂、生物聚合物、有机酸、有机溶剂等。

微生物采油是依靠微生物在油气藏中的生长、繁殖、代谢来进行的，在此过程中，微生物要消耗大量的营养物质，不同类型的微生物所需的营养物质是不同的，而地层中的原生营养物质是远远不够的，所以需要向地层内注入营养液，一般在现场多采用糖类物质来配制营养液。

微生物提高石油采收率的原理如下：

（1）微生物本身的作用，如微生物本身的尺寸能够封堵岩石孔隙和分流注入水；微生物在岩石表面吸附能改变岩石孔隙表面的润湿性等。

（2）微生物对原油的降解作用。有些微生物可以以烃为营养基剪断烃类主链或改变支链的结构而降解原油，降低原油黏度和凝点。

（3）微生物代谢所产生的气体的作用。某些微生物在地层中代谢时会产生大量的气体，如CO_2、CH_4、H_2S等，它们可以提高地层压力，增加地层能量；溶于原油中可降低原油黏度，改善流度比；气体对原油的膨胀作用可以增加原油体积，提高原油的弹性能量；CO_2还可以溶解地层中的灰质物质及胶结物，增加岩石的孔隙度和渗透率。

（4）微生物代谢产物中的有机酸的作用。微生物代谢时可产生酸类物质，如脂肪酸、甲酸、丙酸等，它们对岩石及胶结物中的某些物质有一定的溶解作用，从而增加岩石的孔隙度和渗透率。

（5）微生物代谢产物中的有机溶剂类物质的作用。微生物代谢时产生的有机溶剂（醇类、酮类、醛类等）可溶解石油中的蜡和胶质，降低原油黏度，提高原油的流动性。

（6）微生物代谢产物中的生物聚合物的作用。微生物代谢时产生的生物聚合物一般是聚多糖类物质，它可以阻塞大孔道，分流注入水，提高注入水波及系数；可增加水相的黏度，改善流度比；聚合物的吸附、滞留作用可降低水相渗透率，提高原油分流量。

（7）微生物代谢产物中的生物表面活性剂的作用。微生物代谢所产生的生物表面活性剂可以降低油水界面张力，改变岩石润湿性，分散乳化原油等。

上述所给出的是从理论上分析微生物在油气藏中可能起到的作用。在具体的微生物驱油过程中，由于所选择的微生物种类不同、营养物质不同、地下油层岩石性质不同，可能会有一个或几个作用起主导作用，要通过室内试验及试生产来分析确定。例如，吉林油田扶余采油厂进行的微生物驱油（注入CJF-002菌）试验，起主导作用的就是代谢过程中所产生的生物聚合物的作用。作用原理如下：CJF-002菌和营养基被注入地层后，优先进入大孔道或裂缝中，在地层条件下生长繁殖，代谢的非水溶性聚合物就地吸附在岩石表面上，形成生物膜，地层中的大孔道或裂缝被部分或完全堵塞。当二次水驱时，注入水进入孔隙中，会有部分生物聚合物被注入水携带运移，原来不能流动的水驱残余油，有一部分被夹带而流动，甚至将原来不流动的原油慢慢汇聚成片而流动，提高了注入液的驱油效率。另外，在一些大孔隙中产生的大量的聚合物也起到了选择性或非选择性封堵水流大通道的作用，使注入水改变水流方向，将先前不能到达的一些孔隙中的原油也驱替出来，提高了注入液的波及系数，从而提高油田的采收率。

二、微生物采油注入站管理

微生物采油技术按照驱替方式分为微生物驱油技术和微生物吞吐技术。微生物驱油，是指从注入井向地层注入微生物和营养液来处理地层，从采油井采出被微生物驱出的原油的开采方式。大多数情况下就利用井网中原有的注水井作为注入井。微生物吞吐，是往采油井中注优选的微生物及营养液，微生物在油井井筒周围生长代谢，对井筒周围原油及岩石作用，改善原油及岩石物性，增加地层能量，使原油产量上升。两种微生物采油方式都需要制备菌液、营养液、顶替液等流体,还需要专门的设备完成相关注入流程,一般可在注入站完成这些工作。

(一) 微生物采油菌液的选择和培养

微生物采油菌种选择一般应考虑这样几个方面:尺寸小、繁殖快;厌氧;耐高温;抗高压;耐盐;代谢产物中有气体、酸、溶剂、表面活性剂、聚合物等。

如吉林油田扶余采油厂微生物驱所选用的菌种是油藏中的本源菌 CJF-002 菌,其主要代谢产物是生物聚合物,其分子结构如图 3-57 所示。

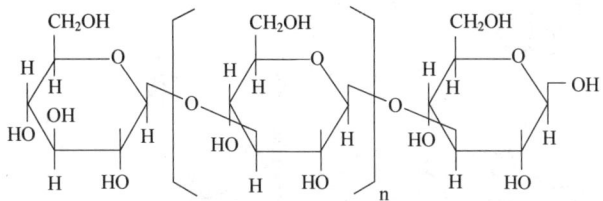

图 3-57 CJF-002 菌液代谢产物及分子结构

现场实际的微生物菌液的制备一般都采用规模化生产,根据注入方案来确定菌液的用量。图 3-58 所示是现场规模化生产车间中的菌液培养罐。

图 3-58 菌液生产车间的培养罐

(二) 微生物采油营养液的选择和制备

微生物采油的很多功能都是通过微生物的代谢来实现的,而微生物的代谢是以消耗营养物质为基础的,在向地层注入微生物以后,地层内原生的营养物质一般不能满足微生物代谢的需要,为了保证微生物代谢在地下的正常进行,就需要向地下注入足量的营养液。

营养液的选择应从以下几个方面来考虑:

(1) 代谢产物符合设计方案的要求。
(2) 注入较小的数量即可由微生物代谢产生较大数量的代谢产物。
(3) 注入地层后不与地层岩石及其中流体发生其他反应。
(4) 黏度不能太大。
(5) 分子结构及尺寸不能太大。

(6) 来源广、成本低。

在实际操作中，一般要经过多轮的室内和地下对比试验才能筛选出比较合适的营养液。

现场实际的营养液的制备一般都采用规模化生产，根据注入方案来确定营养液的用量。图 3-59 所示是现场规模化生产车间中的营养液培养罐。

图 3-59　规模化生产车间中的营养液培养罐

（三）微生物采油的注入设备

现场工艺对微生物采油注入成套设备有以下要求：

(1) 现场频繁移动设备，设备要橇装化，结构要紧凑，符合运输要求。

(2) 微生物驱注入三种介质：菌液、营养基、顶替液，既要满足同时按比例注入，也要满足某两种介质按比例注入，即可以同时注入也可以单独注入。比例按需要调节，调节要方便，注入要稳定。

(3) 提高注入效率，在配水间注入，实现 1~5 口井的同时连续注入，注入压力要实现恒压控制、注入流量实现可调控制。

(4) 注入量调整范围大，调整幅度为 3~14m³/h。

(5) 注入泵的最高注入压力为 10MPa。

(6) 设备野外工作，必须系统考虑供电、值班休息等。

(7) 菌液、营养基采用专用罐车从培养站运输到现场，无机盐溶液现场配制，水源为地下清水。

(8) 自带橇装变压器供电。

(9) 要多接口设计，菌液、营养基管线要方便冲洗和实现闭路循环，避免杂菌滋生。

这里以吉林油田扶余采油厂微生物驱油所用设备为例进行介绍。

1. 化学辅助药剂混合溶解橇块

按照工艺要求，化学辅助药剂即各种无机盐溶液的混配在注入现场完成。方案设计混合溶解装置和溶解罐安装在一个橇块上。混合由一套简易的射流加料装置完成，实物如图 3-60 所示。射流动力来自小型离心泵，水源为溶解罐中的水。溶解罐有效容积为 20m³，长方形结构，有效利用空间大。工艺流程简图如图 3-61 所示。

无机盐颗粒投加采用地面人工投放的方式。该部分的设计特点是：溶解罐中另行设计

一个容积为 $0.5m^3$ 的底部密封的筛网式容器，射流后水粉混合液体和水源井来水直接输送到该容器内，依靠水流的动力冲刷及离心泵的循环作用实现大颗粒料的充分溶解。

人工将事先粉碎好的干粉倒入到加料斗，加料斗里安装有可以取放的过滤筛网，过滤后的药剂（直径<10mm）直接进入喷射器。

溶解罐中的水流经手动蝶阀并经过离心泵增压后（压力为 0.8MPa），再由喷射器高速喷出，形成局部真空，携带投放的无机盐药剂干粉，强制混合后，流经手动蝶阀，输送到溶解罐中的筛网式容器，与水源井输送来的清水再次混合，经筛网式容器的过滤网过滤后进入溶解罐中，未溶解的无机盐药剂颗粒存放在筛网式容器中，经过多次循环冲刷，直到颗粒药剂完全溶解。

图 3-60 射流加料装置

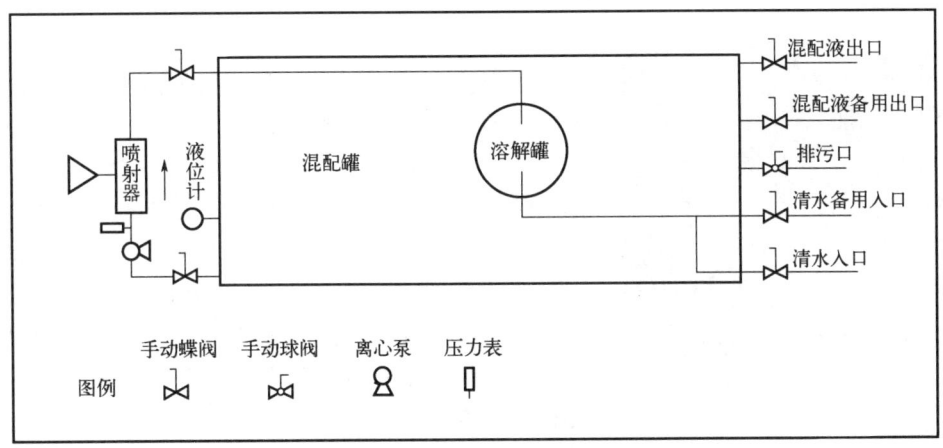

图 3-61 射流加料工艺流程简图

2. 喂入及监控橇块

喂入及监控橇块为整体橇装高强度板房结构，顶部吊装，集中底部排污。板房从空间上一分为二，一部分为喂入设备间，另一部分为监控值班室。喂入设备间有分别以菌液、营养基、无机盐溶液为输送介质的喂入螺杆泵 3 台、仪器仪表、PLC 自动控制柜等。出口设计回流流程，出口汇管安装安全阀。菌液、营养基进口均设有三通及配套阀门，各安装排气阀 1 套。在倒罐前进行排空操作，以保证喂入和注入的连续，避免空气进入管线及后续的注入泵内，避免振动和其他故障的产生。

工艺流程图如图 3-62 所示。从菌液罐、营养基罐输出的菌液、营养基以及从化学辅助药剂混合溶解橇块输出的无机盐溶液分别经过各自的手动球阀以及过滤器，再经过螺杆泵增压后，流经流量计、手动阀门，输送到注入泵的入口汇管。由 PLC 控制完成三种液体的按比例喂入。

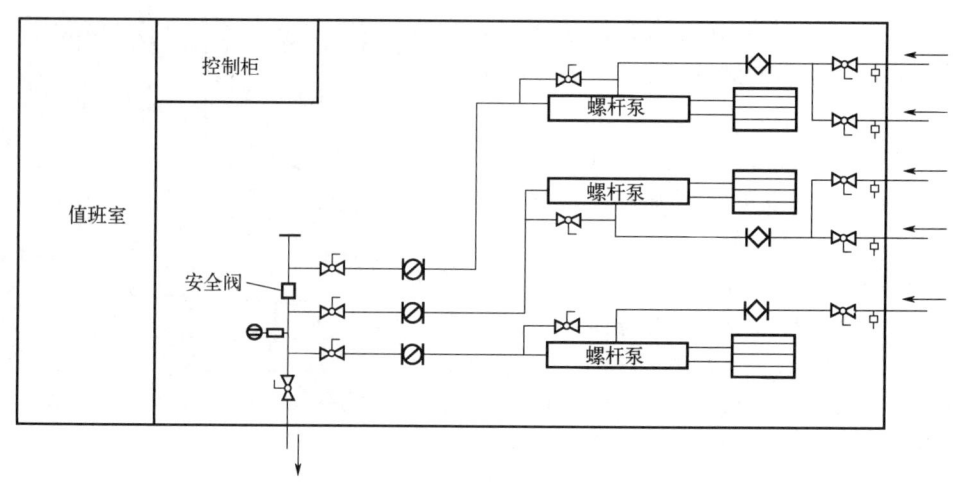

图例　◌流量计　┤数字压力计　⋈手动球阀　⋈过滤器

图3-62　喂入及监控橇块工艺流程图

图3-63　柱塞泵

3. 高压注入橇块

高压注入部分用注入泵采用3ZJ-7.5/10柱塞泵，出口压力为10MPa（图3-63）。该橇块（图3-64）的设计特点是：采用两台泵并联工作，当注入量为最小排量时，泵停一用一，加大了注入量的调节范围和提高注入效率，满足$3\sim14m^3/h$注入量的调节要求。注入泵的进出口设计为双接口，其中一个接口与流程相连，另一个接口为工艺应急使用。进出口之间设置连通阀门，便于注入泵高压启动时降低载荷。泵的出口安装高压单流阀。

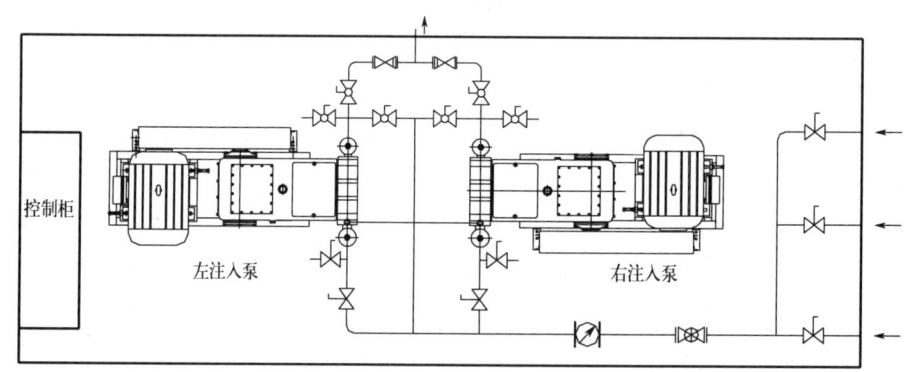

图例　⋈手动蝶阀　⋈手动球阀　◌流量计　▷◁止回阀　⋈闸阀

图3-64　高压注入橇块工艺流程图

4. 营养基及菌液拖车

营养基和菌液罐在运输过程中应避免杂菌的滋生，并能够满足周期蒸汽灭菌的需要。罐内壁粗糙度为0.4，设计工作压力为0.3MPa，工作温度为120℃，罐容积为12m³。

营养基及菌液拖车（图3-65）设计采用双桥式结构，前后桥转向均采用双胎式，前桥选用13t级转向桥，后桥选用中后13t级载重桥，悬架采用钢板弹簧式结构，整车制动采用断气制动方式，转向桥前端采用三脚架式结构，可以实现与拖拉机的拖拽、牵引。

图3-65　营养基及菌液拖车

5. 箱式变电站橇块

移动箱式变电站橇块采用欧式箱式变电站结构，采用顶部起吊方式，与常规同容量的箱式变电站相比，占地面积仅为常规变电站的1/3~1/5。箱式变电站设计容量为125kV·A，用于6kV配电网络。它由高压开关柜、低压配电柜、配电变压器及外壳四部分组成。箱体采用隔热通风结构，设有上下通风的风道。各独立单元装设照明系统。具有成套性强、体积小、强度高、结构紧凑、安装接线简单、运行可靠、搬运方便、操作安全等特点。

6. 移动式值班房

移动式值班房是现场施工和操作人员值班和休息的场所，分为值班区、休息区、办公区和生活区。值班区、休息区、办公区配备空调、办公桌椅、床。生活区配备简易的餐具。

7. 工艺系统配电与连接

整套系统的配电控制柜安装于注入橇块上。设备橇块各控制柜之间的连接电缆全部采用密封插接方式，整套设备可以实现快速组装和拆分。

8. 自动控制与上位监视

自动控制设计本着独立控制、分散风险、就近操作的原则。化学辅助药剂混合溶解橇块、喂入及监控橇块、高压注入橇块的控制由各自PLC控制完成，显示由液晶触摸屏终端和工控机两级显示。控制柜分别安装在各自的板块上。

化学辅助药剂混合溶解橇块控制柜实现了对射流用离心泵和潜水泵的控制，可以对溶解罐高、低液位显示，具有高低液位报警功能。

喂入及监控橇块控制柜实现了三种介质恒压按流量比例喂入功能，实现了输出压力、流量比例参数置入与修改、液晶显示等功能。

高压注入橇块控制柜实现了工作注入泵注入压力的选择、输出压力参数的置入与修改、限流量恒压控制、高压报警、高低流量限制、单台闭环控制或两台变频器叠加闭环控制、液晶显示等功能。

计算机监控：监控值班室内安装工控机 1 台，工控机固定在操作台上，方便移动，设置桌椅 1 套。工控机通过 C-NET 网络和 PLC 通信，实现以下功能：

（1）现场采集、监测喂入出口汇管的压力以及菌液、营养基、无机盐溶液的流量值，高压注入泵出口的压力和注入泵进口流量值；喂入装置的流量及比例关系、注入装置出口压力值等参数在授权的情况下可以在监控计算机画面上进行设置、修改、显示，并参与控制；整个系统进行组网监控，动态显示工艺流程中设备的工作情况、各运行参数并具有故障报警功能。

（2）实现数据采集、存储管理，实现系统报表、曲线的自动形成和输出，实现资料数据的在线查询，包括运行流程查询、数据查询、相关图形查询、历史数据查询等。

（四）微生物采油的注入工艺流程

微生物采油现场施工工艺流程如图 3-66 所示。

微生物现场注入工艺确定为井组橇装式注入工艺，即利用罐车将菌液和营养基运至试验井组，通过快速接头与现场注入泵连接，直接进入配水间注水管线中，通过原注水管线到达注水井井口，通过注水井进入地层。

采用段塞式注入方式，即每天首先先将菌液注入，再注入营养基，但是营养基注入的同时，必须伴随无机盐的注入，营养基与菌液注入结束后注入加无机盐的清水，注入速度等同于原注水井的注水速度。

1. 操作方法

（1）各种设备进入场地，按工艺流程图（图 3-66）所示位置摆放，连接好所有的电线、信号线等。

（2）菌液、营养液运输专用车进入场地指定位置，用快速接头连接好管线。在连接管线时要用便携式高压蒸汽发生器对所有的管线内外进行杀菌消毒。

（3）开启高压柱塞泵和喂入螺杆泵，将罐车内的菌液通过配水间的管汇注入注水井井底地层中，直至达到预定的数量为止。

（4）开启连接营养液罐车的阀门，由高压柱塞泵将营养液注入地层，直至达到预定的数量为止。

（5）在注营养液的同时，开启射流加药装置，向地层内一同注入无机盐。

（6）注营养液结束后，开启连接清水罐的阀门，向地层注入清水。

（7）如此往复，每天进行一轮菌液和营养液的注入，直到方案结束为止。

2. 操作要求

（1）试验井微生物注入试验前，先连续注入清水 6~7d，日注水量等同于注水井正常配水量。微生物注入试验结束后，要求继续注入清水 24h 之后再恢复正常注水。

（2）必须做好施工前的一切准备工作，设备运转正常，人员到位，等待施工。

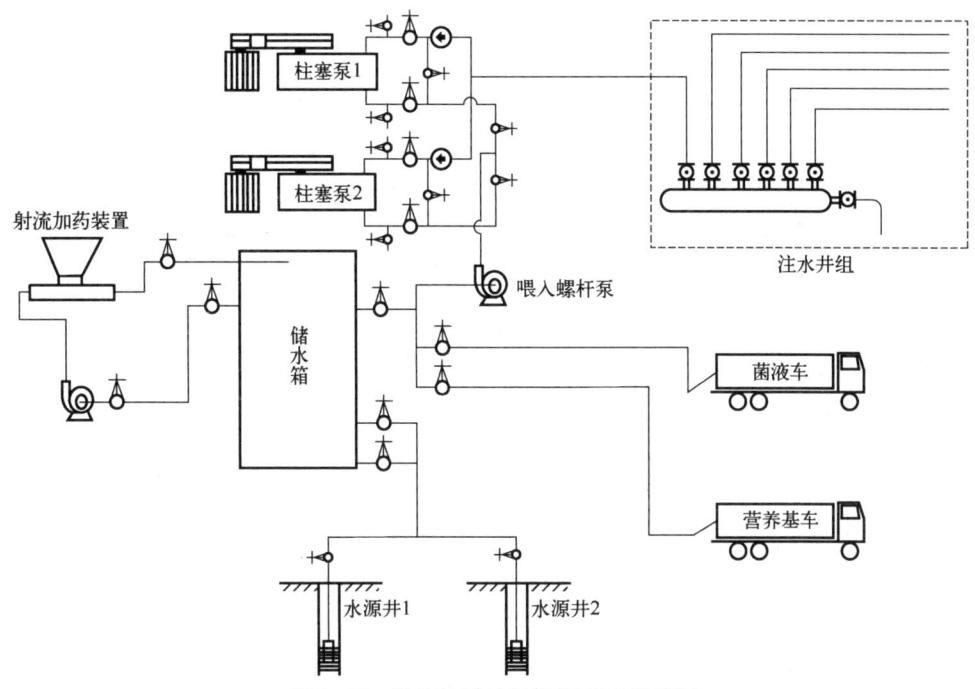

图 3-66 微生物采油现场施工工艺流程

（3）装菌液车、营养液车及所使用管线等设施，均能彻底排空，并在使用前彻底清洗和严格高温蒸汽灭菌。

（4）柱塞泵、注水泵等各有关连接管线不刺不漏，试验应尽量采用密闭流程，严格按照规程和工艺操作施工。

（5）试验井注水量、注水方式及注入状态始终保持不变，并且要求试验井井口阀门齐全，不刺、不漏。

（6）为了便于对比和评价试验效果，微生物连续注入试验前后周围监测油井的工作制度及生产状态始终保持不变。

（7）现场注入过程中，如发现注入压力上升或其他情况，影响设计注入量的注入，必须及时通知有关部门，经研究确定后进行调整。

3. 安全要求

（1）全部设备流程使用前均需彻底清洗及消毒灭菌（包括菌车、注入泵、连接管线等），注入泵及井口各种注入连接管线不刺不漏。

（2）要求严格按照规程操作，并采取有效的劳动保护措施，防止机械及物理化学损伤。

（3）试验采用密闭流程，防止菌液、培养液外溢及对环境的污染。

（4）试验全部结束之后，对所有的运输设备、注入设备、泵房等进行彻底清洗，能进行高温灭菌的都要进行高温灭菌。

三、微生物吞吐采油技术

微生物吞吐采油技术就是将预先筛选和配制好的微生物菌液、营养液、顶替液从待处理的生产井井筒中注入井底附近的地层中，然后关井一段时间，待微生物在地下完成了生长、繁殖、代谢等过程，对地下原油及储油岩石产生作用后，再开井进行采油生产。当油井产量下降到一定程度后，再进行下一轮的注入，如此循环进行。

微生物和营养液从生产井注入地层后，在关井期间微生物将在地层环境下生长、繁殖、代谢，将产生气体（CO_2等）、有机酸、有机溶剂、生物表面活性剂、生物聚合物等代谢产物，由于有气体产生，地层压力增大，注入液和代谢产物将向地层深处运移，扩大作用范围。

开井生产以后，由于上述作用，井底周围地层中原油黏度降低，岩石渗透率增大，地层能量增加，油的流动能力增大，水的流动能力相对减小，将使油井的产量上升，地层残余油饱和度下降。

在开井生产过程中，有一部分微生物及营养液会继续留在地层中进行生长、繁殖和代谢的生化反应，为下一个吞吐周期提供基础。

微生物吞吐的方法生产工艺简单，便于人们操控，注入液的用量相对较少，生产周期短，见效快，在一个油田微生物采油试验的初级阶段一般多采用此方法。

由于微生物吞吐的注入和开采是在同一口井上进行的，微生物所能处理的地层范围较小，不宜进行长期的工业化生产。

（一）菌液、营养物、顶替液用量的确定

1. 微生物菌液用量的确定

微生物吞吐采油菌液用量确定的主要依据是室内模拟试验的结果，如果有前期矿场试验资料，可由二者结合来确定。

例如，吉林油田扶余采油厂某区块进行的 25 口井微生物注入试验就是根据工业化试验方案的要求，结合微生物培养站的生产能力，分三轮注入，每轮注 7~10 口井。根据室内试验结果，要求单井注入菌液量大于 1~1.5m^3/d，注入井口菌液浓度高于 $1×10^6$cells/mL，杂菌浓度低于 $1×10^3$cells/mL，菌液注入时间少于 1h。

2. 营养液用量的确定

营养液浓度及用量的确定的原则是以室内试验数据和前期矿场试验结果为依据。

表 3-18 是吉林油田模拟试验区现场试验效果对照表，在现场注入过程中，要求注入液中总糖浓度高于 5%，按微生物培养站中玉米糖化液中总糖浓度为 23%、试验区单井注水量 30~60m^3/d 计算，营养液注入量为 6.5~13m^3/d。

表 3-18 现场试验效果对照表

实验区块	区块 1	区块 2	区块 3	区块 4	区块 5
单井日配注量，m^3/d	25.00	25.00	20.00	25.00	45.00
单井日注营养液量，m^3/d	2.50	2.50	2.00	4.00	5.00
糖蜜浓度，%	65.00	55.00	55.00	24.00	24.00
注入液中糖含量，%	6.50	5.50	5.50	3.84	2.67
单井增油量，t	1458	774.00	435.00	250.00	50.00

3. 顶替液的选择及用量的确定

选择顶替液的原则是不应含有影响注入地层内的菌液和营养液的杂菌及其他有害物质，根据室内试验及以往矿场试验结果，一般用清水既可，因油田注入水中多掺有联合站污水，一般不宜作为顶替液。必要时可加入无机盐，以增强菌液和营养液的稳定性。一般是在试验区块内直接打1~2口水源井。

在营养基与菌液注入结束后即开始注入加无机盐的清水，注入速度等同于原注水井的注水速度。注入量与原配注量相同，直到下一轮菌液和营养液的注入。

（二）微生物吞吐选井原则

由于微生物采油的成本较高，所以一般选择用其他采油方法产量都非常低的井，同时还应考虑以下因素：

（1）井底附近地层区域内含有一定量的残余油可供开采。
（2）原油中含有较多的重组分，如石蜡、沥青质等。
（3）油井有一定的含水率。
（4）油层的地质条件（孔隙度、渗透率、孔隙结构大小、地层压力、地层温度等）适合于微生物开采。
（5）具有完好的井身结构和完善的井口装置。

（三）微生物吞吐所用菌液的选择

由于微生物吞吐的特殊性，首先应考虑所选菌种在地层条件下的繁殖、代谢到所需浓度时所需要的时间，以减少油井的关井时间，提高油井的利用率。

其次要考虑油气层的条件，分析影响原油产出的主要矛盾，根据主要矛盾来选择相对应的微生物菌种，例如注入水是主要影响因素，则应选择代谢产物中生物聚合物较多的微生物，以利于封堵水窜；如原油性质（重组分多）是主要影响因素，则应选择对原油降解作用较大的微生物，以利于降低原油黏度，提高其流动性；如润湿性是主要影响因素，则应选择代谢产物中生物表面活性剂占主要成分的微生物，等等。

（四）微生物吞吐注入方式

微生物吞吐在实际生产中多以生产井的油管、套管环形空间为注入通道，可以有以下几种注入方式：

（1）一次性混合注入。把菌液和营养液一次性地通过油管、套管环形空间注入地层，然后关井处理地层一段时间，再开井生产。
（2）多次混合注入。把菌液和营养液分批多次地通过油管、套管环形空间注入地层，然后关井处理地层一段时间，再开井生产。
（3）不关井注入。把菌液和营养液分批多次地通过油管、套管环形空间注入地层，不关井。

在实际操作中采用何种注入方式应根据具体的地层和菌液的性质来确定。例如，吉林油田扶余采油厂进行的微生物吞吐试验采用的就是油管、套管环形空间一次性混合注入。

四、微生物驱油技术

（一）微生物驱油藏的筛选

一般情况下，微生物驱油油藏区块的选择可遵循以下原则：
(1) 孔隙度、渗透率、饱和度及地层温度等条件适合微生物繁殖。
(2) 储层发育状况及开发水平、注采井网、井距有代表性，具有推广应用价值。
(3) 注采系统较好，地下注采关系明确。
(4) 井网完善，井况良好。
(5) 试验区位于纯油区且经过长时间水驱，已建立注采关系，油井含水率高，但剩余油较多，有提高采收率的余地。
(6) 地面条件较好。

【案例】吉林油田扶余采油厂某微生物驱油工业化试验区的筛选过程如下：

(1) 油藏条件：通过培养条件及影响因素试验分析，CJF-002菌的适宜培养温度为20~37℃，最佳温度为30℃；适宜pH值范围是7.0~8.5，生长代谢受地层水矿化度、烃类的影响不大，在微孔隙内可以生长良好并产生聚合物；与扶余油田地层原生菌的竞争能力强，具有很好的油藏适应性。试验区油层温度为30.8℃，适合于目的菌的生长。原始地层压力为4.4MPa，与整个扶余油田相同。具有一定的代表性。

(2) 储层条件：试验区油层中部深度为363m，油层平均砂岩厚度为62m，平均有效厚度为17m，平均射开厚度为31m，平均渗透率为$273\times10^{-3}\mu m^2$，平均孔隙度为26%，储层物性与整个扶余油田及前期试验区块储层性质一致，目的菌可以顺利运移。而且储层连通性较好，尤其主力油层分布稳定。

(3) 井网井距：试验区井网为两排夹三排线状注水井网，注采井距为70~150m；现场试验试验区井网为两排夹两排，注采井距为70~150m。通过井网论证认为扶余油田比较适合井网为两排夹三排、两排夹两排。该试验区为两排夹三排线状注水井网，注采井距为70~150m，与前期试验井网相同。通过前几年的现场试验研究认为，注采井距和井网格局对试验效果不会造成影响。因此试验区注采井网、井距适合于现场试验，并且在扶余油田具有一定的代表性。

(4) 该区块通过前几年的井网调整及完善，井况相对较好，井网完善。通过分析认为该区块油藏条件、井网条件等适合于微生物驱油率，而且在扶余油田具有很好的代表性。因此该区块被确定为下一步工业化推广试验试验区。

（二）微生物驱油的注入方式

由于微生物驱油仍处于试验阶段，下面的几种注入方式还都不完善，各油田的现场试验都有很多不同之处。

(1) 管线混合注入。在菌液培养站与注入井之间铺设管线，将混合好的菌液和营养液通过管线注入井底地层，然后用顶替液顶替。此方式的优点是工艺简单，容易操作。缺点是长距离管线易滋生杂菌；需铺设管线，施工成本高；微生物利用率低；这种注入方式已很少用。

(2) 管线分别注入。菌液由培养站通过管线注入，营养基在配水间注入，然后注入顶替液。此方式的优点是菌液与营养液在井下混合，利用率高。缺点是长距离管线易滋生杂菌；需铺设管线，施工成本高。

(3) 井口注入。菌液和营养基由橇装式注入设备，在注水井井口分别注入。此方式的优点是工艺简单，容易操作，菌液与营养液利用率高。缺点是需要专业的橇装式注入设备，成本高，在小范围上使用尚可，不适合工业化推广应用。

(4) 配水间脉冲式注入。菌液和营养基通过配水间的注水管线段塞注入。此方式的优点是工艺简单，容易操作，菌液与营养液利用率高；利用原有设备，成本低，适合工业化推广应用。

（三）注入压力和注入时间的确定

(1) 注入压力：要在室内进行注入菌种的耐压敏感性试验，如菌种对压力不敏感，注入压力在小于油层破裂压力的范围内均可。如菌种对压力敏感，则应确定出压力上限，以在注入的时候注入压力不超过此上限压力，确保菌液不被破坏；如上限压力太小，不能满足注入的需要，则应重新选择菌种。

(2) 注入时间：还没有可靠的理论分析或数值模拟软件来确定合适注入天数，一般是根据前期的注入试验来确定注入时间。例如，吉林油田扶余采油厂在微生物驱工业化试验中就是结合前期的现场试验结果，将微生物驱过程中菌液和营养基的注入天数定为60d。

（四）微生物驱油现场监测

微生物驱油方案实施以后，主要的监测环节有以下四个方面：

(1) 目的菌的生产环节：目的菌的质量至关重要，为确保在目的菌的放大发酵及装车等各环节不出现问题，要求每天在目的菌放大发酵培养的各环节都要取样分析，发现问题，及时解决，杜绝杂菌污染。

(2) 营养基生产环节：对营养基成品要定时取样，检测糖浓度、菌浓度、酸值等各项指标。

(3) 注入环节：对现场注入过程中菌车内及营养罐内的菌浓度、糖浓度、酸值以及注入水水质等各项指标定期抽检，并分析其对生产井动态的影响；现场施工过程中对注入压力进行密切监测，一旦发现压力大幅度上升，立即进行分析，采取相应措施。

(4) 生产井产出环节：定期抽检（1次/10d）产出水中菌浓度、糖含量（包括糖浓度及聚合物浓度）、有机质含量、pH值、矿化度、六项离子等参数的变化。

除上述检测环节外，还要根据油藏情况及生产区块动态反映的实际情况，合理安排注水井、生产井在微生物注入前后分别进行吸水剖面、产液剖面、地层压力等情况的测试，以便于对微生物注入效果进行客观、合理评价。

（五）微生物驱油安全环保要求

微生物驱工业化试验实施过程中应遵守国家、地方政府已颁发的有关安全、环境保护的法律法规和有关条例，依据工程项目的环保要求，落实各项预防污染措施。

微生物驱现场实施过程中的安全环保点源主要包括微生物培养站菌种生产过程中的高温、高压；污水及菌液的排放；糖化车间高温、淀粉粉尘对人体伤害及浓度过高遇明火爆炸；锅炉；菌液及营养基运输；现场注入等。为了确保该项目在实施过程中安全、环保，要求各单位在施工过程中严格按照安全环保要求进行操作。

（1）各车间建立操作规程，建立应急预案，对工人进行岗前培训，要求工人持证上岗。

（2）掌握各岗位安全生产动态，发现隐患要及时消除，暂不能消除的应采取措施，并立即向上级报告。

（3）施工过程中，要求每天检查注入设备，严防运输设备、注入设备泄漏。

（4）运菌液罐车清洗必须在培养站进行，污水并入培养站污水系统，统一处理，运菌液的罐车严禁在非指定地点排放菌液。

（5）全部设备流程使用前均需彻底清洗及消毒灭菌（包括菌车、注入泵、连接管线等），注入泵及井口各种注入连接管线不刺不漏。

（6）要求严格按照规程操作，并采取有效的劳动保护措施，防止机械及物理化学损伤。

（7）试验采用密闭流程，防止菌液、培养液外溢及对环境的污染。

（8）发生事故时，要及时采取措施，防止事态扩大，应积极抢救，保护好现场，并立即向上级汇报。

（9）试验全部结束之后，对所有的运输设备、注入设备、泵房等进行彻底清洗，能进行高温灭菌的都要进行高温灭菌。

五、微生物驱油效果分析

一个油藏区块进行了微生物驱油后，要及时对微生物的驱油效果进行分析，能定量分析的项目要定量分析，无法定量分析的项目要进行定性分析。

（一）分析内容

（1）微生物驱油整体方案的实施情况及整体效果。
（2）微生物驱油的阶段性效果，主要包括以下内容：
① 生产井的产液量、产油量变化情况。
② 油井含水率变化情况。
③ 注入井周围生产井见效情况。
④ 见效井的分类。
⑤ 吸水剖面变化情况。
⑥ 产液剖面变化情况。
⑦ 微生物对储层物性的改造情况。
⑧ 平面上的注水波及系数变化情况。
⑨ 对储层裂缝的封堵情况。
⑩ 地层压力变化情况。
⑪ 可采储量的变化情况。
⑫ 地层原油性质的变化情况。
⑬ 经济效益分析。

⑭ 存在的问题。

微生物驱油效果分析的重点及主要工作是上述的第（2）项即阶段性效果分析，它涉及的内容很多，也是学习的主要内容。

（二）分析所需的原始资料

1. 注入参数

注入参数主要包括微生物菌液性质参数、营养液性质参数、顶替液性质参数、注入压力和排量、注入方式等。

2. 注入前区块的地质、开发现状的有关参数

注入前区块的地质、开发现状的有关参数主要包括区块内的注采井数、面积、地质储量、产液量、产油量、地层压力、含水率、采出程度、孔隙度、渗透率等。

3. 注入后的生产数据

注入后的生产数据主要包括单井日产油量、单井日产液量、单井日注入量、含水率、油管压力、生产曲线、油井产量构成柱状图、反映吸水剖面变化的测井曲线、示踪剂监测数据、地层压力等。

4. 成本费用数据

成本费用数据主要包括各种注入液的成本、设备的折旧、累计注入量、人工费用等。

对于微生物驱油效果分析的准确性和实用性，上述资料的准确与否十分重要，所以在整个微生物驱油生产过程中一定要注意资料的积累和保存。

（三）微生物驱油效果分析实例

以吉林油田扶余采油厂某微生物驱油试验区块效果分析为例。

1. 方案情况及实施要点

1）微生物驱规划方案

全年共规划实施 30 口井，选择在井网较完善、井况较好、相对较封闭的区块进行。区块含油面积 $1.7km^2$，地质储量 $385\times10^4 t$，辖区有油井 150 口，水井 43 口，平均单井日产液 8.5t/d，日产油 0.7t/d，含水率为 91.1%，地层压力为 2.2MPa，采出程度为 24%。

截至 2008 年 11 月底，全年的 30 井任务现场施工全部完成。截至 2008 年 12 月底，井口已累增油 7573t，平均日增油 25t/d。辖可评价油井 146 口，油井见效率为 77%。累减少产水量 $6974m^3$。

2）注入方案要点

（1）注入周期：30 口水井，两种周期（90d 和 60d）。

（2）注入参数：

① 注入介质（菌液+营养基+无机盐水溶液）注入量与原注水方案配注量一致。

② 注入速度与原配注瞬时流量相当。

③ 现场注入目的菌浓度高于 $1\times10^7 cells/mL$。

④ 杂菌浓度低于 $1\times10^3 cells/mL$。

⑤ 营养基中总糖浓度高于 23%。

⑥ pH 值为 7~8。

(3) 注入方式。

初期菌液、营养基、清水三个段塞注入，在第二批次后期调整为菌液+营养基+无机盐的小段塞注入。注入方式示意图如图 3-67 所示。

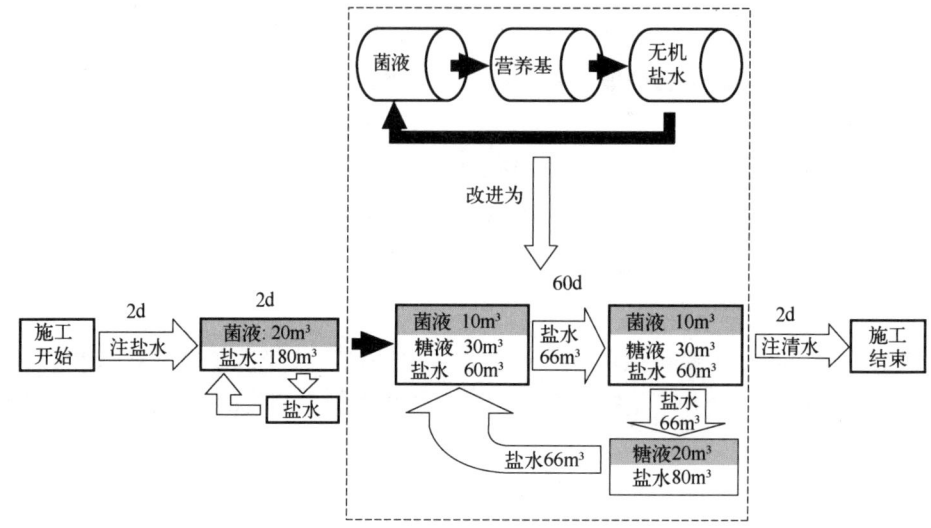

图 3-67　注入方式示意图

3) 现场注入参数控制

(1) 严格按单井方案要求的排量、压力注入。

(2) 重点抓好菌液、营养基质量关键环节。

① 注入前对菌液和营养基进行温度检定。

② 注入前对每车菌液浓度进行取样，送研究院化验，评价菌液质量。

③ 对每车营养基中糖浓度和 pH 值现场检验。

④ 每个段塞注入后，均用清水流程连续清洗管线，防止杂菌滋生。

⑤ 对不符合标准的菌液、营养基做返厂处理。

通过以上措施保证菌液质量，控制杂菌滋生。

2. 微生物驱实施效果

1) 微生物驱实施情况及效果

自开始实施注入微生物工作，第一批次完成 2 个计量间共 9 口注水井注入，累计注入菌液 2745m³，累计注入营养基 5466m³，累计增油 3849t，部分注入曲线如图 3-68 和图 3-69 所示。

第二批现场注入，涉及 14 号间 12 排和 14 排的 10 口注水井，2008 年 9 月 16 日结束注入，注 60d。累计注入菌液 1171m³，累计注入营养基 4366m³，累增油 2409t，注入曲线如图 3-70 所示。

第三批现场注入，涉及 16 号间、18 号间共 11 口注水井，2008 年 11 月 23 日结束注入，累计注菌液 1154m³，累计注营养基 3483m³，累计增油 1190t，注入曲线如图 3-71 所示。

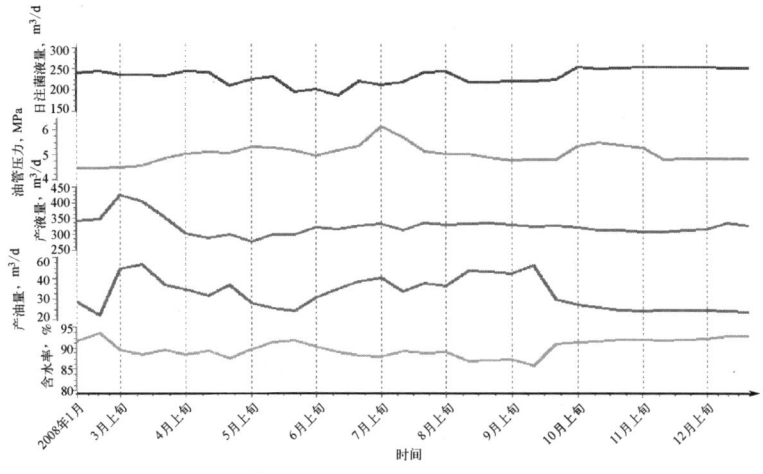

图 3-68　第一批 5 口井（90d 周期）生产曲线

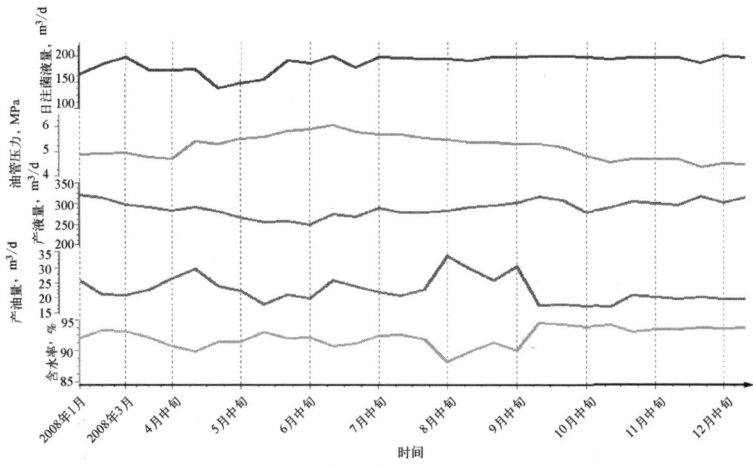

图 3-69　第一批 4 口井（60d 周期）生产曲线

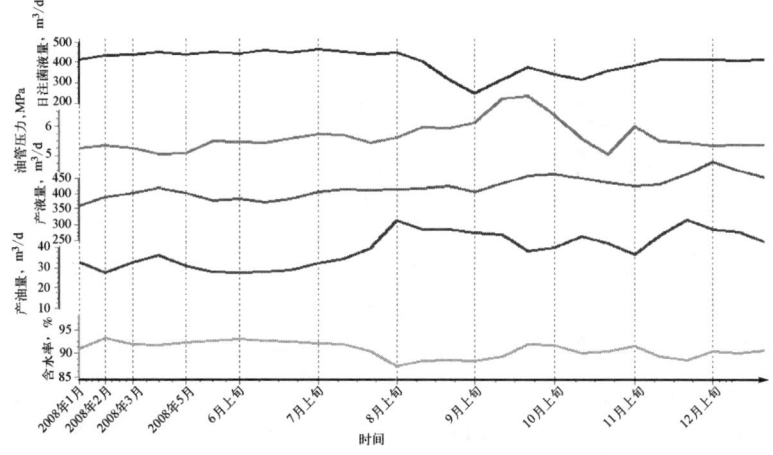

图 3-70　第二批 10 口井（60d 周期）生产曲线

2）阶段效果

本微生物驱油区块生产曲线如图 3-72 所示，从图中可以看出：

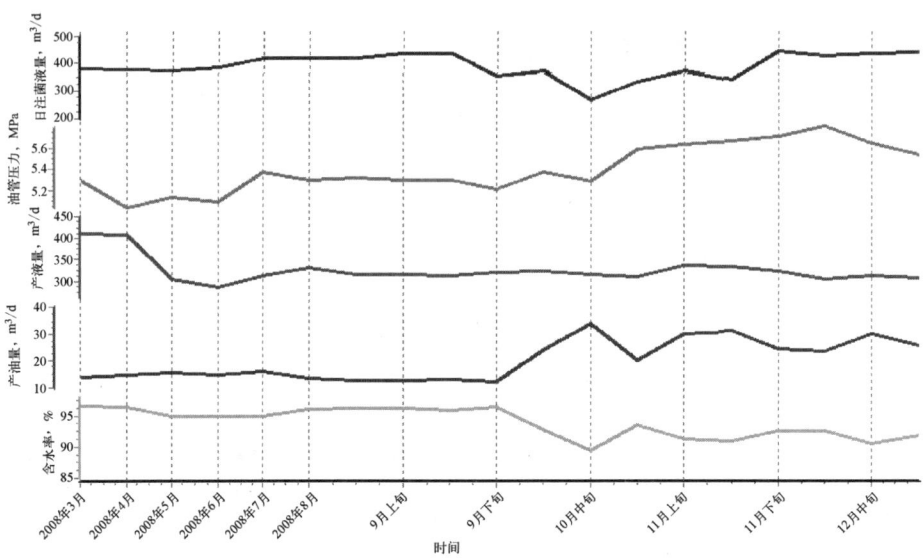

图 3-71　第三批 11 口井（60d 周期）生产曲线

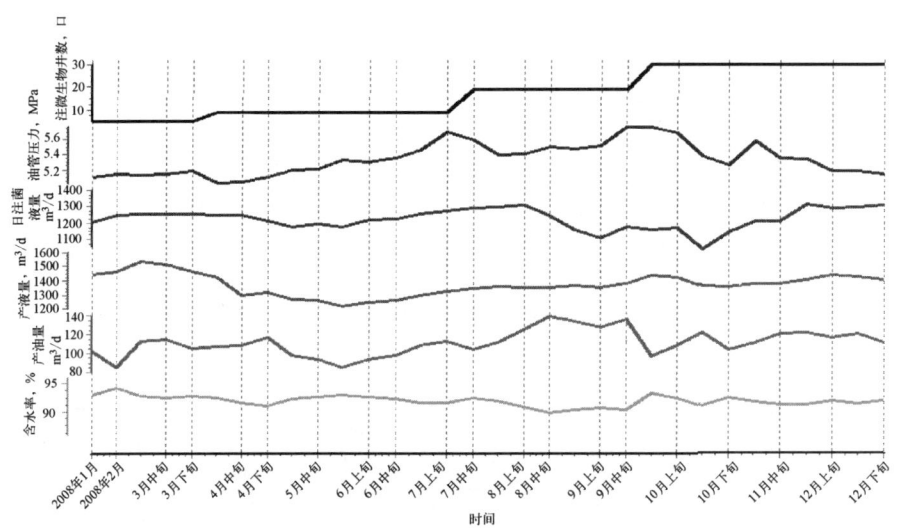

图 3-72　微生物驱油区块生产曲线

（1）注入油管压力上升。在注入过程中油管压力上升，上升幅度为 0.5~1.5MPa，注入结束后有所下降。

（2）产液量平稳。可评价 146 口井中产液量上升井 62 口，平稳井 17 口，产液量下降井 67 口。总体上产液量平稳。

（3）含水率下降。统计可评价的 146 口井，含水率下降井（下降在 3% 以下）83 口，占统计井数的 56.8%，含水率平稳井 22 口，占统计井数的 15.1%。

（4）产油量上升。注入的 30 口井高峰期日增油 54t/d，井口累增油 7573t/d。

① 一线油井普遍增油，呈现有效井数多，单位增油量小的特点。可评价油井 146 口，

有效井116口，有效率79%，平均单井井口累增油52t，平均单井日增油0.3~0.5t/d。

② 高含水率、高产液量井增油显著。统计第一、第二批次注微生物区块注采关系敏感井，累增油比例高（表3-19、表3-20）。

表3-19 注采关系敏感井增油情况一览表

类别	可评价井			见示踪剂井			占比，%		
	井数口	标定产液量 t	累增油 t	井数口	产液量 t	累增油 t	井数口	产液量 t	累增油 t
第一批次5口注微生物井中2口注示踪剂	37	331	2759	10	111.6	709	27.0	33.7	25.7
第一批次4口注微生物井中2口注示踪剂	27	317	1042	8	119.5	509	29.6	37.7	48.8
第二批次10口注微生物井中4口注示踪剂	45	396	1114	14	133.9	529.3	31.1	33.8	47.5

表3-20 见示踪剂井统计表

类别	见示踪剂井号	标定含水率 %	标定产液量 t	累增油 t	类别	见示踪剂井号	标定含水率 %	标定产液量 t	累增油 t
第一批次5口注微生物井中2口注示踪剂	+6-02.4	96.6	0.4	115.7	第二批次10口注微生物井4口注示踪剂	+10-04.4	93.8	7.5	209.2
	+6-2.4	94.4	5.9			+10-4	95.5	7.7	8.2
	+8-02.2	95.7	7.9	86.9		+10-4.4	94.7	21.5	
	8-1.3	95.3	13.3	19.2		+12-3.2	92.7	9.5	24.9
	+8-02	93.7	13.1	104.8		+12-05	98.3	8.8	52.9
	+8-02.1	90.5	11.9	48.4		+12-03.4	92.6	12.4	18.8
	+8-2	88.3	9.6	84.4		+12-3.2	92.7	9.5	24.9
	+10-02	93.6	14.4	127.4		+12-03.2	91.7	7.5	82.9
	+10-02.2	96.5	25	104.1		+12-3.4	97.8	6	
	+10-1.2	98.3	10.1	30.5		+14-03	98.4	4.9	10.7
第一批次4口注微生物井中2口注示踪剂	+10-4.2	98.1	44.5	207.9		+14-03.2	98.7	16	70.3
	+10-04.2	94	11.6	109.6		+12-04.2	96.5	9.6	52.6
	+10-04	94	8	87.3		+12-4.4	88	5.3	31.8
	+8-05.2	91.7	10.2	2.1		+14-04	96.9	7.7	26.0
	+8-05	93.2	14.4						
	+8-04.2	91.9	6.8	9.5					
	+6-4.4	97.8	15.9	67.1					
	+6-05	95.8	8.1	50.8					

结论：微生物驱对高含水率、高产液量井作用明显，增油效果好，增油幅度大。

③ 采用长注入周期的一线井增油量高。从有效井（单井累计增油大于80t井）分布来看，多数有效井在注入周期为90d（实际注入115d）的分布范围内（尽管措施实施早，有效期长），可以得出长周期有效井数多、效果好这样的结论。

④ 注采关系敏感井含水率下降幅度大。微生物驱作用明显井（见菌井）含水率下降

明显，第一批次先期见菌井14口井，含水率下降井10口，占比71.4%。

⑤ 注水剖面不同程度得到改善。注微生物前后注水井吸水剖面对比，部分层段吸水剖面发生不同程度变化，有些注前不吸水层的吸水情况得到了一定改善。

⑥ 产液剖面得到调整。从产液剖面对比看，部分高含水率层段产出液得到遏止，含水率下降；低产液层段得到发挥，全井综合含水率下降。

⑦ 微生物驱改善储层物性，提高了注水波及体积。微生物试验前后通过示踪剂井间监测技术，反演参数对比，发现微生物所产生聚合物的作用，使试验区平面非均质性变弱。试验区注水井波及系数增大，见表3-21。

表3-21 注微生物前后波及系数变化

注入井号	见剂井号	微生物注入前		微生物注入后	
		波及体积，m^3	波及系数，%	波及体积，m^3	波及系数，%
D8-2.1	+6-02.4	132.12	0.224		
	+6-2.4	114.95	0.056	123.50	0.066
	8-1.3	1783.98	4.134	2689.56	9.398
	+8-02	125.16	0.037	159.67	0.058
	+8-02.2	83.84	0.033	123.26	0.052
D10-02.21	+8-02.1	289.50	0.086	315.60	0.091
	+8-2	93.45	0.038	111.65	0.046
	+10-1.2	66.09	0.017	104.28	0.025
	+10-2	430.32	0.148	1106.29	0.409
	+10-02.2	776.58	0.236	2754.69	0.844
D8-4.2	+6-05	644.22	0.495	900.56	0.747
	+6-4.4	2362.11	1.834	2782.32	2.160
	+8-04.2	433.09	0.413	694.56	0.896
D10-4.21	+8-05	1451.48	0.448	1520.45	0.461
	+8-05.2	864.98	0.543	987.56	0.613
	+10-04.2	2885.37	0.933	4122.63	1.328
	+10-4	775.18	0.429	1471.25	0.797
	+10-4.2	3162.29	1.341	4151.65	1.787

⑧ 微生物对大、中小裂缝都起到了一定的封堵作用，对中、小裂缝的封堵效果较好。

⑨ 地层压力有上升的趋势。6口可对比井笼统地层压力有所上升，年升压近1MPa。

⑩ 增加可采储量，提高最终采收率。可评价井组阶段提高采收率11.23%，阶段增加可采储量$43.2×10^4$t。

3. 效果评价及预测

微生物驱按一年有效期测算，吨油费用按菌液+营养基+无机盐三项测算，分别算得年内和有效期内的吨油费用，具体数据见表3-22。

第三章 三次采油技术

表 3-22 吨油费用计算表

注入井号	注入时间	注入井数口	槽可评价油井数口	标定产量 日产液 t/d	标定产量 日产油 t/d	标定产量 综合含水率 %	目前产量（12月下旬）日产液 t/d	目前产量 日产油 t/d	目前产量 综合含水率 %	目前与标定对比 日产液 t/d	目前与标定对比 日产油 t/d	目前与标定对比 综合含水率 %	槽油井增油有效率 %	年累增油（井口）t	年累增油（核实）t	有效期累增油 t	注入菌液量 m³	注入营养基量 m³	注入无机盐量 m³	年吨油费用 元	有效期吨油费用 元
8号间	2008年2月26日—6月20日	5	37	336	23.6	93	328.7	23.7	92.8	-7.3	0.1	-0.2	86.5	2890	2312	2350	1274	3560	69.5	2531	2490
9号间	2008年4月11日—6月20日	4	27	302	18.3	93.9	314.1	19.5	93.8	12.1	1.2	-0.1	74.1	1084	867	1150	1201	1906	65.5	4141	3123
14号间	2008年7月19日—9月16日	10	45	396	30.5	92.3	451.8	42.7	90.5	55.8	12.2	-1.8	84.4	2409	1927	2700	1171	4366	63.9	3545	2530
18号间	2008年9月25日—11月25日	11	37	306.5	13.5	95.6	306	25.4	91.7	-0.5	11.9	-3.9	62.2	1190	952	2300	1154	3483	65.4	5940	2459
合计		30	146	1340.5	85.9		1400.6	111.3		60.1	25.4			7573	6058	8500	4800	13315	264.3		

注：菌液单价为 627.55 元/m³，营养基单价为 1327.59 元/m³，无机盐单价为 4692.9 元/m³。

4. 目前存在的问题

（1）注微生物驱一线井动态反映表现为见效快失效快的特点。另外，从注水井注入压力也表现出失效快的苗头，统计第一批次的 8 口井（其中 1 口管漏没统计），注前标定油管压力为 4.9MPa，最高油管压力为 6.2MPa，目前（12 月下旬）油管压力为 5.4MPa，注入压力下降较快。

（2）微生物驱油机理有待进一步研究。注入糖液的黏度在注入过程中能否起到聚合物驱油的效果；微生物产生的不溶聚合物堵塞微观大孔道的能力；注入水携带聚合物夹带残余油驱油能力；注入微生物后由于配水器堵塞引起注水井配注量的改变起到脉冲注入效果。以上这些因素的主次强弱有待进一步研究。

（3）微生物驱产出液中菌液、糖含量、聚合物含量等指标监测方法和手段有待进一步加强。

第四章 稠油油藏注采井管理

第一节 稠油开采技术概述

一、稠油的概念及特征

我国稠油资源分布很广。稠油油藏多数为中生代、新生代陆相沉积,少数为古生代海相沉积。油藏类型多,地质条件复杂。储层以碎屑岩为主,具有高孔隙度、高渗透率、胶结疏松的特点。陆上稠油、沥青资源占石油资源量的20%以上。已发现的稠油油田或油藏有30多个,主要分布在辽河、胜利、新疆克拉玛依、河南等4大油区。

（一）稠油的定义及分类

通常将黏度高、相对密度大的原油称为稠油,又称为重质原油。长期以来,有很多种关于重质原油及沥青的定义、分类标准及评价方法,缺乏统一的定义、分类方法与分类标准。20世纪80年代中国科学家经过5年时间研究,推荐了中国稠油的分类标准,经过讨论修订,作为试行标准颁布执行,见表4-1。

表4-1 我国推荐的稠油分类标准

类别	黏度,mPa·s	相对密度（20℃）
普通稠油	50*（或100）~10000	>0.92
特稠油	10000~50000	>0.95
超稠油（天然沥青）	>50000	>0.98

注：*表示油层条件下。

在分类标准中,黏度为第一指标。如果黏度超过分类标准界限而相对密度未达到,也按黏度来分类。此分类标准与选择油田的开采方法相联系,有较好的适用性。根据此分类标准,将稠油分类为3类,即普通稠油、特稠油及超稠油（或天然沥青）。

第一种普通稠油,黏度低限值取脱气油为100mPa·s,或者油层条件下的黏度为50mPa·s,黏度高限值取脱气油为1×10^4mPa·s,密度在9200kg/m³以上。

第二类特稠油,黏度值低限值取1×10^4mPa·s,高限值取5×10^4mPa·s,密度大于9500kg/m³。

第三类超稠油,黏度在5×10^4mPa·s以上,密度在9800kg/m³以上。

（二）我国稠油的基本特性

我国的稠油受陆相沉积及生、储、运移等复杂地质条件的影响,其物理、化学特性既有和国外典型稠油基本相同的一面,也有一定的差别。

(1) 稠油中的胶质和沥青含量高,轻质组分少。我国主要稠油油藏原油中的轻质组分含量一般仅 10% 左右,而沥青及胶质含量一般为 25%~50%。随着胶质和沥青含量的增加,稠油的相对密度(密度)及黏度也增大。因此高黏度、高相对密度则成为稠油区别于普通轻质原油的主要指标。

(2) 稠油黏度随原油密度增大而增大。大量的统计资料表明,稠油黏度随原油密度增大而增大,但线性关系较差,原因是各稠油油藏的沥青含量和胶质含量不同。当沥青及胶质总含量一定时,沥青含量越多,原油密度越大;胶质含量越多,原油黏度越大。我国的稠油相对于其他国家的稠油来说,沥青质含量比较少(小于 10%),而胶质含量比较多,所以表现为原油密度较低而黏度较高。

(3) 稠油中的硫、氧、氮等元素含量较多。美国、加拿大及委内瑞拉的重油中含硫高达 3%~5%,相对于其他国家来说,我国的稠油含硫量比较低,一般仅 0.5% 左右,最高为 2%,且是很个别的。

(4) 稠油中含有稀有金属。一般稠油中含有镍(Ni)、钒(V)和铁(Fe),这对炼制工艺提出了一些特殊要求。委内瑞拉及加拿大的稠油中镍、钒含量较高,尤其是钒的含量高达每升几百毫克,甚至 1000mg/L。而我国稠油中的钒含量很低,仅有每升几毫克。

(5) 稠油中石蜡含量一般比较少。国外绝大多数稠油含蜡量比较低,一般只有 5% 左右。我国多数稠油的含蜡量比较低,但也有少数油田是"双高原油",即沥青和胶质含量高、石蜡含量也高,表征为高黏度、高凝点原油。如辽河油区的张一块油田含石蜡量大于 10%,而大港枣园油田石蜡含量高达 20%。

(6) 同一稠油油藏,原油性质在垂向油层的不同井段及平面上的不同区域大多数有一定差别,需要对油藏进行精细研究和描述。

(7) 稠油的黏度对温度很敏感,随着温度升高稠油黏度急剧下降。

(三) 稠油的热特性

(1) 稠油的黏度对温度的敏感性很强。这也是它的一般特性,也是其热特性。通常油层温度每升高 10℃,稠油黏度会降低一半。这是用热采法开采稠油的关键依据所在。

(2) 稠油的蒸馏特性。原油开始出现汽化时的最低温度称为原油的初馏点(有时又称泡点)。一旦温度不低于初馏点时,原油中的轻质组分就将分离气相,而重质组分仍保持为液相。随着蒸馏温度的升高,馏出的轻质组分增多。馏出量与蒸馏温度的关系取决于原油特性和总压力。

(3) 稠油的热裂解特性。所谓的稠油热裂解,是指当温度升高到一定程度时,稠油中的重质组分将裂解成焦炭和轻质组分(甲烷、乙烷、丙烷等气体以及轻质油)。热裂解生成的轻质组分可改善驱油效果。蒸汽驱过程中可以通过井口气体组分分析来判断地层中是否发生了热裂解。

(4) 稠油的热膨胀特性。稠油热采过程中,油层温度将大幅度提高,如蒸汽驱可使油层温度升高 200℃ 以上,原油、水及岩石的体积膨胀将产生不可忽视的驱油作用。其中原油的膨胀系数最大,它相当于水的 3 倍多,相当于岩石的 10 倍。当温度升高 200℃ 时,原油体积将增加 20%。由此可看出稠油的热膨胀特性在热采中的作用。

(四)我国稠油油藏基本特征

(1) 油藏类型较多。我国中生代、新生代含油气盆地中,稠油油藏按其成因可分为风化削蚀、边缘氧化、次生运移、底水稠变等4种类型。由于受断层、构造和岩性等诸多因素的影响,形成了复杂的油、气、水分布特征,从而导致我国油藏类型多样化。

(2) 油藏埋藏较深。与国外重油油藏相比,我国油藏埋藏较深。我国已探明的稠油油藏,埋藏深度大于900m的,其储量占探明储量的60%以上,部分油藏埋藏深度在1300~1700m。辽河断陷盆地西部凹陷西部斜坡带,由北向南分布高升、曙光、欢喜岭等稠油油田,埋藏深度一般在700~1200m。

(3) 我国稠油储层以碎屑岩为主,砂岩体类型多,油层胶结疏松。我国稠油绝大多数分布在粗碎屑岩中,分属于不同时代的多种成因类型砂岩体。也有极少数稠油油藏为非碎屑岩储层,如胜利乐安油田草古1潜山特、超稠油油藏,储层为碳酸盐岩。储层埋藏深度一般有几百米到2000m,储层胶结疏松,成岩作用低,固结性能差,因而,生产中油井易出砂。

(4) 储层物性较好,具有高孔隙、高渗透率的特点,但储层非均质性较严重。我国稠油油藏孔隙度一般为25%~30%,空气渗透率一般为$0.3~2.0\mu m^2$,最高可达$7.0\mu m^2$。我国稠油油藏泥质含量偏高,一般为6%~9%。储层非均质性较严重,纵向层间渗透率级差往往为20~30倍,渗透率变异系数为0.5~0.7。

(5) 含油饱和度较低。稠油储层孔隙度和渗透率与其含油饱和度有明显的关系,凡是砂岩孔隙度和渗透率越大,含水饱和度越低,其含油饱和度越高。在相同储集条件下,储层中含稠油饱和度低于含普通油饱和度,稠油含油饱和度一般为60%~70%。我国稠油油藏含油饱和度在65%左右,较国外重油油藏含油饱和度低。

(6) 油水系统较为复杂。我国大部分稠油油藏有边底水。对于块状稠油油藏,油层厚度达30~70m,层内隔层、夹层不发育,具有较活跃的边底水,水体体积一般为含油体积的8~10倍;对于单层状稠油油藏,油层厚度较小,一般为10~20m,油层较集中,油水关系比较简单;而对于多层状稠油油藏,含油井段长达150~300m,按沉积回旋可划分为数个油层组,发育20~30个小层,具有多套油水系统,油水关系较为复杂。

(7) 原油含气量少、饱和压力低。稠油油藏在其形成过程中,由于生物降解及其破坏作用,天然气及轻质成分散失,使原油中轻质馏分含量低,含气量低,200℃馏分一般小于10%,原始气油比一般小于$10m^3/t$,有的则小于$5m^3/t$,油藏饱和压力低,天然能量小。

二、稠油开采方法概述

稠油热采方式主要有注蒸汽热采(包括蒸汽吞吐、蒸汽驱)、火烧油层、热水驱等,从世界上的稠油热采方式来看,蒸汽吞吐和蒸汽驱是最主要的开采方式。

(一)蒸汽吞吐开采

1. 生产过程

蒸汽吞吐开采方法是指单井注入一定数量的蒸汽,在关井焖井数天后,开井回采,将油层中加热的原油采出来，在产量递减至极限值时，再进行第二周期注汽采油，这样多周期吞吐开采（图4-1）。通常，注入蒸汽的数量按照水当量计算，每米油层注入70~120t蒸汽，注入2~10d；注入蒸汽的干度要高，井底蒸汽干度要求达到50%以上；注入压力（温度）及速度以不超过油层破裂压力为上限。关井焖井几天后开井采油。我国多数新的稠油油藏，不论浅层（200~300m）还是深层（1000~1600m），大量生产实践中都出现第一周期吞吐时，由于油层压力保持在原始压力水平，开井回采都能自喷生产一段时间，因而峰值产量较高。当不能自喷时，立即下泵转抽。蒸汽吞吐作业的过程可分为三个阶段，即注汽、焖井及回采。蒸汽吞吐方法是一种强化热采手段，年采油速度数倍于常规采油方法，一般达到3%~8%。因此，不仅产量增加快，而且投资回收快，经济效益好。

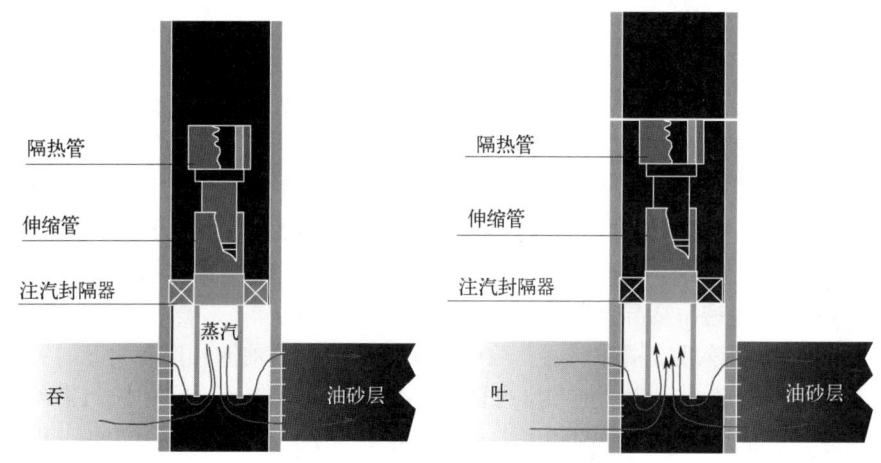

图4-1　蒸汽吞吐开采工艺原理

2. 增产机理

（1）油层中原油加热后黏度大幅度降低，流动阻力大大减小。

向油层注入高温高压蒸汽后，近井地带相当距离内的地层温度升高，将油层及原油加热。原油流向井底的阻力大大减小，流动系数成几十倍地增加，油井产量必然增加许多倍。

（2）油层压力高的油层，油层的弹性能量在加热油层后成为驱油能量。

受热后的原油产生膨胀，原油中如果存在少量的溶解气，也将从热原油中逸出，产生溶解气驱的作用。这也是重要的增产机理。加热油层后，放大压差生产时，弹性能量、溶解气驱及流体的热膨胀等作用也发挥相当重要的作用。

（3）厚油层热原油流向井底时还受到重力驱动作用。

在浅层、低压及油层厚度大的美国加州稠油油田，重力驱动是主要的增产机理。

（4）带走大量热量，冷油补充入降压的加热带。

当油井注汽后回采时，随着蒸汽加热的原油及蒸汽凝结水在较大的生产压差下采出，带走了大量热能，但加热带附近的冷原油将以极低的流速流向近井地带，补充入降压的加热带。由于吸收油层、顶盖层及夹层中的余热而将原油黏度降低，因而流向井底的原油数量可以延续很长时间。

（5）地层的压实作用是不可忽视的一种驱油机理。

委内瑞拉马拉开波湖岸重油区，实际观测到在蒸汽吞吐开采 30 年以来，由于地层压实作用，产生严重的地面沉降。产油区地面沉降达 20~30m。据研究，地层压实作用产生的驱出油量高达 15%左右。

（6）蒸汽吞吐过程中的油层解堵作用。

稠油油藏在钻井完井、井下作业及采油过程中，入井液及沥青和胶质很容易堵塞油层，造成严重的油层伤害。一旦造成油层伤害后，常规采油方法，甚至采用酸化、热洗等方法都很难清除堵塞物。

（7）注入油层的蒸汽回采时具有一定的驱动作用。

分布在蒸汽加热带的蒸汽，在回采过程中，蒸汽将大大膨胀，部分高压凝结热水由于突然降压闪蒸为蒸汽。这也具有一定程度的驱动作用。

（8）高温下原油裂解，黏度降低。

油层中的原油在高温蒸汽下产生蒸馏作用和某种程度的裂解，使原油轻馏分增多，黏度有所降低。这几年国外已有研究报告认为，在蒸汽吞吐及蒸汽驱开采过程中，油层中的原油蒸馏作用，较轻成分掺入原油中，使蒸汽吞吐过程中原油馏分发生变化。

（9）油层加热后，油水相对渗透率变化增加了流向井筒的可动油。

在油层中，注入湿蒸汽加热油层后，在高温下，油层对油与水的相对渗透率起了变化，砂粒表面的沥青和胶质极性油膜破坏，润湿性改变，油层由原来为亲油或强亲油，变为亲水或强亲水。在同样水饱和度条件下，油相渗透率增大，水相渗透率减小，束缚水饱和度增大。

（10）某些有边水的稠油油藏，边水向开发区推进。

如胜利油区单家寺油田及辽河油区欢喜岭锦 45 区，在前几轮吞吐周期，边水推进在一定程度上补充了压力，成为驱动能量之一，有增产作用。但一旦边水推进到生产油井，含水率迅速增大，产油量受到影响。

（二）蒸汽驱开采方法

1. 生产过程

蒸汽驱开采是指按设计井网，将蒸汽连续注入注汽井，将油层中加热的原油驱替至周围的生产井采出。在油藏地质条件适宜时，两者结合进行，即蒸汽吞吐开采至数周期后，注汽井转入连续注汽，生产井继续吞吐开采，进入蒸汽驱开采。稠油在经过一定时间的蒸汽吞吐开采形成热连通后，只能采出各油井井点附近油层中的原油，井间留有大量的死油区，如单靠吞吐，其加热范围很有限。蒸汽驱是稠油油藏蒸汽吞吐后进一步提高采收率的主要手段之一，蒸汽吞吐采收率一般在 10%~20%，蒸汽驱的最终采收率一般可达 50%~60%。蒸汽驱技术可使高压、低压蒸汽脉冲周期性作用于地层，迫使蒸汽由高渗透层、高渗透段、高渗透带，进入低渗透层、低渗透段、低渗透带，扩大蒸汽的波及体积。当不同的井组之间交替改变注采周期时，地下的压力场不断变化，使注入蒸汽冷凝后的热水不断改变流动方向，提高了蒸汽波及系数。

2. 增产机理

蒸汽驱的机理比较复杂，可以认为原油黏度降低、流度改变、原油蒸馏和膨胀、相对渗透率改变、溶解气驱和溶剂混相驱等作用都会使采收率提高。蒸汽驱的采油工艺原理如

图 4-2 所示。蒸汽驱开采过程中，从注入井注入的热蒸汽加热原油并把它驱向生产井，由注入井到生产井的过程中，形成了几个温度不同的区：蒸汽区及部分凝结水区、热水区、热油带和原始油带。

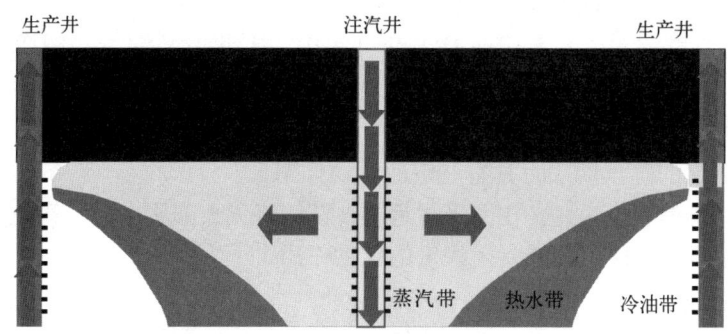

图 4-2　蒸汽驱采油工艺原理

目前，比较公认的蒸汽驱机理及其提高采收率的效果有以下几点。

1）降黏作用

向地层中注入热的蒸汽，油层温度升高，原油黏度下降，大大地改善了稠油流动能力，这是蒸汽驱开采稠油的主要机理。

2）热膨胀作用

地层中的油、水、岩石在注入的热蒸汽的作用下，温度升高，体积膨胀。其中，油和水的体积膨胀系数分别为 1×10^{-3} 和 3×10^{-4}，相对而言，岩石的体积膨胀系数非常小，相对于油和水体积随温度的变化，岩石的体积随温度变化可忽略不计。油和水体积的膨胀驱动流体流向生产井，而油相的体积膨胀较水相的体积膨胀明显得多，因此，大大降低了残余油饱和度。

3）蒸汽蒸馏作用（汽提）

蒸汽蒸馏是指某种液态混合物中的挥发性组分在直接引入蒸汽时，可以在低于其沸点的温度下蒸发为气态。在蒸汽驱过程中，随着蒸汽前缘的推进，凝结带扫过地区内的剩余油被与井底蒸汽温度相同的蒸汽带驱替和汽提，并推向蒸汽带前缘，从而增加了原油的采收率。

4）溶解气驱作用

蒸汽注入过程中形成的蒸汽带，温度很高，凝结带后缘靠近蒸汽带前缘的区域，由于温度的大幅度升高，原油中的溶解气溶解度降低而分离出来，体积膨胀对原油产生驱替作用，因此能提高采收率。

5）溶剂抽提作用（油相混相作用、溶剂萃取作用）

蒸汽蒸馏出的轻烃组分运移至热水带（凝结带）内温度较低的油层岩石和水蒸气同时凝结，并与热水驱后的滞留原油混合，降低了这些热水带（凝结带）扫过后的剩余油的黏度。

6）重力分离作用

在蒸汽驱过程中，由于蒸汽的密度远远小于原油和水的密度，因而要发生汽水分离，进入油层的蒸汽发生超覆现象：蒸汽聚集于油层顶部，并向平面方向扩散，蒸汽凝结水从油层下部向前推进。上部的原油在蒸汽加热条件下,黏度降低很快,原油变轻膨胀,促进超覆于油层顶部的蒸汽向前推进的速度上升,并先于热水带突入生产井。

7) 高温对相对渗透率的影响

温度升高引起相对渗透率的变化而提高原油采收率,主要原因有两点:一是温度升高,油水黏度比大幅度下降,油水流度比得到改善,引起油相相对渗透率增大,水相相对渗透率减小,残余油饱和度降低;二是温度升高,吸附于岩石颗粒表面及油—水界面上的沥青、胶质等极性物质解附,使油—水界面张力减小,岩石润湿性发生反转,从而导致油的相对渗透率增大,水的相对渗透率减小,促使水驱残余油饱和度降低而提高了原油的采收率。

(三) 蒸汽辅助重力泄油(SAGD)技术

SAGD 是国际开发超稠油的一项前沿技术。其理论最初是基于注水采盐原理,即注入淡水将盐层中固体盐溶解,浓度大的盐溶液由于其密度大而向下流动,而密度相对较小的水溶液浮在上面,通过持续向盐层上部注水,将盐层下部连续的高浓度盐溶液采出。

1978 年重力泄油的概念首次提出,SAGD 就是蒸汽驱开采方式,也称为蒸汽辅助重力泄油,即向地下连续注入蒸汽加热油层,降低原油黏度,被加热的原油和蒸汽冷凝水由于重力而向下流动,蒸汽腔弥补了原油的体积将原油驱至周围生产井中,然后采出。SAGD 开采稠油的方式除双水平井组合外(图 4-3),还有直井和水平井组合方式(图 4-4),即直井注汽,水平井采油。

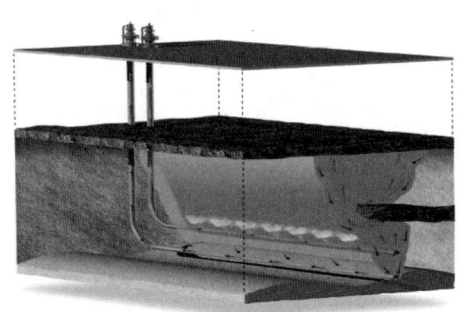

图 4-3 双水平井 SAGD 示意图

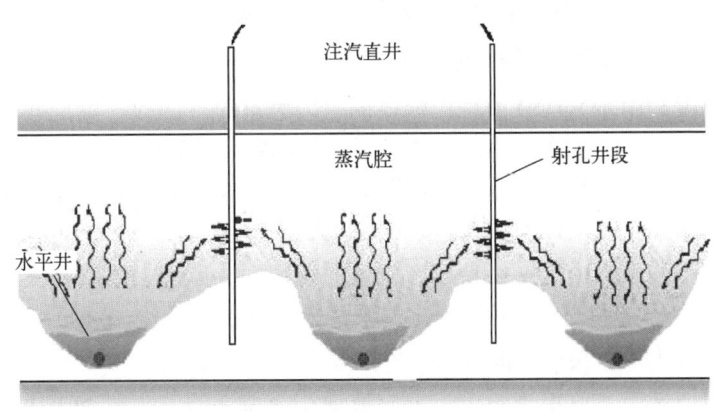

图 4-4 直井和水平井组合 SAGD 生产示意图

1. 技术特征

（1）注入蒸汽量的90%以上都会被回采出来，只有非常少部分的蒸汽在地层中用于蒸汽腔的扩展和填补油层的亏空体积。正常生产时预测采注比大于1∶20。

（2）生产井井底温度必须低于该压力下的饱和蒸汽温度，以防止地层闪蒸，一般低10~20℃。

（3）生产井产量由油层的泄油能力决定，其生产压差为水平生产井上部液体高度，所以生产井井底的压力与蒸汽腔的压力相近，若出现压差，往往是筛管结垢的标志。即在套管压力恒定的情况下，动液面的高度将保持恒定。

（4）蒸汽的注入速率是由蒸汽腔的体积和重力泄油速率决定的，不是由注入压力决定的，在蒸汽腔内，蒸汽的压力和温度应保持恒定。

（5）初期的蒸汽腔发展可以通过各注入井的注入速率和压力来调节，当蒸汽腔连成片后，蒸汽腔的发展基本不受蒸汽注入位置的影响，应尽量减少注汽井以减少热损失。

（6）重力泄油期间保持较低的操作压力有利于提高油汽比和减少蒸汽向试验区以外区域的流动。

2. 增产机理

（1）在界面的蒸汽冷凝。

（2）油和冷凝物流向生产井。

（3）靠重力的流动。

（4）蒸汽室向上和向侧面的扩展。蒸汽室向上的扩展速度比同侧面的扩展速度快，最后向上的扩展受到了油藏顶部的限制，于是向侧向扩展。

3. 开采特征

（1）利用重力作为驱动原油的主要动力。

（2）利用水平井通过重力作用获得相当高的采油速度。

（3）加热原油不必驱动未接触原油（冷油）而直接流入生产井。

（4）几乎可立即出现采油响应。

（5）采收率高。

（6）累计油汽比高。

（7）除了大面积的页岩夹层以外对油藏非均质性极不敏感。

4. 影响SAGD效果的油藏地质参数

（1）油层厚度。由于SAGD过程以流体的重力为动力，因此，油层厚度越大，重力作用越明显。反之，若油层厚度太小，不但重力作用小，而且由于向上下围岩的热损失增大，还会降低油汽比。另外，在井距一定的情况下，沥青产量与油层厚度的平方根近似成比例。根据评价研究，SAGD要获得好的开采效果，油层厚度一般大于20m。

（2）原油黏温关系。由于SAGD生产机理的特殊性，原油黏度不是决定SAGD开采效果的主要因素。但原油黏度随温度的变化关系将影响SAGD蒸汽前缘沥青的泄流速度，因此也影响蒸汽前缘推进速度与产油速度。

（3）油层渗透率。在数值模拟中，准确地描述渗透率的分布对SAGD过程的模拟是非常重要的。渗透率影响蒸汽前缘推进速度和原油日产量，其中垂向渗透率K_v主要影响蒸汽上升速度，因此在厚度大、渗透率低的油藏中更加重要；水平渗透率 K_h 主要影响蒸汽室的侧向扩展。此外，原油性质不同，对 K_h/K_v 比值要求不同，实施 SAGD 技术开采，对油藏应作评价研究。

（4）孔隙度与含油饱和度。SAGD 过程中沥青产量由蒸汽室的扩展速度及蒸汽驱扫带沥青含量的变化决定。沥青含量的变化取决于孔隙度、初始含油饱和度及残余油饱和度，这样就应该从可靠的岩心及测井数据中获得尽可能合理的孔隙度和含油饱和度数据。

（5）油层热物性参数。蒸汽前缘推进速度受蒸汽前缘地带的热传导及流体驱替所控制。热传导速度（及相应的温度剖面）取决于蒸汽室与未驱扫油藏之间的温度差和地层热力学参数。

（6）油藏深度。油藏深度如果太浅，注汽压力会受到限制。因为对于水平井注蒸汽开采，特别是蒸汽辅助重力泄油，注入压力不能超过油层破裂压力，这样，蒸汽的温度也不能提高。对于特稠油或超稠油，在蒸汽温度下原油黏度仍然很高，导致原油流度低，开采效果变差。随着油层深度增加，井筒热损失增大，井底蒸汽干度降低，而且套管温度升高超过安全极限也会受到破坏。因此，对于 SAGD 开采，油藏深度最好小于 1000m。

（7）薄夹层。在厚层块状砂体中常有零星分布的低渗透或非渗透薄夹层，这些薄夹层对蒸汽室的扩展必将产生影响。

（8）底水。一般油藏都存在有底水。底水的存在会降低 SAGD 过程的原油采收率，但总的来说，影响并不大。这是因为在 SAGD 生产过程中，蒸汽压力是稳定的，且水平井采油的生产压差很小，不会引起大的水锥，油水界面基本保持稳定。

（9）岩石润湿性。油藏岩石一般有亲油、亲水和中性三种情况。研究表明：亲油岩石生产效果最好，产率高，油汽比高，最终采收率也高；亲水岩石的生产效果最差。这主要是因为对于亲水岩石，油水界面处的水膜较厚，影响了蒸汽室对沥青的加热，另外水膜增厚使孔道变窄，影响了原油在重力作用下向生产井的流动。

（四）火烧油层工艺技术

火烧油层也称就地燃烧，就是将空气或含氧气体注入油层，在油层中与有机燃料起反应，用产生的热量加热油层，降低原油黏度，在空气驱动下开采原油。火烧油层的驱油效率很高，现场试验表明，采收率一般可达到 50%~80%。火烧油层技术在罗马尼亚和印度得到了成功应用。

为了在油层内形成燃烧，首先必须点燃油层内的原油，方能实现火烧油层。而油层点燃程度的好坏，又将直接影响着火烧油层的最终效果。因此，油层点火技术是火烧油层采油方法中的关键技术之一。试验表明，在油层内点燃并建立燃烧前缘所花费的时间短则几天，长达几十天，视地层原油的物理性质和化学成分而异。根据试验资料，油层的自燃温度在 350~400℃范围内。油层点火方式可分为人工点火和层内自燃点火两类。人工点火又包括电加热器、井下燃烧器、化学剂以及注热介质等多种方法。

1. 人工点火方法

1) 电加热器点火

利用井底电加热器点燃地层原油，是一种最常见的点火方法。电加热器主要有硅碳棒和管状元件两种不同的结构形式。

硅碳棒电加热器是我国于1966年研制出来的，最大功率为27kW，最大组装外径为100mm，曾经在四口浅井中点燃了油层。它具有结构简单，不怕油、气、水的特点，但是，硅碳棒质脆不耐撞击，在起下操作过程中易损坏，因此只适用于不自喷的浅层油井中点火。1968年定型后由管状元件电加热器取代。我国于1969年研制成功的管状元件电加热器，曾经点燃了近20井次的油层。这种电加热器主要由上部电缆接头、中部发热元件及尾部引鞋和测温元件组成，有单相和三相两种，以三相为主。

2) 井下燃烧器点火

井下燃烧器有气体燃料和液体燃料两种。国外用得较普遍的是气体（燃料）点火器，我国从油田实际出发，研制成功了液体（燃料）点火器。

气体点火器点火是指将天然气按一定的比例从注气管中注入，一次空气从注气管、油管环形空间注入，天然气和一次空气分别进入与油管下部连接的混合器中混合，引入燃烧室。然后通电将燃烧室内的混合气体引燃，并使其持续燃烧，加热油层；油管、套管环形空间注入的二次空气起冷却套管、防止燃烧气体上返及参加燃烧的作用。燃烧室下部装有测温元件，用以测量和调节控制燃气温度。使用此种点火点器时，必须对天然气和空气进行精确地计量，控制好它们的混合比例，以确保安全。

液体点火器点火是指将燃烧室下至油层射孔段顶部，汽油（或柴油、煤油）和一次空气分别注入。汽油在特殊接头处进行过滤后进入加速管，在燃烧室的顶部与一次空气混合，经单流阀和喷嘴，在燃烧室内雾化，通电引火燃烧，像喷灯一样在井下持续燃烧，用燃烧烟气来加热油层，实现点燃油层的目的。二次空气和测温元件的作用与气体燃料点火器中的相同。井下燃烧器点火的主要优点是发热量大，油层点火时间短，且加热程度好。但由于采用明火加热油层，温度较难控制，易烧坏油层套管，且安全性较差。另外，它是利用燃烧烟气来加热油层的，因此难以用生产井的气体组分变化来判断油层的点燃程度，只能根据每米油层加热量的经验值来决定点火工作是否可以结束。

3) 化学剂点火

化学剂点火是首先在注气井的油层内，挤入适量的化学剂，该化学剂遇到不断注入的空气或氧气时，就会发生剧烈的氧化（即燃烧）作用，以此来实现点燃油层的目的。提出的方案有多种，但由于化学剂昂贵，施工复杂，且不安全等原因，应用甚少。

4) 注热介质点火

注热介质点火一般为注热空气或废气。由于注入过程中井筒热损失较大，该点火方法只能在浅油层中应用。最好与层内自燃点火结合使用，以缩短层内自燃点火的时间。

2. 层内自燃点火方法

当原油在室内温度环境下暴露于空气中10~100d，原油将被氧化，氧化的时间与原油性质有关。如果没有热损失的话，温度将上升，很可能出现原油自燃，即便是反应很差的原油也是如此。

如果油藏含有对自燃敏感反应充分的原油，而且具有较高的油层温度、当向油层注入空气时，在油层温度下油层中的原油遇氧会发生一定程度的氧化作用（低温氧化作用），氧化反应伴随着放热，致使油层温度缓慢升高。温度升高以后，又加速了原油的氧化速度，从而导致油层温度进一步升高。这一过程一直持续到油层温度上升到原油的自燃温度为止。这样，在不断地注入空气的条件下，油层就会产生一个移动的燃烧前缘，向生产井方向蔓延扩大。为了缩短点火时间，适当增加注入空气的温度是有利的。在正常情况下，把油层温度提高到93.3℃，点火时间可缩短到1~2d。自燃点火不需要外加任何点火设备。因此，了解地层原油的氧化特性，对确定油层自燃操作的经济合理性是很重要的。

综合上述各种油层点火方法，一般认为对于浅油层，宜采用电加热器点火；对于深油层，则以采用层内自燃点火为妥；井下燃烧器虽然对深、浅层点火都可适用，但其温度难以控制，安全性较差，须慎用。

3. 火烧油层的前景

火烧油层是一种很有希望的提高原油采收率的方法，这已从报道过的稠油和稀油油藏的160多个现场试验中，得到了广泛验证。该方法具有其他的提高采收率技术所不具有的独特特点。在所有的热力采油方法中，火烧油层采油的热效率是最高的。注热水或注蒸汽采油要受油层深度的限制，火烧油层采油基本上不受油层深度的限制。此外，火烧油层适应的油藏范围也比其他提高原油采收率方法要广。火烧油层采油技术在以下几方面应用，具有它独特的优势，或者说具有很好的前景：

（1）厚度小于4.6m的薄层油藏。
（2）埋藏深度大于1500m的深油藏。
（3）底水油藏。
（4）水驱过后的油藏。
（5）蒸汽驱后的油藏。
（6）需要高温的油藏。

第二节　蒸汽注入站运行管理

一、蒸汽注入站设备

湿蒸汽发生器，是稠油开采的核心设备，也称注汽锅炉。它是利用燃料的热能把水加热成为一定温度、压力、干度的湿饱和蒸汽的机械设备。湿蒸汽发生器由本体设备和辅助设备组成。其中，本体设备包括辐射段、对流段、过渡段、给水预热器，辅助设备包括柱塞泵、空气压缩机、燃烧器、鼓风机、供油系统、供气系统、电气仪表系统。

（一）锅炉本体总成

圆筒形的辐射段和箱形的对流段被半圆形通道的过渡段连接构成锅炉本体总成。

1. 辐射段

1）辐射段的结构

辐射段是用厚度为6mm钢板专制而成的卧式圆筒，其直径为3.212m，长度约为12m。辐射段内约有56根（ϕ89mm×13mm）耐高温高压的无缝钢管，并用180°弯头将这些钢管连成管束。管束靠近炉衬往复排列，中间形成宽敞的炉膛，因此辐射段也称为炉膛。

2) 辐射段的作用

辐射段是注汽锅炉的主要受热面。炉膛里的炉管直接接收火焰的辐射热、烟气的对流热和炉衬的反射热，然后再把所接收的热量传递给炉管内的水，使水变成蒸汽。可见，辐射段的主要作用是使水汽化，产生具有一定压力和温度的蒸汽。

锅炉正常运行时，炉膛平均温度约为950℃。这个区域的热负荷最高，因此容易发生烧伤炉管事故。为此在锅炉运行时，燃烧器的火焰不得直接与炉管接触，否则炉管的管壁会因过热而发生爆管。

2. 对流段

对流段为方形框架式结构，其长约为3m，宽约为2.5m，高约为2.7m。内衬有与辐射段相同的炉衬。炉管用$\phi 89mm\times 13mm$的钢管及用180°弯头连接成多层的、平行的、往复排列的管束。为了加大传热面积，减少炉管长度，在对流段中采用了翅片管。由于对流段入口烟气温度高达950℃，为防止烧坏翅片管，对流段下部三层使用光管，以便把烟气温度降到850℃左右，这部分光管称为温度缓冲管。为了提高传热系数，在对流段中炉管采用叉排布置法，炉壳侧面和翅片管的最大间隙为6.35mm（0.25in）。为防止烟气不经过翅片管而沿炉壳内壁窜走，其间隙不能过大。

对流段是注汽锅炉的辅助受热面，它布置在锅炉尾部烟道里，利用烟气的余热加热锅炉给水，这样可以节省燃料，提高锅炉的热效率。因此对流段通常也称为省煤器。锅炉给水先进对流段并从中吸收烟气余热，使水温升高，其吸收热量约占锅炉给水总吸收热量的40%。

3. 过渡段

过渡段位于对流段与辐射段之间，是起连接作用的一个半圆形烟气转向通道。锅炉检修时，工作人员可通过这个通道进入辐射段检修。过渡段的炉衬也是由耐火材料、保温材料组成的。

4. 给水预热器

锅炉的给水预热器是一组双管换热器（外管为进对流段给水，内管为对流段出口高温水）。给水泵打出的锅炉给水，在换热器中经过升温，以保证进入对流段时使对流段入口温度达到"露点"以上（116~138℃），防止烟气中的水蒸气和硫酸蒸气凝结在对流段的翅片管上造成翅片管腐蚀。预热用的高温水来自对流段出口。但对流段入口温度不宜过高，以免使锅炉烟温过高，造成燃烧效率下降。

值得注意的是在锅炉受压元件强度计算中，换热器内管设计壁厚较薄（10mm）。由于锅炉长年运行，给水预热器受进对流段及出对流段高压水汽长期冲刷，以及锅炉长时间停炉未能采取有效的保养措施，可能会在内管内外壁造成腐蚀，从而出现内管断裂事故。现象是烟温突然急剧升高，锅炉压力、温度及干度突然降低，分析原因是锅炉给水经柱塞泵打压后进入给水换热器，由于换热器内管断裂，绝大部分给水直接进入辐射段，进入辐射段的给水未经充分换热，温度较低，造成锅炉蒸温下降，压力下降，干度降低，进入对流段的给水由于水量急剧降低，温度上升，造成对流段出口温度及烟温上升，时间一长，会使锅炉对流段因缺水而烧塌管线。给水换热器内管尚无有效检测手段，只能在出现此现象时综合分析，仔细判断，避免出现烧塌对流段事故。同时要改变以往不重视烟温高报警的习惯。

（二）炉衬及其材料

炉衬由耐火材料和隔热材料构成，它的作用是保存热量在炉内和向炉管反射热量（再辐射）。

炉衬耐火材料损坏的一般修衬方法如下：

（1）去掉损坏部分的碎块，去掉的深度不必使钢板露出。

（2）补修时要用没有失效的材料，且尽量成角形，使补修上的耐火材料在凝固时有较强的支持力。

（3）要修补的地方必须润湿。

（4）充填施工应按修补用耐火材料要领进行，并尽量使用同样产品。

（5）对于在运输途中损坏的部分，修补时要进行自然干燥，若启炉，在耐火材料没达到120℃时应小火运行，然后才能大火运行。

二、蒸汽注入站流程

（一）水汽流程

水汽流程（图4-5）是指由水处理来的软化水经入口减振器后进入柱塞泵，柱塞泵入口装有气囊式减振器，出口装有动力式减振器和差压变送器，分别用来稳定压力和测量给水流量。经加压和计量后的水分两路：一路直接进入对流段，通过控制阀门开度可以调节对流段烟气温度；另一路进入给水换热器，使水温由室温提高到121℃，避免烟气中的水分凝结腐蚀对流段的翅片管。经过换热器预热的水进入对流段的翅片管和光管吸收40%的热量，使水温升到318℃后再进入换热器，失掉一部分热量，水温降到274℃再进入辐射段，水在辐射段流经炉管，吸收60%的热量达到温度为353℃、压力为17.5MPa、干度为80%的饱和蒸汽。饱和蒸汽经汽水分离器，分离出的部分蒸汽经减压后一是去燃油加热

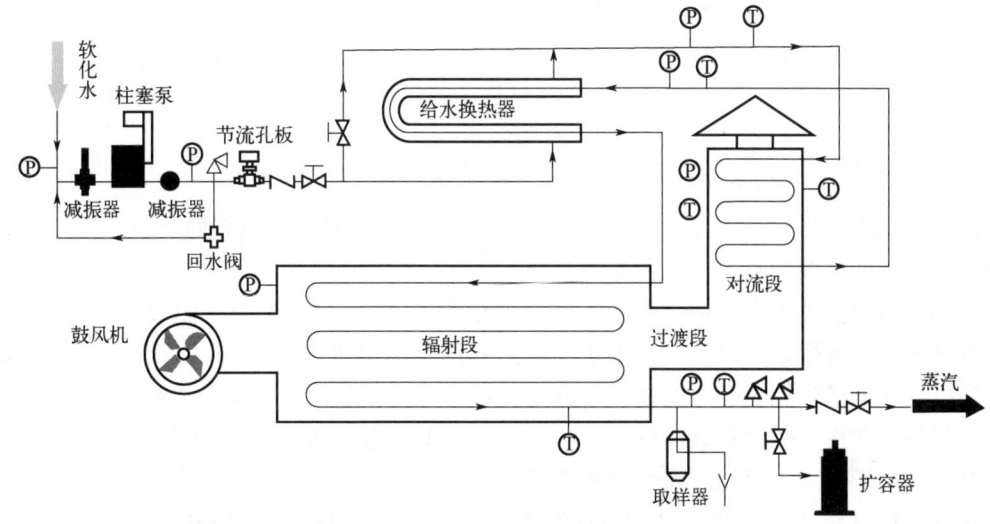

图4-5 水汽流程图

器,二是去蒸汽雾化,分离出的饱和水用于化验干度,大部分的饱和蒸汽经出口阀送入注汽井口。

(二)燃气与引燃流程

燃气与引燃流程图如图4-6所示,压力为20psi的天然气经过节流孔板后分为以下两路:

一路是燃气系统。天然气经过控制阀和两个电动阀进入133L自力式调压阀,133L自力式调压阀把天然气压力降低为1.5~3kPa,并稳定在一个数值送入φ250mm的膨胀管,经过蝶阀调节后进入燃烧器。蝶阀和风门受电动执行器(电马达)联动控制,膨胀管的作用是扩容稳压缓冲。在停炉时,两个电动阀快速关闭,打开放空阀排气。

另一路是引燃系统。天然气经控制阀进入第一个Y600自力式调压阀,将天然气压力降为14kPa,再经过两个引燃电磁阀分为两部分,一部分进入引燃主火嘴,另一部分进入第二个Y600自力式调压阀,将气压进一步降低到1.5kPa后送入引燃点火嘴,点火嘴用火花塞(电极间隙为1.6~2.4mm)点燃,再引燃主火嘴。

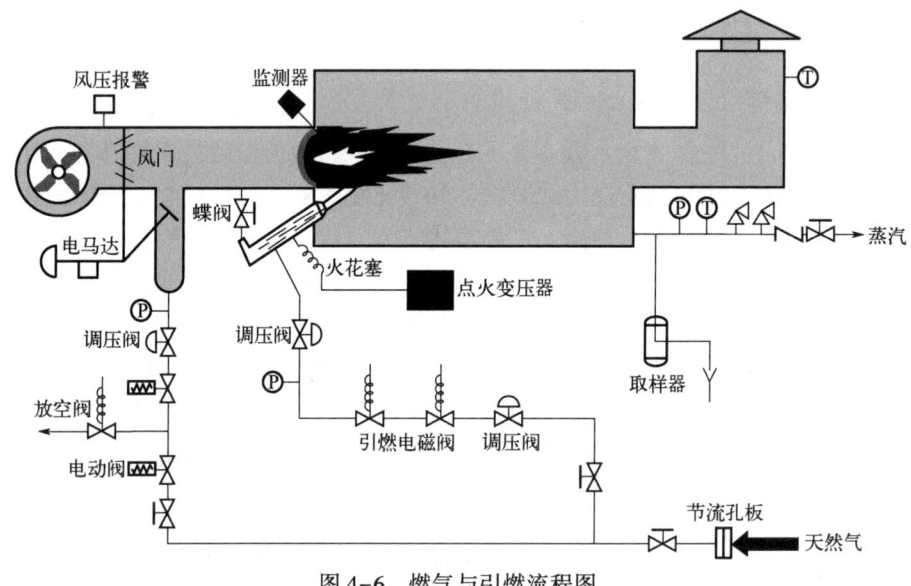

图4-6 燃气与引燃流程图

(三)燃油与雾化流程

燃油热泵组的作用是把原油加热并以足够的压力输送到锅炉,燃油热泵组尽量靠近油罐安装,以便原油泵的吸入,如图4-7所示。

原油经过过滤器1进入油泵2,升压后进入蒸汽加热器4。自力式温度调节器5自动调节蒸汽量以保持燃油出口温度,由于油质的不同燃油温度也不一样,一般在60℃左右,然后经电加热器送到燃烧器。电加热器6是为启动时没有蒸汽而设的,当有蒸汽时,电加热器只起补偿作用。燃油热泵组的出口压力一般为1.05MPa左右,由自力式压力调节器7来控制。压力调节阀3起超压安全保护作用。

从燃油热泵组来的原油温度为60℃左右,压力为1.05MPa,经蒸汽加热器升温到

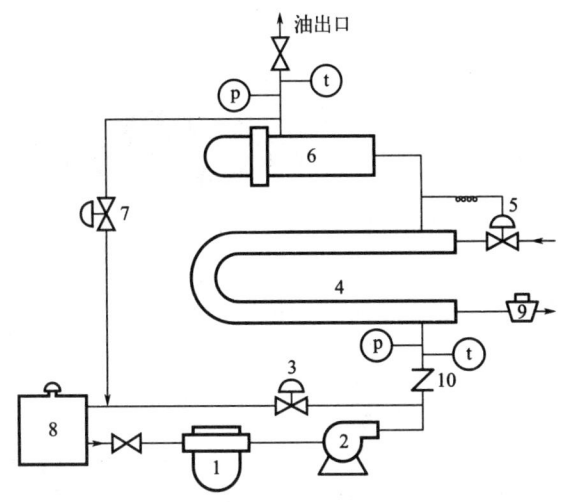

图 4-7 燃油热泵组

1—油过滤器；2—油泵；3—压力调节阀；4—蒸汽加热器；5—自力式温度调节器；
6—电加热器；7—自力式压力调节器；8—油罐；9—疏水器；10—单向阀

93℃左右。蒸汽取自汽水分离器，经减压阀降为0.8MPa左右，此处安装有一个安全阀，整定值为1.4MPa。

燃油温度由自力式温度调节器来控制。锅炉启动初期没有蒸汽，这时要用电加热器（功率10kW）加热调温。回油阀起安全保护作用。燃油经过滤器、95H减压阀，压力降为0.77MPa左右，油压开关报警整定值为0.56MPa。溢流阀在压力超高时打开，将原油送往回油管线，燃油经油控制阀、电动阀（小锅炉为2个电磁阀、大锅炉为1个电动阀）进入油枪。

燃油时采用空气或蒸汽两种雾化方式。点炉初期用空气雾化，由空气压缩机提供气源，其储气缸压力为0.35~0.8MPa。经减压阀降压为0.25MPa，经雾化切换电磁阀及单向阀送到油嘴进行空气雾化。当锅炉内已产生蒸汽，干度达到40%时，便可进行雾化切换，这时要使风门处于小火位置，并将引燃火焰点燃，防止切换过程中造成灭火。由汽水分离器上部来的蒸汽经减压阀进入雾化分离器，分离器上有安全阀，整定值为1.4MPa。分离出的干蒸汽经减压阀压力降为0.42MPa左右，再经雾化电磁阀送入油枪。雾化总管上装有雾化压力低开关，其整定值为0.175MPa，当雾化压力低于0.175MPa时，自动停炉报警。小锅炉雾化耗汽量为200lb/h，大锅炉雾化耗汽量为160lb/h，二者所用的油嘴不同。燃油雾化的作用是使燃料充分燃烧，提高燃油燃烧热效率。燃油与雾化流程如图4-8所示。

三、注汽参数的监测与检测

（一）注汽锅炉过程参数的监测

(1) 蒸汽压力就地显示、集中显示、低限报警和高限报警。

(2) 蒸汽温度就地显示、集中显示和高限报警。

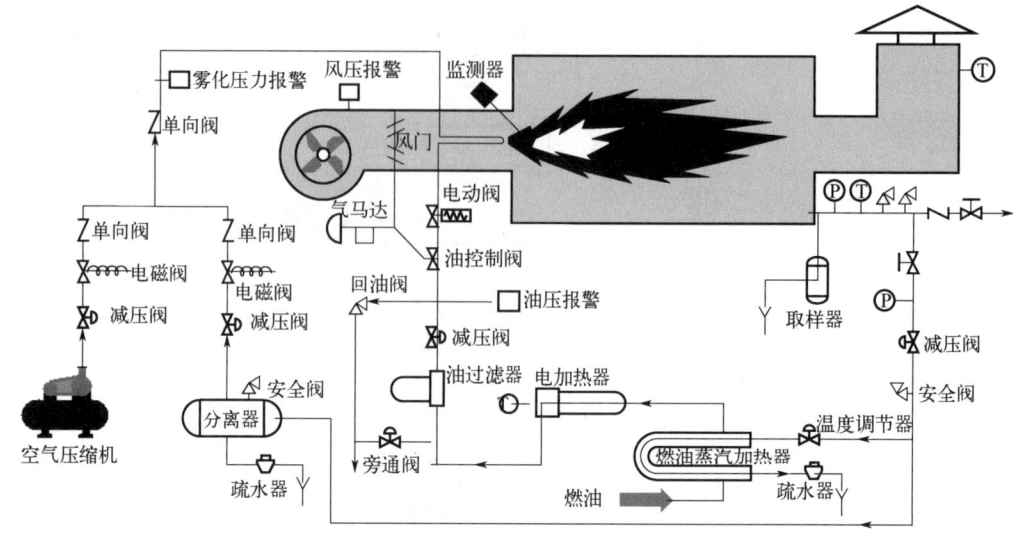

图 4-8 燃油与雾化流程

（3）对双流程管壁温度集中显示和高限报警。

（4）排烟温度集中显示和高限报警。

（5）燃烧器前燃油压力低限报警。

（6）燃烧器前燃油温度集中显示和低限报警。

（7）燃烧器前燃气压力就地显示、集中显示、低限报警和高限报警。

（8）雾化蒸汽或雾化空气压力低限报警。

（9）仪表风压力就地显示和低限报警。

（10）过热注汽锅炉过热器出口蒸汽压力和蒸汽温度就地显示、集中显示、高限报警。

（11）燃烧器鼓风机压力低限报警。

（12）燃烧器运行状态集中显示和熄火报警。

（13）燃烧器门位置异常报警。

（14）燃料流量集中显示、积算和记录。

（15）给水流量集中显示、积算、记录和低限报警。

（16）燃煤注汽锅炉炉膛温度就地显示、集中显示。

（17）燃煤注汽锅炉炉膛负压就地显示、集中显示。

（18）注汽锅炉应采用计算机监控系统，并预留通信接口与上位机和其他橇装设备控制系统进行数据通信。

（二）辅助设施的监测和检测

（1）注汽锅炉给水泵润滑油压力低限报警。

（2）注汽锅炉给水泵出口压力就地显示；注汽锅炉给水泵入口压力就地显示和低限报警。

（三）燃油、燃气注汽锅炉间内的监测和检测

燃油、燃气注汽锅炉间内应设置可燃气体浓度检测器，超高限报警并自动联锁，现场

检测器的布置应符合现行国家标准《石油化工可燃气体和有毒气体检测报警设计标准》（GB/T 50493—2019）的有关规定。

（四）锅炉蒸汽出口压力、温度的监视和调节

（1）锅炉运行的蒸汽压力、蒸汽温度及出口压力不允许超过锅炉本身的额定参数，如果超出则属于危险范围。必须采取紧急措施，调整锅炉负荷。

（2）蒸汽压力、温度将影响锅炉安全和经济运行。当蒸汽压力过高时将引起安全阀动作，使大量蒸汽从安全阀中逸出，同时安全阀动作后容易造成安全阀泄漏。对锅炉及管道材料来说，在过热的状态下所能承受的压力有一定的限度。如果汽压过高，超过所允许限度，金属材料的机械性能降低，很有可能发生爆炸事故。汽压过低将引起蒸汽热焓减少，耗气量增加，这将造成不经济的后果。同样，蒸汽温度过高，将会引起设备零部件、配套件的过热损坏。

（3）蒸汽压力失常的原因，一般是由于锅炉负荷变化后未能及时调整燃烧而引起的。因此，运行人员必须认真监视和调整锅炉燃烧。

（4）蒸汽温度失常的原因主要有两种：汽温过低主要原因是蒸汽含盐量增大，造成炉管结垢，锅炉传热不好；或者锅炉调风不当使炉膛火焰不旺，燃烧不佳。汽温过高的原因主要是给水温度低于额定温度，使蒸发热面吸热量增加；或者锅炉调风不当，使炉膛火焰过旺，燃烧不佳。

（五）锅炉燃烧的监视和调整

锅炉燃烧的好坏将直接影响蒸汽温度、压力及蒸汽质量的稳定，如果燃烧不当还要影响锅炉安全和运行效率。因此，在锅炉运行时应注意以下几点：

（1）应根据锅炉负荷、蒸汽压力及温度、燃烧压力的变化，及时而正确地调节燃料量和风量。

（2）要严密注意紫外线火焰监测器动作是否灵活，如果发现问题应迅速加以处理，在此期间，锅炉应停运，不能再次点火，直至紫外线火焰监测器恢复正常。

（3）应在锅炉安全可靠运行的基础上，提高锅炉的经济性，要减少热损失，提高锅炉运行效率。在燃烧调整时，要注意合理调节入炉风量，无论是大火状态还是小火状态，保持炉膛内过量空气系数均在1.2左右。在合理调节最佳风量基础上，还要合理调整锅炉燃料量，以达到最佳燃料量，降低化学不完全燃烧热损失。应经常观察炉膛内火焰的颜色及火焰形状，判明炉膛内燃烧情况。要时常注意锅炉烟囱排烟情况，如有冒黑烟现象，说明燃烧调整不当，应重新加以燃烧调整。

（六）锅炉蒸汽干度的测量与监督

蒸汽干度是每千克湿蒸汽中含有干饱和蒸汽的质量百分数。它是油田注汽锅炉安全运行的一个重要参数，也是影响稠油热采效果的一个重要指标。因此在锅炉运行过程中，要定时对锅炉的给水和蒸汽进行化学分析，如果超出所允许的蒸汽干度范围，就应重新调整锅炉燃烧加以纠正。另外，用于交易结算的计量仪表精度应符合行业现行标准《石油和液体石油产品 流量计交接计量规程》（SY/T 5671—2018）的规定。

第三节 蒸汽注入井管理

一、注汽井完井方法

(一) 注汽井完井方式选择

注蒸汽井对完井的要求是要防止油层伤害，预防油层出砂，降低油井产能的损失量，便于修井作业以及能耐高温。目前常用的完井方法有以下几种。

(1) 先期裸眼砾石充填完井，井眼有很高的渗流能力和阻止油层出砂的能力。
(2) 套管内砾石充填完井，该方法的特点是防砂能力好，但易受污染，产量低。
(3) 套管射孔完井，最大优点是可以用于多层油藏。
(4) 尾管完井，防砂能力差，尾管尺寸小，限制某些井下作业。

在蒸汽驱的注入井完井中通常使用的是套管射孔完井，主要是考虑这种方法能使用封隔器实施分层注汽、分层限流射孔以及气举控制。对于注入井来说，注入蒸汽高达250~300℃，过高温度会导致一系列的问题，如套管损坏，固井水泥环破坏，汽窜以及油层出砂。在实际注蒸汽过程中，套管的底端固定在油层底部，套管外用水泥固定，如果油层上部套管的固井质量不好或水泥返高不够，套管就会自由伸缩。

(二) 固井完井工艺设计

1. 完井方法

多数油田稠油开发过程中采用油层套管射孔方法完井，并采用热采连注方法开采，特别是采用蒸汽驱方式和SAGD方式开发的油田。

2. 完井工艺技术要求

稠油区块油层生产层段，使用 ϕ177.8mm、TP100H 钢级的梯形螺纹套管提拉预应力完井。

3. 常用套管柱设计

常用套管柱设计见表4-2。

表4-2 稠油井套管柱设计

套管程序	规范		钢级	壁厚, mm	段长, m	累计长, m	质量		
	尺寸, mm	扣型					单位质量, kg/m	段质量, t	累计质量, t
表层套管	273.05	短螺纹	J55	8.89	250.00	250.00	60.26	15.07	15.07
油层尾管	177.80	梯形螺纹	TP100H	9.19	1000.00	1000.00	38.69	38.69	38.69

4. 固井技术措施

注水泥要求表层固井水泥浆返至地面，油层套管采用G级加砂水泥固井，水泥返至地面。油井技术措施方面要把好通井质量关,坚持活动套管,提高顶替效率,遇有井漏,要先堵漏后下套管固井;固井施工单位与井队协调好,在下完套管循环两周左右,处理好钻井液即进行固井施工,尽量缩短等候固井时间;使用 CX-Ⅰ、GY-Ⅱ等冲洗隔离液,改善水泥浆流动性能,使紊流接触时间达到 8~10min;合理使用套管扶正器,确保管柱居中;选择合适的降失水剂,滤失量控制在 250mL;使用促凝剂和防气窜剂,保证固井质量合格;油层段连注开采必须保证油层套管固井质量合格;推广固井工程设计软件和仿真系统,进行注水泥、套管扶正器安放位置设计。

完井井口装置套管头规范:焊 ϕ273.05mm×177.8mm 环形铁板,每片必须钻有 25~30mm 孔眼,并且只焊外圈不焊内圈。装 KR21-370L4 型采油树。

5. 油层保护及措施

按设计要求控制钻井液密度,保持钻井液设计性能,以优质钻井液钻进油层;进入油层段前,钻井液内适当加入单向压力封闭剂,屏蔽油层,防止钻井滤液进入;控制起下钻速度,注意开泵顺序,防止因井内压力激动导致井漏,造成油层伤害;加快油层钻进速度,提高完井电测一次成功率,减少钻井液浸泡油层时间;采用酸溶性堵漏材料和加重材料,以便解堵投产,减少伤害;采用 FSG 防渗漏隔离液固井,防止固井水泥浆进入油层;若发现井漏,要先堵漏,后固井,以免固井水泥浆大量进入油层。

(三) 井筒隔热、降低井筒热损失

我国东部稠油油藏大部分埋藏深,注入蒸汽沿井筒的热损失大。为提高井底蒸汽干度,必须降低井筒热损失。为此,对高效井筒隔热、降低井筒热损失的研究,是成功开发稠油的关键。

1. 隔热油管

隔热油管主要用于热采井注蒸汽,可减少井筒热损失、提高井底蒸汽干度、保护油层套管及管外水泥环免遭损坏。目前使用的国产隔热油管为预应力隔热油管。从 20 世纪 80 年代初至今,隔热油管更新换代较快,以隔热材料、隔热方式以及隔热性能的差别分有 Ⅰ型、Ⅱ型、Ⅲ型隔热油管。Ⅲ型隔热油管已成批地生产,这种隔热油管的结构与美国的 ThermalCase Ⅲ型隔热油管性质相似,接头外有隔热套,双层管中充有隔热材料,抽真空后,充惰性气体氪(Kr)及吸气剂,视导热系数为 0.035W/(m·K)(300℃)。该油管已在 500~1700m 的注汽井中广泛使用,还可采用高温封隔器和环空充氮气技术以保护套管。隔热油管随着使用时间的增加,在高温高压条件下氢气易渗入隔热层,导致其隔热性能下降,这已被国内外现场资料所证实。氢气是一种高热导率气体,导热系数是回充惰性气体(氪 Kr)的 19 倍。针对氢渗危害,近几年研制成功防氢害隔热油管、真空隔热油管(图 4-9),现已批量生产并投入现场应用。

防氢害隔热油管是在分析研究隔热油管渗氢机理及渗氢规律基础上,改进Ⅲ型隔热油管设计后研制生产的一种新型隔热油管。现场使用表明新型管可多周期使用,使用寿命延长一倍,达到了隔热寿命和机械寿命同步。

2. 降低井筒热损失

根据油藏埋藏深度,选择注蒸汽管柱。当井深大于 500m 时,注蒸汽管柱由隔热油管、

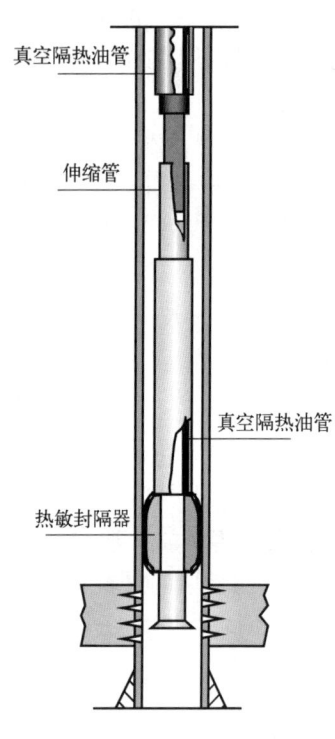

图 4-9 真空隔热油管热敏封隔器注汽管柱

伸缩管、高温封隔器、筛管和丝堵组成。对于井深小于 500m 的浅井，一般使用光油管管柱，管柱应带有封隔器，以减少井筒热损失并保护油井套管。

根据油层厚度大小以及蒸汽吞吐周期的长短，选择生产管柱。当油层厚度大，蒸汽吞吐生产周期长，一般分别采用注汽和生产专用管柱（二次管柱），即油井注蒸汽、焖井。放喷生产停喷后，通过油井作业，将注蒸汽管柱换为抽油生产管柱。当油层厚度小、蒸汽吞吐生产周期短，一般选用注汽、采油一次性管柱。这种管柱主要是在注蒸汽管柱上装有可供抽油生产的投捞泵。投捞泵与管式泵基本相同，其区别在于投捞泵的固定阀是可动的（靠定位弹簧爪固定），可以在注汽转抽时被捞起投入，以实现不动管柱转抽工艺。这有利于防止作业过程中对油层的伤害，并可减少热损失以及作业时间，但较长时间占用隔热油管造成积压是其不利的另一方面，对此，应根据油田具体情况而选择。

打开套管阀门注汽，提高井筒隔热性能，不仅可使注入蒸汽在井底保持较高的干度，从而获得较好的开发效果，同时也是保护套管的一种需求。对此，注汽时除下隔热油管、耐热封隔器管柱外，应将注蒸汽管柱与套管环形空间的水排干，在干燥状态下，打开套管阀门注汽。若封隔器漏失，密封失效，则应停注更换，绝不允许关套管阀门注汽。

环形空间注 N_2，提高井筒隔热性能。深井注蒸汽，由于环形空间中的水很难排空，而耐热封隔器在高温度大压差下有时会失效。对此，在条件具备的情况下，蒸汽吞吐井可往环形空间注入一定量的氮气（液氮）。由于氮气的导热系数比水低近 1.8 倍，这样有助于提高井筒的隔热性能。

（四）注汽井完井质量问题

造成蒸汽注入井完井质量问题的原因有以下几点：
(1) 由于水泥强度衰减和渗透性增强导致水泥失效。
(2) 由于套管表面光洁，钻井液顶替不完全导致水泥与套管结合不良。
(3) 差的完井技术。
(4) 高温蒸汽产生的应力导致水泥环损坏。

针对不同的原因，可以采取以下方法来提高蒸汽注入井的完井质量：
(1) 对注蒸汽井的固井水泥的要求是高温下有高的压缩强度、拉伸强度和黏结强度，低的渗透率和导热系数。为了提高水泥的性能，在完井水泥中加入石英粉（加入 30%~40%），改善水泥的热稳定性；加入膨胀珍珠岩，降低水泥导热系数；加入氯化钠（水中氯化钠为 10%），增加水泥与套管间的黏结强度。
(2) 在注水泥前，彻底清除井壁上的钻井液与滤饼，使井壁有亲水性，以提高套管与井壁的黏结强度。

（3）水泥一定要返到地面，使套管与井壁环形空间中完全充满水泥，使套管完全牢固地锚定在围岩中，减少套管的弯曲变形。

（4）采用预应力完井方法。其方法是在注水泥过程中，在最下部水泥浆中加入速凝剂，使其先凝固，将套管下端固定。然后，在井口用钻机或液压千斤顶拉起套管，使大部分套管柱在水泥凝固前受一定的拉张应力，水泥凝固后，再松开套管上端。当注蒸汽加热后，套管受热伸长产生的压缩应力与预拉应力抵消，即可保证套管在注气过程中不会伸长。

二、注汽井井下管柱

（一）常规注汽管柱

常规注汽管柱主要由隔热油管、伸缩管、高温单流阀、金属密封器、Y441-152型封隔器、筛管和丝堵等几部分组成（图4-10）。该注汽工艺技术主要应用于蒸汽吞吐和蒸汽驱先导试验阶段。

（二）蒸汽驱长效隔热注汽管柱

蒸汽驱试验实施多年，经过不断改进和完善，形成的蒸汽驱高温长效隔热技术，以蒸汽驱高温长效隔热注汽管柱为核心，满足了蒸汽驱长期高温注汽的需要，目前已在蒸汽驱现场广泛应用。

蒸汽驱高温长效隔热注汽管柱主要由真空隔热油管、隔热型接箍、隔热型汽驱伸缩管、高温长效汽驱密封器、Y441强制解封汽驱封隔器、3½in尾管、喇叭口等几部分组成（图4-11）。它广泛应用于蒸汽驱外扩阶段，具有以下特点：

（1）耐温350℃、耐压17MPa、寿命3年以上。

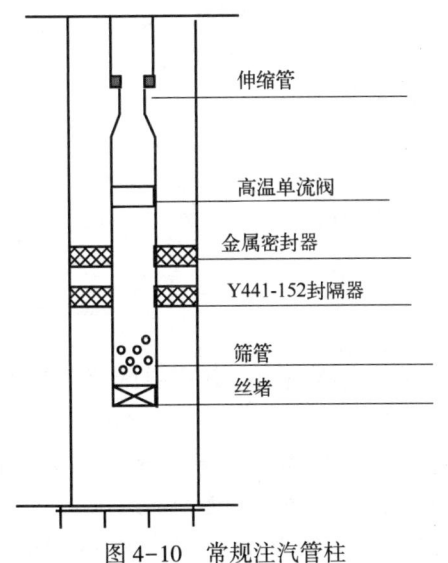

图4-10 常规注汽管柱

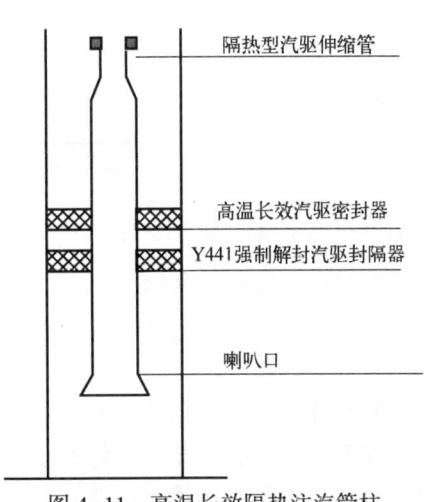

图4-11 高温长效隔热注汽管柱

（2）采用多级高温长效汽驱密封器和Y441强制解封汽驱封隔器联合密封。注汽前坐封封隔器保证注汽初期的密封，长久密封由多级高温长效汽驱密封器来完成。解封时，先解封封隔器，然后解封高温长效汽驱密封器，减小了解封负荷。

（3）管柱选用真空隔热油管，并采用了隔热型接箍，减少散热点热能损失，提高了整体管柱的隔热效果。

（三）分层蒸汽驱工艺管柱

分层蒸汽驱工艺管柱由真空隔热油管（配隔热油管接箍密封器）、压力补偿式隔热型汽驱伸缩管、多级长效汽驱密封器、Y441-152强制解封汽驱封隔器、层间配汽装置以及层间密封器等工具组成（图4-12）。该管柱具有以下特点：

（1）耐温350℃、耐压17MPa、寿命3年以上。
（2）液压坐封、上提分级强制解封。
（3）偏心配汽筒2段分层配汽，实现蒸汽驱过程中各层注汽量的调整。
（4）投捞工具性能安全可靠。
（5）设计软件预测配汽量误差在±5%以内。

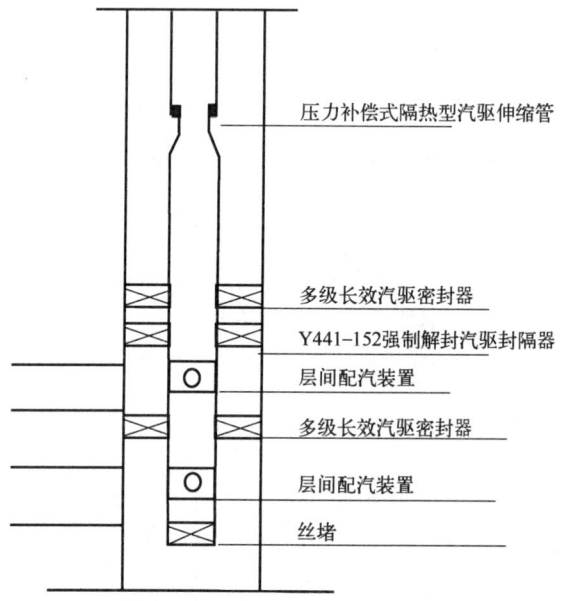

图4-12 分层蒸汽驱工艺管柱

分层蒸汽驱配套工具主要有以下几种。

1. 偏心分层汽驱配汽阀

偏心分层汽驱配汽阀主要由偏心配汽筒、堵塞配汽器组成，其主要配套工具为投捞器。它具有以下功能：

（1）能够实现多级分层注汽。分层汽驱管柱在把不同层位的油管、套管环形空间分隔开来的情况下，每个层位安装一套偏心分层汽驱配汽阀，可实现分层注汽。

（2）能够实现蒸汽驱过程中各层注汽量的调整。因为偏心分层汽驱配汽阀的堵塞配汽器能够实现汽驱期间的投放和打捞，能够根据测试结果来调整配汽嘴过流面积。

(3) 能够实现汽驱间的分层测试。管柱最小内通径（偏心分层汽驱配汽阀的偏心配汽筒部位）为50mm，能够顺利通过测试工具，可以实现分层测试。

2. 同心管分层注汽管柱

为解决分层注汽工具投捞成功率低的问题，研制了同心管分层注汽管柱，其原理是首先下入3½in开口油管，后下入1.9in无接箍油管，进行同心管分层注汽。外管采用伸缩补偿方式，内管采用动密封补偿方式。同心管分层注汽的优点在于实现分注单元注汽量的地面精确调配，简单方便（图4-13）。

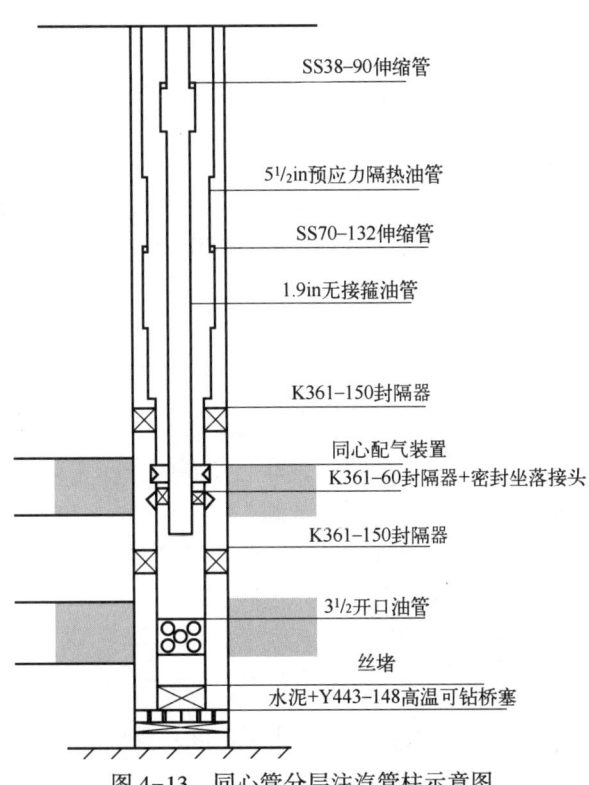

图4-13 同心管分层注汽管柱示意图

与其配套的双管注汽井口结构特点：四通分流道设计，地面调控更准确；楔式单闸板闸阀，耐温耐压耐腐蚀；悬挂器直体设计，实现两级密封。

3. 同心分层汽驱配汽阀

同心分层汽驱配汽阀主要由井下固定阀体、活动阀芯组成。其主要配套工具为投捞器。它具有以下功能：

（1）能够最多实现三级分层注汽。分层汽驱管柱在把不同层位的油管、套管、环形空间分隔开来的情况下，每个层位安装一套同心分层汽驱配汽阀，可实现分层注汽。

（2）能够实现汽驱间的分层测试。管柱最小内通径（同心分层汽驱配汽阀的活动阀芯部位）为42mm，能够顺利通过测试工具，可以实现分层测试。

（3）能够实现蒸汽驱过程中各层注汽量的调整。因为同心分层汽驱配汽阀的活动阀芯能够实现汽驱期间的投放和打捞，能够根据测试结果来调整各层配汽过流面积。

三、注汽井管理

(一) 注汽井投注

1. 操作前检查

(1) 管钳、硫化氢检测仪齐全完好。

(2) 注汽流程畅通。

(3) 管线连接中卡瓦螺栓齐全、紧固且两端满扣,卡瓦无裂痕、螺栓螺纹无损坏,直管线每 40~50m 加装胀力弯,注汽管线卡瓦两侧无易燃物。

(4) 过路有护管,护管掩埋低于路面,两端安装醒目的"高温高压"警示牌,路边管线每 120m 有"高温高压"警示牌。

(5) 管线连接中无挤压采油工艺设备情况,无从高架罐和抽油机前或从采油工艺设备下穿越情况,活动管线经过的冰面或水面,有架高措施。

(6) 井口法兰螺栓齐全、满扣紧固。

(7) 井口阀门开关灵活,阀门手轮齐全好用,井口无倾斜,井场无油污。

(8) 安全通道畅通。

2. 操作步骤

(1) 关闭井口主阀、生产阀、套管阀和表补心控制阀,安装套管压力表。

(2) 打开与注汽管线连接的生产阀和测试阀。

(3) 通知站内人员送汽。对注汽管线及井口进行预热扫线。

(4) 见到蒸汽后,关闭测试阀,打开井口主阀注汽。

(5) 缓慢打开套管阀及表补心控制阀,观察套管压力。

3. 操作后检查

注汽井口压力和温度正常,注汽井口、管线无渗漏,井底无返汽、井口无升高。

4. 主要风险及控制措施

(1) 主要风险:灼烫、中毒、物体打击。

(2) 控制措施:

① 操作时要避开泄压口,防止灼烫事故发生。

② 进入井场工作时必须携带 H_2S 检测仪,如有报警及时撤离,避免中毒。

③ 开关井口阀门时,管钳开口背向井口,侧身缓慢操作。避开表补心泄压口。

(二) 注汽井泄压

1. 操作前检查

(1) 安全帽、耳塞、活动扳手、管钳、H_2S 检测仪等工具齐全、完好。

(2) 检测 H_2S 含量在安全范围内。

(3) 井口手轮齐全,井口阀门无渗漏。

(4) 井底无返汽。

(5) 安全通道畅通。

2. 操作步骤

(1) 接到泄压信息后,缓慢关闭井口主阀。

(2) 缓慢打开井口测试阀,将压力泄净。

(3) 关闭套管阀。

3. 操作后检查

井口压力泄净,井口周围无污染。

4. 主要风险及控制措施

(1) 主要风险:物体打击、中毒、噪声。

(2) 控制措施:

① 操作人员开关阀门时要缓慢操作,开度不宜过大,避免造成管线甩龙,引起伤害。

② 进入井场工作时必须携带 H_2S 检测仪,要站在上风口操作,如有报警及时撤离,避免中毒。

③ 放压时放空阀门开度不宜过大,要正确佩戴耳塞。

(三) 汽驱注汽井操作管理

1. 汽驱注汽井投转注操作

1) 注汽前巡线

(1) 按照巡线检查要求依次对注汽管线和井口进行检查。检查内容包括注汽管线及保温设备、各高压截止阀和调节阀、蒸汽计量设备、管线的连接、井口部件,安装齐全完好。

(2) 关闭管线上所有放水用高压截止阀,打开管线上去往注汽井的所有高压截止阀和高压调节阀。

(3) 关闭注汽井口测试阀、生产阀、套管放空阀、表补心控制阀和主阀。

2) 注汽井转注

(1) 一台湿蒸汽发生器给多井注汽时,遵循由远到近、逐井转注的原则。

(2) 缓慢打开炉尾去井阀门,缓慢关闭放空阀门,控制蒸汽出口压力在 5MPa 左右。

(3) 打开单井井口与注汽管线相连的生产阀及另一侧生产阀或者测试阀进行投注前管线扫线,扫线结束后打开井口主阀,关闭扫线放空用生产阀或测试阀进行注汽。

(4) 单井转注正常后,对一台湿蒸汽发生器多注的其他油井依次进行操作,同时逐渐提高注汽干度,控制炉尾放空阀门和去井阀门,保持压力的相对稳定,直到单台湿蒸汽发生器所有蒸汽驱井转注完成,完全打开炉尾去井阀门,关闭炉尾放空阀门。

(5) 控制湿蒸汽发生器出口蒸汽干度为 75%~80%,进行平稳注汽。

(6) 合格蒸汽平稳注入 2h 后,调整分井计量控制阀门,按配注要求调整单井注入量。

(7) 注汽井转驱正常后,打开套管阀门,蒸发掉环形空间回流水。

3) 注汽井停注

(1) 多井停注时,关闭各注汽井井口总阀门,打开汽驱各注汽井测试阀,停注泄压。

(2) 单井停注时,将单井注汽量平均分配到其他注汽井中,关闭单井井口总阀门和注汽管线供汽高压截止阀,打开井口测试阀,停注泄压。

2. 汽驱注汽井日常管理

1) 汽驱注汽井生产管理

(1) 井口要求有明显的井号标志。

(2) 员工每6h巡井一次，检查并反馈注汽管线和阀门状况及井口参数变化情况。

(3) 井口、注汽管线保温效果良好。

(4) 套管压力控制在0.5MPa以下，超过应及时排放。

2) 汽驱注汽井质量管理

(1) 湿蒸汽发生器蒸汽出口干度控制在75%~80%。

(2) 单台湿蒸汽发生器总瞬时流量与单井瞬时流量之和误差控制在±5%以内。

(3) 湿蒸汽发生器每月停炉检修不超过2次，每次停炉时间不超过6h。

(4) 注汽井应连续注汽，如需要停注，其停注时间最长不得超过15d。

(5) 严格控制注入压力、注汽速度，注汽速度平稳，避免速度波动过大引起地层伤害。

3) 资料录取

(1) 湿蒸汽发生器每小时录取1次运行参数。

(2) 井口注汽压力、套管压力参数，每6h录取1次。

4) 安全操作与环保要求

(1) 不应带压实施维修维护性工作。

(2) 发生以下情况，暂时不影响设备安全平稳运行，及时向上级主管部门汇报，以采取必要的整改及防范措施：注汽管线及井口阀门开关不灵活、不到位；注汽管线及井口连接处出现少量渗漏；注汽井套管外壁返少量蒸汽。

(3) 发生以下情况，可先行做停注处理后立即向上级主管部门汇报，以便采取整改或应急措施：注汽管线出现砂眼、刺漏、离墩、掉墩、变形、卡箍螺栓断裂等；注汽管线阀门出现砂眼、密封部位出现刺漏等；注汽井口卡箍头螺纹、卡箍渗漏，阀门密封部位出现刺漏，阀门关不严出现大的漏失并且因封隔器等因素造成井底返汽，套管升高超过50cm等。操作过程中应遵循国家有关安全与环保的规定。

3. 主要风险及控制措施

(1) 主要风险：物体打击、灼烫、中毒。

(2) 控制措施：泄压时或预热扫线时阀门开度适当，不宜过大。打开阀门时要侧身缓慢操作，不得过快以防管线甩龙。操作人员进行操作时要避开泄压口。进入井场操作要携带H_2S检测仪，如有报警发生，及时沿上风向撤离，防止操作人员中毒。

第四节 注蒸汽采油井管理

一、焖井、放喷井的管理

焖井是指注汽井停注关井，使蒸汽热能与油层进行热交换的过程。油井注汽后，为了使蒸汽的热量与地层充分进行热交换,让注入油层中的潜热充分释放出来,使热能在地层扩散得更远,同时也使得井筒附近地层的温度比注汽时降低一些,因此稠油井停注后必须进行焖井。焖井的时间是影响蒸汽吞吐效果的主要因素之一,只有焖井时间合理,才能使蒸汽热量充分传递到油层中去。稠油焖井井口结构如图4-14所示。

在现场操作中,停注后的油井要安装油管压力表、套管压力表进行焖井,焖井期间要求每4h录取1次焖井压力,并绘制压降曲线。根据油井注入强度及停注压力,为便于简单合理确定焖井时间,结合长期管理经验,利用压降梯度来确定焖井

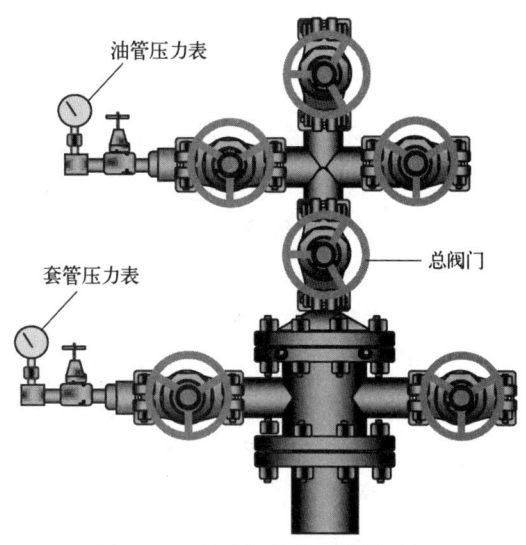

图4-14 稠油焖井井口结构示意图

时间。以24h为一个时间单元,即一个时间单元内焖井压力不降或压力下降值小于0.2MPa,为焖井结束临界时间,可以组织放喷生产。焖井的操作要点如下:

(1) 油井注汽到量停注后,根据地质设计方案,关闭井口注汽阀门。
(2) 通知相关单位,断开并拆掉注汽管线流程。
(3) 安装焖井油管压力表、套管压力表。
(4) 关闭井口各放空阀,关闭表补心泄压旋塞。
(5) 打开油管压力阀门、套管压力阀门,打开总阀门,打开压力表阀门,观察压力变化。
(6) 焖井初期应加密巡检,待压力下降稳定后,每4h小时录取1次油管压力、套管压力,并填入报表,重点措施井加密录取。
(7) 每班应检查压力表有无冻堵。
(8) 根据地质设计方案确定焖井时间,压力归零应及时汇报。

(一) 稠油放喷不同阶段特点

1. 初期阶段

放喷井初期压力较高,尤其新井第一、第二周期放喷压力大多在4MPa以上,因此,将压力>4MPa定为放喷初期阶段。由于稠油油藏岩性较差,极易出砂,为避免由于放喷液量过大造成油井激动出砂,主要采取以控制油井液量为主,控制温度为辅的参数控制方式。油嘴直径一般选择4mm以内,初期产液以出水为主,液量一般均能达到控制要求,一般将放喷液量控制在30~35t/d。随着放喷时间的增加,放喷温度逐渐升高,因此,在保证放喷温度90~120℃的情况下,适当调整放喷液量。个别油井在放喷过程中伴有蒸汽产出,液量控制难以达到要求,此时以温度为90~120℃为主要参数控制放喷液量。

2. 中期阶段

将1MPa≤压力≤4MPa阶段定为放喷中期阶段。放喷井中期阶段，放喷井压力、液量、温度均能达到控制要求，同时，放喷中期也是产油效果最好的生产阶段。根据油嘴的直径、液量、温度的合理匹配进行参数控制管理；主要以放喷液量为控制标准，将出砂井液量控制在30~35t/d；不出砂油井液量控制在40~45t/d。同时，放喷温度控制在80℃以上生产。放喷井中期阶段含水率逐渐降低，当油井产液含水率低于80%时，为保证放喷液量的平衡生产，更换6~12mm油嘴生产。

3. 末期阶段

将放喷井压力<1MPa阶段定为放喷末期阶段。放喷末期随地层压力的降低，放喷液量、温度也随之下降，当温度降低到原油拐点温度（80℃）以下时，原油黏度逐渐增大，携砂能力增强。放喷末期采取无油嘴、无控制生产方式进行生产。末期主要是做好掺稀油（掺活性水）诱喷工作和及时启动接力泵工作。

（二）稠油井放喷操作

1. 放喷过程

（1）油井焖井期间，连接放喷流程（图4-15）。

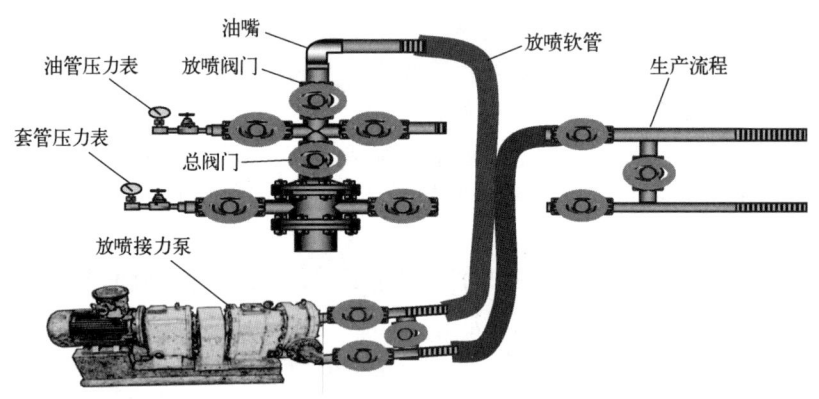

图4-15 稠油放喷井井口流程示意图

（2）放喷前确认井口流程、生产进站流程畅通。

（3）放喷排量应控制在地质设计放喷方案排量以内，对易出砂井放喷液量不应超过地质设计方案最大排量。

（4）放喷时每隔2h录取1次油井产液量、油管压力、套管压力、温度，并取样目测含水率情况。

（5）对于放喷出油而且温度、压力较低的井，安装增压地泵助喷，及时取全取准放喷参数。

（6）油井停喷结束后应关闭放喷阀门，准备转抽。

2. 技术要求

（1）应侧身进行开关阀门操作，动作要缓慢平稳。

(2) 操作人员应正确穿戴劳动保护用品。
(3) 安装齐全压力表及温度计，冬季应注意防冻。
(4) 安装表补心时，应检查钢圈完好，阀门端口无水垢杂质，无硬伤划痕。
(5) 进行压力表校对及更换、泄压等操作应两人同时进行。
(6) 放喷期间，除规定时间录取参数外，还应时刻观察生产进站情况，做到平稳放喷。

（三）稠油井放喷关键事项

稠油井放喷期管理是其一个生产周期中十分重要的环节，应注意以下关键事项：

(1) 稠油井停注后，应及时安装好油管压力表、套管压力表，录取油管压力、套管压力，吊装放喷接力泵并连接好放喷软管，做好随时放喷的准备。

(2) 油井放喷前根据放喷井井距，提前2h将掺水量调大到$10\sim15m^3/d$预热管线，同时注意观察该井回油温度变化。

(3) 放喷时注意观察油井回压，防止死油帽堵管线，必要时可将死油帽在井口排掉。

(4) 按放喷制度计量和控制产量，按时巡检掌握温度和压力变化，及时调整油嘴尺寸，防止停喷堵管线。

(5) 稠油放喷进入末期常常会出现放喷间出现象，要求加密巡检工作，注意井口排气，防止抽空不出，当发现放喷井确实不出时要将放喷阀门关死焖井。

(6) 要求计量人员及时观察油井掺油压力及瞬时流量变化，发现掺油压力升高或瞬时流量降低时，及时与巡检人员联系，落实井口是否存在问题。

(7) 放喷井用水泥车替油时，要提高掺水配量，全过程跟踪洗井，发现回压升高及时处理，防止堵管线。

二、掺稀油井（掺活性水井）管理

稠油因其黏度较高，生产过程中必须采取降黏措施。稠油井掺油，目的是对原油进行稀释、升温降黏、提高原油流动性，保证稠油井正常生产。根据掺入介质不同，可分为掺油和掺水；根据掺入方式不同，可分为地面掺油和地下掺油。合理控制掺油量和掺入方式，可以在降低稠油黏度的同时，保障地面管线的畅通。动态调整掺油比是采油工必须掌握的一项基本操作技能。

（一）掺油井的动态调整

1. 不同掺油比与黏度的关系

掺稀油稀释后的混合油的黏度对比原油黏度大幅度下降，而掺油量对黏度影响较大，掺稀油与产量的比例越大，黏度下降幅度越大，但过多的掺油会降低泵效，减弱混合液携砂能力，同时稀油需求量加大，致使干线压力下降，造成掺油系统的不平稳。因此，合理的掺油比是提高掺稀油整体效果的关键因素。

2. 动态调整掺油比及掺油方式

(1) 排水期：油井下泵初期液量高、含水率高、温度高，黏度相对较低，流动性好，此时不需地下掺油，一般采取停掺扫线或者地面掺油等方式生产。

（2）稳产期：排水期后，含水率下降到50%左右，逐渐进入周期稳产期，稳产期生产时间长，掺油比主要取决于油井产量和出油温度。

（3）周期末期：进入周期末期，液量、含水率、地层温度相对较低，井口出稠油，此时掺油量需适当加大，并根据出油温度、载荷等进行适当调节。

特别需要注意的是，超稠油油层出砂严重，但原油黏度高，携砂能力强，不容易发生砂卡，而通过掺油降黏后，原油携砂能力变弱，容易发生砂卡，甚至倒井。根据油井各生产阶段特点，在不影响生产的前提下尽量不采用地下掺油，如含水率趋于稳定后掺油以小排量运行，视油井生产情况动态调整掺油量。

（二）稠油井双管井口流程

稠油井双管井口流程主要包括地面掺热水保温流程、地下掺热水流程、地下掺稀油流程、地面掺稀油流程四种。

1. 地面掺热水保温流程

该流程是将热水掺入井口出油管线，与井内产出液混合，提高产出液温度达到降低黏度的目的，主要用于油井高含水期和停井后未扫线油井。流程为：计量站来热水—井口加热炉—井口掺水阀—油嘴套—回油阀门—井口出油管线—集油干线。

2. 地下掺热水流程

该流程是将热水掺入油管、套管环形空间，与地层流出的液体在井下混合，形成水包油混合液，达到降低产出液黏度的目的，现场地下掺热水一般加入一定量药剂。流程为：计量站来热水—井口加热炉—井口热洗阀—油管、套环形空间—生产总阀—生产阀—油嘴套—回油阀门—井口出油管线—集油干线。

3. 地下掺稀油流程

该流程是将热稀油掺入油管、套管环形空间，利用稀油本身黏度低、能与油层产出油完全相溶的特点，从而达到降低井内原油黏度目的。流程为：计量站热稀油—井口加热炉—井口热洗阀—油管、套管环形空间—生产总阀—生产阀—油嘴套—回油阀门—井口出油管线—集油干线。

4. 地面掺稀油流程

该流程是将热稀油掺入井口出油管线，与井内产出液完全混合，提高产出液温度的同时，达到降低黏度的目的。流程为：计量站热稀油—井口加热炉—井口掺油阀—油嘴套—回油阀门—井口出油管线—集油干线。

（三）掺油操作过程

1. 检查井口流程

（1）检查井口阀门是否灵活好用，有无渗漏、缺损情况。

（2）检查井口流程开关是否正确。校对油管压力、套管压力。

（3）检查井口加热炉安全附件是否齐全好用。

（4）检查天然气压力，调整火嘴和挡风板使炉火充分燃烧。

2. 倒掺油流程

（1）新井投产前或冬季长时间停井生产前，需要对掺油管线和回油管线进行预热处理。

（2）检查井口生产流程，关闭地下掺油阀门，打开地面连通阀门，关闭油井生产阀门。用锅炉车、高温放喷井或大排量掺水进行管线预热。用测温仪测量管线预热温度。

（3）检查站内生产流程，打开站内回油阀门，打开流量计下、上流阀门，将掺油量调大（管线较长的可以采用锅炉车预热或将高温放喷井倒入扫线流程，利用放喷井对管线进行预热处理）。

（4）检查站内到井场管线有无渗漏，井口和回油温度均高于30℃时，按要求倒油井掺油流程。

（5）打开井口生产阀门，地下掺油井应打开地下掺油阀门，关闭地面连通阀门。

3. 调节掺油表流量

（1）根据日掺油量换算出瞬时（每小时）流量值，在设定面板处设定瞬时流量值。

（2）观察流量计显示值，过大或过小时，旋转手动调节手轮快速调整流量值。

（3）自动调节装置损坏或停电后不能实现自动调节的，通过下流阀门控制流量。

（4）对比瞬时流量是否符合设定流量，观察掺油压力，地面掺油压力反映油井回压高低，地下掺油压力反映套管气压力高低。

（5）会流量计的维护保养。

4. 录取资料

（1）记录流量计底数、掺油时间，计算日掺油水量。

（2）记录加热炉掺油和回油进出口温度。

（3）记录中频电加热电流、空心杆加热温度。

（4）记录掺油压力、回油压力、加热炉压力。

（5）操作完成后清理现场，将工具擦拭干净，保养存放，填写掺油水记录及报表。

5. 注意事项

（1）投掺油前要认真检查流程阀门开关是否正确，以免投掺后发生大面积污染情况。

（2）正式投掺前要用掺水憋压试管线有无渗漏，以免发生污染事故。

（3）冬季投掺油前或新井投掺前，要对管线进行冲洗，待管线温度上升后再投掺油。

（4）流量计上、下流阀门应全部打开，设为自动调节方式，自动调节失灵时，不能用上流阀门控制，应用下流阀门控制掺油量，以免造成流量计损坏。

（5）掺油读数要按时抄写，准确计算掺油量，以免对油井产量造成影响。

（6）冬季掺油管线要保温良好，到达井口温度不能低于30℃，如不能保证温度，要定期对掺油管线进行冲洗，以免发生管线蜡堵塞现象。

三、汽窜井管理

油井汽窜是稠油热采过程中的一种常见现象，主要发生在注蒸汽热采过程中，因注采井间存在汽窜通道，或蒸汽从注入井突破，突进到生产井，造成生产井产液量、含水率、温度异常。当邻井注汽时，生产井产液量增加，含水率上升，井口温度升高或先降后升；汽窜严重时，相邻井注汽，生产井产水量急剧增加，含水率接近100%，并伴有一定蒸汽，此为汽窜的典型现象。汽窜会造成部分区域采油速度下降等不利于开发的参数变化，应在生产中采取有效的控制措施。

（一）发生汽窜的原因

1. 沉积主河道效应导致蒸汽前缘单向突进

平面上，用K_x代表河流方向的渗透率，K_y代表垂直于河流方向的渗透率；垂向上，用K_z代表垂直于平面方向的渗透率，因此$K_z<K_y<K_x$。当蒸汽注入时，流体会在x方向快速推进，从而出现不规则的类似椭圆形的驱替前缘。

在反九点井网会出现方向性汽窜，油藏中主流线方向和非主流线方向的受热严重不均，不断注入的热量大部分用来加热蒸汽已经扫过的油藏，只有很少一点热量去加热低温未动用地带，汽窜在主河道上表现明显。

2. 纵向渗透率级差大使蒸汽在高渗透层突破

储层渗透率级差大，加之蒸汽和水及原油又存在很大的密度差，注入蒸汽在纵向上受效程度严重不均。随着渗透率级差的加大，单层吸汽强度降低，当渗透率级差在4.0以上时基本不吸汽。

3. 原油黏度大引发蒸汽和热水指进

在稠油蒸汽驱过程中作为驱替相的蒸汽和热水的黏度均不超过0.85mPa·s，而原油的黏度大，相差超过多倍，因此蒸汽驱过程中驱替相就会呈指状穿入被驱替相，黏性指进现象十分严重，导致蒸汽在平面上的推进严重不均，一旦指进的前缘达到生产井所动用的区域，就会发生汽窜。

4. 多轮次蒸汽吞吐已形成部分窜流通道

经过多轮次吞吐后，油层易产生强烈的水岩反应，造成蒙脱石等矿物溶解，使储层岩石胶结疏松。地下高黏度的稠油携带粒径小于4μm的微粒参与运移，堵塞孔喉，导致喉道半径和渗透率减小，而沉积的沥青会充填中小孔隙、堵塞喉道，并且在颗粒表面吸附，使岩石发生润湿性反转。另外，蒸汽的主流道经多轮次吞吐的不断冲洗，渗流阻力越来越小，蒸汽及热水的流通能力会明显增大，形成汽窜通道。

5. 注入蒸汽的超覆现象引发汽窜

由于注入的湿饱和蒸汽中蒸汽和水的密度存在很大差异，使其在井筒或地层中纵向上分布不均匀。上部油层在蒸汽作用下吸收的热量多，而下部油层在热水的作用下，吸收的热量相对较少，因此注入的蒸汽沿着上部油层的推进快，导致油层纵向上吸汽不均。研究发现，当渗透率较大、油层较厚时，这种纵向上推进速度的差异表现得更为突出。

针对汽窜井应收集生产井防窜数据，包括录取井口油管压力、套管压力、温度、含水率、液量、防窜停井时间等。长停井录取井口油管压力、套管压力等，同时建立油井汽窜资料库，绘制汽窜连通图。

（二）汽窜的主要表现

油井汽窜的形式有多种，主要表现如下。

1. 热水窜

在稠油吞吐过程中，汽窜多发生在多周期吞吐后，蒸汽由注入井向生产井推进，沿程热量损失，冷凝成热水，由生产井产出，形成热水窜，有时还会出现闪蒸现象。

正常生产井产液量增加，含水率上升接近100%，井口温度明显升高或先降后升，产水量急剧增加，压力也相对升高。

2. 蒸汽窜

由于油井井距较小，蒸汽吞吐轮次增多，油层形成了高渗透通道，蒸汽直接由注入井窜入生产井，导致汽窜。

生产井压力上升较快，温度急剧上升，井口放样基本是热蒸汽，由于汽大产液量降低。

3. 压力传导

由于邻井注汽，压力通过高渗透层传导过来后，导致油井产液量上升，此时不加以控制易发生热水窜和蒸汽窜。

生产井产液量增加，温度逐渐升高，由于井口目测含水率上升，有时可能还有蒸汽窜出，如不加以控制易发生热水窜和蒸汽窜。

4. 汽窜的危害

（1）油井产油量突降。

（2）注汽量散失，加热体积减小，注气井吞吐效果变差。

（3）液量激增，温度升高，易造成地层出砂，卡泵。

（4）蒸汽单方向突进，储层动用不均。

（三）汽窜的控制方法

1. 控制汽窜的原则

（1）优先考虑注采参数是否合理，要保证注入蒸汽的热能在注汽井和汽窜井间的油层中更为有效地传递，从而提高蒸汽的热利用率。

（2）井况好且汽窜层位确定的注汽井可采取分层注汽措施，汽窜层位不确定井况差时采取调剖注汽措施，抓好蒸汽注入可有效抑制汽窜的发生。

（3）积极探讨间歇注汽、水汽交替注入、热水驱等注入方式的适用性，优化注入时机。

（4）在防窜措施不见效或汽窜现象已发生的情况下，要积极控制汽窜井产出，及时封堵汽窜层，严重时关闭汽窜井，从而达到抑制汽窜的目的。

2. 汽窜井现场控制措施

（1）对注汽同层的相邻井加密量油和巡回检查次数，发现异常立即向有关部门汇报。

（2）汽窜初期可将采油树各部位螺栓紧固一遍，根据汽窜程度采取降低生产参数或关井措施。抽油机井停抽关井，压力低于2MPa时，可以更换一级密封填料，并且将一级、二级密封盒上紧，对注汽井可减少日注汽量。

(3) 如井口油管压力高于 2MPa 需立即停抽，在光杆上打卡子卸负荷坐封，关闭油管阀门、套管阀门。

(4) 如果汽窜严重，发生井喷，立即上报压井处理，注汽井立即停注并放喷泄压。

四、出砂井管理

油井出砂是指地层中的砂进入井筒、泵筒，并随产出液进入集油系统，过程中会存在油层砂埋、井筒沉砂、砂卡泵、泵阀关闭不严、泵效下降、集油管线沉砂等危害。因此，出砂井的管理十分重要，对于出砂井的管理，可分为地下防砂和地面管理两方面。

进行地下防砂主要是采用人工井壁、高温固砂、油层预处理、大修井下 TBS 筛管等一系列工艺措施。

地面管理主要是在注汽前对强汽窜井及时实施关井，对滞后反应或汽窜较弱井，及时下调生产参数生产；注汽过程中加密液量、含水率、温度及套管压力等生产数据的监测，灵活实施关井或进一步控液生产；在注汽后实施汽窜井开井时，采取变频器控制冲次在 $3min^{-1}$ 以下、液量在 20t 以下，避免生产压差过大导致油层激动出砂。安装井口可调式套管压力控制装置，杜绝随意乱放套管气而引起套管压力大幅波动，避免油层激动出砂。

（一）生产管理措施

(1) 对于出砂油井在放喷时，放喷最大排液量不超过 50t/d。

(2) 停井时，为防止油井出砂进入泵筒造成砂卡，驴头应停在上死点。

（二）出砂井软卡的处理及注意事项

(1) 首先将冲次调整到合理的范围内，使驴头下行的速度和光杆下行速度保持一致。

(2) 根据各项参数判断软卡的原因，采取中频送电、提高电流、油井热洗等方法，使油井恢复正常生产。

(3) 通过长时间的观察，结合生产现状，制定下一步措施。

(4) 调整冲次和中频电流时一定要验电，并佩戴绝缘手套。

(5) 注意观察光杆是否因为磕碰驴头而造成弯曲变形。

(6) 观察是否因为载荷过大而造成方卡子滑脱。

(7) 发生毛辫子跳槽后，及时进行调整，并检查受损情况。

（三）其他管理重点

(1) 抑制汽窜。对于易出砂井来说，特别是稠油热采井，防止汽窜十分关键，对于有汽窜史的油井，注意油井注汽时建立防窜隔离带。

(2) 合理工作制度。易出砂油井可适当上提泵挂，减少砂的影响；对于出砂严重井，可以采用防砂泵与尾管配合的管柱；对于出砂较轻的井，采用下普通泵配合砂锚的管柱配置。

(3) 放喷井要保持平稳连续放喷，油管、套管同时放喷等措施，防止油层激动出砂。

(4) 重点出砂井使用变频器，采用低冲次开井，控制油井采液速度，稳产后再缓调冲次。

五、SAGD 采油井管理

(一) SAGD 采油井取样

SAGD 采油井取样是通过对所取油样的化验分析，获得油井产出液的物性参数，翔实准确地掌握 SAGD 油井产液量和产油量的变化，为分析油水井提供可靠的依据，是 SAGD 开发必不可少的第一手资料。

1. 高温取样器

SAGD 采油井取样需在高温下进行，普通取样阀门就不能适应了。近几年来，在 SAGD 高温转接站内利用高温油井井口产出液取样器（以下简称高温取样器）进行 SAGD 井的取样工作已逐步替代直接在 SAGD 井口通过取样阀门进行取样。高温取样器结构如图 4-16 所示。

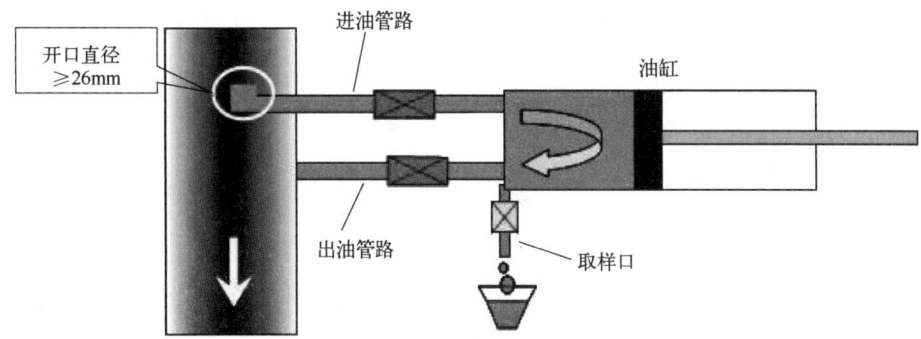

图 4-16　高温取样器结构示意图

在自动模式下，按下取样按钮，进油管路阀门开启，油缸进油，活塞达到预定位置就停止运动。此时，出油管路开启，排死油至管线中。随后，再次进油至油缸，达到预定体积后，利用风扇将油缸内油样温度降至 100℃ 以下，之后活塞继续移动，扩大油缸内体积对油样降压。最后再由取样口排出，完成取样操作。取样全过程利用微计算机控制器自动操作，各环节设计符合手动取样国家标准，并且完全避免闪蒸现象的发生。

闪蒸就是高压饱和液体进入低压容器后，由于压力突然降低使饱和液体一部分变成饱和蒸气的现象。

SAGD 井井口取样时的闪蒸现象是指管线中原来 1MPa 左右的高温高压饱和井液在取样口被放出，由于压力突然降低，部分饱和水变成饱和蒸汽的现象。SAGD 井井口取样时发生闪蒸，会使油样中水分大量散失，导致产出液含水率化验结果严重失真。

SAGD 采油中产出液如果在井筒内闪蒸，会造成抽喷而引起汽窜，同时易造成原油中携带的砂子沉积而卡泵。因此要求控制油井回压生产，其压力控制值一般在 1.0MPa 左右。以油井产出液在井筒内及在换热器内不发生闪蒸（汽化）为标准。

利用高温取样器有以下三个方面的好处：

（1）避免在井口直接取样所产生的闪蒸现象，确保产出液的物性参数真实。

（2）提高 SAGD 取样操作的安全性，降低操作员工烫伤、中毒概率。

(3) 避免人为操作失误造成的环境污染问题。

2. 多通阀

多通阀也称为多通道管路自动切换装置，是油田计量站上控制多井轮流计量的执行机构。多通阀由阀体和电气控制部分构成，阀体设有多个进液口、1个混输出口、1个计量出口，内部设有旋转对位机构和计量/混输切换机构。电气控制部分主要由两台电动机及减速机、编码器、控制箱及控制程序等构成。

多通阀工作原理：多通道管路自动切换装置的进液口分别接入区域内的油井（≤11口）集油管线，计量出口与下游的计量器连接，混输出口与混输管线连接。计量前所有油井均处于混输状态；计量时旋转对位机构按程序设定对正待计量井，计量/混输切换机构切换至计量状态，待计量井产出液即通过计量出口进入定量称重式计量器计量，其他油井产出液在阀体内腔汇集，经混输出口进入混输管线进站；计量结束时计量/混输切换机构动作切换至混输状态。

3. 取样过程

1）准备工作

(1) 正确穿戴好劳保用品。

(2) 准备工具、用具。

(3) 正常生产的 SAGD 井高温取样器 1 台，计算机数控系统及配套设备齐全、符合要求。

2）取样前检查

(1) 检查取样器：检查控制面板上指示灯是否正常开启，用试电笔检查操作按钮是否绝缘，检查取样杯是否挂在取样处卡槽内。

(2) 检查取样器流程：检查各部位螺栓是否紧固、有无渗漏，检查取样器进口、出口阀门是否完全打开。

(3) 检查取样容器：检查取样袋是否存在破损或易损情况，检查大样桶是否有破损或裂纹。

(4) 检查取样井产液状况：确认取样井产液正常，无临时停井、洗井、扫线等作业情况。

3）贴取样标签

(1) 在标签上填写完整井号、日期、取样人。

(2) 将标签贴在取样袋的"手提处"，以及取样桶桶盖上。

4）选择取样井通道（远程模式）

(1) 在中转站数据监控、操作系统上，用鼠标左键单击取样井所在翻斗图标。

(2) 单击"停止测量"按钮激活井号通道界面。

(3) 单击井号通道界面上取样井前圆圈。

(4) "当前通道"与"设定通道"一致后，取样及量油通道选择完成，则可以进行取样准备。

5）取样

用取样袋取小样：

(1) 将取样袋均匀套入取样杯中,尽量将取样袋紧贴杯壁,使取样袋有足够的空间容纳油样,标签放在取样杯外。

(2) 将取样杯放入高温取样器取样槽内。

(3) 按下控制面板处"取样"按钮。

(4) 高温取样器蜂鸣提示取样完成后,缓慢平稳取下取样杯。

(5) 在取样杯内缓慢平稳取出取样袋,轻轻将袋内空气挤出,然后再轻轻旋转取样袋上部手提部,将底部油样密封,再将已呈"绳状"的手提部分系成"死扣"。

用取样桶取大样:

(1) 将大取样桶固定在取样口下面较近位置(1~5cm)。

(2) 按下控制面板上"取样"按钮。

(3) 当取样器蜂鸣后,再重复按"取样"按钮,继续取样,根据要求选择取样量。

(4) 达到取样量后,缓慢平稳取出取样桶,放在工作平台上,用塑料布密封桶口,拧紧桶盖。

(5) 确认取样标签无油污、粘贴牢固。

6) 填写资料报表

(1) 清理现场;将工具擦拭干净,保养存放。

(2) 将目测含水率及相关资料填入报表。

(二) 启停 SAGD 采油井液压封井器

SAGD 油井生产过程中,密封填料长时间与光杆摩擦而损坏,造成油气从密封盒处渗漏,污染环境,严重时造成井喷等事故。由于 SAGD 生产具有高温、高压的特点,常规二级密封填料无法满足井口密封需要,因此采用耐高温、高压的液压封井器来实现井口密封。液压封井器主要由密封上壳体、密封填料壳体、抢喷盒体、手动辅助部分(固定销钉和手动丝杠等)、密封盒体、液压管路、液压站和连接法兰等几部分及其零部件组成。该产品工作压力为 5MPa,静止压力为 21MPa,密封填料最高耐温 180℃。启、停液压封井器是从事 SAGD 生产的采油工必须掌握的一项基本操作技能。

1. 启动液压封井器前准备

(1) 了解启动液压封井器目的,如更换密封填料,需提前准备好工具、用具。

(2) 检查配电箱门有无漏电,调整变频,让抽油机冲次降到最低,按停止按钮,停机至合适位置,戴绝缘手套,侧身断电。

(3) 检查液压封井器连接处有无渗漏,液压油位是否合适。

2. 更换密封填料封井操作

1) 自动操作

(1) 打开液压封井器的液压站,合上断路器,按下启动按钮,系统开始向液压管路中加注液压油,压力达到设定值后自动停泵,液体起压如图 4-17 所示。

(2) 把密封功能换向手柄放到"关"挡位,此时密封盒体中的密封填料在活塞的带动下向光杆移动,使密封填料轴向压缩抱紧光杆,处于密封状态,如图 4-18 所示。

(3) 检查液压封井器两侧密封效果。

图 4-17 液体起压示意图

图 4-18 封井器关闭示意图

（4）更换密封填料。

（5）按下启动按钮，把密封功能换向手柄放到"开"挡位，此时密封盒体中的密封填料在活塞的带动下离开光杆，使密封填料轴向松开光杆，处于放松状态，如图 4-19 所示。

（6）检查液压封井器两侧解封效果。

（7）把密封功能换向手柄放到"停"挡位，断开电源，以备下一次使用。

（8）用最低冲次启动抽油机，缓慢调到正常冲次。

2）手动操作

（1）打开液压封井器的液压站，装好手动压杠，上下往复操作压杠，系统开始向液压管路中加注液压油。

（2）与自动操作步骤（2）～（4）相同。

图 4-19 封井器打开示意图

（3）把密封功能换向手柄放到"开"挡位，上下往复操作压杠，此时密封盒体中的密封填料在活塞的带动下离开光杆，使密封填料轴向松开光杆，处于放松状态。

（4）检查液压封井器两侧解封效果。

（5）把密封功能换向手柄放到"停"挡位，以备下一次使用。

（6）用最低冲次启动抽油机，缓慢调到正常冲次。

3. 抢喷封井操作

当光杆断导致井喷时，执行以下操作。

1）自动操作

（1）打开液压封井器的液压站，合上断路器，按下启动按钮，系统开始向液压管路中加注液压油。

（2）把密封功能换向手柄放到"关"挡位，此时密封盒体中的密封填料在活塞的带动下向光杆移动，使密封填料轴向压缩抱紧光杆，处于密封状态。

（3）观察井喷情况，如果井口不再喷油，则操作人员处置井喷；如果井喷没有被控制住，则继续执行下面的操作。

（4）把抢喷功能换向手柄放到"关"挡位，此时抢喷盒体中的密封填料在活塞的带动下向中心移动，使密封填料轴向压缩，处于密封状态。

（5）当井喷事故处理好后，按启动按钮，把抢喷功能换向手柄放到"开"挡位，此时抢喷盒体中的密封填料在活塞的带动下离开中心位置，处于放松状态。

（6）检查液压封井器两侧解封效果。

（7）先把抢喷功能换向手柄放到"停"挡位，再把密封功能换向手柄放到"开"挡位，然后将密封功能换向手柄放到"停"挡位，检查液压封井器两侧解封效果，断开电源，以备下一次使用。

2）手动操作

（1）打开液压封井器的液压站，装好手动压杠，上下往复操作压杠，系统开始向液压管路中加注液压油。

（2）把密封功能换向手柄放到"关"挡位，此时密封盒体中的密封填料在活塞的带动下向光杆移动，使密封填料轴向压缩抱紧光杆，处于密封状态。

（3）观察井喷情况，如果井口不再喷油，则操作人员处置井喷；如果井喷没有被控制住，则继续执行下面的操作。

（4）把抢喷功能换向手柄放到"关"挡位，上下往复操作压杠，此时抢喷盒体中的密封填料在活塞的带动下向中心移动，使密封填料轴向压缩，处于密封状态。

（5）当井喷事故处理好后，把抢喷功能换向手柄放到"开"挡位，上下往复操作压杠，此时抢喷盒体中的密封填料在活塞的带动下离开中心位置，处于放松状态。

（6）检查液压封井器两侧解封效果。

（7）先把抢喷功能换向手柄放到"停"挡位，再把密封功能换向手柄放到"开"挡位，上下往复操作压杠，然后将密封功能换向手柄放到"停"挡位，检查液压封井器两侧解封效果，断开电源，以备下一次使用。

4. 手动辅助封井操作

（1）防窜关井。

① 当进行防窜关井时，按更换密封填料封井操作（自动操作）步骤（1）～（3）执行。

② 取下密封盒体两侧上的固定销钉，分别顺时针旋进手动丝杆，并用固定销钉连接两侧密封盒体上的手动丝杆和活塞指示轴。

③ 旋紧手动丝杆后，按更换密封填料封井操作（自动操作）步骤（5）～（6）执行。

④ 当防窜关井结束时，取下两侧密封盒体上用于连接手动丝杆和活塞指示轴的固定销钉，分别逆时针完全松开手动丝杆，直到使手动丝杆恢复到出厂状态，然后将固定销钉连接在手动丝杆的外侧孔中。

（2）现场没有启用液压泵站或液压管路有损坏导致不能正常工作时，可以启用手动辅助装置，具体步骤如下：

① 取下密封盒体两侧上的固定销钉，分别顺时针旋进手动丝杆，并用固定销钉连接

两侧密封盒体上的手动丝杆和活塞指示轴。

② 旋紧手动丝杆，使密封填料轴向压缩抱紧光杆，处于密封状态。

③ 当更换完密封填料或防窜关井结束后，取下两侧密封盒体上用于连接手动丝杆和活塞指示轴的固定销钉，分别逆时针完全松开手动丝杆，直到使手动丝杆恢复到出厂状态，然后将固定销钉连接在手动丝杆的外侧孔中。

第五节　火驱注采井管理

一、火驱采油技术概述

火驱采油是一种重要的热力采油技术，国外又称为"就地燃烧"或"火烧油层"。该技术是以油层内原油的部分重质成分为燃料，以地面不断注入空气中的氧气为助燃剂，使油层持续燃烧生热后，原油发生裂解—降黏—流动，并利用燃烧后的混合气体将原油从油层中驱替出来的一种采油方式。其具有热效率高、节能环保的独特优点，火驱生产工艺如图4-20所示。

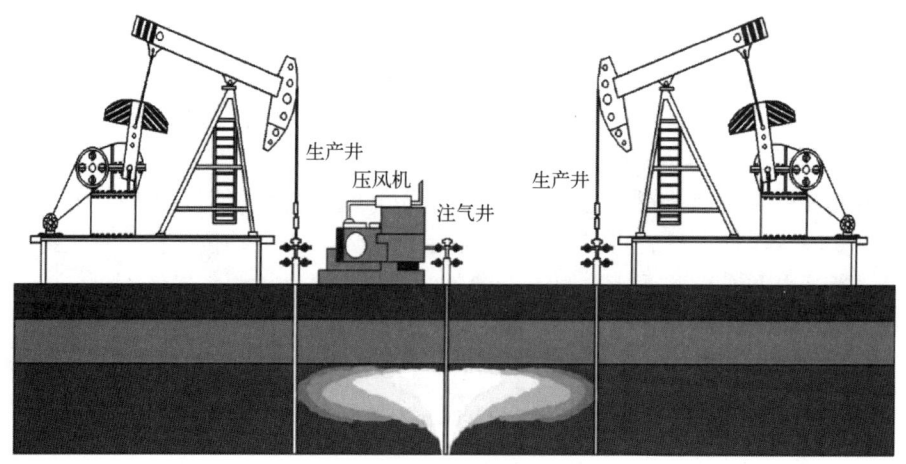

图4-20　火驱采油工艺示意图

火驱从注气井到生产井，共划分为已燃烧区、燃烧区、结焦区、蒸汽区、富油区、尾气区、剩余油区7个区带，兼具高温氧化、低温氧化、裂解热蒸馏、复合驱动、加热降黏、保持压力6项开发机理，有适用范围广、地面工艺简单、空气来源广、成本低廉、驱油效率高、绿色环保等特点；按燃烧方式可分为干式向前燃烧、湿式向前燃烧和反向燃烧，按井网形式可分为面积火驱和行列火驱。

（一）火驱生产井生产阶段划分

根据现场生产情况，可以将火驱划分为以下几个生产阶段：

(1) 排水阶段：通过点火和注气，可将地层中的大部分次生水体排到地面，这一过程一般需要 40~60d。该阶段产液含水率通常在 98% 以上，单井的日产水量通常为 10~20t/d。

(2) 见效阶段：排水阶段之后，产液量开始以较快的速度下降，表明燃烧带前缘大部分次生水体已经被排出地层，烟道气驱效应开始显现。此时一线生产井开始微量产油，含水率也从最初的 98% 以上下降到 90% 左右。该阶段也可以称为烟道气驱阶段。受油气相渗的影响，烟道气驱阶段单井产油量很低，一般低于 1t/d。

(3) 产量上升阶段：在点火后 100~120d，生产井产液量相对稳定，含水率开始稳步下降，产油量稳步上升。一般含水率从 90% 下降到 60% 左右，火驱效应逐渐加强，产油量从 1t/d 以下上升到 2~3t/d。

(4) 稳产阶段：产量上升阶段需要经历 20~30d，此后进入稳产阶段。在稳产阶段，单井产量为 4~7t/d，含水率为 40%~60%。

(5) 氧气突破阶段：在稳产阶段后期，随着燃烧带前缘不断向生产井方向推进，生产井产出气体中会出现氧气。当氧气体积分数在安全范围内（一般设定为 5%）时，生产井还可以继续生产，但要对产量加以限制，以延长生产时间，延缓关井时间；当氧气体积分数超过安全界限时，应该立即关闭该生产井，生产阶段结束。需要指出的是，若油藏条件（油层厚度、平均剩余油饱和度、原油黏度等）发生变化，各个阶段所对应的时间会有所差异，但阶段特征大致相同；同样，如果地层存在倾角，处于点火井不同方向（如上倾、下倾、平行方向）的生产井动态表现也会有所差异，但总的阶段特征也基本相同。

（二）火驱井组见效井的产液状况

(1) 高含水（油花）：主要特征是产出液含水率为 98% 以上，原油呈颗粒状分散到水中，水的颜色发黄。其中的原油主要是受热流体剥离作用被带到生产井井底的。这里的热流体指燃烧带前缘高温冷凝水、高温烟道气，其温度高于原始地层温度，但低于燃烧带温度，也低于燃烧带前缘蒸汽温度。这种情况对应于第二阶段即见效阶段的初期。

(2) 高含水（黑色泡沫油）：主要特征是产出液含水率为 90%~98%，原油中泡沫分布明显。取样时产出泡沫油漂浮在取样桶中的水表面。原油颜色较深，接近于黑色，这部分原油是受到蒸汽及高温流体剥离作用被输运到生产井井底的，类似于蒸汽驱和蒸汽吞吐回采过程中的产出油特征。这种情况对应于第二阶段即见效阶段的后期。

(3) 中高含水（泡沫乳化油）：主要特征是产出液含水率为 60%~80%，原油中泡沫更加细小。产出液中几乎看不到连续水相。泡沫油颜色为褐色，视黏度和视密度较低。这部分原油来源于火驱作用，可以肯定的是，其组分和物性的变化与燃烧带前缘的高温裂解作用直接相关。但目前这部分原油在地层中形成和输运的过程尚不完全清楚，需进一步观察和分析。这种产状对应于第三阶段即产量上升阶段的中后期。

二、火驱注气井管理

火驱生产过程中，要保持地下燃烧带前缘稳定向前推进，就必须保持向地层连续稳定注入空气。在点火前，需对注入井进行由低到较高速度注气，使油层中建立连续气相；在点火加热过程中，定期对周围生产井取气样进行组分分析，特别是累计加热量将要达到设计值时，除按设计要求加大注气速度外，应加强对周围井的动态观察和加密气样分析。若在 24h 内，生产气体中 O_2 下降，CO_2 和氧利用率增加，说明油层确已点燃，继续注气转入油层燃烧的阶段。

（一）火驱注气井点火

1. 火驱注气井点火开井

（1）打开注气干线与注气井间的供气阀门，待压力稳定后，对单井注气管线实施放空，放尽管线内存留的水、铁屑等杂质。

（2）蒸汽停注后，关闭井口总阀门，打开井口放空阀门，放压结束后，拆井口注蒸汽活动管线。

（3）关闭井口放空阀门，打开井口总阀门，分别缓慢打开油管压力阀门、套管压力阀门录取油管压力、套管压力。

（4）用卡瓦将单流阀连接在注气井口侧生产阀门上，连接注气流程软管，并在注气软管加入催化点火药剂。

（5）打开注气阀组的控气阀门，待注气管线内压力稳定并高于注气井井口压力后，再缓慢打开井口注气阀门，实施点火投注。

（6）按"火驱注气井点火作业工程设计"调整空气注入量，直至瞬时流量和配注气量相符并保持稳定为止。

（7）启注完成后，在注气井井口悬挂开井指示牌。火驱注气井井口如图 4-21 所示。

（8）在生产记录本上记录好井号、注气方式、注气压力、油管压力、套管压力、启注时间、配注量、电子流量计底数等相关数据。

图 4-21 火驱注气井井口

2. 开井后检查

（1）检查注气井井口各连接处及套管环形空间有无渗漏。

（2）缓慢打开气表前放空阀门，确认管线内无水分、杂质。

（3）按配注方案定压、定量注气，实际注气量与配注量相符。

（4）对供气主管线进行巡检，无腐蚀、渗漏现象。

3. 火驱注气井关井

（1）关闭注气井井口注气阀门，关闭注空气干线对单井供气阀门。

（2）打开单井注气阀组的放空阀门放空泄压后，关闭放空阀门及注气阀组上的控气阀门。

（3）停注完成后，在注气井井口悬挂停注指示牌。

（4）在生产记录本上记录好井号、停注时间、油管压力、套管压力、电子流量计底数、停注原因等相关数据。

（5）停注后通知调度，降低注气系统压力和排量。

（6）检查阀门关闭是否紧密，有无渗漏。

（二）火驱注气井启停压缩机

空气压缩机按照工作原理可以分为容积型、动力型、热力型三大类，火驱井使用的空气压缩机主要是螺杆压缩机和往复活塞压缩机，它们都属于容积型压缩机。

1. 螺杆压缩机

空气的压缩是靠装于机壳内互相平行啮合的阴阳转子齿槽的容积变化而实现的。转子副在与它精密配合的机壳内转动使转子齿槽之间的气体不断地产生周期性的容积变化，而沿着转子轴线由吸入侧推向排出侧，完成吸入、压缩、排气三个工作过程。

2. 往复活塞压缩机

往复活塞压缩机是通过活塞在气缸内做往复运动来压缩和输送气体的压缩机，如图4-22所示。按传动方式它分为轴驱动和非轴驱动两类。轴驱动的往复活塞压缩机按轴的结构不同又区分为曲轴驱动和非曲轴驱动两种。在曲轴驱动的一类中，一种是无十字头的往复活塞压缩机，曲轴转动时通过连杆直接带动活塞在气缸内做往复运动；另一种是有十字头的往复活塞压缩机，连杆通过十字头带动活塞做往复运动。非曲轴驱动的

图4-22　往复活塞压缩机

往复活塞压缩机，转盘的转动带动活塞在气缸内做往复运动。非轴驱动的往复活塞压缩机通常指自由活塞压缩机和电磁驱动活塞压缩机。电磁驱动是由直线电动机的转子在磁力作用下直接带动活塞在气缸内做往复运动，从而实现对气体的压缩。

3. 启机前检查

（1）检查清理障碍物，盘车3~5圈，检查各连接部位是否完好，如地脚螺栓、传动、对轮、基础等部位有无缺损、松动、偏置。

（2）检查润滑系统油质、油位，检查注油器油位，观察储油罐的油位玻璃显示管，低于红色部位要及时添加。

（3）检查冷却系统是否完好，管路是否通畅，水量是否充足。

（4）检查流程是否畅通，打开进出口阀门，检查工艺排空、排污是否符合要求，检查是否有漏点及安全隐患，用进口介质气置换压缩机内气体。

（5）检查电动机、电控设备及仪表控制是否完好。

（6）检查附属仪表及安全附件，如压力表、温度表、振动表、钳形电流表、电压表、安全阀等是否灵活好用。

4. 启动空气压缩机

（1）将运行停止牌置于"运行"状态。

(2) 戴绝缘手套，合闸送电，观察电压表显示稳定后进行下一步操作。

(3) 启动附属设备，如外加风机、换气扇、冬季预热加热器等。

(4) 启动附机设备，如冷却系统、润滑系统。

(5) 待附属设备、附机设备运行正常后，按启动按钮，启动压缩机主机。

5. 启动后检查

(1) 检查润滑油是否有漏失，压力、温度是否符合要求，如果不符合马上调节，调节不了马上停机检修。

(2) 检查冷却系统是否运行正常，降温及冷却液温升是否符合要求。

(3) 检查排气温度是否在许可范围，如果偏高继续观察变化，发现异常及时停机检修。

(4) 检查电流、电压情况及各控制系统、电路系统。

(5) 检查运行中是否有异响、异味、异色、异振、漏油、漏水、漏气现象。

(6) 检查吸气盖是否异常发热，排出气量、压力是否符合设计要求，设备有无超载运行现象。

6. 停空气压缩机

(1) 按停止按钮，停运压缩机主机，停外加风机、换气扇和润滑系统。

(2) 主机停止后，关闭进出口阀门，排掉余压。

(3) 待主机冷却后，停运冷却系统。

(4) 按要求先关闭各分电源，再关闭总电源。

(5) 将运行停止牌置于"停止"状态。

(三) 火驱注气井生产管理

1. 生产难点

(1) 注空气层内燃烧带来的高温（500~600℃甚至更高），给修井、作业及生产运行管理带来挑战。

(2) 燃烧带的稳定推进客观上对注气的不间断性、稳定性要求高。

(3) 生产井高产气量并含 H_2S、CO_2 等有毒、有害气体。

(4) 地下"油墙"推移的实效性和不可逆性客观上要求调控和管理措施也具有严格的时效性和不可逆性。

(5) 火驱油藏、采油、地面各环节结合异常紧密，现场管理处于不断探索、不断改进的过程。

2. 影响火驱效果的因素

(1) 注气系统故障，如压缩机故障无法修复造成注气中断等。

(2) 目前点火方式主要有蒸汽预热点火、化学点火、电点火等。

(3) 火驱生产井产出流体中含有大量的燃烧尾气，造成气液比较高，对于疏松地层，很容易引起出砂。

(4) 生产井的管外窜问题。固井质量差或者前期经过多轮次注蒸汽热采的生产老井，在火驱过程中可能发生气体沿着管外窜，窜出的气体可能进入其他地层。

（5）注采及地面系统腐蚀。火驱过程中容易被忽视的是注气井井筒的富氧腐蚀，严重时会在管壁形成大量的氧化铁鳞片堵塞炮眼，造成注汽压力升高甚至完全注不进气。

三、火驱生产井管理

火驱生产井保持油、气产出畅通，提高产量，取全、取准油、气、水、温度、压力等动态资料，调整油井工作制度，控制高气油比，提高油井气体采注比，防止火窜，争取火烧油层好效果，是生产井管理的核心。

（一）火驱生产井巡回检查

火驱生产井长期处于野外环境条件下，由于受外部条件和油井伴生气中含有大量硫化氢气体的腐蚀影响，气回收管线容易腐蚀穿孔，尾气组分变化情况将直接影响火驱效果，及时巡回检查并取全取准资料是采油工必须掌握的一项基本操作技能。

1. 检查井口

（1）检查调整密封盒松紧程度，以光杆不发热、井口密封填料不带油为合格。

（2）检查井口流程是否正确，回压、温度是否在标准范围内（火驱生产井井口如图4-23所示）。

（3）按油井取样运行操作，取样观察井口含水情况。

（4）憋泵判断油井出油是否正常。

（5）按火驱井取气样要求操作，取足取够气样。

（6）检查套管压力值是否正常，套管气回收流程有无渗漏，管线有无被腐蚀现象。

图4-23 火驱生产井井口

2. 检查抽油机

（1）检查驴头销子、悬绳器、方卡子是否正常，毛辫子有无断股，驴头有无开裂。

（2）检查紧固底座压杠固定螺栓、平衡块固定螺栓、减速箱固定螺栓、中尾轴固定螺栓、电动机固定螺栓、刹车连杆及固定螺栓是否正常。

（3）检查曲柄销子和平衡块安全线是否移位，有无异常响声。

（4）检查中轴、尾轴、曲柄销子、连杆销子、减速箱、电动机是否缺油，有无异常响声。

（5）检查电动机外壳温度是否过高，声音是否正常。

（6）检查抽油机皮带是否"四点一线"，有无松、缺现象。

（7）用钳形电流表检测抽油机上下行峰值电流，判断抽油机平衡情况。

3. 排积水

（1）站在上风口，侧身缓慢打开单井气包底部排液阀，排净底部残液。单井气包结构如图4-24所示。

图 4-24 单井气包结构

(2) 站在上风口，侧身缓慢打开平台脱硫塔底部排液阀，排净底部残液。

4. 录取资料

(1) 录取温度、压力、含水率、憋泵数据、电动机上下行电流和尾气表读数等资料，将有关资料填入报表。

(2) 清理现场；将工具擦拭干净，保养存放。

（二）火驱生产井录取气样

1. 佩戴正压式空气呼吸器

(1) 检查气瓶内的储存压力、供气管系高压气密性、余压报警器、压力表、导管、供给阀、全面罩、空气瓶的固定等情况。

(2) 松开肩带和腰带的搭扣，调整好松紧，背上正压式空气呼吸器，卡好腰带，拉紧肩带和腰带。

(3) 检查呼吸阀是否关闭，完全打开气瓶阀，观察压力表，并检查报警哨是否正常，戴上面罩，检查是否有气流泄漏。

2. 取样前检查

(1) 检查取样袋有无破损、开裂，取样袋上阀门是否开关灵活。

(2) 填写取样井号、日期、时间。

(3) 检查尾气回收流程开关是否正常。

(4) 记录尾气表瞬时流量和累计读数。

(5) 站在上风口，侧身慢开取样阀，听到有气体声音，关闭取样阀。

3. 检测硫化氢

(1) 打开硫化氢检测仪器电源开关，显示数字由 5 逐渐降为 0，此时若无电量不足显示，可以进行测试。

(2) 操作人员站在上风口，缓慢打开取样阀门，将硫化氢检测仪测试口对准被测阀门（距离 20~50mm）进行测试，5~10s 后，记录最高浓度值。

(3) 关闭取样阀门，关闭硫化氢检测仪电源，擦拭干净，保管好。

4. 取气样

(1) 将取样连接管一端连接在取样阀上，另一端与取样袋连接。

(2) 缓慢打开取样阀门，待取样袋鼓起后，关闭取样阀门。

(3) 两胳膊伸直，用双手缓慢将气体挤出取样袋，再次取样、挤出气体，重复 3 次，将取样袋内的其他气体完全替换出去。

(4) 再次连接取样管取样，当取样袋鼓起后，一只手拿住取样袋阀门顶端，另一只手逆时针方向旋转取样袋，直到转不动，此时取样袋阀门关闭。

(5) 关闭气流程上的取样阀门，拆掉取样袋上的软管，卸掉取样阀上的连接管。

5. 取下正压式空气呼吸器

(1) 取样操作完成后，离开井口 10m 以上距离，站在上风口，按照从下到上的顺序松开头带，取下面罩，关闭呼吸阀开关。

(2) 打开腰带上的锁扣，松开腰带。

(3) 卸下正压式空气呼吸器，关闭气瓶，打开拨叉开关，放净管内余压。

(4) 清理现场，将工具、用具擦拭干净，保养存放，取样袋上交化验室，将有关资料填入报表。

(三) 火驱生产井管理注意事项

(1) 巡井时必须佩戴硫化氢检测仪。将硫化氢检测仪打开并固定在胸前，当听到硫化氢检测仪报警时要立即撤离该区域，并向作业区相关负责人汇报，设置隔离带以防止发生中毒事故。夜班巡井工人在巡井时，站内人员应每1h与巡井工人进行联络，如长时间联系不上应马上组织本站及邻站员工进行寻找，发现疑似硫化氢中毒事故立即向作业区汇报，并马上拨打"120"组织抢救。

(2) 必须站在上风口操作。巡井人员油井取样时，人要站在上风口操作，佩戴好简易防毒面罩，检测油样硫化氢浓度，根据检测数据进行防护。为避免烫伤及硫化氢中毒事故的发生，可以在取样阀门处增加弯头使油样改变方向，利用硫化氢比空气重的原理，尽量降低硫化氢扩散的概率。

(3) 动态调整油井工作参数。根据油井注气下泵中后期对平衡进行调整，使油井平衡率保持在 80%~110%。

(4) 及时准确录取生产数据。录取温度、压力、冲次、电流、憋泵等资料，日常单井每3d憋泵1次，每3d测1次电流。

(5) 严格执行脱硫塔巡检操作规程。巡检时必须佩戴硫化氢检测仪；脱硫塔设施各部位阀门、排污泵定时维护保养；在用设备进出口压力表温度计配备齐全完好，压力表在检定期内，并有检定标签。

(6) 冬季伴热系统、保温系统完善好用。应防止冻堵现象发生，若发生冻堵现象，应在24h内处理完毕并及时汇报。积液增多要及时排污，定期憋压吹扫管线内积液。

第五章 油田数字化管理技术

第一节 油田数字化管理概述

一、油田数字化管理的意义和现状

数字化就是将许多复杂多变的信息量化为数字、数据,再建立起适当的数字化模型,利用计算机进行统一处理。数字化包括了集成性、系统性、智能性和定量性的特点。

数字化管理是利用计算机、通信、网络、人工智能等技术,量化管理对象与管理行为,实现计划、组织、协调、服务、创新等职能的管理活动和管理方法的总称,通俗地说就是要听数字指挥、让数字说话。数字化更适应扁平化和矩阵式的管理。作为信息时代的企业管理模式,数字化管理将极大地改变企业的管理现状,有力地促进企业管理效率和效益的提高。数字化管理是油田生产组织方式的革命,是油田管理方式的变革,是控制投资、降低成本、提高效率、确保安全生产的有力技术支撑。

油田数字化管理是指利用自动控制技术、计算机技术、网络技术、油藏管理技术、油(气)开采工艺技术、地面工艺技术、数据整合技术、数据共享与交换技术、视频和数据智能分析技术,实现电子巡井、准确判断、精确定位,强化生产过程控制与管理。

油田数字化管理通过创新技术和管理理念,提升工艺过程的监控水平,提升生产过程管理智能化水平,建立全油田统一的生产管理、综合研究的数字化管理平台,达到强化安全、过程监控、节约(人力)资源和提高效益的目标。

(一)油田数字化管理的意义

数字化油田是油田企业生产、科研、管理和决策的综合基础信息平台,它将对油田信息化建设起着统领和导向的作用。数字化油田已经表现出广阔的应用前景:

(1)数字化油田建设可以大幅度提高油田勘探开发研究和辅助决策水平,促进油田的可持续发展。

(2)数字化油田建设可以优化生产流程,大幅提升油田生产运行质量。

(3)数字化油田建设可以促进油田改革的进一步深化,进一步提高油田经营管理水平。

(二)油田数字化管理现状

以新疆油田公司自动化建设为例进行介绍。

1994年11月,彩南油田SCADA系统建成投用,成为新疆油田公司第一个完全实现自动化管理的油田，实现百万吨产能百人管理，标志着新疆油田公司的生产自动化水平达到国内领先水平。新疆油田公司于2013—2017年期间，先后完成了风城油田作业区、采油二厂、红山油田作业区的低成本物联网示范工程建设。2020年，"新疆油田油气生产物联网建设及应用研究"成功入选国务院国资委国有企业数字化转型典型案例。通过物联网，新疆油田公司油气生产单位一线用工需求平均降低65%，年降本增效近9亿元。2022年底，新疆油田公司实现物联网全覆盖。

油田自动化建设已经从探索试验阶段过渡到规模化、工业化应用阶段，随着新疆油田公司"数字油田"的总体规划与逐步实施，自动化技术在油田生产、安全管理、数据采集及控制等方面发挥着越来越重要的作用。

1. 采油自动化系统的组成

油田自动化系统从结构上主要分为远程终端、主控计算机和通信设备等。

远程终端：由单井控制器（RPC）与采注计量站计量控制终端（RTU）组成，对各监测点进行数据采集、分析、控制、处理和存储。

主控计算机：对接收的各种信息加以分析、判断处理，发出相应命令将信息分类，生成各种报表，保存生产数据到数据库。

通信设备：采用有线和无线两种通信方式，完成远程终端与主控计算机之间的信息传递。

1）单井

单井自动化系统由二次仪表（压力变送器、温度变送器、负荷传感器）、单井控制器（RPC）、电台等构成，如图5-1所示。

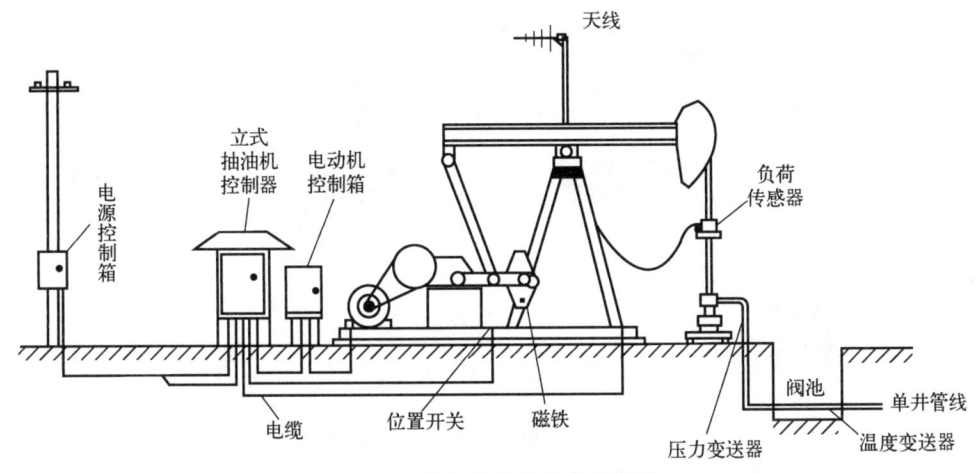

图5-1　数字化管理单井示意图

2）计量站

根据工艺过程与特点，计量站自动化系统由电动执行机构（电动头、压油执行器）、二次仪表（压力变送器、温度变送器、液位计、天然气报警仪、智能旋进式流量计、位置开关、火焰探测器等）、计量控制终端（RTU）、电台等构成，如图5-2所示。

3）中心控制室

中心控制室采用SCADA（Supervisory Control and Data Acquisition，数据采集监视控制

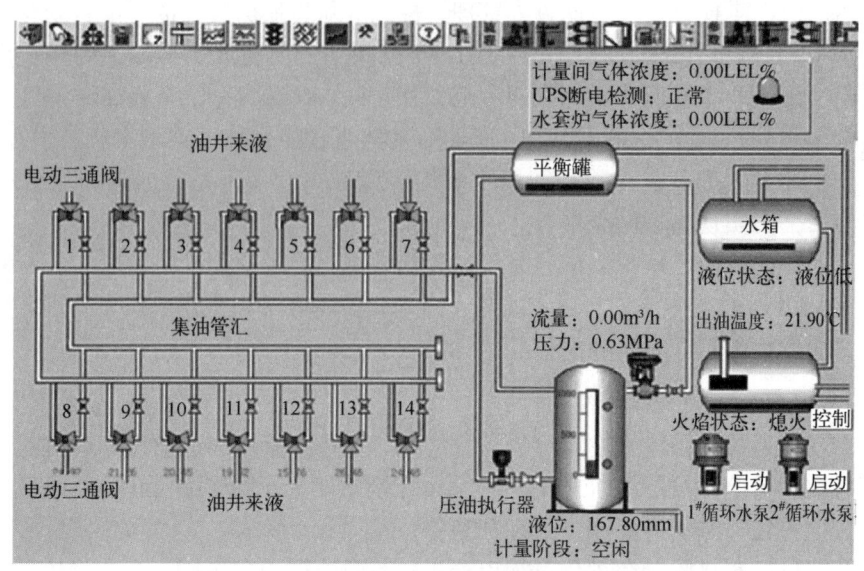

图 5-2 计量站自动化系统构成示意图

系统），SCADA 系统是一个集数据采集、监控、报警和报表输出等功能于一体的综合自动化控制系统。由它负责整个油区的工况数据采集与监测。SCADA 系统前台采用 Intellution-iFIX 组态软件，后台采用 ORACLE 关系型数据库。

中心控制室由服务器、工作站、主站电台、控制运行软件等构成，如图 5-3 所示。

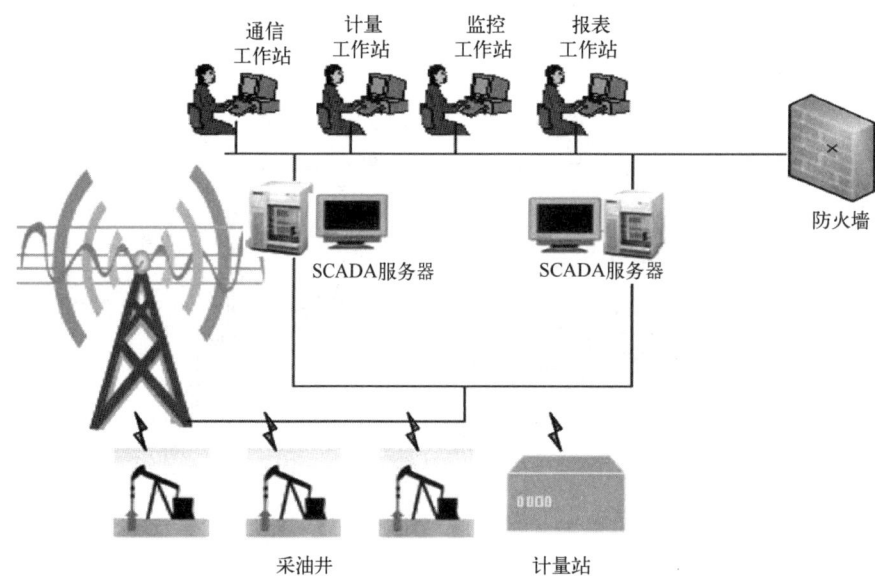

图 5-3 中心控制室自动化系统构成示意图

2. 采油自动化系统的应用功能

1）现场远程终端

（1）油井。

抽油井井场上安装的 RPC 通过相匹配的外围仪表设备对油井各项生产数据进行采集、

分析与判断,并与设定值相比较,采取相应的控制动作。

① 对示功图实时采集、在线控制及示功图诊断。

抽油井采用 RPC 对油井示功图进行实时采集,并将采集到的示功图与设定值对比,自动在线控制,能够对深井泵、空抽、阀漏失、气锁、供液不足等故障作出及时反应。除此之外,还能将示功图传至中心控制室,由 PEOFFICE 诊断软件自动对油井生产状态进行诊断,再由经验丰富的工程人员对诊断结果进行分析、判断,及时掌握抽油井深井泵的工作状况,采取合理有效的措施,制定更加符合生产实际的工作制度。

② 数据采集、分析与管理。

通过安装在井场的各种仪表能够很方便地收集各种生产数据,如油管压力、套管压力、回压、油温、悬点负荷、运行时间等。由于采用在线实时测量,提高了资料的录取准确性、连续性,使得油田管理者能够随时掌握油井生产状态,降低了油井现场管理的难度。

③ 故障诊断、自动遥控启停抽油机。

对收集到的各种数据自动进行分析诊断,对故障数据能根据设定值采取相应的动作,如涉及油井正常生产,RPC 将自动停止抽油机运转,并发回报警信息至中心控制室,同时中心控制室可随时远程遥控抽油井的启抽,使得油田管理人员能全天候地对油井进行监控。

(2) 采注计量站。

① 油井自动计量。

油井常规计量是由人工完成的,其计量精度、计量时间、计量次数均受到约束,且工作量大、工作烦琐,需要大量计量人员。通过 RTU 自动选井控制箱、液位传感器、旋涡流量计及相应配套设备,能自动完成单井油、气、水三项数据的录取,提高了计量精度,缩短了计量周期,加大了计量密度,并且计量数据最终可进入数据库,为进行油井日常生产动态分析提供及时准确的资料。

② 注水井数据采集。

通过安装在每口注水井的电磁流量计和压力传感器,能够采集到注水井的注入压力与注入量,送入 RTU 后进行计算累积。这些信息的获取有利于管理人员及时发现注水井工作的异常状态,及时进行调整,使注水井能正常运行,注入量符合油田需要。

③ 天然气浓度实时监测。

由于计量站无人值守,通过安装在计量间的可燃气体报警仪能够对生产过程中的油气泄漏作出实时监测,使得油田安全生产得到保障。

④ 生产数据的采集。

对计量站出站油温、分离器温度、烟温、阀位状态进行监测,可提供用于进一步了解采注计量站工作状况的相关数据。

⑤ 水套炉燃烧控制。

通过水套炉燃烧控制器对其运行状况进行监控,可以实时掌握其运行状态,并能实现故障诊断、自动切断关火等功能,确保在无人值守的情况下燃烧装置安全运行。

2）中心控制室

中心控制室是油田生产指挥的中心，对全油田生产动态进行监控，完成各种日报的生成、处理，具体功能如下：

(1) 井、站采集参数显示和采集值越限或故障报警。
(2) 单井选井（键控或排序）计量和阀位状态监测。
(3) 抽油机停机报警。
(4) RPC、RTU 及网络通信中断报警。
(5) 采油日报表、注水日报表、采油日志等自动生成。
(6) 抽油井井下示功图诊断。
(7) 抽油井启停控制、空抽控制和连抽带喷控制。
(8) 仪表量程、报警范围设置。
(9) 自动化数据 WEB 发布。

油田自动化系统可靠运行，实现了井站无人值守，实时监测油田生产动态，及时发现生产故障、事故隐患，及时准确地进行信息采集与传输，更合理有效地管理油田，有效减少现场工作人员，降低现场工作量及劳动强度，提高各种信息的处理质量及速度，在油田管理工作中发挥着不可替代的作用。

二、油田数字化管理平台的框架和功能

（一）平台总体建设框架

平台总体建设框架为一库一平台两系统（图 5-4），即一个综合数据库（图 5-5）、一个平台和智能专家系统（图 5-6）、生产管理系统（图 5-7）。

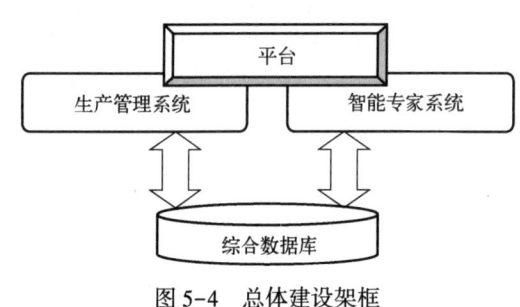

图 5-4　总体建设架框

（二）数字化管理平台功能

1. 数据自动采集

数据自动采集系统框架如图 5-8 所示。

(1) 油井数据采集。利用 OPC 接口采集，采集数据包括油管压力、套管压力、动液面、电动机、电量、电流、电压及示功图数据等。

(2) 注水数据采集。利用 OPC 接口采集，采集数据包括注水井、配水间、注水站等数据。

(3) 增压站/联合站数据采集。

(4) 管线数据采集。平台的实时数据库通过 OPC 协议将首站、末站的现场压力数据采集到数据库中，以管网拓扑图的形式实时显示各个管线节点的压力、流量、温度等，对管网运行状况进行实时监测。

(5) 罐区数据采集。平台集成罐区雷达液位监测系统，对罐区的工艺流程进行组态，实时显示油罐的容量、安全容量、油水界面、液位、温度等参数，用户可以直接通过网络对各个罐区进行监控和计量。

第五章 油田数字化管理技术

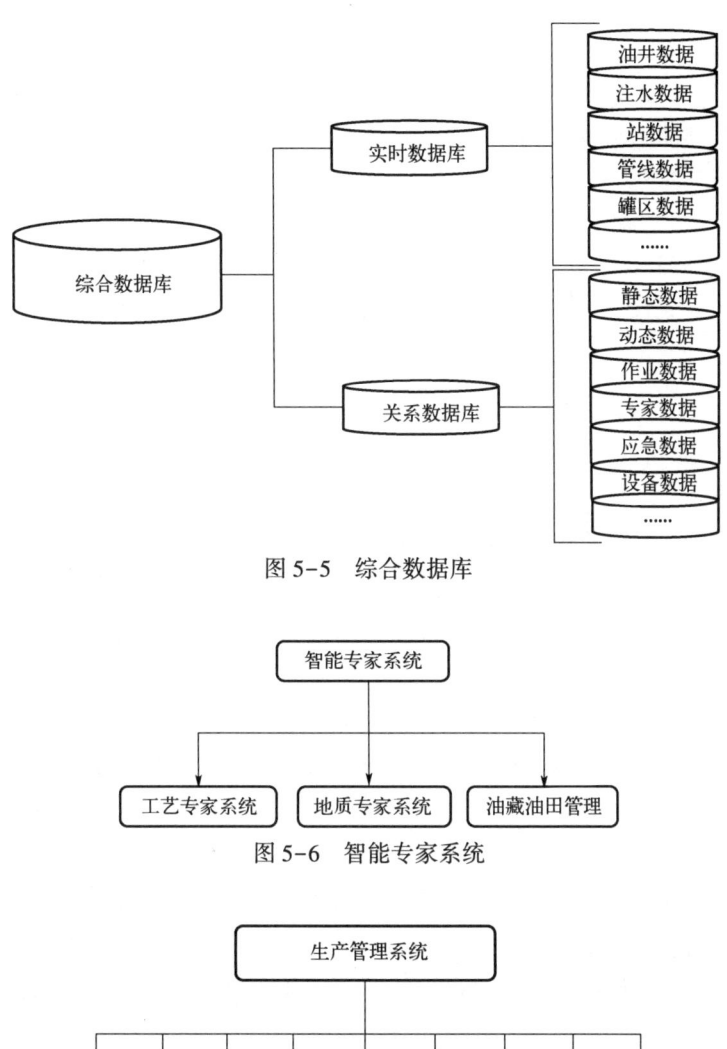

图 5-5 综合数据库

图 5-6 智能专家系统

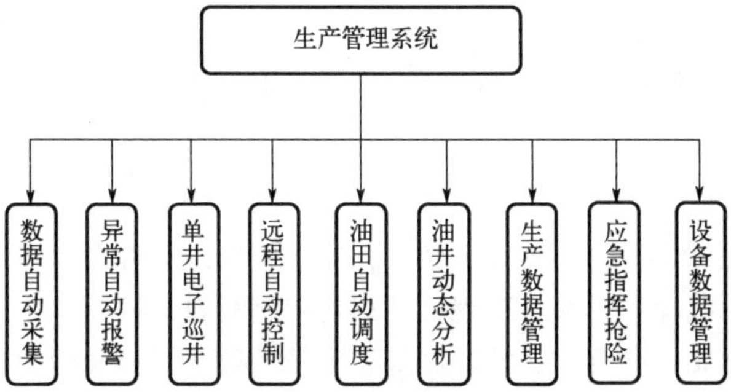

图 5-7 生产管理系统

2. 异常自动报警

（1）井场报警。通过对油井、注水系统、设备装置的生产运行状况的实时监视，平台能及时地向管理操作人员反映装置设备运行的任何异常，一旦发生异常情况，平台能及时通过各种报警方式提示通知相关操作管理人员。

（2）站点报警。通过对增压站、联合站、转油站等设备装置的生产运行数据的实时监视，一旦发生异常情况，平台能及时通过各种报警方式提示通知相关操作管理人员。

（3）管线报警。实时采集管线泄漏检测控制系统的检测结果，平台根据检测结果来判

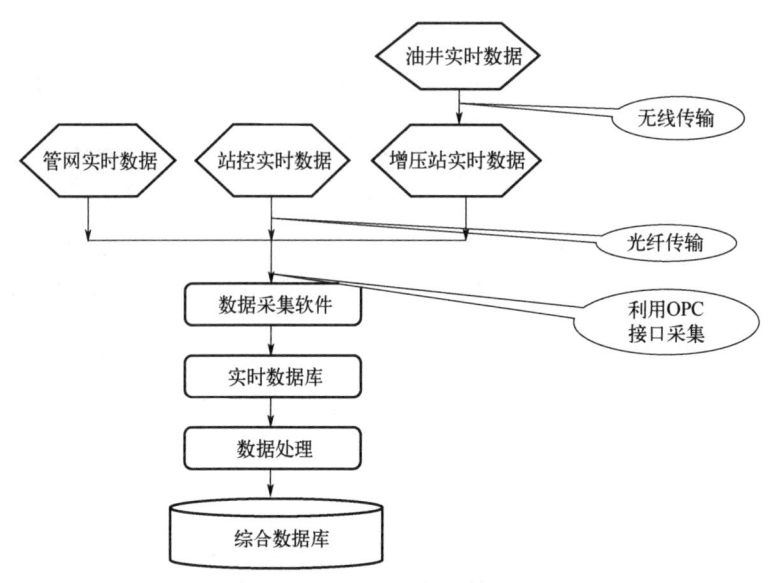

图 5-8 数据自动采集系统框架

断管线是否正常运行。如有泄漏情况发生,平台则出现报警提示,可及时通知相关负责人。

(4) 视频报警。通过平台的视频移动侦测功能,可以根据现场图像来判断是否有动物或人闯入。当异常情况发生后,在指挥中心或现场都有报警提示,工作人员可以在指挥中心直接向现场喊话,作出警告。

3. 单井电子巡井

平台集数据自动采集、示功图分析、井场异常监控、油井故障分析、异常自动报警、巡井调度组织等功能于一体,全方位监测油井生产过程,实现单井生产自动化。

使用电子巡井、身份识别和预警报警技术,操作人员在站上可对进入井场人员给予提醒和警告。

4. 远程自动控制

(1) 利用自动投球装置、自动加药装置,平台可实现远程自动控制功能。

(2) 利用井口电极保护模块,实现抽油机启停远程自动控制。

(3) 通过对增压站、联合站、转油站等主要场所频繁操作阀门的自动化改造,平台能够远程控制阀门。

(4) 在站上的控制室统一对井、站监控,实现24h运行监视、控制操作、报警处理以及故障记录。

(5) 通过管线泄漏检测控制系统,平台实现远程监控管线泄漏事件分析。

5. 自动诊断分析

(1) 研究示功图法计量原理,结合井场具体实际提出修正方法,提高计量精度;拓展示功图法计量的信息利用范围,诊断抽油机系统工况,优化机采系统参数。

(2) 采集主要生产场所的压力、温度、流量、液位等参数,通过可燃气体检测仪和视频监视系统实现对各种生产异常情况的自动诊断分析。

6. 油田自动调度

在 GIS 和 GPS 的基础上，开发数字化生产调度系统，利用采集井、站（增压点）、管线和联合站等实时数据、视频图像数据进行分析处理，自动形成作业指导建议、应急抢险辅助预案，并能够实现快速生产调度和下发指令。

7. 油井动态分析

利用采集油井的实时数据、示功图数据、抽油机运行状况数据以及注水数据进行分析诊断，智能分析油井运行状况，自动产生科学的油井维护措施与建议。

8. 生产数据管理

生产数据管理系统框架如图 5-9 所示。

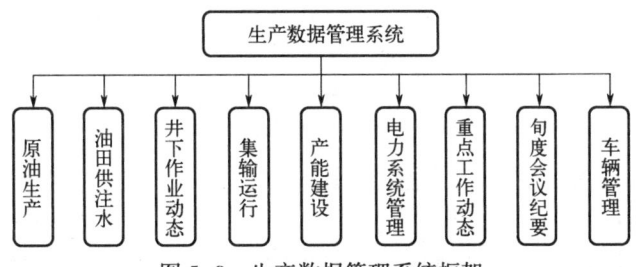

图 5-9 生产数据管理系统框架

实现对包括原油生产、油田供注水、集输运行、电力系统管理等生产数据的管理，满足日常生产报表需求。同时以图表的形式直观显示全厂及各单位原油生产情况、计划完成情况、生产与计划对比情况，展现井下作业动态、集输运行情况，深入挖掘现有数据的内在联系，为科学地进行油田生产调度提供充足的数据分析基础。

9. 应急指挥抢险

建立应急基础资料台账，管理全厂辖区范围内大站大库、集输管网和注水管网、电网示意图；对风险源点划分、风险源点分布进行分类整理；对应急抢险人员和物资进行统一管理，建立应急抢险资源台账；集中管理应急管理预案，及时通过网络平台发布应急抢险方案，如图 5-10 所示。

10. 设备数据管理

实现对井、站设备、阀门、仪表以及附件设备维修、保养、润滑、检测的自动报警和分析功能，合理安排设备的维修、保修、检测计划等，科学合理地控制设备、备品、备件的采购库存，如图 5-11 所示。

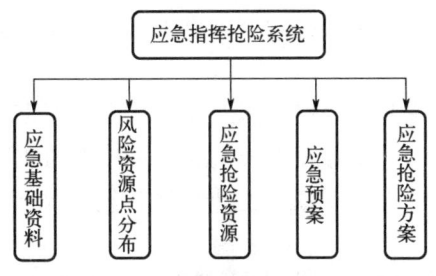

图 5-10 应急指挥抢险系统框架

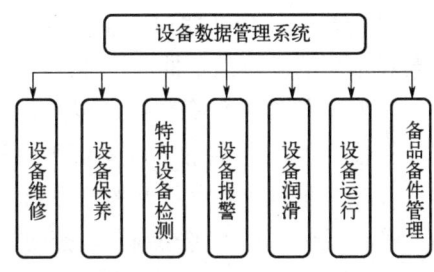

图 5-11 设备数据管理系统框架

三、数字化管理系统简介

数字化管理系统是油田数字化生产管理的重要组成部分。数字化管理系统在信息化整体架构上是生产的最前端,以井、站、管线等生产基本单元的生产过程监控为主,完成数据的采集、过程监控和动态分析,发现问题、解决问题以维持正常生产;与 A1A2 建立统一的数据接口,实现数据共享;是以生产过程管理为主的信息系统,是公司信息系统功能的延伸和扩充。

(一)站控系统的体系结构

站控系统是集数据采集、自动控制和智能分析于一体的综合管理系统,站控系统由负责数据采集的硬件部分和负责分析管理的软件部分构成。站控系统的体系结构,如图 5-12 所示。

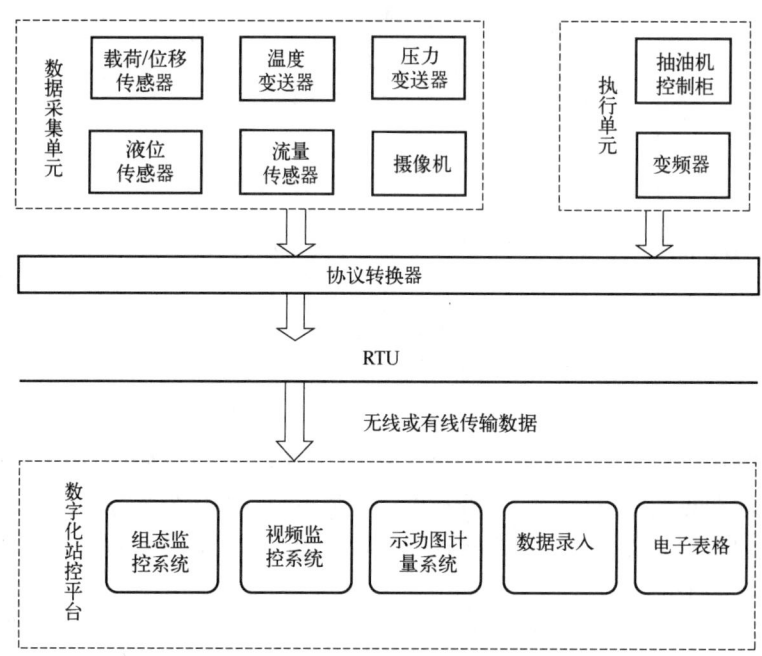

图 5-12 站控系统的体系结构

(1)数据采集单元:负责从井口和井场采集各种生产数据。涉及的设备有载荷/位移传感器、温度变送器、压力变送器、液位传感器、流量传感器和摄像机。

(2)执行单元:包括抽油机控制柜和变频器。抽油机控制柜控制油井的启停;变频器控制油泵和水泵的启停以及抽油机冲次的改变。

(3)协议转换器:负责数据的转换。将井口采集的温度、压力等数据转换为可以传输的数据,传输到 RTU 总控箱;将站控平台发出的指令转换为自动化设备可接收的数据。

(4)RTU:也称为远程终端控制系统,负责将井口采集的数据无线传输到站控平台,并将站控平台发出的指令传输到自动控制设备。

(5)数字化站控平台:是油田数字化管理中场站信息控制管理平台,负责对油井管理、监控和分析，保证生产正常运行。

（二）站控系统的功能

站控系统完成了增压点从前端数据采集到后台智能管理的一系列功能，主要功能如下：

(1) 生产实时监测。
(2) 安全智能监控。
(3) 油井远程启停。
(4) 水井远程配注。
(5) 井站共用平台。
(6) 报表自动生成。
(7) 工况智能分析。
(8) 操作过程记录。
(9) 历史数据查询。
(10) 数据实时共享。

第二节　采油数字化设备使用与维护

在油田数字化管理系统中，变送器和传感器对生产过程中的各种数据进行实时自动采集，这些数据的采集为油井工况智能诊断、示功图计量、远程注水调配、连续输油的实现打下了坚实的基础。

一、压力变送器

压力变送器是一种将压力变量转换为可传送的标准输出信号的仪表，而且输出信号与压力变量之间有一定的连续函数关系（通常为线性函数），主要用于工业过程对压力参数的测量和控制。差压变送器是压力变送器的一种，常用于对流体流量的测量。

（一）压力变送器的分类

按照传感器类型可分为：

(1) 应变式变送器，是将电阻应变片粘合于基体上，当基体受力变化时，电阻应变片即产生形变使阻值发生改变，导致加在电阻上的电压发生变化。
(2) 压电式变送器，利用压电晶体的压电效应。
(3) 压阻式变送器，利用半导体的压阻效应。
(4) 电阻、电感式变送器，压力引起弹性元件的变形转换为电阻、电感，通过测量电路转换为电压、电流输出。
(5) 电容式变送器，把弹性模片作为测量电容的一个极板，动态特性好。

（二）压力变送器的结构

压力变送器通常由两部分组成，即感压单元、信号处理和转换单元，有些变送器增加了显示单元，还有些具有现场总线功能，如图 5-13 至图 5-15 所示。

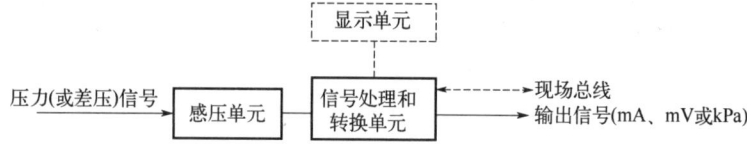

图 5-13　压力变送器的组成

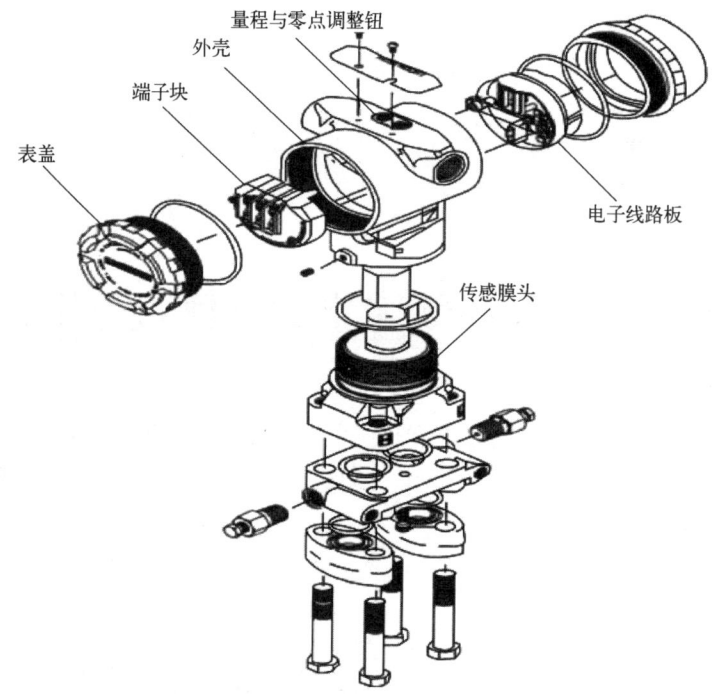

图 5-14　压力变送器的分解图

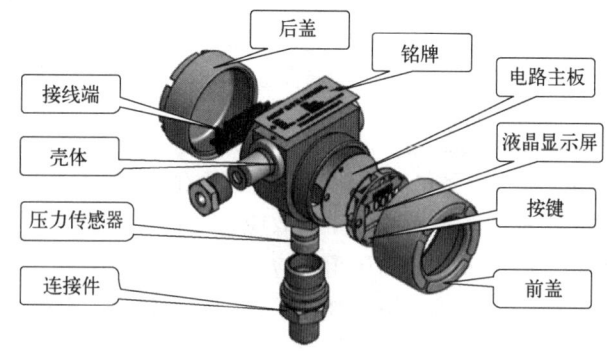

图 5-15　压力变送器的外观分解图

（三）压力变送器的工作原理

工作状态下被测介质的两种压力通入压力室，作用于敏感元件的两侧隔离膜片上，通过隔离片和元件内的填充液传递到传感膜片两侧。传感膜片与两侧绝缘片上的电极各组成一个电容器。当两侧压力不一致时，致使测量膜片产生位移，其位移量和压差成正比，因此两侧电容量不相等，通过振荡和解调环节，转换成与压力成正比的电流、电压或数字信号，如图5-16所示。

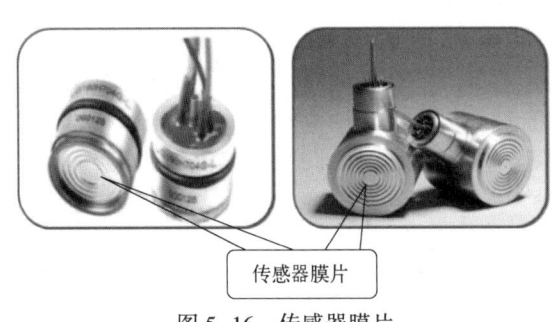

图5-16　传感器膜片

绝对压力变送器（AP）：作用于感压膜片表面上的全部压力，以零压力为起点的压力变送器。

表压力变送器（GP）：以一个大气压为零点的压力变送器。

差压变送器与压力变送器稍有不同的是，差压变送器有两个压力室，一个是高压室，用"H"表示；另一个是低压室，用"L"表示。两个压室的压差值传送到电子线路板，电子线路板根据压差值计算出相应的电流值输出，如图5-17所示。

电容式压力变送器有电动和气动两大类。电动的标准化输出信号主要为0~10mA和4~20mA（或1~5V）的直流信号；气动的标准化输出信号主要为20~100kPa的气体压力信号。但不排除具有特殊规定的其他标准化输出信号。

图5-17　差压变送器

（四）压力变送器的安装

1. 工具、用具准备

活动扳手（0~36mm）、开口扳手（$S=30$mm）、剥线钳（91201）、十字螺丝刀（ϕ5mm×100mm）、数字万用表（FLUKE 15B+）、生料带、聚四氟垫片、紫铜垫、导热油、笔记本、数据线。

2. 操作步骤

（1）关闭截止阀，打开放空阀。

（2）仔细清洁连接头内的异物，保持螺纹清洁。

注意：为便于安装和维修，仪表与管道之间建议加装截止阀和放空阀。

（3）安装密封垫，密封方式为软密封和硬密封。

注意：一般 10MPa 以下，可以采用软密封。

（4）采用螺纹连接方式安装变送器。小心地把变送器接头插入活接接头内，螺纹是右旋的，用两把开口扳手通过六角平面把设备拧紧，通过调整活接螺母，把设备调整到合适的方向。

注意：不要通过扳动设备壳体来拧紧或调整方向，这样会拉断传感器连线，破坏外壳的密封性，致使湿气进入，破坏设备。

（5）电气连接：断开电源，严格按照仪表说明书上的接线示意图接线。

（6）接通电源，检查仪表显示。

（7）关闭放空阀，缓慢打开截止阀，同时观察仪表的压力值是否也缓慢上升。

3. 技术要求

1）电气连接部分

（1）根据通信线路的远近，应当选用 $0.5mm^2$ 以上带屏蔽的 4 芯或 2 芯电缆。

（2）如果要减小压降，请使用铜芯的导线。

（3）防爆现场接线要求：拆装前必须断开电源后方可开盖；隔爆型设备，电缆需套上防爆挠性管；本质安全型设备，需要增加隔离栅。

2）安装要求

安装时线缆进线朝下，安装方向应垂直向上。

3）介质温度要求

对于温度超过 120℃ 的介质（如蒸汽）还应当增加散热器。

（五）压力变送器的调试

1. 按键功能

压力变送器按键功能如图 5-18 所示。

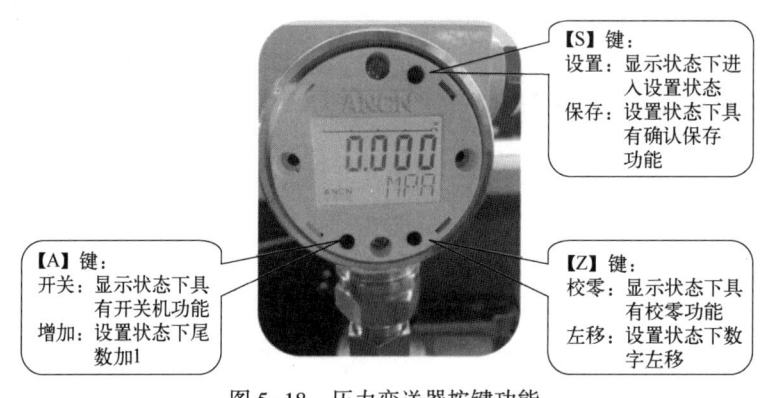

图 5-18　压力变送器按键功能

2. 校零操作

当仪表发生零位漂移时，在检测状态下按"Z"键可以自动修正零位。

(1) 按下"Z"键显示"-00-",仪表进行零点校准,正常时自动退出并保存当前压力为大气压和显示"0.00"。

(2) 如果压力与大气压相差较大或仪表故障则显示"Err0",然后放弃保存并返回检测状态。此时请确认是否在大气压下校零,或联系厂家检测仪表是否正常。

注:绝压表需在绝对真空状态下校零方可有效。

3. RS485 通信地址设置

(1) 按 S 键,显示"-CD-",按 A 键和 Z 键,输入 485。

(2) 按 S 键确认,显示"bPS",按 A 键选择波特率,默认:9600。

(3) 按 S 键确认,显示"Addr",按 A 键和 Z 键,设置地址:1~255。

(4) 按 S 键确认,显示"CF",按 A 键选择通信协议类型。

(5) 按 S 键,保存通信参数,并返回检测状态。

(六)压力变送器故障处理

1. 压力指示异常

故障类型 1:

(1) 空压时仪表显示不为零。

(2) 仪表显示"-LL-""-HH-"。

(3) 仪表显示压力值不正确。

处理方法:

(1) 空压状态下对变送器重新校零。

注:零点校准范围为±1%×满量程。

(2) 清理堵塞测量孔的杂物:将压力变送器压力传感器部分浸泡在水或其他有机溶剂内一段时间,采用注射器缓慢将取压口杂物冲洗出来。

(3) 查看传感器膜片是否损坏(测量介质中含有硬质杂物损伤测量膜片或其他原因使膜片损坏)。

故障类型 2:

仪表显示异常。

处理方法:

(1) 判断仪表供电是否正常,更换液晶显示板。

(2) 依然不显示或显示不全,则需要返厂维修。

2. 仪表输出异常

1) 电流信号输出异常

处理方法:

(1) 检查输入输出线路是否有短路、破损、接错、接反现象。

(2) 测量供电电压是否达到 24V。

(3) 检查仪表量程与采集设备参数是否一致。

(4) 检查采集设备的 AI 接口是否损坏。

(5) 若输出信号依然异常,则需要返厂维修。

2）频率输出异常

处理方法：

（1）检查输入输出线路是否有短路、破损、接错、接反现象。

（2）测量供电电压是否达到 5V。

（3）检查仪表频率输出与采集设备参数设置是否一致。

（4）检查采集设备的频率接口是否损坏。

（5）若输出信号依然异常，则需要返厂维修。

3）RS485 通信异常（无通信、通信数据错误）

处理方法：

（1）检查电源通信线路是否有短路、破损、接错、接反现象。

（2）测量供电电压是否达到 10~30V。

（3）检查仪表通信地址波特率与采集设备参数设置是否一致。

（4）检查采集设备的通信指令是否符合规定的通信协议。

（5）检查采集设备的通信接口是否损坏。

（6）若输出信号依然异常，则需要返厂维修。

（七）压力变送器日常维护

1. 电气连接

（1）定期检查接线端子的电缆连接，确认端子接线牢固。

（2）定期检查导线是否有老化、破损的现象。

2. 产品密封

（1）定期检查取压管路及阀门接头处有无渗漏现象。

（2）定期检查电缆进线口是否有密封不严或密封圈老化、破损现象。

（3）定期检查壳体前后盖是否有未拧紧或密封圈老化、破损现象。

3. 特殊介质检查

对于含大量泥沙、污物的介质，应当定期排污、清洗传感器。

4. 电池

定期检查电池电量是否充足，对需要更换的应选择相同型号电池。

二、温度变送器

（一）温度变送器的分类

温度变送器按测温元件可分为热电偶变送器和热电阻变送器；温度变送器按输出可分为电动温度变送器和气动温度变送器。

（二）温度变送器的结构

温度变送器由温度传感器和用于信号处理的电子单元组成，配合相应的电源管理、数字显示、按键输入、信号输出等模块构成了一个完整的温度变送器，如图 5-19 所示。

第五章 油田数字化管理技术

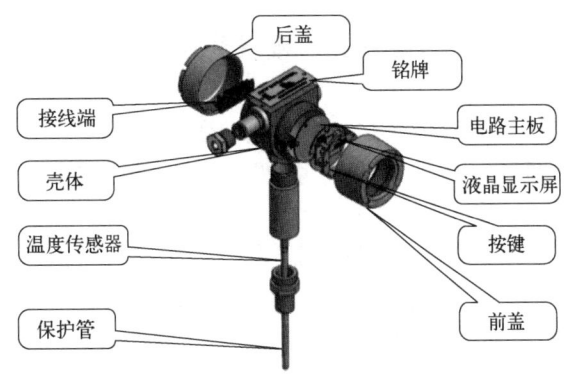

图 5-19 温度变送器

（三）温度变送器的原理

1. 电动温度变送器的工作原理

在被测介质的温度发生变化时，测量元件的电阻值（热电势）将发生相应的变化，此变化经测量线路转化为电信号，再经高稳定性运算放大器放大、线性化校正电路进行精确的线性化补偿，最后输出一个与被测温度呈线性关系的 4~20mA DC 电流信号。

2. 气动温度变送器的工作原理

把温度改变所产生充氮温包的压力变化转换为杠杆的位移，使放大器产生气压信号输出。主要用于连续测量生产流程中气体、蒸汽、液体的介质温度，并将其转换成 20~100kPa 的气压信号，输出到气动显示调节等单元进行指示、记录或调节。

（四）温度变送器的安装

1. 工具、用具准备

活动扳手（0~36mm）、开口扳手（$S=30$mm）、剥线钳、十字螺丝刀（ϕ5mm×100mm）、数字万用表（FLUKE 15B+）、生料带、聚四氟垫片、紫铜垫、导热油、笔记本、数据线。

2. 操作步骤

（1）温度保护管安装。关闭管道阀门；将温度保护管套上紫铜垫片后，安装到焊接管道的 M27mm×2mm 的螺纹上，用 $S=30$mm 的开口扳手锁紧。

（2）温度变送器安装。在保护套管中导入一定量的导热油；将温度变送器的 M20mm×1.5mm 螺纹缠上生料带，然后拧到保护管的螺纹上面，保护管用 $S=30$mm 的开口扳手扣住，然后用 0~36mm 活动扳手卡住温度变送器的六方处，锁紧温度变送器；调整好温度变送器的表头安装方向后，将六方扁螺母用活动扳手锁紧即可。

（3）电气连接：断开电源，严格按照仪表说明书上的接线示意图接线。

（4）接通电源，检查仪表显示。

（5）缓慢打开管道阀门，待介质流动后观察仪表的温度值是否也缓慢上升。

3. 技术要求

（1）确认产品连接方式及安装尺寸：常用传感器连接螺纹尺寸为 M20mm×1.5mm，保护管连接螺纹尺寸为 M27mm×2mm。

（2）安装密封垫，密封方式为软密封和硬密封；建议：一般 10MPa 以下，可以采用软密封。

（3）采用螺纹连接方式安装变送器。小心地把变送器接头插入活接接头内，螺纹是右旋的，用两把开口扳手通过六角平面把设备拧紧，通过调整活接螺母，把设备调整到合适的方向。

注意：不要通过扳动设备壳体来拧紧或调整方向，这样会拉断传感器连线，破坏外壳的密封性，致使湿气进入，破坏设备。

（4）电气连接部分：

① 根据通信线路的远近，应当选用 0.5mm² 以上带屏蔽的 4 芯或 2 芯电缆。

② 如果要减小压降，请使用铜芯的导线。

其中，防爆现场接线要求：

① 拆装前必须断开电源后方可开盖。

② 隔爆型设备，电缆需套上防爆挠性管。

③ 本质安全型设备，需要增加隔离栅。

（5）温度变送器的安装要求：

① 一般情况下，温度变送器应向上垂直于水平方向安装，以便于观察。

② 温度变送器可以直接安装在测量管道的接口上。为便于安装和维修，管道内应安装保护套管。建议温度探头应该安装至被测体中心，并注意保证流体方向，如图 5-20 所示。

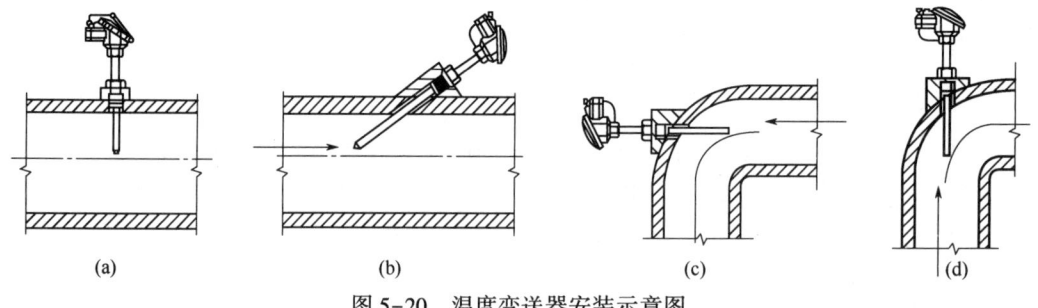

图 5-20　温度变送器安装示意图

（五）温度变送器的调试

1. 按键功能

温度变送器按键功能如图 5-21 所示。

2. 校零操作

当仪表发生零位漂移时，在检测状态下按"Z"键可以自动修正零位：

（1）按下"Z"键显示"-00-"，仪表进行零点校准，正常时自动退出并保存当前温度为 0℃和显示"0.00℃"。

（2）如果温度与冰水混合物相差较大或仪表故障则显示"Err0"，然后放弃保存并返回检测状态。此时请确认是否在冰水混合物校零，或联系厂家检测仪表是否正常。

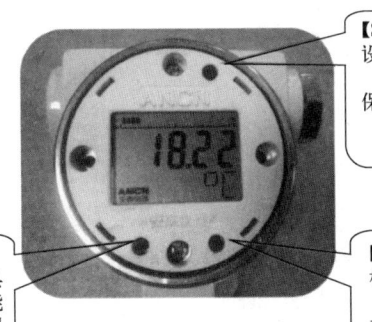

图 5-21 温度变送器按键功能

注意：仪表校零功能必须在零摄氏度（冰水混合物）的状态下校零方可有效。

3. RS485 通信地址设置

(1) 按 S 键，显示"-CD-"，按 A 键和 Z 键，输入 485。

(2) 按 S 键确认，显示"bPS"，按 A 键选择波特率，默认：9600。

(3) 按 S 键确认，显示"Addr"，按 A 键和 Z 键，设置地址：1~255。

(4) 按 S 键确认，显示"CF"，按 A 键选择通信协议类型。

(5) 按 S 键，保存通信参数，并返回检测状态。

（六）温度变送器常见故障处理

1. 温度值显示异常

(1) 仪表显示值与实际温度不一致。

处理方法：

① 检查温度传感器长度是否太短，不能插至管道中心。

② 检查保护管内是否没有导热油。

(2) 仪表显示温度值与上位机温度值不一致。

处理方法：

检测仪表与上位机量程设置是否一致。

2. 仪表显示异常

处理方法：

(1) 判断仪表供电是否正常，更换液晶显示板。

(2) 若依然不显示或显示不全，则需要返厂维修。

3. 仪表输出异常

1) 电流信号输出异常

处理方法：

(1) 检查输入输出线路是否有短路、破损、接错、接反现象。

(2) 测量供电电压是否达到 24V。

(3) 检查仪表量程与采集设备参数是否一致。

(4) 检查采集设备的 AI 接口是否损坏。
(5) 若输出信号依然异常,则需要返厂维修。

2) 频率输出异常

处理方法:
(1) 检查输入输出线路是否有短路、破损、接错、接反现象。
(2) 测量供电电压是否达到 5V。
(3) 检查仪表频率输出与采集设备参数设置是否一致。
(4) 检查采集设备的频率接口是否损坏。
(5) 若输出信号依然异常,则需要返厂维修。

3) RS485 通信异常(无通信、通信数据错误)

处理方法:
(1) 检查电源通信线路是否有短路、破损、接错、接反现象。
(2) 测量供电电压是否达到 10~30V。
(3) 检查仪表通信地址波特率与采集设备参数设置是否一致。
(4) 检查采集设备的通信指令是否符合规定的通信协议。
(5) 检查采集设备的通信接口是否损坏。
(6) 若输出信号依然异常,则需要返厂维修。

(七) 温度变送器日常维护

1. 电气连接

(1) 定期检查接线端子的电缆连接,确认端子接线牢固。
(2) 定期检查导线是否有老化、破损的现象。

2. 产品密封

(1) 定期检查取压管路及阀门接头处有无渗漏现象。
(2) 定期检查电缆进线口是否有密封不严或密封圈老化、破损现象。
(3) 定期检查壳体前后盖是否有未拧紧或密封圈老化、破损现象。

3. 特殊介质检查

对于含大量泥沙、污物的介质,应当定期排污、清洗传感器。

4. 电池

定期检查电池电量是否充足,对需要更换的应选择相同型号电池。

三、液位计

液位计是一种测液位或界面的测量仪表。

(一) 液位计的分类

1. 超声波液位计

探头部分发射出超声波,然后被液面反射,探头部分再接收,探头到液(物)面的距离和超声波经过的时间成比例：距离=时间×声速/2。

声速的温度补偿公式为：环境声速=331.5+0.6×温度。

2. 差压液位计

通过检测压力后折算成液位高度。

3. 磁浮子液位计

磁浮子液位计又称为磁性液位计或磁翻柱液位计、磁翻板液位计，如图5-22所示。它是通过磁性浮子与显示色条中磁性体的耦合作用，反映被测液位或界面的测量仪表。

4. 磁致伸缩液位计

磁致伸缩液位计是利用磁致伸缩原理研制出的新一代高精度液位测量传感器。它具有精度高、可靠性高、寿命长、稳定性高、结构精巧、环境适应性强、安装方便等特点。与其他液位传感器相比，具有明显的优势。它可广泛应用于石油、化工、制药、食品等各种罐、池、槽的液位监测、计量和控制，还可测量双界面，带多点温度输出，是油罐罐区测量较为合适的仪表，如图5-23、图5-24所示。

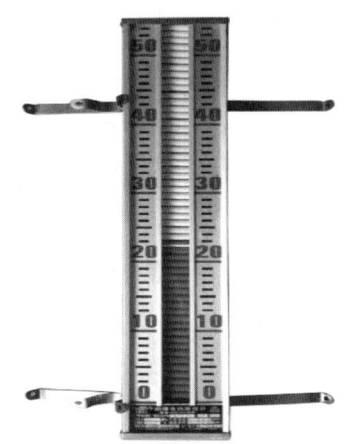

图5-22 磁浮子液位计

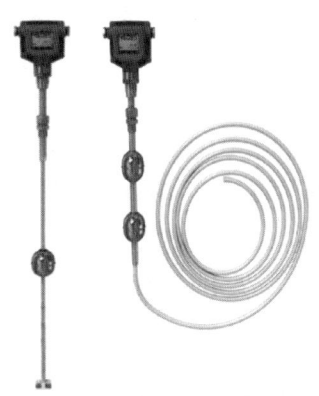

图5-23 磁致伸缩液位计

图5-24 磁致伸缩液位计测量示意图

（二）磁浮子液位计

1. 磁浮子液位计的结构

磁浮子液位计由磁浮子、工作筒、指示器和变送器等组成，如图5-25所示。

2. 磁浮子液位计的工作原理

磁浮子液位计与被测容器构成连通器，利用浮力原理和磁耦合，磁浮子随被测介质的液面变化上下移动，浮子内置永磁磁组与显示器的磁柱之间产生磁性耦合作用，吸引外部显示器磁柱的翻转，从而可清晰地指示出液位的高度。

3. 磁浮子液位计的优点

磁浮子式液位计具有显示直观醒目，不需电源，安装方便可靠等特点；配合磁控液位

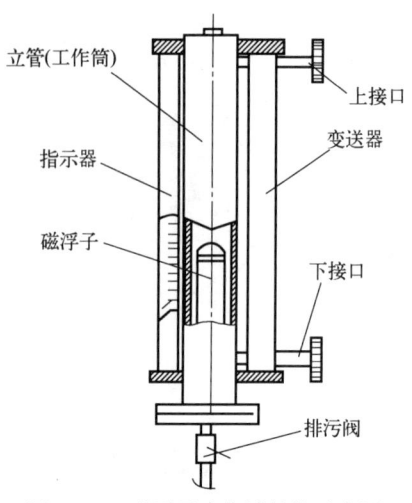

图 5-25 磁浮子液位计结构示意图

计使用，可就地数字显示，或输出 4~20mA 的标准远传电信号，以配合记录仪表，或考虑工业过程控制的需要，实现液位检测数据远传通信功能，便于液位远程控制及监控报警；远传式磁浮子液位计取压管路较短，结构紧凑、附件少，大大降低了操作人员的维护量。

（三）磁致伸缩液位计

1. 磁致伸缩液位计的结构

磁致伸缩液位计主要由表头、传感器（电子舱、测杆）、浮球、防腐管（选配）组成，测杆内装有波导丝。

2. 磁致伸缩液位计的工作原理

工作时，由电子舱内电子电路产生一个起始脉冲，此起始脉冲在波导丝中传输时，同时产生了一个沿波导丝方向前进的旋转磁场，当这个磁场与浮球中的永久磁场相遇时，产生磁致伸缩效应，使波导丝发生扭动，这一扭动被安装在电子舱内的拾能机构所感知并转换成相应的电流脉冲，通过电子电路计算出两个脉冲之间的时间差，即可精确地测出被测液位值。

3. 磁致伸缩液位计的安装

1) 工具、用具准备

活动扳手（0~36mm）、开口扳手（$S = 30$mm）、剥线钳（91201）、十字螺丝刀（ϕ5mm×100mm）、一字螺丝刀（ϕ3mm×50mm）、内六角扳手（4mm 和 3mm）。

2) 操作步骤

（1）核对产品型号、参数及其配件，包括螺栓、螺母、石棉垫片、浮球、卡箍。

（2）确认产品的连接方式及安装尺寸，如图 5-26 所示。

连接方式：A. 顶部法兰安装；B. 顶部螺纹安装；C. 侧边浮筒式安装

螺纹尺寸：A. M18mm×1.5mm（外螺纹）；B. M20mm×1.5mm（外螺纹）；C. M27mm×2mm（外螺纹）

（3）将法兰安装到液位计传感器探杆上，法兰的密封面朝下，法兰螺纹尺寸必须与液位计的螺纹相符。

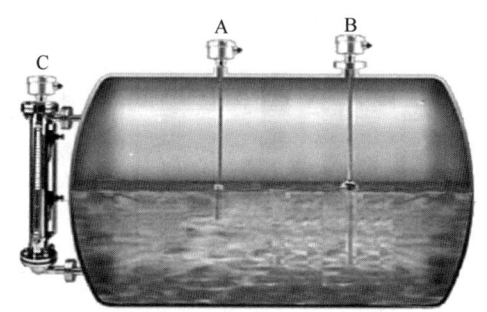

图 5-26 液位计连接位置

（4）根据浮球的标识将浮球安装到传感器探杆上，油密度的浮球在上，水密度的浮球在下，浮球的方向不可颠倒，探杆末尾用卡箍锁紧，如图 5-27 所示。

（5）将液位计安装进罐内，对准安装法兰并用螺栓对角紧固，必须加密封垫片。

（6）根据接线方式接线，确定无误后，仪表上电，查看表头是否显示正常。

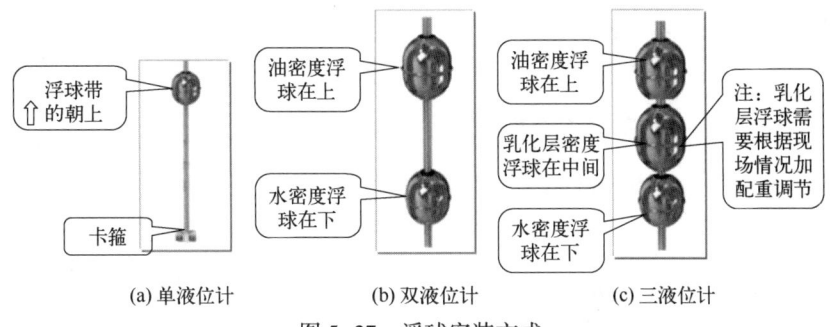

图 5-27 浮球安装方式

产品的端子定义见表 5-1。

表 5-1 端子定义

单液位计		双液位计		三液位计
+24V：电源正	+24V：电源正	+24V：电源正	+24V：电源正	+24V：电源正
GND：电源负	GND：电源负	GND：电源负	GND：电源负	GND：电源负
⏚：接地	485A：RS485A	485A：RS485A	485A：RS485A	485A：RS485A
	485B：RS485B	485B：RS485B	485B：RS485B	485B：RS485B
			I-oil：电流-油	
			I-H_2O：电流-水	

3）安装技术要求

（1）避开障碍物，避免浮球被卡，活动不畅。

（2）避开强磁场、有剧烈机械振动的部位。避开进液口，进液时容易引起浮球跳动。

（3）避开进液口，进液时容易引起浮球跳动。

（4）有↑标记的半球应在液面之上。

（5）浮球下限高出油泥（淤泥）。

（6）对于软杆式液位计还应当安装重锤，将探测杆拉直，也可避免探测杆随意移动。

4. 磁致伸缩液位计的日常维护

1）电气连接

（1）定期检查接线端子的电缆连接，确认端子接线牢固。

（2）定期检查导线是否有老化、破损的现象。

2）产品密封

（1）定期检查取压管路及阀门接头处有无渗漏现象。

（2）定期检查电缆进线口是否有密封不严或密封圈老化、破损现象。

（3）定期检查壳体前后盖是否有未拧紧或密封圈老化、破损现象。

3）特殊介质检查

对于含大量泥沙、污物的介质，应当定期排污、清洗传感器。

四、一体化差压式流量计

（一）一体化差压式流量计的结构

一体化差压式流量计由一次装置（节流装置）和二次装置（多参量流量变送器）组成，如图 5-28 所示。

节流装置可分为标准节流装置和非标式节流装置。

标准节流装置：根据标准文件设计、制造、安装和使用，无须实流标定。如孔板节流装置、喷嘴节流装置、文丘里管节流装置，如图 5-29 所示。

非标式节流装置：与标准节流元件相异的，无标准文件，须实流标定。如平衡节流装置、楔形节流装置、矩形节流装置、锥形节流装置、弯管节流装置、均速管节流装置等，如图 5-30 所示。

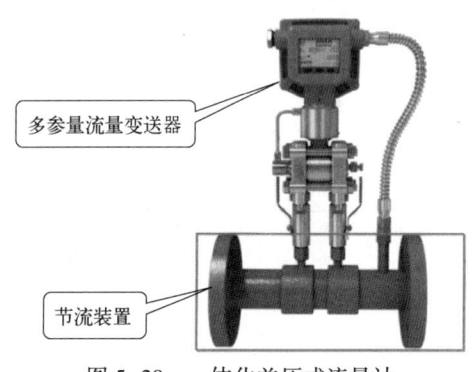

图 5-28　一体化差压式流量计

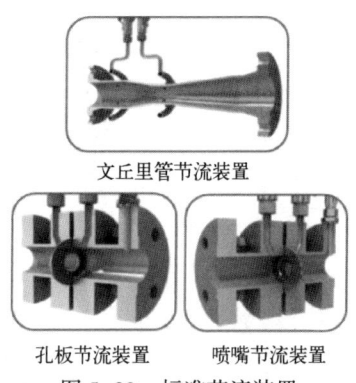

图 5-29　标准节流装置

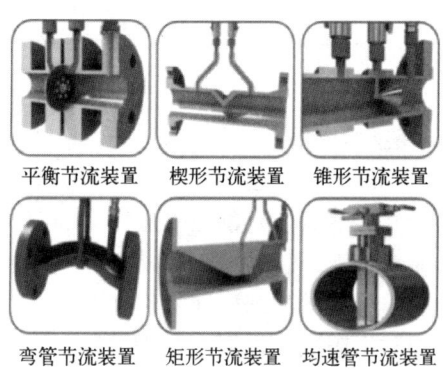

图 5-30　非标式节流装置

（二）一体化差压式流量计测量原理

充满管道的流体流经节流装置时，流体会形成局部收缩，使流速加快，在节流装置前后便产生压差，流速越高形成的压差越大，所以通过测量压差的大小来反映流量的大小。这种测量方法是以流动连续性方程（质量守恒定律）和伯努利方程式（能量守恒定律）的原理为基础的，如图 5-31 所示。

（三）一体化差压式流量计的安装

1. 工具、用具准备

活动扳手（0~36mm）、开口扳手（$S=30$mm）、十字螺丝刀（ϕ5mm×100mm）、一字螺丝刀（ϕ3mm×50mm）、内六角扳手（8mm、4mm、3mm）。

2. 标准化操作步骤

（1）确认井口关闭、下游阀门关闭，对管道泄压放空。

（2）使用防爆工具打开法兰连接处，使用法兰盲板对上下游封堵。

（3）使用氮气对管线进行吹扫置换，用可燃气体探测器探测管道内可燃气体浓度，若小于5%则可以进行动火作业。

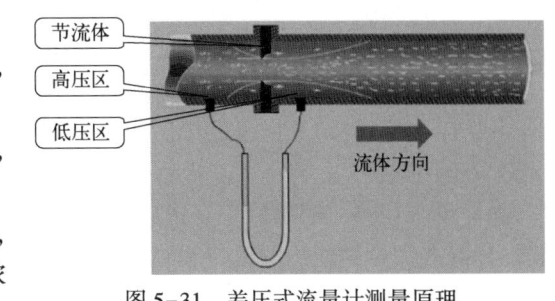

图 5-31　差压式流量计测量原理

（4）对管线进行切割，焊接工艺法兰。

（5）对焊点进行质量检验。

（6）对管道喷漆。

（7）水压测试焊接管线。

（8）敷设铠装电缆，使用前对电缆进行绝缘电阻测试。

（9）信号传输线穿镀锌管、防爆挠性管，预埋至流量计安装位置。

（10）金属缠绕垫涂抹黄油，并将金属缠绕垫安装到法兰上。

（11）用螺栓连接流量计法兰与管道法兰，对角紧固，并确保与管道同轴。

（12）根据电气接线图进行电气连接。

（13）安装后盖，紧固表头顶丝，安装流量计支架。

（14）关闭流量计泄压阀，打开流量计引压球阀。

（四）一体化差压式流量计的调试

1. 按键操作

一体化差压式流量计按键操作如图5-32所示。

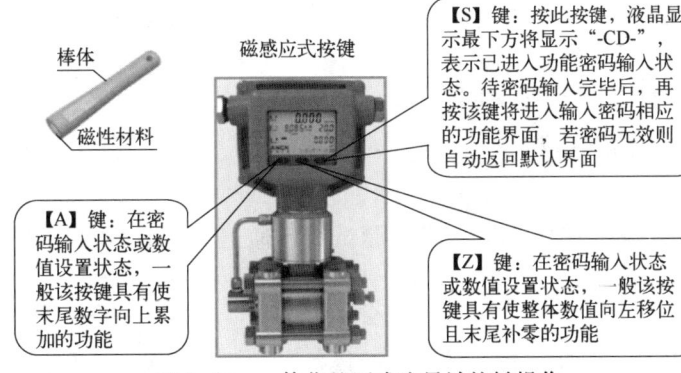

图 5-32　一体化差压式流量计按键操作

1）解锁

输入密码2704，密码输入完毕后，按S键确定，将显示"unlock"，表示当前菜单已经解锁，可以输入其他密码，进入相应功能菜单。解锁10min后，系统自动将菜单上锁，上锁状态下，输入除"菜单解锁"密码，其他密码均无作用。

2）通信参数

输入密码485，密码输入完毕后，按S键确定，提示Addr，然后1s延时后显示当前地址。按A键对个位数字进行向上累加，按Z建对整体数字向左移位，地址最多为3位，且有效地址为1~255。待地址设置完毕后，按S键确定，若提示Err，则表示设置有误，本次操作无效并返回默认显示界面，若提示done，则表示设置成功，1s延时后返回默认显示界面。

输入密码1485，密码输入完毕后，按S键确定，系统显示当前波特率对应的数值，按A键、Z键选择希望使用的波特率，按S键确定，提示done，表示设置完毕，1s延时后返回默认显示界面。

3）流量系数

输入密码1656，密码输入完毕后，按S键确定，将显示当前流量系数。按A键对最后一位数字进行向上累加，按Z建对整体数字向左移位，该系数为浮点型，最多为3位小数。待系数设置完毕后，按S键确定，将提示done，表示设置成功，1s延时后返回默认显示界面。

4）小信号切除

输入密码3301，密码输入完毕后，按S键确定，将显示当前差压小信号切除系数，该系数有效范围为0~0.999。按A键对最后一位数字进行向上累加，按Z建对整体数字向左移位。当系数输入完毕后，按S键确定，将提示done，1s延时后返回默认显示界面。

5）大气压设置

输入密码3301，密码输入完毕后，按S键确定，将显示当前绝压系数。按A键对最后一位数字进行向上累加，按Z建对整体数字向左移位，该系数为浮点型，最多为3位小数。若要重新设置该系数，可一直按Z键对数字进行左移，直到显示为0（系统中系数清零的方法均为这样，后面不再描述），然后再进行设置。待系数设置完毕后，按S键确定，将提示done，表示设置成功，1s延时后返回默认显示界面。

6）系统时间

输入密码1800，当进入设置界面后，液晶显示屏右下方日期时间中待修改数字会闪烁，按A键进行向上累加，按Z键切换预修改的数字位，待全部日期时间数字位修改完毕，按S键显示done，1s延时后保存并返回默认显示界面。

注：系统不会对所设定日期时间合理性进行检查。

2. 仪表操作—通信测试

1）测试工具

台式计算机或者便携式计算机、串口测试线、通信测试软件（可测量Modbus协议即可）。

2）测试步骤

（1）如图5-33所示，将便携式计算机与设备连接。连接线USB转Modbus 485串口线到设备485通信口。

（2）打开Modbus 485串口调试工具。

（3）点击Connection选项，在对话框中选择COM1或计算机在用的端口。

（4）点击COIL STATUS对流量计地址、流量等信息进行读取；点击INPUT STATUS对流量计信息进行写入。

第五章 油田数字化管理技术

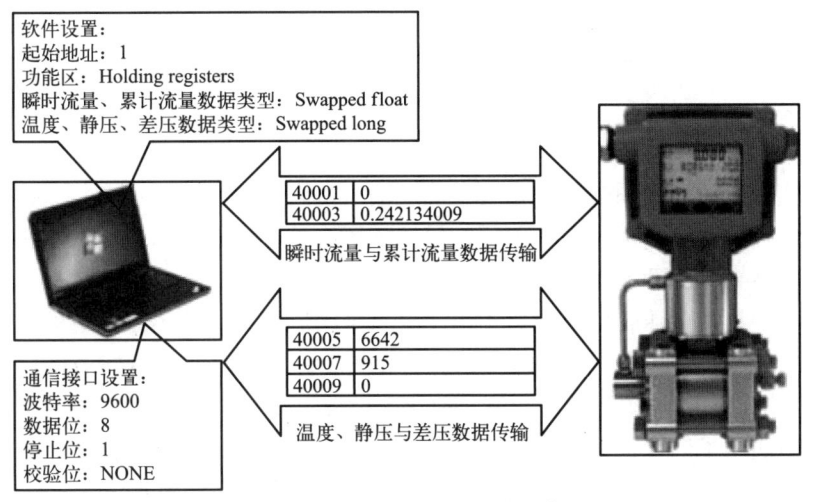

图 5-33 一体化差压式流量计通信测试

3）注意事项

（1）不能在流量计带电模式下对端口进行拔插，否则容易烧坏端口。

（2）尽量选取免驱数据线，以免驱动安装不上导致数据读取失败。

（五）一体化差压式流量计的故障处理

故障类型 1：差压、静压零点漂移现象。

处理方法：

（1）将高低压端引压管球阀转至水平位置，关闭流量计。

（2）打开高低压端泄压阀对传感器内部进行放空。

（3）输入密码 2704 解锁，再输入密码 1255 进行差压零位修正；或者输入密码 1256 进行静压零位修正。

故障类型 2：正常生产，流量计无流量显示。

处理方法：

（1）核实流量计流出系数设置是否正确，输入密码 1656。

（2）将高低压端引压管球阀转至水平位置，关闭流量计；放空传感器泄压阀，观察差压是否为零，静压是否为大气压，如果不是，进行差压零位修正和静压零位修正；处理后恢复正常测量状态，如果检测出流量则处理完成。

（3）使用扳手缓慢从流量计低压泄压阀排介质，模拟流体流动状态，同时观察差压是否随着介质流出速度增加而增加，如果正常，判断流量计工作正常，故障判定为流量计测量范围超过配产值。

故障类型 3：正常生产，流量计流量超过配产量。

处理方法：

（1）核实流量计流出系数设置是否正确，输入密码 1656。

（2）将高低压端引压管球阀转至水平位置，关闭流量计；传感器部分放空，判断引压管是否堵塞，观察差压是否为零，静压是否为大气压，如果不是，进行对应操作处理；处理后恢复正常测量状态，再次观察检测流量是否正常。

(3) 需要判断流量计节流件是否堵塞，堵塞会导致节流开孔缩小、差压变大、测量值错误；整体拆除流量计，观察是否存在堵塞。

故障类型4：正常生产，流量计流量低于配产量。

处理方法：

(1) 核实流量计流出系数设置是否正确，输入密码1656。

(2) 核实流量计测量范围，如果配产值远低于流量计测量范围会导致差压测量在临界状态，需要更换节流装置。

(3) 将高低压端引压管球阀转至水平位置，关闭流量计，传感器部分放空，判断引压管是否堵塞，观察差压是否为零，静压是否为大气压，如果不是进行对应操作处理；处理后恢复正常测量状态，再次观察检测流量是否正常。

(4) 仍解决不了问题，需要拆除判断流量计节流件是否磨损，磨损会导致节流开孔扩大、差压变小、测量值错误；整体拆除流量计，观察节流件是否破损。

故障类型5：正常生产，流量计波动较大。

处理方法：

(1) 将高低压端引压管球阀转至水平位置，关闭流量计；观察流量计是否存在波动，如果不波动则认为管道内流通的介质波动，如果仍存在波动则流量计检测传感器故障。

(2) 使用扳手缓慢从流量计高低压泄压阀排介质，观察介质内是否存在杂质，测量气体时如果存在水等液体时测量差压跳动比较大，随之流量波动会很大。

(3) 仍解决不了问题，需要拆除判断流量计节流件是否磨损，磨损会导致节流开孔扩大、差压变小、测量值错误；整体拆除流量计，观察节流件是否破损。

故障类型6：停产，流量计显示流量。

处理方法：

(1) 将高低压端引压管球阀转至水平位置，关闭流量计；传感器部分放空，观察引压管是否堵塞，观察差压是否为零，静压是否为大气压，如果不是进行对应操作处理。

(2) 如果仍存在流量，使用扳手缓慢从流量计高低压泄压阀排介质，观察流出介质内是否存在大量杂质，一般情况下测量气体如果存在水时，在介质不流动的情况下会堵塞在高压或低压端，造成差压产生流量。

（六）一体化差压式流量计的日常维护

1. 电气连接

(1) 定期检查接线端子的电缆连接，确认端子接线牢固。

(2) 定期检查导线是否有老化、破损的现象。

2. 产品密封

(1) 定期检查取压管路及阀门接头处有无渗漏现象。

(2) 定期检查电缆进线口是否有密封不严或密封圈老化、破损现象。

(3) 定期检查壳体前后盖是否有未拧紧或密封圈老化、破损现象。

3. 特殊介质检查

对于含大量泥沙、污物的介质，应当定期排污、清洗传感器。

五、载荷传感器

载荷传感器是用于测试抽油机负荷的专用设备,通过单井数据采集器采集抽油机负荷与抽油杆位移的关系曲线(示功图),反映油井产油状态和抽油机的工作状态,并能及时发现卡杆、断杆等故障,可减轻巡井员工的工作量。

(一)载荷传感器的分类

载荷传感器分为闭口式载荷传感器(图5-34)、开口式载荷传感器(图5-35)和太阳能载荷—位移一体化传感器(图5-36)。

图5-34 闭口式载荷传感器

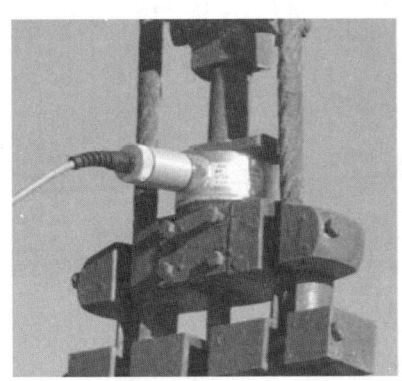

图5-35 开口式载荷传感器

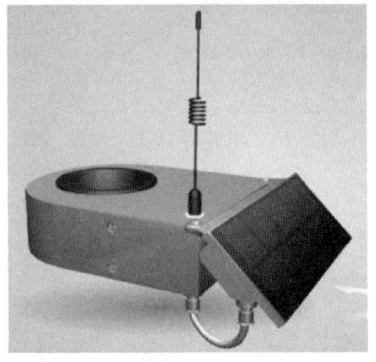

图5-36 太阳能载荷—位移一体化传感器

(二) 载荷传感器的结构

载荷传感器的结构如图 5-37 所示。

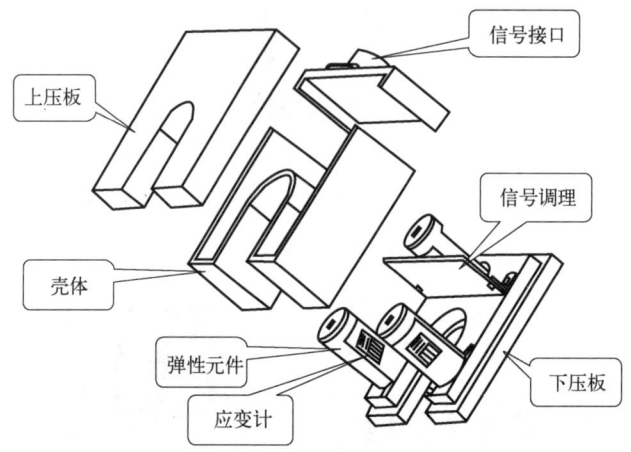

图 5-37 载荷传感器结构示意图

(三) 载荷传感器的工作原理

载荷传感器为一个桥式应变片，在压力作用下，弹性体（贴有应变片）发生形变，导致应变片形变，并导致桥电路的各臂电阻变化，得到一个与形变呈线性关系的输出信号，通过放大器放大和变送器电路得到 4~20mA 信号输出，如图 5-38、图 5-39 所示。

激励方法：

(1) 电压激励，恒压源，负荷传感器（10V）。

(2) 电流激励，恒流源。

(3) 差动输出，高阻输入，一般为毫伏信号。

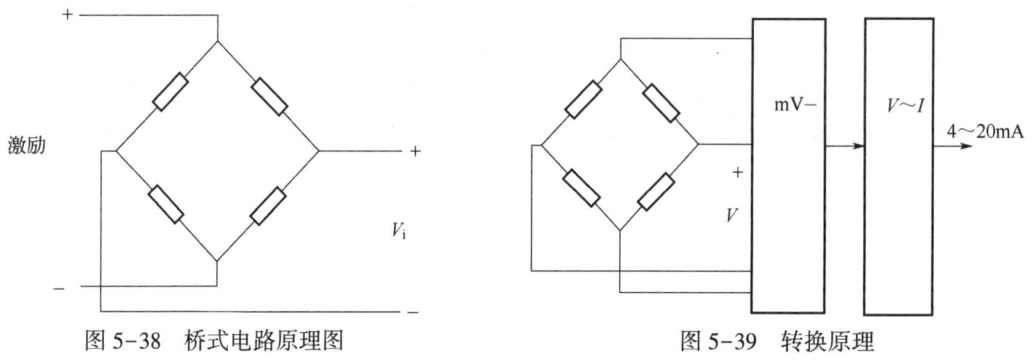

图 5-38 桥式电路原理图　　　图 5-39 转换原理

六、位移传感器

位移传感器是将物体位置的移动量转换为可传送的标准输出信号的传感器。位移传感器的主要类型有拉线式直线位移传感器、伺服式低频加速度—速度—位移传感器、角位移传感器、载荷—位移一体化传感器。

（一）拉线式直线位移传感器

经典的拉线式直线位移传感器，能测量的位移为 0~10m，分辨率优于 1mm。

（二）伺服式低频加速度—速度—位移传感器

伺服式低频加速度—速度—位移传感器主要用于地震工程，冲次很低时误差大，如图 5-40 所示。

图 5-40　伺服式低频加速度—速度—位移传感器

（三）角位移传感器

角位移传感器如图 5-41 所示。

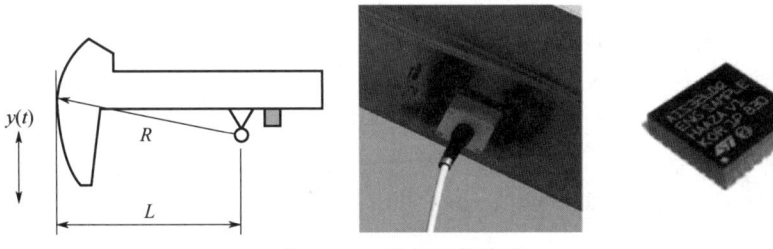

图 5-41　角位移传感器

由角位移传感器得到 $\alpha(t)$ 后，光杆位移公式如下：

$$y(t) = R\alpha(t) \tag{5-1}$$

式中　t——时间，s；

y——光杆位移，m；

α——抽油机游梁角位移，rad；

R——游梁支撑到驴头圆弧面的距离，m。

用 MEMS 微型加速度传感器、MEMS 微型角速度传感器以及数字化信号调理电路设计角位移测量模块。通过对游梁角位移的测量实现了对光杆位移的实时监测，同步测量载荷即可得到光杆示功图。

（四）载荷—位移一体化传感器

载荷—位移一体化无线传感器如图 5-42 所示。

图 5-42 载荷—位移一体化无线传感器

第三节 油水井数字化管理

一、电子巡井

传统的油田管理方式以定期巡井和员工住站为主。定期巡井每 8h 巡井一次，由车辆将员工送到井站，负责设备的运行和管理；下班后由车辆将员工送往生活区域。员工住站就是员工直接住在井站，负责井站设备的运行和管理。这两种方式需要大量的人力物力，并且当员工休息时常常会发生偷盗事件，不易管理。总之，传统的油田管理方式的缺点是井站需要值守，管线需人巡，且要防止偷盗。人工巡井方式如图 5-43 所示。现通过已建的有线、无线网络，可以实现对增压站油水井生产状况的远程、实时监控。

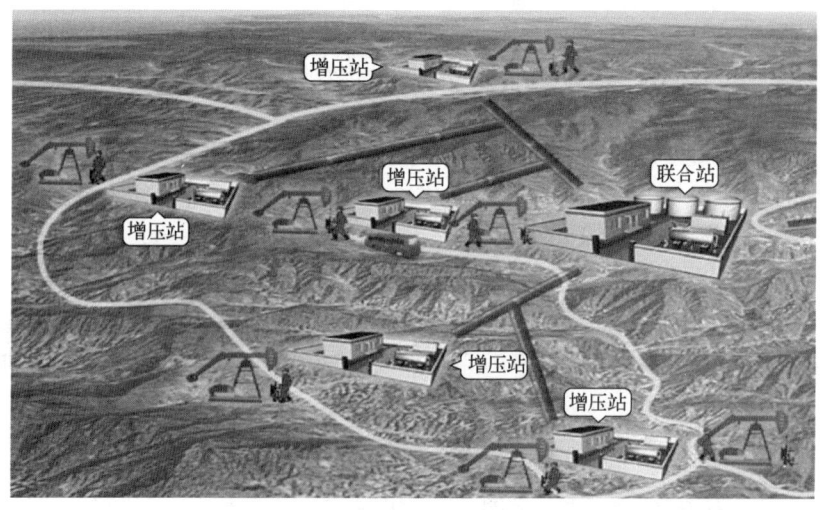

图 5-43 人工巡井方式

（一）电子巡井的系统组成及功能

电子巡井系统由油水井监测模块、井场视频与外物闯入报警模块、历史数据查询模块、故障判识模块、变频控制等几部分组成。油水井管理以各个井场为独立单元，对所辖的油井、水井进行管理。油井采集的示功图可以应用于示功图计量分析诊断，诊断信息可以用于确保油井最大限度地有效生产。如诊断出"结蜡"或"杆断"等信息，可以为技术人员及时提供第一手有效资料，方便管理人员及时处理异常，确保安全、有效生产。安装远程启停装置，实现了对油井的远程启停控制，大大减少了人工停机、启机的工作量，提高了劳动效率，节约了用工成本。

利用形象的生产曲线，描述出每口井当日及历史的油井日产液量趋势，用来分析油井产液量的变化状况及趋势。在注水阀组及注水井管理方面，对瞬时流量、累计流量、井口压力等数据进行实时监测，并支持远程配注。通过趋势曲线分析注水量及配注量的对比情况，超注、欠注情况一目了然。

井场视频与外物闯入报警模块主要是依靠视频服务器，实现了井场视频实时监控、外物闯入报警、闯入目标智能锁定、语音自动提示、远程语音警告等多项功能，为井场无人值守提供了有利条件。井场安装自动照明装置，在夜间光线不足的情况下自动开启照明。同时也可远程控制井场照明灯，既节省了能耗，又保证了夜晚光线充足，视频监测清晰可见。

通过安装在输油管线上的压力变送器，可实时监测管线压力，通过压差变化可判断管线泄漏情况。

通过关键路段安装的电子路卡可以对过往车辆进行监控，为违法查纠、事故逃逸与被盗抢等案件的及时侦破提供重要的信息和证据，是创建"平安油田"的重要措施和手段。

（二）电子巡井的原理

1. 井场流程

井场流程，如图5-44所示。

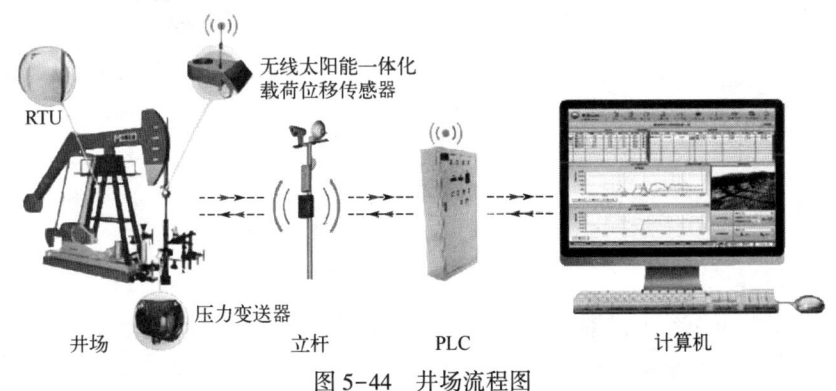

图5-44 井场流程图

（1）通过在井场安装的变送器将采集到的信号和图像传输给RTU。
（2）RTU对信号处理打包发送给站内的PLC，由PLC传送给中控机。

(3) 中控机对油水井及设备运行状况实时监控，对异常情况自动报警。

2. 设备运行监控

设备运行监控原理如图 5-45 所示。

(1) 通过安装在场站内的各种变送器将采集到的信号传输给 PLC。
(2) 由 PLC 对信号处理打包发送给中控机。
(3) 中控机对站内各设备的生产运行数据实时监控，对异常情况自动报警。

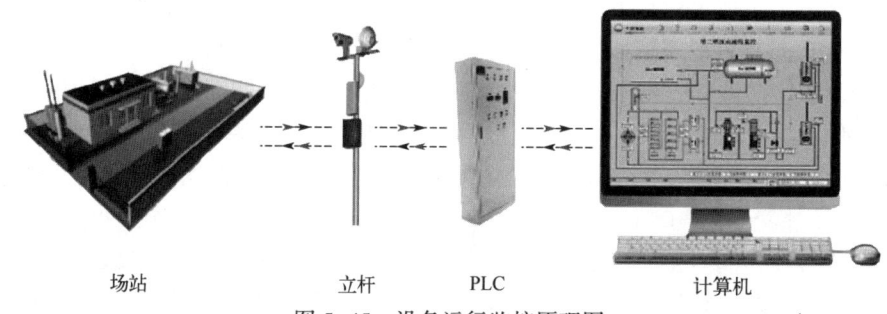

图 5-45　设备运行监控原理图

3. 集输管线监控

集输管线监控原理如图 5-46 所示。

(1) 通过安装在集输管线上的压力变送器将采集到的压力信号传输给 RTU。
(2) 由 RTU 对信号处理打包发送给中控机。
(3) 中控机对管线压力运行数据实时监控，对异常情况自动报警。

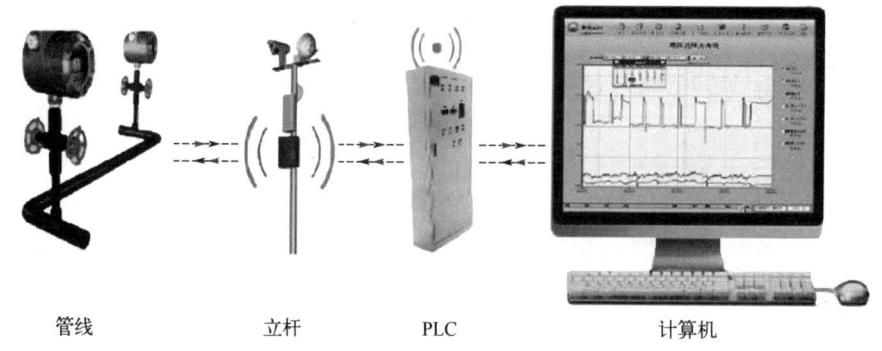

图 5-46　集输管线监控原理图

（三）电子巡井系统操作

1. 电子巡井

在流程监控界面中各个来油阀组图标附近显示了各个来油井场的名称，点击想要监测的井场名称，即可快速链接至电子巡井界面，如图 5-47 所示。或在流程监控界面菜单栏中点击"电子巡井"中的井组号，显示"井组综合界面"，如图 5-48 所示。

第五章 油田数字化管理技术

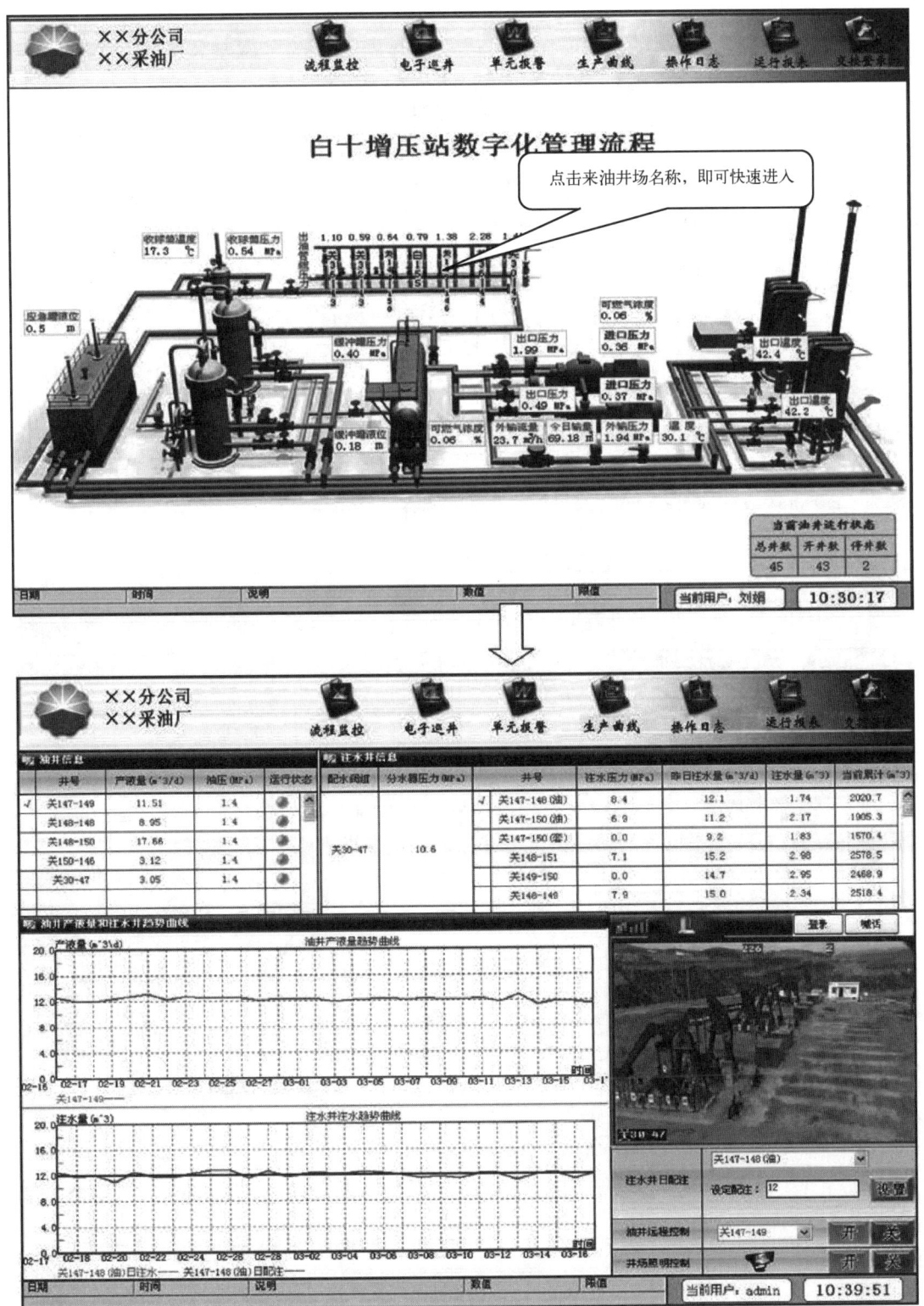

图 5-47 电子巡井界面

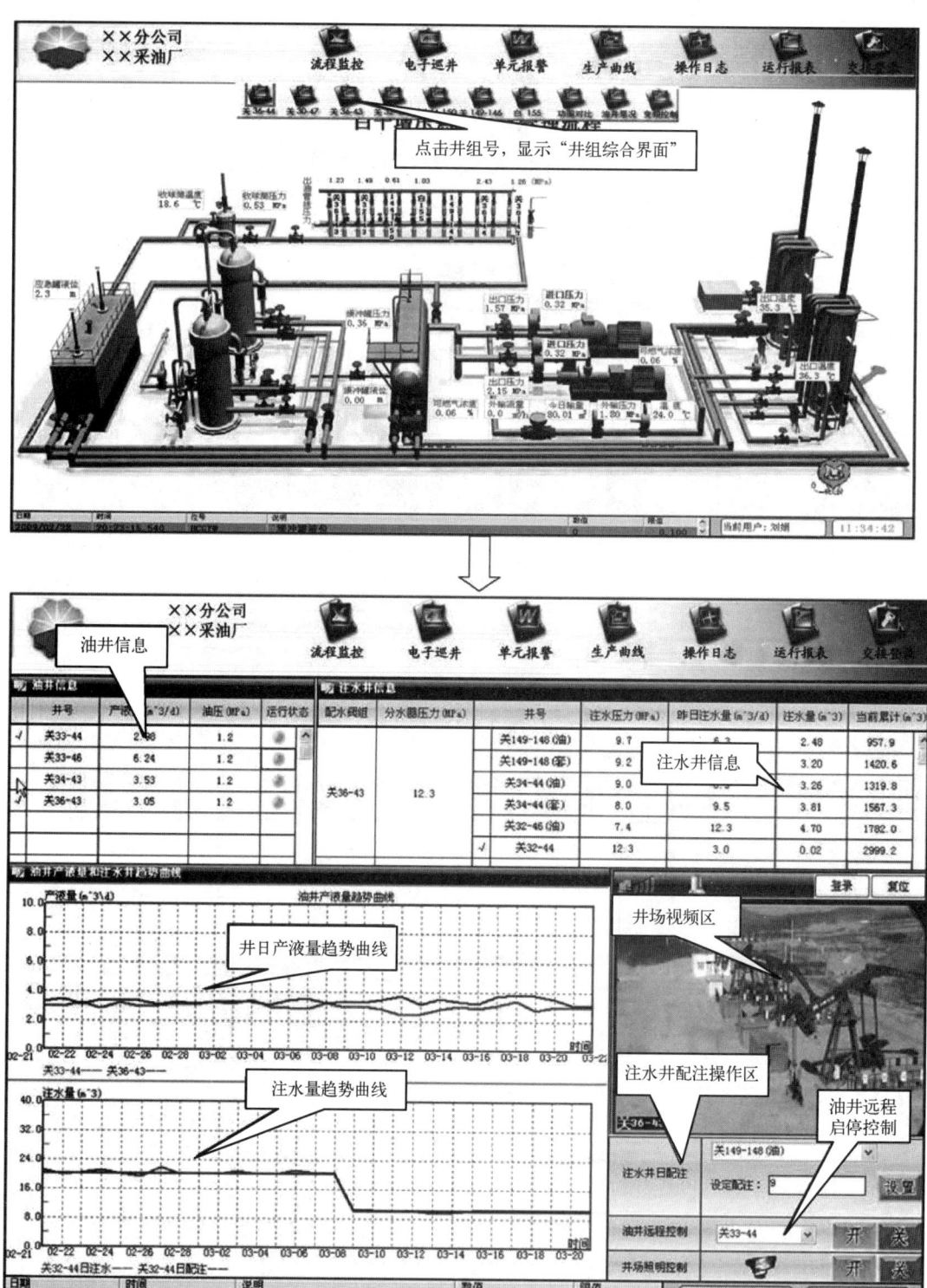

图 5-48　电子巡井井组综合界面

2. 实时报警

在流程监控界面的最下部分显示区为实时报警信息，当运行参数超过设定的界限值后，系统将自动进行声光报警警示，提示工作人员执行相应的处理。在报警信息栏点击鼠标左键，即可进入报警确认界面，如图 5-49 所示。

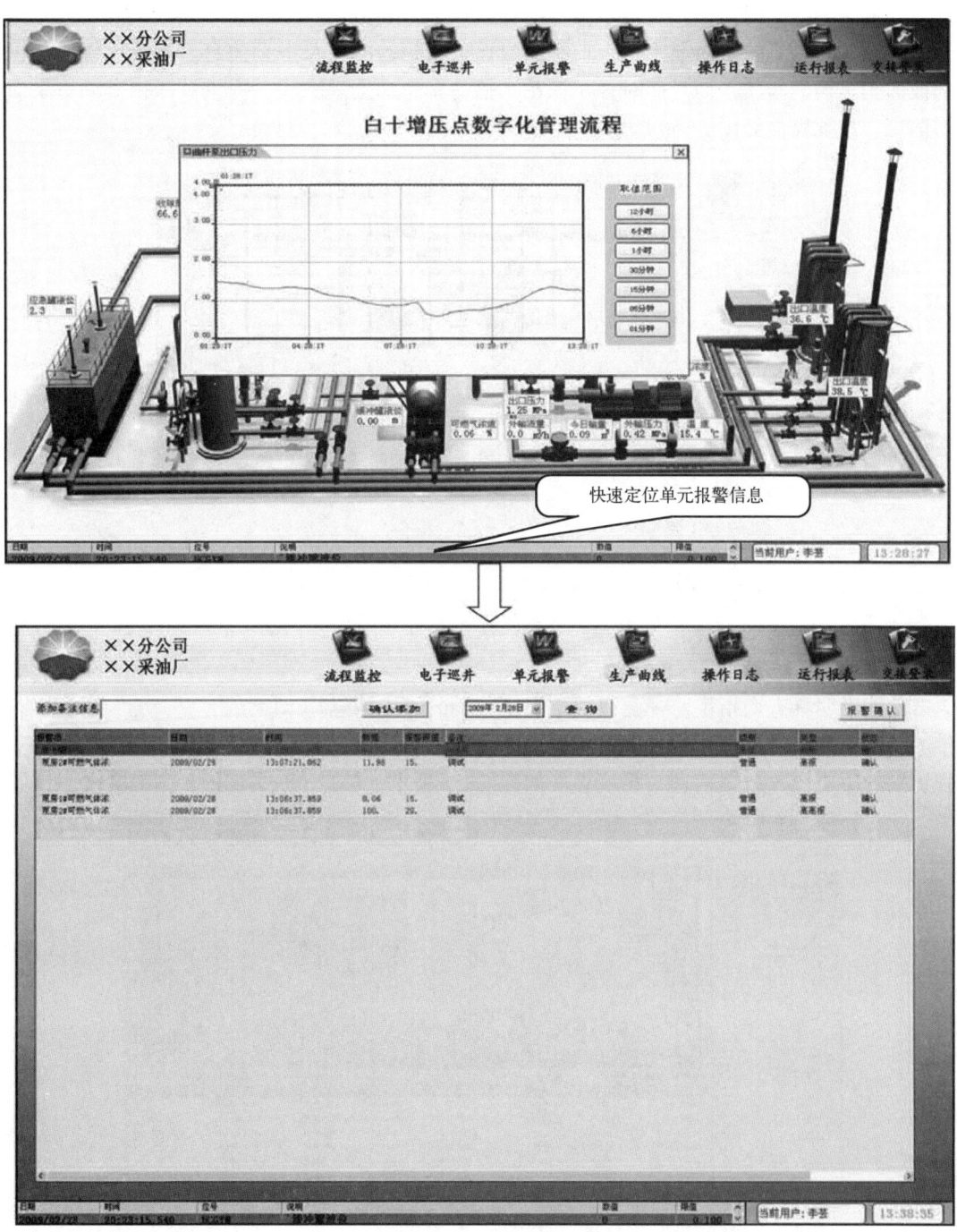

图 5-49　实时报警界面

3. 电子执勤

路卡监控点配备计算机,通过软件系统实时存储或查询车辆信息,达到记录和存储的功能。

1)图片实时查询

功能说明:实时显示指定监视路口的最新抓拍车辆信息。

功能实现:系统实时显示选定监视路口抓拍车辆的图片及识别信息。系统不仅能够识别被抓拍车辆的车牌,而且同时显示抓拍车辆的车牌和全景图片,提供被抓拍车辆更全面的信息,系统界面如图 5-50 所示。

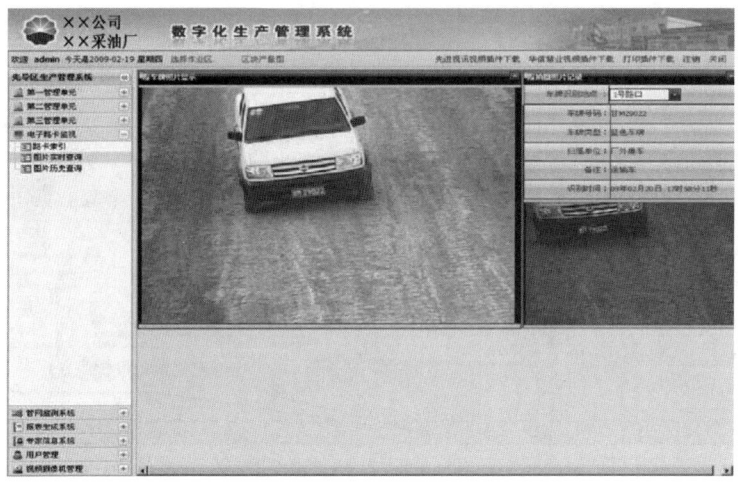

图 5-50　电子执勤系统图片实时查询界面

2)图片历史查询

功能说明:查询指定监视路口抓拍识别车辆的历史信息。

功能实现:通过选择监视路口、日期等条件,查询监视路口选定日期所有抓拍车辆车牌识别的历史图片数据信息,系统界面如图 5-51 所示。

图 5-51　电子执勤系统图片历史查询界面

4. 远程启停抽油机

启停抽油机是一项必须在井场完成的基本操作，要求井场必须有人值守，随时监控抽油机的运行情况。数字化油田管理中将实时视频嵌入监控系统，可通过视频实时观察井场情况，在特殊情况（如发现有跑、冒、漏、火灾、突然停电等情况）下可对抽油机进行远程启停操作，实现无人看守，达到减员增效的目的。

1）远程启停抽油机的原理

站控中心利用网络将油井启停命令传输到井组 RTU 控制箱中，RTU 将电信号转换为模拟信号传递到抽油机上的功率模块，通过功率模块控制抽油机的启停，如图 5-52 所示。

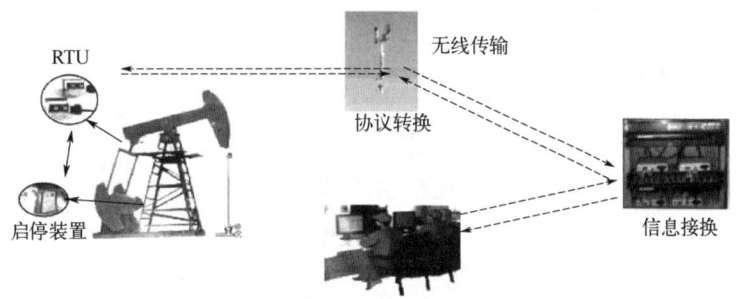

图 5-52 远程启停抽油机的原理图

2）远程启停抽油机的操作方法

如图 5-53 所示：

（1）进入站控系统，输入用户名和口令登录，自动进入系统默认的"流程监控"界面。

（2）在操作功能选项区点击"流程监控"，将显示"井组综合界面"。

（3）选择要启停油井所在的井组，窗口上部自动切换显示该井组实时视频监视图像，窗口下部则列出对应油井名。通过视频确认井场安全、无人，或者启动喊话通知人员远离将要执行启停操作的抽油机。

（4）点击对应油井名下方的"开机"按钮或"停机"按钮，然后根据弹出的窗口输入登录时的密码，确认后系统对井场发出抽油机开停机操作命令，实现对抽油机的远程启停控制。

在启停抽油机的过程中，如果其他用户在其他计算机上对此油井进行过启停机操作，必须点击"解锁"按钮才能实现对此油井的启停机操作。

5. 注水井远程配注

在油田开发过程中，注水的目的是保持和提高地层能量，是保持油田长期高产稳产的最经济有效的方法之一。注水井管理的基本任务就是保持油层长期稳定的吸水能力，完成配注任务，并根据油水井动态变化情况，及时调整注水量，以确保油井的高产稳产，提高油田最终采收率。

1）远程配注的原理

站控中心利用网络将水井配注命令传输给水井的转换箱，转换箱将信号传递给注水井的稳流注水阀组，由稳流注水阀组自动控制注水井注水量，如图 5-54 所示。

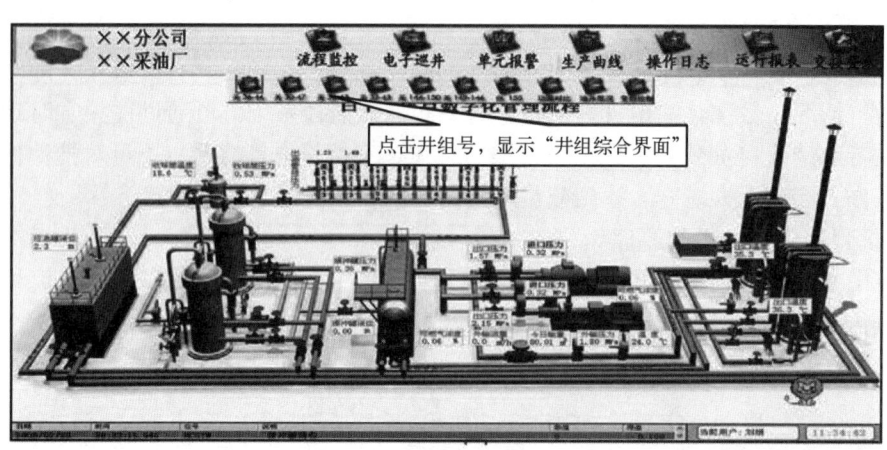

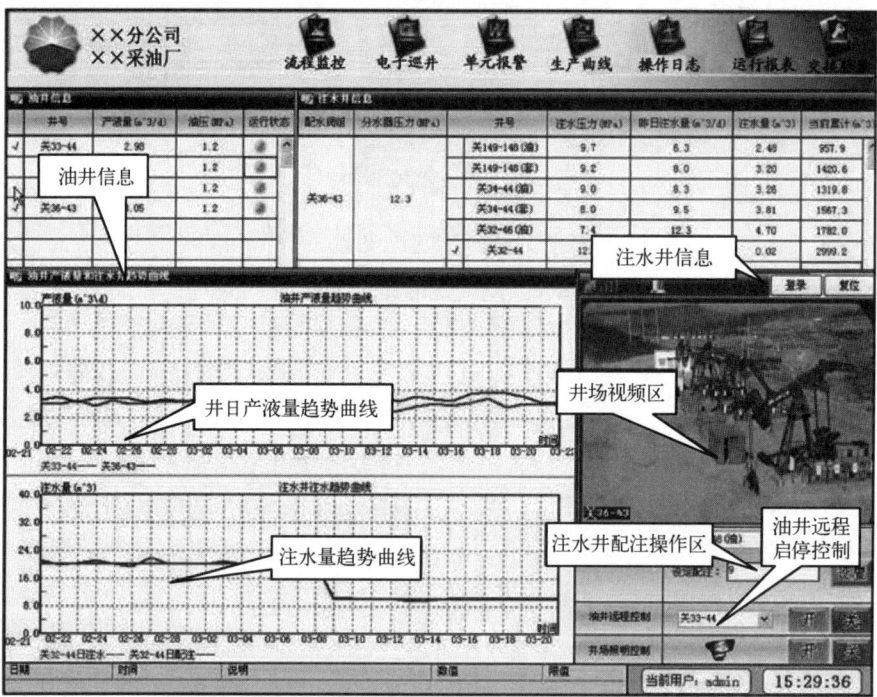

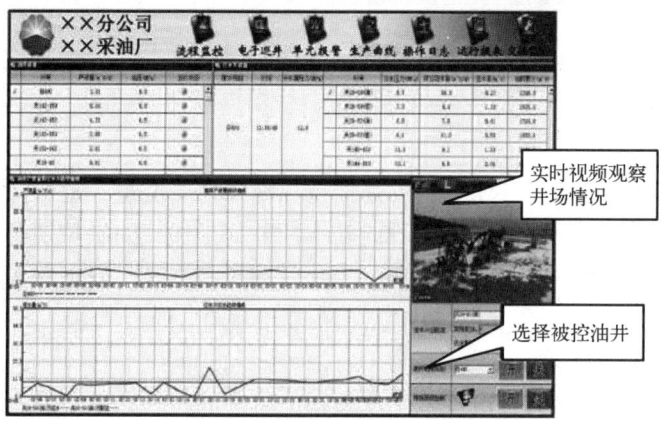

图 5-53　站控系统远程启停抽油机的操作界面

第五章 油田数字化管理技术

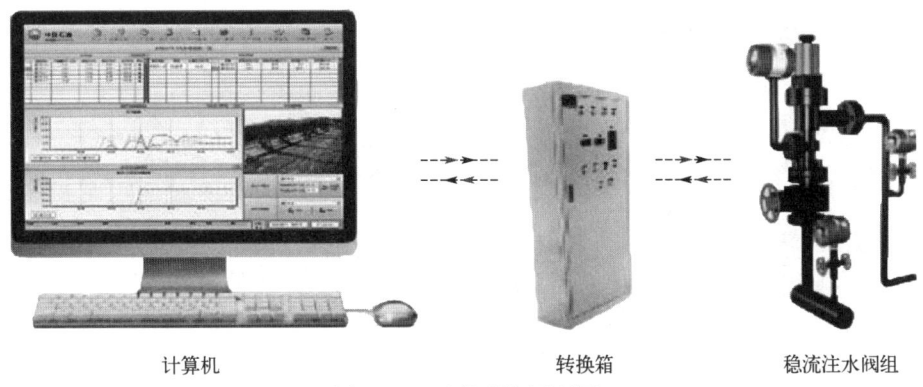

计算机　　　　　　　转换箱　　　　稳流注水阀组

图 5-54　远程配注原理图

2）远程配注操作方法

（1）进入站控系统，输入用户名和口令登录，自动进入系统默认的"流程监控"界面。

（2）在操作功能选项区点击"井组号"，将显示"井组综合界面"。

（3）在配注区选择需要配置的注水井，在"设置配注"输入框中输入实际需要配注的值（立方米/天），点击"设置"按钮后，程序即可执行远程配注功能，并会提示是否成功，如图 5-55 所示。

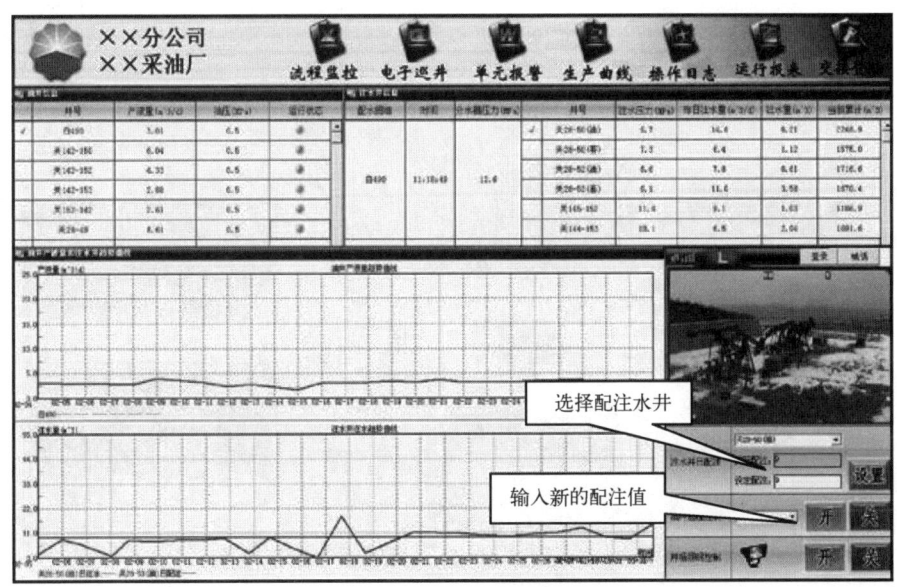

图 5-55　站控系统远程配注界面

（4）配注成功后，稳流注水设备将根据新的配置值运行。

（四）电子巡井的优点

（1）由人工驻井向无人值守转变，如图 5-56 所示。

（2）精确指导处理生产问题，如图 5-57 所示。

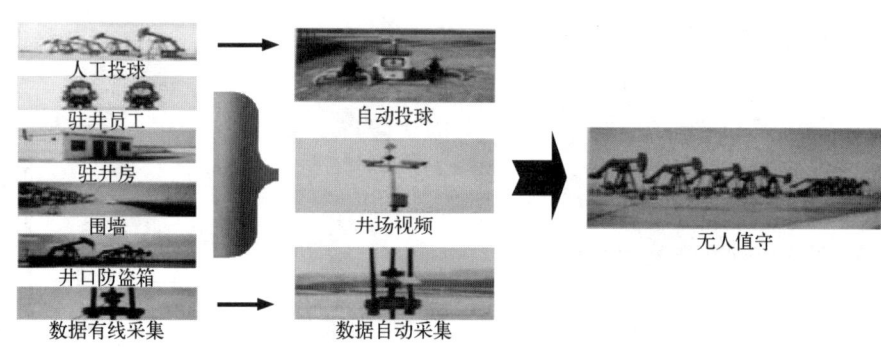

图 5-56　电子巡井优点——由人工驻井向无人值守转变

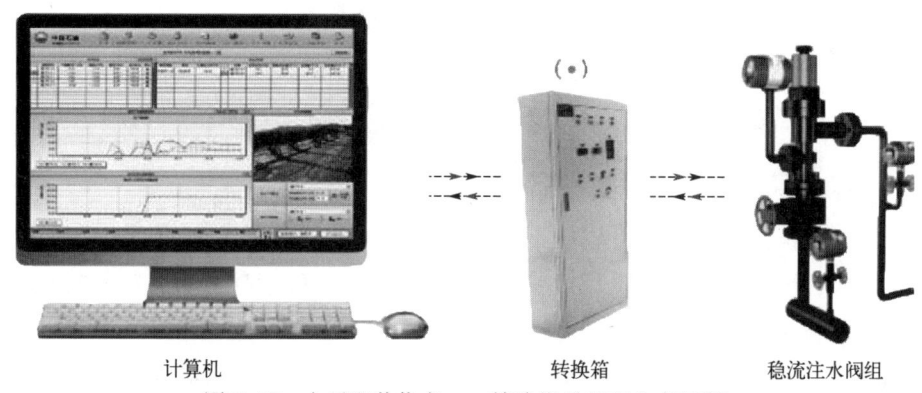

图 5-57　电子巡井优点——精确指导处理生产问题

（3）实现对井站设备远程监控，如图 5-58 所示。

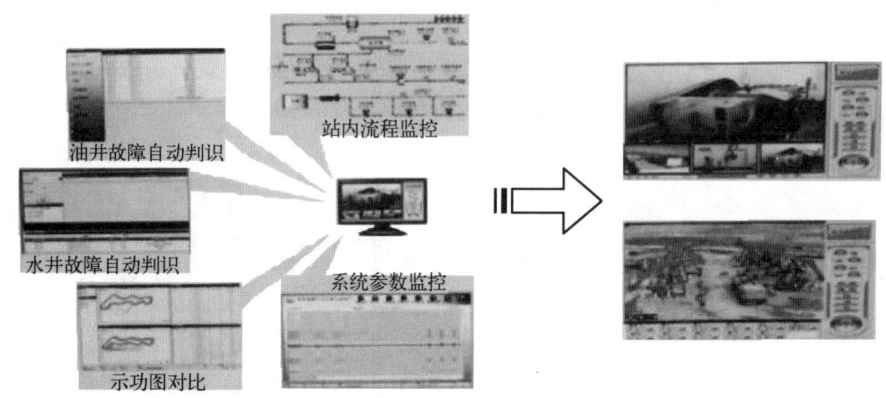

图 5-58　电子巡井优点——井站设备远程监控

（4）遇异常情况自动报警，迅速处理现场情况，如图 5-59 所示。

二、电子报表

站控系统可根据需要自动生成电子报表，主要包括油水井日报表、油水井月报表、油水井班报表、综合报表等各种报表。

第五章 油田数字化管理技术

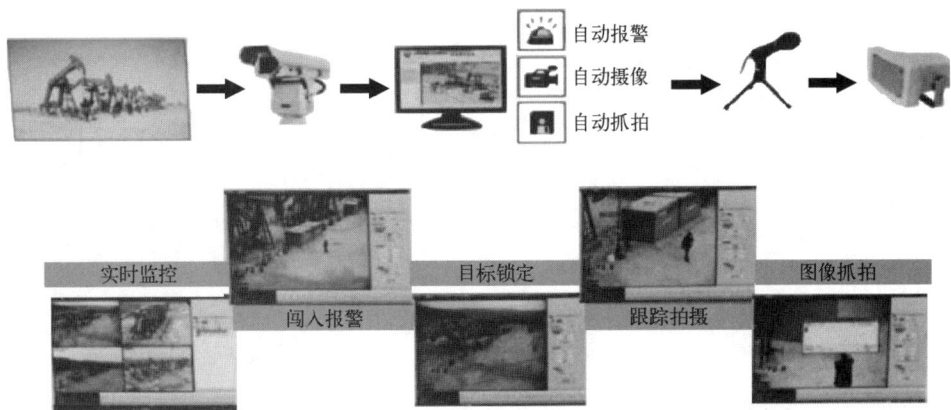

图 5-59 电子巡井优点——自动报警

电子报表改变了员工烦琐的数据录取、手工填写的工作方式，降低了员工的劳动强度，减少了人工填写报表的数据误差，提高了报表数据的实时准确性，便于管理。

(一) 电子报表的系统组成

(1) 数据自动采集系统。

数据自动采集系统主要包括载荷/位移传感器、压力变送器、温度变送器、液位传感器、气体浓度监测传感器等。自动采集设备每 10min 采集一次数据，并将数据上传至站控系统。

(2) 报表自动生成的站控系统。

站控系统对自动采集设备上传的数据进行分析，并生成所需报表，如图 5-60 所示。

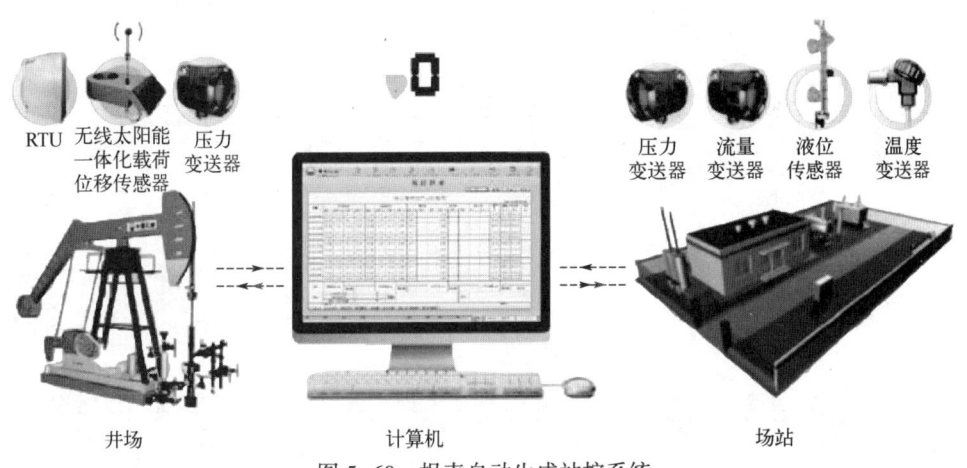

图 5-60 报表自动生成站控系统

(二) 自动生成报表的操作

打开站控系统操作程序后，点击界面上的"运行报表"主菜单，则出现站控运行报表。在报表系统画面右上方选定"报表日期"，点击"刷新"按钮，可生成选定日期内的日报表。通过点击"导出"按钮，生成 Excel 格式表格文件，或通过点击"打印"按钮直接打印出报表，如图 5-61 所示。

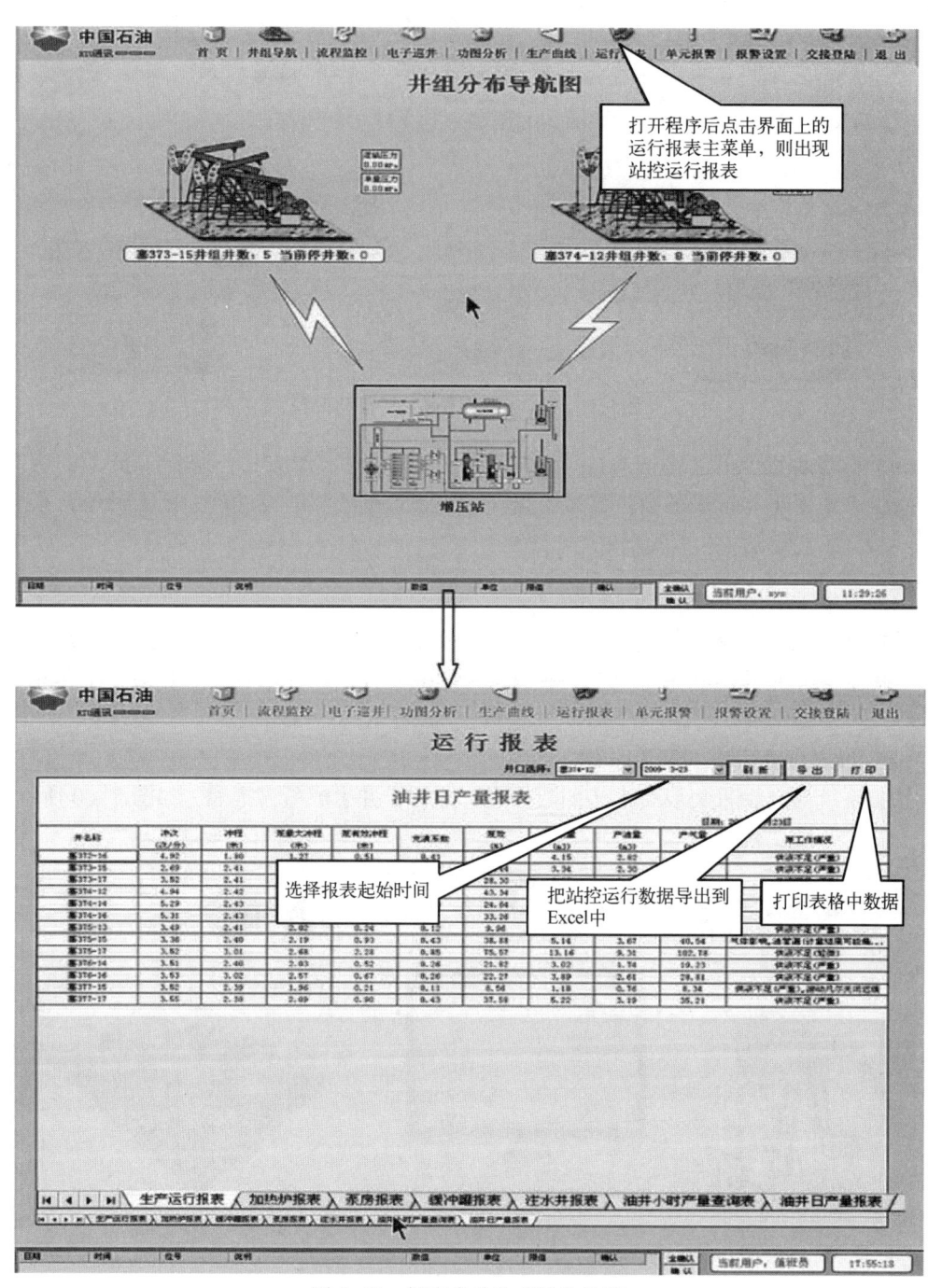

图 5-61 报表自动生成操作界面

在报表系统下方有一系列报表名，点击各个报表名可进入相应的报表画面，操作与上述方法相同。其中，在"油井小时产量查询表"和"油井日产量报表"中，通过上方的"井口选择"下拉菜单选择不同的井号、日期后点击"刷新"按钮，可生成每口井在选定日期的产量报表数据。

（三）电子报表的优点

（1）对生产数据自动采集、自动录入、自动填写。
（2）报表样式自动生成，无须人工绘制。
（3）实时上传报表，实现同一时间多级同时查看报表。
（4）数据库存储，有利于长久保存。
（5）便捷的计算机查询，可快捷定位需要的报表。

三、变频调速技术

随着经济改革的不断深入，市场竞争的不断加剧，节能降耗已成为降低生产成本、提高产品质量的重要手段之一。20世纪80年代初发展起来的变频调速技术正是顺应了工业生产自动化发展的要求，开创了一个全新的智能电动机时代。一改普通电动机只能以定速方式运行的陈旧模式，使得电动机及其拖动负载在不需要任何改动的情况下即可以按照生产工艺要求调整转速输出，从而降低了电动机功耗，达到系统高效运行的目的。

20世纪80年代末，变频调速技术引入我国并得到推广，现已在电力、冶金、石油、化工、造纸、食品、纺织等多种行业的电动机传动设备中得到实际应用。目前，变频调速技术已经成为现代电力传动技术的一个主要发展方向。它具有卓越的调速性能、显著的节电效果，改善现有设备的运行工况，提高系统的安全可靠性和设备利用率，延长设备使用寿命等优点。

近年来，出于节能的迫切需要和对产品质量不断提高的要求，加之采用变频调速器（简称变频器）易操作、免维护、控制精度高，并可以实现高功能化等特点，采用变频器驱动的方案开始逐步得到广泛应用。

（一）变频器

1. 变频器的调速原理

交流电动机的同步转速表达式为：

$$n = 60f(1-s)/p \tag{5-2}$$

式中　n——异步电动机的转速，r/min；
　　　f——异步电动机的频率，Hz；
　　　s——电动机转差率；
　　　p——电动机极对数。

由式（5-2）可知，转速 n 与频率 f 成正比，只要改变频率 f，即可改变电动机的转速；当频率 f 在 0~50Hz 的范围内变化时，电动机转速调节范围非常宽。变频器就是通过改变电动机电源频率实现对速度的调节，是一种理想的高效率、高性能的调速手段。

2. 变频器的结构

通常把电压和频率固定不变的工频交流电变换为电压或频率可变的交流电的装置称为变频器。变频器主要由整流器、中间电路、逆变器、制动单元、驱动单元、微处理单元等组成。

（1）整流器：与三相交流电源相连接，产生脉动的直流电压。

（2）中间电路：使脉动的直流电压变得稳定或平滑，供逆变器使用；通过开关电源为各个控制线路供电；可以配置滤波和制动单元以提高变频器性能。

（3）逆变器：将直流电压变换成可变电压和频率的交流电压。

（4）控制电路：将信号传送给整流器、中间电路和逆变器，同时也接收来自这些部分的信号。其主要组成部分是输出驱动单元和操作控制电路。主要功能是利用信号来开关逆变器的半导体器件；提供操作变频器的各种控制信号；监视变频器的工作状态，提供保护功能。

3. 变频器的工作原理

变频器通过二极管整流桥（整流单元）将输入的工频交流电转变为直流电，再通过可控硅桥式电路将直流电转变为电压、频率可以任意调节的交流电，如图 5-62 和图 5-63 所示。

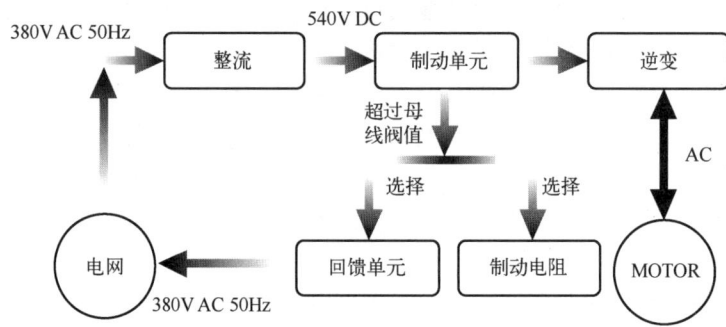

图 5-62 变频器的工作原理示意图

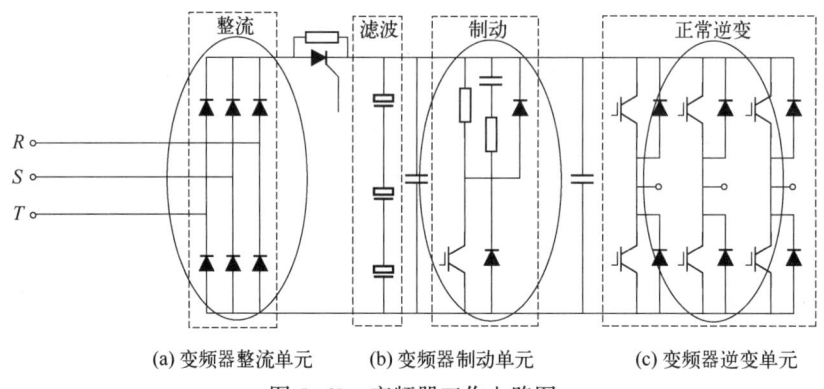

(a) 变频器整流单元　(b) 变频器制动单元　(c) 变频器逆变单元

图 5-63 变频器工作电路图

4. 变频器的功能

变频器的主要功能有软启动、变频调速（恒转矩调速和恒功率调速）、功率因数补偿、继电保护、模拟量输入和通信功能等。

5. Unidrive SP 变频器

Unidrive SP 变频器是一种提供解决方案平台的交流变频驱动器，如图 5-64 所示，提供开放式 PLC 解决方案，便于用户灵活配置 PLC 逻辑和各种应用。选用 Undrive SP 变频器并配置相应的软件和硬件，可节省成本和安装空间。

图 5-64　Unidrive SP 变频器

（二）抽油机变频调速技术

1. 抽油机调速系统简介

油田主要采用有杆泵采油方式，而三低（低渗透、低压、低产）油田抽油机普遍存在系统效率低、能耗大等情况。在实际生产中，油井供液能力随时都有变化，大多数井生产一段时间后普遍表现为供液不足，这就需要对抽汲参数进行及时合理调整，而首选参数就是冲次的调节。传统的冲次调节是通过更换电动机皮带轮来实现的，而现场使用的抽油机冲次一般只有三个挡，有时即使在最小冲次下也无法满足生产的需要，泵效普遍偏低。

通过变频技术实现对抽油机调速，可以大大改善上述状况。抽油机变频调速系统如图 5-65 所示。

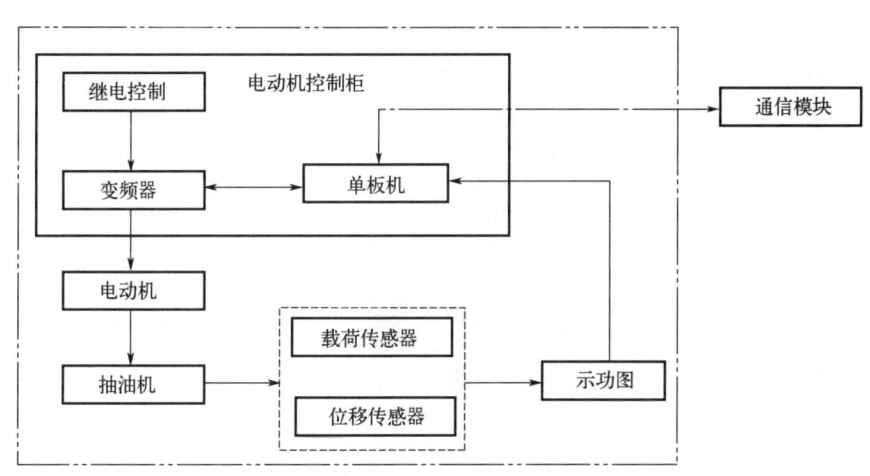

图 5-65　抽油机变频调速系统结构示意图

2. 数字化抽油机智能控制柜简介

数字化抽油机智能控制柜是以 RTU 为核心，实现冲次手/自动调节、平衡手/自动调节、工/变频切换功能，同时实现无线远程监控的一体化智能控制系统。该系统具有良好的稳定性和自适应能力，如图 5-66 所示。

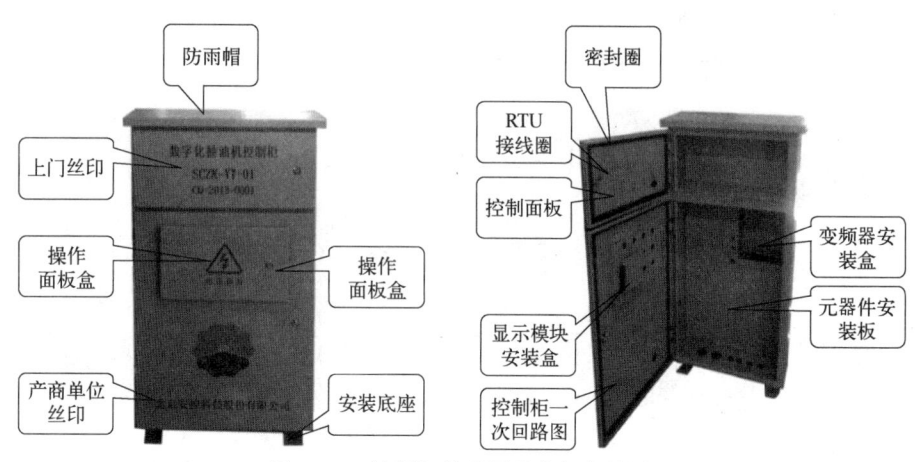

图 5-66 控制柜外观图及内部布局图

1) 数字化抽油机智能控制柜的电器元件

抽油机专用变频控制柜电器元件如图 5-67 所示，主要由短路熔断器和浪涌保护器、Unidrive SP2404 变频器、Unidrive SP2404 制动单元、变频主回路接触器、工频主回路接触器和加热器等构成。

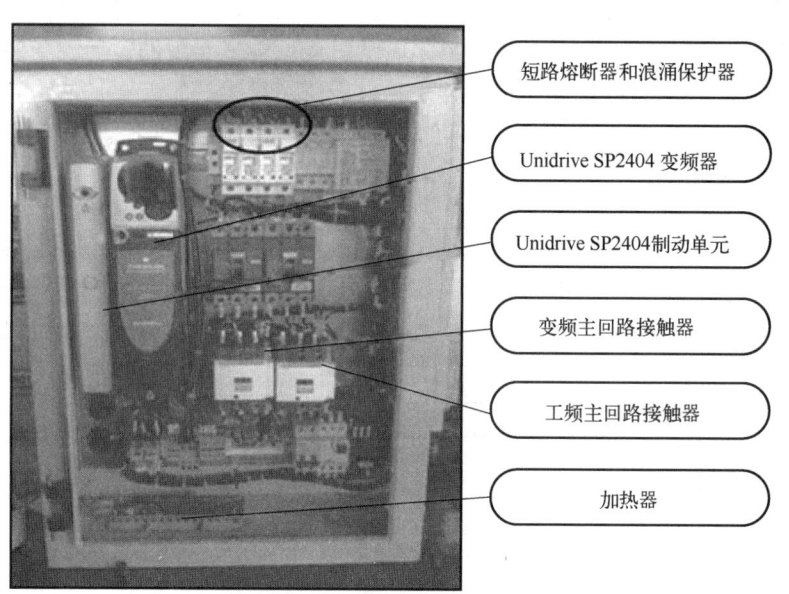

图 5-67 控制柜电器元件

2) 数字化抽油机智能控制柜的控制系统

（1）控制面板。

控制面板由工频和变频转换按钮、启动按钮、停止按钮、复位按钮、冲次调节按钮、平衡调节按钮和数据显示模块等组成，如图 5-68 所示。该部分可实现抽油机的本地启动/停止、工频/变频切换、冲次的本地调节、平衡的本地调节及抽油机实时冲次及平衡度显示。

（2）变频控制系统。

变频控制系统由变频器、制动单元、交流接触器、继电器以及相关电器元件等组成，

第五章 油田数字化管理技术

图 5-68 控制面板

实现抽油机冲次手/自动调节、电动机软启动和电动机智能保护等功能。

(3) 工频控制系统。

工频控制系统由继电器、断路器、接触器等相关电器元件组成，具有工频启动、停止、过流、过载、缺相等保护功能。当变频器发生故障时，系统可自动切换到工频状态，实现抽油机平稳、安全运行。

(4) 尾平衡调节系统。

尾平衡调节系统由继电器、平衡电动机接触器、行程开关等相关电器元件组成，具有增加和减少配重的能力，实现自动/手动调节平衡的功能。

(5) 数据采集及传输系统。

数据采集及传输系统由井口 RTU 控制器、三相电参采集模块和数据通信模块等部分组成。主要完成载荷和角位移数据的采集、井口三相电参的采集、示功图和电流图的生成、抽油机的远程启停、冲次和平衡的自动调节、控制柜的智能保护及数据的远程传输等功能。

3) 数字化抽油机智能控制柜电路

数字化抽油机智能控制柜的电路包括主电路和主控制电路，分别如图 5-69 和图 5-70 所示。

4) 调冲次的操作方法

在操作面板前将柜内断路器 Q101、Q102 合闸。

(1) 本地控制：将"远程/本地"旋钮旋到"本地"，然后选择"变频/工频"，按启动按钮，抽油机启动。"工频"下电动机以额定转速转动，"变频"下可以通过冲次调节旋钮调节电动机转速，如图 5-71 所示。本地模式下远程控制失效。

(2) 远程控制：将"远程/本地"旋钮旋到"远程"，然后选择"变频/工频"到"变频"，可实行远程变频控制。在中控室打开程序后点击界面上的"电子巡井"主菜单，点击"变频控制"，点击设定区，在出现的设定区输入设定频率后点击"确定"，远程频率设定操作完毕，如图 5-72 所示。

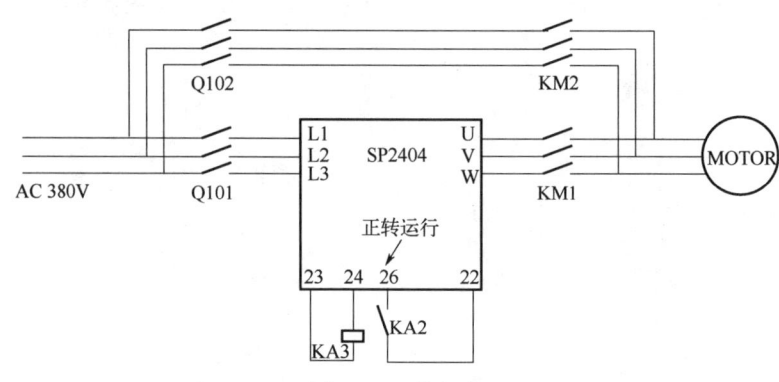

图 5-69　主电路

Q101—变频器供电断路器；Q102—工频供电断路器；KM1—变频器输出接触器；
KM2—工频输出接触；KA2—变频器启动/停止继电器；KA3—远程启动/停止继电器

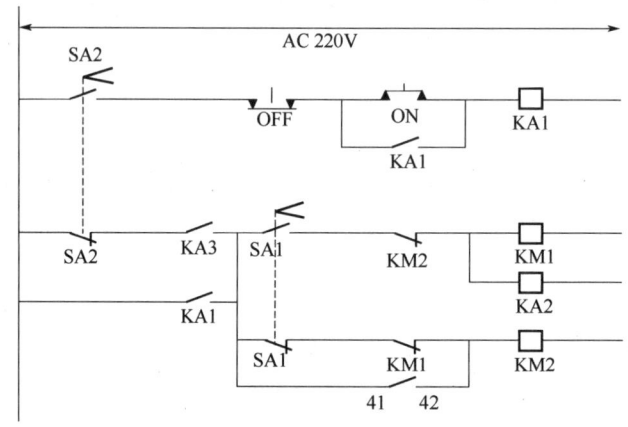

图 5-70　主控制电路

SA2—本地/远程切换旋钮（两位自锁）；SA1—工频/变频切换旋钮（两位自锁）；
ON—抽油机启动按钮；OFF—抽油机停止按钮；KA1—自锁用继电器

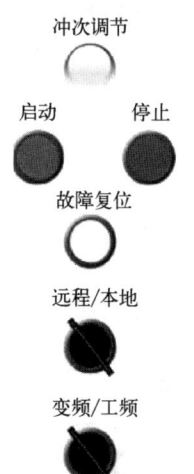

图 5-71　抽油机变频器操作面板

5) 抽油机专用变频器的节能原理

（1）动态调节抽油机的冲次；动态调整抽油机的转速，适应油井负荷的需要，如图 5-73 所示。

（2）动态调节抽油机上、下行程的速度，实现节能增产的目的。

（3）动态调功功能：自动改变加在电动机上的端电压，保证电动机在最小电流和最低电压即最小功率下运行。

6) 数字化抽油机智能控制柜的主要功能

（1）数据采集功能：油井载荷、位移和三相电参数自动采集功能，计算出示功图、电流图、功率图。

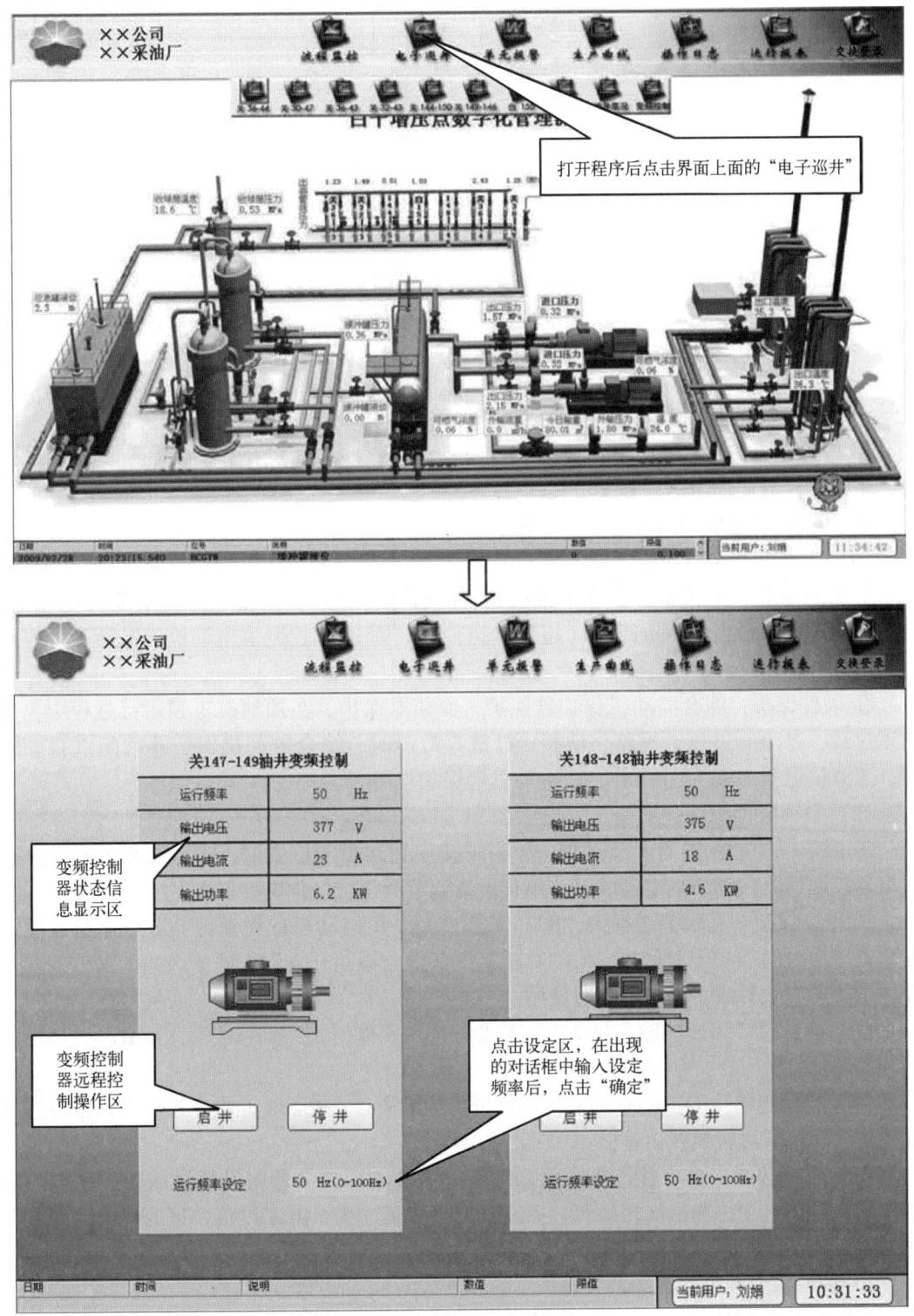

图 5-72 站控系统变频控制界面

（2）冲次调节功能：变频运行情况下，在给定泵径的条件下，根据油井示功图，RTU

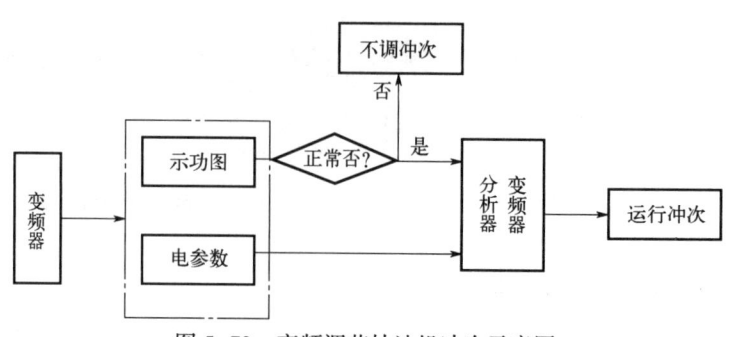

图 5-73 变频调节抽油机冲次示意图

模块计算出油井最佳冲次,并实现自动冲次调节;可实现就地手动调节冲次和远程手动调节冲次功能。

(3) 平衡度调节功能:

① 根据电流自动计算平衡度,并实现自动调节,使抽油机在一定的平衡度范围内运行,平衡度计算周期可远程设定。

② 可实现就地手动调节平衡和远程手动调节平衡。

(4) 主电动机保护功能:

① 软件保护:电流保护。在抽油机运行过程中,RTU 实时监视主电动机的电流值,若电流超过设定最大值一定时间(超限时间)时,则 RTU 控制主电动机供电断开,停止运行。

② 硬件保护:综合电动机保护器保护、变频器保护。在抽油机工频运行过程中,当出现过载、过流、过压、短路、缺相、过载等故障时,综合电动机保护器常闭点自动断开,工频接触器 KM1 停止工作,对电动机起保护作用。

(5) 平衡电动机保护功能:

① 限位保护:在平衡调节过程中,当平衡块到达极限位置时,将触发限位开关,通过电器控制回路使调节继电器断开,停止平衡调节操作,保护电动机。

② 电流保护:在调节过程中,RTU 需监视调平衡电动机的电流值,若电流超过设定最大值一定时间(超限时间),则 RTU 控制调节继电器断开,停止调节。此种保护方式是在限位开关失效时或平衡块卡死时使用。

(6) 运行模式切换功能:具备工频和变频两种工作模式,且可实现变频故障时自动切换到工频运行。

(7) 数据传输功能:RTU 的通信端口可支持 RS485、RS232 有线方式传输,也可连接无线数传模块,进行无线传输。

(8) 防护功能:系统具备防雷电、防电源闪断功能,具备电动机过载保护、电流限幅、输入缺相检测、输出缺相检测、加速过流、减速过流、恒速过流、接地故障检测、散热器过载和负载短路等保护功能。

7) 抽油机变频器的合理调频范围

当频率大于 50Hz 时,电动机的转速大于额定转速,抽油机的冲次将大于最高冲次,降低了抽油机运行的可靠性。而且当频率为 50~60Hz 时,电流、电压不变,感应电势也不变,而磁通会减小,因此转矩会随着磁通减小而减小。

普通三相异步电动机的转速是固定的，电动机厂是根据电动机的转速设计风扇的。对于普通电动机，如果用变频器降速运行，风扇的转速也会降低，风扇的风量就会下降，电动机温度会升高。采用变频器对普通三相异步电动机进行调控，速度不宜太低，频率应控制在 20Hz 以上。建议采用抽油机变频器驱动三相异步电动机运转时，若调速，频率范围宜控制在 20~50Hz。

（三）变频输油技术

变频输油是通过变频调速来实现的。变频调速是通过改变供电电源频率来实现对电动机的无级调速。由于泵功率消耗与其转速的立方成正比，因此降低电动机转速可大大减小电动机的输入功率，提高系统效率和功率因数，达到节能的目的。同时，通过变频调速可做到连续输油，降低了工人的劳动强度。

变频输油原理：当缓冲罐液位到达上限时，通过磁性液位计传感器将信号传递给变频柜，变频柜自动启动外输泵，并将缓冲罐液位信号与液位设定值比较，实时调节泵的转速控制排量向外输油，保持缓冲罐的进出液平衡，将罐内液位稳定在所设定的位置，从而达到连续输油的目的。当进液量小于外输量，液位下降到下限时，传感器将信号传递给变频柜，变频柜自动停泵，停止输液。变频输油原理如图 5-74 所示。

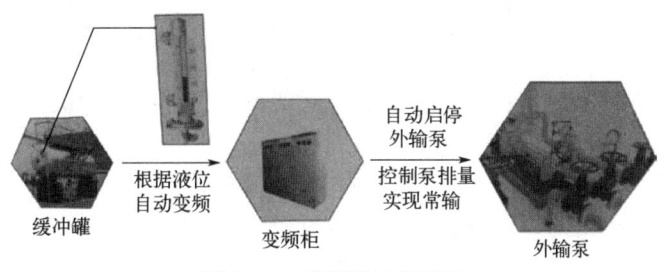

图 5-74 变频输油原理图

变频输油现场应用：2008 年长庆油田公司对几台电动机功率裕量大及负载率、效率和功率因数低的输油泵进行了变频改造，改造后实时观察，节能效果非常明显，可连续输油，降低了员工的劳动强度。

四、示功图法计量技术

（一）示功图法计量技术的开发背景及研究思路

各油田油井计量是以计量分离器单量为主，由于计量分离器计量系统地面流程复杂，控制部分易损坏，故障率高，计量误差较大，且地面流程一次性投资大、维护困难，不能实现计量数据远传和实时检测，人为影响因素多等，导致油田地面建设投资大、设备管理复杂、资料录取准确性低以及油田管理水平低下。图 5-75 给出了长庆油田公司双容积计量流程。

为了降低投资、节约成本，提高油田管理水平，通过对国内外油田单井计量的方式、方法和技术现状的调研，结合油田开发需要，提出了一种采用"示功图法"计量单井产量的计算方式和测试方法，研制开发了一套基于这种方法的综合测试系统和相应的配套计量

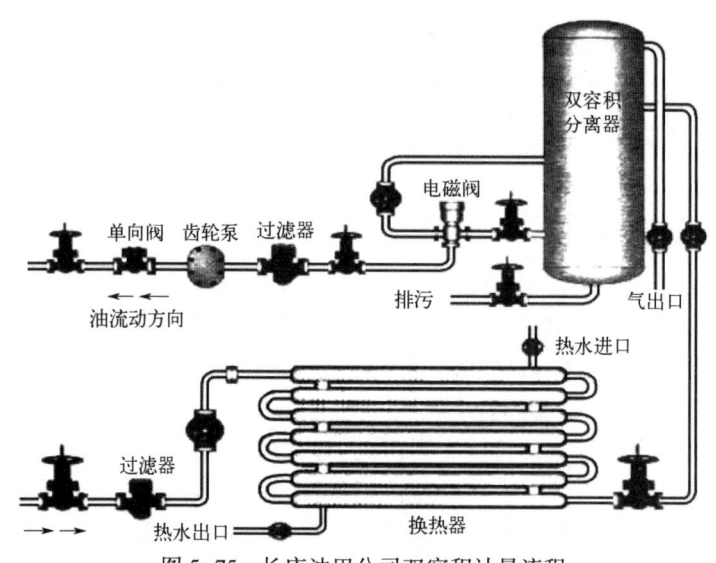

图5-75 长庆油田公司双容积计量流程

软件。示功图法计量技术是以示功图有效冲程的确定为突破点，依据示功图理论、泵示功图工况识别及诊断理论技术的研究和应用效果，提出的一种利用地面示功图计算分析单井产液量的计算方法。

示功图法计量技术是对传统的单井计量方式的挑战，它最大的优势在于：可简化油气集输流程，实现对多口油井产液量的实时在线测量。

（1）示功图法计量的前提：一定要获取准确可靠的地面示功图。

低压测试仪器测取的示功图资料不能满足该技术要求。示功图法计量所需示功图必须是一定时间连续测取示功图的有效平均值，因此要求示功图的测试仪器必须实时在线。

（2）实现方式：采用移动存储式监测技术和油井参数远程遥测技术。

（二）示功图法油井计量技术的基本原理

示功图法计量技术是依据抽油机井深、井泵工作状态与油井产液量的变化关系，把定向井有杆泵抽油系统视为一个复杂的振动系统（三维振动系统：包含抽油杆、油管和液柱三个振动子系统），研究建立了定向井有杆泵抽油系统的力学、数学模型及算法。在一定的边界条件和一定的初始条件（如周期条件）下，该系统对外部激励（地面示功图）产生响应（泵示功图），从而可计算在不同井口示功图激励下的泵示功图响应，采用矢量特征法对泵示功图进行分析及对故障进行识别，可确定泵的有效冲程，得出油井地面折算有效排量，如图5-76所示。

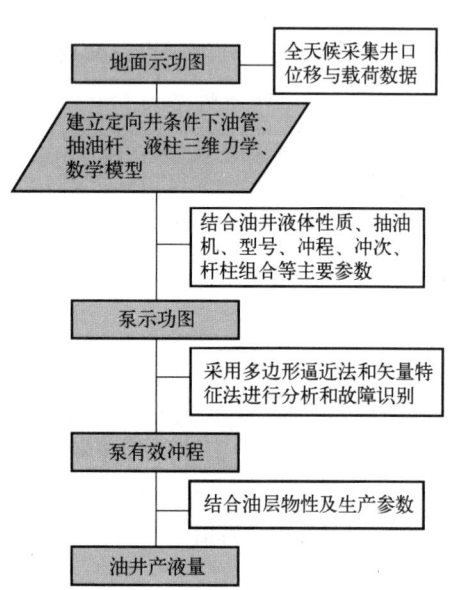

图5-76 示功图法油井计量系统术原理图

(三) 示功图法油井计量技术的理论研究内容

1. 定向井有杆泵系统模型研究

把定向井有杆泵系统视为一个复杂的三维振动系统，考虑抽油杆、液柱及油管三个子系统在三维空间的振动耦合和抽油杆位移、速度、应变、应力和载荷之间随时间变化的因素，建立相关模型。

（1）建立了抽油杆、液柱和油管三个振动子系统的空间三维模型。

（2）考虑了以上三个子系统在三维空间的振动耦合及液柱可压缩性。

（3）用有限单元法与有限差分法将抽油杆及油管结构离散化，建立了油管、抽油杆振动的有限元方程与有限差分法结合的计算模型及方法。

2. 泵示功图识别研究

采用多边形逼近法和矢量特征法对泵示功图进行工况识别、分析，考虑气体、结蜡等因素对泵示功图有效冲程的影响，准确判断泵有效冲程，解决了以往示功图法计量误差大的问题，使计量精度有了显著提高，这与以往的用示功图面积法求解油井产液量有实质上的差别。

3. 数据采集研究

以全天候实测示功图作为数据源，计算油井平均产量，能更加真实地反映油井实际出液情况。

4. 示功图法油井计量系统研制

研究开发集测试技术、通信技术和计算机技术为一体的示功图法油井自动计量与监测系统，解决油井示功图现场测试时间及数据连续录取这一关键难题，实现了抽油机井远程自动监测、实时示功图数据采集、油井工况诊断和产液量计量等功能。

(四) 示功图法油井计量系统

1. 系统组成

系统采用分散数据采集、集中处理结构，主要由多个数据采集点（硬件）和数据处理点（软件）两大部分组成，且根据通信传输方式的不同可分为移动存储和无线传输两种监测方式，如图 5-77 所示。

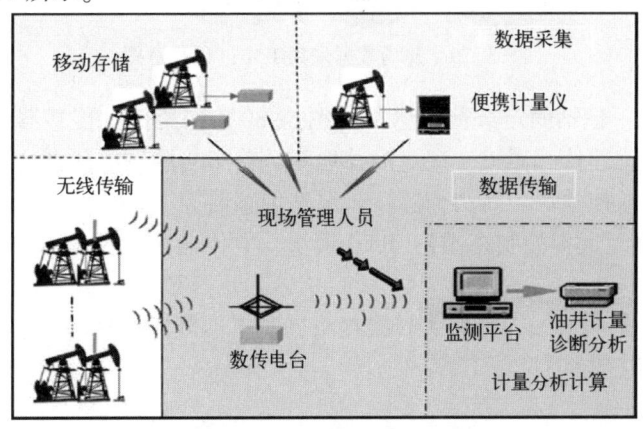

图 5-77 示功图法油井计量系统组成示意图

1）井场数据采集点

井场数据采集点主要由安装在抽油机井口的载荷传感器、位移传感器、数据采集控制器（RTU）、数据处理模块、通信模块、主控制箱、数传电台、高增益天线等组成，如图 5-78 所示。井场数据采集工作过程如图 5-79 所示。

图 5-78　井场数据采集点组成示意图

图 5-79　井场数据采集工作过程示意图

（1）一次仪表：包括固定载荷传感器（图 5-80）和角位移传感器（图 5-81）。它采用位置传感器或角位移传感器来实现对油井地面示功图的测试。除此之外，具有扩展功能时还需增加电动机监控模块、压力传感器、温度传感器等。

（2）RTU 机柜（远程控制终端）：RTU 模块、数传电台（图 5-82）、开关电源、接线端子、机箱等。

（3）天馈线：全向天线、馈线、转换接头、避雷器等。

（4）电缆线与安装附件。

2）站点数据处理点

它是对各数据采集点对象（抽油井）进行信息交换的平台，采用小型计算机控制，原

第五章 油田数字化管理技术

图 5-80 固定载荷传感器

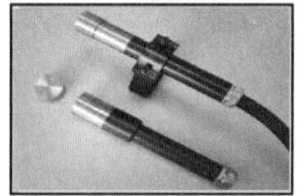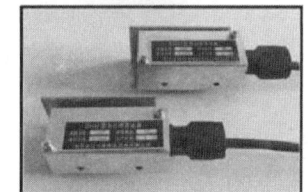

GT401型角位移传感器　　　　GT402型角位移传感器

图 5-81 角位移传感器

则上一个数据控制点管理 40 口井，一般设置在转油站或联合站上。它主要由中心天线、中心控制器（数据处理器、远距离通信模块、服务器等）、计算机、系统监测软件、油井计量分析软件等组成，如图 5-83 所示。

2. 系统主要软件

1）系统监测软件

系统监测软件是安装在数据处理点（控制中心）的控制软件。其作用是通过控制程序执行与数据采集点硬件设备的监测参数按照一定的逻辑顺序对话，获取现场抽油机井载荷、位移、电流、电压、压力、温度等实时监测数据，从而达到监测和控制现场设备的目的。

图 5-82 数传电台

2）计量分析软件

在理论分析的基础上研发了有杆泵抽油系统计量分析软件。

软件采用 BORLANDC++BUILDER6 等有着 RAD 功能的 OOP 可视化编程软件进行编程，其中运用了动态链接库和插件技术。

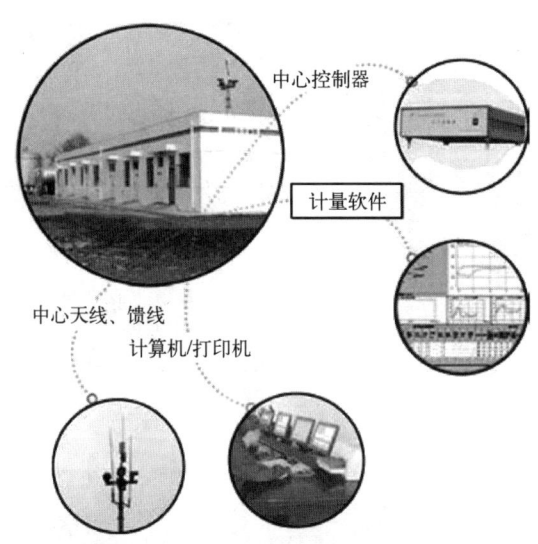

图 5-83　站点数据处理点组成示意图

软件本着"实用、可靠、操作方便"的原则，不断对结构和算法进行规范和改进，提高了运算速度，易于操作，便于推广应用。

产量计算依据：

$$q_g = 1131 d^2 S_e n / B_1 \qquad (5-3)$$

式中　q_g——油井产液量，m^3/d；

　　　d——泵径，mm；

　　　S_e——有效冲程，m；

　　　n——冲次，次/min；

　　　B_1——原油体积系数。

考虑到不同区块原油物性不同，溶解气含量不同，以及含气原油脱气体积收缩引起的地层原油与地面原油的体积差，在每个区块应用前应选取一些井进行油井测试，然后经对比、分析，得出区块对示功图计算结果的修正值，即区块因素调整系数。

分析软件采用模块化数据结构，主要由五大模块组成，即油井诊断计量分析、油井数据库、示功图管理、抽油机分析和井身数据管理，如图 5-84 所示。

各个模块功能相对独立、风格统一，便于维护和升级；采用多媒体、数据库和网络技术，对复杂的理论计算进行封装，使软件界面简洁，便于操作和应用。

3）软件特点

（1）各部分均采用较为先进的数学模型与计算方法，以保证较高的计算精度，理论上具有一定的先进性。

（2）提出了一种递推算法，在保证计算精度的前提下，快速将地面示功图转换为井下泵示功图，满足大量油井计量的需求。

（3）集油井计量与诊断于一身，及时反映油井工况。

（4）对采集的示功图进行识别，剔除错误示功图，并采用多边形逼近法对泵示功图进行预处理，过滤出主要特征，保证计量精度。

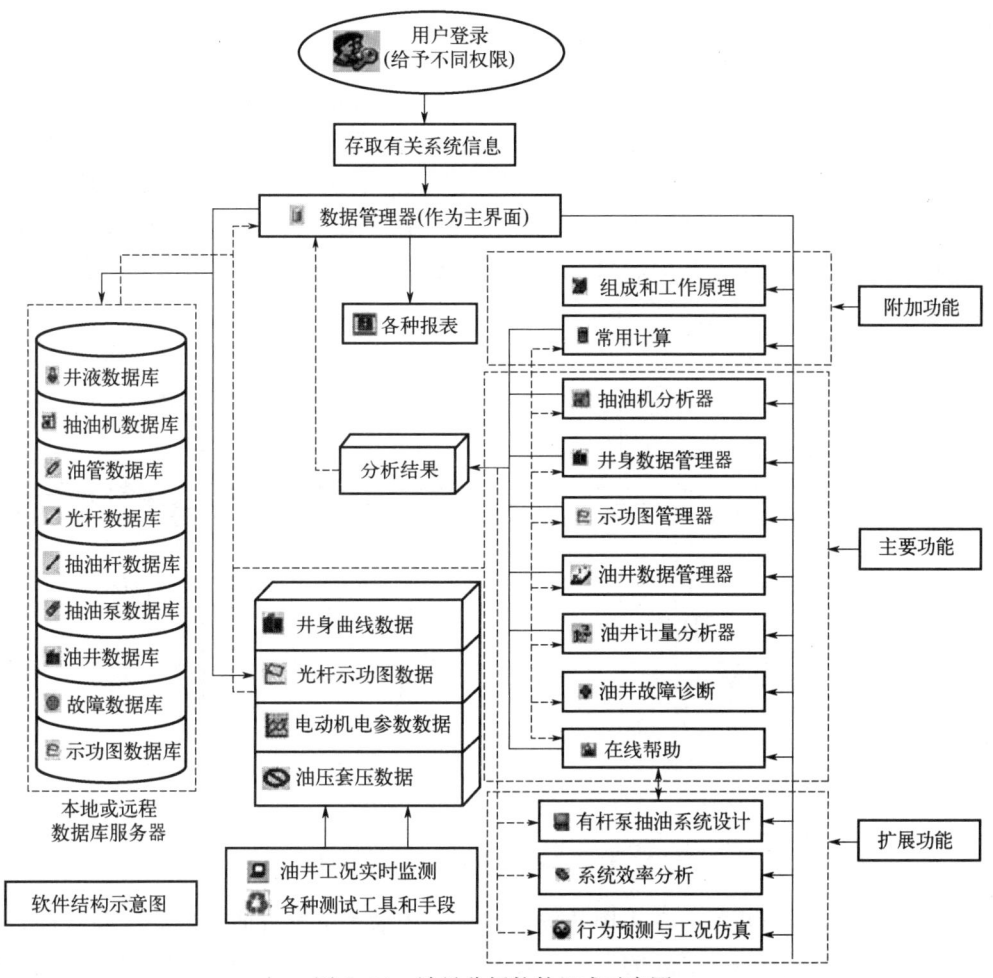

图 5-84 计量分析软件组成示意图

3. 系统主要功能

（1）实时数据采集与远程工况监测。

（2）实时故障报警：遥测系统故障，对抽油机停机、井场停电等故障报警提示。

（3）示功图计量及油井工况诊断。

（4）自动生成报表。

（5）历史数据查询、网络数据浏览等。

（五）示功图计量技术的现场应用

示功图计量技术自 2002 年开发以来，已经在长庆油田公司上百个站点、几千口油井上安装应用。计量数据的采集、传输比较平稳，计量误差小，油井诊断分析结果准确，单井生产以曲线形式反映，可及时了解生产变化情况，以示功图计量系统为基础，增加了相应的扩展功能，实现了油田数字化管理。

五、注水井工况分析系统

注水是油田保持地层能量，维持高效经济开发的最有效手段。油井工况分析技术的成功应用，有效地指导了油田现场生产管理。同时，注水系统的应用，如数字化注水橇、稳流配水、水源井智能控制等技术应用，一定程度上提升了注水系统的数字化管理水平。在油田数字化管理模式下，要求注水井管理精细化、数字化、扁平化，实时采集注水井参数，实时分析注水井流量、压力、故障等工况变化，从而提高效率，降低劳动强度，为油田精细化管理服务，如图 5-85 所示。

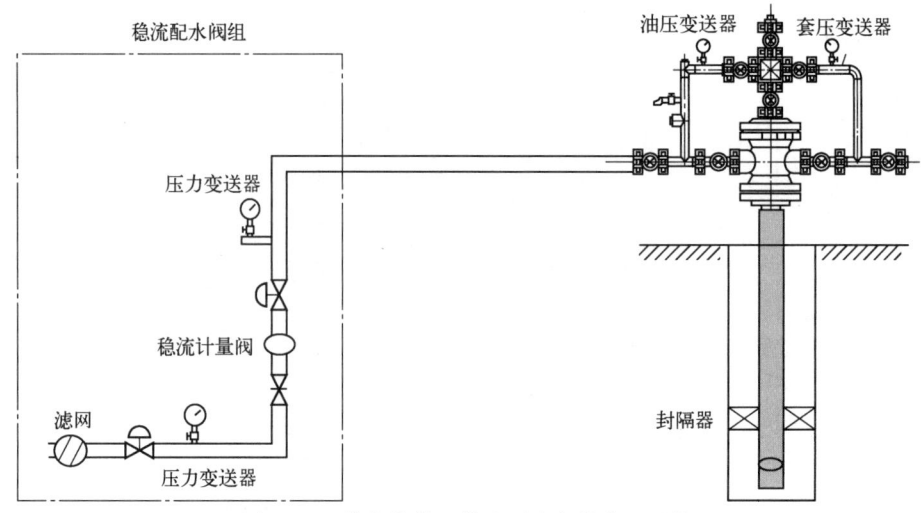

图 5-85　数字化管理模式下注水井井口系统

因此在油井工况分析的成功应用基础上，开展注水井工况智能分析研究及软件开发，实现对注水井压力、流量等必要的生产参数进行智能分析判断，实时预警及生产动态分析等，对进一步发挥数字化管理的作用，实现注水系统的精细化、扁平化管理有重要意义。

注水井工况分析系统解决了以下问题：

（1）人工录取数据实时性差。数据靠人工录取和管理，无法及时控制注水的平衡性，巡井工作环境差，劳动强度大等。

（2）工况分析滞后。水井工况按旬分析，不能及时掌握注水井实时工况，注水井出现了故障不能及时发现处理，影响了精细注水效果。

（3）工况分析工作量大。每个作业区要管理几百口注水井，油田数字化管理模式下，注水管理要精细化，重点向前端延伸至单井，现场管理和室内分析必须两手抓，导致技术人员日常工作量大、工作繁重，且与数字化管理相适应的复合型技术人才数量较为匮乏，工况分析困难，满足不了油田数字化管理要求。

下面以长庆油田公司水井工况分析系统为例，进行介绍。

（一）系统基本功能及操作

1. 系统登录

进入水井工况分析系统登录页面。输入用户名、密码后，点击登录按钮，系统根据权限自动跳转到对应的导航主界面，如图5-86所示。

图5-86 水井工况分析系统登录界面

2. 基本操作

厂级系统主要分为八个模块：指标统计、每日工况、实时工况、水井导航、单井信息、作业井管理、数据维护、工况预警。

（1）指标统计：作业区注水井上线率、分注率及配注合格率。

（2）每日工况：显示前一天注水井工况情况（8：00）。

（3）实时工况：注水井运行情况，并进行实时工况分析（每小时更新）。

（4）水井导航：在电子地图上显示注水井位置及生产停注情况。

（5）单井信息：显示单井生产数据、注水压力、注水量、注水时间曲线。

（6）作业井管理：管理措施井、分注井等特殊井。

（7）数据维护：管理注水井归属、生产数据、网络及通信数据。

（8）工况预警：

① 数字预警：网络预警、站控预警、仪器仪表故障。

② 生产预警：压力报警、超欠注报警、井筒预警。

1）指标统计模块

指标统计模块主要通过报表和柱状图的形式展示全厂各作业区总井数、开井数、上线井数、分注井数、计划注水量、实际注水量、水井利用率、上线率、分注率、配置合格率等的指标情况。点击各作业区的详细信息列的图标，可以查看作业区下各站的指标情况，如图5-87所示。

2）每日工况模块

每日工况模块反映水井的日运行情况，例如一天内的实际注水时间、实际注水量、水井是否预警、日平均管压和汇管压力等信息。其中水井的预警主要分为超欠注预警、压力预警、井筒诊断预警，各类预警都有相应的预警条件。点击每口水井的详细图标会打开水井的详细信息界面，如图5-88所示。

3）实时工况模块

实时工况模块主要反映1h内水井的运行情况，数据是每小时更新一次，也实时展示

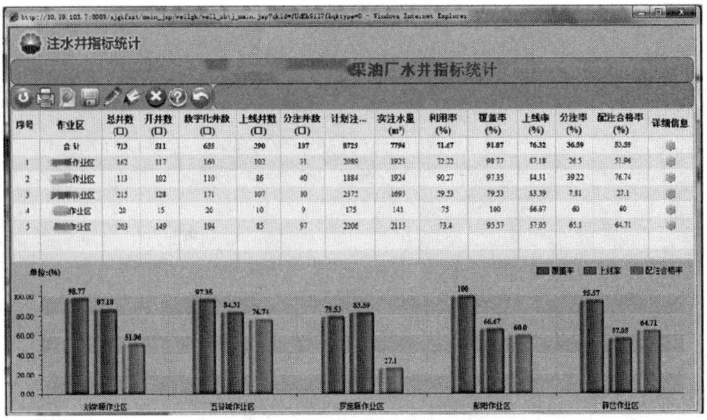

图 5-87　水井工况分析系统指标统计模块

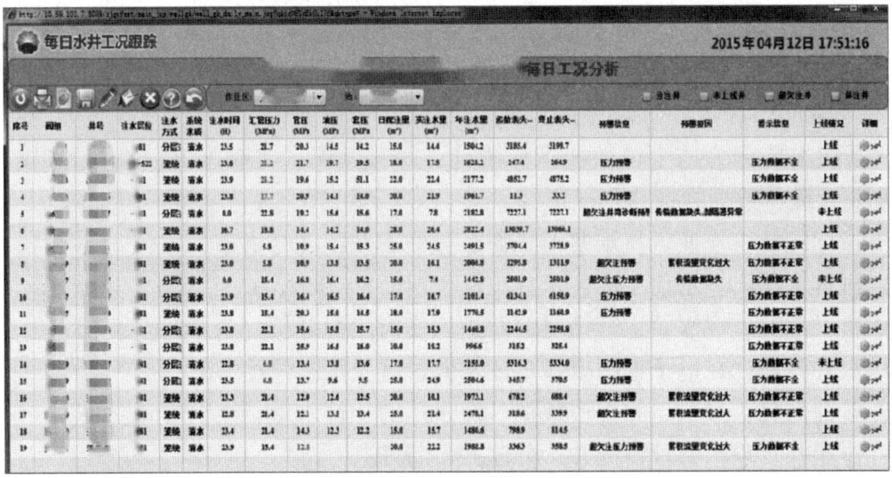

图 5-88　水井工况分析系统每日工况模块

出水井相关的重要参数。点击水井后面的详细按钮也可以查看单井的详细信息，如图 5-89 所示。

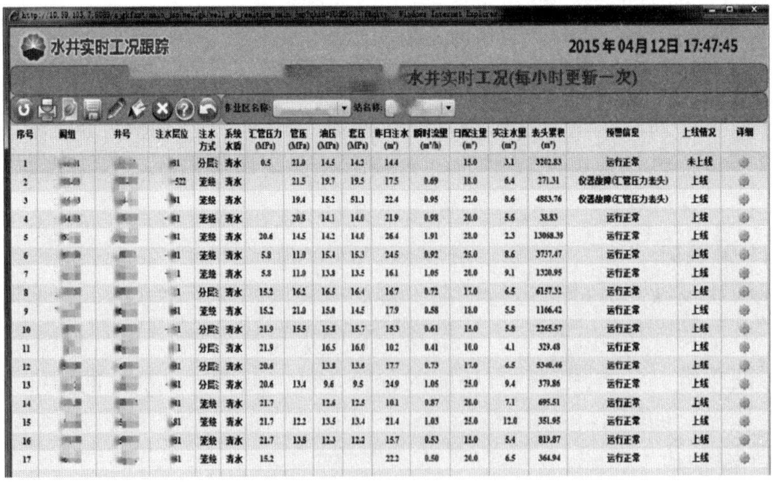

图 5-89　水井工况分析系统实时工况模块

第五章 油田数字化管理技术

4）水井导航模块

水井导航模块主要是通过地图的形式展示水井的数字预警和生产预警情况。点击按钮，可以在不同的作业区直接切换，也可以在数字预警和生产预警之间切换，如图 5-90 所示。

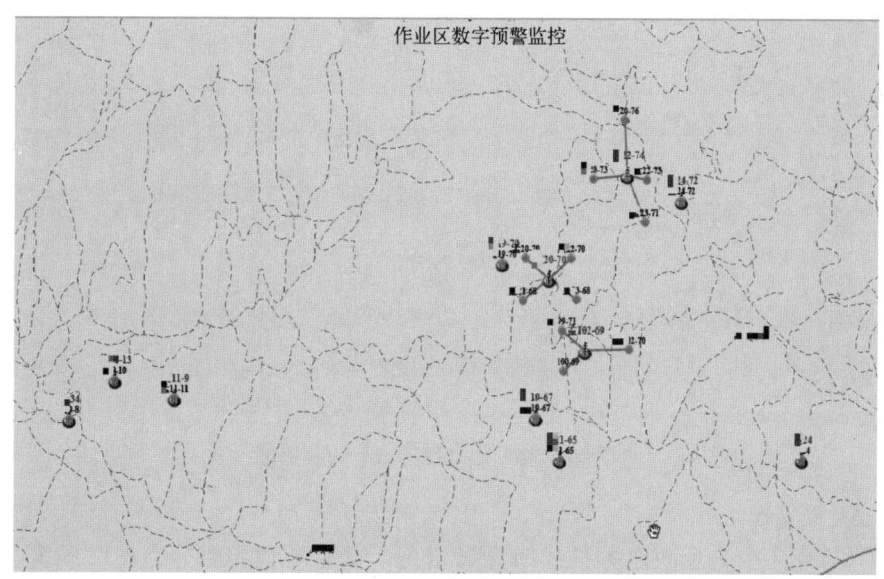

图 5-90　水井工况分析系统水井导航模块

5）单井信息模块

水井的详细信息：主要分为井下管柱接口图，吸水剖面图，水井静态数据，生产数据和动态数据，以及注水曲线和瞬时压力流量曲线，其中瞬时压力流量曲线是每小时更新一次，如图 5-91 所示。

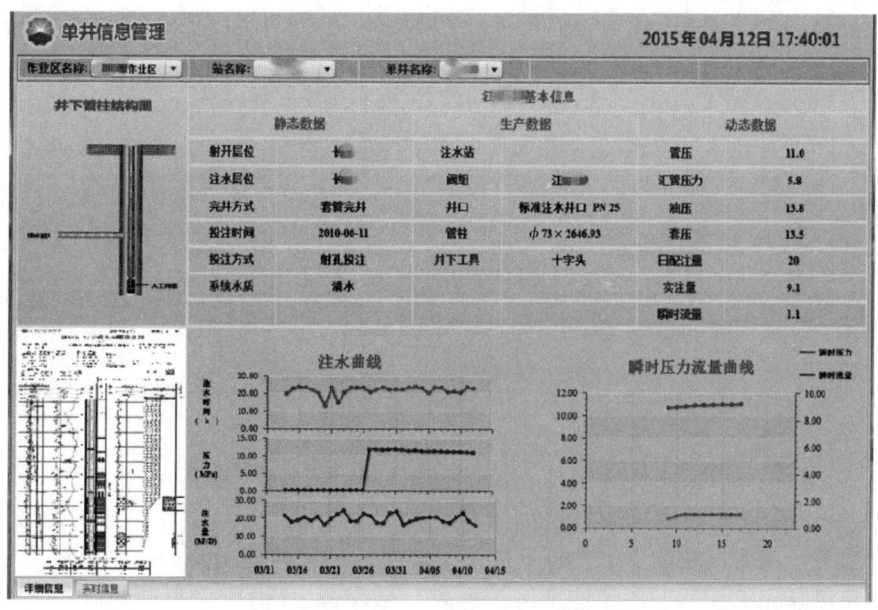

图 5-91　单井信息模块——详细信息

单井的实时信息：主要是实时监控水井的五类实时点的运行情况，如图 5-92 所示。

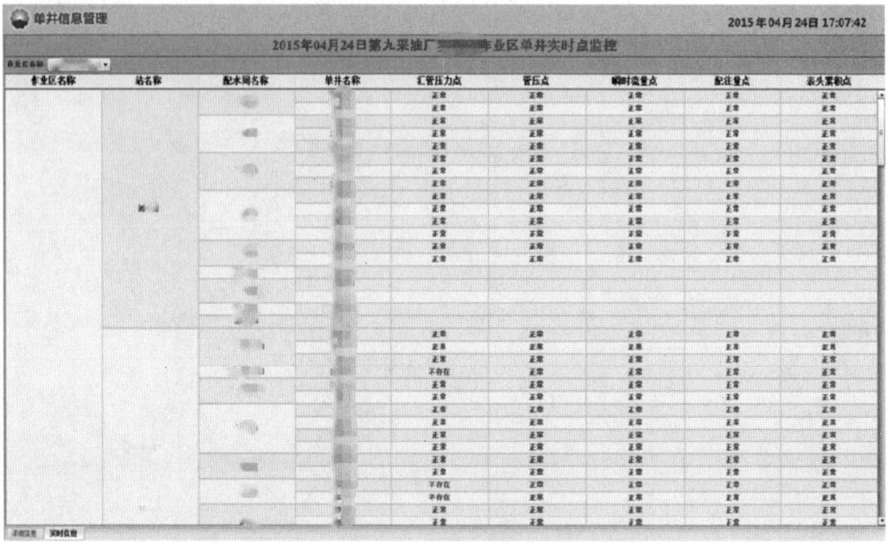

图 5-92　单井信息模块——实时信息

6）工况预警模块

数字预警：主要是反映水井的实时预警情况。预警类型主要分为网络预警、站控预警、仪器故障预警 3 类。预警信息每小时更新一次，单井数据采集频率是 5min 采集一次。界面首先展示的是所有作业区的预警情况，点击详细信息按钮可以查看作业区下各站及所有预警单井 1h 内预警情况，如图 5-93 所示。

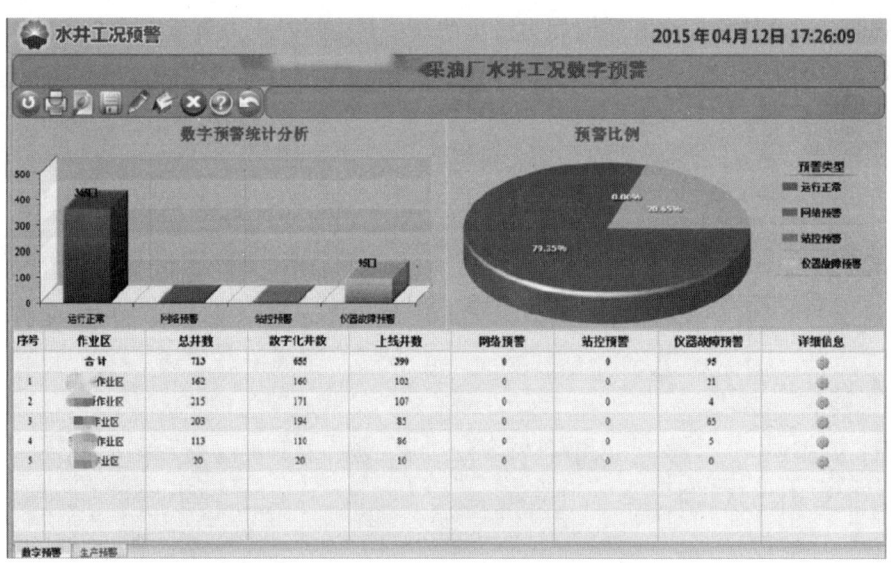

图 5-93　工况预警模块——数字预警

生产预警：主要反映的是水井每日的预警情况。预警类型主要分为超欠注预警、压力预警、井筒诊断预警 3 类。预警信息每天更新，是综合 1d 内所采集到的所有数据进行判断分析得出的结果。界面首先展示的是所有作业区的预警情况,点击作业区后面的详细按钮,可以查看作业区内各站所有单井的详细预警信息,如图 5-94 所示。

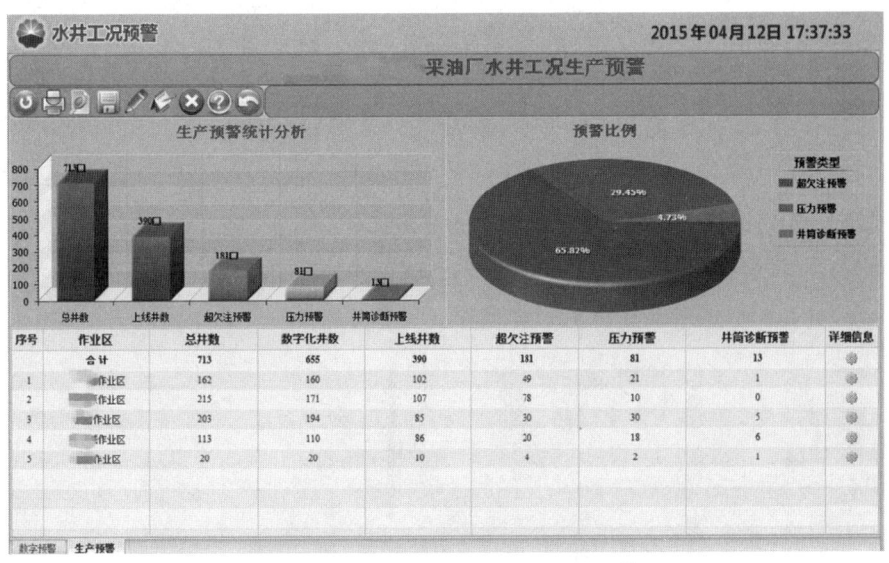

图 5-94 工况预警模块——生产预警

(二)常见问题

(1)水井所属的站(力控所在的站)、所属的阀组对应关系不正确。
(2)站的网络判断点和站库点表名,以及站控 IP、端口号,没有在数据维护中录入。
(3)阀组的简拼没有与实时库中对应上,或者存在阀组没有维护的情况。
(4)水井所对应的五类实时点,在实时库中不存在,或者五类点中缺少几类。

(三)数据维护

1. 添加水井的配注量

添加水井的配置量,主要是为了确定各厂、各作业区的开井数和水井利用率。添加方法分为单个添加和批量添加两种。

(1)单个添加:在"水井信息"中,选择一口水井,点击修改,填上配注量,点击保存即可。

(2)批量添加:在"水井信息"中,点击导入按钮,选择相应的 Excel 文件导入即可。Excel 文件模块只有两列,一列为水井名称,一列为配注量,见表 5-2。

表 5-2 批量添加举例

水井名称	注水量,m^3/d
46-02	30
36-47	35
87-97	30

2. 远程调整配注量

通过系统界面,可对注水井实施远程调整配注量,如图 5-95 所示。

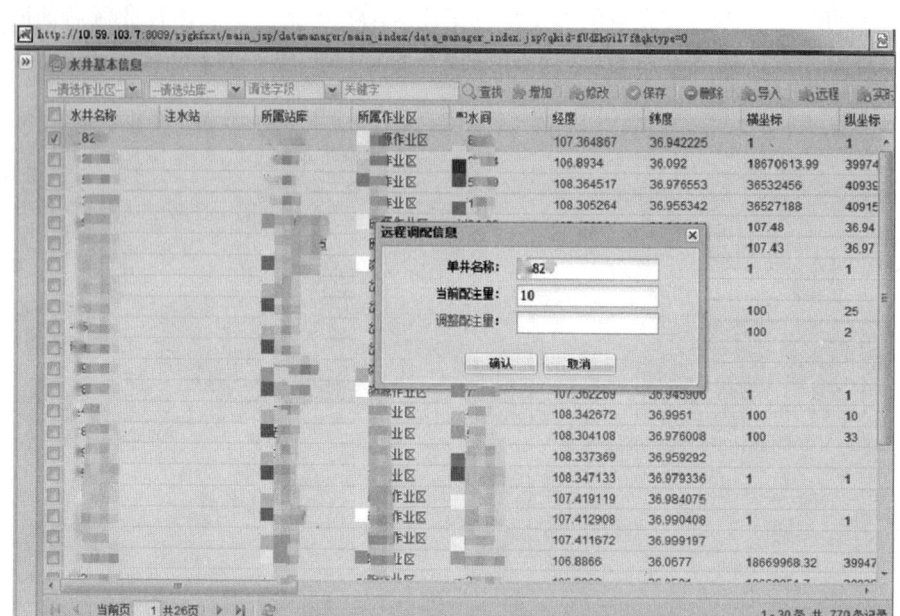

图 5-95　远程调整配注量

3. 添加水井的实时数据

1）添加新井

注意新井的归属、站点、阀组。查看站基本信息中站简拼、站控 IP、端口号、网络判断点及站库表名是否正确，其中站控表名必须是实时库中的点表名。

2）生成变量连接实时点

查看水井所属的阀组信息是否正确。查看方法：在阀组信息中，检查阀组所属的作业区、所属站是否正确，再检查阀组简拼。阀组简拼是实时库中汇管压力变量中＄符号前面的部分。例如，汇管压力点 W3.T7Z.Y209＄ZSYL，则 Y209 就是阀组简拼。若阀组不存在，则添加阀组。

第六章　井下作业监督管理

第一节　井下作业监督管理概述

一、井下作业监督工作的意义

井下作业监督是建设方（或建设方授权的专业化井下作业监督单位）对井下作业施工单位的施工过程进行监督管理的活动，是建设方对作业项目的质量、工期、投资、HSE等目标的有效控制。做好井下作业监督工作，是建设方设计按技术标准落实的保证；是施工过程严格执行操作规程，避免工程事故和安全事故的保证；是实现建设方投资目标和利益的保证。

建立井下作业监督体制，是石油工业深化改革、加快发展市场经济的一个重要举措，对保证井下作业工程优质、高效、安全具有十分重要的意义。

（1）有利于保证和提高井下作业工程质量和效益。

实施井下作业监督制度，是保证和提高工程质量的需要。质量是效益的中心，质量是企业的生命，没有质量就没有效益。井下作业监督在现场对甲方负责，对质量负责，对施工过程、施工措施、施工质量进行全过程的监督管理。井下作业监督的重点是质量管理，因此井下作业监督对保证和提高工程施工质量有着重要的意义。

（2）有利于实现井下作业投资效益最大化。

通过对井下作业施工的监督，能够达到效益最大化。在满足井下作业设计和质量标准的前提下，工程投资额得到有效控制和确认，生产周期得到有效缩短，安全得到保证，工程本身的投资效益达到最大化。

（3）有利于规范井下作业施工参与各方的建设行为。

井下作业施工各方的建设行为都应当符合法律、法规和市场准则，要做到这一点，仅仅依靠各方的自律机制是远远不够的，通过监督体制建立起有效的约束机制，能在工程实施过程中对工程建设参与各方的建设行为进行约束。

（4）有利于适应社会主义市场经济建设。

实施井下作业监督，既是油田适应市场经济的需要，又是油田完善开发生产经营监督约束机制的一个重要组成部分。井下作业工程具有高投入、高技术、高风险和多专业协作的特点，要保证工程的顺利进行，必须加强施工全过程的监督管理，只有这样才能最大限度地维护油田公司的整体利益。井下作业监督管理通过运用先进的监督管理理论和方法，对工程建设的参加者进行监督、约束、管理、协调，既能保证工程行为合理、合法、科学、经济，又能符合公众利益和国家利益，使井下作业工程在有效控制工期、质量和投资的前提下，按计划实现工程的最终目标。

（5）有利于加快井下作业管理与国际接轨的发展。

实施井下作业监督体制同实施其他监督工作一样，是国际上的通行做法，符合国际惯例。加强井下作业监督体制的发展是加快与国际接轨的有力保证，有利于提高油田的开发管理水平。

二、井下作业监督的工作内容

（一）监督准备

（1）参与建设单位组织的招议标。

（2）参与地质设计、工程设计、施工设计讨论；掌握三项设计内容；对三项设计中有疑问或现场不易操作的事项与设计单位沟通，并提出合理建议。

（3）备齐监督资料及工作用品，主要包括三项设计、相关标准、资料、文件，安全防护用品、劳动保护用品，简易计量器具等。

（4）根据三项设计，明确监督要点，并向施工单位现场交底。

（二）开工验收

（1）检查项目的三项设计、应急预案，三项设计必须齐全并经过审核、审批，应急预案具有针对性。

（2）现场核查施工队伍及施工人员的资质和市场准入情况。施工设备、设施与设计相符，人员资质与施工资质相符，具有安全生产许可证、施工资质证和市场准入资格证。

（3）检查作业现场的设备、工具、材料、水、电、路、通信、消防设施，关键设备、材料要具有生产许可证、出厂合格证和检测评价报告，井场布置、设备、设施摆放符合标准要求，将检查结果做好记录。

（4）检查现场井控装备及工具，核实出厂合格证、质检合格证、井控车间检测报告。

（5）依据设计、标准及相关规定，进行开工验收，对不合格项目提出整改意见。验收合格后准许开工。

（三）作业过程监督

（1）按有关标准及本油田井下作业井控实施细则，检查施工队伍井控管理和井控资料。

（2）检查现场井控装备维护保养记录，井控设备安装后监督试压过程，并做好相关记录。

（3）监督现场 HSE 管理制度、技术措施等落实情况，将检查发现的问题记入"监督日志"。

（4）对工程质量以及健康、安全、环保有重要影响的关键工序应进行全过程监督。

（5）检查入井材料的性能和用量，对不合格的入井材料禁止使用。

（6）监督施工队伍是否按 SY/T 6127—2017《油气水井井下作业资料录取项目规范》

的相关规定取全、取准各项资料，在"监督日志"中详细记录工程进度、质量、资料录取、材料、工具使用以及配合施工作业情况。

（7）施工过程中需要更换管、杆及井下配件时，监督现场落实。

（8）监督现场落实施工过程中确需变更的工序，及时向建设方主管部门汇报，并对作业工作量增减进行确认。

（9）施工过程中发现违反合同、规定、设计、标准和指令的施工行为和影响安全生产、工序质量不合格和污染环境等问题，监督必须及时制止并下达"整改通知单"，监督施工队伍整改消项。对不按期整改或整改不合格的，应责令停工整顿，并填写"监督备忘录"，上报建设方及上级主管部门。

（10）发生井涌、井喷时，必须执行本油田井下作业井控实施细则和作业队伍的应急预案。应及时向建设方及上级主管部门汇报，并督促施工单位立即采取应急措施。

（11）施工中发生其他突发事件时，督促施工队伍执行应急措施，监督应急措施执行情况，并及时报告有关部门，应有记录、有分析。

（四）完工验收

井下作业完工后，监督人员参加作业井完工验收，并在相关资料上签署验收意见。

（五）监督总结及施工质量评定

（1）编写监督总结。主要内容包括：施工简况；作业工作量、入井材料、施工周期确认；作业质量分析；影响工期、施工质量、安全、环保的问题及整改落实情况；返工井、事故井原因分析及处理意见；工程费用结算意见。

（2）参加管理部门组织的井下作业质量评定会议，提出相关质量评定意见。

三、常用术语

（一）方补心

方补心是指在钻井、作业施工中传递转盘扭矩，驱动方钻杆旋转的工具，分为对开式和滚子式两种。

（二）方入

方入是指在钻盘面以下的方钻杆长度。

（三）方余

方余是指在钻盘面以上的方钻杆长度。

（四）联顶节

联顶节是指下套管时接在最后一根套管上用来调节套管柱顶面位置的套管。

（五）套补距

套补距是指套管短节法兰平面至方补心上平面的距离。

（六）油补距

油补距是指四通上平面至方补心上平面的距离。

（七）井身结构

井身结构是指一口井的套管层数、下入深度和各层套管的直径、相应各井段的井眼直径和管外的水泥返高。

（八）套管头

套管头是指安装于油管头与底法兰之间的装置，由套管悬挂器、套管头四通、套管阀门组成。作用是把井内各层套管连接起来，密封各层套管环形空间。

套管挂又称套管悬挂器，是指坐入套管头四通内，用以悬挂套管柱和密封套管环形空间的装置。套管挂一般分为卡瓦式和坐入式两种。

（九）油管头

油管头是指装在套管头上面的一个装置，由油管悬挂器、油管头四通、套管阀门组成。作用是悬挂井内的油管柱，密封油管、套管环形空间。

油管挂又称油管悬挂器，是指坐入油管头四通内，用来悬挂油管柱和密封油管柱与套管柱环形空间的装置。

（十）卡钻

卡钻是指由于井内原因造成管柱在井内不能上提、下放或转动的现象。

第二节　井下作业工艺

一、井下作业一般工序

（一）洗井与压井

1. 洗井

洗井是在地面向井筒内打入具有一定性能的洗井液，把井壁和油管上的结蜡、死油、铁锈、杂质等脏物混合到洗井液中带到地面的施工。

1) 洗井方式

（1）正洗井。

洗井液从油管打入，从油管、套管环形空间返出。

（2）反洗井。

洗井液从油管、套管环形空间打入，从油管返出。

2) 洗井程序

（1）按施工设计的管柱结构要求，将洗井管柱下至预定深度。

（2）连接地面管线。

（3）地面管线试压。试压值为设计施工泵压的 1.5 倍，稳压 5min 后不刺不漏为合格。

(4)按设计洗井方式,打开阀门进行洗井。

3)技术要求

(1)洗井时泵压不能超过油层吸水启动压力。

(2)排量由小到大,一般控制在 0.3~0.5m³/min。按设计用量把洗井液全部用完。

(3)洗井过程中,随时观察并记录泵压、排量、出口排量及漏失量等数据。泵压升高或洗井不通时,应停泵,及时分析原因进行处理,不得憋泵。

(4)严重漏失井应先堵漏后洗井。

(5)出砂严重的井,应优先采用反洗井,保持不喷不漏、平衡洗井。正洗井时,应经常活动管柱。

(6)洗井过程中加深或上提管柱前,洗井液必须循环两周以上方可活动管柱,并迅速连接好管柱,直到洗井至施工设计深度。

4)监督要点

(1)洗井液性能指标满足设计要求。

(2)液量计量准确,保证进、出口液量一致。

(3)洗井深度和效果应符合施工设计要求。

(4)最大限度地减少洗井液漏入地层,减少对地层的污染和损害。

(5)洗井结束后,洗井液进出口相对密度应一致,出口液体应干净无污物。

2. 压井

压井是将具有一定性能和数量的液体泵入井内,依靠泵入液体的液柱压力平衡地层压力,使地层中的流体在一定时间内不能流入井筒,以便完成作业施工。压井要遵守"压而不喷、压而不漏、压而不死"的原则。

1)压井液

压井液是指在井下作业过程中,用来控制地层压力的液体。

(1)选择压井液的原则。

① 对油层造成的损害程度最低。

② 其性能应满足本井、本区块地质要求。

③ 能满足作业施工要求,达到经济合理。

(2)压井液密度。

压井液的密度按式(6-1)或式(6-2)计算:

$$\rho = \frac{102p}{H} + \rho_{附加} \tag{6-1}$$

$$\rho = \frac{102(p+p_{附加})}{H} \tag{6-2}$$

式中 ρ——压井液密度,g/cm³;

p——油水井近期静压,MPa;

H——油层中部深度,m;

$\rho_{附加}$——密度附加值,油水井一般为 0.05~0.1g/cm³;气井一般为 0.07~0.15g/cm³;

$p_{附加}$——压力附加值,油水井一般为 1.5~3.5MPa;气井一般为 3.0~5.0MPa。

(3) 压井液用量。

压井液用量按式(6-3) 计算：

$$V = \pi r^2 H (1+K) \tag{6-3}$$

式中　　V——压井液用量，m^3；

r——套管内半径，m；

H——压井深度，m；

K——附加量，取 15%~30%。

2) 压井方式

目前常用的压井方法有循环法、灌注法和挤注法三种。

(1) 循环法。

循环法是目前油田修井作业应用最广泛的方法，是将配制好的压井液用泵泵入井内并进行循环，将井筒中的相对密度较小的井内液体用压井液替置出来，使原来被油、气、水充满的井筒被压井液充满。压井液液柱在井底产生回压，平衡油层压力，使油层中的油气不再进入井筒，从而将井压住。循环法压井的关键是确定压井液的密度和控制适当的井底回压。该法可分为反循环压井和正循环压井两种方法。

① 反循环压井。

反循环压井是将压井液从油管、套管环形空间泵入井内，使井内流体从油管管柱上升到井口并循环的过程。

② 正循环压井管。

正循环压井是将压井液从油管管柱泵入井内顶替井内流体，由油管、套管环形空间上升到井口的循环过程。

(2) 灌注法。

灌注法就是往井筒内灌注一段压井液，用井筒液柱压力平衡地层压力的压井方法。此方法多用在井底压力不高、作业施工简单、作业时间短的井。其特点是压井液与油层不直接接触，基本排除了油层受伤害的可能性。这种压井方法设备简单，操作方便，施工井恢复正常生产快。

(3) 挤注法。

挤注法是压井时，井口只有压井液进口而没有返出口，在地面用高压将压井液挤入井内，把井筒内的油、气、水挤回地层，以达到压井的目的。挤注法是在既不能用循环法又不能用灌注法压井的情况下采用的。这种压井方法的缺点是将井筒内流体挤回地层的同时，也有可能将井内的脏物（如砂、泥等）挤入地层，从而造成井底油层堵塞，伤害油层。

3) 压井作业施工

压井工艺比较简单，但是施工比较烦琐，应当十分谨慎，否则不仅压井不成，还会给油层带来伤害。

(1) 保持井内液体密度。

由于油层中天然气的影响，压井过程中可能会发生对压井液的"气侵""水侵"等现象，使压井液密度降低，导致井内液柱在井底产生的回压下降，当井底回压降至低于地层压力后，便会发生井喷。因此，为了防止井喷，必须在一定时间内将井内已"气侵""水侵"的液体全部替出，以保持井内液柱在井底产生的回压将井压住。

（2）控制出口。

保证进口排量大于出口溢流量，采用高压憋压方式压井，让井筒内的含气井液逐步被压井液所代替。

（3）防止压漏及压井液注入油层。

如在压井过程中发现井口压力很低或者有下降的趋势，同时又发生压井液泵入量多排出量少的现象，说明井有漏失。特别是一些地层吸水能力很强，压井开始时泵压很高，排量又大，很容易造成压漏现象，结果使压井液大量进入油层。如果井已压住，仍旧继续不停地往井内高压挤入压井液，也会使压井液进入油层。所以，在压井过程中，正确判断井是否被压住是一项重要工作。

井被压住的特征主要有：

① 井口进口与出口压力近于相等。
② 进口排量等于出口排量。
③ 压井液进口的密度约等于出口密度。
④ 出口无气泡，停泵后井口无溢流。

（4）防止井喷。

如果出现以下情况则是井喷的预兆：

① 进口排量小，出口溢流量大，出口溢流中气泡增多。
② 压井液进口相对密度大，出口相对密度小，相对密度有不断下降的趋势。
③ 出口喷势逐渐增大。
④ 停泵后进口压力升高。

如遇上述现象，应立即进行压井液循环和调整压井液性能（如提高密度等），及时采取必要的防喷措施，保证安全。

4）监督要点

（1）压井液性能、储备量、用量要符合设计要求。
（2）压井前放套管气时，严禁无控制放喷。
（3）压井时，应一次连续泵入。
（4）压井时，尽量加大排量，但最高泵压不得超过地层吸水启动压力。
（5）压井中途不准控制出口排量，以免压井液进入地层。
（6）压井时，要注意观察出口排量，如果发现出口排量小于进口排量，说明地层发生漏失。这时要及时与施工设计部门取得联系，改换其他性能的压井液。

（二）组配管柱

组配管柱是指按照施工设计给出的下井管柱的规范、下井工具的数量和顺序、各工具的下入深度等参数，在地面丈量、计算、组配的过程。采油、采气、注水、油层改造和修井施工都要下入不同结构的管柱，并通过下入井内的工具来达到施工设计目的。各种不同的下井管柱都需要在地面预先组配好，并严格按照下井顺序编号，在油管桥上摆放整齐，按顺序下入井内。

1. 刺洗油管

（1）用蒸汽刺洗油管，清除油管内外的结蜡、死油、泥砂和杂物。

（2）清洗油管螺纹，检查螺纹是否完好无损坏。
（3）检查管体是否有裂痕、孔洞、弯曲和腐蚀。
（4）用内径规逐根通过油管。
① ϕ73mm 普通油管用 ϕ59mm×800mm 内径规通过。
② 玻璃钢油管用 ϕ57.5mm×800mm 内径规通过。
③ ϕ88.9mm 普通油管用 ϕ73mm×1000mm 内径规通过。
（5）将不合格的油管抬出油管桥。

2. 丈量杆管

（1）使用经检测后标定合格的钢卷尺丈量油管，钢卷尺的有效长度不小于15m。
（2）丈量时拉直钢卷尺，防止钢卷尺产生弧度。
（3）丈量油管时不得少于3人，反复丈量3次，做好记录，做到三对口。
（4）3人3次丈量的管柱累计长度误差不大于0.02%。
（5）丈量时，钢卷尺的零点位于接箍上端面，另一端对准油管螺纹根部。普通油管余2扣，玻璃油管余3扣，抽油杆丈量同油管，但去掉扣。读出油管单根长度，做好记录。
（6）将丈量好的油管整齐排列在油管桥上，每10根拉出1根油管接箍长度，以井口方向按下井顺序排列。

3. 组配管柱步骤

（1）管柱结构应满足各种施工设计和施工目的要求，密封可靠，施工作业方便。注水井在射孔井段顶界以上10~15m处设一级保护套管封隔器。
（2）封隔器卡点应选择在套管光滑部位，避开套管接箍和射孔炮眼及管外窜槽井段，满足分层管柱的要求。
（3）封隔器卡点符合设计深度。
（4）按照施工设计精确配出封隔器卡点、卡距、油管的下入深度。卡点深度与设计深度误差不超过0.2m。
（5）下井管柱要有下井工具、管柱结构示意图，注明各种下井工具的名称、规范、型号及下井深度。
（6）管柱配好后要与下井工具出厂合格证、作业设计书、油管记录对照，核实无差错方可下井。
（7）注水管柱完成深度应在油层射孔井段底界10m以下。计算方法：
完成深度=油补距+油管挂长度+油管挂短节长度+油管累计长度+工作筒长度+喇叭口长度+其他工具长度。
（8）找水管柱完成深度应在射孔井段顶界以上5~10m。计算方法与注水管柱完成深度相同。
（9）机械采油井管柱按设计的泵挂深度和尾管完成深度组配。计算方法：
泵挂深度=油补距+油管挂长度+油管挂短节长度+油管累计长度+泵筒吸入口以上工具长度。

4. 监督要点

（1）下井管柱规范、下井工具型号、深度应与施工设计相符。

(2) 下井油管要有油管记录和管柱示意图。

(3) 有缺陷的油管不得下入井内，统一回收上交。

(三) 拆装采油树、安装防喷设备

1. 拆、装采油树

采油树由一些阀门、三通、四通和短节组成，安装在油管头上，其作用是控制和调节油气井自喷、机采。

1) 拆采油树

(1) 拆采油树前倒好地面流程，油管、套管无外溢。

(2) 卸掉的采油树放在不影响施工的位置。

(3) 卸下的采油树零部件要齐全完好，清洗干净，涂抹黄油并妥善保管。

(4) 卸下的采油树要打开全部阀门，放出内腔的积水和脏物。

(5) 若井口为偏心采油树，作业一般不用抬采油树，但必须取出弹子盘，避免起下油管损坏弹子盘。

2) 安装采油树

(1) 安装采油树前，要对损坏或失效的采油树零部件进行更换。

(2) 用擦布擦净四通上的钢圈槽，在钢圈槽内涂上黄油，放入擦净的钢圈。

(3) 将采油树用蒸汽刺净，用钢丝绳套吊起，平稳放在四通上。按设计方位摆正，手轮方向一致。

(4) 先对角均衡用力，上紧四条螺栓，再上紧其余螺栓，连接生产管线。

(5) 井口为偏心采油树时，测试偏孔应位于驴头的正前方。

2. 安装防喷器

1) 防喷器的选择

(1) 防喷器的公称通径应与油层套管尺寸相匹配，以便通过相应的井下作业工具，继续井下作业。

(2) 防喷器压力等级的选用，原则上应不小于施工层位目前最高地层压力和所使用套管抗内压强度以及套管四通额定工作压力三者中最小者。

2) 防喷器的安装步骤

(1) 防喷器应按工程设计的要求，安装在井口四通上。

(2) 环形防喷器、闸板防喷器、井口四通等钢圈和钢圈槽应匹配。

(3) 井口四通及防喷器的钢圈槽应清理干净，并涂抹润滑脂。

(4) 在确认钢圈入槽、上下螺孔对正和方向符合要求后，上齐连接螺栓，对角拧紧。

(5) 防喷器安装后，天车、游车、井口三者的中心线应在一条铅垂线上，最大偏差不大于10mm。

(6) 有钻台作业时，防喷器组应采用4根直径不小于16mm的钢丝绳在四方对角绷紧、固定。

(7) 无钻台作业时，防喷器顶部应加防护板。

(8) 具有手动锁紧机构的液压防喷器应装齐手动操作杆并支撑牢固，手动操作杆的中心与锁紧轴之间的夹角不大于30°，挂牌标明开、关方向及圈数。

3. 安装防喷器控制装置

（1）防喷器远程控制台原则上安装在季节风上风方向、距井口不小于25m、便于司钻（操作手）观察的位置，同其他设施的距离不小于2m，周围10m内不应堆放易燃、易爆、易腐蚀物品。

（2）远程控制台蓄能器完好，压力为17.5~21MPa，预充氮气压力保持在（7±0.7）MPa，并始终处于工作状态。

（3）管排架与防喷管线、放喷管线的距离应不小于1m，在车辆跨越处应有过桥保护措施。

（4）液压控制管线上不应堆放杂物，连接时，应保持清洁干净，排放整齐，连接正确，密封良好，安装后应进行开、关试验检查，管线拆除后应采取防堵措施。

（5）近井口端液压控制软管线应有防静电措施。

（6）远程控制台电源应从发电房内用专线引出并单独设置控制开关。

（7）远程控制台电控箱开关旋钮应处于自动位置，控制手柄应处于工作位置，并有控制对象名称和开关标识；控制剪切闸板的三位四通阀应安装防误操作的限位装置；控制全封闸板的三位四通阀应安装防误操作的防护罩。

（8）配有司钻控制台的井，应将气源从专用气源排水分配器上用管线分别连接到远程控制台和司钻控制台，气管束不应强行弯曲和压折。

（9）宜安装防喷器与作业机提升系统刹车联动防提安全装置，其气路与防碰天车气路并联。

4. 采油树、防喷器及防喷器控制装置的现场试压

（1）采油树安装后，现场试压稳压时间不少于30min，密封部位无渗漏，压降不超过0.5MPa为合格。

（2）在不超过套管抗内压强度80%的前提下，环形防喷器（封闭钻杆或油管）试压其额定工作压力的70%，闸板防喷器试压到额定工作压力。试压稳压时间不少于10min，允许压降不大于0.7MPa，密封部位无渗漏为合格。

（3）防喷器控制装置在现场安装后，按21MPa压力做一次可靠性试压。

5. 监督要点

（1）拆装采油树、安装防喷器及防喷器控制装置，应严格按操作规程操作。

（2）防喷器及防喷器控制装置各连接处应密封、牢固，各阀门开关位置正确。

（3）防喷器及防喷器控制装置，应有出厂合格证、质检合格证、井控车间检测报告。

（四）探砂面及冲砂

探砂面是下入管柱实探井内砂面深度的施工。通过实探井内的砂面深度，可以为下一步下入的其他管柱提供参考依据，也可以通过实探砂面深度了解地层出砂情况。如果井内砂面过高，掩埋油层或影响下一步要下入的其他管柱，就需要冲砂施工。

冲砂是向井内高速注入液体，靠水力作用将井底沉砂冲散，利用液流循环上返的携带能力，将冲散的砂子带到地面的施工。

1. 探砂面

1) 探砂面管柱

探砂面施工可以用两种管柱来完成,一种是加深原井管柱探砂面,另一种是起出原井管柱,下入探砂面管柱探砂面。

2) 探砂面施工及要求

(1) 准备冲砂管、油管或其他下井工具,准备灵敏的拉力表。

(2) 起出或加深原井管柱,下管柱探砂面。

(3) 用金属绕丝筛管防砂的井,要下入带冲管的组合管柱探砂面。

(4) 当油管或下井工具下至距油层上界 30m 时,下放速度应不大于 5m/min,以悬重下降 10~20kN 时为遇砂面,连探 2 次。2000m 以内的井深误差应小于 0.3m,2000m 以上的井深误差应小于 0.5m。连探 2 次的平均深度为砂面深度。

(5) 用带冲管的组合管柱探砂面,在冲管接近防砂铅封顶或进入绕丝筛管内时,要边转管柱边下放,以悬重下降 5~10kN 为砂面深度,连探 2 次,允许误差小于 0.5m,记录砂面位置。

(6) 起出管柱后,还要复查丈量油管,进一步确认砂面深度。

2. 冲砂

1) 冲砂液的要求

(1) 具有一定的黏度,以保证有良好的携砂性能。

(2) 具有一定的密度,以便形成适当的液柱压力,防止井喷和漏失。

(3) 与油层配伍性好,不伤害油层。

(4) 来源广,经济适用。

通常采用的冲砂液有油、水、乳化液等。为了防止伤害油层,在冲砂液中可以加入表面活性剂。一般油井用原油或水作冲砂液,水井用清水(或盐水)作冲砂液,低压井用混气水作冲砂液。

2) 冲砂方式

(1) 正冲砂。

正冲砂是冲砂工作液沿冲砂管向下流动,在流出冲砂管口时以较高的流速冲击井底沉砂,冲散的砂子与冲砂液混合后,沿冲砂管与套管环形空间返至地面的冲砂方式。

(2) 反冲砂。

反冲砂是冲砂工作液沿冲砂管与套管环形空间向下流动,冲击井底沉砂,冲散的砂子与冲砂液混合后,沿冲砂管返至地面的冲砂方式。

(3) 正反冲砂。

正反冲砂是为了利用正冲砂和反冲砂各自的冲砂优点,避开其缺点,而采取的一种冲砂方式。

采用正冲砂的方式冲散井底沉砂,并使其与冲砂液混合,然后改为反冲砂方式将砂子带到地面。

(4) 气化液冲砂。

在油层压力低或漏失井内冲砂时,往往由于液柱的压力过大而产生漏失,无法进行循环冲砂，从而采用气化液冲砂方式。气化液冲砂的原理基本与试注时混气洗井相同，气化液的液体可以采用清水，也可以采用原油。气化液冲砂的实质是降低冲砂液的密度，从而减小液柱对井底产生的回压，以防止或减少井漏。

（5）大排量冲砂。

压井漏失严重或者油层压力过低，又受到设备条件限制无法采用气化液冲砂时，可采用增大排量进行冲砂的方法。具体办法是将几台泵联用，以增大排量。其原理是使泵的排量远远大于井的漏失量，从而完成冲砂任务。一般在冲砂液中加入暂堵剂，减少漏失。

（6）冲管冲砂。

冲管冲砂是采用小直径的管子下入油管中进行冲砂，以清除砂堵。其优点是操作方便，可不拆井口，不动油管，并且可以冲至井底。对于油管内发生砂卡，下了封隔器不能进行循环的井冲管冲砂特别有效。

（7）连续冲砂。

连续冲砂是采用连续冲砂装置实现边冲砂边下管柱，中间不停泵，防止冲砂过程中停泵造成砂子下沉回落，提高冲砂效率。

3）冲砂程序

（1）下冲砂管柱。

当探砂面管柱具备冲砂条件时，可以用探砂面管柱直接冲砂，如探砂面管柱不具备冲砂条件，需下入冲砂管柱冲砂。

（2）连接冲砂管线。

在井口油管上部连接轻便水龙头，接水龙带，连接地面管线至泵车，泵车的上水管连接冲砂工作液罐。水龙带要用棕绳绑在大钩上，以免冲砂时水龙带在水击振动下卸扣掉下伤人。

（3）冲砂。

当管柱下到砂面以上3m时开泵循环，观察出口排量正常后缓慢下放管柱冲砂。冲砂时要尽量提高排量，保证把冲起的沉砂带到地面。施工开始时，要先开出口阀门，后开进口阀门，以免憋泵。

（4）接单根。

当余出井控装置以上的油管全部冲入井内后，要充分循环，洗井时间不得少于15min，保证把井筒内冲起的砂子全部带到地面。停泵，提出与水龙头相连接的油管并卸下，接着下入一单根油管，控制换单根的时间在3min以内。连接带有水龙头的油管，提起1~2m，开泵循环，待出口排量正常后缓慢下放管柱冲砂。

（5）冲砂至设计深度，探砂面。

冲至设计深度后，应保持25m³/h以上的排量继续循环，当出口含砂量小于0.2%为冲砂合格。然后上提管柱至原砂面10m以上，沉降4h后复探砂面，记录深度。

4）冲砂技术要求

（1）冲砂施工中如果发现地层严重漏失，冲砂液不能返出地面时，应立即停止冲砂，将管柱提至原始砂面1am以上，并反复活动管柱。可采用暂堵、蜡球封堵、大排量联泵冲砂、气化液冲砂或抽砂泵捞砂等方式继续进行。

（2）高压自喷井冲砂要控制出口排量，应保持与进口排量平衡，防止井喷。

(3) 冲砂至井底（灰面）或设计深度后，应保持 $25m^3/h$ 以上的排量继续循环，当出口含砂量小于 0.2% 时为冲砂合格。然后上提管柱至原砂面 10m 以上，沉降 4h 后复探砂面，记录深度。

(4) 冲砂深度必须达到设计要求。

(5) 绞车、井口、泵车各岗位密切配合，根据泵压、出口排量来控制下放速度。

(6) 泵车发生故障需停泵处理时，应上提管柱至原始砂面 10m 以上，并反复活动管柱。

(7) 提升设备发生故障时，必须保持正常循环。

(8) 采用气化液冲砂时，压风机出口与水泥车之间要安装单流阀，返出管线必须用硬管线，并固定。

(9) 连续冲砂超过 5 个单根后，洗井循环一周后方可继续下冲。

3. 监督要点

(1) 起出探砂面管柱后，要复查丈量管柱，确认砂面深度。

(2) 保证冲砂液性能和液量满足施工设计要求。

(3) 冲砂至设计深度后，出口含砂量小于 0.2% 为冲砂合格。

(4) 严禁用带有大直径工具的管柱冲砂。

（五）通井、刮蜡及刮削

1. 通井

用规定外径和长度的柱状规，下井直接检查套管内径和深度的作业施工，称为套管通井。套管通井施工一般在新井射孔、老井转抽、转电泵、套变井和大修井施工前进行，通井的目的是用通径规来检验井筒是否畅通，为下一步施工做准备。通井常用的工具是通径规和铅模。

1）通井工具

(1) 准备适应本井套管规范的通径规或铅模。通径规是检查套管内径的常用工具，用它检查套管内径是否符合标准。

(2) 对于有特殊要求的通井操作，可以根据施工设计的要求确定通径规的尺寸。

2）通井程序及技术要求

(1) 组配管柱。

按施工设计管柱图组配管柱，选择的通径规直径要比套管内径小 6~8mm，长度为 500~2000mm，也可以先选小直径的通径规通井，通过之后，再选大直径的通径规。

(2) 下井管柱的结构。

下井管柱自上而下为油管（钻杆）、通径规。

(3) 下入管柱。

缓慢下入管柱，速度控制在 10~20m/min，下到距人工井底 100m 时，下放速度不能超过 10m/min，当通到人工井底悬重下降 10~20kN 时，连探 3 次，误差不大于 0.5m 为人工井底深度。

(4) 管柱遇阻后的处理措施。

如果通井遇阻，悬重下降控制不超过 30kN，并平稳活动管柱、循环冲洗。若通井失败，起出通井管柱后，应当下入铅模进一步通井检查，以确定井下套管变形或落物情况。下铅模打印时，要控制下管柱的速度，接近遇阻点10m时下放速度不应超过5~10m/min。遇阻后管柱悬重下降15~30kN，特殊情况最大不得超过50kN，加压打印一次后即可起出管柱。

（5）分析。

起出管柱检查，发现通径规有变形印痕要仔细分析，采取下一步措施。

2. 刮蜡

下入带有套管刮蜡器的管柱，在套管结蜡井段上下活动刮削管壁的结蜡，再循环打入热水，将刮下的死蜡带到地面，这一过程称为刮蜡（套管刮蜡）。

1）刮蜡前的准备

（1）准备井史资料，查清结蜡井段。

（2）根据套管内径，准备相应的套管刮蜡器，其直径要比套管内径小6~8mm。如果不能下入，可适当缩小刮蜡器的外径（每次小2mm）。

（3）按施工设计组配管柱。尽量选用大通径的油管。

2）刮蜡程序及技术要求

（1）下入刮蜡管柱。

（2）遇阻后上提3~5m，反打入热水循环，循环一周后停泵。再反复活动下入管柱，下入10m左右后上提2~3m，反打入热水循环，循环一周后停泵。如此反复活动下入管柱，每下入10m左右打热水循环一次，直至下到设计刮蜡深度或人工井底。

（3）刮蜡至设计深度后，用井筒容积1.5~2.0倍的热水或溶蜡剂洗井，彻底清除井壁结蜡。

（4）起出刮蜡管柱。

3. 刮削

套管刮削是下入带有套管刮削器的管柱，刮削套管内壁，清除套管内壁上的水泥、硬蜡、盐垢及炮眼毛刺等杂物的作业。套管刮削的目的是使套管内壁光滑畅通，为顺利下入其他下井工具清除障碍。

1）套管刮削工具

常用的套管刮削工具有两种，一种是胶筒式刮削器，另一种是弹簧式刮削器。

2）刮削前的准备

（1）准备井史资料，查清历次施工情况。

（2）根据套管内径，准备相应的套管刮削器。

（3）按施工设计组配管柱。管柱的结构自上而下依次为油管（或钻杆）、刮削器。

3）刮削程序及技术要求

（1）下管柱要平稳，要控制下入速度为20~30m/min，下到距设计要求刮削井段以上50m时，下放管柱的速度控制在5~10m/min。在设计刮削井段以上2m开泵循环，循环正常后，一边顺管柱螺纹旋转方向转动管柱，一边缓慢下放管柱，然后再上提管柱反复多次刮削，直到管柱下放时悬重正常为止。

（2）如果管柱遇阻，不要顿击硬下，当管柱悬重下降20~30kN时应停止下管柱。开泵循环，然后顺管柱螺纹旋转方向转动管柱缓慢下放，反复活动管柱到悬重正常再继续下管柱。

(3) 管柱下到设计刮削深度后，打入井筒容积 1.2~1.5 倍的热水彻底清除井筒杂物。

(4) 套管刮削时，要防止刮削器顺着刀片的方向旋转卸扣，最好选择刀片按不同方向排列的刮削器。

4. 监督要点

(1) 按设计和标准要求选择合适工具进行施工。
(2) 施工过程中应严格按相关标准和规程进行处理。
(3) 严禁用带通径规、刮蜡器及刮削器的管柱冲砂。

(六) 找窜与验窜

油水井发生套管外壁与水泥环或水泥环与井壁之间的窜通，称为套管外窜槽。通过测井和井下作业施工等方法，落实确定管外窜槽层位和井段的过程称为找窜。通过井下作业施工的方式，具体验证某一井段或层位是否窜槽或窜通量的施工，称为验窜。找窜和验窜都为下一步封堵窜槽井段提供依据。

1. 找窜

1) 声幅测井找窜

声幅测井找窜是根据声波幅度衰减在测井曲线上的变化来判断窜槽井段的。当套管外水泥环与套管、水泥环与地层胶结程度发生变化时，声幅测井曲线也发生相应的变化。

在声幅测井前，应用通径规通井至人工井底或欲测井段以下，彻底洗井，清洗套管内壁的结蜡。然后，起出通井管柱，下入测井仪器测井。

2) 同位素找窜

同位素找窜是指向井下地层挤入含有放射性元素的工作液，再测得井下的放射性曲线，通过放射性曲线与未挤含有放射性元素工作液前的自然放射性曲线相比较，来判断地层的窜槽情况。施工过程：

(1) 通井，保证测井仪器在井内自由起下，然后测自然放射性曲线。
(2) 下入双封隔器挤水管柱，上封隔器卡在欲测井段，试挤清水，待封隔器工作正常后，可挤入同位素。
(3) 起出管柱，测放射性曲线。
(4) 与挤入同位素前的自然放射性测井曲线相比较，可以判断是否窜槽。

3) 封隔器找窜

封隔器找窜是下入单级或双级封隔器注水管柱至欲测井段，然后挤注清水，在地面测量套管压力变化或套管溢流量的变化，若套管压力变化或套管溢流量变化超过定值，则可以判定为该井段窜槽。

(1) 封隔器套溢法找窜。

① 下入单封隔器管柱或双封隔器管柱。

单封隔器管柱自上而下的顺序是上部油管、封隔器、节流器、尾部油管、丝堵。双封隔器管柱自上而下的顺序是上部油管、封隔器、节流器、封隔器、尾部油管、丝堵。

② 预探砂面。

先预探井下砂面和用通径规通井，了解井下砂面位置和套管完好情况。然后下入封隔器管柱。

③ 验证封隔器和油管密封性能。

封隔器下至射孔井段以上，连接水泥车管线，正打入清水。按 10MPa、8MPa、10MPa 或 8MPa、10MPa、8MPa 三个压力值注水，每个压力值稳定时间大于 10min，观察记录套管溢流量的变化。如果套管溢流量随注水压力的变化而变化，且变化值大于 1L/min，则说明封隔器或油管密封性能不合格，要起出管柱重新下入。若套管溢流量变化值小于 1L/min，则说明封隔器密封和油管密封性能合格，可以加深油管至欲找窜层位找窜。

④ 管柱下至预定找窜位置后，连接水泥车管线，正打入清水。按 10MPa、8MPa、10MPa 或 8MPa、10MPa、8MPa 三个压力值注水，每个压力值稳定时间大于 10min，观察记录套管溢流量的变化。如果套管溢流量不随注入量变化，则可认定无窜槽。如果套管溢流量随注水压力的变化而变化，且变化值大于 10L/min，则初步认定该层位至以上井段窜槽。这时需要再次将管柱上提到射孔井段以上，再按 10MPa、8MPa、10MPa 或 8MPa、10MPa、8MPa 三个压力值注水，验证封隔器的密封性能，如封隔器密封，则认定该层位至以上井段窜槽。

⑤ 起出管柱后，再次丈量复查管柱。

(2) 封隔器套管压力法找窜。

① 套管压力法找窜下入的管柱及井筒前期准备与套溢法找窜相同。

② 将封隔器下到射孔井段以上，先验证封隔器和油管密封性能。按 10MPa、8MPa、10MPa 或 8MPa、10MPa、8MPa 三个压力值注水，每个压力值稳定时间大于 10min，观察记录套管压力的变化。如果套管压力随油管注水压力的变化而变化，且变化值大于 0.5MPa，则说明封隔器或油管密封性能不合格，要起出管柱重新下入。若套管压力变化值小于 0.5MPa，则说明封隔器和油管密封性能合格，可以加深油管至欲找窜层位找窜。

③ 管柱下至预定位置后，连接水泥车管线，正打入清水。按 10MPa、8MPa、10MPa 或 8MPa、10MPa、8MPa 三个压力值注水，每个压力值稳定时间大于 10min，观察记录套管压力的变化。如果套管压力变化值小于 0.5MPa，则可认定无窜槽。如果套管压力值随油管注水压力变化而变化，且变化值大于 0.5MPa，则初步认定该层位至以上井段窜槽。这时需要再次将管柱上提到射孔井段以上，再按 10MPa、8MPa、10MPa 或 8MPa、10MPa、8MPa 三个压力值注水，验证封隔器的密封性能，如封隔器密封，则认定该层位至以上井段窜槽。

④ 起出管柱后，再次丈量复查管柱。

⑤ 用封隔器法找窜可以连续找多个找窜点。

2. 验窜

验窜是下入封隔器管柱，通过套管压力法或套溢法验证某一井段套管外是否窜通的施工。验窜施工与封隔器找窜施工的步骤相同。

3. 监督要点

(1) 同位素找窜要有安全防护措施，非施工人员严禁进入井场，井场周围要设置同位素施工标志。要防止操作失误造成人身伤害和环境污染。

(2) 封隔器法找窜要求保证下井油管螺纹无漏失，油管下井前要认真涂抹螺纹密封脂。施工前对井口使用的油管压力表、套管压力表要进行校验，保证压力表的准确度和灵敏度。

(3) 用单封隔器找窜时，要防止井口油管上顶。如果井口有井控装置，可以在井口加防顶提升绳。如管柱用油管挂悬挂在四通上，要上紧顶丝，并加防顶提升绳，防止管柱上顶顶坏顶丝。

(4) 如果在较薄夹层用封隔器法找窜时，可以在管柱下入井内预定位置后，采用磁性定位测井检测封隔器深度。

二、常规井下作业

（一）油井检泵作业

1. 抽油泵井作业

1) 常见的抽油泵采油管柱

常见的抽油泵采油管柱包括管式泵采油管柱和杆式泵采油管柱，主要由抽油杆、抽油泵（管式泵或杆式泵）、油管等组成。

(1) 管式泵采油管柱。

① 泵挂深度=油补距+油管挂短节十泵以上油管长度+泄油器长度+泵长度。

② 尾管深度=油补距+油管挂短节+泵以上油管长度+泄油器长度+泵长度+滤砂器长度+尾管长度。

③ 音标位置=油管挂短节+音标以上油管长度。

④ 抽油杆和油管组装。

驴头处于下死点时：

光杆伸入油管头法兰长度+抽油杆总长度+泄油器长度+活塞拉杆长度+活塞长度+防冲距=油管挂短节长度+油管总长度+泄油器长度+泵长度。

(2) 杆式泵采油管柱。

① 泵挂深度=油补距+油管挂短节长度+外工作筒支撑环以上油管总长度+泵的长度。

② 尾管深度=油补距+油管挂短节长度+外工作筒支撑环以上油管总长度+外工作筒长度+滤砂器长度+尾管长度。

③ 音标位置计算与管式泵相同。

④ 抽油杆、油管的组装。

驴头处于下死点时：

光杆伸入油管法兰的长度+抽油杆总长度+活塞拉杆长度+活塞长度+防冲距=油管挂短节长度+支撑环以上油管长度+内工作筒长度（停止环到固定阀的长度）。

2) 检泵作业施工工序及要求

检泵作业施工主要包括以下施工工序：施工准备、洗井、压井、起抽油杆柱、起管柱、刮蜡、通井、冲砂、配管柱、下管柱、下抽油杆柱、试抽、交井、编写施工总结等。

(1) 施工准备。

① 编写施工设计,其内容和格式应符合井下作业设计规范。

② 按施工设计要求准备质量合格的油管、抽油杆、抽油泵及下井工具,油管、抽油杆及抽油泵的维护和使用应符合规定和要求。

③ 立井架、穿大绳、校井架、拆卸井口、吊转驴头等按有关技术标准进行操作。根据井场情况,合理摆放设备。

(2) 洗井。

① 根据油井结蜡情况决定是否进行洗井,洗井时要防止洗井液对地层的伤害。

② 在光杆上卡好方卡子,将活塞提出泵筒。

③ 检泵井施工要求反洗井。

④ 洗井用水量不低于井筒容积的2倍,水质清洁,水温不低于70℃。

⑤ 大排量洗井,杜绝乱排乱放。

(3) 压井。

① 选用优质压井液,以减少压井液对地层的伤害。

② 根据油井地层压力和油层深度,计算压井液相对密度。压井液量为井筒容积的1.5~2倍。

③ 检泵井采用反循环压井,热洗后直接替入压井液,要求大排量、中途不停泵,待出口返出压井液后要进行充分循环,并及时测量出口压井液相对密度。当进出口压井液相对密度差小于0.02时,关井稳定30min,打开出口无溢流现象,则压井成功。

④ 压井过程中,要注意观察井口泵压、进出口排量和压井液相对密度变化,做到压井适度,而不致引起井漏、井喷。

(4) 起抽油杆柱。

① 装有脱接器的井,起第一根抽油杆时要缓慢上提,以保证脱接器顺利脱开。装有开泄器的井,当开泄器接近泄油器时也要缓慢上提,以保证顺利打开泄油器。上提抽油杆柱遇阻时,不能盲目硬拔,应查清原因制订措施后,再进行处理。

② 起抽油杆柱时,各岗位要密切配合,防止造成抽油杆变形和造成井下落物。

③ 平稳操作起完抽油杆及活塞。抽油杆桥要求使用4根油管搭成,每根油管至少使用4个桥座架起,起出的抽油杆在杆桥上每10根1组排放整齐,抽油杆悬空端长度不得大于1.0m,抽油杆距地面高度不得小于0.5m。

(5) 起管柱。

① 试提油管头,待大钩载荷正常后方可进行正常起管柱作业。如果井下管柱被卡,最大上提载荷不能超过井架及游动系统的安全载荷。

② 井下管柱装有油管锚时,按照油管锚的使用要求使锚爪脱离套管。井下管柱装有封隔器时,解封封隔器。丢手管柱装有活门时,如果上提管柱一次活门不严,应活动几次,以关闭活门。

③ 平稳操作,管柱有上顶显示时,应装加压装置。起管柱做到不碰、不刮、不掉。

④ 油管桥至少使用3根油管搭成,每根油管至少使用5个桥座架起,起出的油管在管桥上每10根1组排放整齐,接箍朝向井口,油管悬空端长度不得大于1.5m,油管距地面高度不得小于0.3m。

⑤ 压井作业施工起管柱带出的压井液要回收到土油池内。不压井作业施工起泵管柱期间改套管生产。

⑥ 起完泵管柱，检查原井管柱完好情况，做好记录。

（6）刮蜡。

检泵井施工要按设计的要求决定是否进行刮蜡。刮蜡深度应超过油井结蜡点深度和设计下泵深度。刮蜡后要替入井筒容积2倍的热水，循环出井筒的死油和蜡，水温不得低于70℃。

（7）通井。

新井下泵施工前必须通井，检泵井施工要按照设计的要求决定是否通井。通井深度要达到设计要求，遇阻井段应调查原因。

（8）冲砂。

油层出砂后，必须采取措施，清除积砂。

（9）配管柱。

① 用蒸汽清洗油管、抽油杆，确保下井油管、抽油杆及工具清洁。

② 螺纹损坏、杆体弯曲、接头或杆体磨损严重，或有其他变形的抽油杆不许下井。螺纹损坏，管体有砂眼、孔洞、裂缝的油管不许下井。必要时应检测油管和抽油杆抗疲劳强度。

③ $\phi 73mm$ 普通油管使用 $\phi 59mm \times 800mm$ 内径规通油管，$\phi 89mm$ 油管使用 $\phi 73mm \times 800mm$ 内径规通油管，不合格油管不许下井。

④ 油管和抽油杆要丈量3次，做好记录，3次丈量结果下井管柱总长度误差小于0.02%为合格。

⑤ 组装下井工具做到设计、合格证、实物一致，复核无差错后方可下井。

（10）下管柱。

① 下井油管螺纹必须清洗干净后涂密封脂。

② 下油管时，应平稳加压，做到不"飞"、不"顶"、不压弯油管，井口要有防掉、防喷措施，顺利下完管柱，做到不"掉"、不"上碰下顿"。

③ 油管上扣紧扭矩应符合相关标准规定。

④ 使用液压油管钳上扣时，严禁油管偏扣，防止上紧矩过大，要注意保护油管螺纹。

⑤ 对有油管锚、封隔器的井，按照操作规程锚定油管，坐封封隔器。

⑥ 坐上井口，装齐配件，摆正方向，均匀上紧各部位连接螺栓，确保不渗漏。

（11）下抽油杆柱。

① 抽油杆螺纹及接触端面必须清洗干净。

② 抽油杆上紧矩应符合相关标准的规定。

③ 防止上紧矩过大，损坏抽油杆螺纹。

④ 平稳缓慢下放，使活塞顺利进入泵筒。装有脱接器的井，对接好脱接器，对接后提抽油杆不能超高，防止脱接器脱开。装有井下开关的井，按照使用要求打开井下开关。

⑤ 活塞坐进泵筒后，光杆伸入顶丝法兰以下长度不小于防冲距与最大冲程长度之和，光杆在防喷盒平面以上长度应为1.2~1.5m。

（12）试抽、交井。

① 装驴头对中井口，严防造成光杆弯曲，并按照设计要求对好防冲距。

② 试抽憋压达到 3MPa 以上，稳压 15min，压降小于 0.3MPa 为合格，憋压不合格者应查找原因。

③ 倒流程、启抽。观察正常后交井。

（13）编写施工总结。

完工后及时编写施工总结，施工总结的格式和内容应符合规定和要求。

3）监督要点

（1）施工队伍应具有施工资质，有市场准入证。

（2）施工设备、施工人员应满足施工设计和施工项目的要求。

（3）检查井下作业井控持证情况（队长、技术员、班长等）。

（4）检查施工现场是否有规范的三项设计。

（5）场地应布局合理、安全通道畅通。

（6）用电、用气安全应符合要求。

（7）采取有效措施，最大限度防止或减少施工对环境造成的污染。

（8）油管、抽油杆、抽油泵及下井工具应有质量检测报告，其质量符合相关产品标准的要求。

（9）油井检泵施工工序应严格执行有关规定和相关技术标准要求。

（10）应取全取准油井检泵作业的各项资料，包括泵型、泵径、泵长、活塞长度，光杆、抽油杆规范、型号、根数、长度，接头规范、长度，油管规范、根数、长度，泵下入深度，其他附件规范、深度等。

（11）根据泵的下入深度，防冲距应控制在 0.5~1m 的范围内，做到上不刮、下不碰。

（12）在下柱塞之前应先对泵筒、油管进行密封性试压，一般试压压力为 5~8MPa，观察 10min 压降不超过 0.2MPa 为合格；下入抽油杆后进行一次试抽憋压，一般为 2~3MPa，压降不超过 0.2MPa 为合格。

（13）检泵井洗井应把活塞提出泵筒。下入活塞进工作筒时，应减缓下入速度，严禁下冲固定阀。

（14）下井管柱结构、泵深、泵规格、泵杆直径及抽汲参数应符合设计要求。

2. 螺杆泵井作业

1）螺杆泵作业施工工序及技术要求

螺杆泵井作业施工内容主要包括编写施工设计、施工准备、施工过程、施工验收等。施工过程的主要工序包括压井、起原井管柱、探砂面、冲砂、刮蜡、连接组配井下工具、下管柱、坐封锚定工具、下杆柱、安装专用井口、替喷、安装地面机组、试运转和交井等。

（1）编写施工设计。

螺杆泵施工前应编写施工设计，以指导施工作业。主要内容包括：

① 在对各种情况调查的基础上，根据工程设计方案要求、上次施工总结和基础数据，结合具体实际情况编写施工设计。

② 编写施工设计应包括施工目的、油井基础数据、目前井下管柱及杆柱、本次施工

应下井的管柱及杆柱、施工工序、技术要求及安全措施等。施工设计编写后，必须经有关主管技术人员审批后方可施工。

③ 每道施工工序应严格按设计技术要求施工，在施工中需改变施工程序或采用新的施工措施时，应由要求改变施工内容单位提出新的补充设计。

④ 施工设计应选择防脱方式，确定泵挂深度和防冲距。

(2) 施工准备。

① 地面调查。

② 井下调查。

③ 按施工设计对下井管柱、杆柱、螺杆泵等进行检验，经检查验收合格后方可运往井场。

(3) 压井。

① 对配制的压井液必须进行黏度、密度等有关参数检测，各项质量指标达到设计要求方可使用。

② 根据设计要求进行正反压井，压井前必须放套管气，出口见油后泵入 70℃ 左右热水，出口见水后替入压井液。在压井过程中防止间断，当进出口压井液经测定密度基本相等时，可停止替入压井液。停泵 15min，出口无溢流则压井合格。

③ 压井时间：施工作业中，如需压井作业，希望压井时间越短越好，以防伤害油层。一般在 1000m 的情况下，起下作业压井时间不超过 24h，起下刮蜡作业压井时间不超过 36h，起下测井及射孔作业压井时间不超过 48h，对于处理事故作业，根据具体情况，可另行决定。

(4) 起出原井管柱。

起原井管柱的质量及作业规程符合油水井常规修井作业起下油管作业规程的要求。

(5) 探砂面、冲砂、刮蜡。

一般在井下作业时，探砂面、冲砂、刮蜡采用下一次管柱完成，特殊情况可采用多次。

(6) 连接组配井下工具。

按照施工设计的管柱结构，自下而上依次摆放。如下锚定工具，尾管不得少于 3 根油管。锚定工具下井前，要彻底清除活动件内的脏物，并涂上黄油，使锚定工具处在解封状态。

(7) 下管柱。

① 按设计要求配好管柱，用相应通径规检验合格，并在螺纹上涂上黄油。

② 按施工设计要求组配好的管柱，自下而上依次下井：尾管、筛管、防转锚、油管短节、油管扶正器、油管短节、泵定子、油管短节、油管扶正器、油管、油管挂。油管上扣扭矩符合标准要求。

③ 螺杆泵下部有限位销，下井时勿将定子倒置。

④ 如锚定工具是支撑卡瓦，下入泵和第一根油管后，试坐卡瓦（上提管柱 1m，缓慢下放管柱坐卡瓦）。试坐成功后，上提管柱 1m 解封，然后继续下管柱。

⑤ 更换油管吊卡时，注意上提高度不允许超过 400mm，以防支撑卡瓦中途坐封。如中途坐封，缓慢上提管柱 1m 以上，然后缓慢下放管柱解封，要平稳操作。

(8) 坐封锚定工具。

① 如坐支撑卡瓦时,应上提管柱 800mm 左右,缓慢下放油管,坐卡位置(油管头上平面与套管法兰平面距离)控制在 10~20mm,如果坐封尺寸不合适,可反复几次,直至达到要求。用钢丝绳压下油管挂,上紧顶丝。

② 如锚定工具用水力释放时,应连接好油管挂,上提管柱至设计要求高度,连接好打压释放管线,打压至锚定工具设计压力,坐封后,用钢丝绳压下油管挂,上紧顶丝。

(9) 下抽油杆柱。

① 清点并丈量检查抽油杆,按下井顺序配好杆柱,按设计要求加抽油杆扶正器。

② 转子涂黄油后连接在第一根完整抽油杆上,以减少转子上的应力。同样原因驱动轴下部也必须装一根完整抽油杆。

③ 下抽油杆过程中速度要慢,当转子进入定子时,从地面可看到抽油杆转动,当转子碰到定子限位销时,指重表指针随之慢慢下降,这时上提抽油杆,装井口装置。再慢慢下放抽油杆,当转子再次碰到限位销时,按要求上提防冲距,使转子和限位销有一定距离。

④ 吊起转子时,因上部连接一根抽油杆,整件较长,起吊速度要慢,并用手扶着转子中部,以防转子弯曲损伤表面。

⑤ 下抽油杆过程中防止杆件弯曲变形,如造成变形弯曲必须换掉;抽油杆螺纹要涂黄油上紧,扭矩符合规定值。

⑥ 转子碰到限位销后,不得转动抽油杆,以防扭坏抽油杆或泵。

(10) 安装专用井口。

将专用井口从光杆上穿入坐在套管法兰上,紧固好螺栓。

(11) 替喷。

① 将转子缓慢全部提出定子,关闭井口上清蜡阀门,连接好替喷管线。

② 按规定进行替喷,直到井口见清水 10min 后停止。

③ 打开清蜡阀门,缓慢将转子放入定子,直至吊卡松弛。

(12) 安装地面机组。

① 安装前应检查地面机组零部件是否齐全完好,吊升用钢丝绳、吊环有无损伤,防反转装置是否灵活、有无遇卡现象;减速箱内注入齿轮油到油杆处,往密封盒内添加填料等。

② 驱动装置的安装。

将螺杆泵地面驱动装置吊起穿入光杆并坐在专用井口上,固定好螺栓,校正井口,上紧螺栓。

上提防冲距:缓慢上提杆柱,指重表载荷达到整个杆柱负荷(记录数值)时,再上提光杆,上提高度应符合相关的要求。

提防冲距后,安装方卡子并拧紧螺栓和备用平卡。

③ 电动机安装与调试。

一般情况下,驱动电动机与减速箱连为一体坐在井口上。打开电动机接线盒,用三角形法接电动机的三个接线柱,接好电动机接线盒及密封口,再将电缆的另一端接入电控箱的输出端,将电控箱的输入端与变压器输出的三相动力电缆连接好。接通电源,启动电动机使其空转，判定电动机输出轴转向，如果是逆时针方向转动，要更换电动机电缆任意两相的相序，使其顺时针转动，并测量空载电动机电流、电压，上紧皮带使其固定好。

④ 皮带的安装与调节。

根据油井的预测产能及设计要求，选择螺杆泵的工作参数，即选择高、中、低挡转速及其对应的皮带、皮带轮。

皮带轮拆卸：首先用内六角扳手卸掉带轮上的 3 个固定螺栓，然后用拉力器把皮带轮从轴上拉下来。

皮带轮安装：将皮带轮与轴锥套的螺栓对齐，把皮带轮推进轴锥套上，带上 3 个螺栓，然后用内六角扳手均匀上紧。

传动皮带的安装及调节：皮带在张紧力的情况下才能发挥预期的传动功能，皮带的使用寿命很大程度上取决于皮带的松紧程度，一般要求传动皮带的张紧力在 300N 左右。要求皮带固紧后，在皮带中间施加压力 30N，皮带向下变形量小于 6.0mm，此时的张紧力为合适。

调节皮带松紧程度步骤：松开电动机支架螺栓；调节电动机支架前后顶丝，使皮带张紧或松弛；皮带张紧后固定支架螺栓并上紧。

(13) 试运转。

① 加齿轮油。从减速箱注油孔处加入齿轮油，油面在油标 $1/2 \sim 2/3$ 处。

② 加密封填料。准确丈量每根密封填料长度，斜度大于 45° 切割，密封填料表面涂上黄油，每层密封填料切口处要错开，最后压紧压盖。

③ 调电动机正反转。

④ 设置过载保护电流。

⑤ 安装井口流程。连接好出油、掺水管线，安装井口油管压力表、套管压力表。将驱动头出油口与生产管线相连，专用井口出油口作为放空出口。

⑥ 试投产。

(14) 交井。

待试运转正常后与油井管理单位进行交接后，正常投产。

2) 起泵作业程序

原井为螺杆泵井，可按以下程序操作：

(1) 切断变压器与电控箱电源。

(2) 拆下电动机动力线。

(3) 拆开皮带，卸下电动机。

(4) 上提光杆，使方卡子同减速箱输出轴轴端脱离。

(5) 卸下变速箱与井口装置全部紧固件。

(6) 继续上提光杆达井口装置上平面后，卸下光杆。

(7) 起出全部抽油杆和转子。

(8) 卸下井口装置。

(9) 松开油管挂顶丝。

(10) 按要求起出井内油管及定子等全部管柱。

(11) 清理地面设备及井下管柱、杆柱和螺杆泵等井下工具。

3) 监督要点

(1) 施工队伍应具有施工资质,有市场准入证。

(2) 施工设备、施工人员应满足施工设计和施工项目的要求。

(3) 检查井下作业井控持证情况(队长、技术员、班长等)。

(4) 检查施工现场是否有规范的三项设计。

(5) 场地布局合理,安全通道畅通。

(6) 用电、用气安全符合要求。

(7) 采取有效措施,最大限度防止或减少施工对环境造成的污染。

(8) 下井管柱结构、螺杆泵型号及工作参数应符合设计要求。

(9) 严格执行地面驱动螺杆泵的使用与维护有关规定和相关技术标准。

(10) 下泵过程中,油管及所有螺纹经检查必须完好,同时涂螺纹油,上紧扭矩符合规定值。

(11) 资料录取要符合要求,下井工具名称、型号、规范、数量、下井位置标注清晰。

(二)注水井作业

1. 试注与转注

1) 试注、转注前的准备

(1) 试注前排液。

排液的目的是在井底附近造成适当的低压带,清除油层内的堵塞物(特别是钻井、完井过程中造成的近井地带的堵塞),同时还可以采出部分原油。

排液时间应根据油层性质和开发方案确定,排液的强度以不伤害油层结构为原则。排液的方法有自喷排液和抽汲排液两种。

(2) 调查注水系统完善情况。

试注、转注前,调查了解井身结构是否完好,有无套损井史及其他井况。调查井口装置是否符合注水要求及注水系统、流程是否完善。

(3) 施工设计要求。

根据地质和工程设计要求,编制施工设计,设计必须有设计人、审批人签字,设计一般内容按常规施工设计编制,有特殊要求必须逐条注明。变更方案、设计必须经审批后方可实施。

2) 施工准备

(1) 立井架、校正井架。

(2) 搬迁、设备就位。

(3) 搭油管桥。

(4) 根据施工设计,准备下井工具及原材料。

(5) 填写交接书。

3) 施工步骤及技术要求

(1) 起原井管柱。

(2) 通井、刮蜡。

(3) 探砂面、冲砂,探人工井底。

(4) 清洗、丈量、组配试注管柱。
(5) 洗井。
(6) 释放封隔器。

按照下井封隔器的型号打压达到释放压力值，稳压 30min，观察套管无溢流，即证实释放成功。

(7) 试注、转注操作。

2. 试配

1) 试配前的准备工作

(1) 按照地质设计、工程设计的要求，做好施工设计。
(2) 现场调查。
(3) 准备井下工具。

2) 试配前的井下调查工作

(1) 探砂面、冲砂、探人工井底。
(2) 套管内径变化。
(3) 射孔质量。
(4) 管外窜槽。

3) 试配施工

(1) 组配管柱要求。

① 在射孔井段顶界以上 10~15m 处，下保护套管封隔器一级（可洗井型）。
② 注水管柱使用防腐油管。
③ 偏心配水器之间距离不应小于 8m，撞击筒与尾管底部距离不小于 5m。
④ 配水器应下至对准油层中部位置。
⑤ 封隔器卡点位置不能在炮眼、套管接箍和套管损坏部位。
⑥ 管柱完井深度应下至射孔底界以下 5~15m。当井底口袋不足时可适当提高 3~5m。
⑦ 丈量、计算管柱误差，油管每 1000m，实际累计长度与丈量累计长度误差不超过 0.2m，可用磁性定位校深来检查。
⑧ 要求对下井油管丈量 3 遍，计算结果一致。

(2) 下管柱要求。

① 油管螺纹抹上密封脂或厌氧胶等。
② 上正扣、上紧扣，上扣扭矩达到标准要求值。
③ 当管柱下至设计深度后，用磁性定位校对下井封隔器深度，如需调深度，可用油管短节对井内管柱的深度进行微调，达到设计要求后，方可坐井口。

(3) 坐井口、安装采油树。

① 把井口钢圈用柴油清洗干净，将钢圈擦洗干净，把钢圈放平、放正。
② 对角上紧井口螺栓。

(4) 反洗井。
(5) 释放封隔器。
(6) 投捞堵塞器。

按设计投入配水嘴，如下井水嘴为可溶性的水嘴时，可待 24h 水嘴溶化后，即可进行验封。

（7）验证封隔器密封。

（8）转入正常注水。

（9）交井。

取得验封、注水和测试资料后，即可把井正式交给采油队管理，并在交接书上签字，作为验收、结算依据。

3. 重配与调整

1）准备工作

（1）施工要有三项设计。设计要有设计人、审核人、审批人签字，变更方案必须经审批。

（2）现场调查，取得常规作业应有资料。

（3）按试配井对准备井下工具的要求进行准备。

（4）提前24h通知管井单位关井降压，若在高寒地区，注意防止冻坏井口设备和冻结管线，应采取放溢流降压的方式。开始2h溢流量控制在$2m^3/h$以内，以后逐渐增大，最大不超过$10m^3/h$。

2）施工步骤及技术要求

（1）抬井口，安装控制井口装置。

（2）试提管柱，负荷正常、井内管柱无卡阻，方可起油管。

（3）起油管，注意观察油管有无穿孔漏失或螺纹刺漏。

（4）鉴定原管柱。对起出的管柱要详细检查，并把井下工具卸成单件，编号后送往工具车间进行试压鉴定，并填写鉴定结果。根据鉴定情况并结合施工设计，最后选择出合适的水嘴，装配好后，一次把全部新下井工具运往井场。

（5）检查、丈量、组装管柱。对起出的防腐油管要认真检查，有死油要求用蒸汽刺净，对有弯曲和损坏的油管要调换上好的。准确地丈量油管，对下井的管柱要做到三丈量、三对口；按设计要求组装配好下井管柱，并详细地检查两遍，无差错时方可下井。

（6）下配水管柱。油管螺纹涂抹密封脂或厌氧胶，上扣扭矩达到质量标准要求。

（7）电磁定位校对封隔器卡点深度，准确无误后，即可坐井口，安装采油树。

（8）反洗井，按洗井质量要求，洗井至水质合格。

（9）释放封隔器，按照设计封隔器型号对释放时的技术要求，正打压，并稳压至套管保护封隔器密封无溢流，证实释放成功。

（10）投捞配水堵塞器，如下井水嘴为死嘴子时，需捞出死嘴子，投入配注水嘴，如下井的是可溶性水嘴时，待水嘴溶化后即可进行投注验封。

（11）验证封隔器密封。

（12）按全井配注水量，转入正常注水。

（13）交井。备齐验封资料、注水和测试资料后，即可进行交井验收结算。

4. 注水井作业监督要点

注水井作业监督要点包括以下内容：

（1）施工队伍应具有施工资质，有市场准入证。

(2) 施工设备、施工人员应满足施工设计和施工项目的要求。

(3) 检查井下作业井控持证情况（队长、技术员、班长等）。

(4) 检查施工现场是否有规范的三项设计。

(5) 场地布局应合理、安全通道畅通。

(6) 用电、用气安全应符合要求。

(7) 采取有效措施，最大限度防止或减少施工对环境造成的污染。

(8) 检查是否进行井况调查（包括探砂面、冲砂、刮削、通井、验窜等）。

(9) 检查下井工具是否合格。按照施工设计要求，逐套对下井工具型号、出厂合格证认真核对，下井工具型号、出厂合格证和施工设计要求三者一致时方可施工。

(10) 试注与油井转注作业。

① 试注前的排液符合要求。自喷井总排液量应在 $500m^3$ 以上，放喷强度应控制在井底压力不低于饱和压力；过渡井总排液量 $100m^3$，应采用短期间歇排液，即强排—关井—强排；低压井总排液量 $100m^3$，采用气举或抽汲等方式。

② 初期放大注水一周，待稳定后采用降压法测试吸水指示曲线、启动压力。测试点不得少于 4 个，每点要稳压 30min，若有异常点及时复测。

(11) 检查井下工具磁性校深曲线和封隔器验封曲线是否齐全，若没有特殊要求，封隔器下入深度与设计深度相差 0.2m 为合格，并提供全井封隔器合格的验封资料，方可转入正常注水、交井。

(12) 检查重配与调整井是否关井降压。要求作业队提前 24h 通知管井单位关井降压，若在高寒地区，注意防止冻坏井口设备和冻结管线。应采取放溢流降压的方式，开始 2h 溢流量控制在 $2m^3/h$ 以内，以后逐渐增大，最大不超过 $10m^3/h$。

三、压裂作业

（一）压裂基本知识

1. 压裂

压裂就是利用水力作用，使油层形成裂缝，从而提高油层渗透能力的一种方法，又称为油层水力压裂。压裂工艺过程是利用压裂车产生的高压、大排量，把具有一定黏度的液体挤入油气层，把油（气）层压出裂缝，再加入支撑剂（如石英砂等）充填进裂缝，使裂缝不闭合，提高油层的渗透能力，以增加注水量（注水井）或产油量（油井）。

2. 压裂液

压裂液是压裂措施的关键性环节，主要功能是传递能量，使油层张开裂缝并沿裂缝输送支撑剂，其性能与能否造出一条足够尺寸并具有足够导流能力的填砂裂缝密切相关。

压裂液包括前置液、携砂液、顶替液。

前置液的作用是压开地层并造成一定几何尺寸的裂缝，以备后面的携砂液的进入。

携砂液即含有支撑剂的砂浆。其作用是将支撑剂带入裂缝中，并将支撑剂填在裂缝内预定位置上。

顶替液的作用是将井筒中全部携砂液替入裂缝中，防止井筒沉砂。

3. 支撑剂

支撑剂是水力压裂时地层压开裂缝后,用来支撑裂缝阻止裂缝重新闭合的一种固体颗粒。它的作用是在裂缝中铺置排列后形成支撑裂缝,从而在储层中形成远远高于储层渗透率的支撑裂缝带,使流体在支撑裂缝中有较高的流通性,减少流体的流动阻力,达到增产、增注的目的。

(二) 压裂工艺

1. 机械分层压裂工艺

1) 滑套式管柱分层压裂工艺

(1) 管柱结构。

管柱由投球器、井口球阀、工作筒和堵塞器、多级封隔器和多级喷砂器组成。所用的封隔器以扩张式为主,特殊情况也可以用压缩式的;也可以根据施工需要,用尾喷嘴和水力锚配合滑套式喷砂进行混合组配。

(2) 适用范围。

该工艺适用于地质剖面具有一定厚度的泥岩隔层,封隔器可以卡得开,高压下不发生层间窜通。井下技术状况良好,套管无变形、破裂和穿孔,固井质量好。

2) 定位平衡压裂工艺

(1) 管柱结构。

管柱主要由压裂油管、封隔器、平衡器、喷砂器或平衡喷砂封隔器组成。

(2) 适用范围。

① 隔层厚度小、容易发生窜槽的井。

② 目的层附近有高含水层并且各层厚度小可能发生窜槽的井。

3) 水力喷射压裂工艺

(1) 管柱结构。

管柱主要由压裂油管、多级喷枪、单向阀、筛管、导向头、扶正器组成。

(2) 适用范围。

该工艺适用于薄差层、油水间互层分层改造及厚油层边部剩余油挖潜。

2. 暂堵法及限流分层压裂工艺

1) 投球法压裂工艺

(1) 管柱结构。

根据所投的球的种类不同,管柱结构要求也不相同。

① 可溶性蜡球,粒径小,对压裂管柱没有特殊要求,可适用于任何管柱。压裂后不需要冲球,24h 后自行溶化。

② 堵塞球密度为 $0.80 \sim 1.14 \text{g/cm}^3$,耐压 $25 \sim 70 \text{MPa}$,堵球直径一般为 $19 \sim 22 \text{mm}$,管柱由投球器、安全接头、水力锚、封隔器加喷嘴或喇叭口组成。

(2) 适用条件。

① 可溶性蜡球适用于破裂压力在 45MPa 以内的油层。

② 堵塞球适用于目的层厚度差别、渗透率差别较大的井;投球前后目的层深度差大

于 30m，一般不在同一油层使用。

2）限流法压裂工艺

（1）管柱结构。

选用 ϕ88.9mm 油管，两封一喷、单封单喷（加水力锚）以及四封三喷均可。

（2）适用条件。

限流法压裂主要适用于纵向及平面上含水分布情况都较复杂，且渗透率比较低的多层、薄油层新井的完井改造。

3. 低伤害、低残渣压裂工艺

1）泡沫压裂工艺

（1）管柱结构。

压裂油管使用 N80 以上钢级，封隔器、导压喷砂器要求耐压 60MPa 以上。可采用两封一喷、单封单喷（加水力锚）以及四封两喷组合（喷砂器为滑套式导压喷砂器，能够两层同时反排）。

（2）适用范围。

泡沫压裂主要应用于气井及低压低渗透和水敏性地层，不适用于渗透率高、天然裂缝发育的地层。

2）滑溜水压裂工艺

采用含有降阻剂、黏土稳定剂、表面活性剂的水作为压裂液，以这种压裂液作为前置液来提供支撑剂输送，通常水压裂施工包括前 50% 的前置液注入过程，接下来是支撑剂注入阶段，用来提高井眼和裂缝之间的连通。

（1）工艺特点。

① 易形成有一定导流能力的长裂缝。

② 消除冻胶损害，加速返排，由于清水压裂可免去制备冻胶所需的成胶剂、交联剂与破胶剂，不含残渣，不会堵塞地层，有利于返排。

③ 延伸已有的天然裂缝或形成相互连通的天然裂缝网。

④ 减少了支撑剂的用量及运输费用，降低了施工成本。

（2）适用范围。

滑溜水压裂主要适用于裂缝性油气藏、低渗透储层以及高强度岩石地层。

4. 复合压裂工艺

复合压裂工艺是利用火药在目的层段进行燃烧或化学药剂氧化还原反应，产生高温、高压气体作用在井筒，在近井地带形成多条径向微裂缝，然后再进行水力压裂，使几条主裂缝扩展、延伸并支撑，达到降低井筒附近渗流阻力、增加渗透流面积的目的，以实现较高的增产、增注效果。

复合压裂适用于多油层、非均质常规射孔井的油层改造，具有施工简便、运用设备少、周期短、对场地要求低、施工费用低的特点。

5. 垂直裂缝转向压裂技术

垂直裂缝转向压裂是以重复压裂裂缝转向机理、储层地应力场变化规律、转向裂缝参数设计优化、转向裂缝监测识别及裂缝转向重复压裂施工工艺为核心的配套工艺技术。

垂直裂缝转向压裂技术解决了低渗透油田重复压裂效果差、有效期短的难题，有效动用常规技术不能动用的储量，提高采出程度35%。

（三）现场施工

1. 施工准备

（1）配置压裂设备及辅助设施。

各种压裂设备性能良好，满足压裂施工设计要求，所用计量仪表齐全配套，在有效使用期内。高压管汇、压裂井口装置等有检验合格证，质量符合相关产品要求。

（2）压裂用原材料。

压裂液、支撑剂、预处理液及各种添加剂的技术性能和数量符合压裂设计要求。

（3）组配压裂管柱。

按压裂设计选择压裂施工管材和下井工具，计算卡点深度，组配好压裂管柱；压裂管柱最下三级封隔器以下的尾管长度不小于8m，压裂管柱底端距井底砂面的距离不能小于15m。严禁用压裂管柱进行替喷、冲砂、压井、打捞等其他作业施工。

（4）地面压裂流程。

① 连接好地面压裂流程。地面压裂流程的连接顺序一般为：井口油管、井口阀门、井口投球器、井口120°三通（三通直的一端接丝堵）、120°弯管、油管短节、高压活动弯头、循环三通（一端接循环放空阀门、油管到废液容器）、油管、酸化三通（一端接阀门、油管到酸化车，不单层挤酸预处理时不接酸化三通）、油管、高压管汇、蜡球管汇（不投暂堵剂时不用接）、压裂车组。

② 连接地面压裂流程管线使用N80以上钢级的油管和N80以上钢级的油管短节，禁止使用玻璃油管、涂料油管和软管线。

③ 地面压裂流程管线承压达到设计要求，做到不刺不漏。

2. 压前作业

（1）探砂面。

（2）起原井管柱。

（3）冲砂。探砂面时，若砂面距射孔井段低界小于15m，则必须下入冲砂管柱进行冲砂。

（4）压井替喷。

① 压裂施工前严格控制压井作业，如确需压井作业，应按规定履行审批手续。

② 对新井射孔前、已压井作业的井及确定井内有污染物的井，压裂前要进行替喷作业，替净井内的压井液及污染物。替喷所用清水量要求大于井筒容积的2.5倍以上，替喷时要一次完成，不得间断。

（5）压裂层段预处理。按压裂施工设计要求准备预处理液并进行施工，如需排液，应准备回收废液的装置对排出的废液进行回收，不得污染环境。

（6）下压裂管柱。下入压裂专用管柱，压裂管柱承压达到设计要求。

3. 压裂施工

压裂施工一般包括以下工序：循环、试压、试挤、压裂、加砂、替挤和活动管柱。特殊情况下需要加入酸预处理、小型压裂测试、压后压降监测等。

(1) 循环。循环的目的是检查压裂车组设备性能,地面压裂流程管线是否畅通。循环要求如下:

① 逐台启动压裂车,用清水循环。

② 循环地面压裂流程管线:循环管线从储液罐→混砂池→泵→压裂车→高压管汇→回收罐。

③ 循环时单车泵的排量不低于 $1m^3/min$,时间不少于 30s。

④ 循环前一定要关闭井口阀门。

(2) 试压。

① 平稳启动压裂车高压泵,对井口阀门以上的设备和地面压裂流程管线进行承高压性能试验。

② 试验压力为预测泵压的 1.2~1.5 倍,稳压 5min。

③ 各承压部件、管线不刺不漏,压力不降为合格。

(3) 试挤。试挤的目的是检查井下管柱及井下工具情况,检查设计压裂层位的吸水能力,如实际试挤压力和排量能够稳定在压裂施工设计规定的试挤压力和排量范围内,证明设计压裂层位的吸水能力能够满足压裂施工要求。

① 打开井口阀门,关闭循环放空阀门。

② 逐台启动压裂车,按压裂施工设计规定的试挤排量,将压裂液试挤入油层,压力由低到高压至稳定为止。

(4) 压裂。

① 试挤正常后,逐台启动压裂车,以高压大排量向井内持续挤入前置液,使压裂层位形成裂缝并向前延伸。

② 判断裂缝是否形成主要根据压裂施工曲线。压裂施工曲线是压裂时试挤、压裂、加砂和替挤四个主要过程中的泵压、套管压力、排量、混砂比等随时间的变化曲线。油层破裂的瞬时,破裂压力与该地层的深度的比值,反映油层破裂的难易程度,称为压裂破裂梯度。

③ 当工作压力达到管柱最高承压不能压开欲压裂层位时,应停泵,打开循环放空阀门放空,进行原因分析,确定下一步措施。

(5) 加砂。

① 油层裂缝形成,泵压及排量稳定后便可加砂。

② 按照压裂施工要求分段控制好混砂比,混砂比要逐渐增大,且加砂要均匀。

③ 加砂过程要保持压裂设备的性能始终处于良好的工作状态,不能中途停泵,要保持加砂的连续性。

④ 加砂压力要平稳,最高工作压力不超过管柱的最高承压。

⑤ 加砂排量按设计要求进行,保持稳定,不准随意升降。

(6) 替挤。

① 完成加砂后,打开混砂车的替挤旁通流程,向井内注入替挤液,将携砂液替挤到油层裂缝中去。

② 替挤液量严格执行施工设计,严禁超量替挤。

(7) 关井扩散压力。压裂施工完后,应关闭井口所有进出口阀门,等待压裂液的破胶、滤失及裂缝的闭合，防止支撑剂随高黏液体返出裂缝，造成裂缝口铺砂浓度过低，扩散压力时间不少于压裂液破胶时间。

在使用快速破胶压裂液时，可以在压裂液破胶之后，使用小喷嘴放喷，促进裂缝闭合，提高返排，减少二次污染，提高导流能力。

(8) 活动管柱。活动管柱时，负荷不超过井内管柱悬重200kN，上提速度控制在0.5m/min以内，最终活动行程不小于5m，达到管柱提放自如，拉力表显示的管柱悬重完全正常。

(四) 压裂作业监督要点

(1) 有三项设计，并履行审批手续。设计编写内容和格式符合标准的要求。设计要详细阐明施工井的施工目的、井身基本数据、原井管柱、生产情况、压裂层位、层位数据，并且根据这些要求及数据，设计压裂层段施工工序表、施工步骤、施工准备工作、施工要求、安全环保注意事项、压裂管柱结构、特殊施工备注等。

(2) 井口采油树的安装必须按设计要求型号安装（各阀门开关灵活）。采用大弯管、投球器、井口球阀与井口控制器的专用压裂井口，压裂井口应在四个方位采用地锚、绷绳加固措施，井口要安装灵敏可靠的压力表。井口各连接部位应加装密封垫，必须涂密封脂，紧固螺栓齐全、上紧。检查套管升高短节螺纹是否连接紧固，是否焊接（若焊接应进行论证），油层套管、表层套管之间环形钢板连接牢固。井口试压，试验压力为预测泵压的1.2~1.5倍，稳压5min，各承压部件不刺不漏、压力不降为合格。

(3) 压裂管汇施工前应检查是否有合格证、在安全使用期限内，不得使用不合格和超期限产品，维修工作须送交专业检测部门进行检测维修。活动弯头应事先保养检查，按承压要求试压合格；各阀按球阀使用要求进行检查、操作。在试挤过程中发现有漏失现象应及时停车，打开放空阀泄压后方可修整。

(4) 连接地面压裂流程管线应使用N80以上钢级的油管或短节，禁止使用玻璃钢油管、涂料油管和软管线。地面放喷管线、阀门应按规定固定牢固。

(5) 压裂油管应使用专用油管，抗压强度应满足设计要求；浅井、低压可用J55钢级ϕ89mm油管，中深井、深井应使用N80或P110钢级ϕ89mm外加厚油管，最高限压分别为70MPa和90MPa。

(6) 封隔器卡点应选择在套管光滑部位，避开套管接箍。

(7) 压裂管柱喷砂器与封隔器直接连接，最下一级封隔器以下的尾管长度不小于8m，管柱底端距井内砂面或人工井底距离不小于10m。

(8) 按照施工设计精确配出封隔器卡距、油管下入深度，卡点深度与设计深度误差不超过0.2m。

(9) 压裂管柱是专用管柱，严禁用于替喷、冲砂、压井、打捞等作业施工。

(10) 检查压裂液添加剂是否为压裂设计要求的品种和用量。监督是否根据压裂设计要求，按顺序定量准确投入相应的压裂液主剂及添加剂。测量溶胶黏度，对压裂液抽样检测评价，确保实配的压裂液性能与室内研究配方的一致性。采用标准计量器皿（量筒、烧杯），按实际交联比配制压裂液，交联好的压裂液能挑挂、缓速交联，不脆不碎，不黏附杯壁，不脱水。

四、酸化作业

(一) 酸化工艺

1. 常规酸化

常规酸化就是通常所说的普通酸化，也称基质酸化。它是通过泵注，把酸液挤入地层，并通过近井地带孔隙、裂缝向地层深部渗透，同井下污染物、地层岩石发生反应，扩大孔隙、裂缝的过流半径，提高近井地带的渗透率。常规酸化一般用酸量较少，作用半径小于3m，动用设备少，是目前油气田生产中最常用的酸化技术。

2. 酸压

酸化压裂简称酸压，是碳酸盐岩油藏一种有效的油层改造措施。酸压通常是以足够大的压力，将地层压开或打开已有的天然裂缝，将酸液挤入地层，由于地层非均质性以及裂缝壁面的不平整性，当酸液沿裂缝流动时，对裂缝壁面形成不均匀的溶蚀，产生许多酸蚀沟槽，当裂缝闭合后，这些酸蚀沟槽保留下来，成为油、气、水过流通道。

3. 笼统酸化

笼统酸化就是指全井进行酸化的工艺方法。这种工艺方法主要应用于全井射开层位较少、射开厚度较小、层间渗透率差别不大的油、气、水井的酸化施工。该工艺能够使酸液进入射开各层中，与其充分反应，提高全井的近井地带或层内渗透率。

4. 分层酸化

分层酸化是通过井下工具或采用暂堵工艺，迫使酸液进入目的层的工艺方法。这种方法可以使酸化施工更具有针对性，保证被污染层或低渗透层得到有效处理。

5. 水平井均匀酸化

水平井均匀酸化就是通过机械和化学的手段，使酸液能够尽量均匀地进入整个需要酸化的水平井段储层，达到整个水平井段上不同渗透率和不同伤害程度的储层都可以得到有效的酸化改造。

6. 配套工艺

1) 暂堵工艺

暂堵工艺应用于笼统酸化和分层酸化中的厚层及卡不开的地层。在酸化施工的一定时机，向井内投入暂堵剂，暂时封堵高渗透层的炮眼或近井地带，迫使酸液改向，进入低渗透层，达到提高酸化处理厚度或酸化低渗透层的目的。

2) 残酸返排工艺

残酸返排工艺是酸化施工的重要组成部分。残酸的及时返排可携带出近井地带在酸岩反应中形成的沉淀、运移和脱落的颗粒及其他反应生成物，尽可能降低对地层的伤害。通常酸化施工后，井口放喷，利用地层能量进行残酸返排。

3) 不排液酸化工艺

近年来新发展的酸化配套工艺，是在采用油井不动管柱酸化工艺的基础上，在顶替液中加入残酸处理剂，待酸岩反应结束后，直接启抽进行生产的施工工艺。

（二）酸化施工

1. 施工准备

施工准备包括井场、井口装置、施工装备、井下管柱及工具、工作液及地面流程管线的准备过程。

1）井场

（1）井场必须平整、坚实，能容纳并承受所有设备（包括车装设备和罐类设备）的摆放和正常工作。

（2）入口必须宽敞，能保证施工装备自由出入。

（3）车载设备摆放位置至少应离井口 15m 以上。

（4）有容积足够的废液池。

（5）进入井场的公路应平整坚固，满足施工作业车辆通行。

2）井口装置

（1）井口装置主要包括采油（气）井口的套管四通、油管挂和总阀门等，必须与设计的施工压力（或平衡压力）相适应，试泵检查，不允许超压作业。

（2）应进行仔细检查，如发现套管四通偏磨，应测量剩余厚度并按最薄部位进行强度校核。必要时应进行探伤。

3）洗井、压井、起下管柱

（1）高压井动井口前必须先压井。压井液必须经室内试验证实不对油气层产生伤害。

（2）压井作业前应完成必要的测试工作，如压力测试及液面、砂面测试和井下取样等。

（3）起出原井管柱。

（4）施工前必须探人工井底，并按设计要求冲砂、填砂或打灰面。

（5）通井。为了避免套管变形或破裂造成井下工具阻卡、刮坏封隔器胶筒等事故发生，必须用通径规通井。

（6）酸化前必须彻底洗井，洗井至返出水质合格。

（7）施工管柱入井前必须进行地面丈量并记录。

（8）施工用油管入井前必须通过试压检查，压力至少为施工承受工作压差的 1.1~1.2 倍。30min 无压降为合格。油管接箍螺纹应用生胶带缠绕，保证高压下不刺不漏。下井工具必须经检测合格，方可入井。

（9）入井工具管柱的操作要求：

① "慢"：管柱入井速度小，应控制在 5m/min。

② "稳"：平稳下入，不准猛提猛放。

③ "不转"：下入和上螺纹过程均不得转动已入井的油管柱。

④ "净"：油管内无落物，油管外无脏物。

（10）封隔器坐封位置要求：胶皮筒高于射孔孔眼顶界 15~20m；胶皮筒、卡瓦和水力锚爪应避开套管接箍和上次施工时的坐放位置。

4）试压

施工管柱下入完毕，安装井口装置。连接泵车、罐车管线，安装连接好后，还应进行

试压检验。试压的要求如下:
(1) 高压管线:设计工作压力的 1~1.2 倍。
(2) 平衡管线:平衡压力的 1.2~1.5 倍。
(3) 低压管线:0.4~0.5MPa。
所有管线不刺不漏为合格。

5) 配液、配酸

一般要到准备工作基本就绪,施工条件已具备之时,才正式进行配液、配酸工作,以尽可能地缩短酸液配成后在储罐中的存放时间。

(1) 配液和配酸的用水必须清洁且满足设计要求(特别是对低渗透储层的供水质量更应严格控制),机械杂质含量低于 0.1%,取样化验证明水矿化度和 pH 值均能符合要求。

(2) 配酸、储酸容器必须耐酸腐蚀,配酸、储酸前必须清洗干净。

(3) 按设计逐项检查所有化学药品。要求品种全、数量足、质量符合要求、包装无破损。

(4) 按设计要求计算各种药品的加入量,配酸应严格按照设计要求的方法和程序逐罐配制各种酸液。对酸液,必须测定酸液浓度和密度指标。

(5) 填写现场配液质量报告单。

2. 施工过程

1) 替酸

用酸液或前置液(设计的前冲洗液)充满井筒油管和封隔器以下套管环形空间的替置过程,俗称为替酸。在此过程中,井内油管中原充满的液体(一般为清水)应通过油管、套管环形空间排出地面。

2) 坐封封隔器

替酸完成后,应及时使封隔器正常工作,密封油管、套管环形空间。否则,油管内的酸液会因密度差产生的压差而流入环形空间,并腐蚀套管,或进入其他不酸化层位,影响酸化效果。

3) 挤酸

当判明井下封隔器已工作正常后,就应将泵注排量快速安全地提高到设计水平,并调节好同时泵入的添加剂的加入速度,使之达到设计要求。施工中应注意以下几个问题:

(1) 注入排量。

注入排量一定要尽可能控制在设计规定的范围内,并保持稳定。

(2) 液体的交替。

当一次施工需注入几种工作液(前置液、酸液和后冲洗液等)或几罐工作液时,在连续注入的前提下,切换注入液体应注意控制好两点:一是不可使两种液体混合太多,而使液体切换失去意义;二是避免供液不足引起的排量下降,甚至可能的"走空泵"现象。

4) 顶替

注完酸液后,应当严格按设计要求注入顶替液。一般酸化施工的顶替液量都会超过井筒体积(某些解堵、清垢型酸化例外,具体的顶替液量由于地层和工艺方法的不同,在设计时经计算和经验确定),其目的是将井内所有的酸性液体都顶入地层直至反应完毕。

5）关井反应

关井反应是保证施工效果的重要步骤。关井反应是为保证酸液同地层堵塞物和地层矿物进行充分反应,最大程度发挥酸液的活性。关井反应时间依据酸液的不同和地层温度确定。

6）酸液返排

（1）关井反应后应尽快换装成排液井口或直接接通排液管线,立刻进行酸液返排。开井速度可适当加快,以利用快速放喷形成的抽汲效应把尽可能多的残酸排出地层。

（2）做好排液计量和残液分析工作,保证残酸能够及时、彻底地排出地层。

（3）酸液返排应尽可能地直接把残酸排入井场废液池或专用排污池。

（4）如地层压力不足,也可采取洗井排酸方法,利用洗井液带出残酸。

（5）进行气举排酸时,不得使用软管线连接,出口不得接弯头。出口应有一定的空地或连接一个缓冲器,保证返排液不污染其他地方。

（6）可采用抽汲方法进行排液。

3. 资料录取

（1）配液资料包括所配成的各种工作液总量、使用的各种化学添加剂的数量、配成液体的质量检验报告单及现场取样的测试数据等资料。

（2）入井管柱资料包括油管尺寸、钢级、下入数量及单根记录,入井的工具型号、尺寸,封隔器胶皮筒位置及油管鞋的位置等。

（3）施工泵注资料包括施工压力曲线、瞬时停泵压力、泵注完毕后的压力降落曲线和各种工作液的注入量等。

（4）关井反应资料包括施工关井时间、关井反应时间和关井反应井口压力变化等。

（5）排液资料包括开井时间、定时测得的排出液量及相对应点的残酸浓度、黏度、表面张力、含盐量和pH值等。

4. 安全环保注意事项

1）安全注意事项

（1）施工时,由酸化车组带苏打粉,配成水溶液备用。

（2）井场布置要合理,施工设备及排液管线出口不能安排在上风口。

（3）酸化施工时,应分工明确,井口和酸化车组各部位设专人负责,操作人员佩戴好劳保用品及防护用具,不准跨越高压管线,其他人员要撤出施工高压区20m以外。

（4）施工时挤注压力不得超过地层破裂压力。

（5）酸化施工管线或设备出现渗漏等异常情况时,必须先停泵,关井、放压后方可进行处理。

（6）严格按施工设计进行施工,施工操作遵守QHSE规范。

（7）施工过程当中出现异常情况,立即终止施工,及时向上级领导汇报。

2）环保注意事项

（1）施工中,严格按照作业队环境保护作业指导书执行。

（2）施工中要注意保护植被,不超范围占地。

（3）施工过程中要保证各种管线接口密封,阀门灵活好用,杜绝跑、冒、滴、漏现象。现场配备铁锹、水桶等专用工具,做好防护工作。

(4) 在敏感作业地区施工,要采取有效措施减少污染物落地,避免环境污染事故发生。

(5) 酸化返排污物必须用罐车拉走处理,不能随意排放。

(6) 施工完成后,在规定时间内将井场恢复原貌。

(三) 酸化作业监督要点

为满足酸化设计要求,达到酸化施工效果,避免产生事故,必须对酸化进行全过程监督。监督主要有以下内容:

(1) 施工队伍应具有酸化施工资质,有市场准入证。

(2) 具有酸化作业三项设计,并履行审批手续。

(3) 使用设备、工具满足酸化要求,材料和酸液的质量、数量符合设计要求。

(4) 施工过程要严格执行设计和相关标准(包括施工压力、注入量、关井反应时间等)。

(5) 具有完备的酸化施工安全防护措施,施工严格执行 HSE 的有关规定:

① 连接泵车和地面管线后,按设计要求试压合格。

② 挤注过程中压力不得超过破裂压力。

(6) 录取资料准确、齐全。

五、防砂

防砂就是控制井壁处"承载骨架砂",保证地层稳定。游离于承载骨架砂孔隙之中的"非承载砂"不是油气井防砂的治理对象,它们最好能够随着地层流体产出,起到疏通地层孔隙通道的作用。

(一) 防砂方法

防砂的方法分为机械防砂、化学防砂、复合防砂三大类。

1. 机械防砂

机械防砂是把机械(过滤)装置下入油井,阻挡地层砂进入井内,而允许地层流体流入井筒,以达到产油防砂的目的。

机械防砂包括滤砂管防砂、割缝衬管防砂、绕丝筛管防砂及筛管砾石充填防砂等。其中筛管砾石充填防砂是最流行的机械防砂方法,也是公认最好的防砂方法。该方法具有成功率高、有效期长、采油指数大等特点。

2. 化学防砂

化学防砂是把化学试剂注入地层,将疏松的地层砂颗粒胶结起来,形成具有一定强度和渗透性的挡砂屏障,从而达到产油、防砂的目的。该方法的优点是施工简单,井筒不留任何机械装置,可用于多层完井和小直径井防砂。

化学防砂大致可分为以下两大类:

第一类为溶液胶结地层砂,是将对地层砂和黏土矿物有胶结作用及稳定作用的化学溶液注入地层，达到稳固、防止地层砂运移和排出目的。主要包括：酚醛溶液地下合成法、树脂类溶液地下合成法、水玻璃溶液固砂和阳离子聚合物类溶液固砂。

第二类为化学人造井壁防砂，是将具有一定颗粒度的化学材料充填到出砂层或自身固结或外界条件固结成具有一定强度和渗透能力的人工井壁，阻挡地层砂进入井筒，达到防砂目的。

3. 复合防砂

复合防砂是指采用单一的防砂方法不能满足控砂采油需要时，采用两种或两种以上防砂方法组合。该技术发挥了单一技术的优势，并扬长避短相互补充，可以取得更好的防砂效果。

主要复合防砂方式包括复合射孔防砂技术、地层深部防砂工艺技术、强排—深防—携排砂采油综合防砂工艺技术。

(二) 防砂施工

1. 井筒准备

(1) 压井：防砂作业时，为防止失控和井喷事故，应根据油层压力情况，选用不同密度的压井液压井，必须要做到压而不死。

(2) 冲砂：应结合油井及地层具体情况，采用适宜的冲砂液，用合理的方式冲砂，并严格按要求选择冲管尺寸、冲砂工具，冲到指定位置，探砂面保证连续3次硬探，记录清楚。

(3) 通井：无论老井还是新井，施工前都必须通井，以便保证井下工具的顺利下入和后期钻塞、冲砂的需要。

(4) 套管刮削和洗井：刮管器下井之前必须检查各刀片是否灵活，通孔是否畅通，管扣是否上紧，连接方向是否正确，否则不能下井，并应根据要求对井内管壁的垢、锈和死油进行刮削和洗井，保持井内清洁。

(5) 清洗炮眼：为了保证防砂质量以及近井地带和炮眼处的固结、充填完整，应用冲洗器和合理的冲洗液对炮眼进行清洗。炮眼冲洗工具下到位后，必须试压确保皮碗完好。

2. 油层预处理

(1) 油层预清洗：选用合适的清洗液对油层内的原油、沥青质和杂物进行清洗，保证地层砂表面清洁，利于胶结和固砂。

(2) 油层防膨处理：为了减少油层黏土矿物的膨胀运移，减少向充填带反充填，保持防砂井壁的长期高渗透性，应选用有效的防膨液进行油层防膨处理。

(3) 油层酸处理：为提高胶结环境质量，消除钻井液、完井液造成的伤害，应根据需要对油层进行酸处理。

3. 防砂施工中常见故障及处理

(1) 憋压：防砂施工中遇到泵压很高而挤不通的情况，一般是砂埋油层、防砂管柱及封隔器下入深度不符，施工管线及井下管柱堵，井下工具失灵等情况产生。出现憋压挤不通时，应停泵并查找原因，再制订适当的处理措施。采用措施分别为冲砂、建立循环热洗井、重新配管柱和工具等。

（2）套管压力上升：当施工管柱带封隔器时，从启泵试挤至顶替过程中均可遇到套管压力上升的现象，主要是封隔器密封不好、窜封、油管刺漏、封隔器破损等情况产生。在判明产生原因的情况下，采取相应措施，特别是施工中管柱及井底全部是携砂液或固砂剂时，应立即反洗，防止固住施工管柱。

（3）施工中途压力突然上升：在加砂过程中压力突然上升，一是因为加砂不均匀，二是因为砂比过高。当压力上升时应视情况采取降砂比、停止加砂、降低排量等措施，观察压力变化，若故障排除，继续加砂，若仍没有好转，立即进行反洗。

（4）机械筛管下不到位：因井底砂面深度不合格，筛管及衬管不能按设计要求就位，主要因为冲砂管柱和井底填砂管柱计算错误，冲砂管柱上提速度太快，地层砂排入井内，需重新冲砂并准确计算管柱深度。

（5）卡管柱：防砂施工时一般因为砂浆、固砂剂等物卡井，导致管柱不能活动的现象。带封隔器防砂时，封隔器与环形空间在防砂中堆积较多的固砂剂或砂浆卡住管柱；封隔器在施工过程中不密封，砂浆或固砂剂上窜导致油管、套管环形空间卡住；防砂施工后，未及时洗井上提施工管柱，或关井候凝过程中，油管、套管阀门关闭不严，砂浆及固砂剂吐出卡住管柱。遇到卡管柱时，应缓慢加力活动管柱，若无效，应采用倒扣、套铣解卡。

（三）监督要点

(1) 掌握三项设计内容。
(2) 对设计有缺陷和数据不符者应向设计单位提出。
(3) 检查核实防砂工艺的各项安全及保证措施。
(4) 根据防砂工艺特点完成井筒的洗井、通井、刮削、探砂（灰）面等准备。
(5) 核实施工所用工具、材料的性能和质量，同时应对提出的各种工具、施工材料的性能检测报告进行检查，发现检测报告数据有问题，可提出复检要求。
(6) 严格落实防砂管柱的配置、下入程序及深度，并对施工所用树脂、携砂液、处理液等各种流体配制过程、注入量、注入次序进行检查核实。
(7) 依据设计参数和要求，对施工设备、井口和施工管线的型号、能力进行核实。
(8) 严格控制施工排量、施工砂比，并记录施工压力和注入液量等施工数据。
(9) 强行留塞的防砂工艺，要严格控制顶替液量。
(10) 按设计要求确定关井时间、候凝时间及压力扩散时间。

六、油井堵水

在油田进入高含水后期开发阶段，由于窜槽、注入水突进或其他原因，使一些油井过早见水或遭水淹，为了消除或减少水淹造成的危害，所采取的一系列封堵出水层的井下工艺措施统称为油井堵水。油井堵水的目的是控制产水层中水的流动和改变水驱油中水的流动方向，提高水驱油效率，使油田的产水量在某一时间内下降或稳定，以保持油田增产或稳产。堵水的最终目的在于提高油田采收率。

（一）找水

确定油井出水层位的方法包括综合对比资料判断出水层位、根据地层物理资料判断出水层位（流体电阻测定法、井温测量法、放射性同位素法等）、机械法找水判断出水层位等。

机械法找水判断出水层位包括封隔器找水、找水仪找水和压木塞法等。

1. 封隔器找水

利用封隔器将各层分开，然后分层求产，找出出水层位的方法。封隔器找水工艺比较简单，能准确确定出水层位，但施工时间长，在窜槽井上，必须封窜后才能应用。

2. 找水仪找水

在油井正常生产的情况下，下专门仪器——找水仪，是不停产确定主要出水层位和流量的找水方法。

3. 压木塞法

对套管有一处损坏引起的出水油井，将木塞放在套管内，然后注入液体挤压木塞下行，最后木塞停留位置正好是套管损坏的位置。

（二）堵水

油井堵水主要有机械堵水和化学堵水两种方法。根据油井出水原因不同，采取的封堵方法也不同。一般对外来水，如上层水、下层水及夹层水或者水淹后不再准备生产的水淹层，搞清出水层位后，多采用打水泥塞的方法或用封隔器将油、水层分开，然后向出水层位挤入非选择性堵剂，封堵出水层。不能将油、水层封隔开时，多采用具有一定选择性的堵剂进行封堵，如对于边水和注入水普遍采用选择性堵剂堵水。为控制个别水淹层的含水，消除合采时的层间干扰，多采用封隔器暂时封堵高含水层。

1. 化学堵水

化学堵水是向高渗透出水层段注入化学药剂，药剂在地层孔隙中凝固或膨胀后降低近井地带的水相渗透率，减少油井高含水层的出水量，达到堵水的目的。化学堵水根据化学药剂在地层内发生化学反应方式的不同，分为双液法化学堵水和单液法化学堵水。

1）双液法化学堵水

双液法化学堵水是从地面分别向地层中注入两种化学药剂，两种化学药剂在地层中接触，发生化学反应，堵塞地层孔隙通道，降低渗透率，实现堵水。

2）单液法化学堵水

单液法化学堵水技术从地面向地层中注入一种化学药剂，化学药剂进入地层后，依靠自身发生化学反应，堵塞地层孔隙通道，降低渗透率，实现堵水。近年来开展了氰凝、高聚物、水玻璃等单液法化学堵水工作。这些技术堵剂用量少、工艺简便，需要时可以解堵。

2. 机械堵水

机械堵水是使用封隔器及其配套的控制工具来封堵高含水层，阻止水流入井内。机械储水适用于多油层开采时，暂时封堵高含水层，而对于低含水层的油井，被封堵的油层在条件许可时解封后可继续采油。

机械堵水一般有四种方式：封上采下、封下采上、封中间采两头、封两头采中间。对一口井的选用方式，要视每口井层位多少和出水层的位置及数量而定，然后配以合适的堵水管柱，即可达到堵水的目的。

堵水管柱又分为常规机械堵水管柱、可调层机械堵水管柱和特殊井机械堵水管柱。

1) 常规机械堵水管柱

（1）整体式堵水管柱。

整体式堵水管柱与生产管柱合为一体，其下部为堵水管柱，上部为泵抽管柱。适用于 $\phi 56mm$ 以下无自喷能力的深井堵水，最多只能封堵两个层段。

（2）平衡式堵水管柱。

平衡式堵水管柱主要通过各封隔器之间力的平衡，保持堵水管柱在无锚定条件下处于稳定静止状态，实现油层堵水。平衡式丢手堵水管柱是目前用于有杆泵抽油井堵水的主要形式，已形成适用于 $\phi 140mm$ 套管井、$\phi 168mm$ 套管井、$\phi 178mm$ 套管井和最小通径大于 $\phi 100mm$ 的 $\phi 140mm$ 套管损坏井四种系列。

平衡式堵水管柱用于机采井堵水，也可应用于定向井堵水。对于 $\phi 83mm$ 以上有杆泵井的堵水，选用有活门平衡丢手堵水管柱；对于 $\phi 70mm$ 以下有杆泵井的堵水，选用无活门平衡丢手堵水管柱。

（3）卡瓦悬挂式堵水管柱。

卡瓦悬挂式堵水管柱与生产管柱脱开，堵水管柱由双向卡瓦封隔器悬挂，进行水力坐封，封堵高含水层。该管柱适用于大泵井和电泵井多层堵水。

（4）可钻式封隔器堵水管柱。

可钻式封隔器堵水管柱主要由 Y443-114 型封隔器、坐封器、延伸工作筒等井下工具组成。该管柱适用于封堵层系、堵底水、套变井堵水及修复加固后的套损井堵水。

（5）卡块式堵水管柱。

卡块式堵水管柱由丢手接头、Y341-114FPS 封隔器、验封器、油管柱锚和活堵等组成。该管柱适用于常规油水井层系封堵，也可应用于聚合物驱层系调整封堵。

2) 可调层机械堵水管柱

（1）液压可调层堵水管柱。

① 一次性调二层堵水管柱。一次性调二层堵水管柱采用无卡瓦支撑井底平衡丢手管柱，主要由丢手接头、堵水封隔器、开启状态液压开关、关闭状态液压开关、管壁单流阀、泄压器等井下工具组成。该管柱适用于有两个层段条件相差甚微，其中只有一个层段是高含水层，而且地面无法判断高含水层的油井堵水。

② 一次性调多层堵水管柱。一次性调多层堵水管柱主要由丢手接头、封隔器、多功能堵水器、泄压器等组成。该管柱适用于多层见水的油井堵水。

③ 液压滑轨可调层堵水管柱。该管柱主要由丢手接头、封隔器、液压滑轨开关、球座和筛管等组成。该管柱适用于各种泵抽管柱，调层方便，适应性强。每次只能封堵一个层，生产两个层，不能满足层高含水油井堵水的需要。

（2）机械可调层堵水管柱。

① 悬挂式细分堵水管柱。悬挂式细分堵水管柱主要由带有滑套开关的悬挂式机械堵

水管柱及新型移位开关仪两部分组成。两者配合可在不动管柱的条件下，实现 $\phi70mm$ 以下泵抽管柱堵层与生产层的任意反复调整。该管柱用于 $\phi70mm$ 以下泵抽井的多层细分机械堵水。

② 滑套式找水堵水管柱。滑套式找水堵水管柱主要由带有滑套开关的平衡丢手管柱和电动开关测试仪两部分组成。利用电动开关测试仪与堵水管柱相配合，能完成找水、堵水及不动管柱条件下的堵层调整。该管柱适用于不出砂油井堵水，可以反复调多个堵水层，适用性比较强。

③ 压电控制分层配产管柱。压电控制分层配产管柱主要由丢手接头、封隔器、压控开关、球座、筛管和丝堵等组成。该管柱适用于抽油机井、电泵井、螺杆泵井，适应直井、斜井、水平井井筒类型，由于电池续航能力限制，不适合多次反复调整井。

④ 测调控一体化分层配产管柱。测调控一体化分层配产管柱由地面控制系统、井下测调仪、井下分层配产管柱组成。井下分层配产管柱主要由丢手接头、封隔器、可调配产器、球座、筛管和丝堵等组成。该管柱适用于套管完好、具备环形空间测试条件的抽油机井，可实现井下任意层段产液量长期动态调整。

3) 特殊井机械堵水管柱

① 水平井分段控水管柱。油田进入特高含水开采阶段后期，部分水平井含水率上升、层间互窜、来水原因不明等问题尤为突出，常规的直井堵水管柱已经不再适用。水平井重复可调层机械堵水技术和水平井伺服可调层机械控水技术封堵与控制相结合，实现了水平井找水、堵水一体化，不动管柱任意控制各层段产液量，优化了各层段的产出比例，提高了采收率，降低了劳动强度。

② 侧钻定向井机械堵水管柱。侧钻定向井机械堵水管柱主要由 Y341-82 型封隔器、KHY-73 型重复可调液压开关、扶正器、丢手接头及连通器等组成，适用于不出砂的侧钻定向井机械堵水。

③ 小井眼机械堵水管柱。针对堵水层位明确与不明确的小井眼井，设计了平衡式和液压可调式两种机械堵水管柱。平衡式机械堵水管柱主要由 Y341-82（或 95）型封隔器、桥式单流阀、丢手接头和连通器等井下工具组成。液压可调式机械堵水管柱主要由 Y341-82（或 95）型封隔器，KYH-68 液压开关、丢手接头和连通器等井下工具组成。小井眼机械堵水管柱主要应用于套管内径为 102~114mm 的小井眼油井高含水层段的堵水。

（三）堵水作业监督要点

1. 施工准备

(1) 施工队伍应具有机械堵水（化学堵水、封窜）施工资质；施工设备应满足堵水的要求。

(2) 施工应有三项设计，并严格执行设计、审核、批准三级审批制度。

(3) 检查施工所用原材料，井下工具的各项技术指标应满足施工设计要求。

(4) 检查堵水管柱记录，要求数据准确，并按设计要求完成。

2. 施工工序

(1) 严格按照施工设计要求及质量标准进行检查，如需改变施工工序，必须由设计单位提出补充设计。

(2) 检查下井工具的名称及规格型号是否符合设计要求。

(3) 核实堵水（封窜）管柱记录是否准确。

(4) 监督施工全过程，严格按照施工设计工序进行作业施工，确保施工质量。

3. 资料录取

1）机械堵水

(1) 堵水方式。

(2) 刮削、通井及冲砂深度。

(3) 验窜结果。

(4) 堵水管柱结构及深度。

(5) 堵水层位、井段。

(6) 下井工具名称及型号规格。

(7) 磁性定位测试结果。

(8) 完井方法。

2）化学堵水

(1) 堵水方式。

(2) 刮削及清洗炮眼深度。

(3) 堵水管柱结构及深度。

(4) 堵水层位、井段。

(5) 堵剂名称及用量。

(6) 添加剂名称、用量及特性。

(7) 泵压。

(8) 前置液用量。

(9) 顶替液用量。

(10) 候凝时间及深度。

3）封窜

(1) 堵水方式。

(2) 刮削及清洗炮眼深度。

(3) 堵水管柱结构及深度。

(4) 封窜层位、井段。

(5) 堵剂名称及用量。

(6) 添加剂名称、用量及特性。

(7) 施工泵压。

(8) 候凝时间。

(9) 上提负荷。

七、大修作业

（一）解卡作业

1. 测卡

1) 卡点计算

测卡时上提钻具，使其上提拉力比卡钻前的悬重多几吨，记下这时的拉力 p_1，并且在方钻杆沿转盘平面作记号 L_1。然后再用较大的力上提（一般增大 10~20t），同样记下拉力 p_2，在方钻杆上作记号 L_2。两次上提力量的差 p_1-p_2 是上提拉力，两次上提时在方钻杆上的记号 L_1、L_2 之间的距离就是钻杆的伸长量 ΔL。

为了准确计算，可用不同大小的拉力多提几次，量出几个伸长量，然后取拉力和伸长量的平均值进行计算，求出卡点位置 L：

$$L=K\Delta L \tag{6-4}$$

式中　K——可根据钻具的几何尺寸及材料查得。

2) 卡点测量

卡点可用测卡仪进行测定。当管材在其弹性极限范围内受拉或受扭时，应变与受力或力矩呈一定的线性关系。被卡管柱在卡点以上的部分受力时，应变符合上述关系，而卡点以下部分，因为力（或力矩）传不到而无应变，因此卡点位于无应变到有应变的显著变化部位。测卡仪能精确地测出 2.54×10^{-3}mm 的应变值，二次仪表能准确地接收、放大且明显地显示在仪表盘上，从而测出卡点。

2. 爆炸松扣

1) 爆炸松扣的操作

（1）测卡后，先将管柱上紧，将测卡仪的爆炸杆对正卡点以上管柱的第一个接箍处。

（2）按 330m 转动 3/4 圈的经验数据反向旋转管柱（大直径的钻杆或套管，一般每 320m 转 1/2 圈；卡点距地面较近时，转的圈数减少一点）。

（3）用高电压（440V）、低电流（1.5A）的直流电源引爆，倒扣解卡。

（4）爆炸松扣成功的经验显示：从仪器上看出断路、扭矩表读值下降、井口钻具及卡瓦振动。点火后，立即上提测卡仪约为 30m，静置 5~10min 后，再起仪器，防止仪器、加重杆外壳快速冷却淬火折断，卡住甚至切断仪器。先慢速活动上提，待摩擦力正常后，再逐渐提高速度。

（5）所选择的炸药、导火索、药量必须适当，药量过大会损坏甚至炸裂钻具，过小可能松不开扣，用药量根据实际而定。

2) 倒扣

找出卡点准确位置，进行倒扣作业。如果落鱼顶部被砂所埋，应先进行冲砂作业，将砂清除之后，再进行倒扣。常用倒扣工具有反扣钻杆配合相应的反扣打捞工具，如公锥、母锥、打捞矛、安全接头等。

3. 切割

对于被卡的管类落物或需要修理的套管，用其他方法难以处理时，常采用切割的方法处理。

4. 解卡

1）砂卡的解除方法

（1）大力提拉活动解卡。

（2）憋压恢复循环法解卡。

（3）诱喷法解卡。

（4）长期悬吊解卡。

（5）冲管解卡。

（6）振动解卡。

2）水泥卡钻解除方法

（1）倒扣套铣法。

（2）喷钻法。

（3）磨铣法。

3）落物卡钻的解除方法

一般处理方法有两种：若被卡管柱可转动，可以轻提慢转管柱，有可能造成落物挤碎或者拨落，使井下管柱解卡；若轻提慢转处理不了，或者管柱转不动，可用壁钩捞出落物以达到解卡的目的。

4）套管卡钻的解除方法

套管卡钻通常分为变形卡、破裂卡、错断卡。不论处理哪种形式的卡钻，都要将卡点以上的管柱取出，修好套管，卡钻也就解除了。

5）封隔器卡瓦卡钻的解除方法

解除封隔器卡瓦卡钻可用大力上提解卡和正转的方法。

（二）打捞作业

1. 打捞的基本原则

打捞井下落物时要遵循以下原则：

（1）打捞过程中要确保油水层不受二次伤害与破坏。

（2）不损坏井身结构（套管与水泥环）。

（3）处理事故过程中必须使事故越处理越容易，而不能越处理越复杂。

2. 铅模打印的要求

在实施打捞作业前，一般先进行铅模打印，通过铅模打印过程来判断井下事故的性质。

（1）铅模起出后，首先要丈量铅模是否缩径，如变形严重，从铅模上可以直观看出套管的损坏程度。

（2）铅模侧面有擦痕，说明套管有毛刺或卷边。如擦痕严重，则说明套管错断，更严重的可直观地在铅模上反映出来。

（3）有规则的管类、杆类和井下工具，通过打印可以直接反映落鱼的内外径，在井下的状态、鱼顶好坏。

(4）绳类落物可以通过打印判断其所处的状态和落物的性质。

（5）有规则的小件落物可直观地在铅模上反映出来，无规则的小件落物也可通过打印来判断其尺寸大小、所处状态，为下一步打捞提供依据。

值得注意的是，铅模打印时，要平稳操作，一趟管柱只能打一次印。确保打印一次成功，以保证判断依据的准确性。

3．打捞落物种类

（1）管类落物：包括油管、钻杆、管类工具、封隔器、套铣筒等。

（2）杆类落物：抽油杆断脱有两种情况，一种是断脱在油管内；另一种是断脱在套管内。

（3）小件落物：螺栓、钢球、钳牙、牙轮、撬杠等。

（4）绳类落物：绳类落物主要有录井钢丝绳和电缆。

（三）套管整形

套管变形或错断后，内通径减小，应采取一定的技术措施进行整形扩径，套管整形扩径技术是套管变形和错断井修复的前提和基础。

套管整形扩径的常用工具有梨形胀管器、旋转震击式整形器、偏心辊子整形器、三锥辊子套管整形器和各种形状的铣锥。

（四）打通道技术

打通道技术适用于常规整形技术无法修复的套损井，分为铣锥打通道、凹磨打通道、笔尖打通道、聚能切割打通道、锻铣打通道五种技术。施工后最大通径可达原套管直径的95%以上。

1．铣锥打通道技术

铣锥尖部具有引入通道功能，配合一定转速和钻压，铣锥切削掉套管变形或错断部位，使套管畅通，达到扩径打开通道的目的。

2．凹磨打通道技术

可将不规则的鱼头收入凹心中，在一定转速和钻压下，磨掉套管的变形或错断部位，使套管畅通，达到扩径打通道的目的。

3．笔尖打通道技术

利用笔尖在断口处各方向找断口，待笔尖引入断口后，下放钻压，使笔尖本体进入下部套管，在断口处可能活动的范围内多次大力冲击或加下击器直至笔尖接箍强行通过断口，将通道打开。

4．聚能切割打通道技术

管柱投送喷射器至套损部位，施加钻压后将其与下断口接触或插入到下断口内，撞击引爆，利用炸药的聚能效应产生的金属射流或高速弹丸在轴向上侵切套管，在炸药爆炸冲击波作用下穿出一个$\phi 80mm$以上的圆形通道，实现打通道目的。

5．锻铣打通道技术

若$\phi 120mm$铅模打印没有打到断口下部套管，说明通径小或断口位移量大，这时由于断口上部套管的限制，下工具不容易找到下断口套管，可用锻铣法把上部套管锻铣掉一部分，扩大井眼直径，再下入笔尖、铣锥等工具处理变点、打开通道，为后续施工打好基础。该技术对小通径或无通道井打通道施工优势明显。

（五）套管加固

对变形、错断的套管经整形扩径打开通道后，捞尽井内落物进行密封加固修复，既可以保证一定尺寸的工具有下井通道，又能防止损坏状况的继续恶化，是套损井修复的常用技术。按密封加固动力不同，套管加固可分为液压动力密封加固和燃气动力密封加固。

1. 液压动力密封加固

膨胀管补贴加固是一种典型的液压动力密封加固技术。

根据膨胀工艺的不同，膨胀管补贴加固技术主要分为两类：胀头内置的膨胀管补贴加固技术和胀头外置的膨胀管补贴加固技术。

1）胀头内置的膨胀管补贴加固技术

利用地面泵组经油管向膨胀管内注入高压液体，在胀头与底堵之间建立高压腔室，当液体压力达到一定数值时，推动胀头在膨胀管内径向运动，使膨胀管产生塑性变形，整体达到所要求的直径尺寸。膨胀管依靠悬挂器紧贴于套管内壁，实现锚定与密封。起出中心管和膨胀工具后，下入钻具组合磨铣底堵，完成套管加固。

2）胀头外置的膨胀管补贴加固技术

动力系统安装在管柱最下端，其上顺序安装胀头、膨胀管、油管锚定器（两级），两级油管锚定器将膨胀管固定。膨胀时，在地面打压，由动力系统将压力转换成向上的推力，推动胀头上行，将膨胀管补贴在套管上。启动动力系统每次最大行程 0.8m，一个行程结束后，上提管柱 0.8m，使液缸回位后，再次启动动力系统行走，不断重复，直至整根管子膨胀完毕，起出投送管柱。

2. 燃气动力密封加固

利用气缸内的火药燃烧产生的高温高压气体作动力，推动活塞运动，活塞带动中心拉杆与活塞外缸套做上下相对运动，拉杆和缸套的轴向力转化为锚体的径向力，在极短时间内使锚体由弹性变形向永久性塑性变形转变，达到锚体和套管过盈配合，实现悬挂和密封。

（六）取换套管

套管取换的工艺原理是采用专用的套铣工具（套铣钻头、套铣筒等配套工具），钻铣套管周围的水泥环及部分岩石，使之自由，下入套管内割刀、磨铣工具及打捞工具将套损点以上及其以下适当部位的套管取至地面，然后下入新套管，利用补接专用工具进行新旧套管的对接。

（七）大修作业监督要点

1. 解卡作业

（1）卡钻原因、卡钻类型分析清楚，解卡方案合理，安全措施完备。

（2）解卡过程中要确保油、水层不受二次伤害与破坏。

(3) 不损坏井身结构（套管与水泥环）。

(4) 处理事故过程中必须使事故越处理越容易，而不能越处理越复杂。

2. 打捞作业

(1) 铅模外径应小于套管内径 8~10mm，打印应操作平稳，一次成功，印迹清晰，位置准确，不破坏套管。

(2) 根据印痕分析井下情况，制订科学、详细的打捞方案。

(3) 打捞过程中要确保油、水层不受二次伤害与破坏。

(4) 不损坏井身结构（套管与水泥环）。

(5) 处理事故过程中必须使事故越处理越容易，而不能越处理越复杂。

(6) 每次打捞都要详细描述捞出落物的数量、规范，以便为下一步打捞提供依据。

3. 套管整形

(1) 套管损坏深度、类型及通径等应清楚、准确。

(2) 根据套损情况优选整形扩径工具，并按规程操作。

(3) 整形扩径时原则上不应损坏井身结构。

(4) 套损通径恢复至原内径的 97% 以上或要求的尺寸，下入相应尺寸的通径规应无夹持力。

4. 打通道技术

(1) 无通道原因、类型分析清晰，打通道技术方案合理，安全措施完备。

(2) 严格按技术方案确定的技术参数施工，避免因施工失败造成井下情况复杂。

(3) 打通道过程不加重井身结构损坏程度和造成地层二次伤害。

5. 套管加固

(1) 用相应尺寸通径规模拟加固器通井，在整形扩径的套损部位无夹持力，保证加固装置的顺利下入。

(2) 对套损井段进行 x-y 井径测井，根据测井曲线选择上下加固点和加固器。

(3) 用管柱将加固器送至加固井段后，进行磁性定位测井，校正加固点的位置。

(4) 加固后下放管柱，钻压至 20~30kN，如管柱遇阻，证明丢手成功。

(5) 用相应尺寸通径规通井，在加固井段无夹持力。

(6) 对密封加固井段进行清水试压，压力 15MPa，稳压 30min，压降小于 0.5MPa 为合格。

6. 取换套管

(1) 套损深度、类型及通径等应清楚、准确，技术措施合理，安全措施完备。

(2) 套铣过程中，不同井段的套铣参数应符合设计要求。

(3) 套铣过程中，每套铣完一根单根划眼 3~5 次，达到钻具起下顺利。

(4) 每套铣进尺 80~120m，切割、取出套管一次。

(5) 按设计要求，进行新旧套管补接和固井。

(6) 对井口至补接点以下 2m 井段试压，压力 15MPa，稳压 30min，压降不超过 0.5MPa 为合格。

(7) 安装固定井口，调整好最后一根套管，用螺纹连接，不允许焊接，上提套管至新下套管悬重以上 4~5kN，固定井口，施工后套补距不变。

(8) 水泥帽不少于 40m，水泥浆返至地面。固井及候凝期间套管应始终保持 4~5kN 的上提拉力。

(9) 用相应尺寸通径规模拟通井至人工井底。如遇砂柱，则起出通径规，下冲砂管柱冲砂至人工井底。

(10) 光油管下至人工井底，替出井内修井液。

第三节 作业现场监督

一、开工准备阶段的监督

把作业施工队伍在获得开工许可证之前的工作阶段视为开工准备阶段。做好开工准备工作，是获取开工许可证的必要条件。该阶段的工作是确保开工后质量、安全、环境方面不出问题的基本保障，因此，使各项准备工作达标（包括隐蔽工程，如掩埋在现场道路下方的施工管线），是这个阶段监督工作的重点。

（一）现场监督人员入场要求

(1) 按规定正确穿戴劳动保护用品。
(2) 禁止带入火种。
(3) 禁止酒后上岗。
(4) 禁止将未安装防火帽的监督用车辆开入井场。
(5) 现场监督行为要严格执行企业相关规定及行业标准、规程。

（二）监督前准备工作

现场监督人员，在实施现场监督前一定要针对监督现场的施工队伍、施工内容、施工环境等，有所了解和认识，有针对性地做好准备工作。

(1) 认真阅读、分析施工设计，掌握设计对施工过程提出的要求，结合施工中的重点、难点及工艺的关键点，及时开展相关点的过程监督。

(2) 针对具体施工内容及施工环境，学习并掌握相关的标准、制度、规定等。如在《大庆油田井下作业井控实施细则》针对一级井控风险井和三级井控风险井在油管放喷管线的规定上就有明显地不同，就需要针对具体情况实施监督。作为现场监督人员，不掌握相关标准、规定、制度等，是做不好监督工作的。

(3) 了解施工队伍性质、装备及人员素质等情况。在油田上开展作业施工的队伍虽然都获得了集团公司的资质认证，通过了油田公司的准入许可，但要认识到，由于企业性质的不同，在追求企业利益最大化的过程中，管理、装备及人员素质等存在着差异，这些差异是针对相同风险管控能力的差异，无疑也是对现场监督的挑战。只有更多了解了施工队伍，现场监督人员才能够有的放矢地调整监督现场的重点，才能适当调整各个施工现场的监督的频次，合理分配监督资源和精力。

（4）准备现场监督检查表。现场监督内容不是盲目的、随机的，是有针对性的。为使监督过程不漏点缺项，就要根据施工现场的具体情况，编制现场监督检查表。现场监督检查表的编制格式不是千篇一律的，但也有最基本的内容要求，在内容上要包括质量、安全、环境等方面。在设计表格项时，要有检查项（列出检查的具体内容），要有存在问题项（检查过程中填写），要有整改建议项（及时与专职监督沟通）及确认签字项等。

作为高技能采油人才，针对监督检查表中发现的问题，要做好记录并及时反馈给专职监督，并提出自己的建议和意见。

（三）监督工作注意事项

现场监督行为是发生在施工现场，监督人员不到施工现场就失去了现场监督的意义。他人对施工现场的描述都带有一定的个人主观认知（或有意隐瞒现场真实情况），使描述失去真实，导致误判，影响监督结论，给企业造成损失。因此，到现场履职是对现场监督人员的基本要求。只有在现场才能够"看到""摸到""问到"，去发现问题；对发现的问题要"汇报到""请示到""指导到""监督整改到"，履行好监督的职责。

"看到"是现场监督人员对监督内容的直接感观认识。工作做没做，做得怎么样，要靠眼睛进行最基本的判断。如：井口是否安装了防喷设备，是否配备了简易防喷装置，是否连接了井控管汇，都可以通过看进行判断。

"摸到"是对看到的现象进行进一步的核实。如：井口安装了防喷器，螺栓是否上紧，是需要监督人员动手验证的。如果没有"摸到"这个验证过程，安装螺栓也许都没有上紧。

"问到"是监督人员对自己不在场的情况下已发生过的施工行为进行核实的一种方式。通过现场施工人员的描述情况，去发现问题，识别真假，并结合可能产生的危害采取相应的预防处置措施。

采油高技能人才处置监督中发现问题时，应向专职监督或基层管理干部进行"汇报""请示"，这是正常的工作程序，然后按请示结果对违规行为给予指正，并要监督整改完成。

（四）安全设施及标志

1. 警戒线及安全标志

（1）井下作业施工现场要拉设警戒线，范围涵盖所有的设施设备占地，且警戒线距设施设备要有一定的安全距离。警戒线可以拉单道，也可是拉双道。警戒线距地面高度一般在 0.8~1.0m。警戒线桩要牢固稳定，疏密适当，抗警戒线拉扯，一般间隔 8~10m。

（2）现场应设置醒目的安全警示标志，并安放在相应的位置。安全标志应符合 GB 2894—2008《安全标志及其使用导则》的规定。

2. 井场大门及安全警示板、告知板

井场应设置大门，且在大门侧要有安全警示板及告知板。

安全警示板上的主要内容：一是限制进入现场人员行为的安全警示标志（如必须穿戴劳动保护品、禁止带入火种、禁止酒后上岗、非工作人员禁止入内等）；二是限定进入施工现场车辆、设备的安全警示标志（如非生产车辆禁止入内、进入车辆排气管必须安装阻火器、拉送危化品车辆必须安装接地线等）；三是安全风险提示（如当心中毒等）。

告知板内容：一是现场有毒物质具体特点及应急处置措施告知；二是当前施工现场有毒有害物质浓度告知。对于有毒有害物质浓度公布要及时，告知方式要得当。

3. 风向标、逃生路线标志、逃生通道及紧急集合点

井场应设置风向标、逃生路线标志和逃生通道紧急集合点，设有安全通道并保证畅通。

1）风向标

风向标的形式在现场上普遍采用有反光带风斗式风向标。现场安装数量取决于施工现场的复杂情况，但一般要求不少于2个。对于安装位置的选择要求如下：

（1）所处位置便于现场施工人员观察。

（2）所处高度不受周围环境影响，能正确反映风向。

（3）一般情况下集合点、生活区要设置风向标。

2）逃生路线标志

逃生通道上摆放的逃生路线标志，应有明显的方向指示箭头且应有反光功能，数量应满足实际需要，在转弯、路口处必须放置标志。

3）逃生通道

（1）地面逃生通道宽度不小于1m，且畅通无阻。

（2）逃生滑梯（扶梯）宽度不小于0.8m，两侧要有扶手栏杆（或护板），斜度不大于50°。

（3）有二层台时，逃生绷绳上端应固定在便于逃生处，逃生绷绳与地面夹角应为30°~75°，着陆点应设缓冲沙坑（物）。

4）紧急集合点

（1）施工现场应设置不少于2个紧急集合点，相互夹角不小于90°，且应有一处位于当地季风上风向。

（2）紧急集合点要有明显标志，集合点附近无障碍物。

（五）修井设施设备布置安装

1. 修井设备设施及配套工具、用具

1）修井机

（1）修井机应正对井口，地基坚实。

（2）设备部件、附件、安全装置、护罩等齐全、完好，不得缺损、变形，且固定牢靠。

（3）应配备防碰装置，防碰天车装置灵活好用，防碰距离应不小于2.5m。

（4）提升钢丝绳应使用外径22~25mm的钢丝绳（可根据实际情况选用与提升负荷相匹配的钢丝绳），在一个捻距内断6丝时应更换新绳。

（5）距井口距离应满足井架立放要求。

2）井架系统

（1）井架固定应使用地锚或钢筋混凝土地锚（基墩）。地锚应使用长度不小于1.8m，直径不小于73mm的石油钢管，螺旋锚片应使用厚度不小于5mm，直径不小于250mm，长度不小于400mm的钢板。地锚与花篮丝杠连接处螺栓、螺母、垫片应配套齐全。地锚不应打在虚土或水坑等松软地中，且地锚外露不高于100mm。钢筋混凝土地锚（基墩）的外形尺寸应不小于$l(mm) \times b(mm) \times h(mm)$：$1000 \times 1000 \times 1300$。

（2）井架与地锚桩距离应考虑井架高度及承载能力，符合相关规定。

（3）钢丝绳若出现以下任何一种情况不应继续使用：一纽绳中发现随机分布的6根断丝，或一纽绳中的一股中发现有3根断丝时，钢丝绳不应继续使用。

（4）井架绷绳除制造厂有特殊要求外，一般应使用直径不小15.5mm的钢丝绳，绷绳无打结、断股。绷绳端的卡固应用不少于3个等径绳卡（修井机应根据修井机型号选择满足安全需要的承载绷绳，两端各用4个相应规格的绳卡卡固）。绳卡安装方向应符合U形环卡在辅绳上的要求。卡距为绷绳直径的6~8倍，卡紧程度以钢丝绳变形1/3为准。绷绳前后及左右开档应根据修井机型号选择满足安全需要的距离。绷绳调节花篮丝杠两端挂环应封口，许用载荷应与绷绳相匹配并有调节松紧余地。

（5）井架本体可作为引下线，应保证电气连接。接地装置接地电阻不应大于4Ω，接地点不应少于两处，且对称布置。

（6）游动滑车、天车、滑轮应转动灵活、护罩完好。大钩弹簧、保险（锁）销应完好，转动灵活，耳环螺栓应紧固。

（7）指重表（拉力表）应在有效校验期内，灵敏、准确、表面清洁。拉力表应接相等负荷的保险绳，绳套小于1m，并用不少于4个绳卡固定。

（8）液压动力钳主钳钳口应装防护板。吊绳、尾绳应根据其型号选用直径9.5~15.5mm的钢丝绳，每端各用3个以上绳卡卡好，卡距为钢丝绳直径的6~8倍。液压动力钳的尾绳销轴应使用销子锁住。

（9）作业平台台面平整、防滑，立柱盒无变形，大门坡道应安装牢固，坡度适宜并加装保险绳，大门前护栏缺口处应装防护链索。

3）分离器

（1）分离器距井口应不小于30m。火炬出口距井口、建筑物及森林应不小于100m，且位于季节风的下风向，火炬出口管线应固定牢靠。

（2）分离器距油水计量罐应不小于15m，其气管线出口方向应背向井口和油水计量罐，并考虑风向摆放。出口管线应使用钢质管线，中间每10~15m和转弯处用地锚（水泥基墩等）固定。

（3）非橇装分离器用水泥基墩、地脚螺栓固定，立式分离器宜用直径不小于16mm的钢丝绳对角、四方、找正固定。排污管线应接入废液池或回收管，并固定可靠。

（4）分离器应配套安全阀。安全阀每年至少委托有资格检验的机构检验、校验一次。

4）其他

（1）值班房、发电房、储油罐应放置于季节风的上风向，且距井口不应小于30m。

（2）排液用储液罐应放置于距井口25m以外。

（3）井场平面布置如果遇到地形和井场条件不允许等特殊情况，应进行专项安全评价,并采取或增加相应的安全保障措施,在确保安全的前提下,由设计部门调整技术条件。

2. 防喷器及井口配套设备、工具

1)防喷设备安装

(1)防喷器应按设计要求选用。

(2)安装后的防喷器(或防喷器组),其通径中心与天车、游动滑车在同一垂线上,偏差应小于10mm。

(3)防喷器组顶部距地面高度超过1.5m时,应采用4根直径不小于9.5mm的钢丝绳,分别以对角、向地面方向绷紧、找正、固定。

(4)手动防喷器及液压防喷器手动锁紧机构,在有钻台情况下,应装齐手动操作杆并支撑牢固,手轮位于钻台以外。手动操作杆的中心与锁紧轴之间的夹角不大于30°。

(5)防喷器及手动锁紧机构,应挂状态牌。

① 防喷器状态牌应标明闸板形式、半封闸板尺寸及开关状态。

② 手动锁紧机构状态牌应标明开关状态、方向及圈数,并安装计数装置。

③ 状态牌两面内容应一致。

(6)液压防喷器液控油路进出口应朝向井架,与远程控制台控制开关的进出口应一致。液压管线应有防碾压保护,且管线接口处应无遮盖。

(7)井口防喷设备安装应使用专用螺栓,且安装后螺栓两端余扣不少于2扣。

(8)防喷器上法兰无其他设备时应安装护板。

2)远程控制台

(1)远程控制台安装在当地季节风上风(或侧上风)方向,距井口不小于25m,且便于司钻(操作手)观察。

(2)远程控制台蓄能器压力应符合规定要求,仪表、调压阀灵敏好用,手柄标示清楚,液控房内装有防爆灯。

(3)远程控制台电源应从配电板总开关处直接引出,使用单独的开关控制,并安装保护接地线。远程控制台使用时,电源要置于"开"位;控制旋钮处于"自动"位;有控制对象的三位四通阀控制手柄应处于工作位;无控制对象的三位四通阀控制手柄应处于中位。

(4)控制剪切闸板的三位四通阀应有限位装置。

3)配套工具、用具

(1)井口配抽油杆简易防喷装置及抽油杆转换接头。

(2)井口应备有与井内管柱匹配的并接好旋塞阀的防喷短节和简易防喷装置,旋塞阀开关灵活并处于开启状态。

(3)应配备与井内管柱匹配的旋塞阀,开关灵活并处于开启状态。

(4)应配备常用油管(或钻杆)变扣接头。

(5)应配套专用开关工具,并放置于井口附近的工具台上。

3. 井控管汇、放喷管线及配套工具、用具

1)压井管汇、节流管汇

(1)压井管汇、节流管汇应安装在钻台或操作台以外,并摆放整齐。

(2) 压井管汇、节流管汇的额定工作压力应不小于防喷器的额定工作压力。

(3) 压井管汇、节流管汇上的各阀门应有状态标志。状态标志牌的内容包括闸阀编号、闸阀状态。状态标志牌两面要保证内容一致。

(4) 压井管汇、节流管汇各连接部位应采用螺纹或标准法兰进行连接。与井口连接管线应采用钢制管线，通径不小于50mm，每间隔10～15m及转弯处要固定，且固定牢靠。

(5) 在节流管汇的节流阀处（无节流管汇时，在放喷阀门处）采取立牌（或挂牌）的形式明示最大允许关井套管压力。

(6) 流程各部位应试压合格。

2）放喷管线

（1）放喷阀门。

① 安装位置距井口套管阀门3～5m处。

② 阀门形式应为闸阀。

③ 压力等级按施工设计要求，不小于防喷器试压值。

（2）管线、弯头、出口端。

① 放喷管线应为通道直径不小于50mm的钢制硬管线，长度按设计要求安装，一般不小于30m。

② 放喷管线中间每10～15m和转弯处用地锚或地脚螺栓、水泥基墩等固定。固定时，压板弧度要与管线弧度一致，且要在管线与压板之间加装橡胶隔离垫。压板固定螺栓直径不小于20mm，基墩质量不小于200kg（或基墩尺寸不小于长0.8m×宽0.6m×高0.8m）。

③ 转弯处应使用角度不小于120°钢质弯头或90°带抗冲蚀功能的弯头。

④ 出口端要使用双基墩固定，且末端基墩距离出口要控制在1～1.5m，出口不应安装接箍、弯头等。

⑤ 放喷管线布局应考虑当地季节风、居民区、道路、油罐区、电力线及各种设施，出口方向为当地季风下风向。

3）压力表及截止阀

（1）压力表应选用耐振（防振）压力表，且量程能够满足施工设计压力需要。量程一般为设计压力的1.5倍。

（2）当高、低压力表接替使用时（一个压力源上同时接有一块低压表和一块高压表），高压表截止阀常开，低压表截止阀常关。当高压表测得压力值低于高压表量程1/3时，打开低压表截止阀，按低压表读取压力；当低压表测得压力超过低压表量程2/3时，关闭低压表截止阀，打开低压表截止阀上的泄压阀泄掉表内压力，按高压表读取压力。

（3）高、低压两块压力表量程的选择，先根据设计选择高压表量程，后选低压表量程。高压表量程按施工设计压力（如防喷器压力）的1.5倍选择。低压表量程按高压表量程1/3的1.5倍选择。

（4）压力表要有有效期内的检验合格证。

（5）压力表截止阀上要有压力等级钢号及产品合格证，且配件齐全完好。

（6）压力表截止阀不能反装。截止阀连接端口的判断：关闭截止阀，打开泄压阀，此时与泄压孔连通端接压力表，另一端接压力源。

（7）压力表安装完成后，其表盘朝向要便于观察，且不能与截止阀上的泄压孔朝向同一方向。

4) 其他

(1) 修井液回收管线出口应接在储液罐并固定牢靠，拐弯处应使用钢制弯头。

(2) 使用水龙带时应卡好保险绳并防碾压，使用压力不应超过额定工作压力。

(3) 应在流程上易断脱工具两端加装安全链（安全绳、安全网罩）。

4. 防喷装置试压

防喷装置安装完毕后应按设计要求进行试压，且试压合格。

现场试验是检验现场放喷设施设备安装质量的重要措施。一般的检验过程是升高需检验段（具体的设施、设备所在液路段）压力，并达到设计要求的试压值，保持压力，开始稳压。在稳压时间段内（稳压时间按设计要求执行），观察压力下降情况。在外观无刺、渗现象，压力降不超过允许值（按设计执行），试压为合格。

1) 试压的内容

(1) 防喷器（或防喷器组）与井口连接部分。

(2) 内控管线（也称作防喷管线，即放喷阀门前段）。

(3) 放喷管线（放喷阀门后段）。

(4) 远程控制台及液压管线。

2) 试压介质

远程控制台及液压管线使用规定的液压油试压，其他井控装置试压介质采用清水。当环境温度低于0℃时，采用防冻防堵试压介质。

3) 试压方式

试压应在井筒压力受到控制，且与试压对象不相连通的情况下进行。各施工队伍在选择试压方式时，应结合井筒压力控制方式、设备及工具确定试压方式及试压工具。

(1) 双皮碗封隔器法。

在原井管柱顶部接上双皮碗封隔器并下入井中，在封隔器至防喷器之间充满试压介质的情况下，关闭防喷器，上提管柱，进行试压的过程。可同时完成防喷器及防喷管线的试压。

(2) 试压短节试压法。

这种方法是在不动井下管柱情况下实现对防喷器试压。

首先将试压短节连接在油管挂上，关闭半封防喷器，由试压短节上部接头打入压力，通过短节底部水眼进入防喷器密闭腔。这种试压方法仅限于对井口防喷器试压。

(3) 作业四通试压法。

在井口四通与防喷器之间加装一个作业四通，在不动井下管柱且关闭井口的情况下，实现对防喷器及地面井控管汇、管线的试压。

5. 井场用电

(1) 井场配电线路应采用橡套软电缆。电缆应包含全部工作芯线，需要三相五线制配电的电缆线路宜采用五芯电缆线。

(2) 电缆架空敷设时电缆对地最小距离应大于2.5m。埋地敷设时，埋深应不小于0.3m。拖地使用时，应采用重型橡套软电缆，宜采用穿硬质管线等相应保护措施。

(3) 井场所用电缆均不宜有中间接头。

(4) 不应将供电线路直接挂在设备、井架、绷绳、罐等金属物体上。

(5) 发电机应有专人操作,非操作人员不得进入发电机房。

(6) 发电机的发动机排气管应装阻火器。

(7) 配电箱总开关应装设漏电保护器。分闸应距井口 15m 以外。

(8) 配电箱内盘面上应标明回路名称和用途,配电箱门设专人管理。

(9) 井场露天移动照明应使用低压照明和防爆灯具,井架、钻台上的灯具应安装保险绳。

(10) 井场用电设备的金属壳体都应做保护接零(接 PE 线)。

(11) 所有保护零线(PE 线)都应可靠接地,不应将值班房金属构架做接地连接体。

(六) QHSE 要求

(1) 施工企业、队伍要有集团公司颁发的资质证和油田公司的准入证,上岗人员应持有相应岗位的资格证书(如司钻证、井控证、硫化氢防护安全培训合格证等)。

(2) 进入现场,应穿戴好劳动保护用品,做好个人防护。

(3) 现场用安全帽、安全带、安全阀、压力表、拉力表(指重表)、测量器具等,符合要求且在检定合格有效期内。

(4) 设施设备应有有效检验合格证(防喷器、旋塞阀、井架、修井机、环保罐、储液罐等),清洁无油污。

(5) 设备下方、井口、管杆桥下方、溢流坑(或围堰区)及防喷墙等易污染区域、部位,应采取有效的防渗措施,做好环保工作。

(6) 现场应配置一定数量的消防器材。大修作业、带压作业、试油作业现场应配 35kg 干粉灭火器 2 具、8kg 干粉灭火器 8 具,消防锹 4 把,消防桶 4 个,消防钩 2 把,消防沙 2m³。小修作业现场应配 8kg 干粉灭火器 4 具,消防锹 2 把,消防桶 2 个,消防钩 2 把。在野营房区按每 40m² 不少于 1 具 4kg 干粉灭火器配备。消防器材应放置于方便拿取使用且不影响施工的位置。

(7) 硫化氢环境施工现场,要配备防硫化氢装备。

① 要按在岗人员数 100% 配备正压式空气呼吸器,另配 20% 备用气瓶。正压式空气呼吸器应处在随时可用状态,并定期检查。

② 至少配备量程 $0\sim30mg/m^3$ 和 $0\sim150mg/m^3$ 的便携式硫化氢检测仪各两台,应处在随时可用状态,并定期检查。若在施工现场安装了多点固定式硫化氢检测仪,同时,仍然要配备便携式检测仪。若在现场没有安装固定式检测仪的情况下,可用便携式检测仪代替。

③ 至少配备 1 台输出空气压力满足正压式空气呼吸器气瓶充气要求的空气压缩机,气体充装人员资格应符合政府有关规定。现场摆放位置处于现场上风向安全区域,空气新鲜且有电源保障。

④ 至少配备 1 台强力通风设备,通风设备防爆等级不低于现场其他电气设备。

⑤ 应配备一定数量应急医疗器具及药品,如硫化氢中毒常用药品:二甲基氨基酚溶液、亚硝酸钠注射液、硫代硫酸钠、维生素 C、葡萄糖等。

(8) 依据井控风险等级，应有应急处置措施方案，并按规定备足应急物资。

二、施工过程中的监督

施工过程的监督包括对进行的施工工艺、下井工具、施工用液、操作规程、设备工具使用方法等的监督，同时也包括对施工准备阶段现场达标状态维护情况进行监督，这些仍然是施工过程监督的重要内容，不能忽视。过程监督既要按各作业工艺监督要点要求进行，同时也要结合现场的具体情况，对影响施工质量、安全、环境的特殊因素加强监督。

开工准备阶段的监督一般是对静态结果的判定，并对不合格项提出整改建议、意见，监督完成达标的过程。过程监督一般是在生产进行过程中，不停工情况下，由个体监督人员进行对施工行为是否达标、符规的检查监督行为。当一次上井检查监督人员较多时，考虑到上井检查监督人员的安全，往往会停工进行检查监督，停工检查监督很难发现施工进行中存在的一些问题（如管柱提放速度、循环泵压、流速等）。

（一）施工过程常规要求监督

1. 一般要求

（1）每班要坚持安全讲话和班后评价。应严格执行相关操作规程、质量标准及安全措施规定。操作人员应有统一规定的手势、动作和其他信息传递方式，配合一致、平稳操作。加强岗位巡回检查制度的落实，及时整改发现的问题及隐患，对不能整改的问题要根据施工环境变化进行风险识别、评估，采取风险控制措施，制订应急预案，并立即向上级汇报。

（2）进入现场人员应正确穿戴和使用劳动防护用品及其他防护用具，并做好安全防护设施的维护。高处作业者应系安全带，并将随身携带的工具系上防掉绳，作业前将安全带在井架上系牢。上下井架的人员应系好安全带后挂上防坠落装置。

（3）施工作业中，应查清井场内地下油气管线及电缆分布情况，采取措施避免施工损坏。施工车辆通过井场时，应对裸露在地面上的油、气、水管线及电缆采取保护措施。

（4）搬迁井下作业设备时，要合理吊装，不挤压，不撞击，盛液池罐必须放空排净。吊装用的钢丝绳必须满足承吊重物的安全载荷，提钩要挂牢，捆绑要结实。

（5）校井架倒花篮螺栓必须先卡好备用绳套，不许用作业机拉井架，不许用游动滑车背井架，校完井架后各道绷绳必须拉紧。

（6）遇有6级（含6级）以上大风、能见度小于井架高度的浓雾天气、暴雨雷电天气及设备运行不正常时，应停止作业。

（7）冬季施工时防止冻管线，设备和管线冻结后只许用蒸汽解冻，禁止用明火解冻。

（8）高处作业必须系安全带，安全带要拴在可靠的位置上。高空处理故障时下面不得站人。梯子、踏板、栏杆要牢固可靠，手要扶牢，脚要蹬稳，高处作业完不许往下扔工具和用具。

（9）试提油管头时，要检查顶丝和井口控制器，有专人看拉力表并担任试提指挥，并有专人看守前后地锚，密切注视井架和基础的动态，井口不许站人，重载荷不能猛提猛放。

（10）井口装置及其他设备应不漏油、不漏气、不漏电。当井口装置及其他设备发生漏油、漏气、漏电时，应采取如下措施：

① 井口装置一旦泄漏油、气、水时，应先放压，后整改。若不能放压或不能完全放压，需要卸掉井口整改时，应先压井，后整改。

② 地面设备发生泄漏动力油时，应采取措施予以整改；严重漏油时，应停机整改。

③ 地面油气管线、流程装置发生泄漏油、气时，应关闭泄漏流程的上、下游阀门，对泄漏部位整改。

④ 发现地面设备漏电，应断开电源开关。

（11）钻台、井口操作台除必要的工具外不应堆放其他杂物。

（12）在井口操作时要做到：

① 设备上提载荷时应随时观察指重表（拉力计），不应超过系统的安全负荷，要密切注意井喷显示，发现异常及时采取有效措施，防止井喷。

② 在未切断液压动力钳动力源时，不应用手触碰液压动力钳钳牙。

③ 在油管桥上提放单根管柱时，应使吊卡开口朝上，如油管支架低于自封法兰面，应采取防范措施。

④ 拉送油管应有保护螺纹措施，场地操作人员站在油管一侧，不应两腿跨骑油管。

⑤ 不应用转盘、机械猫头上、卸螺纹。

⑥ 起下作业时不许上井架扶滑车。

2. 高压井施工注意事项

（1）高压施工中的井口压力大于35MPa时，井口装置应用钢丝绳绷紧固定。

（2）高压作业施工的管汇和高压管线，应按设计要求试压合格，各阀门应灵活好用，高压管汇应有放空阀门和放空管线，高压管线应固定牢固。

（3）施工泵压应小于设备额定最高工作压力，设备和管线泄漏时，应停泵、泄压后方可检修。泵车所配带的高压管线、弯头按规定进行探伤、测厚检查。

（4）高压作业中，施工的最高压力不能超过油管、套管、工具、井口等设施中最薄弱者允许的最大许可压力范围。

3. 含硫化氢、二氧化碳井的防腐和防爆注意事项

（1）井口到分离器出口的设备、地面流程应抗硫、抗二氧化碳腐蚀。下井管柱、仪器、工具应具有相应的抗硫、抗二氧化碳腐蚀的性能，压井液中应含有缓蚀剂。

（2）在含硫化氢地区作业时，气井井场周围应以黄色带隔离作为警示标志，在井场和井架醒目位置悬挂设置风标和安全警示牌。

（3）井场应配备安装固定式及便携式硫化氢检测仪。

（4）在空气中硫化氢含量大于30mg/m^{3}的环境中进行作业时，作业人员应佩戴正压式呼吸器具。

（5）高压、高产气井管线及设施应配置安全阀并保温。对安全阀每年至少委托有资格检验的机构检验、校验1次。

（6）气井井口操作应避免金属撞击产生火花。作业机排气管道应安装阻火器。进入井场车辆的排气管应安装阻火器；对特殊井应装置地滑车，通井机宜安放在距井口18m

以外。

4. 防火防爆要求

（1）现场应有可燃气体检测仪，且定期校验和维护。

（2）施工井场必须按规定数量配备消防设施，所有岗位人员对消防设施做到会保养、会检查、会使用。

（2）现场取暖应采用无明火器具。

（3）井场内应禁止烟火。需要进行井口动火作业时，要先履行用火手续，并采取相应安全措施。

（4）金属管线固定接触点要垫隔离垫。

（5）进入井场车辆排气管应装有阻火器。

（6）严禁使用裸线作施工井场照明用线，照明线必须用专用电线杆架起，不能挂在井架、值班房或其他铁器上。不准带电移灯，电源、闸刀、电气设备等必须符合安全规定。

（7）值班房等设施设备要安装接地线。

5. 安全管理要求

（1）施工队应设经培训合格的专（兼）职 HSE 监督员。

（2）各项规章制度、岗位职责和岗位操作规程应齐全有效。

（3）应定期组织 HSE 会议、培训、演练等，并详细记录。

（4）施工现场各项技术资料、HSE 记录报表应齐全准确。

（5）加强日常安全检查，对存在的事故隐患及时整改。

（6）井场应平整，无杂草、油污、积水，生活垃圾、工业垃圾及时回收、处理。

（7）施工井场应备有足够容积的储液池（罐），并有良好的防渗漏措施。

（8）完井后应清理储液池和井场，做好施工井废液、废弃物的回收或处理。

（二）通用作业程序监督

1. 拆井口、安装防喷器、试提

（1）拆井口装置前，按设计要求连接压井管汇、放喷管汇（管线），并试压调试合格，根据井口油管压力、套管压力情况，按设计要求采取压井作业措施。打开油管阀门、套管阀门观察，确认压井是否成功，观察时间应大于拆除换装井口装置施工时间。确认压井成功后，拆卸掉采油树，将装有旋塞阀的提升短节连在油管头上并关闭旋塞阀，吊装防喷器（防喷器的规格型号按设计执行）。

（2）退出油管头顶丝，试提。试提时应缓慢提升。如果井内遇卡，在设备提升能力及井下管柱安全负荷范围内上下活动管柱，直至悬重正常无卡阻现象，再继续缓慢提升管柱。

（3）油管悬挂器（油管挂）提出套管四通后，停止提升，卸下油管悬挂器。拆下的油管悬挂器、钢圈、螺栓和采油树的钢圈槽要清洗干净，涂抹黄油，摆放在固定位置备用，油管悬挂器要更换油管挂短节。

2. 起、下油管

1）起油管

（1）起管柱从缓慢提升开始，随着悬重的减少，逐步加快至规定提升速度。

（2）使用气动卡瓦起油管时，待刹车后再卡卡瓦，卡瓦卡好后再开吊卡。严禁猛刹刹车。

（3）应使用液压钳卸油管螺纹，要操作平稳，待螺纹全部松开后，慢提油管，控制管内液体的溅出状态。禁止挂单吊环操作。

（4）起出油管单根时，应放在小滑车上顺滑道拉下，按先后顺序排列整齐，每10根一组摆放在牢固的油管桥上（每10根油管，接箍一出头），并按顺序丈量准确，做好记录。起立柱时，起完管柱或中途暂停作业，井架工应从二层平台上将管柱固定。

（5）起油管过程中，随时观察并记录油管和井下工具有无异常，有无砂堵、蜡堵、腐蚀及偏磨等情况，并对起出的不合格的油管或工具及时进行标识、隔离或更换。

（6）起大直径井下工具通过大斜度井段、水平井段、拐点及最后几根油管时，提升速度应不大于5m/min，防止碰撞井口、拉断拉弯油管、损坏井下工具，或造成较大抽汲压力，破坏压力平衡。

（7）每起10~20根油管灌注一次修井液，确保井筒压力稳定。

（8）起油管作业资料录取项目如下：

① 井下工具：名称、型号、规格、数量。

② 油管规格、根数、长度。

③ 带封隔器，描述封隔器情况。

2）下油管

（1）下井油管螺纹应清洁，并要在油管外螺纹上均匀涂密封脂。

（2）下油管过程中，严格落实井控管理制度，注意出口返出观察，核实排替、溢出量。

（3）油管外螺纹应放在小滑车上或戴上护丝拉送。拉送油管的人员应站在油管侧面，不应骑跨油管滑道。

（4）用液压钳上油管螺纹。要操作平稳，油管螺纹应上正、上满扣、旋紧。下管柱避免顿井口、偏扣，禁止挂单吊环操作。

（5）油管下放速度应控制。当下到接近设计井深的几十米时，或大直径工具在通过射孔井段、大斜度井段时，下放速度应不大于5m/min。

（6）下油管遇阻或上提遇卡时，应及时分析井下情况，校对各项数据，查明原因及时解决。

（7）油管下至设计深度后，坐油管挂（装有密封圈）并装上顶丝。

（8）下油管作业资料录取项目如下：

① 下井工具：名称、型号、规格、数量。

② 油管规格、根数、长度。

③ 下井工具深度。

④ 管柱结构示意图。

⑤ 带封隔器，描述坐封情况。

3. 探砂面

（1）起出原井管柱，按设计要求下探砂面管柱。

（2）采用金属绕丝筛管防砂的井，要下带冲管的组合管柱探砂面。绕丝筛管与组合管柱规格的使用配合应符合规定。如：φ50mm（内径）绕丝筛管，冲砂管柱组合为φ25.4mm（内径）冲管+φ62mm（内径）油管。

(3) 当探砂管柱下至距油层上界30m时，下放速度不大于5m/min，以悬重下降10~20kN时连探两次，确定砂面位置并做好记录。2000m以内的井深误差不大于0.3m，大于2000m的井深误差不大于0.5m。

(4) 带冲管的组合管柱探砂面，在冲管接近防砂工具时，应缓慢下放，允许转动管柱的，可采取边转管柱边下放。悬重下降5~10kN时连探两次，确定砂面位置并做好记录。

(5) 探砂面作业资料录取项目如下：

① 时间。

② 方式。

③ 悬重。

④ 方入。

⑤ 砂面深度。

4. 冲砂

(1) 冲砂管柱可直接用探砂面管柱。管柱下端可直接接冲砂笔尖或其他冲砂工具，冲砂工具应根据井况合理选择。冲砂罐要将进、出口隔离，砂量多时应及时清砂。冲砂时水龙带必须拴保险绳，水龙带工作压力应与施工设计最高压力匹配，循环管线应试压合格。施工时，高压区应做好隔离（标志），禁止人员穿越。

(2) 冲砂开始时，先将冲砂管提至离砂面3m以上，开泵循环正常后缓慢下放管柱冲砂，冲砂时排量应达到设计要求。

(3) 每次单根冲完必须充分循环，洗井时间不得少于15min，控制接单根时间在3min以内。

(4) φ139.7mm（5½in）以上套管，可采取正反冲砂的方式，并配以大排量（排量大小视实际效果确定）。改反冲砂前正洗不少于30min，再将管柱上提6~8m，反循环正常后方可下放。

(5) 根据泵压、出口排量来控制冲砂管柱下放速度。

(6) 连续冲砂超过5个单根后，洗井循环一周后方可继续下冲。

(7) 冲砂施工中，若泵发生故障，应上提管柱至原始砂面10m以上，并反复活动。如果冲砂管柱末端已进入防砂管柱，应起钻至防砂管柱顶界10m以上。

(8) 冲砂施工中，提升动力设备要连续运转，不得熄火。若提升设备发生故障，必须保持正常循环。

(9) 若地层严重漏失，修井液不能返出地面时，应立即停止冲砂，将管柱提至原始砂面或防砂管柱顶界10m以上，并反复活动，可采用暂堵、蜡球封堵、大排量联泵冲砂、气化液冲砂或抽砂泵捞砂等方式继续进行。若采用气化液冲砂时，压风机出口与水泥车之间要安装单流阀，返出管线必须用硬管线，并固定好。

(10) 高压自喷井冲砂要控制出口排量，应保持与进口排量平衡，防止井喷。

(11) 冲砂至设计深度后，应保持400L/min以上的排量继续循环，视出口返砂情况逐步提高排量，当出口含砂量小于0.2%为冲砂合格。然后上提管柱至原始砂面或防砂管柱顶界10m以上，沉降4h后复探砂面，并记录深度。

（12）冲砂施工用液不得落地，污油污水等集中处理。施工完毕后，应把经过沉静的修井液和砂子进行处理，达到环保要求。

（13）冲砂作业资料录取项目如下：

① 时间。

② 方式。

③ 修井液名称、性质、液量、泵压、排量。

④ 冲砂工具名称、规格、尺寸。

⑤ 返出物描述、累计砂量。

⑥ 冲砂井段、厚度。

⑦ 漏失量、喷吐量、停泵前的出口砂量。

⑧ 沉降时间、复探砂面深度。

5. 洗井

（1）按施工设计的管柱结构要求，将洗井管柱下至预定深度。安装采油树或作业井口，连接进出口流程管线。洗井时水龙带必须拴保险绳，水龙带工作压力应与施工设计最高压力匹配，循环管线应按设计要求试压合格。施工时，高压区应做好隔离（标志），禁止人员穿越。

（2）根据设计要求，采用正洗井、反洗井或正、反洗井交替方式进行。

（3）洗井开泵时应注意观泵注压力变化，控制排量由小至大，同时注意出口返出液情况。若正常洗井，ϕ139.7mm 套管井排量一般控制在 400~500L/min，注水井洗井排量可增至 540L/min，高压油气井的出口喷量控制在 600L/min 以内。ϕ177.8mm 以上套管井排量应不小于 600L/min。

（4）洗井过程中，随时观察并记录泵压、排量、出口量及漏失量等数据。泵压升高同时洗井不通时（或泵出现故障不能正常工作），应及时停泵，上提管柱 5~10m，分析原因后进行处理，严禁强行憋泵。

（5）严重漏失井采取有效堵漏措施后，再进行洗井施工。

（6）出砂井优先采用反循环洗井法，保持不喷不漏、平衡洗井。若正循环洗井时，应正常活动管柱，防止砂卡。

（7）洗井施工中加深或上提管柱前，修井液循环一周以上方可动管柱。洗井深度和作业效果应符合施工设计的要求。

（8）洗井施工中，最大限度减少修井液向地层漏失，以减少对地层的污染和伤害。做好进口、出口液量的计量，计算漏失量、溢出量。

（9）在洗井施工中提升动力设备要连续运转，不得熄火。若提升设备发生故障，必须保持正常循环。

（10）洗井施工用液不得落地，污油污水等集中处理，达到环保要求。若满足条件，可直接进入洗井流程。

（11）洗井作业资料录取项目如下：

① 作业时间。

② 洗井方式。

③ 洗井液性质：包括名称、黏度、相对密度、切力、pH 值、温度、添加剂及杂质含

量等。

④ 洗井参数：包括泵压、排量、注入液量及喷漏量。

⑤ 洗井液排出携带物：包括名称、形状及数量。

6. 通井、套管刮削

1）通井

(1) 通井管柱结构自下而上依次为通径规、油管（或钻杆），符合设计要求。施工时，高压区应做好隔离（标志），禁止人员穿越。

(2) 通井时要平稳操作，管柱下放速度应不大于20m/min，下到距离设计位置100m时下放速度不大于10m/min。当遇到人工井底悬重下降10~20kN时，重复两次，使探得人工井底深度误差不大于0.5m。

(3) 通井中途遇阻时，悬重下降控制不超过30kN，并平稳活动管柱、循环冲洗。对遇阻井段应分析情况或实测打印证实遇阻原因，并经修整后再进行通井作业。

(4) 通井作业达到设计要求，井下套管内通径畅通无阻后，要进行洗井，将井筒内的脏物充分洗出地面。

(5) 通井作业资料录取项目如下：

① 通径规型号、外形尺寸。

② 通井深度、遇阻位置、指重表变化值、通径规痕迹描述。

③ 洗井时间、洗井液量、泵压、洗井深度、排量。

④ 出口返出物描述。

2）套管刮削

(1) 管柱结构自下而上依次为套管刮削器、油管（或钻杆），符合设计要求。

(2) 下管柱时要平稳操作，管柱下放速度控制在不大于20m/min，下到距离设计要求刮削井段前50m左右，下放速度控制在不大于10m/min。接近刮削井段开泵循环，循环正常后，按设计要求，在刮削井段反复上提下放活动管柱刮削套管。

(3) 若中途遇阻，当悬重下降20~30kN时，应停止下管柱，接洗井管汇开泵循环，上提下放管柱，反复刮削直到管柱悬重恢复正常，再继续下管柱。如仍无法通过，应起出刮削工具，分析情况或实测打印证实遇阻原因，并经修整后再进行通井、套管刮削作业。

(4) 刮削循环时泵压升高同时循环不通（或泵出现故障不能正常工作），应及时停泵，上提管柱5~10m，分析原因后进行处理，严禁强行憋泵。

(5) 在套管刮削施工中提升动力设备要连续运转，不得熄火。若提升设备发生故障，必须保持正常循环。

(6) 刮削作业达到设计要求，井下套管内通径畅通无阻后，要进行洗井，刮削下来的脏物应充分洗出地面。

(7) 刮削施工用液不得落地，污油污水等集中处理，达到环保要求。

(8) 刮削套管作业资料录取项目如下：

① 刮管器型号、外形尺寸。

② 刮削套管深度、遇阻位置、指重表变化值。

③ 洗井时间、洗井液量、泵压、洗井深度、排量。

④ 出口返出物描述。

7. 找窜与验窜

（1）检查安全防护措施。井场周围要设置同位素施工标志，要有防误操作造成人身伤害和环境污染措施。非施工人员严禁进入井场。

（2）封隔器法找窜要认真核验油管尺寸，要对油管压力表、套管压力表进行校验，保证压力表的准确度和灵敏度。

（3）用单封隔器找窜时，要落实防止井口油管上顶措施。

（4）对较薄夹层用封隔器法找窜时，采用磁性定位测井检测封隔器深度。

（5）作业资料录取项目如下：

声波测井找窜作业时录取资料项目如下：

① 找窜层位、层号、井段。

② 测井日期、资料解释结果。

③ 找窜结论。

同位素找窜作业时录取资料项目如下：

① 找窜层位、层号、井段。

② 井内介质。

③ 测基线井段。

④ 挤（替）同位素液的管柱结构及完成深度。

⑤ 同位素液的替入量、挤入量、总用量、泵压、关井时间。

⑥ 测同位素结果描述。

⑦ 找窜结论。

封隔器找窜作业时录取资料项目如下：

① 找窜层位、层号、井段。

② 封隔器型号、坐封方式、坐封载荷、坐封深度。

③ 修井液名称、密度、黏度、用量。

④ 管柱试压：试压介质、时间、方式、压力、稳压时间、压降。

⑤ 试压结论。

⑥ 注（挤）泵压、排量、观察时间、挤入量、返出量。

⑦ 找窜结论。

封窜作业时录取资料项目如下：

① 进出口层位、井段、封窜井段。

② 校正的溢流量（窜通量）或套管压力变化情况。

③ 水泥化验数据。

④ 封窜水泥浆配制量、密度，添加剂名称、用量，填料水泥浆配方、相对密度、配制量。

⑤ 封隔器型号、坐封方式、坐封载荷、坐封深度。

⑥ 封隔器试压方式、压力、稳压时间、压降、试压结论。

⑦ 挤水泥浆：时间、压力、排量、注入总量、顶替液名称、类型、用量。

⑧ 释放封隔器时间、上提油管根数。

⑨ 关井候凝时间、候凝时的管柱深度。

验窜作业时录取资料项目如下：

① 验窜层位、井段、方式。

② 封隔器型号、坐封深度、坐封方式、坐封载荷。

③ 封隔器及管柱试压：介质、时间、方式、压力、稳压时间、压降、试压结论。

④ 验窜加压值、稳压时间、压降、挤入量、返出量。

⑤ 验窜结论。

（三）工艺过程监督

1. 检泵作业

1）抽油机有杆泵

（1）按设计要求查验抽油泵及下井工具的质量检测合格证。

（2）查看管杆记录（管柱组合）是否符合设计要求，并结合桥座上未下完管杆情况，核验抽油泵及其他井下工具下井顺序及深度是否符合设计要求。

（3）下完管柱后，要监督对泵筒、油管进行密封性试压，试压合格才能下入杆柱。一般试压压力为 5~8MPa，观察 10min 压降不超过 0.2MPa 为合格。试压不合格时，每起出一组（10 根）油管后，对井内剩余油管试压一次，找出泄压原因为止。

（4）下入抽油杆后，要利用作业机进行一次试抽憋压。利用作业机试抽时，上提抽油杆速度不能过快，高度要限定在冲程范围之内。试抽憋压一般为 2~3MPa，压降不超过 0.2MPa 为合格。不合格时，先检查井口是否有泄压点（如闸阀关闭不严、井口密封填料刺漏等），后验证泵固定阀是否关闭不严。如果需要洗井应把活塞提出泵筒。

（5）下入活塞进工作筒时，应减缓下入速度，严禁下冲固定阀。

（6）调完防冲距后试抽，听井内是否有上行刮碰井口、下行碰泵的声音。

（7）作业时录取资料项目如下：

① 井口型号、规格。

② 起出抽油杆类型、钢级、规格、根数、总长度。

③ 起出抽油泵活塞或脱卡器的时间、规格（长度、最大外径）、型号、工具状态（腐蚀、结构、出砂）描述。

④ 起出抽油杆柱中井下工具的名称、规格（长度、最大外径）、型号、数量、工具状态（腐蚀、结垢、砂等）描述。

⑤ 下入抽油杆的规格、根数、总长度，下入抽油泵活塞或脱卡器的时间、规格、型号、长度、深度。

⑥ 下入抽油杆柱中井下工具的名称、规格（长度、最大外径）、型号、数量、深度，各工具连接方式及分布情况。

⑦ 管柱试压、压力、稳压时间、压降、试压结论。

⑧ 调整防冲距、试抽结论。

2）地面驱动螺杆泵

（1）按照施工设计的管柱结构，自下而上依次核实管、杆桥座上摆放的下井工具连接位置。转子上第一根抽油杆驱动轴下部，必须装完整抽油杆。

（2）检查锚定工具活动件状态。在下井前要清洁活动件内卫生，并涂上黄油，使锚定工具处在解封状态。

(3) 下井管柱、杆柱、工具的螺纹上涂上黄油，且上扣扭矩符合标准要求。

(4) 检查螺杆泵下部有限位销，下井时勿将定子倒置。

(5) 检查铆钉工具工作状态。下入泵和第一根油管后，上提管柱1m，缓慢下放管柱坐卡瓦。试坐成功后，上提管柱1m解卡，然后继续下管柱。

(5) 倒换油管吊卡时的上提高度不允许超过400mm，以防支撑卡瓦中途坐卡。如中途坐卡，缓慢上提管柱1m以上，然后缓慢下放管柱解卡。

(6) 检查锚定工具坐卡距离。坐卡距离一般为10~20mm。

(7) 按设计要求核验抽油杆扶正器安装情况。

(8) 核实防冲距。按设计要求上提防冲距，使转子和限位销有一定距离。

(9) 检查防反转装置，要灵活、无遇卡现象。

(10) 检查方卡子和备用平卡。提防冲距后，要拧紧方卡子和备用平卡螺栓。

(11) 调试电动机时，要使其顺时针转动，并上紧皮带使其固定好。

(12) 检查齿轮油，油面在油标1/2~2/3处。检查密封填料，要做到：准确丈量每根密封填料长度，斜度大于45°切割，密封填料表面涂上黄油，每层密封填料切口处要错开，最后压紧压盖。

(13) 检查地面生产流程开关是否正常，确定正常后才能试投产。

(14) 地面驱动螺杆泵检泵录取资料项目如下：

① 井口型号、规格。

② 起出螺杆类型、钢级、规格、根数、总长度。

③ 起出螺杆泵规格、型号。

④ 下入螺杆类型、钢级、规格、根数、总长度。

⑤ 下入螺杆泵规格、型号。

⑥ 管柱试压结论。

2. 注水井作业

(1) 注水管柱要使用防腐油管，防腐油管必须用标准内径规逐根通过。

(2) 管柱在油层射孔顶界以上10~15m处下一级可洗井套管保护封隔器。

(3) 释放封隔器后，要稳压30min，观察套管无溢流，即证实释放成功。

(4) 配水器应下至对准油层中部位置。偏心配水器之间距离不应小于8m，撞击筒与尾管底部距离不小于5m。封隔器卡点位置不能在炮眼、套管接箍和套管损坏部位。管柱完井深度应下至射孔底界以下5~15m。油管每1000m误差不超过0.2m。

(5) 电磁定位校对封隔器卡点深度。

(6) 注水井作业应录取资料项目如下：

① 井口型号、规格。

② 关井放溢流起止时间、井口压力变化、累计溢流量。

③ 起出封隔器规格、型号，配水器规格、型号及其他井下工具的名称、规格（程度、最大外径）、数量。

④ 下入封隔器规格、型号，配水器规格、型号及其他井下工具的名称、规格（长度、最大外径）、数量、深度。

⑤ 封隔器坐封方式、坐封载荷、坐封深度。

⑥ 封隔器试压：介质、时间、压力、稳压时间。

⑦ 试压结论。

3. 压裂

（1）应按设计选配压裂设备、储液罐。

（2）地面流程承压时，任何人员不应进入高压危险区。

（3）以施工井井口 10m 为半径，沿泵车出口至施工井井口地面流程两侧 10m 为边界，设定为高压危险区。高压危险区使用专用安全警示线（带）围栏，高度宜为 0.8~1.2m。高压危险区应设立醒目的安全标志和警示语。

（4）压裂施工应由现场指挥统一指挥、协调。采用防爆无线对讲机传递指令信息。现场指挥发布指令应规范、准确无误，每次发布指令重复 1~2 次，在受信方未接到或未准确接到指令时，应重复发布指令。受信方准确接到指令后，应向发令方回复指令。

（5）压裂施工车辆应按设计要求摆放在施工井井口上风或侧风方向，与井口距离符合设计要求。

（6）冬季施工前应根据实际需要对压裂设备、井口装置等进行预热；中途停泵后，再次启泵前应对压裂设备、地面流程、井口装置进行加热；施工结束，应对所有设备、管汇、配件进行防冻处理。

（7）地面设备装置与流程的承压能力均应达到施工压力的上限要求；连接部件必须上紧、密封、不刺不漏且加装安全链；控制阀门必须灵活好用。

（8）必须按设计要求型号选用井口装置（各阀门开关灵活）。压裂井口应在四个方位采用地锚、绷绳加固措施，井口压力表灵敏可靠。

（9）要按设计要求进行井口试压（试验压力为预测泵压的 1.2~1.5 倍）。

（10）检查压裂管汇施是否有合格证，是否在安全使用期限内，压裂管汇要满足设计最大泵压和过砂能力要求。

（11）连接地面压裂流程管线应使用 N80 以上钢级的油管或短节。放喷管线、阀门应按规定固定牢固。

（12）压裂油管应选用设计要求的专用油管。浅井、低压井可用 J55 钢级 ϕ73mm 油管；中深井、深井应使用 N80 或 P105 钢级 ϕ73mm 外加厚油管；最高限压分别为 70MPa 和 90MPa。

（13）封隔器卡点应避开套管接箍。验证压裂管柱喷砂器与封隔器直接连接；最下一级封隔器以下的尾管长度不小于 8m；管柱底端距井内砂面或人工井底距离不小于 10m。卡点深度与设计深度误差不超过 0.2m。

（14）活动管柱时，监督负荷不超过井内管柱悬重 200kN，上提速度控制在 0.5m/min 以内。最终活动行程不大于 5m。

（15）监督是否根据压裂设计要求，按顺序定量准确投入相应的压裂液主剂及添加剂。

（16）压裂施工后应按设计要求关井，扩散压力，排液和进行后续施工。查看出口喷势和喷出物前，应进行有毒有害气体检测，施工人员应位于上风处。通风条件较差或无风时，应选择地势较高的位置。计量液位的人员到罐口应有安全防护措施。

（17）压裂作业应录取资料项目如下：

① 压裂方式、井段、层位、层数、有效厚度、时间。
② 井口保护器规格、型号。
③ 地面管线试压：介质、时间、压力、结论。
④ 封隔器型号，封隔器试压：介质、时间、方式、压力、稳压时间、压降、试压结论。
⑤ 压裂液名称、性能、类型、总量，添加剂名称、性能、用量。
⑥ 支撑剂名称、类型、规格（体积密度和颗粒密度）、用量。
⑦ 前置液、携砂液、顶替液的名称、类型、注入排量、压力、注入量、砂液比或砂浓度、泵注时间。
⑧ 堵球名称、直径、球数、投球时间、投球方式、投球速度。
⑨ 压裂施工时间、油管压力、套管压力、排量、液体密度、阶段砂液比或砂浓度、累计砂量、阶段液量、累计液量。
⑩ 破裂压力、破碎率、导流能力。
⑪ 反洗液名称、用量，反洗出口液量、出口砂量，反洗深度，返排出口液总量。
⑫ 关井时间、停泵压力、压力扩散时间。
⑬ 返排方式、井口压力变化情况、返排液量、返出砂量、黏度、返排率。

4. 酸化

（1）按设计核实施工用材料和酸液的质量、数量。
（2）检查落实酸化施工安全防护措施，严禁非施工人员进入现场。
（3）严格按执行设计和相关标准，施工压力、注入量、关井反应时间等符合设计要求。
（4）酸化作业应录取资料项目如下：
① 酸化方式、井段、层位、层数、有效厚度、时间、酸液名称、性能、类型、浓度、黏度。
② 施工挤入压力、破裂压力、排量、挤入总液量、瞬时停泵压力、关井反应时间。
③ 排液方式、排液时间、排出液量、返排率、残酸浓度或 pH 值。

5. 油水井大修

（1）打印铅模外径应比套管内径小 6~8mm。打印时，加压 20~30kN，铅模不应重复打印。若打印发现套管错断、变形，应修复套损井段恢复通径。
（2）活动管柱解卡时，最大上提负荷不应超过井内管柱或工具抗拉强度的 80%。活动管柱 10 次左右，间歇 30min。同时分析活动管柱情况，制订相应措施，并对设备、井架、游动系统、地锚、绷绳等进行安全检查。
（3）倒扣法解卡时，上提载荷应大于卡点以上管柱悬重 5~10kN，转速不宜超过 10r/min。
（4）套铣、磨铣法解卡时，选择适宜的套铣、磨铣工具，其外径应小于套管内径 4~6mm，连接螺纹完好，水眼畅通。铣鞋钻压 10~20kN，磨鞋钻压 30~50kN，转速控制在 50~70r/min 进行磨铣（施工过程中也可根据落鱼、井况及现场施工情况调整施工参数）。
（5）打捞起钻时不应超载荷作业，不应猛提猛顿，操作应平稳。

(6) 打捞电泵、封隔器时宜整体打捞，若不成功再采取套铣、倒扣、切割、磨铣等综合打捞技术措施。

(7) 套管整形时，套损通径恢复至原内径的 97% 以上或要求的尺寸，下入相应尺寸的通径规应无夹持力。

(8) 套管加固后，用相应尺寸通径规通井，在加固井段无夹持力。对密封加固井段进行清水试压，压力 15MPa，稳压 30min，压降小于 0.5MPa 为合格。

(9) 取换套管时，每套铣完一根单根划眼 3~5 次，达到钻具起下顺利。每套铣进尺 80~120m，切割、取出套管一次。新旧套管补接后，对井口至补接点以下 2m 井段试压，压力 15MPa，稳压 30min，压降不超过 0.5MPa 为合格。安装固定井口时，调整好最后一根套管，用螺纹连接，不允许焊接。上提套管，上提的力要大于新下套管重量 4~5kN 以上，新下套管虽然下部与原井套管相连，但上部处于悬挂状态。固定井口，施工后套补距不变。

(10) 大修作业录取资料项目如下：

打铅印作业：

① 铅模规格、直径、长度。
② 冲洗方式、冲洗介质、泵压、排量、漏失情况、冲洗起止深度、返出液描述。
③ 打铅印深度。
④ 打铅印加压值、起出铅模描述及示意图。

解卡作业：

① 解卡工具的名称、型号、规格（长度、最大外径）。
② 卡点位置、被卡物描述。
③ 最大提升载荷，管柱伸长量及活动区间，上提、下放、震击及旋转管柱效果情况描述。
④ 倒扣悬重、倒扣圈数、载荷变化情况。
⑤ 解卡后悬重、解卡后上提管柱时指重表（拉力计）显示情况。
⑥ 解卡结果。

打捞作业：

① 落鱼名称、鱼顶深度、铅模印痕图及描述、鱼顶特征描述。
② 打捞工具名称、规格（长度、最大外径）、型号、示意图。
③ 打捞深度、打捞管柱及打捞中上提或加压载荷、造扣与倒扣旋转圈数。
④ 打捞过程中鱼顶深度变化情况、打捞后悬重、打捞后上提时指重表（拉力计）显示。
⑤ 捞出落物名称、尺寸、数量，起出打捞工具痕迹的描述。
⑥ 打捞结果。

三、完钻交井阶段的监督

完钻交井阶段的监督工作，实质上就是对施工质量、井场恢复及成果报告（施工总结）等三个方面验收。

施工质量按施工设计要求及行业（或企业）相关施工质量标准进行验收。井场恢复验收包括井场设施设备和井场环境两个方面。成果报告就是总结设计完成情况，以及取得的成果、存在问题。

在验证各方面合格，达到交井条件要求情况下，双方签验收合格证书，作为施工结算依据。

（一）修井完井质量综合评价

在完井质量评价过程中，出现下述条款中一条（不仅限于下述条款，如存在其他影响施工质量的不达标因素）不达标，不予以验收。

（1）实现修井目的，且完井井身结构、井下工具位置等符合地质措施要求，施工后能正常注、采，基本恢复原注采水平。

（2）套管通道通径符合设计要求，管外无窜槽，下井管柱无卡阻，投捞顺畅，砂面在设计限制深度以下，井下工具、设备试压合格，工作正常。

（3）施工用料符合设计（或行业、企业标准）要求。

（4）施工未造成地层伤害、套管损坏或井下故障情况复杂。

（5）施工各工序质量达到设计要求（或行业、企业标准），工序质量合格率100%。

（6）资料齐、全、准。班报表、日报表、施工总结数据资料三者一致。资料内容符合SY/T 6127—2017《油气水井井下作业资料录取项目规范》要求。

（7）施工成果报告（或施工总结）内容翔实、准确、完整，符合编写规范。

（二）井场设施设备安装综合评价

在井场设施设备安装工作中，要严格执行设备安装标准及企业规定，上紧、调平每一条螺栓，对于缺失的螺栓、卡销、垫片、手轮、顶丝等要补全。流程连接要正确，各接口处要根据实际情况加装密封垫或密封钢圈，确保承压时不刺不漏。电动设备接电线路要正确，且要采取防漏电保护措施，防止接线错误造成设备反转发生事故。井口设备安装要规格化，方向要方便管理工作需要，且执行企业统一规定。在地面设备投入试运行前要认真检查，发现下列情况之一（不仅限于下述各项内容，如存在其他影响设备正常运转因素），应在整改合格后验收。

（1）设施设备密封处（如需要加盘根处）存在渗漏。

（2）设备安装螺栓存在缺失，螺栓安装未按规定上下两端留有余扣或未调平。

（3）流程端口错接。

（4）闸阀装反或方向不正确。

（5）设施设备更换（或替代）配件不达标。

（6）应调对中（或同平面）设备不对中（如驴头与光杆、电动机与减速箱皮带轮等）。

（7）用电线路、设备无防漏电保护措施。

（8）电缆铠甲有破损，掩埋深度不够，通过道路时无保护措施等。

（9）井场安全防护栏或设备护栏损坏、缺失等。

（10）拆换下来的旧设施、设备等未移交相应管理部门（或无回执单）。

（三）井场环境综合评价

施工后的井场环境恢复是验收达标的重要内容之一。在进行环境达标验收中，既要验收井场及设备，也要验收井场周边一定范围内的环境；既要验收看得见的地面，也要验收看不见的井场及井场周边一定范围内的地下。要追踪生产、生活垃圾及废液的最终去向，实现环保工作闭环管理。杜绝把生产生活垃圾掩埋地下或随便转移他地丢弃。

(1) 井场设施设备表面清洁无油污。

(2) 井场地面清洁无污油、污水、生活垃圾。

(3) 井场规格化达标。

(4) 井场附近可视范围内无施工废弃物及生活垃圾。

(5) 井场周边树木、草场、农田、池塘无油污污染。

(6) 井场废液、生产垃圾处置有回执单。

(7) 施工现场无遗留、存放施工剩余或废弃物资。

(8) 井场周边无施工废弃物及残液、油污掩埋。

（四）验收单

在完井质量、井场设施设备安装、井场及周边环境等各项检查验收合格情况下，还要结合设计内容对施工成果报告（施工总结）进行审核。报告内容要与施工实际内容相符，对存在的问题（或没有解决的问题，如井下有落物没有捞出等）要给予描述。对施工内容与设计不相符的部分，要有更改设计审批手续。在施工成果报告审核合格后，应给施工方出具施工井验收合格证。施工单位将持施工井验收合格证及其他相关资料，申请结算。

第七章 抽油机井节能管理

第一节 抽油机井节能管理概述

一、机采井节能降耗的意义

游梁式抽油机是石油工业传统的采油装备之一，也是迄今为止在采油工程中占主导地位的人工举升设备。全国油田产液量的65%、产油量的75%是靠游梁式抽油机采出的。游梁式抽油机结构简单，适应性强，维护和操作方便，能够在无人监视和恶劣的环境中工作。100多年来，在机械采油中始终占主要地位。但是由于常规型游梁式抽油机的结构特征，决定了它平衡效果差，曲柄净扭矩波动大，存在负扭矩、载荷率低、工作效率低和能耗大等缺点。在采油成本中，抽油机电费占30%左右，年耗电量占油田总耗电量的20%～30%，为油田电耗的第二位，仅次于注水。

抽油机节能是全世界关注的问题，对于我国来讲，节能具有更大的现实意义。我国抽油机井能耗约占油田总能耗的三分之一，抽油机是目前油田的主要举升设备，也是主要的耗能设备，对整个油田综合开发效益影响较大。

(1) 机采井节能降耗是油田"持续有效发展，创建百年油田"的必然要求。做好机采井节能工作，关系到油田的生存和发展。

(2) 节能降耗是贯彻落实科学发展观、建设新时代中国特色社会主义的必然选择。也是构建社会主义和谐社会的重大举措，更是建设资源节约型、环境友好型社会的必然选择。

(3) 节能降耗是中国可持续发展的必然选择。关于中国的能源家底，有一种说法是中国富煤、贫油、少气。而实际上，煤炭资源虽然绝对数量庞大，但 $1800 \times 10^8 t$ 左右的可采储量，只要除以14亿这个庞大的人口基数，人均资源占有量就会少得可怜。2022年，我国年消费原油 $7.1 \times 10^8 t$，其中71.27%来自进口。这就是说，即使将新发现的西北某页岩油田 $10 \times 10^8 t$ 储量全部开采，也仅够我国用一年半。我国节能的压力比世界上任何一个国家都要大，特别是，我国曾经管理还很粗放，曾经还是世界上能源浪费较为严重的国家之一。我国不可能像美国那样消耗能源，现在我国平均每人每年消耗石油仅500kg，而美国每人每年消耗3t。我国如果像美国一样每人消耗3t，每年就需要 $42 \times 10^8 t$，世界石油年产量只有 $40 \times 10^8 t$ 左右，全部贸易量给中国都不够。所以中国别无选择，必须节能降耗！

(4) 节能降耗是应对能源稀缺与环境承载能力有限挑战的必然选择。我国能源利用效率比国际先进水平低10%左右，单位GDP能耗也大于世界平均水平。因此，在能源短缺与环境承载能力有限的情况下，传统的高投入、高消耗、低效率的增长方式已经走到了尽头。不加快转变能源管理方式，精细管理、科学管理，能源难以支撑，环境难以容纳，社会难以承受，科学发展难以实现。可持续发展就成了一句空话。

（5）节能降耗是遵循人类社会发展规律和顺应当今世界发展潮流的战略举措。工业革命以来，西方国家经济飞速发展是以大量消耗能源和资源为代价的，并且造成了生态环境的日益恶化。有关研究表明，过去50年全球平均气温上升的原因，90%以上与人类使用煤炭石油等燃料产生的温室气体增加有关，由此引发了一系列生态危机。节约能源，保护环境，已成为世界人民的广泛共识。中国要避免走发达国家"先污染、后治理"的老路。所以进一步加强节能降耗工作，既是对人类社会发展规律认识的再认识，也是积极应对全球气候变化的迫切需要，是树立负责任的大国形象、走新型工业化道路的战略选择。也是中国作为一个负责任大国，主动承担起节能减排国际职责的具体体现。

二、机采井节能管理的内容

机采井能耗就是指抽油机采油系统将电能转换为机械能，通过抽油泵将原油举升到地面所消耗的能量。整个系统工作的过程就是一个能量不断传递和转化、消耗的过程，能量的每一次传递和转化都会有一定的损失，充分利用井筒及地层能量，提高整个系统的工作效率是降低机采井能耗的有效途径。

从有杆泵抽油井的能量损失入手，分析各节点处能量损失对能耗的影响。有杆泵抽油井的能量损失包括地面和井下两大部分，即：

$$\eta = \eta_u \eta_d \tag{7-1}$$

式中　η——有杆泵的系统效率；

　　　η_u——地面部分效率；

　　　η_d——井下部分效率。

地面部分的能量损失，发生在密封盒、电动机、皮带—减速箱、四连杆机构中，井下部分的能量损失发生在抽油杆柱、深井泵以及管柱中。为此，从以上7个方面对系统效率的影响进行了分析（表7-1），从理论分析和实测值可以看出，对系统效率影响较大的因素依次为深井泵效率、电动机效率、抽油杆柱效率、皮带—减速箱效率、密封盒效率，所以说机采井节能降耗是一项系统工程。

表7-1　各节点处能量损失对系统效率的影响

各部分效率	理论值，%	标准井，%	生产井，%	对系统效率的影响值，%
深井泵效率	81.7	50.0	28.2	10.1
电动机效率	90.5~94.4	80.5	84.4	2.7
抽油杆柱效率	81.1	70.0		2.4
皮带—减速箱效率	81.9	75.2	79.0	1.4
密封盒效率	99.3	93.5	91.9	1.0
四连杆机构效率	95.0	90.6	91.9	0.7
管柱效率	93.3	90.0		0.5
系统效率 η	45.5	16.2	15.8	

为了实现油田可持续发展的战略目标，降低开采成本，提高油田开发的经济效益，近年来，各科研院所和抽油机及辅助设备的制造厂家针对油田开发的现状，以节能降耗为目的，在抽油机结构原理、电动机动力特性和电控技术等方面开展了大量的研究，研制生产出各种类型的节能抽油机、节能电动机和节能控制箱。在油田的应用中形成了一定的规模，并取得了明显的效果。与此同时，对"三低"油田特性的研究与认识逐步深入，以追求综合效果为目标，围绕筛选效果好的节能产品、新技术与设计方法有机结合、节能产品与油田特点相互匹配等关键环节，适合我国技术水平和"三低"油田油井特点的机采节能降耗技术得到了迅猛发展。

机采井节能降耗是一项系统工程，所涉及的技术范围主要是抽汲设备优选、合理匹配，井下杆柱设计，地面生产参数优化和日常技术管理等。节能管理内容主要有以下几个方面：

（1）抽油机井节能精细管理。通过杆柱优化设计、抽汲参数优化、合理调整抽油机平衡、合理调整密封盒松紧度、合理调整皮带松紧度等，实现低投入节能降耗。

（2）间歇采油技术。间歇采油就是把以往供液不足井被动的间抽方式转变为正常井主动的进攻性节能措施。通过优化泵径、冲程、冲次、时间四参数与能耗的关系，确定合理的工作制度，在保证产量稳定的前提下，实现机采井大幅度节能降耗。

（3）节能抽油机。节能抽油机主要有双驴头抽油机、弯游梁抽油机、摩擦换向抽油机、下偏杠铃型抽油机、调径变矩抽油机、摆杆式抽油机、偏轮式抽油机等。通过在标准井测试评价，优选节能效果好的抽油机。目前双驴头抽油机、弯游梁抽油机和摩擦换向抽油机等节能抽油机已在大庆油田西部低渗透油田新投入开发区块广泛应用。

（4）提高抽油机井系统效率方法研究。通过对油田合理流压和沉没压力的确定，合理生产压差的确定，研究机采系统优化方法及调整试验，进而提高抽油机井的系统效率。

（5）节能电动机。节能电动机主要有高滑差电动机、高转矩电动机、双功率电动机、永磁电动机、伺服电动机等。通过在标准井测试评价等方法，优选节能效果好、与普通Y系列电动机对比节电率高的电动机。目前双功率电动机、永磁电动机已在大庆油田西部低渗透油田新投入开发区块广泛应用，近些年伺服电动机也逐步进入现场。

（6）抽油机选型技术。为解决低渗透油田抽油设备负载率低、能耗高的问题，依据低渗透油田产液量、载荷变化规律，调整了抽油机优化设计选配过程中，冲程冲次、杆组合、下泵深度等关键参数优选的技术政策，这样选择的抽油机，在初期能力得到充分发挥，到后期也不会满载。可降低机型1~2个级别，同时可减小电动机装机功率，从源头上控制机采井耗电。

三、机采井节能降耗技术发展方向及潜力

（一）机采井节能降耗技术发展方向

随着主力区块开发进程的延伸，人们越来越把目光聚焦到低产低渗透油田，但低产低渗透油田一般都存在油藏埋藏深、泵挂深、产量低的问题，这就迫切需要低冲次长冲程小泵深抽工艺技术。油田上使用数量较多的游梁式抽油机的冲程长度在2~3m、冲次为3~9次·min^{-1}，冲程短，系统效率低，不能满足现场使用要求。采用常规游梁式抽油机四连杆传动机构制作长冲程低冲次抽油机存在以下难题：

第七章 抽油机井节能管理

（1）常规游梁式抽油机减速器输出扭矩与抽油机冲程长度成正比，冲程长度大，减速器输出轴扭矩大，要做到这一点，那抽油机的体积和重量必然增大，从而导致生产和制造成本大幅度上升，这不是企业想要的结果。

（2）常规游梁式抽油机四连杆传动机构，决定了驴头运动的不均匀性，抽油机工作时悬点有较大的加速度。为了避免加速度过大，四连杆机构的游梁摆角以及曲柄—连杆比都不能太大。这样当冲程长度加大时，四连杆机构尺寸也随之加大，整机的轮廓尺寸和重量显著加大，所以当游梁式抽油机冲程长度超过 6m 时，它的体积和重量成为它推广应用的致命障碍。

为了减少抽油机的轮廓尺寸和重量，满足低冲次和长冲程的要求，在20世纪50年代各国就已开始研制无游梁抽油机。苏联设计的宽带式抽油机能实现数十米乃至数百米的超长冲程，但这种抽油机的平衡问题一直未能得到很好解决而限制了它的推广应用。塔架式摩擦换向抽油机，通过平衡块的滑动来平衡抽油杆柱的质量。由于平衡块滑行长度不可能很长，这就限制了抽油机的冲程。冲程越长，塔架就要越高，给抽油机检修带来不便。

为此在机采井节能降耗技术方面要朝以下方向发展，一是继续开展长冲程低冲次抽油机研究，二是开展低能耗软拖动智能抽油装置的研究，三是开展小排量高扬程无杆泵采油技术研究。

1. 长冲程低冲次抽油机

近年来，国内外研制与应用了多种类型的长冲程抽油机，其中包括增大冲程游梁抽油机、增大冲程无游梁抽油机和长冲程无游梁抽油机。实践与理论表明，长冲程无游梁抽油机是长冲程抽油机发展方向。

比较有代表性的是一种地下平衡式抽油机。该机为卧式低矮型结构，主要设备置于地面上，平衡块置于单独的专用平衡井内。不仅占地面积较小，而且占用空间也较小。对于间距较小的丛式井组，还可以采用一机双井的方式拖动两口井同时采油，通过两口井的抽油杆柱进行自平衡，使用时两井的抽油杆做相反动作，一个向上，另一个向下，主机效率成倍提高。

该机目前已经实现了长冲程条件下自动控制正反转，初步解决了链条传动方式下的井口密封问题，配套研究了 9m 长冲程抽油泵泵筒。为了进一步增加冲程，还研究了长泵筒连接工艺，可以根据需要，连接多个泵筒，实现更长的冲程。该机既实现了精确平衡，又能实现长冲程。

2. 低能耗软拖动智能抽油装置

该技术以油管做泵筒，将电动机动力通过滚筒、钢丝绳传递给软柱塞，使其在油管内进行往复运动，将井底液体提升至井口直接进入集输流程，保证油井在合理流压下密闭生产。低能耗软拖动抽油技术适用于低渗透油田低产井的开采，由于采用了合理抽汲制度生产，节能效果明显，并且结构简单，方便管理，可以降低检泵作业、日常维护（包括清防蜡、调参、换皮带等）费用，在技术和经济上是可行的。它可以有效地解决低渗透油田能耗高、系统效率低的问题，为低渗透油田降投资、节成本、增效益提供了一条新途径，具有广阔的推广应用前景。

3. 无杆泵采油技术

目前成熟的电潜泵采油系统无法满足低产低渗透油田的需要，因此研究小排量高扬程的无杆泵采油技术是低产低渗透油田机采节能的另一个发展方向。目前比较有代表性的是数控往复式潜油电泵和低转速大扭矩潜油电动机直驱螺杆泵。这两种技术通过现场试验，均取得了较大的节能效果，证明在技术上是可行的。它可以有效地解决低渗透油田有杆泵举升方式存在管杆偏磨严重、系统效率低、能耗高的问题，有效地解决低产直井、斜井的举升工艺问题，为低渗透油田降投资、节成本、增效益提供了一条新途径。可以相信，随着该技术的不断发展完善及成本的不断降低，无杆泵采油必将替代抽油机有杆泵的采油方式，成为今后采油举升技术发展的主流。

（二）机采井节能降耗的潜力空间展望

（1）新技术大发展为机采节能降耗提供了空间。

机、杆、泵技术水平提高，新型节能机和节能拖动技术广泛应用。抽油机主体和抽油机举升系统的技术进步主要表现为：抽油机从转抽初期的4种机型，发展到目前的20余种机型。而且近几年，逐渐应用了偏置型、调径变矩、下偏杠铃型、摆杆式、偏轮式、双驴头、摩擦换向等节能抽油机。抽油杆已发展到按强度C级、D级、K级、H级4个等级；按结构功能有普通、空心和柔性5种抽油杆，适合于不同负载、不同井况。按结构抽油泵一般分为管式泵和杆式泵，油田转抽初期，管式泵均为有衬套泵，并逐渐应用整筒泵；按用途分为常规泵和特种泵，随着聚合物驱以及大排量开采的需要，加快了特种泵研制的步伐，如抽稠泵、倍程泵、防砂泵、防气泵、串联泵、双作用泵等相继投入使用。

（2）"三低"油田产液规律认识的突破为节能降耗提供了空间。

配备抽油机的基本原则是既要充分发挥抽油机的能力，又不至于到开发后期满载或超载运行，因而选型时要留有余地，往往导致了初期载荷、扭矩利用率偏低。随着低渗透油田产液规律认识有了突破，即低渗透油田油井产液量低，并且随开发时间的延长，产液量一般不增加，这些新认识带动技术思路的转变，为机采节能降耗提供了空间。

（3）理论计算精度的提高为机杆泵优化设计提供了技术手段。

机杆泵参数优选的原则是保证供采协调、设备安全正常运行及举升能耗最低和成本最低。为此，只有尽可能地将各种生产状况精细描述，精确计算，才能使所选设备参数最优，达到最佳效果。随着计算机技术的发展，给各种节能抽油机的运动动力学分析提供了手段，在各种节能抽油机精细的运动动力学分析基础上，分别建立了载荷、扭矩等计算公式，使得计算精度大幅提升，为抽油机井的参数优选提供了技术手段。

第二节 抽油机井节能精细管理

一、合理调整密封盒松紧度

密封盒的理论效率为99.3%，标准井的测试结果为90.6%，生产井的统计结果为91.9%，可见密封盒松紧度对抽油机井的耗电量和系统效率有一定的影响。为了定量描述密封盒松紧度与能耗关系，量化密封盒松紧度的操作标准，大庆油田某采油厂进行了密封盒松紧度与能耗关系现场试验和降耗探索，实现在保证油井正常工作的情况下，尽可能降低抽油机井耗电量，提高系统效率。

（一）密封盒松紧度与能耗的关系

密封盒越松能耗越低，但是密封盒如果过度松开，就失去了密封填料密封的作用，因此确定合理的密封盒松紧度十分重要。现场测试的密封盒扭矩与日耗电关系曲线如图7-1所示，表明随着密封盒扭矩值的增加，日耗电越多，扭矩值由10N·m增加到100N·m，日耗电由121.6kW·h增加到133.2kW·h，增加了11.6kW·h。

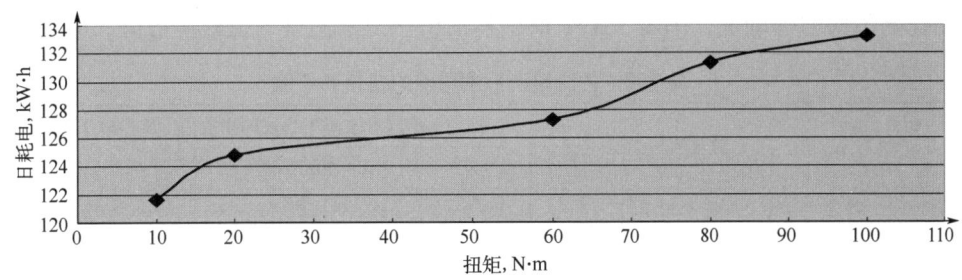

图7-1 密封盒扭矩与日耗电关系

（二）合理调整密封盒松紧度的方法

为搞清楚密封盒对抽油机井的耗电影响，开展了密封盒松紧度现场试验，利用扭矩扳手量化密封盒松紧程度，测定在不同扭矩下抽油机井的消耗功率、日耗电、系统效率，对不同油田不同含水级别的155口井的密封盒扭矩和能耗关系进行了测试分析。根据现场试验结果确定各油田不同含水级别合理的密封盒扭矩调整区间。

现场试验方法：

（1）录取目前状态下的密封盒扭矩，同时测耗电情况（消耗功率、3min耗电），并录取计算系统效率所需的其他数据（日产液、含水率、沉没度、套管压力、油管压力等）。

（2）把密封盒扭矩降到最低，直到密封盒微漏时停止，10min后测耗电情况（消耗功率、3min耗电）。

（3）逐级提高密封盒扭矩，10min后测耗电情况（消耗功率、3min耗电），单井测试次数视实际情况确定。

（4）分析计算现场测试数据，确定密封盒合理扭矩区间。

现场测试结果举例：AGL油田测试24口。

含水率大于80%油井测试12口。从测试情况看，密封盒扭矩从20N·m增加到100N·m时，平均单井消耗功率从6.54kW增加到6.9kW，平均日耗电从157.0kW·h增加到165.6kW·h，增加了8.6kW·h，增加了5.5%。合理的密封盒扭矩定为（30±5）N·m。

含水率60%~80%油井实际测试6口。从测试情况看，密封盒扭矩从20N·m增加到80N·m时，平均单井消耗功率从7.35kW增加到7.89kW，平均日耗电从176.4kW·h增加到189.36kW·h，增加了12.96kW·h，增加了7.35%。合理的密封盒扭矩定为（25±5）N·m。

含水率30%~60%油井实际测试5口。从测试情况看，密封盒扭矩从20N·m增加到

80N·m时，消耗功率从5.27kW增加到5.33kW，平均日耗电从126.36kW·h增加到127.87kW·h，增加了1.51kW·h，增加了1.2%。合理的密封盒扭矩定为（25±5）N·m。

含水率小于30%油井实际测试1口。从测试情况看，盘根盒扭矩从40N·m增加到80N·m时，平均单井消耗功率从4.56kW增加到4.74kW，平均日耗电从109.4kW·h增加到113.8kW·h，增加了4.4kW·h，增加了4.0%。合理的密封盒扭矩定为（40±5）N·m。

现场测试155口井密封盒原态与微漏情况对比，扭矩值由45.5N·m下降到19.5N·m，下降了26N·m。平均单井日耗电由150.6kW·h下降到145.9kW·h，下降了4.7kW·h。系统效率从14.3%上升到15.1%，上升了0.8%。

在现场试验的基础上，确定了某采油厂各油田密封盒调整的扭矩参考值，见表7-2。

表7-2　各油田密封盒调整的扭矩参考值

油田	密封盒类型	密封盒填料类型	不同含水率下合理的扭矩值，N·m		
			60%~80%	30%~60%	<30%
XX	普通	胶皮密封填料	25±5	25±5	20±5
LHP	大密封盒	胶皮密封填料	20±5	20±5	15±5
XZ	普通	胶皮密封填料	20±5	25±5	15±5
XZ1	大密封盒	胶皮密封填料	25±5	20±5	20±5
	普通	胶皮密封填料	20±5		15±5
AGL	大密封盒	胶皮密封填料	25±5	25±5	40±5

（三）调整密封盒松紧度工具及操作经验

操作工具：采用扭矩扳手配套重型套筒达到扭矩测试目的，如图7-2和图7-3所示。

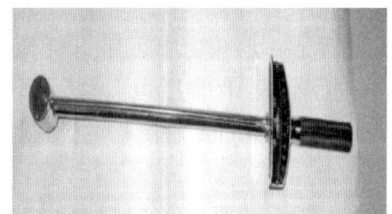

图7-2　扭矩扳手

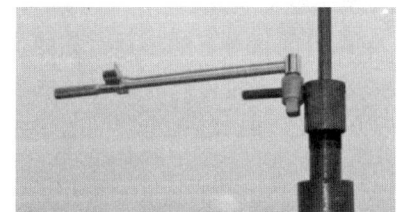

图7-3　现场测试示意图

操作经验：

（1）调整时先把扭矩降到最低，然后逐渐增加扭矩，提高测试的准确性。

（2）在测试密封盒扭矩时，要求调整后间隔10min后再测量，以保证密封盒内填料恢复至正常状态。

（3）在测试过程中，扭矩扳手要紧靠密封盒压盖，扭矩扳手在应用过程中要平缓匀速，在旋转过程中读取扭矩值。

（4）为了保证测试数据的一致性，要求在上冲程时测密封盒扭矩。

（四）密封盒松紧度的管理标准

现场操作以光杆带油、微漏为标准，生产管理也相应调整了管理标准。密封盒管理纳入星级队考核管理。对抽油机井密封盒松紧度管理实施"三级"管理,将密封盒松紧度作为星级队评比的一项考核指标。作业区不定期对小队进行抽查,小队每月与示功图、液面测试一起对密封盒进行检查。

二、合理调整皮带松紧度

从各节点处能量损失对系统效率影响的数据表中(表7-1)可以看出,皮带对系统效率影响占1.4%,这个影响还是不能忽视的,皮带松紧度不同,耗电也大不相同。因此,合理调整皮带松紧度可以降低抽油机井耗电量,进而提高抽油机井系统效率。

为了量化皮带松紧度,技术人员开展了量化合理调整皮带松紧度现场试验,选择不同产液量的井进行不同的组合试验。试验过程如下:

以抽油机井电动机皮带最松状态(不打滑,但皮带"哗哗"响状态)为起点,逐渐用顶丝上紧皮带,从最松到最紧(皮带轮接触处皮带有轻微开裂痕迹)这个过程中再选择两个点录取抽油机井能耗情况。

第一个点比最松时拧紧3圈左右,称为稍紧状态1,第二个点比最松时拧紧6圈左右,称为稍紧状态2。录取最松、状态1、状态2、最紧四种松紧状态下抽油机有功功率的变化情况。

试验涵盖了四种常用型号的皮带和不常用的型号,具有代表性,同时要保证抽油机和泵况均正常,皮带完好。

从数据表7-3中可以看出,随着皮带拧得越紧,耗能逐渐增加,从最松处到最紧处平均有功功率增加了1.61kW。但在状态1时耗电最低。

表7-3 皮带松紧度对能耗影响的数据表

皮带型号	井号	日产液量 t/d	最松 有功功率 kW	状态1 有功功率 kW	状态1 顶丝拧紧圈数	状态2 有功功率 kW	状态2 顶丝拧紧圈数	最紧 有功功率 kW	最紧 顶丝拧紧圈数
5640	A1	29	9.24	8.91	2.9	9.31	5.5	9.35	7
7100	A2	28	11.39	13.00	2.7	14.26	5.5	14.51	7
8000	A3	52	30.60	28.40	2.6	31.70	5.5	32.20	7
平均			17.08	16.77	2.8	18.42	5.5	18.69	7

数据来源:河南油田Y采油厂。

从数据表7-4中同样可以看出,随着皮带拧得越紧,耗能逐渐增加,从最松处到最紧处平均有功功率增加了0.37kW,折算平均单井日耗电增加8kW·h。但同样的规律是在状态1时耗电最低。

表7-4 皮带松紧度对能耗影响的数据表

皮带型号	试验井数口	日产液量 t/d	最松 有功功率 kW	状态1 有功功率 kW	状态1 顶丝拧紧圈数	状态2 有功功率 kW	状态2 顶丝拧紧圈数	最紧 有功功率 kW	最紧 顶丝拧紧圈数
5380	12	41.4	9.94	9.77	3.2	10.09	6.5	10.30	10

续表

皮带型号	试验井数口	日产液量 t/d	最松 有功功率 kW	状态1 有功功率 kW	状态1 顶丝拧紧圈数	状态2 有功功率 kW	状态2 顶丝拧紧圈数	最紧 有功功率 kW	最紧 顶丝拧紧圈数
6350	10	44.1	11.05	10.42	3.6	11.04	6.5	11.43	10
8000	8	60.5	15.37	15.3	2.9	15.68	5.5	15.88	7.5
其他	6	54.5	9.76	9.61	3.0	9.60	6.3	9.98	9.6
平均			11.43	11.15	3.2	11.51	6.2	11.80	9.4

数据来源：大庆油田 Y 采油厂。

试验结论：3 圈。即以抽油机井电动机皮带最松状态，即不打滑，但皮带"哗哗"响状态为起点，再拧紧 3 圈，此时电动机皮带的松紧度最合理省电。

三、合理调整抽油机平衡

（一）平衡率与能耗关系

在井况相同的情况下，抽油机的平衡率高，能耗低，反之能耗高。

为了定量描述抽油机平衡率与能耗的关系，在标准井上开展了抽油机平衡率与能耗测试试验。分别测试了 3 种抽油机与电动机组合下平衡率对应的耗电量。表 7-5 是现场测试应用的 3 种设备组合情况。

表 7-5　抽油机与电机组合

抽油机型号	电动机型号	电动机功率，kW
CYJY10-3-37HB	Y280S-8	37
	TNM250M2-12	15
CYJS8-3-26HB	TNM250M2-12	15

根据现场测试结果，绘制了液面 600m 情况下，每种设备组合对应的平衡率与电流、日耗电的关系曲线，如图 7-4 所示。

曲线 1-1、1-2 分别表示 CYJY10-3-37HB 型抽油机与 Y280S-8 型电动机匹配，平衡率与日耗电、电流关系，表明在普通抽油机与普通电动机匹配情况下，平衡率在 70%~100%变化，日耗电为 150~250kW·h，电流为 40~60A。随着平衡率增加，能耗下降，日耗电差值达到 90.5kW·h。

曲线 2-1、2-2 分别表示 CYJY10-3-37HB 型抽油机与 TNM250M2-12 型电动机匹配，平衡率与日耗电、电流关系。表明在普通抽油机与节能电动机匹配情况下，平衡率在 70%~100%变化，日耗电为 70~100kW·h，电流为 12~18A。随着平衡率增加，能耗下降，日耗电差值为 18.3kW·h。

曲线 3-1、3-2 分别表示 CYJS8-3-26HB 型抽油机与 TNM250M2-12 型电动机匹配，平衡率与日耗电、电流关系，表明在节能抽油机与节能电动机匹配情况下，平衡率在 70%~100%变化，日耗电为 53~58kW·h，电流为 6~8A。随着平衡率增加，能耗下降，日耗电差值仅为 4.5kW·h。

上述三组曲线给出了不同设备组合下平衡率与能耗的关系，均表明平衡率高，日耗电低，随着平衡率的下降日耗电值增加。但是，非节能设备平衡率对能耗影响很大，节能设备平衡率相对而言对能耗影响小。

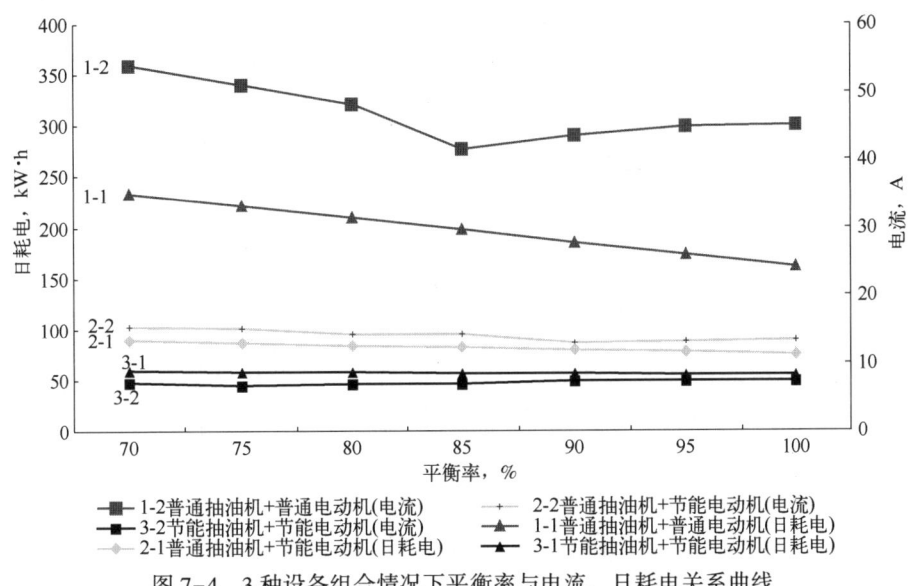

图 7-4　3 种设备组合情况下平衡率与电流、日耗电关系曲线

（二）合理平衡率的确定方法

利用统计学原理，计算置信水平为 0.95 的各种设备组合的不同平衡率范围对应的日耗电置信区间，计算结果见表 7-6。

表 7-6　不同设备组合的不同平衡率范围对应的日耗电置信区间

抽油机	电动机	电流，A	平衡率范围，%	置信区间	差值
CYJY10-3-37HB	Y280S-8	30~60	85~100	{174.0，178.2}	4.2
			80~100	{160.4，270.6}	110.2
CYJY10-3-37HB	TNM250M2-12	10~20	85~100	{76.4，79.6}	3.2
			70~100	{65.1，96.7}	31.6
CYJS8-3-26HB	TNM250M2-12	<10	85~100	{53.5，55.3}	1.8
			75~100	{53.9，57.2}	3.3
			70~100	{54.5，58.4}	3.9

表 7-6 表明对于电流大于 10A 的抽油机井合理电流平衡率范围为 85%~100%，一旦超出此范围能耗将大幅度增加；对于电流小于 10A 的应用节能电动机的抽油机井，合理电流平衡率范围可以放宽为 70%~100%，因为平衡率在 85%~100% 和在 70%~100% 之间能耗差别不大。

（三）平衡状况的检查与调整方法

目前常用的平衡状况的检查与调整方法有目测法、电流法、功率法。

1. 目测法

目测法是将抽油机平衡块停在水平位置（松开刹车），观察平衡块是否上摆、下摆或不摆动，以判断抽油机平衡。也可将抽油机平衡块分别停在 45°、90°、135°、225°、275°，综合判断抽油机是否平衡。平衡块摆动的速度可反映平衡程度，但是它们之间的关系无法量化。

2. 电流法

1) 电流平衡率计算方法及判断标准

分别测量上下冲程时，电动机输入的最大电流值 $I_上$ 和 $I_下$，电流平衡率 (ψ) 为：

$$\psi = \frac{I_下}{I_上} \tag{7-2}$$

式中　$I_上$——抽油机上冲程电动机输入的最大电流值，A；

　　　$I_下$——抽油机下冲程电动机输入的最大电流值，A。

根据现场测试结果，对于电流大于 10A 的抽油机井，合理电流平衡率范围为 85%~100%；对于电流小于 10A 的应用节能电动机的抽油机井，合理电流平衡率范围为 70%~100%。

2) 平衡的调整方法

应用式(7-3)计算平衡块应该移动的距离 (R)。

$$R = \frac{M_{\max}}{Q_曲} \times \frac{I_上 - I_下}{I_上 + I_下} \tag{7-3}$$

$$M_{\max} = 300S + 0.236S(W_{\max} - W_{\min}) \tag{7-4}$$

式中　S——冲程，m；

　　　$M_{\max}$——曲柄最大扭矩，N·m；

　　　$W_{\max}$——悬点最大载荷，kN；

　　　$W_{\min}$——悬点最小载荷，kN；

　　　$Q_曲$——抽油机平衡块质量，kg。

应注意的是电流计算法有一定适用范围，当抽油机严重不平衡时，即 $I_上$ 或 $I_下$ 中有一个是电动机回馈发电电流（负电流）时，式(7-3)不能使用。这时应按照 $I_上$ 为"负电流"时，严重过平衡，平衡块应向接近曲柄轴心方向移动，$I_下$ 为"负电流"时，严重欠平衡，平衡块应向远离曲柄轴心方向移动的原则进行粗调。当 $I_上$、$I_下$ 均不为"负电流"时，再按照上述计算方法精确进行调整。

3. 功率法

功率法平衡是指上、下冲程内电动机在曲柄轴处的平均输出功率相等。可以通过测试电动机在上下冲程的输出动能是否相等加以判断，而电动机的输出动能与输入动能成正比，可见又可以通过测试电动机在上下冲程的输入电能是否相等加以判断。游梁式抽油机采用的是三相异步电动机，三相对称正弦电路的传统公式：

$$P = \sqrt{3} IV \cos\varphi \tag{7-5}$$

式中　P——输入功率，kW；

　　　I——电动机输入电流，A；

V——电动机输入电压,V;

$\cos\varphi$——电动机功率因数。

则电动机输入电能:

$$W = \int_0^t P dt \tag{7-6}$$

式中 W——电动机输入电能,kW·h;

t——抽油机一个冲程或几个冲程所需时间,s。

推导出抽油机平衡时应有:

$$\int_0^{t_\text{上}} \sqrt{3} I_\text{上} V\cos\varphi dt = \int_{t_\text{上}}^{t_\text{下}} \sqrt{3} I_\text{下} V\cos\varphi dt \tag{7-7}$$

式(7-7)的意义是电动机在上冲程中的功率曲线所包围的面积与电动机在下冲程中的功率曲线所包围的面积相等,也就是说上冲程所耗电能与下冲程所耗电能相等。

四、抽油机井间歇采油技术

(一)实施间歇采油的背景

随着老区油田逐步进入高含水开采、三次加密调整和外围低渗透油田的陆续投入开发,油井含水率逐渐上升、沉没度下降,供排矛盾突出,单井产液量调整变化频繁,抽汲设备逐渐老化,使部分机采设备出现了利用率低、运行效率低、能耗高等问题。

通过对大庆油田20366口抽油机井的测试结果表明,主要表现为:一是抽油机井系统效率低、能耗高。抽油机井的平均系统效率为22.1%,其中系统效率低于15%的抽油机井占调查井数据的32.5%,而外围油田平均系统效率只有12.5%。二是部分抽汲设备偏大,抽油机井装机功率偏高。电动机功率利用率低于20%的井约有5000口。说明随着油田开发和产液结构调整,部分抽油机井的电动机容量配置不当,轻载现象比较普遍,造成抽油机井装机功率较高。

考虑到当前大庆油田老区高含水后期的开发形势和外围低产能状况,确保抽油机井经济运行已成为采油工程系统迫切需要解决的问题,也是关系到大庆油田低成本战略的一项重要举措。

从少投入多产出,甚至不投入多产出的思路出发,间歇采油技术应运而生。例如,某采油厂已开发油田供液能力差,产液量低,举升效率低,平均单井日产液3.7t/d,理论排量为14.8m³,泵效水平仅为27%,系统效率水平仅为10%。

间歇采油技术是指将产量很低,其最小理论排量远远大于实际产量的油井采取间歇式生产方式,在保证产量不降的前提下,实现能耗最低的一种合理的机采井生产方式。把以往供液不足井被动的间抽方式转变为正常井主动的进攻性节能措施,实现机采井大幅度节能降耗。

(二)间歇采油配套实施技术

1. 人工法

对于开关井时间与岗位工人巡井时间相符合的井,进行人工启停机操作,无投入。

2. 半人工法

对于开关井时间与岗位工人巡井时间部分相符合的井，进行人工启机，自动停机操作。

方法一：低投入，定时开关一个。

方法二：利用液面连续监测装置监测液面变化，根据液面恢复速度确定合理液面范围，当液面降至下限时自动停井，每天人工开井。

3. 自动化法

对于开关井时间与岗位工人巡井时间不符合的井，应用间歇采油自动控制系统。

1）间歇采油自动控制系统的构成

间歇采油自动控制系统主要包括间歇采油自动系统、数据分析系统、远程数据采集系统、远程监控系统四大部分。

系统由检测单元、主控单元、控制中心三大部分组成。检测单元包括电流变送器、电流互感器等一次元件，是将采集到的信号，转换成 4~20mA 电流信号或 1~5V 电压信号，采集给主控单元。主控单元由 RTU、DTU、开关电源、变压器、语音报警、警笛报警器等辅助元件组成。其中语音报警可根据设置，以不同时间间隔进行语音报警。控制中心根据指令发布控制命令。

主控单元底板配线图如图 7-5 所示。

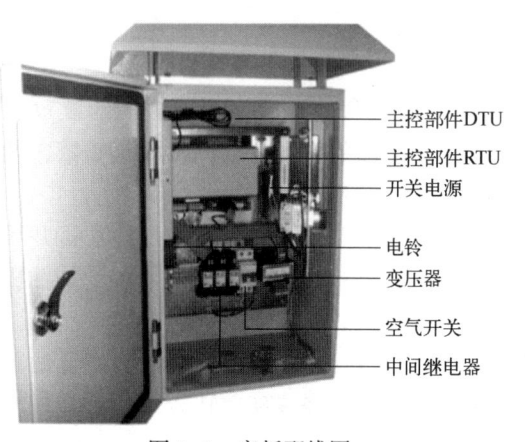

图 7-5 底板配线图

2）间歇采油自动控制系统的工作流程

间歇采油自动控制系统工作流程图如图 7-6 所示。

一次元件主要包括电流采集器、电压采集器、角位移采集器等，采集器将采集到的信号发给主控单元 RTU、DTU，经过其处理发送到控制中心，控制中心把需要输出的数据输出，同时将指令发送至主控单元，主控单元根据控制中的指令执行相应的行为，同时将指令发送给抽油机，抽油机按照接收到的指令启停机，从而实现整个生产过程的自动化。

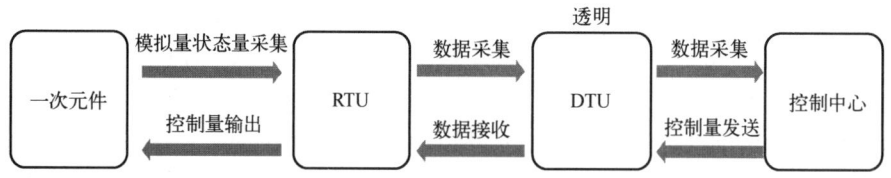

图 7-6 间歇采油自动控制系统流程图

4. 短周期不停机间歇采油配套技术探索

间歇采油制度一般以 24h 为周期，有的周期甚至更长，存在液面波动幅度大，导致流压及沉没压力波动幅度大的问题。"大间隔"的间歇启停，导致动液面波动较大，一般波动幅度在 50~150m，与理论上的合理流压对应值存在一定误差。

为实现连续稳定的供采协调和高效举升，为机采井精准管理提供指导，也为了间歇采油技术应用的安全考虑，技术人员开展了短周期不停机间歇采油技术研究及现场试验。

短周期不停机间歇采油配套技术通过高效整周运行与低能耗摆动运行组合方式，实现"小间隔"不停机间歇采油，实现稳定流压高泵效生产。同时通过软启动，降低了频繁启机对传动系统的损害，且杜绝了无人自动启机时现场的安全隐患。

短周期不停机间歇采油技术的特点如下：

（1）停抽时抽油机曲柄做低能耗小角度摆动。
（2）摆动时杆柱运动控制在弹性变形范围内，井下柱塞保持不动。
（3）到设定间隔，电动机在动态下柔性启动，正常抽油。

结合产量、液面恢复、流压等生产实际，按液面波动 10m 为临界条件，计算不同产量油井液面恢复 10m 所需时间。计算表明，采用以 30min 为整周期，全天分为 48 个周期进行间歇采油，能够实现稳定高效供采协调。

选取 XZ 油田二工区为试验区，开展短周期不停机间歇采油技术现场试验。在试验区已推广 140 口井，平均单井开井 16.3h，关井 7.7h，泵效为 25.8%，系统效率为 18.3%；试验后平均单井开井时间 10.9h，关井 13.1h，日产液保持稳定，泵效提高 8.9%，系统效率提高 3.8%，见表 7-7。

表 7-7 短周期不停机间歇采油效果表

分类	开井时间 h	关井时间 h	产量 t/d	流压 MPa	沉没度 m	泵效 %	日耗电 kW·h	系统效率 %
试验前	16.3	7.7	2.9	3.6	122	25.8	63.3	18.3
试验后	10.9	13.1	2.9	3.7	138	34.7	49.4	22.1
差值	-5.4	5.4	0.0	0.1	16	8.9	-13.9	3.8

采用 30min "小间隔"间歇运行后，动液面变化幅度小，液面波动范围由 117m 稳定到 4m 以内，流压、沉没压力较常规间歇采油变化范围大幅度减小。

（三）间歇采油井的管理

1. 日常管理

（1）间歇采油工作制度执行理论计算的工作制度，如果动液面不在合理液面范围内，现场实施单位与工作制度计算单位结合，适时调整，保证油井在合理流压范围内生产。

（2）实施间歇采油的井在机体或配电箱处喷涂间歇采油井标志及安全警示语（运行周期）。实施间歇采油的井均应在工程技术大队备案，不得以间歇采油为由进行无故停机。

（3）间歇周期大于 48h 的井采用人工启停机的方式，停机时将驴头停在下死点（出砂井停在上死点），启机时采用二次点启方式。

（4）同一环的间歇采油井开关井时间交错开，减少对掺水流程的影响。

（5）同一电网的间歇采油井开井时间交错开，减少对电网的冲击。

2. 安全管理

（1）对间歇采油自动控制抽油机井操作前，必须认真阅读"间歇采油自动控制系统现场操作说明书"中操作说明，并按其执行。

（2）任何工作人员（包括作业区管理维护人员、作业队施工人员、测试大队测试人员等）在进入间歇采油自动控制抽油机井作业前，把间歇采油自动控制系统设置为"自学习"状态，如作业停机，先将总开关断开，刹车后方可作业施工；完成作业后先解除刹车、合上空气开关后，把间歇采油自动控制系统恢复到原有设置状态。

（3）间歇采油自动控制抽油机井在"远程控制状态"下运行开机，前5min间歇采油自动控制系统开始语音报警1次，前3min语音报警1次，前1min语音警笛报警3次，抽油机附近人员在报警警示期间内必须立即远离抽油机至安全位置。

（4）间歇采油自动控制抽油机配电箱里面的保护器，不要放在"自动启动"上，应放在"手动启动"上。

（5）间歇采油自动控制抽油机井在"远程控制状态"下运行开机时，不要随意扳动刹车，以免造成抽油机皮带损坏等机械事故。

第三节　抽油机井系统效率

在抽油机井的举升工艺中，通常是通过调整地层、井筒、地面压力的协调关系，实现供采协调，达到充分发挥油井产能、降低举升系统能耗、实现提高抽油机井系统效率目的。实践表明，油田开采后期及低渗透油田的许多油井都是在流压低于饱和压力下开采的，一般认为，井底流压降得越低，油井的产量越大，但现场实践证明，井底流压降到一定的程度后如果继续下降，油井的产量增加幅度很小，甚至下降，这就说明抽汲系统存在合理流压。因此，要保证抽油机井经济运行，确定抽油机井的合理流压是进行抽油机井措施调整的前提和依据，即想提高系统效率必须首先确定油井目前的合理流压。然后在此基础上，考虑抽汲参数与能耗、投资的关系，研究确定抽汲参数优化设计技术。

一、合理流压确定技术

合理流压的确定，目前现场应用较普遍的是沃格尔方程和广义IPR方法。但沃格尔方程有一个假设条件：流压较高时，$K_{ro}/\mu_o B_o$与压力的关系为直线。该方法在实际应用中，在流压较低时，尤其是在低渗透油田应用时与生产实际相悖。

实践表明，在渗流速度增大到一定程度后，由于惯性力的作用和湍流效应的存在，流量与压力梯度之间不呈线性关系，流体的渗流为非线性渗流。理论研究表明，达西定律对渗流速度的适用上限为$Re \approx 5$。

在低渗透地层，原油的流动呈现宾厄姆流体的流变特性。原因是原油中的活性物质与岩石之间产生吸附作用，出现吸附层，压力梯度必须大到一定数值才能克服吸附层形成的阻力使原油开始流动，即存在一个启动压力梯度，牛顿流体在低压力梯度下出现类似非牛顿流体的特性。

因此，在高含水开发阶段，随着低渗透的薄差层和表外层陆续投入开发，地层流体的渗流存在高速的非线性渗流、线性渗流以及低速的非线性渗流。而且不同区块、不同井或同井的不同时期流态都不一样。达西定律的应用有一定的局限性。

因而，借鉴沃格尔方程在不涉及油藏参数和流体性质的情况下，预测不同流压下产量的方法就显得尤为重要。根据渗流理论，气液两相渗流的产油量的数学表达式为：

$$q_o = A_o [K_{ro}/(\mu_o B_o)](p_s - p_f) \tag{7-8}$$

$$A_o = 2\pi KHC/\ln(R_G/R_J) \tag{7-9}$$

式中　K——地层绝对渗透率，μm^2；

　　　K_{ro}——油相相对渗透率，μm^2；

　　　H——油层有效厚度，m；

　　　p_s——静压，MPa；

　　　p_f——流压，MPa；

　　　μ_o——油的黏度，mPa·s；

　　　B_o——油的体积系数；

　　　C——单位换算系数；

　　　R_G——泄油区半径，m；

　　　R_J——油井半径，m。

根据油气层渗流理论，$K_{ro}/(\mu_o B_o)$-p关系曲线如图7-7所示。

图7-7所示的$K_{ro}/(\mu_o B_o)$-p关系曲线，在流压较低时是曲线，当p较大时，趋势为直线段。因此，较低流压情况下，用沃格尔方程进行产量预测，误差较大。

针对大庆油田的生产实际情况，在老区高渗透油田，利用油、气、水三相渗流理论，采取两项式方式建立了产量与流压的关系模型，并通过产量对流压求导，求得合理

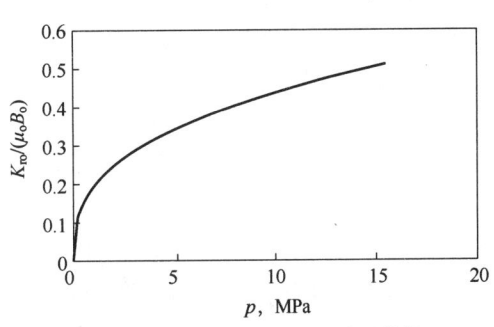

图7-7　$K_{ro}/(\mu_o B_o)$-p的关系曲线

流压值。在大庆外围"三低"油田，利用油井生产数据，通过数学回归，建立了幂指数模型。

（一）中高渗透油田合理流压的计算

1. 中高渗透油田合理流压计算公式

利用气液两相渗流的两项式运动方程、状态方程和连续性方程，结合矿场动态数据建立了油井附近脱气情况下的产液量与流压的关系式。

$$q_1 = J_b e^{bf_w} \left[p_r - p_f - \frac{c}{mf_w e^{bf_w}} (p_b - p_f)^2 \right] \tag{7-10}$$

式中　q_1——产液量，t/d；

　　　J_b——无水采液指数，t/(MPa·d)；

　　　c——脱气指数；

　　　m，b——多元非线性回归系数；

f_w——含水率；

p_r，p_b，p_f——分别为地层压力、饱和压力、流动压力，MPa。

利用式(7-10)，将产量对流压求导，当 $dq_l/dp_f=0$ 时，得到：

$$p_f^* = p_b - \frac{mf_w e^{bf_w}}{2c} \tag{7-11}$$

式中 p_f^*——合理流压值，MPa。

2. 中高渗透油田合理流压计算案例

大庆油田某区块合理井底流压的模拟计算：该区块开发面积为 $0.66km^2$，地质储量为 $346.77 \times 10^4 t$，共有 51 口油水井。这 51 口井分布于 4 套井网 7 个层系之中，且具有良好的供排关系。它们分别是基础井网萨+葡Ⅱ，行列葡Ⅰ组，一次加密的萨差层、葡差层、萨葡差层，二次加密的萨葡差层，高台子油层。

在平面上，以井排方向作为 x-y 方向，组成 30m×25m 平面网格系统，纵向上以油层组为单元划分模拟层系。根据已有的开发生产数据，对模拟区进行了历史拟合。

拟合原则：主要拟合后 5 年的指标；拟合指标以各套层系井含水率和地层压力为主。

拟合的基本步骤：

(1) 调整周边网格和局部有效厚度拟合全区地质储量。

(2) 调整渗透率与传导率拟合地层压力。

(3) 修改相对渗透率曲线拟合生产动态，主要拟合含水率。

(4) 具体做法：拟合产量、含水率、地层压力等各项指标到 2004 年。从 2004 年开始，以不同的流压进行定压求产到含水率 98%，求得各套层系井不同含水率时产量，从而得到不同含水率时流压—产量关系曲线。

数值模拟结果显示：一次加密萨葡差油层含水率 85% 时合理流压为 3.1MPa；含水率 90% 时合理流压 2.7MPa；含水率 95% 时合理流压 2.5MPa，如图 7-8 所示。

萨+葡Ⅱ组油层含水率 85% 时合理流压 3.0MPa；含水率 90% 时合理流压 2.8MPa；含水率 95% 时合理流压 2.7MPa，如图 7-9 所示。

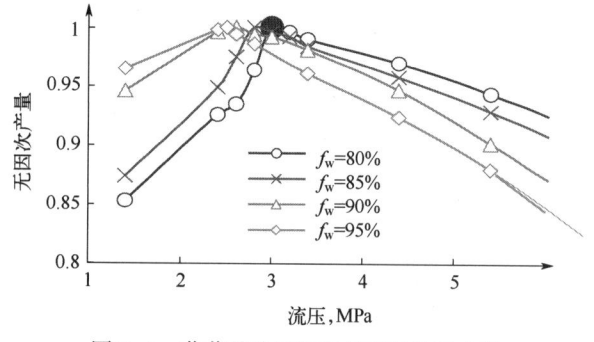

图 7-8 萨葡差油层流压与产量关系曲线

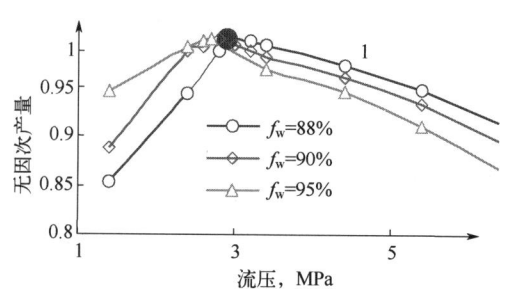

图 7-9 萨+葡Ⅱ油层流压与产量关系曲线

利用产量与流压关系的数学模型和合理流压模型对模拟区的 37 口油井进行拟合，得到不同层系的合理流压值，见表 7-8。

表 7-8 中高渗透油田不同层系的合理流压值　　　　　　　　单位：MPa

区块名称		含水率,%			
		80	85	90	95
基础井网（萨+葡Ⅱ）	模型拟合	3.14	2.96	2.85	2.77
	数值模拟		3.0	2.8	2.7
一次加密萨葡差油层	模型拟合	3.64	3.18	3.05	2.96
	数值模拟		3.1	2.7	2.5

（二）低渗透油田合理流压的计算

1. 低渗透油田合理流压计算公式

以气液两相渗流的产液量数学表达式为基础，$K_{ro}/(\mu_o B_o)-p_f$ 的关系如下：

$$p_f = \alpha [K_{ro}/(\mu_o B_o)]^n \tag{7-12}$$

式中　α——常数。

从而得产能预测公式为：

$$q_o = A(p_s - p_f)(p_f)^{1/n} \tag{7-13}$$

式中　A——常数；

　　　n——待定数。

$$A = A_o/(\alpha)^{1/n} \tag{7-14}$$

式中　A_o——常数。

合理流压和油井最大产液的公式为：

$$p_{f合理} = p_s/(n+1) \tag{7-15}$$

$$q_{Lmax} = A_n [p_s/(n+1)]^{(n+1)/n} \tag{7-16}$$

式中　$p_{f合理}$——合理井底流压，MPa；

　　　q_{Lmax}——最大产液量，m³/d。

2. 幂指数"n"值的确定

1)"n"值的确定

由式（7-16）可知，只要知道单井两组流压下的产液量就可反算 n 值。通过对大庆 LHP 油田的 13 口流压调整井进行 n 值计算，从而可求得 n 的加权几何平均值为 1.8。根据 n 值为 1.8 对上述 13 口井的日产液量调后值进行计算，结果见表 7-9。

表 7-9　n 值及误差统计表

序号	井号	n 值	日产液量,t/d	计算日产液量,t/d	绝对误差,t/d	相对误差,%
1	L27-21	1.85	9.4	9.43	-0.03	-0.3
2	L37-15	1.65	17.5	17.97	-0.47	-2.7
3	L37-17	1.61	6.2	6.49	-0.29	-4.7
4	L33-15	2.39	7.9	7.19	0.71	9.0
5	L27-19	1.37	27.9	26.97	0.93	3.3
6	L31-20	2.50	17.5	16.56	0.94	5.4

续表

序号	井号	n值	日产液量, t/d	计算日产液量, t/d	绝对误差, t/d	相对误差, %
7	L37-19	1.23	16.8	15.43	1.37	8.2
8	L39-18	1.25	28.5	27.21	1.29	4.5
9	L18-13	1.80	5.7	5.7	0	0.0
10	L17-17	1.80	7	7.1	-0.1	-1.4
11	L19-18	2.34	14.2	13.38	0.82	5.8
12	L19-17	2.68	21.1	21.51	-0.41	-1.9
13	L22-15	1.50	7.5	7.65	-0.15	-2.0

由此可计算出均方根误差,以95%的概率度计算可预测出置信区间上限值为+1.49t/d,下限值为-1.49t/d。

从表7-9中可以看出13口井的误差点都没有超出上、下限,另外从相对误差看也处于±10%以内。其中有9口井±5%以内,说明预测处于控制之中。

因此根据公式(7-15)和公式(7-16)LHP油田的产量预测公式和合理流压公式为:

$$q_o = A(p_s - p_f)(p_f)^{1/1.8} \quad (7-17)$$

$$p_{f合理} = 1/2.8 p_s \quad (7-18)$$

2)"n"值的修正

为了进一步提高该方法在现场应用的准确性,依据已实施36口井的数据对n值进行修正。修正后,$n=1.76$。LHP油田无因次产量和合理流压公式为:

$$q_L/q_{Lmax} = 2.79[(p_f/p_s)0.57 - (p_f/p_s)1.57] \quad (7-19)$$

$$p_{f合理} = p_s/2.76 \quad (7-20)$$

3. 低渗透油田合理流压的确定案例

根据试验结果,对大庆外围LHP油田试验区及南块、LHP高台子油层、XZ油田、XZ1油田、XX油田五个油田取得了系数n值,给出了各油田流入动态方程和合理流压公式,见表7-10。

同时,为了弄清n值与含水率的关系,给出了大庆LHP油田的单井的n值与含水率的关系散点图,回归求出了n值与含水率的关系式如下:

$$n = 1.94 - 0.0032 f_w \quad (7-21)$$

从上式可以看出含水率的变化对n值的影响很小。也就是说忽略含水率的影响,回归的结果和反求的结果基本吻合。

表7-10 某厂各油田流入动态方程和合理流压公式

油田	流入动态方程	合理流压公式
LHP油田	$q_o = A(p_s - p_f)(p_f)^{1/1.81}$	$p_{f合理} = 1/2.81 p_s$
单采高台子	$q_o = A(p_s - p_f)(p_f)^{1/1.57}$	$p_{f合理} = 1/2.57 p_s$
单采萨尔图	$q_o = A(p_s - p_f)(p_f)^{1/1.80}$	$p_{f合理} = 1/2.80 p_s$
萨高合采区块	$q_o = A(p_s - p_f)(p_f)^{1/1.44 \sim 1.94}$	$p_{f合理} = 1/2.44 \sim 2.94 p_s$

续表

油田	流入动态方程	合理流压公式
萨葡高合采区块	$q_o = A(p_s - p_f)(p_f)^{1/2.00}$	$p_{f合理} = 1/3.00 p_s$
XZ 葡萄花油层	$q_o = A(p_s - p_f)(p_f)^{1/1.10}$	$p_{f合理} = 1/2.10 p_s$
XZ1 油田	$q_o = A(p_s - p_f)(p_f)^{1/1.74}$	$p_{f合理} = 1/2.74 p_s$
XX 油田	$q_o = A(p_s - p_f)(p_f)^{1/1.94}$	$p_{f合理} = 1/2.94 p_s$

在大庆油田 LHP 试验区以北现场录取了 7 口不同生产状况井的流压和产液数据。根据式(7-16)计算,将其分为流压偏小井、流压合理井、流压偏大井。同时进行流压调整,以研究流压对产量的影响,不同流压下产量变化情况见表 7-11。

从表 7-11 中可以看出,流压偏小的井流压调大后产量增加(有 1 口稳定);流压偏大区的井调小流压后产量增加;而流压合理区的井调小流压后产量下降。表明该方法与实际基本吻合,7 口井符合率为 85.7%。

表 7-11 理论合理流压与现场实测对比表

流压类型	井号	调整方法	合理流压 MPa	调前流压 MPa	调前日产液量 t/d	调后流压 MPa	调后日产液量 t/d	计算日产液量 t/d	绝对误差 t/d
流压偏小	L17	9↓6	4.5	2.42	10.4	2.91	12.3	10.9	1.4
	L19	6↓4	4.5	1.88	6	2.59	5.4	6.6	-1.2
	L15	9↓6	3.5	2.09	7.9	2.24	9.8	8.0	1.8
流压偏大	L21	6↑9	5.0	7.59	23.6	3.88	29.1	24.6	4.5
	L20	6↑9	4.0	8.70	20.7	2.62	26.4	25.4	1.0
流压合理	L18	6↑9	7.0	6.22	25.3	4.02	22.7	23.2	-0.5
	L31-15	4↑6	4.5	4.48	14.8	3.49	13.9	14.5	-0.6

二、油井沉没压力的确定及参数优化方法

对于抽油机井来说,为了减少气体对泵效影响,通常采用的方法是增加泵的沉没压力。但沉没压力的增大会引起抽油杆的加长,相应地增加抽油杆和油管的变形,冲程损失增大,泵效降低。因而在确定合理流压和最大产量的基础上,要进一步确定油田合理的沉没压力。

确定合理沉没压力的方法很多,如布朗方法、许用应力法、泵效试算法、井下效率试算法等,下面介绍井下效率试算法。

泵效计算公式:

$$\eta_{泵效} = \eta_1 \eta_2 \eta_3 \tag{7-22}$$

式中 $\eta_{泵效}$——泵效;

η_1——冲程损失影响的系统效率;

η_2——气体影响的系统效率;

η_3——漏失影响的系统效率。

$$\eta_1 = (s-\lambda)/s = 1 + f_p \rho g L^2/E \times [n^2/(1790f_r) - 1/(sf_r) - 1/(sf_t)] \quad (7-23)$$

忽略泵本身余隙的影响:

$$\eta_2 = 1/(1+V)$$

$$V = (G_o - ap_c)(1-f_w)/(p_c + 0.1)$$

$$\eta_2 = (p_c + 0.1)/[p_c - ap_c(1-f_w) + G_o(1-f_w) + 0.1] \quad (7-24)$$

取 η_3 为 0.97,则:

$$\eta = \{1 + f_p \rho g L^2/E \times [n^2/(1790f_r) - 1/(sf_r) - 1/(sf_t)]\} \times \\ \{(p_c + 0.1)/[p_c - ap_c(1-f_w) + G_o(1-f_w) + 0.1]\} \times 0.97 \quad (7-25)$$

式中 p_c——沉没压力,MPa;

G_o——生产气油比,m³/m³;

a——溶解系数,m³/(m³·MPa);

f_w——含水率,%;

ρ——液体密度,kg/m³;

g——重力加速度,m/s²;

s——冲程,m;

n——冲次,min⁻¹;

L——泵挂深度,m;

E——钢的弹性模数,2.06×10⁶Pa;

f_p, f_r, f_t——活塞、抽油杆、油管的截面积,m²。

根据上面的理论计算公式,在给定流压和最大产量的前提下,以井下效率为优化目标函数,通过试算求出在最大产量情况下井下效率最高时的沉没压力,同时也优化出了该效率下的参数匹配。由于计算复杂,工程技术人员编制了计算机软件。井下效率和沉没度的关系的计算结果如图 7-10 所示。

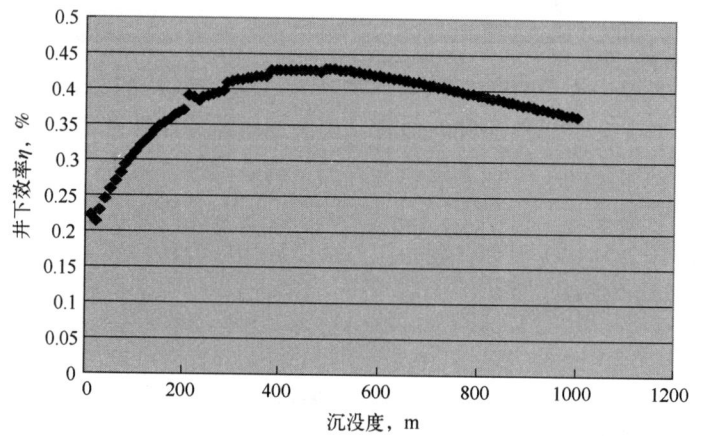

图 7-10 井下效率和沉没度关系的计算结果

通过试算给出了 LHP 等各油田的合理沉没压力,见表 7-12。

表 7-12　某采油厂各区块 n 值和合理流压及合理沉没压力

区块	n	合理流压，MPa	合理沉没压力，MPa
LHP	1.81	5.07	3.88
GTZ	1.57	3.21	1.10
S	1.80	3.77	3.77
SG	1.44~1.94	3.59~4.33	3.59
SP	2.00	3.52	3.52
XZ	1.10	7.42	6.01
XZ1	1.74	4.53	2.40
XX	1.94	4.74	3.31

三、合理冲次的确定及降冲次方法

油井只有在合理工作参数下，才能发挥油层生产能力，并且系统效率高，能耗低，免修期长。而在泵径、冲程、冲次三者的配合关系中，对于操作者来说，工作量最小、最容易调整的是冲次，因此冲次的选择就显得尤为重要。对于稀油油田来说，冲次过小则漏失量过大，泵效不会很高；而冲次过大又会加重抽油杆和其他抽油设备的疲劳和损坏程度，耗能增加，降低经济效益。

（一）合理冲次的确定

1. 工作参数、泵效和维护比率的关系

抽油机井工作参数匹配对协调供采关系，保持抽油泵良好的工作状况影响较大。对产液量、含水率、油层物性及油层深度相近的 LHP、AGL 两个油田的抽汲参数与维护性作业比例的关系进行了对比，见表 7-13。

从表 7-13 中可以看出，冲程越大、冲次越低则泵效越高，泵效越高则维护性作业比例越低。从表 7-13 中还可以看出，对作业维护比例影响较大的是冲次。

表 7-13　工作参数与维护性作业比例对比表

油田	平均冲程 m	冲程利用率 %	平均冲次 min^{-1}	平均日产液量 t/d	泵效 %	维护小于6次井所占比例 %	维护比例
LHP	2.38	83	6.88	11.0	37	21	0.78
AGL	2.47	91	5.95	11.0	45	44	0.23
差值	+0.09	+8	-0.93	0	+8	23	-0.55

2. 冲次对耗能的影响

1) 冲次对井口密封填料密封处耗能的影响

对密封盒密封处的耗能情况进行试验，试验情况结果见表 7-14。从表 7-14 中可以看出，当产液量相近时，冲次越低则耗能越低，对密封盒密封处的耗能影响越小。

表 7-14　冲次对井口密封填料密封处耗能的影响对比表

冲次 min⁻¹	平均日产液量 t/d	正常日耗电 kW·h	松开日耗电 kW·h	差值 kW·h
4	28.8	226.8	215.6	-11.2
6	14.0	160.5	146.5	-14.0
9	20.6	213.4	189.8	-23.6
12	20.2	322.0	282.3	-39.7

2）冲次在合理流压下对系统效率的影响

在调整流压的同时，观察系统效率的变化情况，可得出在合理流压下冲次对系统效率的影响，见表 7-15。

从表 7-15 可以看出，当平均冲次由 8.4min⁻¹ 降到 5.4min⁻¹ 时，平均单井日增液 1.3t/d，平均单井系统效率提高 13.6%。由此可见，当油井流压趋于合理时，较小的冲次会使系统效率有明显提高。

表 7-15　冲次对系统效率的影响实测对比表

井号	调整内容		调整前			调整后		
	泵径 mm	冲次 min⁻¹	日产液量 t/d	流压 MPa	系统效率 %	日产液量 t/d	流压 MPa	系统效率 %
L19-16		9↓5	9.9	2.38	19.8	10.8	4.20	27.3
L27-15		9↓6	15.0	0.98	31.7	15.7	1.51	46.6
L25-19		6↓4	4.3	0.26	12.2	4.0	0.23	16.1
L17-19	38↑44	9↓6	16.3	2.66	37.0	19.3	3.85	59.9
L19-20	38↑44	9↓6	10.7	8.11	12.0	12.6	4.36	30.8
平均			11.2	2.88	22.5	12.5	2.83	36.1

3. 冲次对泵效影响的室内实验结果及理论分析

1）冲次上限的确定

图 7-11 是西安石油学院模拟井下抽油泵工作情况做出的冲次对泵效影响的室内实验结果。实验是在稀油条件下做的（黏度等于 50mPa·s），其中 d/D 是抽油泵的过油孔径和油管内径的比值。

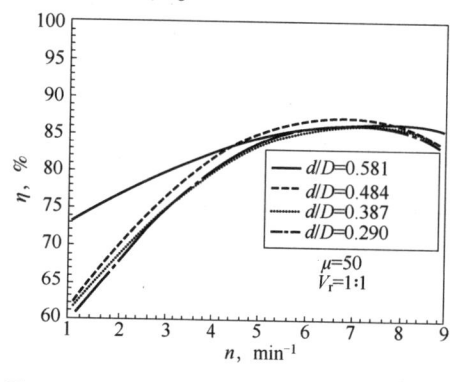

图 7-11　冲次对泵效影响的室内实验结果图

从图 7-11 可以看出，当黏度一定时，对于四种泵和油管的组合来说都存在一个最佳冲次问题，而并不是冲次越高，泵效越高。对于上述条件的井来说，最佳冲次为 $6\sim7\text{min}^{-1}$。

对于大庆各油田来说，原油都是黏度都在 50mPa·s 以下的稀油，使用的是内径为 62mm 的油管，泵径基本上为 32mm、38mm、44mm、56mm 四种，即 d/D 的值为 0.307、0.410、0.461、0.563。基本符合上述实验的条件，另外从前面的论述中也说明冲次并不是越高越好。

因而对于大庆各油田来说，冲次控制在7min^{-1}以内应该是最佳的。

2）冲次下限的确定

根据 Harbiso-Fisher 公司提供的公式计算：

$$q = 1.57 D \delta^3 \Delta p / (\mu L) \tag{7-26}$$

式中　q——漏失量，m^3/s；

　　　D——柱塞或泵筒直径，m；

　　　δ——泵间隙，m；

　　　Δp——柱塞上下压差，Pa；

　　　μ——动力黏度，Pa·s；

　　　L——柱塞长，m。

以 ϕ38mm 泵为例，参数取值如下：

$D = 0.038$m；$\delta = 2.45 \times 10^{-5}$m，以 0.25×10^{-5}m 的步长递增；$\Delta p = 15 \times 10^6$Pa；$\mu = 20 \times 10^{-3}$Pa·s；$L = 1.2$m。

从手册查得Ⅰ级泵的间隙范围为 0.025~0.088mm，0.050~0.113mm。参考表 7-16，对于Ⅰ级泵，考虑到其他因素，初始漏失量为 1~2t/d。

表 7-16　泵间隙与漏失量关系

δ, mm	漏失量, m^3/d	δ, mm	漏失量, m^3/d	δ, mm	漏失量, m^3/d	δ, mm	漏失量, m^3/d
0.0245	0.05	0.0545	0.52	0.0845	1.94	0.1145	4.84
0.0295	0.08	0.0595	0.68	0.0895	2.31	0.1195	5.50
0.0345	0.13	0.0645	0.86	0.0945	2.72	0.1245	6.22
0.0395	0.20	0.0695	1.08	0.0995	3.17	0.127	6.60
0.0445	0.28	0.0745	1.33	0.1016	3.38	0.1295	7.00
0.0495	0.39	0.0762	1.43	0.1045	3.68	0.132	7.41
0.0508	0.42	0.0795	1.62	0.1095	4.23	0.1345	7.84

对于需要低冲次的井，供液能力肯定较差，所需泵径较小。以 ϕ32mm 泵为例，假设冲程为 2m，冲次为/min^{-1}，则其理论排量为 2.3t/d。如果充满系数达到 0.8，则排量为 1.84t/d。考虑到其他不确定因素，其排量基本等于漏失量。从这个意义上说，将抽油机冲次调整为 1/min^{-1} 或更低是不可取的。如果为 2/min^{-1}，充满系数为 0.8，则排量为 3.68t/d，考虑到漏失量，实际排量能达到 1~2t/d。

因此对于产液量较低的井，冲次调为 2/min^{-1} 是可行的。即稀油油田抽油机井冲次的合理范围应为 2~7min^{-1}。

4. 冲次对产量、泵效及系统效率影响的试验

1）降冲次试验

试验了 11 口井。调整方法是换大泵 10 口，换小泵 1 口，在上述井下调后的基础上，地面降冲程 1 口，降冲次 5 口。通过如此的综合调整，11 口井的平均泵径由 38.5mm 调整到 43.5mm；冲程由 2.8m 降到 2.7m；冲次由 8.5min^{-1} 降到 6.6min^{-1}。同时平均理论排量由 36.1t 调整到 34.4t。

调整后，11 口井的平均流压降到 4.29MPa，平均沉没压力降到 3.0MPa，基本合理。

11口井的产量都上升,平均日产液量由10.3t/d上升到14.2t/d,上升了3.9t/d;平均日产油量由6.0t/d上升到7.8t/d,上升了1.8t/d;综合含水率由41.7%上升到45.1%,上升了3.4%;平均动液面由718.4下降到1250.3mt,下降了531.9m;平均沉没度由792.8下降到240.7mt,下降了552.1m;平均泵效由30.0%上升到43.2%,上升了13.2%。

2)小冲次试验

对于LHP高台子油层和XZ油田来说,在调整中存在的最大问题是压力调整和现有机采设备的矛盾。这两个油田油井安装的都是10型抽油机,最小冲程为2.0m,最小冲次可调整到4min^{-1},按ϕ32mm泵计算最小理论排量为9.2m^3/d,而单采高台子井平均日产液量仅为1.1t/d,这些井效率很低。这也是低渗透油田的一个基本难题,由于参数无法再降低,导致流压和沉没压力偏低,泵效低。另外这些井安装的都是37kW的电动机,而实际日消耗电量仅在5~7kW·h,"大马拉小车"的现象非常突出。

为此,突破了电动机装机功率和转速禁区,试验应用了低功率低转速电动机。从而实现了油井小冲次运转的目的,实现了流压和沉没压力合理,使产量稳定,能耗降低,维护性作业比例下降。

总计调整了24口井,计算平均单井合理流压为4.32MPa,平均单井合理沉没压力为3.36MPa。调前平均单井流压为1.36MPa,平均单井合理沉没压力为0.73MPa,两个压力都明显偏低。更换电动机后平均冲次由6.0min^{-1}降到2.9min^{-1},电动机平均装机功率从32kW降到12.5kW。与此同时,平均理论排量也从14.5t降到了7.3t。

调整后平均单井流压上升到3.11MPa,平均单井沉没压力上升到2.45MPa,已趋于合理。平均单井日产液量由1.2t/d上升到1.8t/d,日增液0.6t/d;平均单井日产油量由1.1t/d上升到1.6t/d,日增油0.5t/d;平均单井含水率由12.1%上升到14.5%,上升了2.4%(含水率上升的原因是XZ油田个别井因地层原因突升);平均单井动液面由1576.7m上升到1391.0m,上升了185.7m。

平均单井日耗电由156kW·h下降到110kW·h,下降了46kW·h;平均单井泵效由8.5%上升到24.1%,上升了15.6%。年可实现增油705t,可实现节电8.3×10^{4}kW·h。

(二)降冲次的方法

(1)改变电动机的级数,但需要投入高昂的改装费用和耽误正常生产。

(2)安装变频调速器。即在每口特低产井安装变频调速器。但价格较贵,每口井需投入(2.5~2.8)万元;该技术目前有的油田已引进,例如在LB油田2口低产井上进行试验。从测试结果看可以降耗电30%,最低冲次可降低到1min^{-1}。

(3)更换低转速电动机或双速双功率抽油机拖动装置。转速为135~500r/min,最低可将冲次降到1.5min^{-1}。每口井需投入0.8万元至2.17万元,节电率可达到15%~35%。该方法目前在有的油田已得到了推广应用。

(4)减速器技术。方法是将减速装置安装在电动机的输出轴与抽油机输入轴之间,经过减速器后,将电动机的高速旋转变成较低速度旋转运动,即可以实现将冲次降低的效果,最低可将冲次降到1.5min^{-1}。每口井需投入0.3万元。

(5)新型变径皮带轮技术。小轮可实现3~6次,组合后可实现5~8次,而且可实现0.1min^{-1}冲次无级变化,类似变频功能。

四、整体方案优化

（一）实施原则

（1）先易后难，先地面、后地下。
（2）井下换泵、换杆组合、改变泵挂深度随施工作业调整。

（二）实施要求

（1）调整前需录取产液量、含水率、液面、示功图、耗电资料，调整后20d录取调后上述资料。
（2）保证各种计量仪表仪器的齐全、准确。

（三）方法步骤

（1）根据测试资料或动态分析确定所分析区块或单井的静压值，然后依据所确定的分油田的n值计算出单井的合理流压值。
（2）分析泵况，去除泵况不正常井。
（3）分析正常井3个月以来的动态资料，尤其是流压（动液面）变化情况；与计算合理流压对比，范围在±1.5MPa认为合理（经验值）。
（4）分析流压和沉没压力不合理井的原因，主要是看如何优化调整才能使冲程、冲次、泵径、泵深组合合理。
（5）对于流压和沉没压力合理的井，主要是分析参数组合是否合理，存不存在大冲次、小冲程或大冲次、小泵径以及泵深是否合理等问题。
（6）制定优化调整方案，原则是长冲程，慢冲次（小冲次）或大泵径，慢冲次（小冲次）。
（7）对于流压偏大的井，在放大参数时，首先考虑放大冲程，其次是泵径，再次考虑放大冲次，但冲次尽可能控制在$7min^{-1}$以内。
（8）对于流压偏小的井，在调小参数时，首先考虑降冲次，其次是降冲程，再次考虑换小泵，但冲次尽可能控制在$2min^{-1}$以上。
（9）制定方案后进行现场地面井况落实，包括冲程是否能调整、电动机皮带轮如何配置等，对于无法施工的井，进行方案的重新修订。

第四节 抽油机井节能管理技术

一、常用节能抽油机和节能电动机概述

常规型抽油机的主要问题是能耗大，效率低。我国油田正在使用的常规型游梁式抽油机系统效率较低，只有16%~23%，先进的地区至今也不到30%；美国的常规型抽油机系

统效率较高,但也仅为46%。这就客观上要求我国应大力发展和推广应用各种节能型抽油机,加速开发新型节能抽油机,并且加强对常规抽油机的节能改造。近10年,抽油机主体和抽油机举升系统的技术进步主要表现为:抽油机从转抽初期的4种机型,发展到目前的20余种机型。近几年逐渐应用了偏置型、调径变矩、下偏杠铃型、摆杆式、偏轮式、双驴头、摩擦换向等节能抽油机,增强了对这些新机型应用技术的认识,将这些认识与新机型的设计方法结合成有机整体,进一步提高了综合节能效果。本书选取了偏置式抽油机、弯游梁式抽油机、下偏杠铃式抽油机以及双驴头抽油机等节能抽油机进行介绍。

另外,节能电动机在降低能耗方面作用日趋显著,通过节能电动机和抽油机的合理匹配,可以使举升耗电量大幅度下降,本文介绍了油田上应用范围比较广泛的几种节能电动机。

(一)节能抽油机

节能抽油机,虽节能途径不尽相同,其表现形式却均具备"运用变矩和慢提快放的节能原理,通过改变游梁式抽油机的结构设计,减小其扭矩的波动范围,达到降低净扭矩、减小电动机装机功率、提高电动机的功率利用率、实现节能降耗的目的"的共性。下面分析四种节能抽油机各自的结构设计特点及其节能机理。

1. 偏置式抽油机

偏置式抽油机,又称为异相型游梁式抽油机,是近30余年改造成功的一种性能较好的抽油机。图7-12所示是其结构简图。

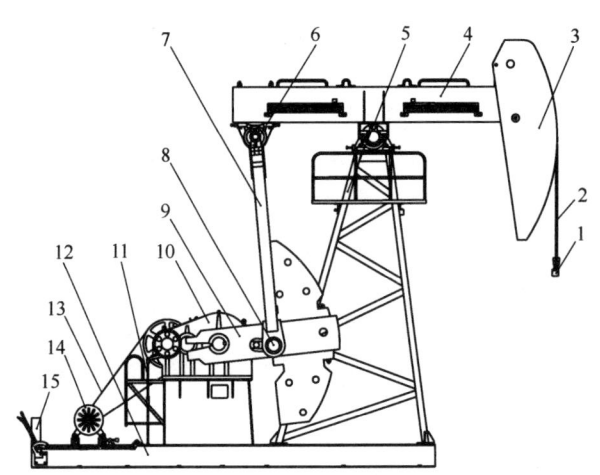

图7-12 偏置式抽油机结构简图

1—悬绳器;2—吊绳;3—驴头;4—游梁;5—支架;6—横梁;7—连杆;8—曲柄销装置;9—曲柄装置;10—减速器;11—刹车装置;12—底座;13—胶带;14—电动机;15—电控箱

1)结构特点

在结构上与常规游梁式抽油机(以下简称常规机)相比,主要的不同之处有两点:一是将减速器背离支架后移,增大了减速器输出轴中心和游梁摆动中心之间的水平距离,形成了较大的极位夹角(即驴头处于上、下死点位置时连杆中心线之间的夹角);二是平衡块重心与曲柄轴中心连线和曲柄销中心与曲柄轴中心连线之间构成一定的夹角τ,该角称为偏置相位角。这种抽油机的曲柄均为顺时针旋转,因此曲柄平衡重总是滞后一个相位角 τ。

2) 节能原理

该机工作时,由于它具有较大的极位夹角,一般在 12°左右,使抽油机的曲柄转角在上下冲程时为非对称循环,抽油机上冲程时曲柄转过的角度增加 12°为 192°,下冲程时曲柄转过的角度减少 12°为 168°。当曲柄转速不变时,悬点上冲程的时间就大于下冲程的时间,因此悬点上冲程时加速度和动载荷减小。另外,在结构设计中增加平衡相位角,使减速器输出的最大净扭矩峰值降低,扭矩变化较均匀,扭矩波动系数减小,降低了抽油机的装机功率,达到了节能降耗的目的。但节能的幅度是有限的,与常规抽油机相比,系统效率提高 3%~4%。

2. 双驴头抽油机

双驴头抽油机,又称为异型游梁式抽油机,图 7-13 所示是其结构简图。

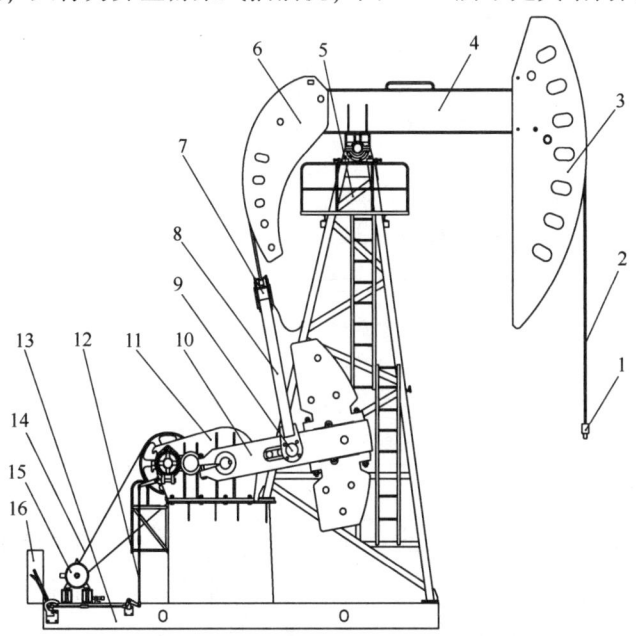

图 7-13 双驴头抽油机结构简图
1—悬绳器;2—吊绳;3—前驴头;4—游梁;5—支架;6—后驴头;7—横梁;8—连杆;
9—曲柄销装置;10—曲柄装置;11—减速器;12—刹车装置;13—底座;14—皮带;15—电动机;16—电控箱

1) 结构特点

以常规机为基础模型,突破了常规机固定四杆机构的制约,将常规机原游梁后臂长的定值变成一个变径圆弧,利用尾驴头摆动时,后毛辫子与驴头弧面的接触点的改变来改变后臂长和后臂与前臂的夹角,按照驴头负荷增大时有效后臂长变长,而驴头负荷减小时有效后臂长变短的原则设计后驴头曲面。

2) 节能原理

通过改变抽油机扭矩因数的变化规律来加强平衡效果,达到节能的目的。双驴头抽油机工作时,游梁后臂的长度变化与悬点载荷的变化相适应,依靠其游梁后臂有效长度有规律变化,实现了悬点负载大(下冲程结束、上冲程开始)时游梁后臂长、平衡力矩大,悬点负载小(上冲程结束、下冲程开始)时游梁后臂短、平衡力矩小的工作状态,使光杆载荷扭矩变化接近正弦变化,与按正弦变化的曲柄平衡扭矩相对应,增加了抽油机的平衡效果,减小了曲柄净扭矩的波动,降低了驱动抽油机电动机的装机功率,达到了节能降耗的目的。

3. 弯游梁式抽油机

1) 结构特点

与常规抽油机相比,弯游梁式抽油机有相同系列的动力传动部件,同类的底座、支架、连杆横梁、曲柄装置、驴头等结构件,如图7-14所示。不同点是其游梁为弯曲状,尾轴承座在游梁的上部,在弯曲游梁的尾部设置有一定量可调的平衡块,以满足不同井况的需要。

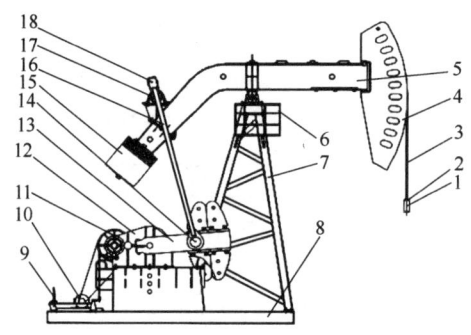

图7-14 弯游梁式抽油机结构简图

1—悬绳器;2—光杆卡瓦;3—悬绳;4—前驴头;5—游梁;6—平台;7—支架;8—底座;
9—刹车装置;10—电动机;11—刹车安全装置;12—减速器;13—曲柄装置;14—曲柄销装置;
15—游梁平衡组件;16—连杆;17—尾轴承座;18—横梁

2) 节能原理

弯游梁式抽油机游梁平衡力臂的变化规律与载荷形成一种合理的对应关系。当前驴头处在上死点(上冲程结束、下冲程开始)时,悬点载荷最小,这时候需要的平衡扭矩应该较小,此时的游梁平衡力臂正好最短。相反下死点时(下冲程结束、上冲程开始),悬点载荷最大,游梁平衡力臂最长。这种特殊的多组合式游梁和曲柄平衡配置,可以与悬点载荷进行较好平衡,有效地减小输出净扭矩的波动值,达到减少动力配置、提高效率和降低能耗的目的。

4. 下偏杠铃式抽油机

1) 结构特点

下偏杠铃式抽油机如图7-15所示,基于偏置机的结构不变,保持了传统复合游梁式抽油机的基本结构,在游梁尾部增加固定偏置平衡装置,其重心相对游梁下偏一个角度,将曲柄平衡机构和游梁偏置平衡机构有机地结合在一起,削减了峰值扭矩,减小了曲柄输出扭矩的波动,降低了装机功率,达到了节能的目的。

2) 节能原理

下偏杠铃式抽油机工作时,游梁偏置平衡重心的运动轨迹是一段圆弧,当重心处于游

第七章 抽油机井节能管理

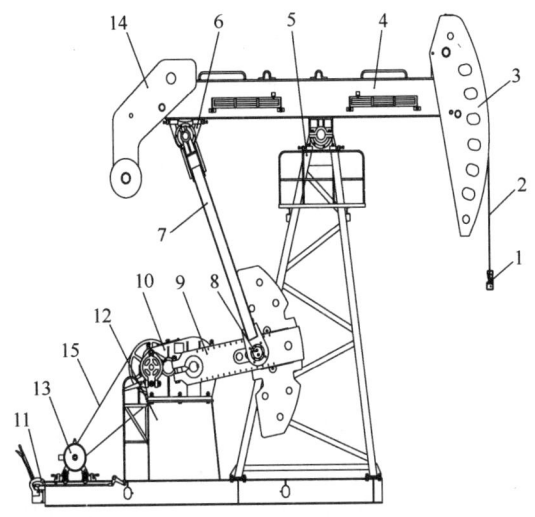

图 7-15 下偏杠铃式抽油机结构简图

1—悬绳器；2—吊绳；3—驴头；4—游梁；5—支架；6—横梁；7—连杆；8—曲柄销装置；9—曲柄装置；
10—减速器；11—刹车装置；12—底座；13—电动机；14—偏锤总成；15—皮带

梁回转中心的水平线上时，其重力矩最大；当重心处于回转中心的垂直线上时，其重力矩最小。利用这一变矩原理与曲柄平衡共同作用，可有效削减峰值扭矩，改善抽油机曲柄轴净扭矩曲线的形状和大小，使其波动平缓，并且消除负扭矩，减小抽油机的周期载荷波动系数，提高电动机的工作效率。

（二）节能电动机

游梁式抽油机是一种带有冲击性的周期交变负载，启动转矩大，在一个冲次内负载波动很大。针对抽油机的负荷特点，驱动抽油机的节能电动机在设计上或采用多绕组，或提高电动机的转差率，或采用稀土材料，或采用电控装置等方法，以改变电动机的机械特性，使其与抽油机的负荷特性相匹配，提高电动机的负载率、功率因数和运行效率，达到节能降耗的目的。

1. 稀土永磁同步电动机

稀土永磁电动机采用永久磁铁代替励磁绕组激磁，其定子和转子与普通三相异步电动机相同，电动机的转子上同时装有鼠笼条和稀土磁钢，异步启动同步运行，综合了异步电动机和同步电动机的优点，启动时鼠笼条与旋转磁场相互作用产生异步启动力矩，牵入同步后鼠笼条失去作用，永磁磁场与旋转磁场相互作用带动负载工作。

稀土永磁同步电动机稳定运行在同步转速，与异步电动机相比没有转差损耗；使用稀土永磁材料激磁，提高了功率因数，定子电流减小，铜损降低，提高了电动机效率；针对抽油机的负荷特点，提高了低负荷区（50%以下）的电动机效率；同步电动机在负载变化和电网电压波动时，不存在速度波动，没有机械过渡过程的损耗。

2. 双功率电机

双功率电动机的定子绕组采用两个可以并联运行的绕组，即一个多匝绕组和一个少匝绕组，两个绕组的功率不同，两个绕组分别可单独运行，也可并联运行，机座与Y系列电动机相同。由控制装置根据负荷的变化，自动控制其运行方式。

双功率电动机在驱动抽油机时，控制装置中有一个电流检测电路，并能实现绕组的自动切换。启动时可令两个绕组分时投入，总的启动电流减小。电动机的负载率较大时，两个绕组同时投入工作，其装机功率为电动机的额定功率；电动机的负载率小于60%时，多匝数绕组投入工作，其装机功率为额定功率的60%；电动机的负载率小于40%时，少匝数绕组投入工作，其装机功率为额定功率的40%。使电动机的负载率较大，提高了电动机的运行效率和功率因数。

3. 高转差率节能电动机

高转差率节能电动机：一是具有优良的启动性能和软特性，能够用较小容量取代较大容量的普通电动机，固定损耗减少；二是设计使高转差率节能电动机的高效区向轻负荷时偏移且比较平坦，尽管高转差率节能电动机的额定效率不如普通电动机高，在抽油机上运行时却具有高的平均效率；三是高转差率节能电动机与抽油机合理匹配，克服"大马拉小车"现象，工作热电流降低、功率因数提高，无功功率和线损降低；四是通常抽油机存在发电现象，高转差率节能电动机的软特性可大大减少乃至消除发电状态，不仅降低对供电容量的需求，充分发挥电动机的能力，也减少能量无益吞吐过程中的损耗。优点是启动转矩大，为电动机额定转矩的2.75~3.4倍，启动电流小，为电动机额定电流的3.5~5.54倍，具有较大的速度变化范围，方便现场调参，现场适应性强。

4. 伺服电动机

伺服电动机是近年来出现的一种电动机，在实际应用中节能效果显著。该电动机具有电流跟随负载转矩自动调节的功能，其最大转矩可达到额定转矩的3倍，可克服惯性负载在启动瞬间的惯性力矩，具有较强的过载能力，因而可以达到降低装机功率及变压器容量的目的，大幅度降低能耗，与普通电动机比具有更大的节能空间；具有监测和控制功能，可实现连续抽、间抽等各种抽油模式，还能实现示功图、电流、电压、位置实时监控，功耗实时计算等功能。

二、抽油机选型优化技术

外围低渗透油田由于储量丰度低、渗透率低、产量低，产液变化规律不同于中高渗透油田。但是，在抽油机选型原则上，沿用的仍然是中高渗透油田的抽油机选择依据和原则，从而造成所选的抽油设备负载率低，"大马拉小车"现象非常严重，导致投资高、能耗高，影响油田开发效益，制约了低渗透油田开发。如低渗透油田按常规选型方法选择抽油机，载荷利用率仅为42.4%，扭矩利用率仅为33.9%。为此，技术人员从新油田开发抽油设备匹配这一源头入手，开展抽油机选型技术攻关。

（一）确定载荷和产液变化规律

通过对低渗透油田相渗透率曲线、IPR曲线研究及实际生产数据统计研究分析发现，低渗透油田在开发过程中，产液量不增加或增加幅度较小，抽油机井初期负载即最大负载。在认清产液变化规律的基础上，提高了抽油机初期最大载荷利用率、扭矩利用率，使得初期抽油机载荷利用率提高到不大于95.0%，扭矩利用率提高到不大于90.0%，以此为依据确定抽油机机型即可满足油田生产需要,降低了抽油机装机机型。

(1) 以无因次采液指数随含水率的变化规律为理论基础,给出了低渗透油田产液变化规律,如图 7-16 所示,采液指数初期即为最大。

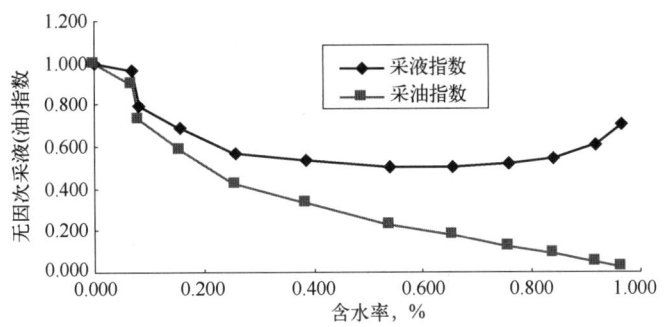

图 7-16 LHP 油田无因次采液(油)指数与含水率关系曲线

(2) 从低渗透流入流出动态规律看,并不是生产压差越大,产量越高。从低渗透油井 IPR 曲线及现场实际情况看,流压低于某个值(最小流压)后,产量随生产压差增大而下降。说明不能用加深泵挂和放大生产压差的方式来提高产量。

如 1998—2001 年在 LHP 油田 49~59 排进行提液稳产试验,平均单井日产液量由 9.7t/d 增加到 11.9t/d,日产油量由 3.6t/d 下降到 2.9t/d,综合含水率由 62.9% 上升到 75.6%。虽然产液量有一定提高,但靠提液稳产是不可行的。

(3) 统计分析已投产低渗透油田产液及抽油机载荷变化规律,如图 7-17 所示。

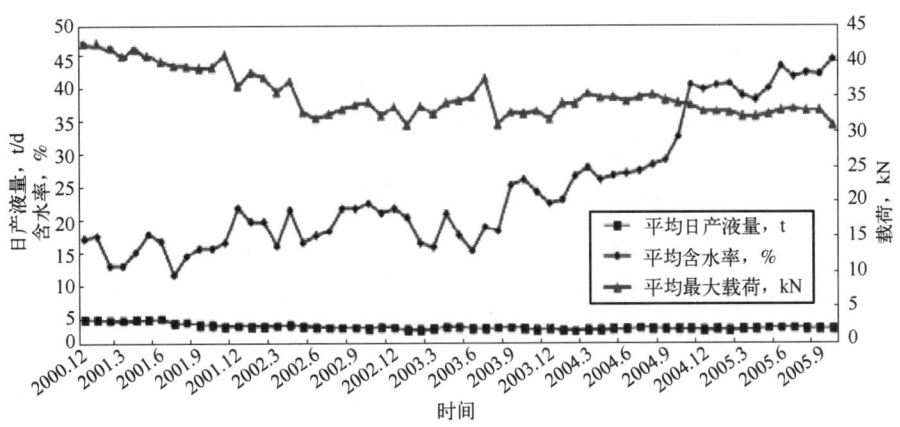

图 7-17 XZ1 油田 2000—2005 年实际产液量、含水率及载荷变化趋势

以上表明低渗透油田产液量不随开发时间延长而增加,初期产液量即为最大产液量。即低渗透油田抽油机井初期载荷最大。

(二) 完善节能型抽油机的载荷、扭矩计算方法

通过对节能抽油机进行运动动力学分析,改进了载荷、扭矩计算方法。改进后,双驴头抽油机悬点最大载荷、悬点最小载荷、曲柄轴最大扭矩的平均误差分别下降 0.16%、10.01% 和 15.31%;弯游梁式抽油机与下偏杠铃式抽油机悬点最大载荷、悬点最小载荷、曲柄轴最大扭矩的平均误差分别下降 1.7%、17.64% 和 22.69%,提高了计算精度,

见表 7-17。

表 7-17 不同节能抽油机载荷、扭矩计算公式

机型	载荷计算公式	扭矩计算公式
原方法	$p_{\min} = p'_1 + p'_r \left(1 + \dfrac{SN^2}{1790}\right)$ $p_{\max} = p_r \left(1 - \dfrac{SN^2}{1790}\right)$	$M_{\max} = \dfrac{S}{4}(p_{\max} - p_{\min})$ $M_{\max} = 0.3S + 0.236S(p_{\max} - p_{\min})$
双驴头式抽油机	$p_{\max} = p'_1 + p'_r + p_r \dfrac{\alpha_{0°}(10°)}{g} + F_1 + F_2 + F_4$ $p_{\min} = p'_r + p_r \dfrac{\alpha_{190°}(200°)}{g} - F_1 - F_2 - F_3 - F_5$	$M_n = (p-B)\overline{TF} - M\sin\theta$ $M_{\max} = \max\{M_n\}$
弯游梁式抽油机 与下偏杠铃式抽油机	$p_{\max} = p'_1 + p'_s + \dfrac{Ef_r(10°)}{\alpha} \dfrac{S}{2} \omega \sin\left(\alpha_{\lambda r} + \dfrac{\omega L_p}{\alpha}\right)$ $p_{\min} = p'_r - \dfrac{Ef_r}{\alpha} \dfrac{S}{2} \omega \sin\left(\alpha_{\lambda r} + \dfrac{\omega L_p}{\alpha}\right)$	$M_n = \left[p - B - \dfrac{Q_b I_b}{A}\cos(\delta + \delta_0)\right]\overline{TF} - M\sin\theta$ $M_{\max} = \max\{M_n\}$

(三) 合理匹配抽油机和电动机，降低装机功率

借鉴标准井测试结果，对抽油机、电动机进行优化匹配，见表 7-18。从表 7-18 中看出，与双驴头抽油机匹配，永磁电动机节电率最高，其次是双功率电动机。

表 7-18 不同节能电动机和抽油机优化测试结果表

抽油机型号	电动机型号	运行参数	平均综合节电率,%	年节电量 kW·h	年节电费用,元
CYJS10-5-48HB	YXCJ	$S=4.2\text{m}, n=6\text{min}^{-1}$	3.23	1909	763.6
	TNYC	$S=4.2\text{m}, n=6\text{min}^{-1}$	8.77	5893	2357.2
	YGK	$S=4.2\text{m}, n=6\text{min}^{-1}$	-0.53	-1298	-519.2
	YCH	$S=4.2\text{m}, n=6\text{min}^{-1}$	-0.14	-138	-55.2

同时，针对不同节能抽油机、电动机的特性及机械参数建立相应的数学模型，根据抽油机与电动机的耦合关系，以能耗最低为目标，综合考虑电动机的启动性能、过载能力、投资回收期等因素，合理匹配电动机机型及功率。

抽油机与电动机耦合关系如下：

$$T_d = \dfrac{1}{i\eta_m^m} T_n \tag{7-27}$$

式中 i——从电动机轴到减速器输出轴的总传动比；

T_d——电动机轴的输出扭矩，kN·m；

η_m——电动机轴到曲柄轴的传动效率；

m——指数；

T_n——阻力矩，kN·m。

(四) 抽油机选型标准及优化设计软件编制

根据上述理论模型，进行抽油机选型优化设计软件的编制。

1. 软件设计思想

主要是利用油井开发初期的试井资料,将数据导入相应的数学模型对新井进行产能预测,通过抽油机悬点载荷、扭矩和功率等相关参数优化抽油机参数,确定选型标准及经济评价,最终优选出抽油机和电动机型号。

2. 软件编制

(1) 数据输入:将数据录入到软件的初始界面中。

(2) 数学模型:分产液变化规律、参数优化、抽油机选型及经济评价、示功图、扭矩图及速度、加速度变化曲线等。

(3) 数据输出:计算出的 IPR 曲线,悬点最大、最小载荷,扭矩及功率等各种图形均以相应的变化规律曲线绘制出来,逻辑图如图 7-18 所示。

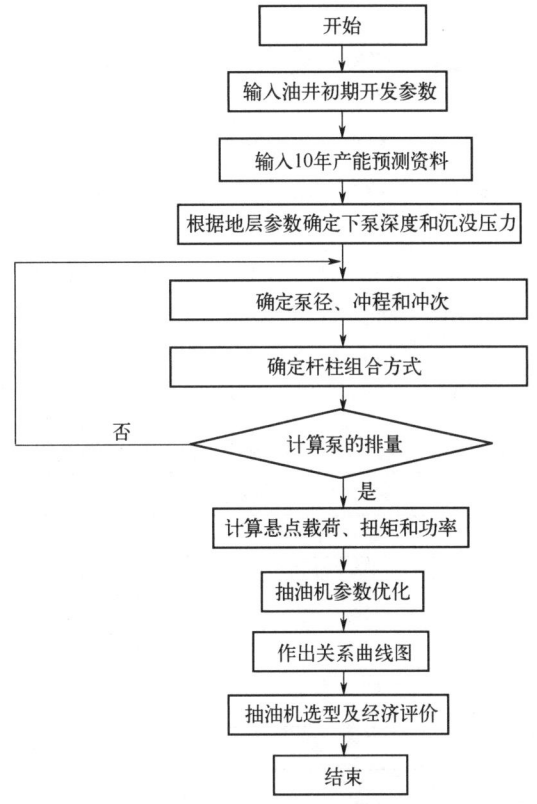

图 7-18 抽油机选型优化设计软件编制逻辑图

三、提高抽油机电动机效率的技术措施

电动机是石油生产的主要拖动装置,其能源消耗占整个抽油机举升系统的比重最大。尽管电动机额定效率一般能达到 85%~90%,但实际生产过程中,由于抽油机井特殊的运动方式,电动机效率一般仅仅能达到 60% 或者更低,因而挖潜余地更大。

以单井日耗电为 100kW·h 为例,当电动机效率为 60% 时,整个地面部分效率约为 46.7%,地面部分损失功率折算日耗电为 53.3kW·h,其中电动机部分损失功率折算日耗电高达 40.0kW·h，远高于其他节点，见表 7-19。

表 7-19 地面部分损失功率对比情况

地面节点	电动机损失	皮带	减速箱	四连杆	地面部分
节点效率，%	60	95	90	91	46.7
输出功率，kW	2.5	2.4	2.1	1.9	1.9
输入折算日耗电，kW·h	100	60	57	51.3	100
输出折算日耗电，kW·h	60	57	51.3	46.7	46.7
损失折算日耗电，kW·h	40	3	5.7	4.6	53.3

（一）电动机效率影响因素分析与评价标准

1. 输入部分

先讨论一下电源质量对电动机效率的影响。电动机行业规范对电动机电源电压及三相不平衡度明确规定如下：

（1）电源电压与额定电压最大允许 10% 的偏差。

（2）根据《三相异步电动机经济运行》（GB/T 12497—2006）规定，三相电压不平衡度应小于 1.5%。

这里不平衡度=（最大电压−最小电压）/三相平均电压×100%。

但经过现场调查，大庆油田大部分井电源电压值超过额定电压值。表 7-20 是某厂部分油田异步电动机电压调查表，某厂电动机绝大多数在高于额定电压情况下工作。统计某厂各油田电动机电压值，82.0% 以上电动机电压高于额定电压。

表 7-20 某厂部分油田异步电动机电压调查表

作业区	调查井数，口	超过额定电压10%井数，口	超额井数比，%
LHP	81	57	70.4
AGL	152	117	77.0
PX	236	183	77.5
XZ	114	110	96.5
XZ1	77	74	96.1
合计	660	541	82.0

原因是线路末端存在一定线路压降损失，为了不使末端用电设备电压过低，一般线路设计时电压高于用电设备额定电压。

同样，现场调查表明抽油机井三相不平衡是个普遍存在的问题。如统计 XZ1 油田 77 口井，平均三相电压不平衡度 1.2%，最高为 2.6%，见表 7-21。

表 7-21 XZ1 油田 77 口井三相电压不平衡度情况表

三相电压不平衡度，%	0~0.5	0.5~1	1~1.5	1.5~2	>2	合计
井数，口	2	20	33	18	4	77
比例，%	2.60	25.97	42.86	23.38	5.19	100

三相电压不平衡度主要由以下几个原因：变压器三相绕组中某相发生异常，输送不对称电源电压；输电线路长，导线截面大小不均，阻抗压降不同；动力、照明混合共用，其中单相负载多。

2. 输出部分

首先是负载率不达标。抽油机达不到额定负载率有两个原因：一是选择电动机时加上了太多的备用系数（如井况变化、电动机启动等），使得电动机功率远远大于被驱动机械的轴功率；二是计算被驱动机械轴功率时加上了比较多的安全系数，使得轴功率偏大。

其次是负载呈周期性变化。负载周期性大小变化，当功率变小时，电动机运行的无功部分加大，影响电动机的效率。原因是抽油机上下往复运动，造成交变载荷变化频繁，尽管采用了曲柄配重的旋转平衡，但载荷仍然呈周期波动，在确保可靠启动和正常运行情况下，与之匹配的电动机额定功率都比运行功率大，除负载在峰值时，大部分时段处于轻载运行。

例如L5-斜11井，从图7-19可以看出，该井使用电动机型号为YCHD225-12/8，在用功率为17kW，实测消耗功率为5.7kW，功率利用率尽管达到33.5%，但瞬时最大功率仅为9.1kW，且每个冲程一半时段位于电动机低效区。

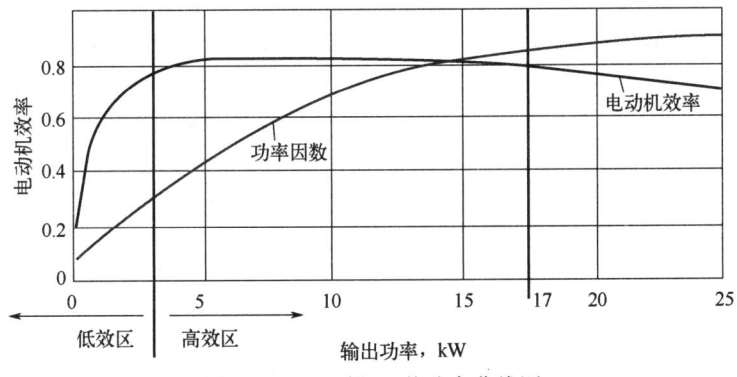

图7-19 L5-斜11井功率曲线图

3. 电动机本体

电动机机械损耗一般占总损耗的10%~50%，电动机容量越大，由于通风损耗变大，在总损耗中所占比重也增大。电动机转动部分润滑、通风状况消耗部分功率，对电动机效率也有一定影响。

（二）提高电动机效率的技术措施

电动机的损耗包括定子铜耗、转子铜耗、铁耗、机械损耗及杂损等。定子铜损P_{Cu1}、转子铜损P_{Cu2}与定子、转子电流平方成正比，铁损P_{Fe}与电压的平方成正比。

所以当电源电压大于电动机额定电压时：

(1) 导致电动机主磁通增加（$\Phi_m \uparrow$）→定子电流I_1随之上升→定子铜耗P_{Cu1}和转子铜耗P_{Cu2}增加→η下降。

(2) 电压上升导致铁耗P_{Fe}大幅度上升→η下降。

因而在满足负载有效功率需求前提下，可以通过对电动机供电电源的合理控制，使定子铜耗、转子铜耗和铁耗减小。即当电动机电源电压大于额定电压超过标准时，通过将电源电压降低至额定电压可以提高电动机效率。

当电源电压小于电动机额定电压时：

（1）若负载处于额定负载，定子电流将随之减小，铁芯损耗和定子铜耗减小。但转差率增大，转子电流增大，转子铜耗也随之增加。

（2）若异步电动机轻载运行，由于转子电流和转子铜耗较小，从而定子电流随之减小，定子的功率因数提高，铁耗降低。

由此可知轻载运行时，适当降低电压也可以提高电动机效率。

1. 人工调整电源电压现场试验

针对电动机运行电压偏高的实际，技术人员在 LHP 油田选取一些井，进行调低电压试验，并对调压后启动、空载运行、正常运行 3 种状态进行对比分析。

1）启动电流减小

异步电动机启动时转差率 $s=1$，转子部分等效阻抗很小，根据异步电动机等效电路分析：异步电动机启动电流与外加电压 U_1 成正比，与短路阻抗成反比。

L8-12 井应用 SD/YCHD225-12/8 电动机，额定电压为 380V，相电压为 220V，实际电压为 238.6V，启动电流为 101.5A；中挡调抵挡后电压降低到 228.1V（仍然偏高），启动电流降为 93.8A，启动电流明显减小，如图 7-20 所示。

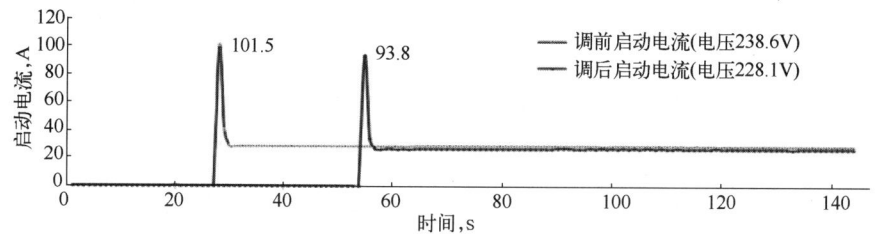

图 7-20　L8-12 井调压前后启动电流曲线

2）空载电流和空载功率减小

L5-斜 11 井调压前后对比，电流下降 1.6A，有功功率下降 0.12kW，功率因数略微增大，见表 7-22。

表 7-22　L5-斜 11 井空载调压前后能耗对比

类别	电压，V	电流，A	有功功率，kW	无功功率，kvar	视在功率，kV·A	功率因数（cosφ）
调整前	228.6	24.2	1.18	16.56	16.6	0.07
调整后	218.2	22.6	1.06	14.75	14.78	0.071
差值	-10.4	-1.6	-0.12	-1.81	-1.82	0.001

3）运行时耗电降低

调整电压 7 口井，措施有效率 100%，平均电压由措施前的 234.8V 降低至 223.5V，平均单井日节电 6.2kW·h，节电率 6.4%，系统效率提高 1.2%，见表 7-23。

表 7-23　调压前后正常运行时能耗数据对比表

井号	类别	电压,V	有功功率 kW	无功功率 kvar	系统效率 %	日节电 kW·h	节电率 %
L5-斜11	调整前	227.7	4.4	17.98	17.4	9.6	9.1
	调整后	217.2	4	16.16	19.2		
L5-斜11	调整前	227.9	5.9	16.43	13	5.2	3.7
	调整后	217.2	5.69	14.34	13.5		
L14-21	调整前	237.8	3.12	20.3	36.5	1.7	2.2
	调整后	224.9	3.05	17.69	37.3		
L15-10	调整前	238.3	8.42	14.68	13	7.8	3.9
	调整后	226.4	8.09	12.97	13.6		
L18-08	调整前	240.5	3.57	10.39	25.4	4.4	5.1
	调整后	229.1	3.39	8.82	26.8		
L8-12	调整前	238.6	3.31	20.05	29.2	12	15.2
	调整后	228.1	2.81	17.87	34.5		
L110-05	调整前	232.9	3.05	9.75	25.1	6.1	8.3
	调整后	222.5	2.8	8.47	27.4		
L124-11	调整前	234.8	3.06	18.19	17.7	2.8	3.8
	调整后	222.6	2.94	16.01	18.4		
平均	调整前	234.8	4.35	15.97	20	6.2	6.4
	调整后	223.5	4.09	14.04	21.2		

2. 调压型节能控制箱的应用

由于人工现场调压有很多井依然没有办法将电压调到位，于是技术人员开始试验应用节能控制箱183台，其中LHP油田应用32台，AN油田应用60台，T283-1区块新投产井应用91台，见表7-24。

表 7-24　节能控制箱应用情况

序号	油田	数量	产品名称	主要功能
1	AN	60	电动机节能运行器	调压、调冲次
2	LHP	32	多功能调速装置	调压、调冲次、上快下慢
3	T283-1	91	多功能调速装置	调压、调冲次、上快下慢

抽油机节能控制箱实时检测电动机负载，当负载减小时，适当自动降低电动机输入电压，以保证电流处于最低值，将电动机自身损耗降至最低，进而提高电动机效率。

应用调压型节能控制箱后，在冲次一致的前提下，节能运行较工频运行平均单井日耗电由66.7kW·h下降到44.4kW·h，日节电22.3kW·h，节电率33.4%，取得了较好的效果，见表7-25。

表 7-25　节能控制箱应用效果

年份	数量	措施前 消耗功率 kW	措施前 日耗电 kW·h	措施后 消耗功率 kW	措施后 日耗电 kW·h	日节电 kW·h	节电率 %
2012 年	60	2.7	65.8	2	48.4	17.4	26.4
2015 年	124	2.6	63.2	1.7	40.1	23.1	36.6
2016 年	43	3.3	78.2	2.1	51.1	27.1	34.7
平均		2.8	66.7	1.8	44.4	22.3	33.4

3. 电动机调速控制技术提高电动机效率

游梁式抽油机的运行方式致使电动机的输入功率呈周期性波动，导致电动机效率低，随着新特性电动机控制技术进步，可实现电动机在不同角度调整转速，降低电动机功率波动幅度，提高电动机效率。

变速运行方式下，在已知上一周期的电动机扭矩分布形态的基础上，按高扭矩区减速运行、低扭矩区加速运行这一原则，调整下一周期加速度分布，利用曲柄平衡的惯性作用，通过电动机调速装置实现主动变速运行，使驱动电动机输出扭矩趋向于更加合理的再分配。

四、抽油机井节能管理技术的应用与实践

（一）用水力模拟试验井测试评价"两机"匹配节电效果

近年来，各科研院所和抽油机及辅助设备的制造厂家针对油田开发的现状，以节能降耗为目的，在抽油机结构原理、电动机动力特性和电控技术等方面开展了大量的研究，研制生产出各种类型的节能抽油机、节能电动机和节能控制箱。虽然在油田的应用中形成了一定的规模，但由于节能产品种类繁多，节能效果参差不齐。不同的节能技术在一定的条件下都有节能效果，但并不是所有的节能技术用在一起，节能效果也最好，而是需要综合考虑节能产品合理优化组合，才能收到最佳的节能效果，获取最大的经济效益。

由于抽油机井的工况和节能产品的节能原理不同。节能效果差异很大。为了科学、合理和公正地评价适应生产需要、节能效果好的产品，为油田节能设备的选型和应用提供科学的依据，建立了水力模拟试验井，可消除生产井的含水率、气油比、动液面和泵挂深度等因素影响，以水为介质，抽油机负载可调，在同等条件下，对抽油机节能产品和节能效果进行对比和评价。

选择一口报废井作为水力模拟试验井，完钻井深为 1609.4m，套管直径为 140mm，人工井底为 1601.5m，射孔井段为 1480.5~1570.1m，在射孔段以上采用 455-3 可钻式封隔器封堵，封堵深度为 1350m。抽油机基础设计为万能基础，可安装各种形式的抽油机，抽油泵为泵径 $\phi56$mm 的管式泵，泵挂深度为 1200m，采用 $1.48m^3$ 的计量罐、$10m^3$ 的水箱等。水力模拟试验井示意如图 7-21 所示。

对不同抽油机与电动机及配电箱组合测试，得到能耗数据，经过经济效益对比，评价或优选最优组合方式。如测量动液面为 200m、400m、600m 和 800m 时的各参数，比较各

第七章 抽油机井节能管理

种节能产品的节能幅度和范围。

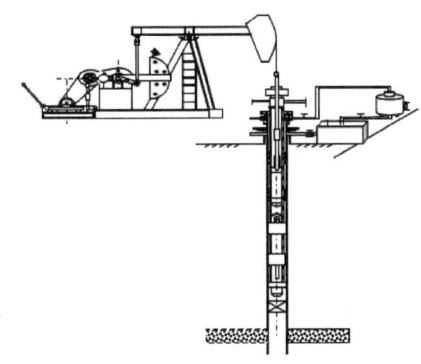

图 7-21 水利模拟试验井示意图

水力模拟试验井能较好地解决以下问题：

（1）节能产品在正常生产井上测试，受生产条件限制，生产工况单一，不能调节载荷，节能效果有一定的局限性，代表性差。

（2）由于地质条件因素的影响，相同工况下，同一节能产品，其节能效果不同，评价的结果科学性差。

（3）由于测试评价的程序和方法不统一，评价结果没有权威性。

表 7-26、表 7-27 和表 7-28 就是用水力模拟井的测试结果。

表 7-26 永磁（TNYC）电动机与不同抽油机匹配平均综合节电率

抽油机型号	电动机型号	运行参数	平均综合节电率,%
CYJB10-3-37HB	TNYC	$S=3m$, $n=6min^{-1}$	13.67
CYJS10-5-48HB	TNYC	$S=4.2m$, $n=6min^{-1}$	8.77
CYJQ10-5-37HY	TNYC	$S=4.2m$, $n=6min^{-1}$	6.52
CYJP10-4.8-53HB	TNYC	$S=4.8m$, $n=6min^{-1}$	5.68
CYJY10-4.2-53HB	TNYC	$S=4.2m$, $n=6min^{-1}$	1.35

表 7-27 YCYH 系列超高滑差电动机与不同抽油机匹配平均综合节电率

抽油机型号	电动机型号	运行参数	平均综合节电率,%
CYJB10-3-37HB	YXCJ	$S=3m$, $n=6min^{-1}$	10.64
CYJY10-4.2-53HB	YXCJ	$S=4.2m$, $n=6min^{-1}$	7.77
CYJP10-4.8-53HB	YXCJ	$S=4.8m$, $n=6min^{-1}$	7.6
CYJQ10-5-37HY	YXCJ	$S=4.2m$, $n=6min^{-2}$	5.33
CYJS10-5-48HB	YXCJ	$S=4.2m$, $n=6min^{-1}$	3.23

表 7-28 伺服拖动系统与三相异步电动机测试对比表

电机	动液面 m	冲次 min^{-1}	当量能耗 kW·h	节电率 %	百米吨液耗电 kW·h/(t·100m)	平均单耗 kW·h/(t·100m)	综合节电率 %
异步电动机（37kW）	200	6	1.572	—	1.048	0.72	—
	400		2.168	—	0.723		
	600		2.717	—	0.604		
	800		3.044	—	0.507		
伺服电动机（18.5kW）	200	6	1.006	35.98	0.671	0.522	27.60
	400		1.512	30.26	0.504		
	600		2.139	21.27	0.475		
	800		2.616	14.07	0.436		

（二）抽油机井节能技术应用效果

1. 更换节能电动机

2007—2008年某厂共更换永磁、双速双功率电动机643台，其中永磁电动机更换320台，双速双功率电动机323台。更换后，平均单井装机功率24.6kW由下降到15.8kW，日耗电由103.1kW·h下降到68.9kW·h，日节电34.2kW·h，节电率33.2%。

2. 应用伺服电动机，实现机采井智能化管理

根据低渗透油田机采井产液变化规律，在应用抽油机选型研究成果基础上，以节能最大化为目标，通过优选应用伺服电动机，实现抽油机单井智能控制。

伺服系统主要由带码盘的交流稀土永磁同步电动机和交流伺服控制器两大部分组成。伺服系统属于自动控制系统中的一种，该系统内部包含转矩（电流）、速度和位置闭环控制，如图7-22所示。

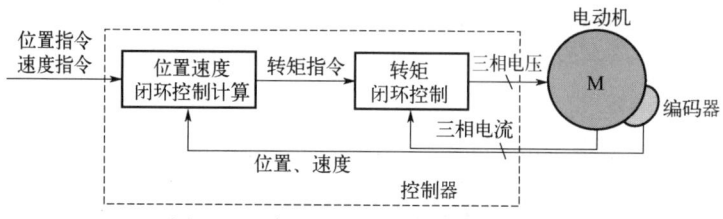

图7-22 伺服电动机工作原理示意图

（1）通过伺服电动机无级调速特点实现抽油机井智能调速功能。在伺服控制面板设置转速，冲次可从$0\sim6\text{min}^{-1}$无级调速。

（2）通过伺服电动机智能软启动功能降低电动机装机功率。伺服电动机可实现平稳启动，保证电动机启动扭矩不高于或接近额定扭矩，以降低装机功率，平均装机功率由22kW降低到18kW。

（3）通过伺服电动机精确控制实现抽油机井节能最大化。伺服电动机能够保持转子与定子磁场垂直和精确同步，最大限度利用电流产生转矩，以达到节能最大化，投产后实测平均单井日耗电仅66.8kW·h。伺服电动机与高转差电动机能耗对比见表7-29。

表7-29 伺服电机与高转差电机能耗对比

电动机类型	井数口	日产液量 t/d	含水率 %	动液面 m	消耗功率 kW	系统效率 %	日耗电 kW·h
高转差	14	1.1	22.8	1608	3.5	5.9	83.6
伺服	373	1.2	26	1659	2.8	8.2	66.8
差值	359	0.1	3.2	51	−0.7	2.3	−16.8

对比同一区块，在产量、举升高度及生产参数相近的情况下，伺服电动机与高转差电动机相比日耗电低16.8kW·h，系统效率高2.3%。

3. 抽油机节能改造

2007年，某厂对91口井普通游梁式抽油机改造成为下偏杠铃抽油机，平均节电率18.1%，其中1口为先更换节能电动机后改造节能抽油机，抽油机改造节电率仅为8.7%。

正常生产69口井,平均单井日耗电82.9kW·h,见表7-30。

表7-30 抽油机改造可对比井能耗情况表

措施类别	对比井数,口	冲程 m	冲次 min^{-1}	日产液量 t/d	动液面 m	日耗电 kW·h	节电率 %
改造前		2.3	2.5	5.4	1206	144.7	
改造后	69	2.3	5.1	5.3	1202	122.3	15.5
换电动机后		2.3	4.9	5.5	1222	80.6	34.1
2007年12月		2.4	4.9	4.8	1013	82.9	32.2

4. 安装节能减速器

2007—2008年某厂共安装节能减速器142台,平均冲次由3.6min^{-1}降为2.0min^{-1},平均节电率为23.6%,见表7-31。

表7-31 节能减速器效果统计表

作业区	安装数量 口	安装前			安装后			节电率 %
		日产液量 t/d	冲次 min^{-1}	日耗电 kW·h	日产液量 t/d	冲次 min^{-1}	日耗电 kW·h	
LHP	37	2.4	4.0	79.8	2.4	2.6	55	31.1
AGL	14	1.5	3.3	97.3	1.4	1.8	87.0	10.6
PX	47	1.5	3.6	95.4	1.2	1.8	74.7	21.7
XX	14	1.3	3	57.6	1.1	1.9	49.5	14.1
AN	30	0.8	3.5	56	0.7	1.7	43.1	23.0
全厂	142	1.5	3.6	77.4	1.4	2.0	59.1	23.6

5. 大传动比减速箱的应用

大传动比减速箱是在常规二级减速器的基础上,保证主要连接尺寸、润滑方式、传动形式不改变的情况下,增加一对啮合齿轮加大减速比。减速比为100~140,是普通游梁式抽油机的4~5倍。

大传动比抽油机与常规抽油机对比,低冲次,可低到1~2min^{-1},配套电动机功率低,与常规型游梁抽油机相比电动机功率降低1~2个档次。

2008年在CJWZ油田共41口井应用大传动比抽油机,配备装机功率15kW永磁电动机,平均冲次1.7min^{-1},平均单井日耗电仅为36.5kW·h,百米吨液耗电2.54kW·h。

2009年在QJB油田共79口井应用大传动比抽油机,配备装机功率18.5kW伺服电动机,平均冲次1.5min^{-1},平均单井日耗电为61.9kW·h,百米吨液耗电4.10kW·h,见表7-32。

表7-32 大传动比抽油机井生产情况

油田	总井数 口	冲次 min^{-1}	日产液量 t/d	日产油量 t/d	含水率 %	泵效 %	日耗电 kW·h	百米吨液耗电 kW·h
CJWZ	41	1.7	1.0	0.7	36.3	28.5	36.5	2.54
QJB	79	1.5	1.2	0.9	26.3	25.0	61.9	4.10
合计/平均	120						53.2	3.57

参 考 文 献

[1] 万仁溥. 采油工程手册：上册、下册 [M]. 北京：石油工业出版社，2000.
[2] 石克禄. 采油井、注入井生产问题百例分析 [M]. 北京：石油工业出版社，2005.
[3] 周继德. 抽油机井的泵况判断和故障处理 [M]. 北京：石油工业出版社，2005.
[4] 于云琦. 采油工程 [M]. 北京：石油工业出版社，2006.
[5] 中国石油天然气集团有限公司人力资源部. 采油工：上册 [M]. 北京：石油工业出版社，2018.
[6] 中国石油天然气集团有限公司人力资源部. 采油工：下册 [M]. 北京：石油工业出版社，2018.
[7] 中国石油天然气集团有限公司人力资源部. 油水井生产动态分析 [M]. 青岛：中国石油大学出版社，2020.
[8] 《采油场站设备设施技术手册》编委会. 采油场站设备设施技术手册 [M]. 北京：石油工业出版社，2018.
[9] 吕秀凤，崔凯华. 提高石油采收率技术 [M]. 3版. 北京：石油工业出版社，2012.
[10] 中国石油天然气集团公司人事部. 采油技师培训教程 [M]. 北京：石油工业出版社，2012.
[11] 刘宝和. 中国石油勘探开发百科全书：开发卷 [M]. 北京：石油工业出版社，2008.
[12] 刘喜林. 难动用储量开发稠油开采技术 [M]. 北京：石油工业出版社，2005.
[13] 郑洪涛，崔凯华. 稠油开采技术 [M]. 北京：石油工业出版社，2012.
[14] 王红庄，李秀峦，张忠义，等. 稠油开发技术 [M]. 北京：石油工业出版社，2019.
[15] 吴奇，张宁良，王胜启，等. 井下作业监督 [M]. 3版. 北京：石油工业出版社，2014.
[16] 张建军，李向齐，石惠宁. 游梁式抽油机设计计算 [M]. 北京：石油工业出版社，2005.
[17] 陈宪侃，叶利平，谷玉洪. 抽油机采油技术 [M]. 北京：石油工业出版社，2004.
[18] 胥元刚，刘顺. 低渗透油藏油井流入动态研究 [J]. 石油学报，2005，26（4）：77-80.
[19] 谷建伟，于红军，彭松水，等. 复杂条件下的低渗透油田生产特征 [J]. 石油大学学报（自然科学版），2003，27（3）：55-57.
[20] 姜士湖，闫相祯，李柏栋，等. 考虑液体惯性的游梁式抽油机悬点载荷计算 [J]. 石油机械，2003，31（11）：21-23.
[21] 张伟，王青艳，马艳，等. 影响有杆抽油系统性能参数的因素分析 [J]. 石油管材与仪器，2005，19（2）：77-80.
[22] 刘玉章，郑俊德，夏惠芬. 难动用储量开发采油工艺技术 [M]. 北京：石油工业出版社，2005.
[23] 朱君，阮晶琦，孙慧峰，等. 节能抽油机节能效果对比试验研究 [J]. 石油矿场机

械,2006,35(3):60-62.
- [24] 白连平,王玉生.游梁抽油机节能电机选择方法的讨论[J].钻采工艺,2007,30(2):94-95,99.
- [25] 刘宏,王素玲,张红瑛,等.电动机的机械特性与抽油机载荷特性的合理匹配[J].大庆石油学院学报,2002,26(2):87-89.
- [26] 朱君,王增藩,孙慧峰,等.游梁式节能抽油机的原理及性能对比[J].大庆石油学院学报,2005,29(5):40-43.
- [27] 郭东,白雪明,纪海涛.弯游梁式抽油机的平衡配置设计与分析[J].石油机械,2006,(9):30-32.
- [28] 欧阳新.节能型抽油机[D].大庆:大庆石油学院,2007:56-64.
- [29] 王岩楼,张传绪,于俊波,等.低渗透油田机械采油节能降耗技术[M].北京:石油工业出版社,2010.